中国食品工业标准汇编

食品添加剂卷（二）

（第五版）

国家食品安全风险评估中心
中国标准出版社 编

中国标准出版社
北 京

图书在版编目(CIP)数据

中国食品工业标准汇编.食品添加剂卷.2/国家食品
安全风险评估中心,中国标准出版社编.—5 版.—北京:
中国标准出版社,2015.8
　ISBN 978-7-5066-7912-1

　Ⅰ.①中… Ⅱ.①国… ②中… Ⅲ.①食品工业-
标准-汇编-中国②食品添加剂-标准-汇编-中国 Ⅳ.
①TS207.2

中国版本图书馆 CIP 数据核字(2015)第 133790 号

中 国 标 准 出 版 社 出 版 发 行
北京市朝阳区和平里西街甲 2 号(100029)
北京市西城区三里河北街 16 号(100045)

网址 www.spc.net.cn
总编室:(010)68533533　发行中心:(010)51780238
读者服务部:(010)68523946
中国标准出版社秦皇岛印刷厂印刷
各地新华书店经销

*

开本 880×1230　1/16　印张 49　字数 1 517 千字
2015 年 8 月第五版　2015 年 8 月第五次印刷

*

定价 260.00 元

编 委 会

主　　编：王竹天

执行主编：张俭波　王华丽

编　　者：骆鹏杰　张霁月　朱　蕾　张　泓
　　　　　韩军花　梁　栋　邓陶陶　李湖中

编 者 的 话

《中国食品工业标准汇编》是我国食品标准化方面的一套大型丛书，按行业分类分别立卷，其中食品添加剂卷分为6个分册，由国家食品安全风险评估中心和中国标准出版社联合编制。

本汇编是在2009年出版的《中国食品工业标准汇编　食品添加剂卷（第四版）》的基础上进行修订的，保留了目前现行有效的标准，同时增加了2009年8月至2015年6月底发布的食品添加剂国家标准和行业标准，主要内容包括第一部分食品添加剂综合标准，第二部分食品添加剂产品标准（一～二十二），第三部分食品添加剂试验方法标准，第四部分食品添加剂其他相关标准。本分册包括食品添加剂产品标准中的着色剂、护色剂、乳化剂、酶制剂、增味剂、面粉处理剂、被膜剂分类，共收录国家标准79项和行业标准1项。

本汇编每个部分的标准按国家标准、行业标准依次编排，其中国家标准按标准编号由小到大编排，行业标准按字母顺序编排，相同行业的标准按标准编号由小到大编排。本汇编的第二部分食品添加剂产品标准按食品添加剂产品的主要功能进行分类，食品添加剂产品的其他功能请参见GB 2760—2014《食品安全国家标准　食品添加剂使用标准》和相关产品标准，本汇编中的分类仅作参考。

本汇编可供食品生产、科研、销售单位的技术人员，各级食品监督、检验机构的人员，各管理部门的相关人员使用，也可供大专院校相关专业的师生参考使用。

编　　者

2015年7月

目　　录

第二部分　食品添加剂产品标准

七、着色剂

八、护色剂

九、乳化剂

十、酶制剂

十一、增味剂

第二部分　食品添加剂产品标准

七、着色剂

中华人民共和国国家标准

GB 4479.1—2010

食品安全国家标准

食品添加剂　苋菜红

2010-12-21 发布

2011-02-21 实施

中华人民共和国卫生部 发布

前　言

本标准代替 GB 4479.1—1999《食品添加剂　苋菜红》。

本标准与 GB 4479.1—1999 相比，主要变化如下：

——增加了安全提示；

——取消了≥60.0%的质量规格；

——水不溶物指标由≤0.30%修改为≤0.20%；

——修改了鉴别试验的方法；

——分光光度比色法平行测定的允许差由 2.0%修改为 1.0%；

——增加了未反应中间体指标和检测方法；

——增加了未磺化芳族伯胺(以苯胺计)指标和检测方法；

——砷(As)的检测方法由化学限量法修改为原子吸收法；

——取消了重金属(以 Pb 计)的质量规格；

——增加了铅(Pb)指标和检测方法。

本标准的附录 A、附录 B 和附录 C 为规范性附录，附录 D 为资料性附录。

本标准所代替标准的历次版本发布情况为：

——GB 4479.1—1986、GB 4479.1—1996、GB 4479.1—1999。

食品安全国家标准

食品添加剂　苋菜红

1　范围

本标准适用于 1-萘胺-4-磺酸钠经重氮化后与 2-萘酚-3,6-二磺酸钠偶合而制得的食品添加剂苋菜红。

2　规范性引用文件

本标准中引用的文件对于本标准的应用是必不可少的。凡是注日期的引用文件,仅所注日期的版本适用于本标准。凡是不注日期的引用文件,其最新版本(包括所有的修改单)适用于本标准。

3　化学名称、结构式、分子式和相对分子质量

3.1　化学名称

3-羟基-4-(4-偶氮萘磺酸)2,7-萘二磺酸三钠盐

3.2　结构式

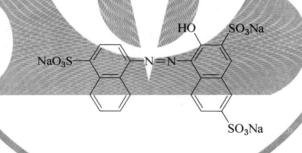

3.3　分子式

$C_{20}H_{11}N_2Na_3O_{10}S_3$

3.4　相对分子质量

604.48(按 2007 年国际相对原子质量)

4　技术要求

4.1　感官要求:应符合表 1 的规定。

表 1　感官要求

项　目	要　求	检 验 方 法
色泽	红褐色至暗红褐色	自然光线下采用目视评定
组织状态	粉末或颗粒	

4.2 理化指标:应符合表 2 的规定。

表 2 理化指标

项 目		指 标	检验方法
苋菜红,w/% ≥		85.0	附录 A 中 A.4
干燥减量、氯化物(以 NaCl 计)及硫酸盐(以 Na₂SO₄ 计)总量,w/% ≤		15.0	附录 A 中 A.5
水不溶物,w/% ≤		0.20	附录 A 中 A.6
副染料,w/% ≤		3.0	附录 A 中 A.7
未反应中间体总和,w/% ≤		0.50	附录 A 中 A.8
未磺化芳族伯胺(以苯胺计),w/% ≤		0.01	附录 A 中 A.9
砷(As)/(mg/kg) ≤		1.0	附录 A 中 A.10
铅(Pb)/(mg/kg) ≤		10.0	附录 A 中 A.11

附　录　A

（规范性附录）

检　验　方　法

A.1　安全提示

本标准试验方法中使用的部分试剂具有毒性或腐蚀性,按相关规定操作,操作时需小心谨慎。若溅到皮肤上应立即用水冲洗,严重者应立即治疗。在使用挥发性酸时,要在通风橱中进行。

A.2　一般规定

本标准所用试剂和水,在没有注明其他要求时,均指分析纯试剂和 GB/T 6682—2008 规定的三级水。试验中所需标准溶液、杂质标准溶液、制剂及制品在没有注明其他规定时,均按 GB/T 601、GB/T 602、GB/T 603 规定配制和标定。

A.3　鉴别试验

A.3.1　试剂和材料

A.3.1.1　硫酸。

A.3.1.2　乙酸铵溶液:1.5 g/L。

A.3.2　仪器和设备

A.3.2.1　分光光度计。

A.3.2.2　比色皿:10 mm。

A.3.3　鉴别方法

应满足如下条件:

A.3.3.1　称取约 0.1 g 试样(精确至 0.01 g),溶于 100 mL 水中,显红色澄清溶液。

A.3.3.2　称取约 0.2 g 试样(精确至 0.01 g),加 20 mL 硫酸,溶液显紫色,取此液 2 滴～3 滴加入 5 mL 水中显红色。

A.3.3.3　称取约 0.1 g 试样(精确至 0.01 g),溶于 100 mL 乙酸铵溶液中,取此溶液 1 mL,加乙酸铵溶液配至 100 mL,该溶液的最大吸收波长为 520 nm±2 nm。

A.4　苋菜红的测定

A.4.1　三氯化钛滴定法(仲裁法)

A.4.1.1　方法提要

在酸性介质中,苋菜红中的偶氮基被三氯化钛还原分解,按三氯化钛标准滴定溶液的消耗量,计算其含量。

A.4.1.2 试剂和材料

A.4.1.2.1 柠檬酸三钠。

A.4.1.2.2 三氯化钛标准滴定溶液：$c(TiCl_3) = 0.1$ mol/L(现用现配，配制方法见附录 B)。

A.4.1.2.3 钢瓶装二氧化碳。

A.4.1.3 仪器和设备

三氯化钛滴定法的装置图见图 A.1。

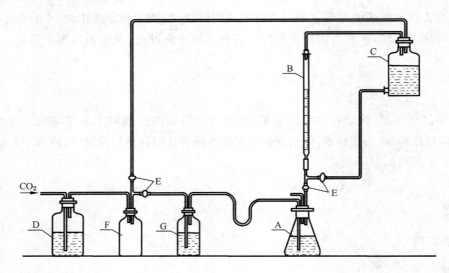

A——锥形瓶(500 mL)；

B——棕色滴定管(50 mL)；

C——包黑纸的下口玻璃瓶(2 000 mL)；

D——装有 100 g/L 碳酸铵溶液和 100 g/L 硫酸亚铁溶液等量混合液的容器(5 000 mL)；

E——活塞；

F——空瓶；

G——装有水的洗气瓶。

图 A.1 三氯化钛滴定法的装置图

A.4.1.4 分析步骤

称取约 0.5 g 试样(精确至 0.000 1 g)，置于 500 mL 锥形瓶中，溶于 50 mL 煮沸并冷却至室温的水中，加入 15 g 柠檬酸三钠和 150 mL 煮沸的水，振荡溶解后，按图 A.1 装好仪器，在液面下通入二氧化碳的同时，加热沸腾，并用三氯化钛标准滴定溶液滴定使其固有颜色消失为终点。

A.4.1.5 结果计算

苋菜红以质量分数 w_1 计，数值用%表示，按公式(A.1)计算：

$$w_1 = \frac{c(V/1\ 000)(M/4)}{m_1} \times 100\% \quad \cdots\cdots\cdots\cdots\cdots\cdots\cdots(A.1)$$

式中：

c ——三氯化钛标准滴定溶液浓度的准确数值，单位为摩尔每升(mol/L)；

V——滴定试样耗用的三氯化钛标准滴定溶液体积的准确数值,单位为毫升(mL);

M——苋菜红的摩尔质量数值,单位为克每摩尔(g/mol)$[M(C_{20}H_{11}N_2Na_3O_{10}S_3)=604.48]$;

m_1——试样的质量数值,单位为克(g)。

计算结果表示到小数点后 1 位。

平行测定结果的绝对差值不大于 1.0%(质量分数),取其算术平均值作为测定结果。

A.4.2 分光光度比色法

A.4.2.1 方法提要

将试样与已知含量的苋菜红标准品分别用水溶解,用乙酸铵溶液稀释定容后,在最大吸收波长处,分别测其吸光度值,计算其含量。

A.4.2.2 试剂和材料

A.4.2.2.1 乙酸铵溶液:1.5 g/L。

A.4.2.2.2 苋菜红标准品:≥85.0%(质量分数,按 A.4.1 测定)。

A.4.2.3 仪器和设备

A.4.2.3.1 分光光度计。

A.4.2.3.2 比色皿:10 mm。

A.4.2.4 苋菜红标样溶液的配制

称取约 0.5 g 苋菜红标准品(精确到 0.000 1 g),溶于适量水中,移入 1 000 mL 容量瓶中,加水稀释至刻度,摇匀。吸取 10 mL,移入 500 mL 容量瓶中,加乙酸铵溶液稀释至刻度,摇匀,备用。

A.4.2.5 苋菜红试样溶液的配制

称量与操作方法同 A.4.2.4 标样溶液的配制。

A.4.2.6 分析步骤

将苋菜红标样溶液和苋菜红试样溶液分别置于 10 mm 比色皿中,同在最大吸收波长处用分光光度计测定各自的吸光度值,用乙酸铵溶液作参比液。

A.4.2.7 结果计算

苋菜红以质量分数 w_1 计,数值用%表示,按公式(A.2)计算:

$$w_1 = \frac{Am_0}{A_0 m} \times w_0 \quad\quad\quad\quad\quad\quad\quad\quad\quad\quad (A.2)$$

式中:

A——苋菜红试样溶液的吸光度值;

m_0——苋菜红标准品质量的数值,单位为克(g);

A_0——苋菜红标样溶液的吸光度值;

m——试样质量的数值,单位为克(g);

w_0——苋菜红标准品的质量分数,%。

计算结果表示到小数点后 1 位。

平行测定结果的绝对差值不大于 1.0%(质量分数),取其算术平均值作为测定结果。

A.5 干燥减量、氯化物（以 NaCl 计）及硫酸盐（以 Na$_2$SO$_4$ 计）总量的测定

A.5.1 干燥减量的测定

A.5.1.1 分析步骤

称取约 2 g 试样（精确至 0.001 g），置于已在 135 ℃±2 ℃恒温干燥箱恒量的称量瓶中，在 135 ℃±2 ℃恒温干燥箱中烘至恒量。

A.5.1.2 结果计算

干燥减量的质量分数以 w_2 计，数值用％表示，按公式（A.3）计算：

$$w_2 = \frac{m_2 - m_3}{m_2} \times 100\% \qquad\qquad\qquad\qquad (A.3)$$

式中：

m_2——试样干燥前质量的数值，单位为克（g）；

m_3——试样干燥至恒量的质量数值，单位为克（g）。

计算结果表示到小数点后 1 位。

平行测定结果的绝对差值不大于 0.2％（质量分数），取其算术平均值作为测定结果。

A.5.2 氯化物（以 NaCl 计）的测定

A.5.2.1 试剂和材料

A.5.2.1.1 硝基苯。

A.5.2.1.2 活性炭；767 针型。

A.5.2.1.3 硝酸溶液：1+1。

A.5.2.1.4 硝酸银溶液：$c(AgNO_3) = 0.1$ mol/L。

A.5.2.1.5 硫酸铁铵溶液：

配制方法：称取约 14 g 硫酸铁铵，溶于 100 mL 水中，过滤，加 10 mL 硝酸，贮存于棕色瓶中。

A.5.2.1.6 硫氰酸铵标准滴定溶液：$c(NH_4CNS) = 0.1$ mol/L。

A.5.2.2 试样溶液的配制

称取约 2 g 试样（精确至 0.001 g），溶于 150 mL 水中，加约 15 g 活性炭，温和煮沸 2 min～3 min，加入 1 mL 硝酸溶液，不断摇动均匀，放置 30 min（其间不时摇动）。用干燥滤纸过滤。如滤液有色，则再加 5 g 活性炭，不时摇动下放置 1 h，再用干燥滤纸过滤（如仍有色则更换活性炭重复操作至滤液无色）。每次以水 10 mL 洗活性炭三次，滤液合并移至 200 mL 容量瓶中，加水至刻度，摇匀。用于氯化物和硫酸盐含量的测定。

A.5.2.3 分析步骤

移取 50 mL 试样溶液，置于 500 mL 锥形瓶中，加 2 mL 硝酸溶液和 10 mL 硝酸银溶液（氯化物含量多时要多加些）及 5 mL 硝基苯，剧烈摇动至氯化银凝结，加入 1 mL 硫酸铁铵溶液，用硫氰酸铵标准滴定溶液滴定过量的硝酸银到终点并保持 1 min，同时以同样方法做一空白试验。

A.5.2.4 结果计算

氯化物（以 NaCl 计）以质量分数 w_3 计，数值用％表示，按公式（A.4）计算：

$$w_3 = \frac{c_1\left[(V_1 - V_0)/1\,000\right]M_1}{m_4(50/200)} \times 100\% \quad\cdots\cdots\cdots\cdots\cdots\cdots\cdots\cdots\quad (\text{A.4})$$

式中：

c_1——硫氰酸铵标准滴定溶液浓度的准确数值，单位为摩尔每升（mol/L）；

V_1——滴定空白溶液耗用硫氰酸铵标准滴定溶液体积的准确数值，单位为毫升（mL）；

V_0——滴定试样溶液耗用硫氰酸铵标准滴定溶液体积的准确数值，单位为毫升（mL）；

M_1——氯化钠的摩尔质量数值，单位为克每摩尔（g/mol）[$M_1(\text{NaCl}) = 58.4$]；

m_4——试样质量的数值，单位为克（g）。

计算结果表示到小数点后 1 位。

平行测定结果的绝对差值不大于 0.3%（质量分数），取其算术平均值作为测定结果。

A.5.3 硫酸盐（以 Na_2SO_4 计）的测定

A.5.3.1 试剂和材料

A.5.3.1.1 氢氧化钠溶液：2 g/L。

A.5.3.1.2 盐酸溶液：1+1 999。

A.5.3.1.3 氯化钡标准滴定溶液：$c(1/2\text{BaCl}_2) = 0.1$ mol/L（配制方法见附录 C）。

A.5.3.1.4 酚酞指示液：10 g/L。

A.5.3.1.5 玫瑰红酸钠指示液：称取 0.1 g 玫瑰红酸钠，溶于 10 mL 水中（现用现配）。

A.5.3.2 分析步骤

吸取 25 mL 试样溶液（A.5.2.2），置于 250 mL 锥形瓶中，加 1 滴酚酞指示液，滴加氢氧化钠溶液呈粉红色，然后滴加盐酸溶液至粉红色消失，摇匀，溶解后在不断摇动下用氯化钡标准滴定溶液滴定，以玫瑰红酸钠指示液作外指示液，反应液与指示液在滤纸上交汇处呈现玫瑰红色斑点并保持 2 min 不褪色为终点。

同时以相同方法做空白试验。

A.5.3.3 结果计算

硫酸盐（以 Na_2SO_4 计）以质量分数 w_4 计，数值用%表示，按公式（A.5）计算：

$$w_4 = \frac{c_2\left[(V_2 - V_3)/1\,000\right](M_2/2)}{m_4(25/200)} \times 100\% \quad\cdots\cdots\cdots\cdots\cdots\cdots\quad (\text{A.5})$$

式中：

c_2——氯化钡标准滴定溶液浓度的准确数值，单位为摩尔每升（mol/L）；

V_2——滴定试样溶液耗用氯化钡标准滴定溶液体积的准确数值，单位为毫升（mL）；

V_3——滴定空白溶液耗用氯化钡标准滴定溶液体积的准确数值，单位为毫升（mL）；

M_2——硫酸钠的摩尔质量的数值，单位为克每摩尔（g/mol）[$M_2(\text{Na}_2\text{SO}_4) = 142.04$]；

m_4——试样质量的数值，单位为克（g）。

计算结果表示到小数点后 1 位。

平行测定结果的绝对差值不大于 0.2%（质量分数），取其算术平均值作为测定结果。

A.5.4 干燥减量、氯化物（以 NaCl 计）及硫酸盐（以 Na_2SO_4 计）总量的结果计算

干燥减量和氯化物（以 NaCl 计）及硫酸盐（以 Na_2SO_4 计）的总量以质量分数 w_5 计，数值用%表示，按公式（A.6）计算：

$$w_5 = w_2 + w_3 + w_4 \qquad \cdots\cdots\cdots\cdots\cdots\cdots\cdots\cdots\cdots\cdots\cdots\cdots (A.6)$$

式中：

w_2——干燥减量的质量分数，%；

w_3——氯化物（以 NaCl 计）的质量分数，%；

w_4——硫酸盐（以 Na_2SO_4 计）的质量分数，%。

计算结果表示到小数点后 1 位。

A.6 水不溶物的测定

A.6.1 仪器和设备

A.6.1.1 玻璃砂芯坩埚：G4，孔径为 5 μm～15 μm。

A.6.1.2 恒温干燥箱。

A.6.2 分析步骤

称取约 3 g 试样（精确至 0.001 g），置于 500 mL 烧杯中，加入 50 ℃～60 ℃热水 250 mL，使之溶解，用已在 135 ℃±2 ℃烘至恒量的玻璃砂芯坩埚过滤，并用热水充分洗涤到洗涤液无色，在 135 ℃± 2 ℃恒温干燥箱中烘至恒量。

A.6.3 结果计算

水不溶物以质量分数 w_6 计，数值用%表示，按公式（A.7）计算：

$$w_6 = \frac{m_6}{m_5} \times 100\% \qquad \cdots\cdots\cdots\cdots\cdots\cdots\cdots\cdots\cdots\cdots\cdots (A.7)$$

式中：

m_6——干燥后水不溶物质量的数值，单位为克(g)；

m_5——试样质量的数值，单位为克(g)。

计算结果表示到小数点后 2 位。

平行测定结果的绝对差值不大于 0.05%（质量分数），取其算术平均值作为测定结果。

A.7 副染料的测定

A.7.1 方法提要

用纸上层析法将各组分分离，洗脱，然后用分光光度法定量。

A.7.2 试剂和材料

A.7.2.1 无水乙醇。

A.7.2.2 正丁醇。

A.7.2.3 丙酮溶液：1+1。

A.7.2.4 氨水溶液：4+96。

A.7.2.5 碳酸氢钠溶液：4 g/L。

A.7.3 仪器和设备

A.7.3.1 分光光度计。

A.7.3.2 层析滤纸：1 号中速，150 mm×250 mm。

A.7.3.3 层析缸：φ240 mm×300 mm。

A.7.3.4 微量进样器：100 μL。

A.7.3.5 纳氏比色管：50 mL 有玻璃磨口塞。

A.7.3.6 玻璃砂芯漏斗：G3，孔径为 15 μm～40 μm。

A.7.3.7 50 mm 比色皿。

A.7.3.8 10 mm 比色皿。

A.7.4 分析步骤

A.7.4.1 纸上层析条件

A.7.4.1.1 展开剂：正丁醇＋无水乙醇＋氨水溶液＝6＋2＋3。

A.7.4.1.2 温度：20 ℃～25 ℃。

A.7.4.2 试样溶液的配制

称取 1 g 试样(精确至 0.001 g)，置于烧杯中，加入适量水溶解后，移入 100 mL 容量瓶中，稀释至刻度，摇匀备用，该试样溶液浓度为 1%。

A.7.4.3 试样洗出液的制备

用微量进样器吸取 100 μL 试样溶液，均匀地注在离滤纸底边 25 mm 的一条基线上，成一直线，使其在滤纸上的宽度不超过 5 mm，长度为 130 mm，用吹风机吹干。将滤纸放入装有预先配制好展开剂的层析缸中展开，滤纸底边浸入展开剂液面下 10 mm，待展开剂前沿线上升至 150 mm 或直到副染料分离满意为止。取出层析滤纸，用冷风吹干。

用空白滤纸在相同条件下展开，该空白滤纸应与上述步骤展开用的滤纸在同一张滤纸上相邻部位裁取。

副染料纸上层析示意图见图 A.2。

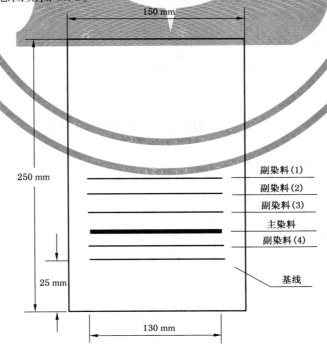

图 A.2 副染料纸上层析示意图

将展开后取得的各个副染料和在空白滤纸上与各副染料相对应的部位的滤纸按同样大小剪下,并剪成约 5 mm×15 mm 的细条,分别置于 50 mL 的纳氏比色管中,准确加入 5 mL 丙酮溶液,摇动 3 min～5 min 后,再准确加入 20 mL 碳酸氢钠溶液,充分摇动,然后分别在 G3 玻璃砂芯漏斗中自然过滤,滤液应澄清,无悬浮物。分别得到各副染料和空白的洗出液。在各自副染料的最大吸收波长处,用 50 mm 比色皿,将各副染料的洗出液在分光光度计上测定各自的吸光度值。

在分光光度计上测定吸光度时,以 5 mL 丙酮溶液和 20 mL 碳酸氢钠溶液的混合液作参比液。

A.7.4.4 标准溶液的配制

吸取 6 mL 1％的试样溶液移入 100 mL 容量瓶中,稀释至刻度,摇匀,该溶液为标准溶液。

A.7.4.5 标准洗出液的制备

用微量进样器吸取标准溶液 100 μL,均匀地点注在离滤纸底边 25 mm 的一条基线上,用吹风机吹干。将滤纸放入装有预先配制好展开剂的层析缸中展开,待展开剂前沿线上升 40 mm,取出用冷风吹干,剪下所有展开的染料部分,按 A.7.4.3 的方法进行萃取操作,得到标准洗出液。用 10 mm 比色皿在最大吸收波长处测吸光度值。

同时用空白滤纸在相同条件下展开,按相同方法操作后测洗出液的吸光度值。

A.7.4.6 结果计算

副染料的含量以质量分数 w_7 计,数值用％表示,按公式(A.8)计算:

$$w_7 = \frac{[(A_1 - b_1) + \cdots\cdots + (A_n - b_n)]/5}{(A_s - b_s)(100/6)} \times S \qquad\qquad (A.8)$$

式中:

$A_1\cdots A_n$ ——各副染料洗出液以 50 mm 光径长度测定出的吸光度值;

$b_1\cdots b_n$ ——各副染料对照空白洗出液以 50 mm 光径长度测定出的吸光度值;

A_s ——标准洗出液以 10 mm 光径长度测定出的吸光度值;

b_s ——标准对照空白洗出液以 10 mm 光径长度测定出的吸光度值;

5 ——折算成以 10 mm 光径长度的比数;

100/6 ——标准洗出液折算成 1％试样溶液的比数;

S ——试样的质量分数,％。

计算结果表示到小数点后 1 位。

平行测定结果的绝对差值不大于 0.2％(质量分数),取其算术平均值作为测定结果。

A.8 未反应中间体总和的测定

A.8.1 方法提要

采用反相液相色谱法,用外标法分别定量各未反应中间体,最后计算未反应中间体总和的质量分数。

A.8.2 试剂和材料

A.8.2.1 甲醇。

A.8.2.2 乙酸铵溶液:2 g/L。

A.8.2.3 1-萘胺-4-磺酸钠。

A.8.2.4 7-羟基-1,3-萘二磺酸钠。

A.8.2.5 3-羟基-2,7-萘二磺酸钠。

A.8.2.6 6-羟基-2-萘磺酸钠。

A.8.2.7 7-羟基-1,3,6-萘三磺酸钠。

A.8.3 仪器和设备

A.8.3.1 液相色谱仪:输液泵—流量范围 0.1 mL/min～5.0 mL/min,在此范围内其流量稳定性为 ±1%;检测器-多波长紫外分光检测器或具有同等性能的紫外分光检测器。

A.8.3.2 色谱柱:长为 150 mm,内径为 4.6 mm 的不锈钢柱,固定相为 C_{18}、粒径 5 μm。

A.8.3.3 色谱工作站或积分仪。

A.8.3.4 超声波发生器。

A.8.3.5 定量环:20 μL。

A.8.4 色谱分析条件

A.8.4.1 检测波长:238 nm。

A.8.4.2 柱温:30 ℃。

A.8.4.3 流动相:A,乙酸铵溶液;B,甲醇;

浓度梯度:A(100)比 B(0)保持 5 min,再 50 min 线性浓度梯度从 A(100)比 B(0)至 A(70)比 B (30)。

A.8.4.4 流量:1.0 mL/min。

A.8.4.5 进样量:20 μL。

可根据仪器不同,选择最佳分析条件,流动相应摇匀后用超声波发生器进行脱气。

A.8.5 试样溶液的配制

称取约 0.1 g 苋菜红试样(精确至 0.000 1 g),加乙酸铵溶液溶解并定容至 100 mL。

A.8.6 标准溶液的配制

分别称取约 0.01 g(精确至 0.000 1 g)已于真空干燥器中干燥 24 h 后的 1-萘胺-4-磺酸钠、7-羟基-1,3-萘二磺酸钠、3-羟基-2,7-萘二磺酸钠、6-羟基-2-萘磺酸钠、7-羟基-1,3,6-萘三磺酸钠。用乙酸铵溶液分别溶解并定容至 100 mL。然后分别吸取 10.0 mL、5.0 mL、2.0 mL、1.0 mL 上述各标准溶液,用乙酸铵溶液定容至 100 mL。配制成系列标准溶液。

A.8.7 分析步骤

在本标准 A.8.4 规定的色谱分析条件下,分别用微量注射器吸取试样溶液及系列标准溶液注入并充满定量环进行色谱检测,待最后一个组分流出完毕,进行结果处理。测定各标准溶液物质的峰面积,分别绘制成各标准曲线。测定试样溶液中的 1-萘胺-4-磺酸钠、7-羟基-1,3-萘二磺酸钠、3-羟基-2,7-萘二磺酸钠、6-羟基-2-萘磺酸钠、7-羟基-1,3,6-萘三磺酸钠的峰面积,根据各标准曲线求出各自未反应中间体的质量分数。色谱图见附录 D。

A.8.8 结果计算

未反应中间体的总和以质量分数 w_{13} 计,数值用%表示,按公式(A.9)计算:

$$w_{13} = w_8 + w_9 + w_{10} + w_{11} + w_{12} \quad\cdots\cdots\cdots\cdots\cdots (A.9)$$

式中:

w_8 ——1-萘胺-4-磺酸钠的质量分数,%;

w_9 ——7-羟基-1,3-萘二磺酸钠的质量分数,%;

w_{10} ——3-羟基-2,7-萘二磺酸钠的质量分数,%;

w_{11} ——6-羟基-2-萘磺酸钠的质量分数,%;

w_{12} ——7-羟基-1,3,6-萘三磺酸钠的质量分数,%。

A.9 未磺化芳族伯胺(以苯胺计)的测定

A.9.1 方法提要

以乙酸乙酯萃取出试样中未磺化芳族伯胺成分,将萃取液和苯胺标准溶液分别经重氮化和偶合后再测定各自生成染料的吸光度予以比较与判别。

A.9.2 试剂和材料

A.9.2.1 乙酸乙酯。

A.9.2.2 盐酸溶液:1+10。

A.9.2.3 盐酸溶液:1+3。

A.9.2.4 溴化钾溶液:500 g/L。

A.9.2.5 碳酸钠溶液:200 g/L。

A.9.2.6 氢氧化钠溶液:40 g/L。

A.9.2.7 氢氧化钠溶液:4 g/L。

A.9.2.8 R盐溶液:20 g/L。

A.9.2.9 亚硝酸钠溶液:3.52 g/L。

A.9.2.10 苯胺标准溶液:0.100 0 g/L。

配制:用小烧杯称取 0.500 0 g 新蒸馏的苯胺,移至 500 mL 容量瓶中,以 150 mL 盐酸溶液(1+3)分三次洗涤烧杯,并入 500 mL 容量瓶中,水稀释至刻度。移取 25 mL 该溶液至 250 mL 容量瓶中,水定容。此溶液苯胺浓度为 0.100 0 g/L。

A.9.3 仪器和设备

A.9.3.1 可见分光光度计。

A.9.3.2 比色皿:40 mm。

A.9.4 试样萃取溶液的配制

称取约 2.0 g 试样(精确至 0.001 g)于 150 mL 烧杯中,加 100 mL 水和 5 mL 氢氧化钠溶液(40 g/L),在温水浴中搅拌至完全溶解。将此溶液移入分液漏斗中,少量水洗净烧杯。每次以 50 mL 乙酸乙酯萃取两次,合并萃取液。以 10 mL 氢氧化钠溶液(4 g/L)洗涤乙酸乙酯萃取液,除去痕量色素。再每次以 10 mL 盐酸溶液(1+3)对乙酸乙酯溶液反萃取三次。合并该盐酸萃取液,然后用水稀释至 100 mL,摇匀。此溶液为试样萃取溶液。

A.9.5 标准对照溶液的制备

吸取 2.0 mL 苯胺标准溶液至 100 mL 容量瓶中,用盐酸溶液(1+10)稀释至刻度,混合均匀,此为标准对照溶液。

A.9.6 重氮化偶合溶液的制备

吸取 10 mL 试样萃取溶液,移入透明洁净的试管中,浸入盛有冰水混合物的烧杯内冷却 10 min。

在试管中加入 1 mL 溴化钾溶液及 0.5 mL 亚硝酸钠溶液,稍用力摇匀后仍置于冰水浴中冷却 10 min,进行重氮化反应。另取一个 25 mL 容量瓶移入 1 mL R 盐溶液和 10 mL 碳酸钠溶液。将上述试管中的苯胺重氮盐溶液加至盛有 R 盐溶液的容量瓶中,边加边略振摇容量瓶,用少许水洗净试管一并加入容量瓶中,再以水定容。充分混匀后在暗处放置 15 min。该溶液为试样重氮化偶合溶液。

标准重氮化偶合溶液的制备,吸取 10 mL 标准对照溶液,其余步骤同上。

A.9.7 参比溶液的制备

吸取 10 mL 盐酸溶液(1+10)、10 mL 碳酸钠溶液及 1 mL R 盐溶液于 25 mL 容量瓶中,水定容。该溶液为参比溶液。

A.9.8 分析步骤

将标准重氮化偶合溶液和试样重氮化偶合溶液分别置于比色皿中,在 510 nm 波长处用分光光度计测定各自的吸光度 A_a、A_b,以 A.9.7 作参比溶液。

A.9.9 结果判定

$A_b \leqslant A_a$ 即为合格。

A.10 砷的测定

A.10.1 方法提要

苋菜红经湿法消解后,制备成试样溶液,用原子吸收光谱法测定砷的含量。

A.10.2 试剂和材料

A.10.2.1 硝酸。

A.10.2.2 硫酸溶液:1+1。

A.10.2.3 硝酸-高氯酸混合溶液:3+1。

A.10.2.4 砷(As)标准溶液:按 GB/T 602 配制和标定后,再根据使用的仪器要求进行稀释配制成含砷相应浓度的三种标准溶液。

A.10.2.5 氢氧化钠溶液:1 g/L。

A.10.2.6 硼氢化钠溶液:8 g/L(溶剂为 1 g/L 的氢氧化钠溶液)。

A.10.2.7 盐酸溶液:1+10。

A.10.2.8 碘化钾溶液:200 g/L。

A.10.3 仪器和设备

A.10.3.1 原子吸收光谱仪。

A.10.3.2 仪器参考条件:砷空心阴极灯分析线波长:193.7 nm;狭缝:0.5 nm～1.0 nm;灯电流:6 mA～10 mA。

A.10.3.3 载气流速:氩气 250 mL/min。

A.10.3.4 原子化器温度:900 ℃。

A.10.4 分析步骤

A.10.4.1 试样消解

称取约 1 g 试样(精确至 0.001 g),置于 250 mL 三角或圆底烧瓶中,加 10 mL～15 mL 硝酸和

2 mL硫酸溶液,摇匀后用小火加热赶出二氧化氮气体,溶液变成棕色,停止加热,放冷后加入 5 mL 硝酸-高氯酸混合液,强火加热至溶液透明或微黄色,如仍不透明,放冷后再补加 5 mL 硝酸-高氯酸混合溶液,继续加热至溶液透明无色或微黄色并产生白烟(避免烧干出现炭化现象),停止加热,放冷后加水 5 mL 加热至沸,除去残余的硝酸-高氯酸(必要时可再加水煮沸一次),继续加热至发生白烟,保持 10 min,放冷后移入 100 mL 容量瓶(若溶液出现浑浊、沉淀或机械杂质应过滤),用盐酸溶液稀释定容。

同时按相同的方法制备空白溶液。

A.10.4.2 测定

量取 25 mL 消解后的试样溶液至 50 mL 容量瓶,加入 5 mL 碘化钾溶液,用盐酸溶液稀释定容,摇匀,静置 15 min。

同时按相同的方法以空白溶液制备空白测试液。

开启仪器,待仪器及砷空心阴极灯充分预热,基线稳定后,用硼氢化钠溶液作氢化物还原发生剂,以标准空白、标准溶液、样品空白测试液及样品溶液的顺序,按电脑指令分别进样。测试结束后电脑自动生成工作曲线及扣除样品空白后的样品溶液中砷浓度,输入样品信息(如:名称、称样量、稀释体积等),即自动换算出试样中砷的含量。

平行测定结果的绝对差值不大于 0.1 mg/kg,取其算术平均值作为测定结果。

A.11 铅的测定

A.11.1 方法提要

苋菜红经湿法消解后,制备成试样溶液,用原子吸收光谱法测定铅的含量。

A.11.2 试剂和材料

A.11.2.1 铅(Pb)标准溶液:按 GB/T 602 配制和标定后,再根据使用的仪器要求进行稀释配制成含铅相应浓度的三种标准溶液。
A.11.2.2 氢氧化钠溶液:1 g/L。
A.11.2.3 硼氢化钠溶液:8 g/L(溶剂为 1 g/L 的氢氧化钠溶液)。
A.11.2.4 盐酸溶液:1+10。

A.11.3 仪器和设备

A.11.3.1 原子吸收光谱仪。
A.11.3.2 仪器参考条件:GB 5009.12—2010 中第三法火焰原子吸收光谱法。

A.11.4 分析步骤

可直接采用 A.10.4.1 的试样溶液和空白溶液。

按 GB 5009.12—2010 中第三法火焰原子吸收光谱法操作。

平行测定结果的绝对差值不大于 1.0 mg/kg,取其算术平均值作为测定结果。

附　录　B

（规范性附录）

三氯化钛标准滴定溶液的配制方法

B.1　试剂和材料

B.1.1　盐酸。

B.1.2　硫酸亚铁铵。

B.1.3　硫氰酸铵溶液:200 g/L。

B.1.4　硫酸溶液:1+1。

B.1.5　三氯化钛溶液。

B.1.6　重铬酸钾标准滴定溶液:$c(1/6K_2Cr_2O_7)=0.1$ mol/L,按 GB/T 602 配制与标定。

B.2　仪器和设备

见图 A.1。

B.3　三氯化钛标准滴定溶液的配制

B.3.1　配制

取 100 mL 三氯化钛溶液和 75 mL 盐酸,置于 1 000 mL 棕色容量瓶中,用新煮沸并已冷却到室温的水稀释至刻度,摇匀,立即倒入避光的下口瓶中,在二氧化碳气体保护下贮藏。

B.3.2　标定

称取约 3 g(精确至 0.000 1 g)硫酸亚铁铵,置于 500 mL 锥形瓶中,在二氧化碳气流保护作用下,加入 50 mL 新煮沸并已冷却的水,使其溶解,再加入 25 mL 硫酸溶液,继续在液面下通入二氧化碳气流作保护,迅速准确加入 35 mL 重铬酸钾标准滴定溶液,然后用需标定的三氯化钛标准溶液滴定到接近计算量终点,立即加入 25 mL 硫氰酸铵溶液,并继续用需标定的三氯化钛标准溶液滴定到红色转变为绿色,即为终点。整个滴定过程应在二氧化碳气流保护下操作,同时做一空白试验。

B.3.3　结果计算

三氯化钛标准溶液的浓度以 $c(TiCl_3)$ 计,单位以摩尔每升(mol/L)表示,按公式(B.1)计算:

$$c(TiCl_3)=\frac{cV_1}{V_2-V_3} \qquad \cdots\cdots\cdots\cdots\cdots\cdots\cdots\cdots\cdots（B.1）$$

式中:

c ——重铬酸钾标准滴定溶液浓度的准确数值,单位为摩尔每升(mol/L);

V_1——重铬酸钾标准滴定溶液体积的准确数值,单位为毫升(mL);

V_2——滴定被重铬酸钾标准滴定溶液氧化成高钛所用去的三氯化钛标准滴定溶液体积的准确数值,单位为毫升(mL);

V_3——滴定空白用去三氯化钛标准滴定溶液体积的准确数值,单位为毫升(mL)。

计算结果表示到小数点后 4 位。

以上标定需在分析样品时即时标定。

附　录　C
（规范性附录）
氯化钡标准溶液的配制方法

C.1　试剂和材料

C.1.1　氯化钡。

C.1.2　氨水。

C.1.3　硫酸标准滴定溶液：$c(1/2H_2SO_4)=0.1\ mol/L$，按 GB/T 601 配制与标定。

C.1.4　玫瑰红酸钠指示液（称取 0.1 g 玫瑰红酸钠，溶于 10 mL 水中，现用现配）。

C.1.5　广范 pH 试纸。

C.2　配制

称取 12.25 g 氯化钡，溶于 500 mL 水，移入 1 000 mL 容量瓶中，稀释至刻度，摇匀。

C.3　标定方法

吸取 20 mL 硫酸标准滴定溶液，置于 250 mL 锥形瓶中，加 50 mL 水，并用氨水中和到广范 pH 试纸为 8，然后用氯化钡标准滴定溶液滴定，以玫瑰红酸钠指示液作外指示液，反应液与指示液在滤纸上交汇处呈现玫瑰红色斑点且保持 2 min 不褪色为终点。

C.4　结果计算

氯化钡标准滴定溶液浓度以 $c(1/2BaCl_2)$ 计，单位以摩尔每升（mol/L）表示，按公式（C.1）计算：

$$c\left(\frac{1}{2}BaCl_2\right)=\frac{c_1 V_4}{V_5}\quad\cdots\cdots\cdots\cdots\cdots\cdots\cdots\cdots\cdots\cdots（C.1）$$

式中：

c_1——硫酸标准滴定溶液浓度的准确数值，单位为摩尔每升（mol/L）；

V_4——硫酸标准滴定溶液体积的准确数值，单位为毫升（mL）；

V_5——消耗氯化钡标准滴定溶液体积的准确数值，单位为毫升（mL）。

计算结果表示到小数点后 4 位。

附　录　D
（资料性附录）
苋菜红液相色谱示意图和各组分保留时间

D.1 苋菜红液相色谱示意图见图 D.1。

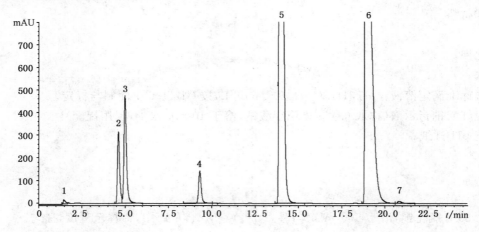

1——6-羟基-1,3,6-萘三磺酸钠；

2——7-羟基-1,3-萘二磺酸钠；

3——3-羟基-2,7-萘二磺酸钠；

4——1 萘胺-4-磺酸钠；

5——6-羟基-2-萘磺酸钠；

6——苋菜红；

7——未知物。

图 D.1　苋菜红液相色谱示意图

D.2 苋菜红各组分保留时间见表 D.1。

表 D.1　苋菜红各组分保留时间

峰号	组　分　名　称	保留时间/min
1	6-羟基-1,3,6-萘三磺酸钠	2.44
2	7-羟基-1,3-萘二磺酸钠	4.59
3	3-羟基-2,7-萘二磺酸钠	4.97
4	1 萘胺-4-磺酸钠	9.29
5	6-羟基-2-萘磺酸钠	13.92
6	苋菜红	18.88
注：不同仪器、不同分离柱、甚至不同时间进样各组分的保留时间均会有所不同,但各组分的洗脱顺序是不变的。		

ICS 67.220.20
X 42

中华人民共和国国家标准

GB 4479.2—2005
代替 GB 4479.2—1996

食品添加剂 苋菜红铝色淀

Food additive—
Amaranth aluminum lake

2005-06-30 发布

2005-12-01 实施

中华人民共和国国家质量监督检验检疫总局
中国国家标准化管理委员会 发布

前　言

本标准的全部技术内容为强制性。

本标准修改采用日本《食品添加物公定书》第七版(1999)"食用赤色2号铝色淀"。

本标准根据日本《食品添加物公定书》第七版(1999)"食用赤色2号铝色淀"重新起草。

考虑到我国国情,在采用日本《食品添加物公定书》第七版(1999)"食用赤色2号铝色淀"时,本标准作了一些修改。本标准与日本《食品添加物公定书》第七版(1999)"食用赤色2号铝色淀"的主要差异如下:

——增加了副染料含量项目的定量指标(本标准的3.2),这是因为有利于产品质量的控制;

——砷含量指标以As来计算(本标准的3.2)。这是为了与我国食品添加剂中砷含量计算方法保持一致;

——苋菜红铝色淀含量的测定(本标准的4.3)除将三氯化钛滴定法作为仲裁方法外,分光光度比色法可用于日常测定;

——砷含量的测定(本标准的4.7)采用"湿法消解"处理实验室样品,然后采用"砷斑法"限量比较。这是考虑到操作简便,结果准确稳定而决定的;

——重金属(以Pb计)含量的测定(本标准的4.8)采用"湿法消解"处理实验室样品。这样使操作更简便,结果更准确,有利于产品质量的提高。

——钡(以Ba计)含量的测定(本标准的4.9)采用硫酸钡沉淀限量比色法,这是根据我国生产企业发展和用户的实际情况而决定的。

本标准代替GB 4479.2—1996《食品添加剂　苋菜红铝色淀》。

本标准与GB 4479.2—1996相比,主要变化如下:

——鉴别方法进行了修改(1996年版的4.2,本版的4.2);

——含量指标改为≥10%,并改为以含3-羟基-4-(4-偶氮萘磺酸)-2,7-萘二磺酸三钠盐($C_{20}H_{11}N_2Na_3O_{10}S_3$分子量为604.48)计的质量分数,(1996年版的3.2,本版的3.2);

——取消水溶性氯化物(以NaCl计)及硫酸盐(以Na_2SO_4计)指标项目(1996年版的3.2、4.6);

——重金属(以Pb计)含量的测定改为"湿法消解"处理实验室样品(1996年版的4.9,本版的4.8);

——钡(以Ba计)含量的测定改为硫酸钡沉淀限量比色法(1996年版的4.10,本版的4.9);

——检验规则、标志、包装、运输和贮存等条款作了修改(1996年版的5、6,本版的5、6)。

本标准由中国石油和化学工业协会提出。

本标准由全国染料标准化技术委员会(SAC/TC 134)和中国疾病预防控制中心营养与食品安全所归口。

本标准起草单位:上海染料研究所有限公司、上海市卫生局卫生监督所。

本标准主要起草人:商晓菁、周建村、张磊、肖杰、施怀炯。

本标准于1996年9月首次发布。

食品添加剂 苋菜红铝色淀

1 范围

本标准规定了食品添加剂苋菜红铝色淀的要求、试验方法、检验规则以及标志、包装、运输和贮存。

本标准适用于食品添加剂苋菜红与氢氧化铝作用生成的铝色淀。供食品、药品和化妆品等行业作着色剂用。

2 规范性引用文件

下列文件中的条款通过本标准的引用而成为本标准的条款。凡是注日期的引用文件,其随后所有的修改单(不包括勘误的内容)或修订版均不适用于本标准,然而,鼓励根据本标准达成协议的各方研究是否可使用这些文件的最新版本。凡是不注日期的引用文件,其最新版本适用于本标准。

GB/T 601 化学试剂 标准滴定溶液的制备

GB/T 602 化学试剂 杂质测定用标准溶液的制备(GB/T 602—2002,ISO 6353-1:1982,NEQ)

GB/T 603 化学试剂 试验方法中所用制剂及制品的制备(GB/T 603—2002,ISO 6353-1:1982,NEQ)

GB 4479.1—1999 食品添加剂 苋菜红

GB/T 5009.76—2003 食品添加剂中砷的测定

GB/T 6682 实验室用水规格和试验方法(GB/T 6682—1992,neq ISO 3696:1987)

3 要求

3.1 外观

紫红色微细粉末。

3.2 技术要求

食品添加剂苋菜红铝色淀的技术要求应符合表 1 规定。

表 1 食品添加剂苋菜红铝色淀的技术要求

项 目		指 标
含量:3-羟基-4-(4-偶氮萘磺酸-)2,7-萘二磺酸三钠盐 $(C_{20}H_{11}N_2Na_3O_{10}S_3)$ 的质量分数/%	≥	10.0
干燥减量的质量分数/%	≤	30.0
盐酸和氨水中不溶物的质量分数/%	≤	0.5
副染料的质量分数/%	≤	1.2
砷(以 As 计)的质量分数/%	≤	0.000 3
重金属(以 Pb 计)的质量分数/%	≤	0.002
钡(以 Ba 计)的质量分数/%	≤	0.05

4 试验方法

本标准所用试剂和水,在没有注明其他要求时,均指分析纯试剂和 GB/T 6682 规定的三级水。试验中所需标准溶液、杂质标准溶液、制剂及制品在没有注明其他规定时,均按 GB/T 601、GB/T 602、

GB/T 603 规定配制。

4.1 外观

在自然光线条件下用目视测定,结果应符合本标准 3.1 的规定。

4.2 鉴别

4.2.1 试剂和材料

4.2.1.1 硫酸。

4.2.1.2 盐酸溶液:1+3。

4.2.1.3 氨水溶液:1+2。

4.2.1.4 硫酸溶液:1+19。

4.2.1.5 氢氧化钠溶液:1+9。

4.2.1.6 乙酸铵溶液:3+1997。

4.2.1.7 活性炭。

4.2.2 仪器

4.2.2.1 分光光度计。

4.2.2.2 比色皿:10 mm。

4.2.3 分析步骤

4.2.3.1 称取实验室样品 0.1 g,加硫酸 5 mL,在水浴中不时地摇动,加热约 5 min 时,显紫色。冷却后,取上层澄清液 2~3 滴,加水 5 mL,溶液显紫红色。

4.2.3.2 称取实验室样品 0.1 g,加硫酸溶液 5 mL,充分摇匀后,加乙酸铵溶液配至 100 mL。如溶液不澄清时,要离心分离。然后使测定的吸光度在 0.2~0.7 范围内,量取此溶液 1 mL~10 mL 加乙酸铵溶液配至 100 mL,此溶液在波长 520 nm±2 nm 处有最大吸收峰。

4.2.3.3 称取实验室样品 0.1 g,加盐酸溶液 10 mL,在水浴中加热,使其大部分溶解,加活性炭 0.5 g,充分摇匀后过滤。取无色滤液,加氢氧化钠溶液中和后,呈现铝盐反应。

4.3 含量的测定

4.3.1 三氯化钛滴定法(仲裁法)

4.3.1.1 方法提要

在酸性介质中,染料结构中的偶氮基被三氯化钛还原分解成氨基化合物,按三氯化钛标准溶液滴定消耗的量来计算其含量。

4.3.1.2 试剂和材料

4.3.1.2.1 柠檬酸三钠;

4.3.1.2.2 硫酸溶液:1+19;

4.3.1.2.3 三氯化钛标准溶液:$c(TiCl_3)=0.1$ mol/L(现配现用,配制方法按 GB 4479.1—1999 附录 A);

4.3.1.2.4 钢瓶装二氧化碳。

4.3.1.3 分析步骤

称取规定量的实验室样品(以使 0.1 mol/L 三氯化钛标准溶液消耗量约 20 mL),精确至 0.2 mg,置于 500 mL 三角烧瓶内,加硫酸溶液 20 mL,充分混合后,加热水 50 mL,加热溶解,然后再加沸水 150 mL,加柠檬酸三钠 15 g。按 GB 4479.1—1999 中图 1 所示装好装置,在液面下通入二氧化碳,加热至沸,用三氯化钛标准滴定溶液滴定到试料固有颜色消失为终点。

4.3.1.4 结果计算

苋菜红铝色淀(以钠盐计)的质量分数(w_1),数值以%表示,按式(1)计算:

$$w_1 = \frac{(V/1\,000) \times c \times (M/4)}{m \times 50/250} \times 100 \qquad\qquad\cdots\cdots\cdots\cdots\cdots\cdots(1)$$

式中：

V——滴定试料耗用的三氯化钛标准滴定溶液(4.3.1.2.3)体积的数值,单位为毫升(mL);

c——三氯化钛标准滴定溶液浓度的准确数值,单位为摩尔每升(mol/L);

m——试料质量的数值,单位为克(g);

M——苋菜红铝色淀(以钠盐计)的摩尔质量的数值,单位为克每摩尔(g/mol)($M=604.48$)。

计算结果表示到小数点后1位。

4.3.1.5 允许差

取两次平行测定结果的算术平均值作为测定结果,两次平行测定结果的绝对差值不大于1.0%。

4.3.2 分光光度比色法

4.3.2.1 方法提要

将苋菜红铝色淀与已知含量的苋菜红标准样品分别用水溶解后,在最大吸收波长处,分别测其吸光度,然后计算其含量的质量分数。

4.3.2.2 试剂

4.3.2.2.1 乙酸铵溶液:3+1997。

4.3.2.2.2 硫酸溶液:1+20。

4.3.2.2.3 苋菜红标准样品:质量分数≥85.0%(三氯化钛滴定法)。

4.3.2.3 仪器

4.3.2.3.1 分光光度计。

4.3.2.3.2 比色皿:10 mm。

4.3.2.4 苋菜红标准样品溶液的配制

称取0.5 g苋菜红标准样品,精确至0.2 mg。溶于适量的水中,移入1 000 mL的容量瓶中,加入乙酸铵溶液,稀释至刻度,摇匀。准确吸取10 mL移入500 mL容量瓶中,加入乙酸铵溶液,稀释至刻度,摇匀。

4.3.2.5 苋菜红铝色淀试验溶液的配制

称取规定量的实验室样品(以使试验溶液的吸光度在0.2~0.7范围内为准),精确至0.2 mg。加入硫酸溶液25 mL,加热至80℃～90℃。溶解后移入1 000 mL容量瓶中,用乙酸铵溶液稀释至刻度,摇匀。准确吸取10 mL移入500 mL容量瓶中,再用乙酸铵溶液稀释至刻度,摇匀。

4.3.2.6 分析步骤

将苋菜红标准样品溶液(4.3.2.4)和苋菜红铝色淀试验溶液(4.3.2.5)分别置于比色皿中,同在520 nm±2 nm波长处用分光光度计测定其各自的吸光度。以乙酸铵溶液作参比溶液。

4.3.2.7 结果计算

苋菜红铝色淀的质量分数(w_2),数值以%表示,按式(2)计算:

$$w_2 = \frac{m_s A}{m A_s} \times w_s \qquad\qquad\qquad (2)$$

式中：

A——苋菜红铝色淀试验溶液(4.3.2.5)的吸光度;

A_s——苋菜红标准样品溶液(4.3.2.4)的吸光度;

w_s——苋菜红标准样品(4.3.2.2.3)的质量分数(三氯化钛滴定法),数值以%表示;

m——试料质量的数值,单位为克(g);

m_s——苋菜红标准样品质量的数值,单位为克(g)。

计算结果表示到小数点后1位。

4.3.2.8 允许差

取两次平行测定结果的算术平均值作为测定结果,两次平行测定结果的绝对差值不大于1.0%。

4.4 干燥减量的测定

按 GB 4479.1—1999 中的 4.4 规定的方法。

4.5 盐酸和氨水中不溶物含量的测定

4.5.1 试剂

4.5.1.1 盐酸；

4.5.1.2 盐酸溶液：3+17；

4.5.1.3 氨水溶液：4+96；

4.5.1.4 硝酸银溶液：$c(AgNO_3)=0.1\ mol/L$。

4.5.2 仪器

4.5.2.1 玻璃砂芯坩埚：孔径为 5 μm～15 μm；

4.5.2.2 恒温烘箱。

4.5.3 分析步骤

称取 2 g 实验室样品，精确至 10 mg。置于 600 mL 烧杯中，加入水 20 mL 和盐酸 20 mL，充分搅拌后加入热水 300 mL，搅匀，盖上表面皿。在 70℃～80℃ 的水浴中加热 30 min，放冷。用已在 135℃±2℃烘至质量恒定的砂芯坩埚过滤，用水约 30 mL 将烧杯中的不溶物冲洗到坩埚中，洗涤至滤液无色后，再用氨水溶液 100 mL 洗至无色，用盐酸溶液 10 mL 洗涤，然后用水洗到滤液用硝酸银溶液检测无白色沉淀，放入 135℃±2℃恒温烘箱中烘至质量恒定，在干燥器内放冷，称量。

4.5.4 结果计算

盐酸和氨水中不溶物的质量分数（w_3），数值以％表示，按式（3）计算：

$$w_3 = \frac{m_1}{m} \times 100 \quad\quad\quad\quad\quad\quad\quad\quad\quad\quad\quad (3)$$

式中：

m_1——干燥后水不溶物质量的数值，单位为克（g）；

m——试料质量的数值，单位为克（g）。

计算结果表示到小数点后 1 位。

4.5.5 允许差

取两次平行测定结果的算术平均值作为测定结果，两次平行测定结果的绝对差值不大于 0.05％。

4.6 副染料含量的测定

4.6.1 方法提要

用纸上层析法将各组分分离，洗脱，然后用分光光度法定量。

4.6.2 试剂

4.6.2.1 无水乙醇；

4.6.2.2 正丁醇；

4.6.2.3 酒石酸氢钠；

4.6.2.4 丙酮溶液：1+1；

4.6.2.5 氨水溶液：4+96；

4.6.2.6 碳酸氢钠溶液：4 g/L。

4.6.3 仪器

4.6.3.1 分光光度计；

4.6.3.2 层析滤纸：中速，150 mm×250 mm；

4.6.3.3 层析缸：φ240 mm×300 mm；

4.6.3.4 微量进样器：100 μL；

4.6.3.5 纳氏比色管：50 mL 有玻璃磨口塞；

4.6.3.6 玻璃砂芯漏斗:孔径为 15 μm~40 μm;

4.6.3.7 比色皿:50 mm;

4.6.3.8 比色皿:10 mm。

4.6.4 分析步骤

4.6.4.1 纸上层析条件

展开剂:正丁醇+无水乙醇+氨水溶液＝6+2+3;

温度:20℃~25℃。

4.6.4.2 苋菜红铝色淀试验溶液的配制

称取 2 g 实验室样品,精确至 1 mg。置于烧杯中,加入适量水和酒石酸氢钠 5 g,加热溶解后,移入 100 mL 容量瓶中,稀释至刻度,摇匀。用微量进样器吸取 100 μL,均匀地注在离滤纸底边 25 mm 的一条基线上,成一直线,使其在滤纸上的宽度不超过 5 mm,长度为 130 mm,用吹风机吹干。将滤纸放入装有预先配制好展开剂的层析缸中展开,滤纸底边浸入展开剂液面下 10 mm,待展开剂前沿线上升至 150 mm 或直到副染料分离满意为止。取出层析滤纸,用冷风吹干。

用空白滤纸在相同条件下展开,该空白滤纸必须与试验溶液展开用的滤纸在同一张滤纸上相邻部位裁取。

副染料纸上层析示意图见图1。

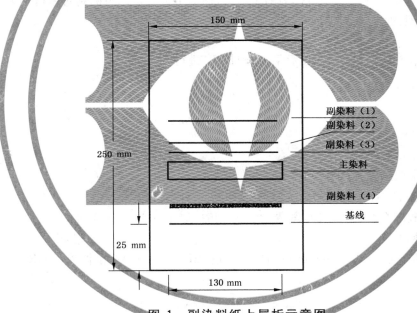

图 1 副染料纸上层析示意图

将展开后取得的各个副染料和在空白滤纸上与各副染料相对应的部位的滤纸按同样大小剪下,并剪成约 5 mm×15 mm 的细条,分别置于 50 mL 的纳氏比色管中,加入丙酮溶液 5 mL,摇动 3 min~5 min后,再加入碳酸氢钠溶液 20 mL,充分摇动,然后分别在玻璃砂芯漏斗中自然过滤,滤液必须澄清,无悬浮物。分别得到各副染料和空白洗出溶液。在各自副染料的最大吸收波长处,用 50 mm 比色皿,在分光光度计上测定其各自的吸光度。

在分光光度计上测定吸光度时,以丙酮溶液 5 mL 和碳酸氢钠溶液 20 mL 的混合溶液作参比溶液。

4.6.4.3 标准洗出溶液的配制

吸取上述 2% 的试验溶液 6 mL,移入 100 mL 容量瓶中,稀释至刻度,摇匀。用微量进样器吸取 100 μL,均匀地注在离滤纸底边 25 mm 的一条基线上,用吹风机吹干。将滤纸放入装有预先配制好展开剂的层析缸中展开,待展开剂前沿线上升 40 mm,取出后,用冷风吹干,剪下所有展开的染料部分,按 4.6.4.2 方法进行萃取操作后,得到标准洗出溶液。将标准洗出溶液用 10 mm 比色皿在最大吸收波长处测定其吸光度。

同时用空白滤纸在相同条件下展开,按4.6.4.2的方法进行萃取操作后,测其萃取液的吸光度。

4.6.4.4 结果计算

副染料的质量分数(w_4),数值以%表示,按式(4)计算:

$$w_4 = \frac{[(A_1-b_1)+\cdots\cdots+(A_n-b_n)]/5}{(A_s-b_s)\times(100/6)}\times w_s \quad\cdots\cdots\cdots\cdots\cdots\cdots\cdots(4)$$

式中:

$A_1\cdots,A_n$——各副染料洗出溶液以50 mm光径长度计算的吸光度;

$b_1\cdots,b_n$——各副染料对照空白洗出溶液以50 mm光径长度计算的吸光度;

A_s——标准样品洗出溶液以10 mm光径长度计算的吸光度;

b_s——标准样品对照空白洗出溶液以10 mm光径长度计算的吸光度;

5——折算成以10 mm光径长度计算的比数;

100/6——标准样品洗出溶液折算成2%试验溶液的比数;

w_s——苋菜红铝色淀的质量分数,%。

计算结果表示到小数点后1位。

4.6.4.5 允许差

取两次平行测定结果的算术平均值作为测定结果,两次平行测定结果的绝对差值不大于0.2%。

4.7 砷(以As计)含量的测定

4.7.1 方法提要

苋菜红铝色淀经湿法消解处理后,然后采用"砷斑法"进行限量比色。

4.7.2 试剂

4.7.2.1 盐酸;

4.7.2.2 硝酸;

4.7.2.3 氨水;

4.7.2.4 硫酸溶液:1+1;

4.7.2.5 盐酸溶液:1+3;

4.7.2.6 乙酸铵溶液:1+9;

4.7.2.7 硝酸-高氯酸混合溶液(3+1):量取60 mL硝酸,加20 mL高氯酸,混匀;

4.7.2.8 硫化钠溶液:1+9;

4.7.2.9 砷(As)标准溶液(0.001 mg/mL):取0.1 mg/mL的砷(As)标准溶液1 mL于100 mL容量瓶中,稀释至刻度。

4.7.3 仪器

按GB/T 5009.76—2003中第10章图2的装置。

4.7.4 苋菜红铝色淀试验溶液的配制

称取2.5 g实验室样品,精确至10 mg。置于圆底烧杯中,加硝酸5 mL~8 mL,润湿样品,放置片刻后,缓缓加热。等作用缓和后稍冷,沿瓶壁加入硫酸溶液约15 mL,再缓缓加热,至瓶中溶液开始变成棕色,停止加热。放冷后加入硝酸-高氯酸混合溶液约15 mL,继续加热,至生成大量的二氧化硫白色烟雾,最后溶液应呈无色或微黄色(如仍有黄色则再补加硝酸-高氯酸混合溶液5 mL后处理)。冷却后加水20 mL,煮沸除去残余的硝酸-高氯酸,如此处理两次至产生白烟,放冷。将溶液移入50 mL容量瓶中,用水洗涤圆底烧瓶,将洗涤液并入容量瓶中,加水至刻度,摇匀,作为苋菜红铝色淀试验溶液。

4.7.5 空白溶液的配制

按相同方法,取同样量的硝酸、硫酸和硝酸-高氯酸混合溶液配制成空白溶液。

4.7.6 分析步骤

按GB/T 5009.76—2003中第11章所示的规定进行操作。

4.8 重金属(以 Pb 计)含量的测定

4.8.1 方法提要

苋菜红铝色淀经湿法消解处理后,稀释至一定体积,在 pH 等于 4 时,加入硫化钠溶液,然后进行限量比色。

4.8.2 试剂

4.8.2.1 盐酸;

4.8.2.2 硝酸;

4.8.2.3 氨水;

4.8.2.4 硫酸溶液:1+1;

4.8.2.5 盐酸溶液:1+3;

4.8.2.6 乙酸铵溶液:1+9;

4.8.2.7 硝酸-高氯酸混合溶液(3∶1):量取 60 mL 硝酸,加 20 mL 高氯酸,混匀;

4.8.2.8 硫化钠溶液:1+9;

4.8.2.9 铅(Pb)标准溶液(0.01 mg/mL):取 0.1 mg/mL 的铅(Pb)标准溶液 1 mL 于 100 mL 容量瓶中,稀释至刻度。

4.8.3 苋菜红铝色淀试验溶液的配制

按本标准中 4.7.4 方法配制。

4.8.4 空白试验溶液的配制

按相同方法,取同样量的硝酸、硫酸溶液,作为空白试验溶液。

4.8.5 检测溶液的配制

量取 20 mL 试验溶液(4.8.3)。加氨水调整 pH,再加乙酸铵溶液调至 pH 为 4,加水配至 50 mL,作为检测溶液。

4.8.6 比较溶液的配制

量取 20 mL 空白试验溶液(4.8.4)及铅标准溶液 2.0 mL。与 4.7.4 一样操作,配成比较溶液。

4.8.7 分析步骤

在两种溶液(4.8.5)和(4.8.6)中各加硫化钠溶液 2 滴后,摇匀,放置 5 min,检测溶液颜色不应深于比较溶液。

4.9 钡(以 Ba 计)含量的测定

4.9.1 试剂

4.9.1.1 硫酸;

4.9.1.2 无水碳酸钠;

4.9.1.3 盐酸溶液:1+3;

4.9.1.4 硫酸溶液:1+19;

4.9.1.5 钡标准溶液:氯化钡($BaCl_2 \cdot 2H_2O$)177.9 mg,用水定容至 1 000 mL。每 1 mL 含有 0.1 mg 钡(0.1 mg/mL)。

4.9.2 苋菜红铝色淀试验溶液的配制

称取 1 g 实验室样品,精确至 10 mg,放于白金坩埚或陶瓷坩埚中,加少量硫酸润湿,徐徐加热,尽量在低温下使之几乎全部灰化。放冷后,再加硫酸 1 mL,慢慢加热至几乎不发生硫酸蒸汽为止,放入马福炉中,于 450℃～550℃ 灼烧 3 h。冷却后,加无水碳酸钠 5 g 充分混合,加热熔化后,再继续加热 10 min。冷却后,加水 20 mL,在水浴上加热,将熔融物溶解。冷却后,过滤,用水洗涤滤纸上的残渣至洗涤液不呈硫酸盐反应为止。然后将纸上的残渣与滤纸一起移至烧杯中,加盐酸溶液 30 mL,充分摇匀后煮沸。冷却后,过滤,用水 10 mL 洗涤滤纸上的残渣。将洗涤液与滤液合并,在水浴上蒸发到干涸。加水 5 mL 使残渣溶解,必要时过滤,加盐酸溶液 2.5 mL,充分混合后,再加水配至 25 mL 作为苋菜红铝色淀试验溶液。

4.9.3 标准比浊溶液的配制

钡标准溶液 5 mL,盐酸溶液 0.25 mL 加水至 25 mL 作为标准比浊溶液。

4.9.4 分析步骤

在苋菜红铝色淀试验溶液(4.9.2)和标准比浊溶液(4.9.3)中各加硫酸溶液 1 mL 混合,放置 10 min时,试验溶液混浊程度不得超过标准比浊溶液。

5 检验规则

5.1 组批

以批为单位(以一次拼混的均匀产品为一批)。

5.2 采样

瓶装产品采样应从每批包装产品箱总数中选取 10% 大箱,再从抽出的箱中选取 10% 瓶,在每瓶的中心处取出不少于 50 g 的样品,取样时应小心,不使外界杂质落入产品中,将所取样品迅速混匀后从中取约 100 g,分别装于二个清洁干燥的密封容器中,注明生产厂名、产品名称、批号、生产日期,一瓶供检验,一瓶留样备查。

5.3 检验

按本标准第 3 章的要求,逐批、全项目检验。

5.4 判定规则与复验

若检验结果有任何一项不符合本标准要求时,应重新自该批产品中取双倍试样,对该不合格项目进行复验,若复验结果符合本标准要求时,则判该批产品为合格品,反之,则判该批产品为不合格品。

6 标志、包装、运输和贮存

6.1 标志

每一瓶(袋、桶)出厂产品,应有明显的标识,内容包括:"食品添加剂"字样、产品名称、生产厂名和地址、商标、生产和食品卫生许可证号、产品标准号和标准名称、保质期、生产日期和批号、净含量和使用说明。

6.2 包装

食品添加剂苋菜红铝色淀使用食用级聚乙烯塑料瓶或其他符合药品和食品包装要求的材料包装,外套纸箱固封。其他形式包装可由制造厂商与用户协商确定。

6.3 运输

运输时必须防雨、防潮、防晒,不得与有毒、有害等其他物资混装、混运。

6.4 贮存

6.4.1 本产品贮存在干燥、通风、阴凉仓库内,防止污染。

6.4.2 本产品在包装完整、未启封的情况下,自生产之日起保质期为五年。逾期重新检验是否符合本标准要求,合格仍可使用。

前　　言

本标准的全部技术内容为强制性。

本标准是等效采用《日本食品添加物公定书》第六版(1992)"食用红色 102 号(胭脂红)",是对 GB 4480.1—1994《食品添加剂　胭脂红》的修订。

本标准与日本标准主要技术差异为:

1. 本标准中重金属(以 Pb 计)指标为≤0.001%,日本指标为≤0.002%。

2. 本标准中砷含量测定延用 GB/T 8450—1987《食品添加剂中砷的测定方法》,指标为 ≤0.000 1%(以 As 计),日本指标为≤0.000 4%(As_2O_3)。

3. 本标准中副染料含量测定延用 GB 4480.1—1994 中的测定方法,指标为≤3.0%。

4. 本标准中含量测定除三氯化钛滴定法外,增加相对简便的分光光度法,用于日常测定。以三氯化钛法作为仲裁方法。

5. 本标准中氯化物(以 NaCl 计)及硫酸盐(以 Na_2SO_4 计)的测定方法为化学滴定法,日本标准为离子色谱法。

本标准与 GB 4480.1—1994 主要技术差异为:

1. GB 4480.1—1994 设胭脂红 82、胭脂红 60 二个规格,本标准取消胭脂红 60 规格。由于《日本食品添加物公定书》第六版"食用红色 102 号(胭脂红)"中,胭脂红结构式中含 1.5 的结晶水的事实已经确认,对应的量也予以修改,其含量改为≥85.0%。因此本标准含量也作了修订,为≥85.0%。

2. 本标准中增设氯化物(以 NaCl 计)及硫酸盐(以 Na_2SO_4 计)的测定项目,指标为≤8.0%。

3. 取消了异丙醚萃取物含量测定项目。

本标准自实施之日起,同时代替 GB 4480.1—1994。

本标准中附录 A 是标准的附录。

本标准由国家石油和化学工业局提出。

本标准由全国染料标准化技术委员会、卫生部食品监督检验所归口。

本标准起草单位:上海市染料研究所、上海市卫生局卫生监督所。

本标准主要起草人:丁德毅、刘静、李玉华、施怀炯、周艳琴。

本标准委托全国食品添加剂标准化技术委员会化工分会负责解释。

本标准于 1988 年首次发布,1994 年第一次修订。

中 华 人 民 共 和 国 国 家 标 准

GB 4480.1—2001

代替 GB 4480.1—1994

食品添加剂 胭脂红

Food additive—Ponceau 4R

1 范围

本标准规定了食品添加剂胭脂红的要求,试验方法、检验规则以及标志、包装、运输、贮存。

本标准适用于食品、化妆品等行业作着色剂用。

结构式:

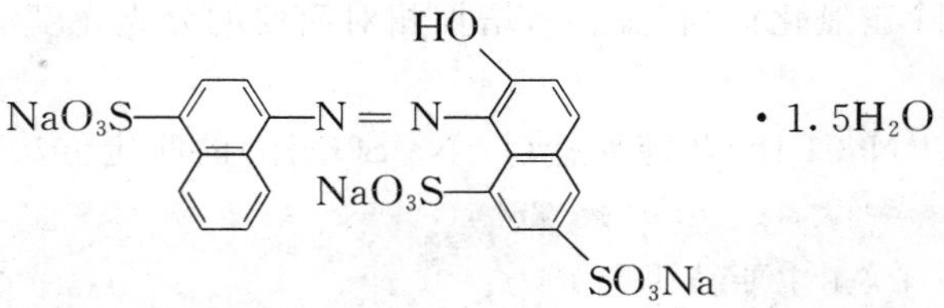

分子式:$C_{20}H_{11}N_2Na_3O_{10}S_3 \cdot 1.5H_2O$

相对分子质量:631.51(按 1997 年国际相对原子质量)

2 引用标准

下列标准所包含的条文,通过在本标准中引用而构成为本标准的条文。本标准出版时,所示版本均为有效。所有标准都会被修订,使用本标准的各方应探讨使用下列标准最新版本的可能性。

GB/T 601—1988 化学试剂 滴定分析(容量分析)用标准溶液的制备

GB/T 602—1988 化学试剂 杂质测定用标准溶液的制备

GB/T 603—1988 化学试剂 试验方法中所用制剂及制品的制备

GB/T 6682—1992 分析实验室用水规格及试验方法(neq ISO 3696:1987)

GB/T 8450—1987 食品添加剂中砷的测定方法

3 要求

3.1 外观

本品为红色~深红色粉末或颗粒。

3.2 质量要求

应符合表 1 规定。

表 1
%

项 目		指 标
含量	⩾	85.0
干燥减量	⩽	10.0
氯化物(以 NaCl 计)及硫酸盐(以 Na_2SO_4 计)总量	⩽	8.0

表 1（完）   %

项 目		指 标
水不溶物	≤	0.20
副染料	≤	3.0
砷（以 As 计）	≤	0.000 1
重金属（以 Pb 计）	≤	0.001

4 试验方法

本标准所用试剂和水,在没有注明其他要求时,均指分析纯试剂和 GB/T 6682 规定的三级水。试验中所需标准溶液、杂质标准溶液、制剂及制品在没有注明其他规定时,均按 GB/T 601、GB/T 602、GB/T 603 之规定配制。

4.1 外观

在自然光线条件下用目视测定,结果应符合本标准 3.1 的规定。

4.2 鉴别

4.2.1 试剂和材料

4.2.1.1 硫酸溶液:1+100。

4.2.1.2 乙酸铵溶液:1.5 g/L。

4.2.2 仪器、设备

分光光度计。

4.2.3 试验方法

4.2.3.1 称取试样约 0.1 g,溶于 100 mL 水中,呈红色澄清溶液。

4.2.3.2 取 4.2.3.1 中红色澄清溶液 40 mL,加入硫酸溶液 10 mL 后,该溶液呈紫红色,取此液 2～3 滴,加入 5 mL 水中,呈现带黄光的红色溶液。

4.2.3.3 称取试样 0.1 g,溶于乙酸铵溶液 100 mL 中,取此溶液 1 mL 加乙酸铵溶液配至 100 mL,该溶液的最大吸收波长为(508±2) nm。

4.3 含量的测定

4.3.1 三氯化钛滴定法（仲裁法）

4.3.1.1 方法提要

在碱性介质中,试样中偶氮基被三氯化钛还原分解,按三氯化钛标准滴定溶液的消耗量,来计算染料的百分含量。

4.3.1.2 试剂和材料

　　a）柠檬酸三钠;

　　b）三氯化钛标准滴定溶液:$c(TiCl_3)=0.1$ mol/L（新配制,现配现用,配制方法见附录 A）;

　　c）钢瓶装二氧化碳。

4.3.1.3 分析步骤

称取试样 5 g,精确至 0.000 2 g。溶于新煮沸并冷却至室温的 100 mL 水中,移入 500 mL 容量瓶中,稀释至刻度,摇匀,准确吸取 50 mL,置于 500 mL 锥形瓶中,加入 15 g 柠檬酸三钠,150 mL 水,按图(1)装好仪器,在液面下通入二氧化碳气流的同时,加热至沸,并用三氯化钛标准滴定溶液滴定到无色为终点。

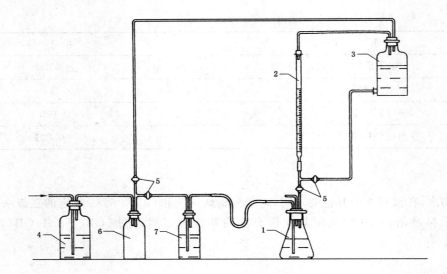

1—锥形瓶(500 mL);2—棕色滴定管(50 mL);3—包黑纸的下口玻璃瓶(2 000 mL);
4—盛 10% 碳酸铵和 10% 硫酸亚铁等量混合液的容器(5 000 mL);5—活塞;6—空瓶;
7—装有水的洗气瓶

图 1　三氯化钛滴定法装置图

4.3.1.4　分析结果的表述

以质量百分数表示胭脂红的含量(X_1),按式(1)计算:

$$X_1 = \frac{V \times c \times 0.157\,9}{m \times \dfrac{50}{500}} \times 100 = \frac{V \times c \times 157.9}{m} \quad \cdots\cdots\cdots\cdots\cdots\cdots\cdots\cdots (1)$$

式中:V——滴定试样耗用的三氯化钛标准滴定溶液的体积,mL;

　　　c——三氯化钛标准滴定溶液的实际浓度,mol/L;

　　　m——试料的质量,g;

0.157 9——与 1.00 mL 三氯化钛标准滴定溶液[$c(TiCl_3) = 1.000$ mol/L]相当的以克表示的胭脂红的
　　　　　质量。

4.3.1.5　允许差

同一试样二次测定结果之差不大于 1.0%,取其算术平均值作为测定结果。

4.3.2　分光光度比色法

4.3.2.1　方法提要

将试样与已知含量的标样分别用水溶解后,在最大吸收波长处,分别测其吸光度,然后计算出试样的含量。

4.3.2.2　试剂和材料

胭脂红标样:≥85.0% 自制,含量以三氯化钛滴定法测定。

4.3.2.3　仪器、设备

a) 分光光度计;

b) 比色皿:10 mm。

4.3.2.4　胭脂红标样溶液的配制

称取胭脂红标准样品 0.5 g,精确至 0.000 2 g。溶于适量水中,移入 1 000 mL 容量瓶中,稀释至刻度,摇匀。准确吸取 10 mL,移入 500 mL 容量瓶中,稀释至刻度,摇匀。

4.3.2.5 胭脂红试验溶液的配制

称取试样 0.5 g,其余同标样溶液的配制。

4.3.2.6 分析步骤

将标样溶液和试样溶液置于 10 mm 比色皿中,在(508±2) nm 波长处用分光光度计测定各自的吸光度。

以水作参比液。

4.3.2.7 分析结果的表述

以质量百分数表示胭脂红含量(X_2),按式(2)计算:

$$X_2 = \frac{AX_s}{A_s} \times 100 \qquad\qquad\cdots\cdots\cdots\cdots\cdots\cdots\cdots\cdots\cdots (2)$$

式中:A——试样溶液的吸光度;

A_s——标样溶液的吸光度;

X_s——胭脂红标准样品的质量百分含量(三氯化钛法)。

4.3.2.8 允许差

二次平行测定结果之差不大于 2.0%,取其算术平均值作为测定结果。

4.4 干燥减量的测定

4.4.1 分析步骤

称取试样 2 g,精确至 0.01 g。置于已恒重的 ϕ(30~40)mm 的称量瓶中,在(135±2)℃恒温烘箱中烘至恒重。

4.4.2 分析结果的表述

以质量百分数表示干燥减量的含量(X_3),按式(3)计算:

$$X_3 = \frac{m_2 - m_1}{m_2} \times 100 \qquad\qquad\cdots\cdots\cdots\cdots\cdots\cdots\cdots\cdots\cdots (3)$$

式中:m_2——试料干燥前的质量,g;

m_1——试料干燥至恒重后的质量,g。

4.4.3 允许差

二次平行测定结果之差不大于 0.2%,取其算术平均值作为测定结果。

4.5 氯化物(以 NaCl 计)及硫酸盐(以 Na_2SO_4 计)含量的测定[1]

4.5.1 氯化物(以 NaCl 计)含量的测定

4.5.1.1 试剂和材料

  a) 活性炭;

  b) 硝基苯;

  c) 硝酸溶液:1+1;

  d) 硝酸银溶液:$c(AgNO_3)$=0.1 mol/L;

  e) 硫氰酸铵标准滴定溶液:$c(NH_4CNS)$=0.1 mol/L;

  f) 硫酸铁铵溶液。

  配制:称取硫酸铁铵 14 g,溶于 100 mL 水中,过滤,加硝酸 10 mL,贮于棕色瓶中。

4.5.1.2 试验溶液的配制

称取胭脂红试样约 2 g,精确至 0.001 g。置于 200 mL 容量瓶中,加适量水。加活性炭 10 g,再加硝酸溶液 1 mL,加水至刻度,不断摇动均匀,放置 30 min(其间不时摇动),用干燥滤纸过滤,如滤液有色,

---

采用说明:

1] 日本标准采用离子色谱法,本标准采用化学滴定法。

则再加活性炭 2 g,不时摇动下放置 1 h,再用干燥滤纸过滤,如仍有色则更换活性炭重新操作。

4.5.1.3 分析步骤

移取 4.5.1.2 试验溶液 50 mL,置于 500 mL 锥形瓶中,加硝酸溶液 2 mL 和硝酸银溶液 10 mL(氯化物含量高时要多加些)及硝基苯 5 mL,剧烈摇动到氯化银凝结,加入硫酸铁铵试液 1 mL,用硫氰酸铵标准滴定溶液滴定至溶液呈砖红色即为终点,并保持 1 min。同时做空白试验。

4.5.1.4 分析结果的表述

以质量百分数表示氯化物(以 NaCl 计)含量(X_4),按式(4)计算:

$$X_4 = \frac{(V_1 - V) \times c \times 0.058\,4}{m \times \frac{50}{200}} \times 100 = \frac{(V_1 - V) \times c \times 23.36}{m} \qquad \cdots\cdots\cdots(4)$$

式中:V——滴定试样耗用硫氰酸铵标准滴定溶液的体积,mL;

V_1——滴定空白溶液耗用硫氰酸铵标准滴定溶液的体积,mL;

c——硫氰酸铵标准滴定溶液的实际浓度,mol/L;

m——试料质量,g;

0.058 4——与 1.00 mL 硫氰酸铵标准滴定溶液[$c(NH_4CNS) = 1.000$ mol/L]相当的以克表示的氯化钠质量。

4.5.1.5 允许差

二次平行测定结果之差不大于 0.3%,取其算术平均值作为测定结果。

4.5.2 硫酸盐(以 Na_2SO_4 计)含量的测定

4.5.2.1 试剂和材料

a) 氨水;

b) 氢氧化钠溶液:0.2 g/L;

c) 盐酸溶液:1+99;

d) 乙醇:95%;

e) 四羟基苯醌二钠-氯化钾混合指示剂:等量混合;

f) 硫酸标准滴定溶液:$c(1/2H_2SO_4) = 0.1$ mol/L;

g) 酚酞指示液:10 g/L;

h) 玫瑰红酸钠指示液:称取玫瑰红酸钠 0.1 g,溶于 10 mL 水(现配现用)中。

i) 氯化钡标准滴定溶液:$c(1/2\,BaCl_2) = 0.1$ mol/L。

配制:称取氯化钡 12.25 g,溶于 500 mL 水中,移入 1 000 mL 容量瓶中,稀释至刻度,摇匀。

标定:吸取硫酸标准溶液 20 mL,加水 50 mL,并用氨水中和到亮黄试纸呈碱性反应,然后用氯化钡标准溶液滴定,以玫瑰红酸钠指示液作外指示,在滤纸上呈现玫瑰红色斑点保持 2 min 不褪为终点。

氯化钡标准滴定溶液的浓度(X_5)按式(5)计算:

$$X_5 = \frac{V\,c}{V_1} \qquad \cdots\cdots\cdots\cdots\cdots\cdots(5)$$

式中:V——硫酸标准滴定溶液体积,mL;

V_1——氯化钡标准滴定溶液体积,mL;

c——硫酸标准滴定溶液的实际浓度,mol/L。

4.5.2.2 分析步骤

吸取试验溶液 25 mL,置于 250 mL 锥形瓶中,加酚酞指示液 1 滴,滴加氢氧化钠溶液呈粉红色,然后滴加盐酸溶液到粉红色消失,再加乙醇 30 mL 和四羟基苯醌二钠-氯化钾混合指示剂 0.4 g 摇匀,溶解后不断摇动下以氯化钡标准溶液滴定,以玫瑰红酸钠指示液作外指示,在滤纸上呈玫瑰红色斑点保持 2 min 不褪即为终点。同时做空白试验。

4.5.2.3 分析结果的表述

以质量百分数表示硫酸盐（以 Na_2SO_4 计）的含量（X_6），按式（6）计算：

$$X_6 = \frac{(V - V_1) \times c \times 0.071}{m} \times \frac{200}{25} \times 100 = \frac{(V - V_1) \times c \times 56.8}{m} \quad\cdots\cdots\cdots(6)$$

式中：V——滴定试样溶液耗用氯化钡标准滴定溶液的体积，mL；

$\quad V_1$——滴定空白溶液耗用氯化钡标准滴定溶液的体积，mL；

$\quad c$——氯化钡标准滴定溶液的实际浓度，mol/L；

$\quad m$——试料的质量，g；

$\quad 0.071$——与 1.00 mL 氯化钡标准滴定溶液$[c(1/2\ BaCl_2) = 1.000\ mol/L]$相当的以克表示的硫酸钠质量，g。

4.5.2.4 允许差

二次平行测定结果之差不大于 0.2%，取其算术平均值作为测定结果。

4.5.3 分析结果的表述

以质量百分数表示氯化物（以 NaCl 计）及硫酸盐（以 Na_2SO_4 计）的含量的总和（X_7），按式（7）计算：

$$X_7 = X_4 + X_6 \quad\cdots\cdots\cdots\cdots\cdots\cdots\cdots(7)$$

式中：X_4——以质量百分数表示氯化物的含量，%；

$\quad X_6$——以质量百分数表示硫酸盐的含量，%。

$\quad X_4 + X_6$ 的和不得大于 5.0%。

4.6 水不溶物含量的测定

4.6.1 分析步骤

称取试样约 3 g，精确至 0.01 g。置于 500 mL 烧杯中，加入 50～60℃ 250 mL 水使之溶解，用已在 (135±2)℃ 烘至恒重的 4 号玻璃砂芯坩埚过滤，并用热水充分洗涤到洗涤液无色，在 (135±2)℃ 恒温烘箱中烘至恒重。

4.6.2 分析结果的表述

以质量百分数表示水不溶物的含量（X_8），按式（8）计算：

$$X_8 = \frac{m_1}{m} \times 100 \quad\cdots\cdots\cdots\cdots\cdots\cdots\cdots(8)$$

式中：m_1——干燥后水不溶物的质量，g；

$\quad m$——试料的质量，g。

4.6.3 允许差

二次平行测定结果之差不大于 0.10%，取其算术平均值作为测定结果。

4.7 副染料含量的测定[1]

4.7.1 方法提要

用纸上层析法将各组分分离、洗脱、然后用分光光度法定量。

4.7.2 试剂和材料

4.7.2.1 无水乙醇。

4.7.2.2 正丁醇。

4.7.2.3 丙酮溶液：1+1。

4.7.2.4 氨水溶液：4+96。

4.7.2.5 碳酸氢钠溶液：4 g/L。

4.7.3 仪器、设备

采用说明：

1] 日本标准采用斑点法，本标准采用原 GB 4480.1—1994 的方法测定副染料的含量。

4.7.3.1 分光光度计。

4.7.3.2 层析滤纸:1号中速,150 mm×250 mm。

4.7.3.3 层析缸:ϕ240 mm×300 mm。

4.7.3.4 微量进样器:100 μL。

4.7.4 分析步骤

4.7.4.1 纸上层析条件

展开剂:正丁醇+无水乙醇+氨水溶液=6+2+3;

温度20～25℃。

4.7.4.2 试样洗出液的配制

称取胭脂红试样1 g,精确至0.01 g。置于烧杯中,加入适量水溶解后,移入100 mL容量瓶中,稀释至刻度,摇匀,用微量进样器吸取100 μL,均匀地点在离滤纸底边25 mm的一条基线上,成一直线,使其溶液在滤纸上的宽度不超过5 mm,长度为130 mm,用吹风机吹干,将滤纸放入溶剂已饱和的层析缸中展开,滤纸底边浸入展开剂液面下10 mm,待展开剂前沿线上升至150 mm或直到副染料分离满意为止,取出层析滤纸,用吹风机以冷风吹干。

同时用空白滤纸在相同条件下展开(该空白滤纸必须和试验溶液展开用的滤纸在同一张600 mm×600 mm的滤纸上相邻部位裁取)。

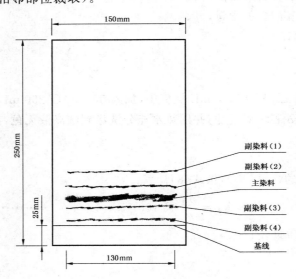

图2 副染料层析示意图

将各个副染料和在空白滤纸上与各副染料相对应的部位的滤纸按同样大小剪下,并剪成约5 mm×15 mm的细条,分别置于50 mL的纳氏比色管中,准确加入丙酮溶液5 mL,摇动3～5 min后,再准确加入碳酸氢钠溶液20 mL,充分摇动,将萃取液分别在3号玻璃砂芯漏斗中自然过滤,滤液必须澄清,无悬浮物,在各自副染料的最大吸收波长处,用50 mm比色皿,在分光光度计上测定吸光度。

以丙酮溶液5 mL和碳酸氢钠溶液20 mL混合液作参比液。

4.7.4.3 标样洗出液的配制

准确吸取上述1%试验溶液2 mL,移入100 mL容量瓶中,稀释至刻度,摇匀。用微量进样器吸取100 μL,均匀地点在离滤纸底边25 mm的一条基线上,用冷风吹干,将滤纸放入溶剂已饱和的层析缸中展开,待展开剂前沿线上升40 mm,取出后吹干,剪下所有染料部分,萃取操作同前,用厚度为10 mm比色皿在最大吸收波长处测吸光度。

同时用空白滤纸在相同条件下展开,按相同方法操作后测萃取液的吸光度。

4.7.4.4 分析结果的表述

以质量百分数表示副染料的含量(X_9),按式(9)计算:

$$X_9 = \frac{[(A_1 - b_1) + \cdots\cdots + (A_n - b_n)]/5 \times 2 \times S}{A_s - b_s} \qquad\cdots\cdots\cdots\cdots(9)$$

式中:$A_1\cdots,A_n$——各副染料萃取液以 50 mm 光径长度计算的吸光度;

$b_1\cdots,b_n$——各副染料对照空白萃取液以 50 mm 光径长度计算的吸光度;

A_s——标准萃取液以 10 mm 光径长度计算的吸光度;

b_s——标准对照空白萃取液以 10 mm 光径长度计算的吸光度。

5——折算成以 10 mm 光径长度计算的比数;

2——以 1%试验溶液基础的标准萃取液的参比浓度,%;

S——试料的总含量。

4.7.4.5 允许差

二次平行测定结果之差不大于 0.2%,取其算术平均值作为测定结果。

4.8 砷含量的测定

4.8.1 试剂和材料

4.8.1.1 硝酸;

4.8.1.2 硫酸溶液:1+1。

4.8.1.3 硝酸-高氯酸混合液:3+1。

4.8.1.4 砷标准溶液(0.001 mg/mL):取 0.1 mg/mL 的标准溶液 1 mL 于 100 mL 容量瓶中,稀释至刻度。

4.8.2 仪器、设备

按 GB/T 8450—1987 中砷斑法的装置。

4.8.3 分析步骤

称取胭脂红试样 1.0 g,精确至 0.01 g。置于圆底烧瓶中,加硝酸 1.5 mL 和硫酸溶液 5 mL,用小火加热赶出二氧化氮气体,待溶液变成棕色,停止加热,放冷后加入硝酸-高氯酸混合液 5 mL,强火加热直至溶液呈透明无色或微黄色,如仍不透明,放冷后再补加硝酸-高氯酸混合液 5 mL,继续加热至溶液澄清无色或微黄色并产生白烟,停止加热,放冷后加 5 mL 水加热至沸,除去残余的硝酸-高氯酸(必要时可再加水煮沸一次),继续加热至发生白烟,保持 10 min,放冷后移入 100 mL 锥形瓶中,以下按GB/T 8450—1987 中 2.4 的规定进行。

4.9 重金属含量的测定

4.9.1 试剂和材料

4.9.1.1 硫酸。

4.9.1.2 盐酸。

4.9.1.3 盐酸溶液:1+3。

4.9.1.4 乙酸溶液:1+3。

4.9.1.5 氨水溶液:1+2。

4.9.1.6 硫化钠溶液:100 g/L。

4.9.1.7 铅标准溶液(0.01 mg/mL):取 0.1 mg/mL 的铅标准溶液 10 mL 于 100 mL 容量瓶中,稀释至刻度。

4.9.2 试样液的配制

称取胭脂红试样 2.5 g,精确至 0.01 g。置于用白金制(或石英制、瓷制)的坩埚中,加少量硫酸润湿,缓慢灼烧,尽量在低温下使之几乎全部灰化,再加硫酸 1 mL,逐渐加热至硫酸蒸气不再发生。放入电炉中,在450～550℃灼烧至灰化,然后放冷。加盐酸3 mL摇匀,再加水7 mL摇匀,用定量分析滤纸(5号C)过滤。用盐酸溶液5 mL及水5 mL洗涤滤纸上的残留物,将洗液和滤液合并,加水配至50 mL,作为试样液。

用同样方法不加试样配制为空白试验液。

4.9.3 试验液的配制

量取试样液20 mL,放入纳氏比色管中,加酚酞试液1滴,滴加氨水溶液至溶液呈红色,再加乙酸溶液2 mL,必要时过滤,用水洗滤纸,加水配至50 mL,作为试验液。

4.9.4 比较液的配制

量取空白试验液20 mL,放入纳氏比色管中,加入铅标准溶液2.0 mL及酚酞指示液1滴,制备方法与试验液相同,作为比较液。

在试验液和比较液中分别加入硫化钠溶液2滴,摇匀,放置5 min后,试验液的颜色不得深于比较液。

5 检验规则

5.1 本标准中规定的所有项目为出厂检验。

5.2 食品添加剂胭脂红,由生产单位的质量检验部门按本标准的规定对产品质量进行检验。生产单位应保证所有出厂的食品添加剂胭脂红质量均符合本标准的要求,并有一定格式的质量证明书。

5.3 食品添加剂胭脂红以一次拼混的均匀产品为一批。

5.4 瓶装产品采样应从每批产品包装箱(每箱为10×0.5 kg)总数中选取10%,再从选出的箱中选取10%瓶,从选出的瓶中,在每瓶的中心处取出不少于50 g的样品,取样时应小心,不使外界杂质落入产品中,将所采得样品迅速混匀后从中取约100 g,分别装于两个清洁、干燥的磨口玻璃瓶中,并用石蜡密封,贴上标签注明生产厂名、产品名称、批号、采样日期。一瓶供检验,另一瓶留样备查。生产厂可在包装前拼混均匀的产品中抽样检验,抽样量不少于200 g。

5.5 检验结果若有一项指标不符合本标准要求时,应重新自两倍量的包装中取样复检,复检结果如仍有一项指标不符合本标准要求时,则该批产品为不合格。

6 标志、包装、运输、贮存

6.1 包装箱上应有牢固清晰的标志,内容包括:'食品添加剂'字样、产品名称、商标、生产厂名和地址、数量、毛重、生产日期和批号、保质期。

6.2 每一瓶出厂产品,应有明显的标志,内容包括:'食品添加剂'字样、产品名称、生产厂名和地址、商标、生产和食品卫生许可证号、产品标准号和标准名称、保质期、生产日期和批号、净含量、使用说明。

6.3 食品添加剂胭脂红装于食用级聚乙烯塑料瓶中,每瓶0.5 kg,每10瓶外套箱固封,其他形式包装可由生产厂和用户协商确定。

6.4 运输时必须防雨、防潮、防晒,应贮存于干燥、阴凉的库房中。

6.5 本产品在贮运中不得与有毒、有害其他物质混装、混运、一起堆放。

6.6 本产品从生产日期起,保质期为五年。逾期重新检验是否符合本标准的要求,合格后仍可使用。

附　录　A

（标准的附录）

三氯化钛标准滴定溶液的制备方法

A1　试剂和材料

A1.1　盐酸。

A1.2　硫酸亚铁铵。

A1.3　硫氰酸铵溶液：200 g/L。

A1.4　硫酸溶液：1+1。

A1.5　重铬酸钾标准溶液：$c(1/6K_2Cr_2O_7)=0.1$ mol/L。

A2　仪器、设备

见本标准正文图 1。

A3　三氯化钛标准滴定溶液的制备

A3.1　配制：取三氯化钛溶液 100 mL 和盐酸 75 mL，置于 1 000 mL 棕色容量瓶中，用新煮沸并已冷却到室温的水稀释至刻度，摇匀，立即倒入避光的下口瓶中，在二氧化碳气体保护下贮藏。

A3.2　标定：称取硫酸亚铁铵 3 g，精确至 0.000 2 g，置于 500 mL 锥形瓶中，在二氧化碳气流保护作用下，加入新煮沸并已冷却的水 50 mL，使其溶解，再加入硫酸溶液 25 mL，继续在液面下通入二氧化碳气流作保护，迅速准确加入重铬酸钾标准溶液 45 mL，然后用需标定的三氯化钛标准溶液滴定到接近计算量终点，立即加入硫氰酸铵溶液 25 mL，并继续用需标定的三氯化钛标准溶液滴定到红色转变为绿色，即为终点。整个滴定过程应在二氧化碳气流保护下操作，同时做空白试验。

A3.3　三氯化钛标准溶液浓度的表述

三氯化钛标准溶液的浓度(c)按式（A1）计算：

$$c=\frac{V_1c_1}{V_2-V_3}\qquad\cdots\cdots\cdots\cdots\cdots\cdots\cdots\cdots（A1）$$

式中：V_1——重铬酸钾标准溶液体积，mL；

　　　V_2——滴定被重铬酸钾标准溶液氧化成高铁所耗用的三氯化钛溶液的体积，mL；

　　　V_3——滴定空白耗用三氯化钛溶液的体积，mL；

　　　c_1——重铬酸钾标准溶液的实际浓度，mol/L；

注：以上标定需在分析样品时即时标定。

前　　言

本标准的全部技术内容为强制性。

本标准是对 GB 4480.2—1994《食品添加剂　胭脂红铝色淀》的修订。

本标准与 GB 4480.2—1994 主要区别如下：

重金属(以 Pb 计)的测试方法：GB 4480.2—1994 为原子吸收分光光度法，本标准为限量比色化学分析法。

本标准对检验规则和标志、包装、运输、贮存等条款进行了修改。

本标准实施之日起，同时代替 GB 4480.2—1994。

本标准由国家石油和化学工业局提出。

本标准由全国染料标准化技术委员会、卫生部食品监督检验所归口。

本标准起草单位：上海市染料研究所、上海市卫生局卫生监督所。

本标准主要起草人：丁德毅、刘静、肖杰、施怀炯、周艳琴。

本标准委托全国食品添加剂标准化技术委员会化工分会负责解释。

本标准 1994 年首次发布。

中华人民共和国国家标准

食品添加剂 胭脂红铝色淀

Food additive—Ponceau 4R aluminum lake

GB 4480.2—2001

代替 GB 4480.2—1994

1 范围

本标准规定了食品添加剂胭脂红铝色淀的要求试验方法、检验规则以及标志、包装、运输、贮存。

本标准适用于食品、化妆品等行业中作着色剂用。

分子式 $C_{20}H_{14}N_2O_{10}S_3$

相对分子质量 538.54(按 1997 年国际相对原子质量)

2 引用标准

下列标准所包含的条文,通过在本标准中引用而构成为本标准的条文。本标准出版时,所示版本均为有效。所有标准都会被修订,使用本标准的各方应探讨使用下列标准最新版本的可能性。

GB/T 601—1988 化学试剂 滴定分析(容量分析)用标准溶液的制备

GB/T 602—1988 化学试剂 杂质测定用标准溶液的制备

GB/T 603—1988 化学试剂 试验方法中所用制剂及制品的制备

GB 4480.1—2001 食品添加剂 胭脂红

GB/T 6682—1992 分析实验室用水规格及试验方法(neq ISO 3696:1987)

3 要求

3.1 外观:红色粉末。

3.2 质量要求:应符合表 1 规格:

表 1   %

项 目		指 标
含量(以色酸计)	≥	20.0
干燥减量	≤	30.0
盐酸和氨水中不溶物	≤	0.5
氯化物(以 NaCl 计)及硫酸盐(以 Na₂SO₄ 计)	≤	2.0
副染料	≤	1.2
砷(以 As 计)	≤	0.000 3
重金属(以 Pb 计)	≤	0.002
钡(以 Ba 计)	≤	0.05

4 试验方法

本标准所用试剂和水,在没有注明其他要求时,均指分析纯试剂和 GB/T 6682 中规定的三级水。试验中所需标准溶液,杂质标准溶液,制剂及制品在没有注明其他规定时,均按 GB/T 601、GB/T 602、GB/T 603 之规定配制。

4.1 外观

在自然光线条件下用目视测定,结果应符合本标准 3.1 的规定。

4.2 鉴别

4.2.1 试剂和材料

4.2.1.1 硫酸。

4.2.1.2 硫酸溶液:1+20。

4.2.1.3 盐酸溶液:1+3。

4.2.1.4 乙酸铵溶液:1.5 g/L。

4.2.1.5 氢氧化钠溶液:100 g/L。

4.2.2 仪器、设备

分光光度计。

4.2.3 试验方法

4.2.3.1 称取试样约 0.1 g,加硫酸 5 mL,在水浴中不时地搅动,加热,大约 5 min 时显红色。冷却后,取上层澄清溶液 2～3 滴加水 5 mL 时显红色。

4.2.3.2 称取约试样 0.1 g,加硫酸溶液 5 mL,在水浴上加热溶解,加乙酸铵溶液配至 100 mL,再吸取 2 mL,用乙酸铵溶液配至 100 mL,该溶液的最大吸收波长应为(508±2) nm 处。

4.2.3.3 称取试样约 0.1 g,加 10 mL 盐酸溶液,在水浴中加热使其大部分溶解,加活性炭 0.5 g,充分摇匀后过滤。溶液澄清,呈红色溶液冷却,用氢氧化钠中和至逐渐有红色胶状沉淀。

4.3 含量的测定

4.3.1 三氯化钛滴定法(仲裁法)

4.3.1.1 方法提要

在碱性介质中,染料中的偶氮基被三氯化钛还原分解成氨基化合物,按三氯化钛标准滴定溶液的消耗量来计算染料百分含量。

4.3.1.2 试剂和材料

a) 柠檬酸三钠;

b) 三氯化钛标准滴定溶液:$c(TiCl_3)=0.1$ mol/L(新配制的,配制方法见 GB 4480.1—2001 中附录 A);

c) 钢瓶装二氧化碳。

4.3.1.3 分析步骤

称取试样约 7 g,精确至 0.000 2 g。加柠檬酸三钠 10 g,在 40～50℃下搅拌溶解,移入 250 mL 容量瓶中,用新煮沸并已冷却至室温的水稀释至刻度,摇匀,准确吸取 50 mL,置于 500 mL 锥形瓶中,加入柠檬酸三钠 15 g,水 200 mL,按 GB 4480.1—2001 中图 1 装好仪器,在液面下通入二氧化碳气流的同时加热至沸,并用三氯化钛标准滴定溶液滴定到无色为终点。

4.3.1.4 分析结果的表述

以质量百分数表示胭脂红铝色淀的含量(X_1),按式(1)计算:

$$X_1 = \frac{V \times c \times 0.134\,6}{m \times \frac{50}{250}} \times 100 = \frac{V \times c \times 67.3}{m} \quad\text{……………………}(1)$$

式中:V——滴定试样耗用的三氯化钛标准滴定溶液的体积,mL;

c——三氯化钛标准滴定溶液的实际浓度,mol/L;

m——试料的质量,g;

0.134 6——1.00 mL 三氯化钛标准滴定溶液[$c(TiCl_3)=1$ mol/L]相当的、以克表示的胭脂红铝色淀质量。

4.3.1.5 允许差

同试样两次测定结果之差不大于 1.0%,取其算术平均值作为测定结果。

4.3.2 分光光度比色法

4.3.2.1 方法提要

将试样与已知含量的标样分别用水溶解后,在最大吸收波长处,分别测其吸光度,然后计算出试样的含量。

4.3.2.2 试剂和材料

a) 柠檬酸三钠;

b) 胭脂红标样:≥85.0%;含量以三氯化钛滴定法测定。

4.3.2.3 仪器,设备;

a) 分光光度计;

b) 比色皿:10 mm。

4.3.2.4 胭脂红标样溶液的配制

称取胭脂红标样 0.5 g,精确至 0.000 2 g。溶于适量的水中,移入 1 000 mL 容量瓶中,稀释至刻度,摇匀。准确吸取 10 mL,移入 500 mL 容量瓶中,稀释至刻度,摇匀。

4.3.2.5 胭脂红铝色淀试样的配制

称取胭脂红铝色淀试样约 2.125 g,精确至 0.000 2 g。加入水 20 mL 和柠檬酸三钠约 2 g,缓缓加热至 90℃,其余同胭脂红标准溶液的配制。

4.3.2.6 分析步骤

将标样溶液和试样溶液同在(508±2) nm 波长处用 10 mm 比色皿在分光光度计上测量各自的吸光度。

以水作参比液。

4.3.2.7 分析结果的表述

以质量百分数表示的胭脂红铝色淀的含量(X_2),按式(2)计算:

$$X_2 = \frac{m_1\, A\, X_s}{m\, A_s} \times 100 \qquad\qquad\cdots\cdots\cdots\cdots\cdots\cdots(2)$$

式中:A——试验溶液的吸光度;

A_s——标样溶液的吸光度;

X_s——胭脂红标准样品的质量百分含量(三氯化钛法);

m_1——标样的质量;

m——试料的质量。

4.3.2.8 允许差

二次平行测定结果之差不大于 2.0%,取其算术平均值作为测定结果。

4.4 干燥减量含量的测定

按 GB 4480.1—2001 中 4.4 执行。

4.5 盐酸和氨水中不溶物含量的测定

4.5.1 试剂和材料

4.5.1.1 盐酸。

4.5.1.2 盐酸溶液:3+7。

4.5.1.3 氨水溶液:4+96。

4.5.1.4 硝酸银溶液:$c(AgNO_3)=0.1$ mol/L。

4.5.2 分析步骤

称取约 2 g 试样,精确至 0.01 g。于 600 mL 烧杯中,加入水 20 mL 和盐酸 20 mL,充分搅拌后加入热水 300 mL,搅匀,盖上表面皿。在 70～80℃ 的水浴中加热 30 min,放冷。用已在(135±2)℃烘至恒重的 G4 砂芯坩埚过滤,用水将烧杯中的不溶物冲洗到坩埚中,洗涤至洗液无色后,再用氨水溶液 100 mL 洗涤,用盐酸溶液 10 mL 洗涤,以后用水洗到溶液用硝酸银溶液检测无白色沉淀,然后放入(135±2)℃恒温烘箱中烘至恒重。

4.5.3 分析结果的表述

以质量百分数表示盐酸和氨水中不溶物含量(X_3),按式(3)计算:

$$X_3 = \frac{m_2}{m} \times 100 \qquad\qquad\cdots\cdots\cdots\cdots\cdots\cdots\cdots\cdots\cdots\cdots\cdots\cdots\cdots\cdots\cdots (3)$$

式中:m_2——干燥后不溶物质量,g;

$\quad\quad m$——试料质量,g。

4.5.4 允许差

二次平行测定结果之差不大于 0.1%,取其算术平均值作为测定结果。

4.6 氯化物(以 NaCl 计)及硫酸盐(以 Na_2SO_4 计)含量的测定

按 GB 4480.1—2001 中 4.5 执行。

氯化物(以 NaCl 计)及硫酸盐(以 Na_2SO_4 计)的质量百分含量总和不得大于 2.0%。

4.7 副染料含量的测定

4.7.1 试剂和材料

4.7.1.1 无水乙醇。

4.7.1.2 正丁醇。

4.7.1.3 丙酮溶液:1+1。

4.7.1.4 氨水溶液:4+96。

4.7.1.5 碳酸氢钠溶液:4 g/L。

4.7.1.6 柠檬酸三钠。

4.7.2 仪器、设备

4.7.2.1 分光光度计。

4.7.2.2 层析滤纸:1 号中速,150 mm×250 mm。

4.7.2.3 层析缸:240 mm×300 mm。

4.7.2.4 微量进样器:100 μL。

4.7.3 分析步骤

4.7.3.1 纸上层析条件

a)展开剂:正丁醇+无水乙醇+氨水溶液=6+2+3。

b)温度:20～25℃。

4.7.3.2 试样洗出液的制备

称取试样约 2 g,精确至 0.01 g。置于烧杯中,加入水 80 mL 和柠檬酸三钠 5 g,缓缓加热至 90℃,搅拌使其溶解,移入 100 mL 容量瓶中,稀释至刻度,摇匀。用微量进样器准确吸取 200 μL,均匀地点在离滤纸底边 25 mm 的一条基线上,成一直线,使其在滤纸上的宽度不超过 5 mm,长度为 130 mm,用吹风机吹干,将滤纸放入预先溶剂已饱和的层析缸中展开,滤纸底边浸入展开剂液面下 10 mm,待展开剂前沿线上升至 150 mm 或直至副染料分离满意为止,取出,用吹风机以冷风吹干。

同时用空白滤纸在相同条件下展开,该空白滤纸必须和样品溶液展开用的滤纸在同一张(600 mm×600 mm)的滤纸上相邻部位裁取。

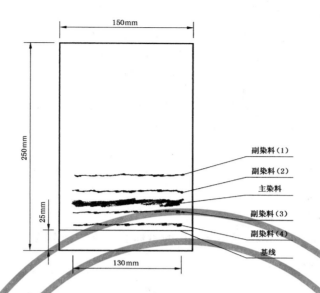

副染料纸上层析示意图

将各个副染料和在空白滤纸上与各副染料相对应的部位的滤纸按同样大小剪下，并剪成 5 mm×15 mm 的细条，分别置于 50 mL 的纳氏比色管中，各准确加入丙酮溶液 5 mL，摇动 3～5 min 后，再准确加入碳酸氢钠溶液 20 mL，充分摇动，将萃取液分别在 3 号玻璃砂芯漏斗中自然过滤，滤液必须澄清，无悬浮物，在各自副染料的最大吸收波长处用 50 mm 的比色皿，用分光光度计在副染料各自的最大吸收波长测定吸光度。

以丙酮溶液 5 mL 和碳酸氢钠溶液 20 mL 混合液作参比液。

4.7.3.3　标样洗出液的制备

准确吸取上述 2% 试样溶液 6 mL，移入 100 mL 容量瓶中，稀释至刻度，摇匀。用微量进样器吸取 200 μL，均匀地点在离滤纸底边 25 mm 的一条基线上，用冷风吹干，将滤纸放入预先溶剂已饱和的层析缸中展开，待展开剂前沿线仅上升 40 mm，取出后吹干，剪下所有染料部分，萃取操作同前，用 10 mm 比色皿在最大吸收波长处测吸光度。

同时用空白滤纸在相同的条件下展开，按相同方法操作后测萃取液的吸光度。

4.7.4　分析结果的表述

以质量百分数表示胭脂红铝色淀副染料的含量（X_4），按式（4）计算：

$$X_4 = \frac{[(A_1 - b_1) + \cdots + (A_n - b_n)]/5}{A_s - b_s} \times 6 \times S \qquad\cdots\cdots\cdots\cdots(4)$$

式中：$A_1\cdots,A_n$——各副染料萃取液以 50 mm 光径长度计算的吸光度；

　　　　$b_1\cdots,b_n$——各副染料对照空白萃取液以 50 mm 光径长度计算的吸光度；

　　　　A_s——标准萃取液以 10 mm 光径长度计算的吸光度；

　　　　b_s——标准对照空白采取液以 10 mm 光径长度计算的吸光度；

　　　　5——折算成 10 mm 光径长度的比数；

　　　　6——以 2% 试料溶液作基准的标准萃取液的参比浓度，%；

　　　　S——试料的总含量。

4.7.5　允许差

二次平行测定结果之差不大于 0.2%，取其算术平均值作为测定结果。

4.8　砷含量的测定

按 GB 4480.1—2001 中 4.8 执行。

4.9 重金属含量的测定

4.9.1 试剂和材料

4.9.1.1 盐酸。

4.9.1.2 硝酸。

4.9.1.3 氨水。

4.9.1.4 硫酸溶液：1＋1。

4.9.1.5 盐酸溶液：1＋3。

4.9.1.6 乙酸铵溶液：1＋9。

4.9.1.7 硝酸-高氯酸混合液：3＋1。

4.9.1.8 硫化钠溶液：100 g/L。

4.9.1.9 铅标准溶液(0.01 mg/mL)：取 0.1 mg/mL 的铅标准溶液 10 mL 于 100 mL 容量瓶中，稀释至刻度。

4.9.2 分析步骤

称取试样 2.5 g，精确至 0.01 g。置于圆底烧瓶中，加硝酸 5～8 mL，湿润样品，放置片刻后，缓缓加热，待作用缓和后稍冷，沿瓶壁加入硫酸溶液 10～12 mL，再缓缓加热，至瓶中溶液开始变成棕色，停止加热，放冷后加入硝酸-高氯酸混合液 5 mL，继续加热，至生成大量的二氧化硫白色烟雾，最后溶液应呈无色或微黄色(如仍有黄色则再补加混合液处理)。冷却后加水 20 mL，煮沸除去残余的硝酸至产生白烟为止，如此处理两次，放冷。将溶液移入 50 mL 容量瓶中，用水洗涤圆底烧瓶，将洗液并入容量瓶中，加水至刻度，混匀，作为试样液。

取同样量的硝酸、硫酸溶液、按上述方法，作为空白试验液。

量取试样液 20 mL，用氨水调 pH，再加乙酸铵溶液，调至 pH 值约 4，加水配至 50 mL 作为试验液。

另外量取空白试验液 20 mL 及铅标准液 2.0 mL，与试样一样操作，配成比较液。两液中各加硫化钠试液 2 滴后，摇匀，放置 5 min，试验液颜色不应深于比较液。

4.10 钡含量的测定

4.10.1 试剂和材料

4.10.1.1 硫酸。

4.10.1.2 硫酸溶液：1＋19。

4.10.1.3 盐酸溶液：1＋3。

4.10.2 分析步骤

准确称取试样 1 g，精确至 0.01 g。放于白金制(瓷制或石英制)坩埚中，加少量硫酸润湿，徐徐加热，尽量在低温下使之几乎全部灰化后，放冷，再加硫酸 1 mL，慢慢加热至几乎不发生硫酸蒸气为止，放入电炉中，于 450～550℃灼烧 3 h。冷却后，加无水碳酸钠 5 g 充分混合，加盖加热熔化。再继续加热 10 min，冷却，加水 20 mL，在水浴上加热，将熔融物溶解，冷却，过滤，用水洗涤滤纸上的残渣至洗液不呈硫酸盐反应为止。然后将纸上的残渣与滤纸一起移至烧杯中，加盐酸溶液 30 mL，充分摇混后煮沸。冷却后，过滤，用水 10 mL 洗涤滤纸上的残渣，将洗液与滤液合并，在水浴上蒸发干涸。加水 5 mL 使残渣溶解，必要时过滤，再加水配至 10 mL，加盐酸溶液 0.1 mL，充分混合后，加硫酸溶液 1 mL 混合，放置 10 min 时，不得混浊。

5 检验规则

5.1 本标准中规定的项目：除钡的含量测定为型式检验，在正常生产情况下，每季度至少进行一次型式检验外，其他都为出厂检验项目，其中含量(以色酸计)，干燥减量、盐酸和氨水中不溶物、氯化物(以 NaCl 计)及硫酸盐(以 Na_2SO_4 计)、副染料、砷(以 As 计)、重金属(以 Pb 计)的测试项都应逐批检验。

5.2 食品添加剂胭脂红铝色淀,由生产单位的质量检验部门按本标准的规定对产品质量进行检验。生产单位应保证所有出厂的食品添加剂胭脂红铝色淀质量均符合本标准的要求,并有一定格式的质量证明书。

5.3 食品添加剂胭脂红铝色淀,以一次拼混的均匀产品为一批。

5.4 瓶装产品采样应从每批产品包装箱(每箱为 10×150 g)总数中选取 10%,再从选出的箱中选取 10%瓶,从选出的瓶中,在每瓶的中心处取出不少于 50 g 的样品,取样时应小心,不使外界杂质落入产品中,将所采得样品迅速混匀后从中取约 100 g,分别装于二个清洁、干燥的容器中,并密封,贴上标签注明生产厂名、产品名称、批号、采样日期。一份供检验,另一份留样备查。生产厂可在包装前拼混均匀的产品中抽样检验,抽样量不少于 200 g。

5.5 检验结果若有一项指标不符合本标准要求时,应重新自两倍量的包装中取样复检,复检结果如仍有一项指标不符合本标准要求时,则该批产品为不合格。

6 标志、包装、运输、贮存

6.1 包装箱上应有牢固清晰的标志,内容包括:'食品添加剂'字样、产品名称、商标、生产厂名和地址、数量、毛重、生产日期和批号、保质期。

6.2 每一瓶出厂产品,应有明显的标识,内容包括:'食品添加剂'字样、产品名称、生产厂名和地址、商标、生产和食品卫生许可证号、产品标准号和标准名称、保质期、生产日期和批号、净含量、使用说明。

6.3 食品添加剂胭脂红铝色淀装于食用级聚乙烯塑料瓶中,每瓶 150 g,每 10 瓶外套箱固封,其他形式包装可由生产厂和用户协商确定。

6.4 运输时必须防雨、防潮、防晒,应贮存于干燥、阴凉的库房中。

6.5 本产品在贮运中不得与有毒、有害其他物质混装、混运、一起堆放。

6.6 本产品从生产日期起,保质期为五年。逾期重新检验是否符合本标准的要求,合格后仍可使用。

————————

中华人民共和国国家标准

GB 4481.1—2010

食品安全国家标准

食品添加剂 柠檬黄

2010-12-21 发布

2011-02-21 实施

中华人民共和国卫生部 发布

前　言

本标准代替 GB 4481.1—1999《食品添加剂　柠檬黄》。

本标准与 GB 4481.1—1999 相比，主要变化如下：

——增加了安全提示；

——取消了≥60.0%的质量规格，将≥85.0%的指标修改为≥87.0%；

——干燥减量、氯化物和硫酸盐总量指标由≤15.0%修改为≤13.0%，并修改了检测方法；

——水不溶物指标由≤0.30%修改为≤0.20%；

——修改了鉴别试验的方法；

——分光光度比色法平行测定允许差由≤2.0%修改为≤1.0%；

——增加了未磺化芳族伯胺（以苯胺计）指标和检测方法；

——增加了对氨基苯磺酸、1-(4′-磺酸基苯基)-3-羧基-5-吡唑啉酮二钠盐、1-(4′-磺酸基苯基)-3-羧酸甲(乙)酯基-5-吡唑啉酮钠盐、4,4′-(重氮亚氨基)二苯磺酸二钠盐等未反应中间体及副产物指标和检测方法；

——砷(As)的检测方法由化学限量法修改为原子吸收法；

——取消了重金属(以 Pb 计)的质量规格；

——增加了铅(Pb)指标和检测方法；

——增加了汞(Hg)指标和检测方法。

本标准的附录 A、附录 B 和附录 C 为规范性附录，附录 D 为资料性附录。

本标准所代替标准的历次版本发布情况为：

——GB 4481.1—1984,GB 4481.1—1999。

食品安全国家标准

食品添加剂　柠檬黄

1　范围

本标准适用于由对氨基苯磺酸重氮化后与1-(4'-磺酸基苯基)-3-羧基甲(乙)酯-5-吡唑啉酮偶合并水解或由对氨基苯磺酸重氮化后与1-(4'-磺酸基苯基)-3-羧基-5-吡唑啉酮偶合而制得的食品添加剂柠檬黄。

2　规范性引用文件

本标准中引用的文件对于本标准的应用是必不可少的。凡是注日期的引用文件,仅所注日期的版本适用于本标准。凡是不注日期的引用文件,其最新版本(包括所有的修改单)适用于本标准。

3　化学名称、结构式、分子式、相对分子质量

3.1　化学名称

1-(4'-磺酸基苯基)-3-羧基-4-(4'-磺酸苯基偶氮基)-5-吡唑啉酮三钠盐

3.2　结构式

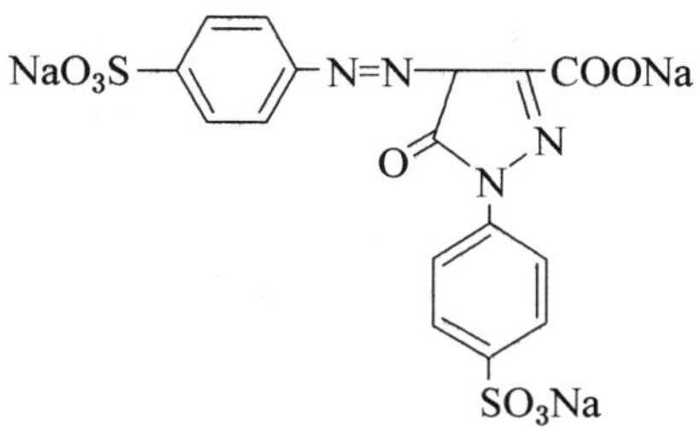

3.3　分子式

$C_{16}H_9N_4Na_3O_9S_2$

3.4　相对分子质量

534.36(按2007年国际相对原子质量)

4　技术要求

4.1　感官要求:应符合表1的规定。

表 1 感官要求

项　目	要　求	检 验 方 法
色泽	橙黄或亮橙色	自然光线下采用目视评定
组织状态	粉末或颗粒	

4.2　理化指标:应符合表 2 的规定。

表 2 理化指标

项　目		指　标	检验方法
柠檬黄,$w/\%$	≥	87.0	附录 A 中 A.4
干燥减量、氯化物(以 NaCl 计)及硫酸盐(以 NaSO₄ 计)总量,$w/\%$	≤	13.0	附录 A 中 A.5
水不溶物,$w/\%$	≤	0.20	附录 A 中 A.6
对氨基苯磺酸钠,$w/\%$	≤	0.20	附录 A 中 A.7
1-(4′-磺酸基苯基)-3-羧基-5-吡唑啉酮二钠盐,$w/\%$	≤	0.20	附录 A 中 A.8
1-(4′-磺酸基苯基)-3-羧酸甲(乙)酯基-5-吡唑啉酮钠盐,$w/\%$	≤	0.10	附录 A 中 A.9
4,4′-(重氮亚氨基)二苯磺酸二钠盐,$w/\%$	≤	0.05	附录 A 中 A.10
未磺化芳族伯胺(以苯胺计),$w/\%$	≤	0.01	附录 A 中 A.11
副染料,$w/\%$	≤	1.0	附录 A 中 A.12
砷(As)/(mg/kg)	≤	1.0	附录 A 中 A.13
铅(Pb)/(mg/kg)	≤	10.0	附录 A 中 A.14
汞(Hg)/(mg/kg)	≤	1.0	附录 A 中 A.15

附　录　A
（规范性附录）
检　验　方　法

A.1　安全提示

本标准试验方法中使用的部分试剂具有毒性或腐蚀性,按相关规定操作,操作时需小心谨慎。若溅到皮肤上应立即用水冲洗,严重者应立即治疗。在使用挥发性酸时,要在通风橱中进行。

A.2　一般规定

本标准所用试剂和水,在没有注明其他要求时,均指分析纯试剂和 GB/T 6682—2008 规定的三级水。试验中所需标准溶液、杂质标准溶液、制剂及制品在没有注明其他规定时,均按 GB/T 601、GB/T 602、GB/T 603 规定配制和标定。

A.3　鉴别试验

A.3.1　试剂和材料

A.3.1.1　硫酸。
A.3.1.2　乙酸铵溶液:1.5 g/L。

A.3.2　仪器和设备

A.3.2.1　分光光度计。
A.3.2.2　比色皿:10 mm。

A.3.3　鉴别方法

应满足如下条件:
A.3.3.1　称取约 0.1 g 试样(精确至 0.01 g),溶于 100 mL 水中,显黄色澄清溶液。
A.3.3.2　称取约 0.1 g 试样(精确至 0.01 g),加硫酸 10 mL 后显黄色,取此液 2 滴～3 滴加入 5 mL 水中显黄色。
A.3.3.3　称取约 0.1 g 试样(精确至 0.01 g),溶于 100 mL 乙酸铵溶液中,取此溶液 1 mL,加乙酸铵溶液配至 100 mL,该溶液的最大吸收波长为 428 nm±2 nm。

A.4　柠檬黄的测定

A.4.1　三氯化钛滴定法(仲裁法)

A.4.1.1　方法提要

在酸性介质中,柠檬黄中的偶氮基被三氯化钛还原分解,按三氯化钛标准滴定溶液的消耗量,计算其含量。

A.4.1.2 试剂和材料

A.4.1.2.1 酒石酸氢钠。

A.4.1.2.2 三氯化钛标准滴定溶液：$c(TiCl_3)=0.1\ mol/L$（现用现配，配制方法见附录B）。

A.4.1.2.3 钢瓶装二氧化碳。

A.4.1.3 仪器和设备

三氯化钛滴定法的装置图见图A.1。

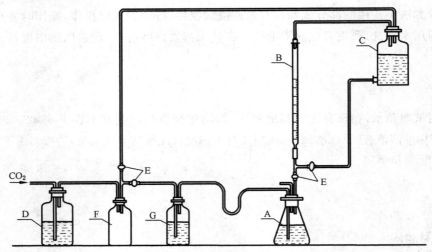

A——锥形瓶(500 mL)；

B——棕色滴定管(50 mL)；

C——包黑纸的下口玻璃瓶(2 000 mL)；

D——装有100 g/L碳酸铵溶液和100 g/L硫酸亚铁溶液等量混合液的容器(5 000 mL)；

E——活塞；

F——空瓶；

G——装有水的洗气瓶。

图 A.1 三氯化钛滴定法的装置图

A.4.1.4 分析步骤

称取约0.5 g试样(精确至0.000 1 g)，置于500 mL锥形瓶中，溶于50 mL煮沸并冷却至室温的水中，加入15 g酒石酸氢钠和150 mL沸水，振荡溶解后，按图A.1装好仪器，在液面下通入二氧化碳的同时，加热沸腾，用三氯化钛标准滴定溶液滴定使其固有颜色消失为终点。

A.4.1.5 结果计算

柠檬黄以质量分数w_1计，数值用%表示，按公式(A.1)计算：

$$w_1=\frac{c(V/1\ 000)(M/4)}{m_1}\times100\%\qquad\cdots\cdots\cdots\cdots\cdots\cdots\cdots\cdots\cdots(\text{A.1})$$

式中：

c——三氯化钛标准滴定溶液浓度的准确数值，单位为摩尔每升(mol/L)；

V——滴定试样耗用的三氯化钛标准滴定溶液体积的准确数值，单位为毫升(mL)；

M——柠檬黄的摩尔质量数值，单位为克每摩尔(g/mol)[$M(C_{16}H_9N_4Na_3O_9S_2)=534.36$]；

m_1——试样的质量数值,单位为克(g)。

计算结果表示到小数点后1位。

平行测定结果的绝对差值不大于1.0%(质量分数),取其算术平均值作为测定结果。

A.4.2 分光光度比色法

A.4.2.1 方法提要

将试样与已知含量的柠檬黄标准品分别用水溶解,用乙酸铵溶液稀释定容后,在最大吸收波长处,分别测其吸光度值,计算其含量。

A.4.2.2 试剂和材料

A.4.2.2.1 乙酸铵溶液:1.5 g/L。

A.4.2.2.2 柠檬黄标准品:≥87.0%(质量分数、按A.4.1测定)。

A.4.2.3 仪器和设备

A.4.2.3.1 分光光度计。

A.4.2.3.2 比色皿:10 mm。

A.4.2.4 柠檬黄标样溶液的配制

称取约0.25 g柠檬黄标准品(精确到0.000 1 g),溶于适量水中,移入1 000 mL容量瓶中,加水稀释至刻度,摇匀。吸取10 mL,移入500 mL容量瓶中,加乙酸铵溶液稀释至刻度,摇匀,备用。

A.4.2.5 柠檬黄试样溶液的配制

称量与操作方法同A.4.2.4标样溶液的配制。

A.4.2.6 分析步骤

将柠檬黄标样溶液和柠檬黄试样溶液分别置于10 mm比色皿中,同在最大吸收波长处用分光光度计测定各自的吸光度值,用乙酸铵溶液作参比液。

A.4.2.7 结果计算

柠檬黄以质量分数w_1计,数值用%表示,按公式(A.2)计算:

$$w_1 = \frac{Am_0}{A_0 m} \times w_0 \qquad\qquad\cdots\cdots\cdots\cdots\cdots\cdots(A.2)$$

式中:

A ——柠檬黄试样溶液的吸光度值;

m_0 ——柠檬黄标准品质量的数值,单位为克(g);

A_0 ——柠檬黄标样溶液的吸光度值;

m ——试样质量的数值,单位为克(g);

w_0 ——柠檬黄标准品的质量分数,%。

计算结果表示到小数点后1位。

平行测定结果的绝对差值不大于1.0%(质量分数),取其算术平均值作为测定结果。

A.5 干燥减量、氯化物(以 NaCl 计)及硫酸盐(以 Na₂SO₄ 计)总量的测定

A.5.1 干燥减量的测定

A.5.1.1 分析步骤

称取约 2 g 试样(精确至 0.001 g),置于已在 135 ℃±2 ℃恒温干燥箱恒量的称量瓶中,在 135 ℃±2 ℃恒温干燥箱中烘至恒量。

A.5.1.2 结果计算

干燥减量的质量分数以 w_2 计,数值用%表示,按公式(A.3)计算:

$$w_2 = \frac{m_2 - m_3}{m_2} \times 100\% \qquad\qquad\cdots\cdots\cdots\cdots\cdots\cdots\cdots\cdots\cdots (A.3)$$

式中:

m_2——试样干燥前质量的数值,单位为克(g);

m_3——试样干燥至恒量的质量数值,单位为克(g)。

计算结果表示到小数点后 1 位。

平行测定结果的绝对差值不大于 0.2%(质量分数),取其算术平均值作为测定结果。

A.5.2 氯化物(以 NaCl 计)的测定

A.5.2.1 试剂和材料

A.5.2.1.1 硝基苯。

A.5.2.1.2 活性炭;767 针型。

A.5.2.1.3 硝酸溶液:1+1。

A.5.2.1.4 硝酸银溶液:$c(AgNO_3)=0.1$ mol/L。

A.5.2.1.5 硫酸铁铵溶液:

配制方法:称取约 14 g 硫酸铁铵,溶于 100 mL 水中,过滤,加 10 mL 硝酸,贮存于棕色瓶中。

A.5.2.1.6 硫氰酸铵标准滴定溶液:$c(NH_4CNS)=0.1$ mol/L。

A.5.2.2 试样溶液的配制

称取约 2 g 试样(精确至 0.001 g),溶于 150 mL 水中,加约 15 g 活性炭,温和煮沸 2 min~3 min,加入 1 mL 硝酸溶液,不断摇动均匀,放置 30 min(其间不时摇动)。用干燥滤纸过滤。如滤液有色,则再加 5 g 活性炭,不时摇动下放置 1 h,再用干燥滤纸过滤(如仍有色则更换活性炭重复操作至滤液无色)。每次以水 10 mL 洗活性炭三次,滤液合并移至 200 mL 容量瓶中,加水至刻度,摇匀。用于氯化物和硫酸盐含量的测定。

A.5.2.3 分析步骤

移取 50 mL 试样溶液,置于 500 mL 锥形瓶中,加 2 mL 硝酸溶液和 10 mL 硝酸银溶液(氯化物含量多时要多加些)及 5 mL 硝基苯,剧烈摇动至氯化银凝结,加入 1 mL 硫酸铁铵溶液,用硫氰酸铵标准滴定溶液滴定过量的硝酸银到终点并保持 1 min,同时以同样方法做一空白试验。

A.5.2.4 结果计算

氯化物(以 NaCl 计)以质量分数 w_3 计,数值用%表示,按公式(A.4)计算:

$$w_3 = \frac{c_1[(V_1 - V_0)/1\,000]M_1}{m_4(50/200)} \times 100\% \quad\cdots\cdots\cdots\cdots\cdots\cdots\cdots\cdots (A.4)$$

式中：

c_1 ——硫氰酸铵标准滴定溶液浓度的准确数值，单位为摩尔每升（mol/L）；

V_1 ——滴定空白溶液耗用硫氰酸铵标准滴定溶液体积的准确数值，单位为毫升（mL）；

V_0 ——滴定试样溶液耗用硫氰酸铵标准滴定溶液体积的准确数值，单位为毫升（mL）；

M_1 ——氯化钠的摩尔质量数值，单位为克每摩尔（g/mol）[M_1（NaCl）=58.4]；

m_4 ——试样质量的数值，单位为克（g）。

计算结果表示到小数点后 1 位。

平行测定结果的绝对差值不大于 0.3%（质量分数），取其算术平均值作为测定结果。

A.5.3 硫酸盐（以 Na_2SO_4 计）的测定

A.5.3.1 试剂和材料

A.5.3.1.1 氢氧化钠溶液：2 g/L。

A.5.3.1.2 盐酸溶液：1+1 999。

A.5.3.1.3 氯化钡标准滴定溶液：$c(1/2BaCl_2)$=0.1 mol/L（配制方法见附录 C）。

A.5.3.1.4 酚酞指示液：10 g/L。

A.5.3.1.5 玫瑰红酸钠指示液：称取 0.1 g 玫瑰红酸钠，溶于 10 mL 水中（现用现配）。

A.5.3.2 分析步骤

吸取 25 mL 试样溶液（A.5.2.2），置于 250 mL 锥形瓶中，加 1 滴酚酞指示液，滴加氢氧化钠溶液呈粉红色，然后滴加盐酸溶液至粉红色消失，摇匀，溶解后在不断摇动下用氯化钡标准滴定溶液滴定，以玫瑰红酸钠指示液作外指示液，反应液与指示液在滤纸上交汇处呈现玫瑰红色斑点并保持 2 min 不褪色为终点。

同时以相同方法做空白试验。

A.5.3.3 结果计算

硫酸盐（以 Na_2SO_4 计）以质量分数 w_4 计，数值用%表示，按公式（A.5）计算：

$$w_4 = \frac{c_2[(V_2 - V_3)/1\,000](M_2/2)}{m_4(25/200)} \times 100\% \quad\cdots\cdots\cdots\cdots\cdots\cdots (A.5)$$

式中：

c_2 ——氯化钡标准滴定溶液浓度的准确数值，单位为摩尔每升（mol/L）；

V_2 ——滴定试样溶液耗用氯化钡标准滴定溶液体积的准确数值，单位为毫升（mL）；

V_3 ——滴定空白溶液耗用氯化钡标准滴定溶液体积的准确数值，单位为毫升（mL）；

M_2 ——硫酸钠的摩尔质量的数值，单位为克每摩尔（g/mol）[M_2（Na_2SO_4）=142.04]；

m_4 ——试样质量的数值，单位为克（g）。

计算结果表示到小数点后 1 位。

平行测定结果的绝对差值不大于 0.2%（质量分数），取其算术平均值作为测定结果。

A.5.4 干燥减量、氯化物（以 NaCl 计）及硫酸盐（以 Na_2SO_4 计）总量的结果计算

干燥减量和氯化物（以 NaCl 计）及硫酸盐（以 Na_2SO_4 计）的总量以质量分数 w_5 计，数值用%表示，按公式（A.6）计算：

$$w_5 = w_2 + w_3 + w_4 \qquad \cdots\cdots\cdots\cdots\cdots\cdots\cdots\cdots (\ A.\ 6\ )$$

式中：

w_2——干燥减量的质量分数，%；

w_3——氯化物（以 NaCl 计）的质量分数，%；

w_4——硫酸盐（以 Na_2SO_4 计）的质量分数，%。

计算结果表示到小数点后 1 位。

A.6 水不溶物的测定

A.6.1 仪器和设备

A.6.1.1 玻璃砂芯坩埚：G4，孔径为 5 μm～15 μm。

A.6.1.2 恒温干燥箱。

A.6.2 分析步骤

称取约 3 g 试样（精确至 0.001 g），置于 500 mL 烧杯中，加入 50 ℃～60 ℃ 热水 250 mL，使之溶解，用已在 135 ℃±2 ℃ 烘至恒量的玻璃砂芯坩埚过滤，并用热水充分洗涤到洗涤液无色，在 135 ℃±2 ℃ 恒温干燥箱中烘至恒量。

A.6.3 结果计算

水不溶物以质量分数 w_6 计，数值用%表示，按公式（A.7）计算：

$$w_6 = \frac{m_6}{m_5} \times 100\% \qquad \cdots\cdots\cdots\cdots\cdots\cdots\cdots\cdots (\ A.\ 7\ )$$

式中：

m_6——干燥后水不溶物质量的数值，单位为克（g）；

m_5——试样质量的数值，单位为克（g）。

计算结果表示到小数点后 2 位。

平行测定结果的绝对差值不大于 0.05%（质量分数），取其算术平均值作为测定结果。

A.7 对氨基苯磺酸钠的测定

A.7.1 方法提要

采用反相液相色谱法，用外标法进行定量，计算对氨基苯磺酸钠的质量分数。

A.7.2 试剂和材料

A.7.2.1 甲醇。

A.7.2.2 对氨基苯磺酸钠。

A.7.2.3 乙酸铵溶液：2 g/L。

A.7.3 仪器和设备

A.7.3.1 高效液相色谱仪：输液泵-流量范围 0.1 mL/min～5.0 mL/min，在此范围内其流量稳定性为 ±1%；检测器-多波长紫外分光检测器或具有同等性能的紫外分光检测器。

A.7.3.2 色谱柱：长为 150 mm，内径为 4.6 mm 的不锈钢柱，固定相为 C_{18}、粒径 5 μm。

A.7.3.3 色谱工作站或积分仪。

A.7.3.4 超声波发生器。

A.7.3.5 定量环:20 μL。

A.7.3.6 微量注射器:20 μL～100 μL。

A.7.4 色谱分析条件

A.7.4.1 检测波长:254 nm。

A.7.4.2 柱温:40 ℃。

A.7.4.3 流动相:A,乙酸铵溶液;B,甲醇;

浓度梯度:40 min 线性浓度梯度从 A(95)比 B(5)至 A(50)比 B(50)。

A.7.4.4 流量:1 mL/min。

A.7.4.5 进样量:20 μL。

可根据仪器不同,选择最佳分析条件,流动相应摇匀后用超声波发生器进行脱气。

A.7.5 试样溶液的配制

称取 0.1 g 试样(精确至 0.000 1 g),加乙酸铵溶液溶解,稀释至 100 mL,此为试样溶液。

A.7.6 标准溶液的配制

称取 0.01 g(精确至 0.000 1 g)已置于真空干燥器中干燥 24 h 后的对氨基苯磺酸钠,用乙酸铵溶液溶解,稀释至 100 mL。吸取上述溶液 10 mL,加乙酸铵溶液稀释至 100 mL 后分别吸取 2.5 mL、2.0 mL、1.0 mL 此溶液,再用乙酸铵溶液分别稀释定容至 100 mL,作为系列标准溶液。

A.7.7 分析步骤

在 A.7.4 规定的色谱分析条件下,分别用微量注射器吸取试样溶液及各系列标准溶液注入并充满定量环进行色谱检测,待最后一个组分流出完毕,进行结果处理。测定系列标准溶液中对氨基苯磺酸钠的峰面积,绘制成标准曲线。测定试样溶液中对氨基苯磺酸钠的峰面积,根据标准曲线计算对氨基苯磺酸钠的含量。色谱图见附录 D。

A.8 1-(4′-磺酸基苯基)-3-羧基-5-吡唑啉酮二钠盐的测定

A.8.1 方法提要

采用反相液相色谱法,用外标法进行定量,计算 1-(4′-磺酸基苯基)-3-羧基-5-吡唑啉酮二钠盐的质量分数。

A.8.2 试剂和材料

A.8.2.1 1-(4′-磺酸基苯基)-3-羧基-5-吡唑啉酮二钠盐。

A.8.2.2 其余同 A.7.2。

A.8.3 仪器和设备

同 A.7.3。

A.8.4 试样溶液的配制

同 A.7.5。

A.8.5 标准溶液的配制

称取约 0.01 g(精确至 0.000 1 g)已置于真空干燥器中干燥 24 h 后的 1-(4′-磺酸基苯基)-3-羧基-5-吡唑啉酮二钠盐,用乙酸铵溶液溶解,稀释定容至 100 mL。吸取上述溶液 10 mL,加乙酸铵溶液稀释定容至 100 mL。分别吸取 2.5 mL、2.0 mL、1.0 mL,再用乙酸铵溶液准确稀释定容至 100 mL,作为系列标准溶液。

A.8.6 色谱分析条件

同 A.7.4。

A.8.7 分析步骤

在 A.8.6 规定的色谱分析条件下,分别用微量注射器吸取试样溶液及各系列标准溶液注入并充满定量环进行色谱检测,待最后一个组分流出完毕,进行结果处理。测定系列标准溶液中 1-(4′-磺酸基苯基)-3-羧基-5-吡唑啉酮二钠盐的峰面积,绘制成标准曲线。测定试样溶液中 1-(4′-磺酸基苯基)-3-羧基-5-吡唑啉酮二钠盐的峰面积,根据标准曲线计算 1-(4′-磺酸基苯基)-3-羧基-5-吡唑啉酮二钠盐的含量。色谱图见附录 D。

A.9 1-(4′-磺酸基苯基)-3-羧酸甲(乙)酯基-5-吡唑啉酮钠盐的测定

A.9.1 方法提要

采用反相液相色谱法,用外标法进行定量,计算 1-(4′-磺酸基苯基)-3-羧酸甲(乙)酯基-5-吡唑啉酮钠盐的质量分数。

A.9.2 试剂和材料

A.9.2.1 1-(4′-磺酸基苯基)-3-羧酸甲(乙)酯基-5-吡唑啉酮钠盐。
A.9.2.2 其余同 A.7.2。

A.9.3 仪器和设备

同 A.7.3。

A.9.4 试样溶液的配制

同 A.7.5。

A.9.5 标准溶液的配制

称取约 0.01 g(精确至 0.000 1 g)已置于真空干燥器中干燥 24 h 后的 1-(4′-磺酸基苯基)-3-羧酸甲(乙)酯基-5-吡唑啉酮钠盐,用乙酸铵溶液溶解,稀释定容至 100 mL。吸取 10 mL 上述溶液,加乙酸铵溶液,稀释定容至 100 mL 后分别吸取 10.0 mL、5.0 mL、2.0 mL、1.0 mL,再用乙酸铵溶液稀释定容至 100 mL,作为系列标准溶液。

A.9.6 色谱分析条件

同 A.7.4。

A.9.7 分析步骤

在 A.9.6 规定的色谱分析条件下,分别用微量注射器吸取试样溶液及各系列标准溶液注入并充满定量环进行色谱检测,待最后一个组分流出完毕,进行结果处理。测定系列标准溶液中 1-(4'-磺酸基苯基)-3-羧酸甲(乙)酯基-5-吡唑啉酮钠盐的峰面积,绘制成标准曲线。测定试样溶液中 1-(4'-磺酸基苯基)-3-羧酸甲(乙)酯基-5-吡唑啉酮钠盐的峰面积,根据标准曲线计算 1-(4'-磺酸基苯基)-3-羧酸甲(乙)酯基-5-吡唑啉酮钠盐的含量。色谱图见附录 D。

A.10 4,4'-(重氮亚氨基)二苯磺酸二钠盐的测定

A.10.1 方法提要

采用反相液相色谱法,用外标法进行定量,计算 4,4'-(重氮亚氨基)二苯磺酸二钠盐的质量分数。

A.10.2 试剂和材料

A.10.2.1 4,4'-(重氮亚氨基)二苯磺酸二钠盐。

A.10.2.2 其余同 A.7.2。

A.10.3 仪器和设备

同 A.7.3。

A.10.4 试样溶液的配制

同 A.7.5。

A.10.5 标准溶液的配制

称取约 0.01 g(精确至 0.000 1 g)已置于真空干燥器中干燥 24 h 后的 4,4'-(重氮亚氨基)二苯磺酸二钠盐,用乙酸铵溶液溶解,稀释定容至 100 mL。吸取 10 mL 上述溶液,加乙酸铵溶液,稀释定容至 100 mL 后分别吸取 10.0 mL、5.0 mL、2.0 mL、1.0 mL,再用乙酸铵溶液稀释定容至 100 mL,作为系列标准溶液。

A.10.6 色谱分析条件

A.10.6.1 检测波长:358 nm。

A.10.6.2 其他同 A.7.4。

A.10.7 分析步骤

在 A.10.6 规定的色谱分析条件下,分别用微量注射器吸取试样溶液及各系列标准溶液注入并充满定量环进行色谱检测,待最后一个组分流出完毕,进行结果处理。测定系列标准溶液中 4,4'-(重氮亚氨基)二苯磺酸二钠盐的峰面积,绘制成标准曲线。测定试样溶液中 4,4'-(重氮亚氨基)二苯磺酸二钠盐的峰面积,根据标准曲线计算 4,4'-(重氮亚氨基)二苯磺酸二钠盐的含量。色谱图见附录 D。

A. 11 未磺化芳族伯胺(以苯胺计)的测定

A. 11.1 方法提要

以乙酸乙酯萃取出试样中未磺化芳族伯胺成分,将萃取液和苯胺标准溶液分别经重氮化和偶合后再测定各自生成染料的吸光度予以比较与判别。

A. 11.2 试剂和材料

A. 11.2.1 乙酸乙酯。

A. 11.2.2 盐酸溶液:1+10。

A. 11.2.3 盐酸溶液:1+3。

A. 11.2.4 溴化钾溶液:500 g/L。

A. 11.2.5 碳酸钠溶液:200 g/L。

A. 11.2.6 氢氧化钠溶液:40 g/L。

A. 11.2.7 氢氧化钠溶液:4 g/L。

A. 11.2.8 R 盐溶液:20 g/L。

A. 11.2.9 亚硝酸钠溶液:3.52 g/L。

A. 11.2.10 苯胺标准溶液:0.100 0 g/L。

配制:用小烧杯称取 0.500 0 g 新蒸馏的苯胺,移至 500 mL 容量瓶中,以 150 mL 盐酸溶液(1+3)分三次洗涤烧杯,并入 500 mL 容量瓶中,水稀释至刻度。移取 25 mL 该溶液至 250 mL 容量瓶中,水定容。此溶液苯胺浓度为 0.100 0 g/L。

A. 11.3 仪器和设备

A. 11.3.1 可见分光光度计。

A. 11.3.2 比色皿:40 mm。

A. 11.4 试样萃取溶液的配制

称取约 2 g 试样(精确至 0.001 g)于 150 mL 烧杯中,加 100 mL 水和 5 mL 氢氧化钠溶液(40 g/L),在温水浴中搅拌至完全溶解。将此溶液移入分液漏斗中,少量水洗净烧杯。每次以 50 mL 乙酸乙酯萃取两次,合并萃取液。以 10 mL 氢氧化钠溶液(4 g/L)洗涤乙酸乙酯萃取液,除去痕量色素。再每次以 10 mL 盐酸溶液(1+3)对乙酸乙酯溶液反萃取三次。合并该盐酸萃取液,然后用水稀释至 100 mL,摇匀。此溶液为试样萃取溶液。

A. 11.5 标准对照溶液的制备

吸取 2.0 mL 苯胺标准溶液至 100 mL 容量瓶中,用盐酸溶液(1+10)稀释至刻度,混合均匀,此为标准对照溶液。

A. 11.6 重氮化偶合溶液的制备

吸取 10 mL 试样萃取溶液,移入透明洁净的试管中,浸入盛有冰水混合物的烧杯内冷却 10 min。在试管中加入 1 mL 溴化钾溶液及 0.5 mL 亚硝酸钠溶液,稍用力摇匀后仍置于冰水浴中冷却 10 min,进行重氮化反应。另取一个 25 mL 容量瓶移入 1 mL R 盐溶液和 10 mL 碳酸钠溶液。将上述试管中的苯胺重氮盐溶液加至盛有 R 盐溶液的容量瓶中,边加边略振摇容量瓶,用少许水洗净试管一并加入容量瓶中,再以水定容。充分混匀后在暗处放置 15 min。该溶液为试样重氮化偶合溶液。

标准重氮化偶合溶液的制备,吸取 10 mL 标准对照溶液,其余步骤同上。

A.11.7　参比溶液的制备

吸取 10 mL 盐酸溶液(1+10)、10 mL 碳酸钠溶液及 1 mL R 盐溶液于 25 mL 容量瓶中,水定容。该溶液为参比溶液。

A.11.8　分析步骤

将标准重氮化偶合溶液和试样重氮化偶合溶液分别置于比色皿中,在 510 nm 波长处用分光光度计测定各自的吸光度 A_a、A_b,以 A.11.7 作参比溶液。

A.11.9　结果判定

$A_b \leqslant A_a$ 即为合格。

A.12　副染料的测定

A.12.1　方法提要

用纸上层析法将各组分分离,洗脱,然后用分光光度法定量。

A.12.2　试剂和材料

A.12.2.1　无水乙醇。

A.12.2.2　正丁醇。

A.12.2.3　丙酮溶液:1+1。

A.12.2.4　氨水溶液:4+96。

A.12.2.5　碳酸氢钠溶液:4 g/L。

A.12.3　仪器和设备

A.12.3.1　分光光度计。

A.12.3.2　层析滤纸:1 号中速,150 mm×250 mm。

A.12.3.3　层析缸:φ240 mm×300 mm。

A.12.3.4　微量进样器:100 μL。

A.12.3.5　纳氏比色管:50 mL 有玻璃磨口塞。

A.12.3.6　玻璃砂芯漏斗:G3,孔径为 15 μm～40 μm。

A.12.3.7　50 mm 比色皿。

A.12.3.8　10 mm 比色皿。

A.12.4　分析步骤

A.12.4.1　纸上层析条件

A.12.4.1.1　展开剂:正丁醇+无水乙醇+氨水溶液＝6+2+3。

A.12.4.1.2　温度:20 ℃～25 ℃。

A.12.4.2　试样溶液的配制

称取约 1 g 试样(精确至 0.001 g),置于烧杯中,加入适量水溶解后,移入 100 mL 容量瓶中,稀释至刻度,摇匀备用,该试样溶液浓度为1%。

A.12.4.3 试样洗出液的制备

用微量进样器吸取100 μL试样溶液,均匀地注在离滤纸底边25 mm的一条基线上,成一直线,使其在滤纸上的宽度不超过5 mm,长度为130 mm,用吹风机吹干。将滤纸放入装有预先配制好展开剂的层析缸中展开,滤纸底边浸入展开剂液面下10 mm,待展开剂前沿线上升至150 mm或直到副染料分离满意为止。取出层析滤纸,用冷风吹干。

用空白滤纸在相同条件下展开,该空白滤纸应与上述步骤展开用的滤纸在同一张滤纸上相邻部位裁取。

副染料纸上层析示意图见图A.2。

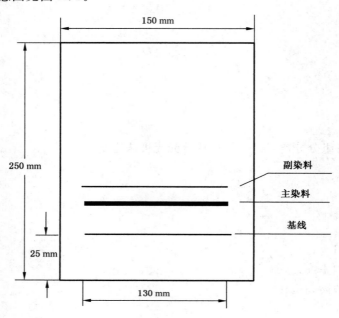

图 A.2 副染料纸上层析示意图

将展开后取得的各个副染料和在空白滤纸上与各副染料相对应的部位的滤纸按同样大小剪下,并剪成约5 mm×15 mm的细条,分别置于50 mL的纳氏比色管中,准确加入丙酮溶液5 mL,摇动3 min～5 min后,再准确加入20 mL碳酸氢钠溶液,充分摇动,然后分别在G3玻璃砂芯漏斗中自然过滤,滤液应澄清,无悬浮物。分别得到各副染料和空白的洗出液。在各自副染料的最大吸收波长处,用50 mm比色皿,将各副染料的洗出液在分光光度计上测定各自的吸光度值。

在分光光度计上测定吸光度值时,以5 mL丙酮溶液和20 mL碳酸氢钠溶液的混合液作参比液。

A.12.4.4 标准溶液的配制

吸取2 mL 1%的试样溶液移入100 mL容量瓶中,稀释至刻度,摇匀,该溶液为标准溶液。

A.12.4.5 标准洗出液的制备

用微量进样器吸取100 μL标准溶液,均匀地点注在离滤纸底边25 mm的一条基线上,用吹风机吹干。将滤纸放入装有预先配制好展开剂的层析缸中展开,待展开剂前沿线上升40 mm,取出用冷风吹干,剪下所有展开的染料部分,按A.12.4.3方法进行操作,得到标准洗出液。用10 mm比色皿在最大吸收波长处测吸光度值。

同时用空白滤纸在相同条件下展开,按相同方法操作后测空白洗出液的吸光度值。

A.12.4.6 结果计算

副染料以质量分数 w_7 计,数值用%表示,按公式(A.8)计算:

$$w_7 = \frac{[(A_1 - b_1) + \cdots\cdots + (A_n - b_n)]/5}{(A_s - b_s)(100/2)} \times S \quad\cdots\cdots\cdots\cdots\cdots(\text{A.8})$$

式中:

$A_1 \cdots A_n$ ——各副染料洗出液以 50 mm 光径长度测定出的吸光度值;

$b_1 \cdots b_n$ ——各副染料对照空白洗出液以 50 mm 光径长度测定出的吸光度值;

A_s ——标准洗出液以 10 mm 光径长度测定出的吸光度值;

b_s ——标准对照空白洗出液以 10 mm 光径长度测定出的吸光度值;

5 ——折算成以 10 mm 光径长度的比数;

100/2 ——标准洗出液折算成 1%试样溶液的比数;

S ——试样的质量分数,%。

计算结果表示到小数点后 1 位。

平行测定结果的绝对差值不大于 0.2%(质量分数),取其算术平均值作为测定结果。

A.13 砷的测定

A.13.1 方法提要

柠檬黄经湿法消解后,制备成试样溶液,用原子吸收光谱法测定砷的含量。

A.13.2 试剂和材料

A.13.2.1 硝酸。

A.13.2.2 硫酸溶液:1+1。

A.13.2.3 硝酸-高氯酸混合溶液:3+1。

A.13.2.4 砷(As)标准溶液:按 GB/T 602 配制和标定后,再根据使用的仪器要求进行稀释配制成含砷相应浓度的三种标准溶液。

A.13.2.5 氢氧化钠溶液:1 g/L。

A.13.2.6 硼氢化钠溶液:8 g/L(溶剂为 1 g/L 的氢氧化钠溶液)。

A.13.2.7 盐酸溶液:1+10。

A.13.2.8 碘化钾溶液:200 g/L。

A.13.3 仪器和设备

A.13.3.1 原子吸收光谱仪。

A.13.3.2 仪器参考条件:砷空心阴极灯分析线波长:193.7 nm;狭缝:0.5 nm~1.0 nm;灯电流:6 mA~10 mA。

A.13.3.3 载气流速:氩气 250 mL/min。

A.13.3.4 原子化器温度:900 ℃。

A.13.4 分析步骤

A.13.4.1 试样消解

称取约 1 g 试样(精确至 0.001 g),置于 250 mL 三角或圆底烧瓶中,加 10 mL~15 mL 硝酸和

2 mL硫酸溶液,摇匀后用小火加热赶出二氧化氮气体,溶液变成棕色,停止加热,放冷后加入 5 mL 硝酸-高氯酸混合液,强火加热至溶液透明或微黄色,如仍不透明,放冷后再补加 5 mL 硝酸-高氯酸混合液,继续加热至溶液透明无色或微黄色并产生白烟(避免烧干出现炭化现象),停止加热,放冷后加水 5 mL加热至沸,除去残余的硝酸-高氯酸(必要时可再加水煮沸一次),继续加热至发生白烟,保持 10 min,放冷后移入 100 mL 容量瓶(若溶液出现浑浊、沉淀或机械杂质应过滤),用盐酸溶液稀释定容。

同时按相同的方法制备空白溶液。

A.13.4.2 测定

量取 25 mL 消解后的试样溶液至 50 mL 容量瓶,加入 5 mL 碘化钾溶液,用盐酸溶液稀释定容,摇匀,静置 15 min。

同时按相同的方法以空白溶液制备空白测试液。

开启仪器,待仪器及砷空心阴极灯充分预热,基线稳定后,用硼氢化钠溶液作氢化物还原发生剂,以标准空白、标准溶液、样品空白测试液及样品溶液的顺序,按电脑指令分别进样。测试结束后电脑自动生成工作曲线及扣除样品空白后的样品溶液中砷浓度,输入样品信息(如:名称、称样量、稀释体积等),即自动换算出试样中砷的含量。

平行测定结果的绝对差值不大于 0.1 mg/kg,取其算术平均值作为测定结果。

A.14 铅的测定

A.14.1 方法提要

柠檬黄经湿法消解后,制备成试样溶液,用原子吸收光谱法测定铅的含量。

A.14.2 试剂和材料

A.14.2.1 铅(Pb)标准溶液:按 GB/T 602 配制和标定后,再根据使用的仪器要求进行稀释配制成含铅相应浓度的三种标准溶液。
A.14.2.2 氢氧化钠溶液:1 g/L。
A.14.2.3 硼氢化钠溶液:8 g/L(溶剂为 1 g/L 的氢氧化钠溶液)。
A.14.2.4 盐酸溶液:1+10。

A.14.3 仪器和设备

A.14.3.1 原子吸收光谱仪。
A.14.3.2 仪器参考条件:GB 5009.12—2010 中第三法火焰原子吸收光谱法。

A.14.4 分析步骤

可直接采用 A.13.4.1 的试样溶液和空白溶液。

按 GB 5009.12—2010 中第三法火焰原子吸收光谱法操作。

平行测定结果的绝对差值不大于 1.0 mg/kg,取其算术平均值作为测定结果。

A.15 汞的测定

A.15.1 方法提要

柠檬黄经微波或回流消解后,制备成试样溶液,用原子吸收光谱法测定汞的含量。

A.15.2 试剂和材料

A.15.2.1 汞(Hg)标准溶液:按 GB/T 602 配制和标定后,再稀释配制成 1 mL 含汞 0.5 μg、1 μg、2 μg 的三种标准溶液。

A.15.2.2 硝酸。

A.15.2.3 过氧化氢。

A.15.2.4 氢氧化钠溶液:1 g/L。

A.15.2.5 硼氢化钠溶液:8 g/L(溶剂为 1 g/L 的氢氧化钠溶液)。

A.15.2.6 盐酸溶液:1+10。

A.15.3 仪器和设备

A.15.3.1 原子吸收光谱仪。

A.15.3.2 仪器参考条件:汞空心阴极灯分析线波长:253.7 nm;狭缝:0.5 nm;灯电流:6 mA。

A.15.3.3 载气流速:氩气 200 mL/min。

A.15.3.4 原子化器温度:常温。

A.15.4 分析步骤

A.15.4.1 微波消解

称取约 0.1 g 试样(精确至 0.001 g),置于消解罐中,加入 10 mL 硝酸和 2 mL 过氧化氢,盖好安全阀后,将消解罐置于微波炉中,10 min 内升温至 130 ℃,停留 2 min 后再 5 min 升温至 150 ℃,停留 3 min 后再 5 min 升温至 180 ℃,保温 10 min。待完全冷却后将试样转移至 25 mL 容量瓶中(若溶液出现浑浊、沉淀或机械杂质应过滤),用盐酸溶液稀释定容。

A.15.4.2 回流消解

参考 GB/T 5009.17—2003 中第二法冷原子吸收光谱法中的回流消解。

同时按相同的方法制备空白溶液,作为空白参比液。

A.15.4.3 测定

开启仪器,待仪器及汞空心阴极灯充分预热,基线稳定后,用硼氢化钠溶液作氢化物还原发生剂,以标准空白、标准溶液、样品空白及样品溶液的顺序,按电脑指令分别进样。测试结束后电脑自动生成工作曲线及扣除样品空白后的样品溶液中汞浓度,输入样品信息(如:名称、称样量、稀释体积等),即自动换算出试样中汞的含量。

平行测定结果的绝对差值不大于 0.1 mg/kg,取其算术平均值作为测定结果。

附　录　B
（规范性附录）
三氯化钛标准滴定溶液的配制方法

B.1　试剂和材料

B.1.1　盐酸。

B.1.2　硫酸亚铁铵。

B.1.3　硫氰酸铵溶液:200 g/L。

B.1.4　硫酸溶液:1+1。

B.1.5　三氯化钛溶液。

B.1.6　重铬酸钾标准滴定溶液:$c(1/6K_2Cr_2O_7)=0.1$ mol/L,按 GB/T 602 配制与标定。

B.2　仪器和设备

见图 A.1。

B.3　三氯化钛标准滴定溶液的配制

B.3.1　配制

取 100 mL 三氯化钛溶液和 75 mL 盐酸,置于 1 000 mL 棕色容量瓶中,用煮沸并已冷却到室温的水稀释至刻度,摇匀,立即倒入避光的下口瓶中,在二氧化碳气体保护下贮藏。

B.3.2　标定

称取约 3 g(精确至 0.000 1 g)硫酸亚铁铵,置于 500 mL 锥形瓶中,在二氧化碳气流保护作用下,加入 50 mL 煮沸并已冷却的水,使其溶解,再加入 25 mL 硫酸溶液,继续在液面下通入二氧化碳气流作保护,迅速准确加入 35 mL 重铬酸钾标准滴定溶液,然后用需标定的三氯化钛标准溶液滴定到接近计算量终点,立即加入 25 mL 硫氰酸铵溶液,并继续用需标定的三氯化钛标准溶液滴定到红色转变为绿色,即为终点。整个滴定过程应在二氧化碳气流保护下操作,同时做一空白试验。

B.3.3　结果计算

三氯化钛标准溶液的浓度以 $c(TiCl_3)$ 计,单位以摩尔每升(mol/L)表示,按公式(B.1)计算:

$$c(TiCl_3) = \frac{cV_1}{V_2 - V_3} \quad\quad\quad\cdots\cdots\cdots\cdots\cdots\cdots\cdots(B.1)$$

式中:

c ——重铬酸钾标准滴定溶液浓度的准确数值,单位为摩尔每升(mol/L);

V_1——重铬酸钾标准滴定溶液体积的准确数值,单位为毫升(mL);

V_2——滴定被重铬酸钾标准滴定溶液氧化成高钛所用去的三氯化钛标准滴定溶液体积的准确数值,单位为毫升(mL);

V_3——滴定空白用去三氯化钛标准滴定溶液体积的准确数值,单位为毫升(mL)。

计算结果表示到小数点后 4 位。

以上标定需在分析样品时即时标定。

附　录　C
（规范性附录）
氯化钡标准溶液的配制方法

C.1　试剂和材料

C.1.1　氯化钡。

C.1.2　氨水。

C.1.3　硫酸标准滴定溶液：$c(1/2H_2SO_4)＝0.1\ mol/L$，按 GB/T 601 配制与标定。

C.1.4　玫瑰红酸钠指示液（称取 0.1 g 玫瑰红酸钠，溶于 10 mL 水中，现用现配）。

C.1.5　广范 pH 试纸。

C.2　配制

称取 12.25 g 氯化钡，溶于 500 mL 水，移入 1 000 mL 容量瓶中，稀释至刻度，摇匀。

C.3　标定方法

吸取 20 mL 硫酸标准滴定溶液，置于 250 mL 锥形瓶中，加 50 mL 水，并用氨水中和到广范 pH 试纸为 8，然后用氯化钡标准滴定溶液滴定，以玫瑰红酸钠指示液作外指示液，反应液与指示液在滤纸上交汇处呈现玫瑰红色斑点且保持 2 min 不褪色为终点。

C.4　结果计算

氯化钡标准滴定溶液浓度的以 $c(1/2BaCl_2)$ 计，单位以摩尔每升（mol/L）表示，按公式（C.1）计算：

$$c\left(\frac{1}{2}BaCl_2\right)=\frac{c_1V_4}{V_5} \quad\cdots\cdots\cdots\cdots\cdots\cdots\cdots\cdots\cdots（C.1）$$

式中：

c_1——硫酸标准滴定溶液浓度的准确数值，单位为摩尔每升（mol/L）；

V_4——硫酸标准滴定溶液体积的准确数值，单位为毫升（mL）；

V_5——消耗氯化钡标准滴定溶液体积的准确数值，单位为毫升（mL）。

计算结果表示到小数点后 4 位。

附　录　D
（资料性附录）
柠檬黄液相色谱示意图和各组分保留时间

D.1　柠檬黄液相色谱示意图见图 D.1。

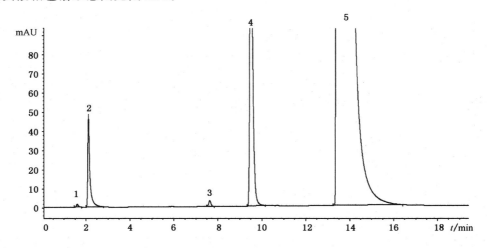

1——1-(4′-磺酸基苯基)-3-羧基-5-吡唑啉酮二钠盐；

2——对氨基苯磺酸钠；

3——未知物；

4——1-(4′-磺酸基苯基)-3-羧酸甲(乙)酯基-5-吡唑啉酮钠盐；

　　　4,4′-(重氮亚氨基)二苯磺酸二钠盐；

5——柠檬黄。

图 D.1　柠檬黄液相色谱示意图

D.2　柠檬黄各组分保留时间见表 D.1。

表 D.1　柠檬黄各组分保留时间

峰号	组分名称	保留时间/min
1	1-(4′-磺酸基苯基)-3-羧基-5-吡唑啉酮二钠盐	1.589
2	对氨基苯磺酸钠	2.109
3	1-(4′-磺酸基苯基)-3-羧酸甲(乙)酯基-5-吡唑啉酮钠盐	9.50
	4,4′-(重氮亚氨基)二苯磺酸二钠盐	12.5
4	柠檬黄	13.46
注：不同仪器、不同分离柱、甚至不同时间进样各组分的保留时间均会有所不同,但各组分的洗脱顺序是不变的。		

中华人民共和国国家标准

GB 4481.2—2010

食品安全国家标准
食品添加剂　柠檬黄铝色淀

2010-12-21 发布

2011-02-21 实施

中华人民共和国卫生部 发布

前　言

本标准代替 GB 4481.2—1999《食品添加剂　柠檬黄铝色淀》。

本标准与 GB 4481.2—1999 相比,主要技术变化如下:

——增加了安全提示;

——修改了鉴别试验的方法;

——分光光度比色法平行测定的允许差由 2% 修改为 1.0%;

——取消了氯化物(以 NaCl 计)及硫酸盐(以 Na_2SO_4 计)指标;

——砷(As)的检测方法由化学限量法修改为原子吸收法;

——取消了重金属(以铅计)质量规格;

——增加了铅(Pb)指标和检测方法;

——钡(Ba)的检测方法修改为硫酸钡沉淀限量比色法。

本标准的附录 A 和附录 B 为规范性附录。

本标准所代替标准的历次版本发布情况为:

——GB 4481.2—1999。

食品安全国家标准
食品添加剂 柠檬黄铝色淀

1 范围

本标准适用于由食品添加剂柠檬黄和氢氧化铝作用生成的食品添加剂柠檬黄铝色淀。

2 规范性引用文件

本标准中引用的文件对于本标准的应用是必不可少的。凡是注日期的引用文件,仅所注日期的版本适用于本标准。凡是不注日期的引用文件,其最新版本(包括所有的修改单)适用于本标准。

3 分子式和相对分子质量

3.1 分子式

$C_{16}H_9N_4Na_3O_9S_2$

3.2 相对分子质量

534.36(按 2007 年国际相对原子质量)

4 技术要求

4.1 感官要求:应符合表 1 的规定。

表 1 感官要求

项 目	要 求	检验方法
色泽	黄色	自然光线下采用目视评定
组织状态	粉末	

4.2 理化指标:应符合表 2 的规定。

表 2 理化指标

项 目		指 标	检验方法
柠檬黄(以钠盐计),$w/\%$	$\geqslant$	10.0	附录 A 中 A.4
干燥减量,$w/\%$	$\leqslant$	30.0	附录 A 中 A.5
盐酸和氨水中不溶物,$w/\%$	$\leqslant$	0.5	附录 A 中 A.6

表 2（续）

项 目		指 标	检验方法
副染料，w/%	≤	0.5	附录A中A.7
砷（As）/（mg/kg）	≤	3.0	附录A中A.8
铅（Pb）/（mg/kg）	≤	10.0	附录A中A.9
钡（Ba），w/%	≤	0.05	附录A中A.10

附 录 A
（规范性附录）
检 验 方 法

A.1 安全提示

本标准试验方法中使用的部分试剂具有毒性或腐蚀性，按相关规定操作，操作时需小心谨慎。若溅到皮肤上应立即用水冲洗，严重者应立即治疗。在使用挥发性酸时，要在通风橱中进行。

A.2 一般规定

本标准所用试剂和水，在没有注明其他要求时，均指分析纯试剂和 GB/T 6682—2008 规定的三级水。试验中所需标准溶液、杂质标准溶液、制剂及制品在没有注明其他规定时，均按 GB/T 601、GB/T 602、GB/T 603 规定配制和标定。

A.3 鉴别试验

A.3.1 试剂和材料

A.3.1.1 硫酸。

A.3.1.2 硫酸溶液:1+20。

A.3.1.3 盐酸溶液:1+3。

A.3.1.4 氢氧化钠溶液:100 g/L。

A.3.1.5 乙酸铵溶液:1.5 g/L。

A.3.1.6 活性炭。

A.3.2 仪器和设备

A.3.2.1 分光光度计。

A.3.2.2 比色皿:10 mm。

A.3.3 鉴别方法

应满足如下条件：

A.3.3.1 称取试样约 0.1 g，加 5 mL 硫酸，在 50 ℃～60 ℃水浴中不时地摇动，加热约 5 min 时，溶液呈黄色。冷却后，取上层澄清液 2 滴～3 滴，加 5 mL 水，溶液呈黄色。

A.3.3.2 称取试样约 0.1 g，加 5 mL 硫酸溶液，在水浴中加热溶解，充分搅匀后，加乙酸铵溶液配至 100 mL，溶液不澄清时进行离心分离。然后取此液 1 mL～10 mL，加乙酸铵溶液配至 100 mL，使测定的吸光度值在 0.2～0.7 范围内，此溶液的最大吸收波长为 428 nm±2 nm。

A.3.3.3 称取试样约 0.1 g，加入 10 mL 盐酸溶液，在水浴中加热，使其大部分溶解。加 0.5 g 活性炭，充分摇匀，冷却后过滤。取无色滤液，加氢氧化钠溶液中和后，呈现铝盐反应。

A.4 柠檬黄铝色淀的测定

A.4.1 三氯化钛滴定法(仲裁法)

A.4.1.1 方法提要

在酸性介质中,柠檬黄铝色淀溶解转成色素,其偶氮基被三氯化钛还原分解,按三氯化钛标准滴定溶液的消耗量,计算其含量。

A.4.1.2 试剂和材料

A.4.1.2.1 酒石酸氢钠。

A.4.1.2.2 三氯化钛标准滴定溶液:$c(TiCl_3)＝0.1$ mol/L(现用现配,配制方法见附录B)。

A.4.1.2.3 钢瓶装二氧化碳。

A.4.1.3 仪器和设备

三氯化钛滴定法的装置图见图 A.1。

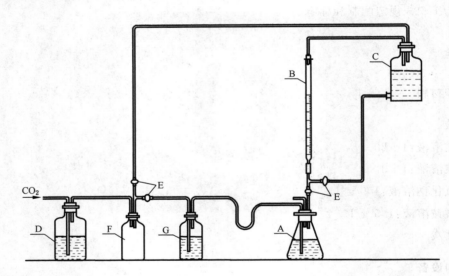

A——锥形瓶(500 mL);

B——棕色滴定管(50 mL);

C——包黑纸的下口玻璃瓶(2 000 mL);

D——装有 100 g/L 碳酸铵溶液和 100 g/L 硫酸亚铁溶液等量混合液的容器(5 000 mL);

E——活塞;

F——空瓶;

G——装有水的洗气瓶。

图 A.1 三氯化钛滴定法的装置图

A.4.1.4 分析步骤

称取约 1.0 g 试样(精确至 0.000 1 g),置于 500 mL 锥形瓶中,加入 30 g 酒石酸氢钠和 200 mL 沸水,剧烈振荡溶解后,按图 A.1 装好仪器,在液面下通入二氧化碳的同时,用三氯化钛标准滴定溶液滴定使其固有颜色消失为终点。

A.4.1.5　结果计算

柠檬黄铝色淀(以钠盐计)以质量分数 w_1 计,数值用%表示,按公式(A.1)计算:

$$w_1 = \frac{c(V/1\,000)(M/4)}{m_1} \times 100\% \quad \cdots\cdots\cdots\cdots\cdots\cdots\cdots\cdots\cdots\text{(A.1)}$$

式中:

c ——三氯化钛标准滴定溶液浓度的准确数值,单位为摩尔每升(mol/L);

V ——滴定试样耗用的三氯化钛标准滴定溶液体积的准确数值,单位为毫升(mL);

M ——柠檬黄铝色淀的摩尔质量数值,单位为克每摩尔(g/mol)$[M(C_{16}H_9N_4Na_3O_9S_2)=534.36]$;

m_1 ——试样的质量数值,单位为克(g)。

计算结果表示到小数点后 1 位。

平行测定结果的绝对差值不大于 1.0%(质量分数),取其算术平均值作为测定结果。

A.4.2　分光光度比色法

A.4.2.1　方法提要

将试样与已知含量的柠檬黄标准品在分别在水介质或水中溶解,用乙酸铵溶液稀释定容后,在最大吸收波长处,分别测其吸光度值,计算其含量。

A.4.2.2　试剂和材料

A.4.2.2.1　酒石酸氢钠。

A.4.2.2.2　乙酸铵溶液:1.5 g/L。

A.4.2.2.3　柠檬黄标准品:≥87.0%(质量分数,按 A.4.1 测定)。

A.4.2.3　仪器和设备

A.4.2.3.1　分光光度计。

A.4.2.3.2　比色皿:10 mm。

A.4.2.4　柠檬黄标样溶液的配制

称取约 0.25 g 柠檬黄标准品(精确到 0.000 1 g),溶于适量水中,移入 1 000 mL 容量瓶中,加水稀释至刻度,摇匀。吸取 10 mL,移入 500 mL 容量瓶中,加乙酸铵溶液稀释至刻度,摇匀,备用。

A.4.2.5　柠檬黄铝色淀试样溶液的配制

称取约 0.5 g 试样(精确至 0.000 1 g),加入 20 mL 水和 2 g 酒石酸氢钠,加热至 80 ℃～90 ℃,溶解后移入 1 000 mL 容量瓶中,用水稀释至刻度,摇匀。吸取 10 mL 移入 500 mL 容量瓶中,再用水稀释至刻度,摇匀。

A.4.2.6　分析步骤

将柠檬黄标样溶液和柠檬黄铝色淀试样溶液分别置于 10 mm 比色皿中,同在最大吸收波长处用分光光度计测定各自的吸光度值,用乙酸铵溶液作参比液。

A.4.2.7　结果计算

柠檬黄铝色淀以质量分数 w_1 计,数值用%表示,按公式(A.2)计算:

$$w_1 = \frac{Am_0}{A_0 m} \times w_0 \qquad\qquad \cdots\cdots\cdots\cdots\cdots\cdots\cdots\cdots\cdots（A.2）$$

式中：

A ——柠檬黄铝色淀试样溶液的吸光度值；

m_0 ——柠檬黄标准品质量的数值，单位为克（g）；

w_0 ——柠檬黄标准品的质量分数，%；

A_0 ——柠檬黄标样溶液的吸光度值；

m ——试样质量的数值，单位为克（g）。

计算结果表示到小数点后 1 位。

平行测定结果的绝对差值不大于 1.0%（质量分数），取其算术平均值作为测定结果。

A.5 干燥减量的测定

A.5.1 分析步骤

称取约 2 g 试样（精确至 0.001 g），置于已在 135 ℃±2 ℃恒温干燥箱中恒量的称量瓶中，在 135 ℃±2 ℃恒温干燥箱中烘至恒量。

A.5.2 结果计算

干燥减量的质量分数以 w_2 计，数值用%表示，按公式（A.3）计算：

$$w_2 = \frac{m_2 - m_3}{m_2} \times 100\% \qquad\qquad \cdots\cdots\cdots\cdots\cdots\cdots\cdots\cdots\cdots（A.3）$$

式中：

m_2 ——试样干燥前质量的数值，单位为克（g）；

m_3 ——试样干燥至恒量的质量数值，单位为克（g）。

计算结果表示到小数点后 1 位。

平行测定结果的绝对差值不大于 0.2%（质量分数），取其算术平均值作为测定结果。

A.6 盐酸和氨水中不溶物的测定

A.6.1 试剂和材料

A.6.1.1 盐酸。

A.6.1.2 盐酸溶液：3+7。

A.6.1.3 氨水溶液：4+96。

A.6.1.4 硝酸银溶液：$c(AgNO_3)=0.1$ mol/L。

A.6.2 仪器和设备

A.6.2.1 玻璃砂芯坩埚：G4，孔径为 5 μm～15 μm。

A.6.2.2 恒温干燥箱。

A.6.3 分析步骤

称取约 2 g 试样（精确至 0.001 g），置于 600 mL 烧杯中，加 20 mL 水和 20 mL 盐酸，充分搅拌后加入 300 mL 热水，搅匀，盖上表面皿，在 70 ℃～80 ℃水浴中加热 30 min，冷却，用已在 135 ℃±2 ℃烘至恒量的 G4 玻璃砂芯坩埚过滤，用约 30 mL 水将烧杯中的不溶物冲洗到 G4 玻璃砂芯坩埚中，至洗液无色后,先用 100 mL 氨水溶液洗涤,后用 10 mL 盐酸溶液洗涤,再用水洗涤至洗涤液用硝酸银溶液检验无白色沉淀,然后在 135 ℃±2 ℃恒温干燥箱中烘至恒量。

A.6.4 结果计算

盐酸和氨水中不溶物以质量分数 w_6 计,数值用%表示,按公式(A.4)计算:

$$w_6 = \frac{m_5}{m_4} \times 100\% \quad\cdots\cdots\cdots\cdots\cdots\cdots\cdots\cdots\cdots\cdots\cdots\cdots(A.4)$$

式中:

m_5——干燥后不溶物质量的数值,单位为克(g);

m_4——试样质量的数值,单位为克(g)。

计算结果表示到小数点后两位。

平行测定结果的绝对差值不大于 0.10%(质量分数),取其算术平均值作为测定结果。

A.7 副染料的测定

A.7.1 方法提要

用纸上层析法将各组分分离,洗脱,然后用分光光度法定量。

A.7.2 试剂和材料

A.7.2.1 无水乙醇。

A.7.2.2 正丁醇。

A.7.2.3 酒石酸氢钠。

A.7.2.4 丙酮溶液:1+1。

A.7.2.5 氨水溶液:4+96。

A.7.2.6 碳酸氢钠溶液:4 g/L。

A.7.3 仪器和设备

A.7.3.1 分光光度计。

A.7.3.2 层析滤纸:1 号中速,150 mm×250 mm。

A.7.3.3 层析缸:φ240 mm×300 mm。

A.7.3.4 微量进样器:100 μL。

A.7.3.5 纳氏比色管:50 mL 有玻璃磨口塞。

A.7.3.6 玻璃砂芯漏斗:G3,孔径为 15 μm~40 μm。

A.7.3.7 50 mm 比色皿。

A.7.3.8 10 mm 比色皿。

A.7.4 分析步骤

A.7.4.1 纸上层析条件

A.7.4.1.1 展开剂:正丁醇+无水乙醇+氨水溶液=6+2+3。

A.7.4.1.2 温度:20 ℃~25 ℃。

A.7.4.2 试样溶液的配制

称取约 2 g 试样(精确至 0.001 g)。置于烧杯中,加入适量水和 5 g 酒石酸氢钠,加热溶解后,移入

100 mL 容量瓶中,稀释至刻度,摇匀备用,该试样溶液浓度为 2%。

A.7.4.3 试样洗出液的制备

用微量进样器吸取 100 μL 试样溶液,均匀地注在离滤纸底边 25 mm 的一条基线上,成一直线,使其在滤纸上的宽度不超过 5 mm,长度为 130 mm,用吹风机吹干。将滤纸放入装有预先配制好展开剂的层析缸中展开,滤纸底边浸入展开剂液面下 10 mm,待展开剂前沿线上升至 150 mm 或直到副染料分离满意为止。取出层析滤纸,用冷风吹干。

用空白滤纸在相同条件下展开,该空白滤纸必须与上述步骤展开用的滤纸在同一张滤纸上相邻部位裁取。

副染料纸上层析示意图见图 A.2。

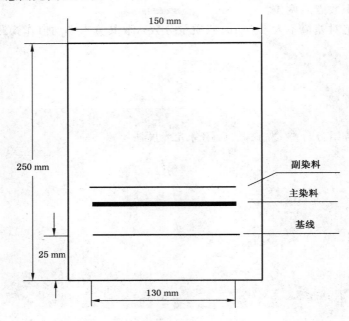

图 A.2 副染料纸上层析示意图

将展开后取得的各个副染料和在空白滤纸上与各副染料相对应的部位的滤纸按同样大小剪下,并剪成约 5 mm×15 mm 的细条,分别置于 50 mL 的纳氏比色管中,准确加入丙酮溶液 5 mL,摇动 3 min～5 min 后,再准确加入 20 mL 碳酸氢钠溶液,充分摇动,然后分别在 G3 玻璃砂芯漏斗中自然过滤,滤液应澄清,无悬浮物。分别得到各副染料和空白的洗出液。在各自副染料的最大吸收波长处,用 50 mm比色皿,将各副染料的洗出液在分光光度计上测定各自的吸光度值。

在分光光度计上测定吸光度值时,以 5 mL 丙酮溶液和 20 mL 碳酸氢钠溶液的混合液作参比液。

A.7.4.4 标准溶液的配制

吸取 6 mL 2% 的试样溶液移入 100 mL 容量瓶中,稀释至刻度,摇匀,该溶液为标准溶液。

A.7.4.5 标准洗出液的制备

用微量进样器吸取 100 μL 标准溶液,均匀地点注在离滤纸底边 25 mm 的一条基线上,用吹风机吹干。将滤纸放入装有预先配制好展开剂的层析缸中展开,待展开剂前沿线上升 40 mm,取出用冷风吹干,剪下所有展开的染料部分,按 A.7.4.3 方法进行萃取操作,得到标准洗出液。用 10 mm 比色皿在最大吸收波长处测吸光度值。

同时用空白滤纸在相同条件下展开,按相同方法操作后测洗出液的吸光度值。

A.7.4.6 结果计算

副染料以质量分数 w_7 计,数值用%表示,按公式(A.5)计算:

$$w_7 = \frac{[(A_1 - b_1) + \cdots\cdots + (A_n - b_n)]/5}{(A_s - b_s)(100/6)} \times S \quad\cdots\cdots\cdots\cdots\cdots\cdots (A.5)$$

式中:

$A_1\cdots,A_n$ ——各副染料洗出液以 50 mm 光径长度测定出的吸光度值;

$b_1\cdots,b_n$ ——各副染料对照空白洗出液以 50 mm 光径长度测定出的吸光度值;

A_s ——标准洗出液以 10 mm 光径长度测定出的吸光度值;

b_s ——标准对照空白洗出液以 10 mm 光径长度测定出的吸光度值;

5 ——折算成以 10 mm 光径长度的比数;

100/6 ——标准洗出液折算成2%试样溶液的比数;

S ——试样的质量分数,%。

计算结果表示到小数点后 1 位。

平行测定结果的绝对差值不大于 0.2%(质量分数),取其算术平均值作为测定结果。

A.8 砷的测定

A.8.1 方法提要

柠檬黄铝色淀经湿法消解后,制备成试样溶液,用原子吸收光谱法测定砷的含量。

A.8.2 试剂和材料

A.8.2.1 硝酸。

A.8.2.2 硫酸溶液:1+1。

A.8.2.3 硝酸-高氯酸混合溶液:3+1。

A.8.2.4 砷(As)标准溶液:按 GB/T 602 配制和标定后,再根据使用的仪器要求进行稀释配制成含砷相应浓度的三种标准溶液。

A.8.2.5 氢氧化钠溶液:1 g/L。

A.8.2.6 硼氢化钠溶液:8 g/L(溶剂为 1 g/L 的氢氧化钠溶液)。

A.8.2.7 盐酸溶液:1+10。

A.8.2.8 碘化钾溶液:200 g/L。

A.8.3 仪器和设备

A.8.3.1 原子吸收光谱仪。

A.8.3.2 仪器参考条件:砷空心阴极灯分析线波长:193.7 nm;狭缝:0.5 nm~1.0 nm;灯电流:6 mA~10 mA。

A.8.3.3 载气流速:氩气 250 mL/min。

A.8.3.4 原子化器温度:900 ℃。

A.8.4 分析步骤

A.8.4.1 试样消解

称取约 1 g 试样(精确至 0.001 g),置于 250 mL 三角或圆底烧瓶中,加 10 mL~15 mL 硝酸和

2 mL 硫酸溶液,摇匀后用小火加热赶出二氧化氮气体,溶液变成棕色,停止加热,放冷后加入 5 mL 硝酸-高氯酸混合液,强火加热至溶液透明或微黄色,如仍不透明,放冷后再补加 5 mL 硝酸-高氯酸混合溶液,继续加热至溶液透明无色或微黄色并产生白烟(避免烧干出现炭化现象),停止加热,放冷后加水 5 mL 加热至沸,除去残余的硝酸-高氯酸(必要时可再加水煮沸一次),继续加热至发生白烟,保持 10 min,放冷后移入 100 mL 容量瓶(若溶液出现浑浊、沉淀或机械杂质应过滤),用盐酸溶液稀释定容。

同时按相同的方法制备空白溶液。

A.8.4.2 测定

量取 25 mL 消解后的试样溶液至 50 mL 容量瓶,加入 5 mL 碘化钾溶液,用盐酸溶液稀释定容,摇匀,静置 15 min。

同时按相同的方法以空白溶液制备空白测试液。

开启仪器,待仪器及砷空心阴极灯充分预热,基线稳定后,用硼氢化钠溶液作氢化物还原发生剂,以标准空白、标准溶液、样品空白测试液及样品溶液的顺序,按电脑指令分别进样。测试结束后电脑自动生成工作曲线及扣除样品空白后的样品溶液中砷浓度,输入样品信息(名称、称样量、稀释体积等),即自动换算出试样中砷的含量。

平行测定结果的绝对差值不大于 0.1 mg/kg,取其算术平均值作为测定结果。

A.9 铅的测定

A.9.1 方法提要

柠檬黄铝色淀经湿法消解后,制备成试样溶液,用原子吸收光谱法测定铅的含量。

A.9.2 试剂和材料

A.9.2.1 铅(Pb)标准溶液:按 GB/T 602 配制和标定后,再根据使用的仪器要求进行稀释配制成含铅相应浓度的三种标准溶液。
A.9.2.2 氢氧化钠溶液:1 g/L。
A.9.2.3 硼氢化钠溶液:8 g/L(溶剂为 1 g/L 的氢氧化钠溶液)。
A.9.2.4 盐酸溶液:1+10。

A.9.3 仪器和设备

A.9.3.1 原子吸收光谱仪。
A.9.3.2 仪器参考条件:GB 5009.12—2010 中第三法火焰原子吸收光谱法。

A.9.4 分析步骤

可直接采用 A.8.4.1 的试样溶液和空白溶液。

按 GB 5009.12—2010 中第三法火焰原子吸收光谱法操作。

平行测定结果的绝对差值不大于 1.0 mg/kg,取其算术平均值作为测定结果。

A.10 钡的测定

A.10.1 方法提要

柠檬黄铝色淀经干法消解处理后,制备成试样溶液,与钡标准溶液比较,作硫酸钡的浊度限量试验。

A.10.2　试剂和材料

A.10.2.1　硫酸。

A.10.2.2　无水碳酸钠。

A.10.2.3　盐酸溶液:1+3。

A.10.2.4　硫酸溶液:1+19。

A.10.2.5　钡标准溶液:氯化钡($BaCl_2 \cdot 2H_2O$)177.9 mg,用水溶解并定容至1 000 mL。每毫升含有0.1毫克的钡(0.1 mg/mL)。

A.10.3　试样溶液的配制

　　称取约1 g试样(精确至0.001 g),放于白金坩埚或陶瓷坩埚中,加少量硫酸润湿,徐徐加热,尽量在低温下使之几乎全部炭化。放冷后,再加1 mL硫酸,慢慢加热至几乎不发生硫酸蒸气为止,放入高温炉中,于800 ℃灼烧3 h。冷却后,加无水碳酸钠5 g充分混合,加盖后放入高温炉中,于860 ℃灼烧15 min,冷却后,加水20 mL,在水浴上加热,将熔融物溶解。冷却后过滤,用水洗涤滤纸上的残渣至洗涤液不呈硫酸盐反应为止。然后将纸上的残渣与滤纸一起移至烧杯中,加30 mL盐酸溶液,充分摇匀后煮沸。冷却后过滤,用10 mL水洗涤滤纸上的残渣。将洗涤液与滤液合并,在水浴上蒸发至干。加5 mL水使残渣溶解,必要时过滤,加0.25 mL盐酸溶液,充分混合后,再加水配至25 mL作为试样溶液。

A.10.4　标准比浊溶液的配制

　　取5 mL钡标准溶液,加0.25 mL盐酸溶液。加水至25 mL,作为标准比浊溶液。

A.10.5　分析步骤

　　在试样溶液和标准比浊溶液中各加1 mL硫酸溶液混合,放置10 min时,试样溶液混浊程度不得超过标准比浊溶液,即为合格。

附　录　B

（规范性附录）

三氯化钛标准滴定溶液的配制方法

B.1　试剂和材料

B.1.1　盐酸。

B.1.2　硫酸亚铁铵。

B.1.3　硫氰酸铵溶液:200 g/L。

B.1.4　硫酸溶液:1+1。

B.1.5　三氯化钛溶液。

B.1.6　重铬酸钾标准滴定溶液:$c(1/6K_2Cr_2O_7)=0.1$ mol/L,按 GB/T 602 配制与标定。

B.2　仪器和设备

见图 A.1。

B.3　三氯化钛标准滴定溶液的配制

B.3.1　配制

取 100 mL 三氯化钛溶液和 75 mL 盐酸,置于 1 000 mL 棕色容量瓶中,用煮沸并已冷却到室温的水稀释至刻度,摇匀,立即倒入避光的下口瓶中,在二氧化碳气体保护下贮藏。

B.3.2　标定

称取约 3 g(精确至 0.000 1 g)硫酸亚铁铵,置于 500 mL 锥形瓶中,在二氧化碳气流保护作用下,加入 50 mL 煮沸并已冷却的水,使其溶解,再加入 25 mL 硫酸溶液,继续在液面下通入二氧化碳气流作保护,迅速准确加入 35 mL 重铬酸钾标准滴定溶液,然后用需标定的三氯化钛标准溶液滴定到接近计算量终点,立即加入 25 mL 硫氰酸铵溶液,并继续用需标定的三氯化钛标准溶液滴定到红色转变为绿色,即为终点。整个滴定过程应在二氧化碳气流保护下操作,同时做一空白试验。

B.3.3　结果计算

三氯化钛标准溶液的浓度以 $c(TiCl_3)$ 计,单位以摩尔每升(mol/L)表示,按公式(B.1)计算:

$$c(TiCl_3) = \frac{cV_1}{V_2 - V_3} \quad\quad\quad\quad\quad\quad (B.1)$$

式中:

c ——重铬酸钾标准滴定溶液浓度的准确数值,单位为摩尔每升(mol/L);

V_1 ——重铬酸钾标准滴定溶液体积的准确数值,单位为毫升(mL);

V_2 ——滴定被重铬酸钾标准滴定溶液氧化成高钛所用去的三氯化钛标准滴定溶液体积的准确数值,单位为毫升(mL);

V_3——滴定空白用去三氯化钛标准滴定溶液体积的准确数值，单位为毫升（mL）。

计算结果表示到小数点后 4 位。

以上标定需在分析样品时即时标定。

前　　言

　　紫胶红色素是从昆虫 Kerria Lacca 分泌物紫梗中提出的天然食用色素。与其他天然食用色素相比，它的纯度高，着色力较强，对光和热的稳定性好。1974 年在天津召开的全国食品添加剂会议上，正式建议紫胶红色素作为天然食用色素使用。1984 年批准并发布了食品添加剂紫胶红色素的国家标准。

　　为了提高产品的质量，以满足国内外市场的需要，及时地修订食品添加剂紫胶红色素国家标准是非常必要的。

　　在本标准中，关键指标项目吸光度的指标参数由 0.62 提高至 0.65。

　　与原标准相比，本标准去掉了铜和汞两指标项目；增加了重金属这一指标项目，其指标参数定为≤30 mg/kg。

　　本标准从生效之日起，同时代替 GB 4571—84。

　　本标准由中华人民共和国林业部提出。

　　本标准由全国食品添加剂标准化技术委员会归口。

　　本标准由中国林科院林产化学工业研究所、江苏省卫生防疫站负责起草。

　　本标准主要起草人：甘启贵、周树南、杨鸾。

　　本标准于 1984 年 7 月 11 日首次发布。

中华人民共和国国家标准

食 品 添 加 剂
紫 胶 红 色 素

GB 4571—1996

代替 GB 4571—84

Food additive—Lac dye

1 范围

本标准规定了食品添加剂紫胶红色素的技术要求、试验方法、检验规则及标志、包装、运输、贮存要求。

本标准适用于以紫胶原胶为原料,用盐酸法生产的食品添加剂紫胶红色素。本品可作为食品着色剂。

2 引用标准

下列标准所包含的条文,通过在本标准中引用而构成为本标准的条文。本标准出版时,所示版本均为有效。所有标准都会被修订,使用本标准的各方应探讨使用下列标准最新版本的可能性。

GB 601—88 化学试剂 滴定分析(容量分析)用标准溶液的制备

GB 602—88 化学试剂 杂质测定用标准溶液的制备

GB 603—88 化学试剂 试验方法中所用制剂及制品的制备

GB 6682—92 分析实验室用水规格和试验方法

GB 8449—87 食品添加剂中铅的测定方法

GB 8450—87 食品添加剂中砷的测定方法

GB 8451—87 食品添加剂中重金属限量试验法

3 技术要求

3.1 外观

本品为鲜红粉末。

3.2 粒度

本品100%通过80目标准筛。

3.3 质量指标

应符合表1要求。

国家技术监督局 1996-11-27 批准 1997-07-01 实施

表1

项 目		指 标
吸光度($E_{0.50\,cm比色皿}^{0.01\%溶液}$,490 nm)	≥	0.65
干燥失重,%	≤	10
灼烧残渣,%	≤	0.8
pH 值		3.0～4.0
铅(Pb),mg/kg	≤	5
砷(As),mg/kg	≤	2
重金属(以 Pb 计),mg/kg	≤	30

4 试验方法

本标准所用试剂和水,在没有注明其他要求时,均指分析纯试剂和符合 GB 6682 规定的三级水。试剂当中所需标准溶液、杂质标准溶液、制剂及制品在没有注明其他要求时,均按 GB 601、GB 602、GB 603 之规定配制。

4.1 抽样

检验用的样品,应由每批产品中按 5%～10%在每筒的不同部位抽取,样品经充分混匀,以四分法缩分至 200 g,分别装入两个试样袋中,一袋密封保存于干燥处,以备仲裁,一袋供检验用。

4.2 外观及粒度

称取 20 g 试样,用目视观测颜色;再用 80 目标准筛测定粒度。

4.3 鉴别

紫胶红色素为天然有机酸的混合物,20℃时在水中溶解度为 0.033 5 g,在 95%乙醇中溶解度为 0.916 g,易溶于碳酸氢钠、碳酸钠和氢氧化钠溶液中。在 pH 值大于 6 的溶液中易与碱金属之外的金属离子生成水不溶性的色淀。其溶液颜色随 pH 值变化而改变,pH 值小于 4 为桔黄色,pH 4.0～5.0 为桔红色,pH 值大于 6 为紫红色。

4.4 吸光度的测定

4.4.1 原理

通过测定试样溶液在特定波长处的吸光度来表示试样的纯度。

4.4.2 仪器设备

分光光度计,附 0.5 cm 玻璃比色皿。

4.4.3 试剂和溶液

a）无水碳酸钠(GB 639):10 g/L 溶液;

b）盐酸(GB 622):0.1 mol/L 溶液;

c）邻苯二甲酸氢钾(GB 1291):0.1 mol/L 溶液;

d）pH＝3.0 缓冲溶液:取 0.1 mol/L 邻苯二甲酸氢钾溶液 50 mL 于 100 mL 容量瓶中,加入 0.1 mol/L 盐酸溶液 22.3 mL,用水稀释至刻度、摇匀。

4.4.4 分析步骤

称取试样 0.1 g,精确至 0.000 2 g,置于 150 mL 烧杯中,加入 10 g/L 碳酸钠溶液 10 mL 搅匀、溶解,倾入 100 mL 容量瓶中,用少量水洗涤烧杯,洗涤液并入 100 mL 容量瓶中,用水稀释至刻度、摇匀。准确吸取 10 mL 置于 100 mL 容量瓶中,用 0.1 mol/L 盐酸溶液调 pH 至 3.0 左右,用 pH＝3.0 缓冲溶液稀释至刻度、摇匀。即为试样溶液。

取出试样溶液置于 0.5 cm 比色皿中,于分光光度计的 490 nm 波长处测量吸光度。

试样溶液的浓度应使测出的吸光度在 0.2~0.7 范围内为最佳。当试样溶液的吸光度 $E_{0.50}^{0.01\%} > 0.7$ 时，可用 pH＝3.0 缓冲溶液将试样溶液稀释到适当的浓度，然后测定。该吸光度(a)可按式(1)计算成本标准所规定的吸光度 $E_{0.50}^{0.01\%}$。

$$E_{0.50}^{0.01\%} = \frac{0.01a}{c} \quad \cdots\cdots\cdots\cdots\cdots\cdots\cdots\cdots\cdots\cdots\cdots (1)$$

式中：a——稀释后试样溶液的吸光度；

$\quad\quad c$——稀释后试样溶液的浓度(m/V)，％。

4.5 干燥失重的测定

4.5.1 原理

在规定温度下，将试样烘干至恒重，然后测定试样减少的质量。

4.5.2 仪器设备

称量瓶，直径 5 cm，高 3 cm。

4.5.3 分析步骤

称取试样 2 g±0.1 g 精确至 0.000 2 g，置于已在 105℃±2℃烘至恒重的称量瓶中，放入 105℃±2℃烘箱中，烘至恒重。

4.5.4 分析结果

用质量百分数表示的干燥失重(X_1)按式(2)计算。

$$X_1 = \frac{m_1 - m_2}{m} \times 100 \quad \cdots\cdots\cdots\cdots\cdots\cdots\cdots\cdots\cdots (2)$$

式中：m_1——称量瓶和样品干燥前的质量，g；

$\quad\quad m_2$——称量瓶和样品干燥后的质量，g；

$\quad\quad m$——试样的质量，g。

两次平行测定结果之差不大于 0.2％，取其算术平均值为测定结果(精确至小数点后第一位)。

4.6 灼烧残渣的测定

4.6.1 原理

试样经炭化，高温灼烧后所残留的无机物质，称量。

4.6.2 仪器设备

高温电炉(可控温度 750℃±25℃)；瓷坩埚 30 mL。

4.6.3 分析步骤

称取试样 3 g±0.1 g，精确至 0.000 2 g，置于已在 750℃±25℃灼烧至恒重的瓷坩埚中，在电炉上缓慢加热炭化，至无明显烟雾时，移入高温电炉中，在 750℃±25℃下灼烧至恒重。

4.6.4 分析结果

用质量百分数表示的灼烧残渣重(X_2)按式(3)计算。

$$X_2 = \frac{m_3 - m_4}{m} \times 100 \quad \cdots\cdots\cdots\cdots\cdots\cdots\cdots\cdots\cdots (3)$$

式中：m_3——坩埚和残渣的质量，g；

$\quad\quad m_4$——坩埚的质量，g；

$\quad\quad m$——试样的质量，g。

两次平行测定结果之差不大于 0.05％，取其算术平均值为测定结果(精确至小数点后第二位)。

4.7 水溶液 pH 值的测定

4.7.1 原理

将规定的指示电极和参比电极浸入同一被测溶液中，构成一原电池，其电动势与溶液的 pH 值有关，通过测量原电池的电动势即可得出溶液的 pH 值。

4.7.2 仪器设备

　　a）酸度计：精度为 0.1pH 单位；

　　b）指示电极——玻璃电极；

　　c）参比电极——饱和甘汞电极。

4.7.3 分析步骤

　　称取试样约 0.034 g（精确至 0.000 2 g），置于 150 mL 洁净的烧杯中，加水 100 mL 在室温下配成饱和溶液。用酸度计测其 pH 值，pH 值读数至少稳定 1 min。

4.8 铅（Pb）的测定

　　按 GB 8449 进行测定。试样处理采用 4.2.1 湿法消解。

4.9 砷（As）的测定

　　按 GB 8450—87 中第 1 章二乙氨基二硫代甲酸银比色法（吸收液 A）进行测定，试样采用 1.4.2.1 湿法消解。

4.10 重金属的测定

　　按 GB 8451 进行测定。

5 检验规则

5.1 食品添加剂紫胶红色素应由生产厂的产品质量检验部门负责检验验收，生产厂保证出厂产品的质量都符合本标准的要求，并在包装物内附有产品合格证。

5.2 使用单位可按本标准的各项规定，核验产品质量是否符合本标准的要求。

5.3 检验结果中的任何一项不符合本标准的规定时，应重新从二倍量的包装中抽取试样进行复验，复验结果中若仍有一项不合格，则该批产品不能验收。

6 包装、标志、运输、贮存

6.1 用内衬聚乙烯塑料袋的铁筒包装，每筒净重 2.5 kg 或 1 kg，铁筒外加纸箱包装。若用户对包装有特殊要求，由供需双方协商解决。

6.2 包装上应有明显的标志，内容包括：产品名称、标准编号、生产厂名、生产厂地址、商标、规格、批号、净重、毛重和生产日期。

6.3 每筒出厂产品，都应附有产品质量合格证，内容包括：产品名称、生产厂名称、批号、生产日期、净重、使用方法、产品质量符合本标准的证明及标准编号。

6.4 运输装卸应轻放，运输时，必须防雨、防潮、防晒。应贮存在干燥、阴凉的库房中。

6.5 本品在贮运中，不得与有毒、有色、有异味等物质混装、混运、一起堆放。

ICS 67.220.20
X 41

中华人民共和国国家标准

GB 4926—2008
代替 GB 4926—1985

食品添加剂 红曲米（粉）

Food additive—Red kojic rice（powder）

2008-12-03 发布

2009-06-01 实施

中华人民共和国国家质量监督检验检疫总局
中国国家标准化管理委员会 发布

前　言

本标准的 5.3、5.4 为强制性的,其余为推荐性的。

本标准代替 GB 4926—1985《食品添加剂　红曲米》。

本标准与 GB 4926—1985 相比主要变化如下:

——取消了产品分级;

——增加了红曲粉产品类型,并制定相应指标;

——取消了六六六、滴滴涕指标;

——增加了重金属、大肠菌群、致病菌指标。

本标准由全国食品添加剂标准化技术委员会提出并归口。

本标准起草单位:义乌章舸生物工程有限公司、山东中惠食品有限公司、中国食品发酵工业研究院、武汉佳成生物制品有限公司、永康市阳光天然色素厂。

本标准主要起草人:丁舸、赵吉兴、张蔚、姚继承、徐辉、丁予章、杨国华、郭新光、魏萍、朱劲柏。

本标准所代替标准的历次版本发布情况为:

——GB 4926—1985。

食品添加剂　红曲米（粉）

1　范围

本标准规定了食品添加剂红曲米（粉）产品的定义、产品分类、要求、试验方法、检验规则、标志、包装、运输和贮存。

本标准适用于红曲米（粉）的生产、检验和销售。

2　规范性引用文件

下列文件中的条款通过本标准的引用而成为本标准的条款。凡是注日期的引用文件，其随后所有的修改单（不包括勘误的内容）或修订版均不适用于本标准，然而，鼓励根据本标准达成协议的各方研究是否可使用这些文件的最新版本。凡是不注日期的引用文件，其最新版本适用于本标准。

GB 1354　大米

GB/T 4789.3　食品卫生微生物学检验　大肠菌群测定

GB/T 4789.4　食品卫生微生物学检验　沙门氏菌检验

GB/T 4789.5　食品卫生微生物学检验　志贺氏菌检验

GB/T 4789.10　食品卫生微生物学检验　金黄色葡萄球菌检验

GB/T 5009.3　食品中水分的测定

GB/T 5009.11　食品中总砷及无机砷的测定方法

GB/T 5009.22　食品中黄曲霉毒素 B_1 的测定

GB/T 5009.74　食品添加剂中重金属限量试验

GB/T 6682　分析实验室用水规格和试验方法（GB/T 6682—2008，ISO 3696：1987，MOD）

3　术语和定义

下列术语和定义适用于本标准。

3.1

红曲米（粉）　red kojic rice（podwer）

以大米为原料，用红曲菌属（*Monascus*）红曲霉发酵培养制得的，具有红色的颗粒或用其制成的粉末。

4　产品分类

按产品形态不同分为：颗粒状和粉末状。

5　要求

5.1　原料要求

大米应符合 GB 1354 的要求。

5.2　感官要求

应符合表 1 的要求。

表 1　感官要求

项　　目	颗粒状	粉末状
外观	红色至暗紫红色,质地脆,无霉变,无明显肉眼可见的杂质,呈不规则的颗粒状	棕色至暗紫红色,无霉变,无明显肉眼可见的杂质,呈粉末状
断面	粉红色至红色	—
香味	具有红曲固有的曲香	

5.3　理化要求

应符合表 2 的要求。

表 2　理化要求

项　　目		颗粒状	粉末状
水分/%	≤	10.0	
色价/(u/g)	≥	1 000	
细度(100目通过率)/%	≥	—	95.0

5.4　卫生要求

应符合表 3 的要求。

表 3　卫生要求

项　　目		要　　求
砷(以 As 计)/(mg/kg)	≤	1
重金属(以 Pb 计)/(mg/kg)	≤	10
大肠菌群/(MPN/100 g)	≤	30
黄曲霉毒素 B_1/(μg/kg)	≤	5
致病菌(指肠道致病菌及致病球菌)		不得检出

6　试验方法

本标准中所用的水,在未注明其他要求时,均指符合 GB/T 6682 中的要求。

本标准中所用的试剂,在未注明规格时,均指分析纯(AR)。若有特殊要求须另作明确规定。

本标准中的溶液,在未注明用何种溶剂配制时,均指水溶液。

6.1　感官检查

取 100 g 样品于白纸上,用肉眼观看其颜色、霉变颗粒(粉)及其杂质;用小刀切开红曲米,观察其断面;取 10 g 左右样品置手中,用鼻子闻其气味。

6.2　水分

按 GB/T 5009.3 的方法测定。

6.3　色价

6.3.1　仪器和设备

除实验室常规仪器外还需:

6.3.1.1　粉碎机。

6.3.1.2　分光光度计。

6.3.1.3　恒温水浴:控温精度±0.5 ℃。

6.3.2　试剂和溶液

乙醇溶液 70%(体积分数)。

6.3.3 分析步骤

将样品用粉碎机粉碎,其试样可过 40 目~60 目筛。

准确称取已粉碎混合均匀的试样 0.2 g(精确至 0.001 g),用 70%乙醇溶液溶解并将其转入 100 mL 容量瓶中,定容至刻度,盖塞,置于 60 ℃±0.5 ℃水浴中,准确浸泡 1 h,取出冷却到室温,补充 70%乙醇溶液至刻度,混匀。用滤纸过滤,将滤液收集于具塞比色管,备用。

准确吸取上述滤液 2.0 mL~5.0 mL 于 50 mL 容量瓶中(使最终稀释液吸光值落在 0.3~0.6 范围内),用 70%乙醇稀释定容至 50 mL,摇匀,用 10 mm 比色皿,以 70%乙醇溶液做参比,在波长 505 nm 下,测定其试样浸泡稀释液的吸光度 A。

6.3.4 计算

样品色价按式(1)计算:

$$X_1 = A \times \frac{100}{m_1} \times \frac{50}{V} \quad\cdots\cdots(1)$$

式中:

X_1——试样的色价,单位为单位色价每克(u/g);

A——浸泡稀释液的吸光度;

m_1——称取样品的质量,单位为克(g);

V——吸取乙醇浸泡液的体积,单位为毫升(mL)。

结果保留至整数位。

6.3.5 允许差

平行试验,两次测定值之差不得超过 2%。

6.4 细度

6.4.1 仪器和设备

6.4.1.1 标准试验筛(相当于 200 目)。

6.4.1.2 分析天平:精度±0.2 mg。

6.4.2 分析步骤

称取红曲米粉 100 g(精确至 0.2 g)。

将规定的标准筛装上筛底盘,然后将称好的样品全部转入标准筛上,加盖,振荡筛分 5 min(不时敲打筛梆),静置 2 min,取下上盖,小心将筛上物全部转移到已知质量的烧杯中,用天平称量,计算。

6.4.3 计算

样品的细度按式(2)计算:

$$X_2 = \frac{100 - m_2}{100} \times 100 \quad\cdots\cdots(2)$$

式中:

X_2——样品细度的质量分数,%;

100——取样量,单位为克(g);

m_2——筛上物的质量,单位为克(g)。

所得结果表示至整数。

6.4.4 允许差

平行试验,两次测定值之差不得超过 1%。

6.5 砷

按 GB/T 5009.11 的方法测定。

6.6 重金属

按 GB/T 5009.74 的方法测定。

6.7 大肠菌群

按 GB/T 4789.3 的方法测定。

6.8 黄曲霉毒素 B_1

按 GB/T 5009.22 的方法测定。

6.9 致病菌

按 GB/T 4789.4 、GB/T 4789.5、GB/T 4789.10 的方法测定。

7 检验规则

7.1 组批

同一天包装出厂,具有相同规格、等级质量和批号,并具有同样质量证明书的产品为一批。

7.2 抽样

7.2.1 按表 4 要求随机抽取样本。

表 4 袋装样品抽样表

批量范围/箱	抽取样本数/箱	抽去单位包装数/袋
<100	4	1
100~250	6	1
251~500	10	1
>500	20	1

7.2.2 用取样器插入每件(袋)1/2~1/3 处采取样品,每件不少于 100 g,样品量不足 250 g 时可按比例加取。仔细混匀,四分法缩分,分别装于两个洁净并干燥的广口瓶中,贴上标签,注明:产品名称、规格等级、生产日期或批号、数量、取样日期、地点和取样人员。一瓶送化验室检验;一瓶封存三个月备用。

7.3 检验分类

检验分为出厂检验和型式检验。

7.3.1 出厂检验

7.3.1.1 产品出厂前,应由生产企业的质量检验部门负责按本标准规定逐批进行检验。检验合格并签发质量合格证明的产品,方可出厂。

7.3.1.2 出厂检验项目:感官、水分、色价、细度(粉)、大肠菌群。

7.3.2 型式检验

7.3.2.1 型式检验项目:本标准规定的感官、理化和卫生要求的全部项目。

7.3.2.2 产品在正常生产情况下,型式检验每年一次,遇有下列情况之一时,亦须进行型式检验:

——如原料、配方或工艺有较大改变时;

——更改关键工艺和设备时;

——试制新产品或产品长期停产,又恢复生产时;

——出厂检验结果与正常生产时有较大差别时;

——国家质量监督检验机构提出要求时。

7.4 判定规则

7.4.1 检验结果中如有一项指标不符合标准要求时,应重新自同批产品中抽取两倍量样品进行复检,以复检结果为准。

7.4.2 当供需双方对产品质量发生异议时,由双方协商选定仲裁单位,按本标准进行复验。

8 标志、包装、运输和贮存

8.1 标志

食品添加剂必须有包装标志和产品说明书,标志内容可包括:品名、产地、厂名、卫生许可证号、生产许可证号、规格、生产日期、批号或者代号、保质期限等,并在标志上明确标示"食品添加剂"字样。

8.2 包装

产品的包装应采用国家批准的、并符合相应的食品包装用卫生标准的材料。

8.3 运输

产品在运输过程中,严禁与有毒、有害、有腐蚀性及其他污染物混装、混运,避免雨淋日晒等。

在运输过程上应防雨、防潮、防止日光曝晒。

8.4 贮存

产品应贮存在通风、清洁、干燥的地方,不得与有毒、有害及有腐蚀性等物质混存。

产品自生产之日起,在符合上述储运条件、原包装完好的情况下,保质期应不少于 12 个月,企业可按上述要求具体标示。

中华人民共和国国家标准

GB 6227.1—2010

食品安全国家标准

食品添加剂 日落黄

2010-12-21 发布

2011-02-21 实施

中华人民共和国卫生部 发布

前　言

本标准代替 GB 6227.1—1999《食品添加剂　日落黄》。

本标准与 GB 6227.1—1999 相比，主要变化如下：

——增加了安全提示；

——取消了≥60.0％的质量规格，将≥85.0％的指标修改为≥87.0％；

——修改了鉴别试验的方法；

——分光光度比色法平行测定的允许差由 2.0％修改为 1.0％；

——干燥减量、氯化物和硫酸盐总量指标由≤15.0％修改为≤13.0％，并修改了检测方法；

——增加了对氨基苯磺酸钠、2-萘酚-6-磺酸钠、6,6′-氧代双（2-萘磺酸）二钠、4,4′-（重氮亚氨基）二
苯磺酸二钠盐等未反应中间体及 1-苯基偶氮基-2-萘酚指标和检测方法；

——增加了未磺化芳族伯胺（以苯胺计）指标和检测方法；

——砷（As）的检测方法由化学限量法修改为原子吸收法；

——取消了重金属（以 Pb 计）的质量规格；

——增加了铅（Pb）指标和检测方法；

——增加了汞（Hg）指标和检测方法。

本标准的附录 A、附录 B 和附录 C 为规范性附录，附录 D 为资料性附录。

本标准所代替标准的历次版本发布情况为：

——GB 6227.1—1986，GB 6227.1—1999。

食品安全国家标准

食品添加剂　日落黄

1　范围

本标准适用于由对氨基苯磺酸重氮化后与薛佛氏盐偶合而制得的食品添加剂日落黄。

2　规范性引用文件

本标准中引用的文件对于本标准的应用是必不可少的。凡是注日期的引用文件,仅所注日期的版本适用于本标准。凡是不注日期的引用文件,其最新版本(包括所有的修改单)适用于本标准。

3　化学名称、结构式、分子式和相对分子质量

3.1　化学名称

6-羟基-5-[(4-磺酸基苯基)偶氮]-2-萘磺酸的二钠盐

3.2　结构式

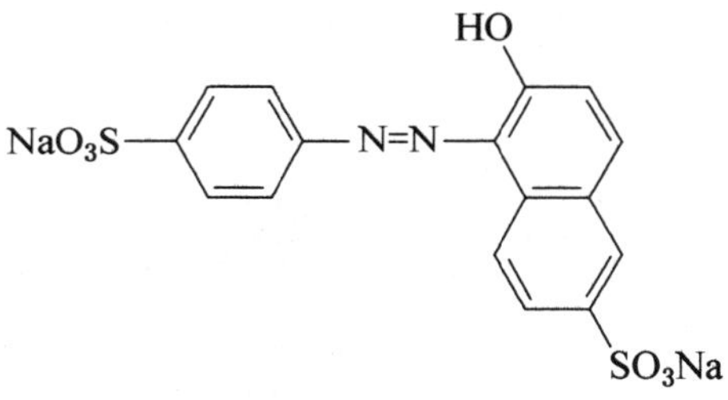

3.3　分子式

$C_{16}H_{10}N_2Na_2O_7S_2$

3.4　相对分子质量

452.37(按 2007 年国际相对原子质量)

4　技术要求

4.1　感官要求:应符合表 1 的规定。

表 1　感官要求

项　　目	要　　求	检　验　方　法
色泽	橙红色	自然光线下采用目视评定
组织状态	粉末或颗粒	

4.2 理化指标:应符合表 2 的规定。

表 2 理化指标

项　　　目		指　　标	检验方法
日落黄,$w/\%$	≥	87.0	附录 A 中 A.4
干燥减量、氯化物(以 NaCl 计)及硫酸盐(以 NaSO₄ 计)总量,$w/\%$	≤	13.0	附录 A 中 A.5
水不溶物,$w/\%$	≤	0.20	附录 A 中 A.6
对氨基苯磺酸钠,$w/\%$	≤	0.20	附录 A 中 A.7
2-萘酚-6-磺酸钠,$w/\%$	≤	0.30	附录 A 中 A.8
6,6′-氧代双(2-萘磺酸)二钠,$w/\%$	≤	1.0	附录 A 中 A.9
4,4′-(重氮亚氨基)二苯磺酸二钠盐,$w/\%$	≤	0.10	附录 A 中 A.10
1-苯基偶氮基-2-萘酚/(mg/kg)	≤	10.0	附录 A 中 A.11
未磺化芳族伯胺(以苯胺计)/%	≤	0.01	附录 A 中 A.12
副染料,$w/\%$	≤	4.0	附录 A 中 A.13
砷(AS)/(mg/kg)	≤	1.0	附录 A 中 A.14
铅(PA)/(mg/kg)	≤	10.0	附录 A 中 A.15
汞(Hg)/(mg/kg)	≤	1.0	附录 A 中 A.16

附　录　A

（规范性附录）

检　验　方　法

A.1　安全提示

本标准试验方法中使用的部分试剂具有毒性或腐蚀性,按相关规定操作,操作时需小心谨慎。若溅到皮肤上应立即用水冲洗,严重者应立即治疗。在使用挥发性酸时,要在通风橱中进行。

A.2　一般规定

本标准所用试剂和水,在没有注明其他要求时,均指分析纯试剂和 GB/T 6682—2008 规定的三级水。试验中所需标准溶液、杂质标准溶液、制剂及制品在没有注明其他规定时,均按 GB/T 601、GB/T 602、GB/T 603 规定配制和标定。

A.3　鉴别试验

A.3.1　试剂和材料

A.3.1.1　硫酸。

A.3.1.2　乙酸铵溶液:1.5 g/L。

A.3.2　仪器和设备

A.3.2.1　分光光度计。

A.3.2.2　比色皿:10 mm。

A.3.3　鉴别方法

应满足如下条件:

A.3.3.1　称取约 0.1 g 试样(精确至 0.01 g),溶于 100 mL 水中,显橙色澄清溶液。

A.3.3.2　称取约 0.1 g 试样(精确至 0.01 g),加 10 mL 硫酸后显橙红色,取此液 2 滴～3 滴加入 5 mL 水中显橙黄色。

A.3.3.3　称取约 0.1 g 试样(精确至 0.01 g),溶于 100 mL 乙酸铵溶液中,取此溶液 1 mL,加乙酸铵溶液配至 100 mL,该溶液的最大吸收波长为 482 nm±2 nm。

A.4　日落黄的测定

A.4.1　三氯化钛滴定法(仲裁法)

A.4.1.1　方法提要

在酸性介质中,日落黄中的偶氮基被三氯化钛还原分解,按三氯化钛标准滴定溶液的消耗量,计算其含量。

A.4.1.2 试剂和材料

A.4.1.2.1 酒石酸氢钠。

A.4.1.2.2 三氯化钛标准滴定溶液：$c(TiCl_3)=0.1$ mol/L（现用现配，配制方法见附录 B）。

A.4.1.2.3 钢瓶装二氧化碳。

A.4.1.3 仪器和设备

三氯化钛滴定法的装置图见图 A.1。

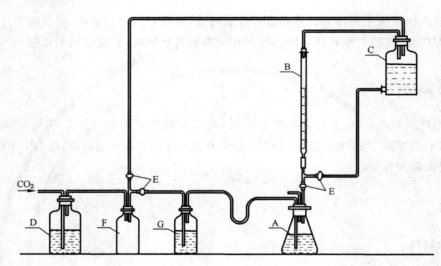

A——锥形瓶（500 mL）；

B——棕色滴定管（50 mL）；

C——包黑纸的下口玻璃瓶（2 000 mL）；

D——装有 100 g/L 碳酸铵溶液和 100 g/L 硫酸亚铁溶液等量混合液的容器（5 000 mL）；

E——活塞；

F——空瓶；

G——装有水的洗气瓶。

图 A.1　三氯化钛滴定法的装置图

A.4.1.4 分析步骤

称取约 0.5 g 试样（精确至 0.000 1 g），置于 500 mL 锥形瓶中，溶于 50 mL 煮沸并冷却至室温的水中，加入 15 g 酒石酸氢钠和 150 mL 沸水，振荡溶解后，按图 A.1 装好仪器，在液面下通入二氧化碳的同时，加热沸腾，用三氯化钛标准滴定溶液滴定使其固有颜色消失为终点。

A.4.1.5 结果计算

日落黄以质量分数 w_1 计，数值用%表示，按公式（A.1）计算：

$$w_1=\frac{c(V/1\,000)(M/4)}{m_1}\times100\%　\cdots\cdots\cdots\cdots\cdots\cdots\cdots（A.1）$$

式中：

c ——三氯化钛标准滴定溶液浓度的准确数值，单位为摩尔每升（mol/L）；

V ——滴定试样耗用的三氯化钛标准滴定溶液体积的准确数值，单位为毫升（mL）；

M——日落黄的摩尔质量数值,单位为克每摩尔(g/mol)[$M(C_{16}H_{10}N_2Na_2O_7S_2)=452.37$];

m_1——试样的质量数值,单位为克(g)。

计算结果表示到小数点后 1 位。

平行测定结果的绝对差值不大于 1.0%(质量分数),取其算术平均值作为测定结果。

A.4.2　分光光度比色法

A.4.2.1　方法提要

将试样与已知含量的日落黄标准品分别用水溶解,用乙酸铵溶液稀释定容后,在最大吸收波长处,分别测其吸光度值,计算其含量。

A.4.2.2　试剂和材料

A.4.2.2.1　乙酸铵溶液:1.5 g/L。

A.4.2.2.2　日落黄标准品:≥87.0%(质量分数,按 A.4.1 测定)。

A.4.2.3　仪器和设备

A.4.2.3.1　分光光度计。

A.4.2.3.2　比色皿:10 mm。

A.4.2.4　日落黄标样溶液的配制

称取约 0.25 g 日落黄标准品(精确到 0.000 1 g),溶于适量水中,移入 1 000 mL 容量瓶中,加水稀释至刻度,摇匀。吸取 10 mL,移入 500 mL 容量瓶中,加乙酸铵溶液稀释至刻度,摇匀,备用。

A.4.2.5　日落黄试样溶液的配制

称量与操作方法同 A.4.2.4 标样溶液的配制。

A.4.2.6　分析步骤

将日落黄标样溶液和日落黄试样溶液分别置于 10 mm 比色皿中,同在最大吸收波长处用分光光度计测定各自的吸光度值,用乙酸铵溶液作参比液。

A.4.2.7　结果计算

日落黄以质量分数 w_1 计,数值用%表示,按公式(A.2)计算:

$$w_1 = \frac{Am_0}{A_0 m} \times w_0 \qquad\cdots\cdots\cdots\cdots(A.2)$$

式中:

A ——日落黄试样溶液的吸光度值;

m_0 ——日落黄标准品的质量数值,单位为克(g);

A_0 ——日落黄标样溶液的吸光度值;

m ——试样质量的数值,单位为克(g);

w_0 ——日落黄标准品的质量分数%。

计算结果表示到小数点后 1 位。

平行测定结果的绝对差值不大于 1.0%(质量分数),取其算术平均值作为测定结果。

A.5 干燥减量、氯化物（以 NaCl 计）及硫酸盐（以 Na₂SO₄ 计）总量的测定

A.5.1 干燥减量的测定

A.5.1.1 分析步骤

称取约 2 g 试样（精确至 0.001 g），置于已在 135 ℃±2 ℃恒温干燥箱恒量的称量瓶中，在 135 ℃±2 ℃恒温干燥箱中烘至恒量。

A.5.1.2 结果计算

干燥减量的含量以质量分数 w_2 计，数值用％表示，按公式（A.3）计算：

$$w_2 = \frac{m_2 - m_3}{m_2} \times 100\% \qquad \cdots\cdots\cdots\cdots\cdots\cdots\cdots\cdots\cdots\cdots (\text{A.3})$$

式中：

m_2——试样干燥前质量的数值，单位为克（g）；

m_3——试样干燥至恒量质量的数值，单位为克（g）。

计算结果表示到小数点后 1 位。

平行测定结果的绝对差值不大于 0.2％（质量分数），取其算术平均值作为测定结果。

A.5.2 氯化物（以 NaCl 计）的测定

A.5.2.1 试剂和材料

A.5.2.1.1 硝基苯。

A.5.2.1.2 活性炭；767 针型。

A.5.2.1.3 硝酸溶液：1＋1。

A.5.2.1.4 硝酸银溶液：$c(\text{AgNO}_3) = 0.1 \text{ mol/L}$。

A.5.2.1.5 硫酸铁铵溶液：称取约 14 g 硫酸铁铵，溶于 100 mL 水中，过滤，加 10 mL 硝酸，贮存于棕色瓶中。

A.5.2.1.6 硫氰酸铵标准滴定溶液：$c(\text{NH}_4\text{CNS}) = 0.1 \text{ mol/L}$。

A.5.2.2 试样溶液的配制

称取约 2 g 试样（精确至 0.001 g），溶于 150 mL 水中，加约 15 g 活性炭，温和煮沸 2 min～3 min，加入 1 mL 硝酸溶液，不断摇动均匀，放置 30 min（其间不时摇动）。用干燥滤纸过滤。如滤液有色，则再加 5 g 活性炭，不时摇动下放置 1 h，再用干燥滤纸过滤（如仍有色则更换活性炭重复操作至滤液无色）。每次以 10 mL 水洗活性炭三次，滤液合并移至 200 mL 容量瓶中，加水至刻度，摇匀。用于氯化物和硫酸盐含量的测定。

A.5.2.3 分析步骤

移取 50 mL 试样溶液，置于 500 mL 锥形瓶中，加 2 mL 硝酸溶液和 10 mL 硝酸银溶液（氯化物含量多时要多加些）及 5 mL 硝基苯，剧烈摇动至氯化银凝结，加入 1 mL 硫酸铁铵溶液，用硫氰酸铵标准滴定溶液滴定过量的硝酸银到终点并保持 1 min，同时以同样方法做一空白试验。

A.5.2.4 结果计算

氯化物（以 NaCl 计）以质量分数 w_3 计，数值用％表示，按公式（A.4）计算：

$$w_3 = \frac{c_1 [(V_1 - V_0)/1\,000] M_1}{m_4 (50/200)} \times 100\% \quad\cdots\cdots\cdots\cdots\cdots(A.4)$$

式中：

c_1——硫氰酸铵标准滴定溶液浓度的准确数值，单位为摩尔每升（mol/L）；

V_1——滴定空白溶液耗用硫氰酸铵标准滴定溶液体积的准确数值，单位为毫升（mL）；

V_0——滴定试样溶液耗用硫氰酸铵标准滴定溶液体积的准确数值，单位为毫升（mL）；

M_1——氯化钠的摩尔质量数值，单位为克每摩尔（g/mol）[$M_1(NaCl)=58.4$]；

m_4——试样的质量数值，单位为克（g）。

计算结果表示到小数点后 1 位。

平行测定结果的绝对差值不大于 0.3%（质量分数），取其算术平均值作为测定结果。

A.5.3 硫酸盐（以 Na_2SO_4 计）的测定

A.5.3.1 试剂和材料

A.5.3.1.1 氢氧化钠溶液：2 g/L。

A.5.3.1.2 盐酸溶液：1+1 999。

A.5.3.1.3 氯化钡标准滴定溶液：$c(1/2BaCl_2)=0.1$ mol/L（配制方法见附录B）。

A.5.3.1.4 酚酞指示液：10 g/L。

A.5.3.1.5 玫瑰红酸钠指示液：称取 0.1 g 玫瑰红酸钠，溶于 10 mL 水中（现用现配）。

A.5.3.2 分析步骤

吸取 25 mL 试样溶液（A.5.2.2），置于 250 mL 锥形瓶中，加 1 滴酚酞指示液，滴加氢氧化钠溶液呈粉红色。然后滴加盐酸溶液至粉红色消失，摇匀，溶解后在不断摇动下用氯化钡标准滴定溶液滴定，以玫瑰红酸钠指示液作外指示液，反应液与指示液在滤纸上交汇处呈现玫瑰红色斑点并保持 2 min 不褪色为终点。

同时以相同方法做空白试验。

A.5.3.3 结果计算

硫酸盐（以 Na_2SO_4 计）以质量分数 w_4 计，数值用%表示，按公式（A.5）计算：

$$w_4 = \frac{c_2 [(V_2 - V_3)/1\,000](M_2/2)}{m_4 (25/200)} \times 100\% \quad\cdots\cdots\cdots\cdots\cdots(A.5)$$

式中：

c_2——氯化钡标准滴定溶液浓度的准确数值，单位为摩尔每升（mol/L）；

V_2——滴定试样溶液耗用氯化钡标准滴定溶液体积的准确数值，单位为毫升（mL）；

V_3——滴定空白溶液耗用氯化钡标准滴定溶液体积的准确数值，单位为毫升（mL）；

M_2——硫酸钠的摩尔质量的数值，单位为克每摩尔（g/mol）[$M_2(Na_2SO_4)=142.04$]；

m_4——试样质量的数值，单位为克（g）。

计算结果表示到小数点后 1 位。

平行测定结果的绝对差值不大于 0.2%（质量分数），取其算术平均值作为测定结果。

A.5.4 干燥减量、氯化物（以 NaCl 计）及硫酸盐（以 Na_2SO_4 计）总量的结果计算

干燥减量和氯化物（以 NaCl 计）及硫酸盐（以 Na_2SO_4 计）的总量以质量分数 w_5 计，数值用%表示，按公式（A.6）计算：

$$w_5 = w_2 + w_3 + w_4 \quad\quad\quad\quad\quad \cdots\cdots\cdots\cdots\cdots\cdots\cdots（A.6）$$

式中：

w_2——干燥减量的质量分数，%；

w_3——氯化物（以 NaCl 计）的质量分数，%；

w——硫酸盐（以 Na_2SO_4 计）的质量分数，%。

计算结果表示到小数点后 1 位。

A.6 水不溶物的测定

A.6.1 仪器和设备

A.6.1.1 玻璃砂芯坩埚：G4，孔径为 5 μm～15 μm。

A.6.1.2 恒温干燥箱。

A.6.2 分析步骤

称取约 3 g 试样（精确至 0.001 g），置于 500 mL 烧杯中，加入 50 ℃～60 ℃热水 250 mL，使之溶解，用已在 135 ℃±2 ℃烘至恒量的 G4 玻璃砂芯坩埚过滤，并用热水充分洗涤到洗涤液无色，在 135 ℃±2 ℃恒温干燥箱中烘至恒量。

A.6.3 结果计算

水不溶物以质量分数 w_6 计，数值用%表示，按公式（A.7）计算：

$$w_6 = \frac{m_6}{m_5} \times 100\% \quad\quad\quad\quad\quad \cdots\cdots\cdots\cdots\cdots\cdots\cdots（A.7）$$

式中：

m_6——干燥后水不溶物质量的数值，单位为克（g）；

m_5——试样质量的数值，单位为克（g）。

计算结果表示到小数点后 2 位。

平行测定结果的绝对差值不大于 0.05%（质量分数），取其算术平均值作为测定结果。

A.7 对氨基苯磺酸钠的测定

A.7.1 方法提要

采用反相液相色谱法，用外标法进行定量，计算对氨基苯磺酸钠的质量分数。

A.7.2 试剂和材料

A.7.2.1 甲醇。

A.7.2.2 对氨基苯磺酸钠。

A.7.2.3 乙酸铵溶液：2 g/L。

A.7.3 仪器和设备

A.7.3.1 高效液相色谱仪：输液泵-流量范围 0.1 mL/min～5.0 mL/min，在此范围内其流量稳定性为 ±1%；检测器-多波长紫外分光检测器或具有同等性能的紫外分光检测器。

A.7.3.2 色谱柱：长为 150 mm，内径为 4.6 mm 的不锈钢柱，固定相为 C18、粒径 5 μm。

A.7.3.3 色谱工作站或积分仪。

A.7.3.4 超声波发生器。

A.7.3.5 定量环:20 μL。

A.7.3.6 微量注射器:20 μL～100 μL。

A.7.4 色谱分析条件

A.7.4.1 检测波长:254 nm。

A.7.4.2 柱温:40 ℃。

A.7.4.3 流动相:A,乙酸铵溶液;B,甲醇;

浓度梯度:40 min 线性浓度梯度从 A(95)比 B(5)至 A(50)比 B(50)。

A.7.4.4 流量:1 mL/min。

A.7.4.5 进样量:20 μL。

可根据仪器不同,选择最佳分析条件,流动相应摇匀后用超声波发生器进行脱气。

A.7.5 试样溶液的配制

称取约 0.1 g 试样(精确至 0.000 1 g),加乙酸铵溶液溶解,稀释至 100 mL,此为试样溶液。

A.7.6 标准溶液的配制

称取约 0.01 g(精确至 0.000 1 g)已置于真空干燥器中干燥 24 h 后的对氨基苯磺酸钠,用乙酸铵溶液溶解,稀释至 100 mL。吸取 10 mL 上述溶液,加乙酸铵溶液稀释至 100 mL 后,再分别吸取 2.5 mL、2.0 mL、1.0 mL 此溶液,再用乙酸铵溶液分别稀释定容至 100 mL,作为系列标准溶液。

A.7.7 分析步骤

在 A.7.4 规定的色谱分析条件下,分别用微量注射器吸取试样溶液及各系列标准溶液注入并充满定量环进行色谱检测,待最后一个组分流出完毕,进行结果处理。测定系列标准溶液中对氨基苯磺酸钠的峰面积,绘制成标准曲线。测定试样溶液中对氨基苯磺酸钠的峰面积,根据标准曲线计算对氨基苯磺酸钠的含量。色谱图见附录 D。

A.8 2-萘酚-6-磺酸钠的测定

A.8.1 方法提要

采用反相液相色谱法,用外标法进行定量,计算 2-萘酚-6-磺酸钠的质量分数。

A.8.2 试剂和材料

A.8.2.1 2-萘酚-6-磺酸钠。

A.8.2.2 其余同 A.7.2。

A.8.3 仪器和设备

同 A.7.3。

A.8.4 试样溶液的配制

同 A.7.5。

A.8.5 标准溶液的配制

称取约 0.01 g(精确至 0.000 1 g)已置于真空干燥器中干燥 24 h 后的 2-萘酚-6-磺酸钠,用乙酸铵溶液溶解,稀释定容至 100 mL。吸取 10 mL 上述溶液,加乙酸铵溶液稀释定容至 100 mL。分别吸取 2.5 mL、2.0 mL、1.0 mL,再用乙酸铵溶液准确稀释定容至 100 mL,作为系列标准溶液。

A.8.6 色谱分析条件

同 A.7.4。

A.8.7 分析步骤

在 A.8.6 规定的色谱分析条件下,分别用微量注射器吸取试样溶液及各系列标准溶液注入并充满定量环进行色谱检测,待最后一个组分流出完毕,进行结果处理。测定系列标准溶液中 2-萘酚-6-磺酸钠盐的峰面积,绘制成标准曲线。测定试样溶液中 2-萘酚-6-磺酸钠盐的峰面积,根据标准曲线计算 2-萘酚-6-磺酸钠盐的含量。色谱图见附录 D。

A.9 6,6′-氧代双(2-萘磺酸)二钠的测定

A.9.1 方法提要

采用反相液相色谱法,用外标法进行定量,计算 6,6′-氧代双(2-萘磺酸)二钠的质量分数。

A.9.2 试剂和溶液

A.9.2.1 6,6′-氧代双(2-萘磺酸)二钠。
A.9.2.2 其余同 A.7.2。

A.9.3 仪器和设备

同 A.7.3。

A.9.4 试样溶液的配制

同 A.7.5。

A.9.5 标准溶液的配制

称取约 0.01 g(精确至 0.000 1 g)已置于真空干燥器中干燥 24 h 后的 6,6′-氧代双(2-萘磺酸)二钠,用乙酸铵溶液溶解,稀释定容至 100 mL。吸取 10 mL 上述溶液,加乙酸铵溶液,稀释定容至 100 mL 后分别吸取 10.0 mL、5.0 mL、2.0 mL、1.0 mL,再用乙酸铵溶液稀释定容至 100 mL,作为系列标准溶液。

A.9.6 色谱分析条件

同 A.7.4。

A.9.7 分析步骤

在 A.9.6 规定的色谱分析条件下,分别用微量注射器吸取试样溶液及各系列标准溶液注入并充满定量环进行色谱检测,待最后一个组分流出完毕,进行结果处理。测定系列标准溶液中 6,6′-氧代双(2-

萘磺酸)二钠的峰面积,绘制成标准曲线。测定试样溶液中 6,6'-氧代双(2-萘磺酸)二钠的峰面积,根据标准曲线计算 6,6'-氧代双(2-萘磺酸)二钠的含量。色谱图见附录 D。

A.10 4,4'-(重氮亚氨基)二苯磺酸二钠盐的测定

A.10.1 方法提要

采用反相液相色谱法,用外标法进行定量,计算 4,4'-(重氮亚氨基)二苯磺酸二钠盐的质量分数。

A.10.2 试剂和材料

A.10.2.1 4,4'-(重氮亚氨基)二苯磺酸二钠盐。

A.10.2.2 其余同 A.7.2。

A.10.3 仪器和设备

同 A.7.3。

A.10.4 试样溶液的配制

同 A.7.5。

A.10.5 标准溶液的配制

称取约 0.01 g(精确至 0.000 1 g)已置于真空干燥器中干燥 24 h 后的 4,4'-(重氮亚氨基)二苯磺酸二钠盐,用乙酸铵溶液溶解,稀释定容至 100 mL。吸取 10 mL 上述溶液,加乙酸铵溶液,稀释定容至 100 mL 后分别吸取 10.0 mL、5.0 mL、2.0 mL、1.0 mL,再用乙酸铵溶液稀释定容至 100 mL,作为系列标准溶液。

A.10.6 色谱分析条件

A.10.6.1 检测波长:358 nm。

A.10.6.2 其他均同 A.7.4。

A.10.7 分析步骤

在 A.10.6 规定的色谱分析条件下,分别用微量注射器吸取试样溶液及各系列标准溶液注入并充满定量环进行色谱检测,待最后一个组分流出完毕,进行结果处理。测定系列标准溶液中 4,4'-(重氮亚氨基)二苯磺酸二钠盐的峰面积,绘制成标准曲线。测定试样溶液中 4,4'-(重氮亚氨基)二苯磺酸二钠盐的峰面积,根据标准曲线计算 4,4'-(重氮亚氨基)二苯磺酸二钠盐的含量。色谱图见附录 D。

A.11 1-苯基偶氮基-2-萘酚的测定

A.11.1 方法提要

采用反相液相色谱法,用外标法进行定量,计算 1-苯基偶氮基-2-萘酚的质量分数。

A.11.2 试剂和材料

A.11.2.1 1-苯基偶氮基-2-萘酚。

A. 11. 2. 2 甲醇和 2 g/L 乙酸铵溶液的混合液:1+1。

A. 11. 2. 3 其余同 A. 7. 2。

A. 11. 3　仪器和设备

同 A. 7. 3。

A. 11. 4　试样溶液的配制

同 A. 7. 5。

A. 11. 5　标准溶液的配制

称取约 0.01 g(精确至 0.000 1 g)已置于真空干燥器中干燥 24 h 后的 1-苯基偶氮基-2-萘酚。用甲醇溶解,移入 1 000 mL 容量瓶中,以甲醇和 2 g/L 乙酸铵溶液的混合液定容。吸取 10 mL 上述溶液,以甲醇和 2 g/L 乙酸铵溶液的混合液定容至 1 000 mL,然后分别吸取 2.0 mL、1.0 mL、0.5 mL,以甲醇和 2 g/L 乙酸铵溶液的混合液定容至 100 mL 作为系列标准溶液。

A. 11. 6　色谱分析条件

A. 11. 6. 1 检测波长:382 nm。

A. 11. 6. 2 浓度梯度:50 min 线性浓度梯度从 A(80)比 B(20)至 A(10)比 B(90)。

A. 11. 6. 3 其他同 A. 7. 4。

A. 11. 7　分析步骤

在 A. 11. 6 规定的色谱分析条件下,分别用微量注射器吸取试样溶液及各系列标准溶液注入并充满定量环进行色谱检测,待最后一个组分流出完毕,进行结果处理。测定系列标准溶液中 1-苯基偶氮基-2-萘酚的峰面积,绘制成标准曲线。测定试样溶液中 1-苯基偶氮基-2-萘酚的峰面积,根据标准曲线计算 1-苯基偶氮基-2-萘酚的含量。色谱图见附录 D。

A. 12　未磺化芳族伯胺(以苯胺计)的测定

A. 12. 1　方法提要

以乙酸乙酯萃取出试样中未磺化芳族伯胺成分,将萃取液和苯胺标准溶液分别经重氮化和偶合后再测定各自生成染料的吸光度予以比较与判别。

A. 12. 2　试剂和材料

A. 12. 2. 1 乙酸乙酯。

A. 12. 2. 2 盐酸溶液:1+10。

A. 12. 2. 3 盐酸溶液:1+3。

A. 12. 2. 4 溴化钾溶液:500 g/L。

A. 12. 2. 5 碳酸钠溶液:200 g/L。

A. 12. 2. 6 氢氧化钠溶液:40 g/L。

A. 12. 2. 7 氢氧化钠溶液:4 g/L。

A. 12. 2. 8 R 盐溶液:20 g/L。

A. 12. 2. 9 亚硝酸钠溶液:3.52 g/L。

A.12.2.10 苯胺标准溶液:0.100 0 g/L。

配制:用小烧杯称取 0.500 0 g 新蒸馏的苯胺,移至 500 mL 容量瓶中,以 150 mL 盐酸溶液(1+3)分三次洗涤烧杯,并入 500 mL 容量瓶中,水稀释至刻度。移取 25 mL 该溶液至 250 mL 容量瓶中,用水定容。此溶液苯胺浓度为 0.100 0 g/L。

A.12.3 仪器和设备

A.12.3.1 可见分光光度计。

A.12.3.2 40 mm 比色皿。

A.12.4 试样萃取溶液的配制

称取约 2.0 g 试样(精确至 0.001 g)于 150 mL 烧杯中,加 100 mL 水和 5 mL 氢氧化钠溶液(40 g/L),在温水浴中搅拌至完全溶解。将此溶液移入分液漏斗中,少量水洗净烧杯。每次以 50 mL 乙酸乙酯萃取两次,合并萃取液。以 10 mL 氢氧化钠溶液(4 g/L)洗涤乙酸乙酯萃取液,除去痕量色素。再每次以 10 mL 盐酸溶液(1+3)对乙酸乙酯溶液反萃取三次。合并该盐酸萃取液,然后用水稀释至 100 mL,摇匀。此溶液为试样萃取溶液。

A.12.5 标准对照溶液的制备

吸取 2.0 mL 苯胺标准溶液至 100 mL 容量瓶中,用盐酸溶液(1+10)稀释至刻度,混合均匀,此为标准对照溶液。

A.12.6 重氮化偶合溶液的制备

吸取 10 mL 试样萃取溶液,移入透明洁净的试管中,浸入盛有冰水混合物的烧杯内冷却 10 min。在试管中加入 1 mL 溴化钾溶液及 0.5 mL 亚硝酸钠溶液,稍用力摇匀后仍置于冰水浴中冷却 10 min,进行重氮化反应。另取一个 25 mL 容量瓶移入 1 mL R 盐溶液和 10 mL 碳酸钠溶液。将上述试管中的苯胺重氮盐溶液加至盛有 R 盐溶液的容量瓶中,边加边略振摇容量瓶,用少许水洗净试管一并加入容量瓶中,再以水定容。充分混匀后在暗处放置 15 min。该溶液为试样重氮化偶合溶液。

标准重氮化偶合溶液的制备,吸取 10 mL 标准对照溶液,其余步骤同上。

A.12.7 参比溶液的制备

吸取 10 mL 盐酸溶液(1+10)、10 mL 碳酸钠溶液及 1 mL R 盐溶液于 25 mL 容量瓶中,水定容。该溶液为参比溶液。

A.12.8 分析步骤

将标准重氮化偶合溶液和试样重氮化偶合溶液分别置于比色皿中,在 510 nm 波长处用分光光度计测定各自的吸光度 A_a、A_b,以 A.12.7 作参比溶液。

A.12.9 结果判定

$A_b \leqslant A_a$ 即为合格。

A.13 副染料的测定

A.13.1 方法提要

用纸上层析法将各组分分离,洗脱,然后用分光光度法定量。

A.13.2　试剂和材料

A.13.2.1 无水乙醇。

A.13.2.2 正丁醇。

A.13.2.3 丙酮溶液:1+1。

A.13.2.4 氨水溶液:4+96。

A.13.2.5 碳酸氢钠溶液:4 g/L。

A.13.3　仪器和设备

A.13.3.1 分光光度计。

A.13.3.2 层析滤纸:1号中速,150 mm×250 mm。

A.13.3.3 层析缸:φ240 mm×300 mm。

A.13.3.4 微量进样器:100 μL。

A.13.3.5 纳氏比色管:50 mL有玻璃磨口塞。

A.13.3.6 玻璃砂芯漏斗:G3,孔径为15 μm~40 μm。

A.13.3.7 50 mm比色皿。

A.13.3.8 10 mm比色皿。

A.13.4　分析步骤

A.13.4.1　纸上层析条件

A.13.4.1.1 展开剂:正丁醇+无水乙醇+氨水溶液=6+2+3。

A.13.4.1.2 温度:20 ℃~25 ℃。

A.13.4.2　试样溶液的配制

　　称取约1 g试样(精确至0.001 g),置于烧杯中,加入适量水溶解后,移入100 mL容量瓶中,稀释至刻度,摇匀备用,该试样溶液浓度为1%。

A.13.4.3　试样洗出液的制备

　　用微量进样器吸取100 μL试样溶液,均匀地注在离滤纸底边25 mm的一条基线上,成一直线,使其在滤纸上的宽度不超过5 mm,长度为130 mm,用吹风机吹干。将滤纸放入装有配制好展开剂的层析缸中展开,滤纸底边浸入展开剂液面下10 mm,待展开剂前沿线上升至150 mm或直到副染料分离满意为止。取出层析滤纸,用冷风吹干。

　　用空白滤纸在相同条件下展开,该空白滤纸应与上述步骤展开用的滤纸在同一张滤纸上相邻部位裁取。

　　副染料纸上层析示意图见图A.2。

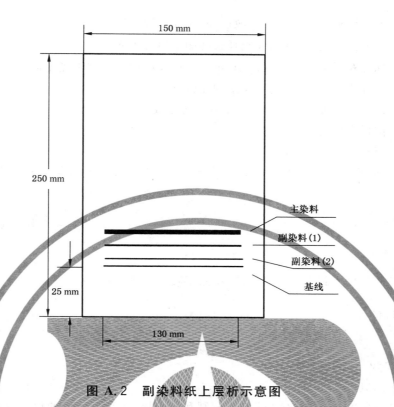

图 A.2　副染料纸上层析示意图

将展开后取得的各个副染料和在空白滤纸上与各副染料相对应的部位的滤纸按同样大小剪下，并剪成约 5 mm×15 mm 的细条，分别置于 50 mL 的纳氏比色管中，准确加入 5 mL 丙酮溶液，摇动 3 min～5 min 后，再准确加入 20 mL 碳酸氢钠溶液，充分摇动，然后分别在 G3 玻璃砂芯漏斗中自然过滤，滤液应澄清，无悬浮物。分别得到各副染料和空白的洗出液。在各自副染料的最大吸收波长处，用 50 mm 比色皿，将各副染料的洗出液在分光光度计上测定各自的吸光度值。

在分光光度计上测定吸光度时，以 5 mL 丙酮溶液和 20 mL 碳酸氢钠溶液的混合液作参比液。

A.13.4.4　标准溶液的配制

吸取 2 mL 试样溶液移入 100 mL 容量瓶中，稀释至刻度，摇匀，该溶液为标准溶液。

A.13.4.5　标准洗出液的制备

用微量进样器吸取 100 μL 标准溶液，均匀地点注在离滤纸底边 25 mm 的一条基线上，用吹风机吹干。将滤纸放入装有预先配制好展开剂的层析缸中展开，待展开剂前沿线上升 40 mm，取出用冷风吹干，剪下所有展开的染料部分，按 A.13.4.3 的方法进行操作，得到标准洗出液。用 10 mm 比色皿在最大吸收波长处测吸光度值。

同时用空白滤纸在相同条件下展开，按相同方法操作后测空白洗出液的吸光度值。

A.13.4.6　结果计算

副染料以质量分数 w_7 计，数值用％表示，按公式（A.8）计算：

$$w_7 = \frac{[(A_1 - b_1) + \cdots\cdots + (A_n - b_n)]/5}{(A_S - b_S)(100/2)} \times S \quad\quad\quad\quad\quad\quad (A.8)$$

式中：

$A_1\cdots A_n$ ——各副染料洗出液以 50 mm 光径长度测定出的吸光度值；

$b_1 \cdots b_n$ ——各副染料对照空白洗出液以 50 mm 光径长度测定出的吸光度值;

A_s ——标准洗出液以 10 mm 光径长度测定出的吸光度值;

b_s ——标准对照空白洗出液以 10 mm 光径长度测定出的吸光度值;

5 ——折算成以 10 mm 光径长度的比数;

100/2 ——标准洗出液折算成 1% 试样溶液的比数;

S ——试样的质量分数,%。

计算结果表示到小数点后 1 位。

平行测定结果的绝对差值不大于 0.2%(质量分数),取其算术平均值作为测定结果。

A.14 砷的测定

A.14.1 方法提要

日落黄经湿法消解后,制备成试样溶液,用原子吸收光谱法测定砷的含量。

A.14.2 试剂和材料

A.14.2.1 硝酸。

A.14.2.2 硫酸溶液:1+1。

A.14.2.3 硝酸-高氯酸混合溶液:3+1。

A.14.2.4 砷(As)标准溶液:按 GB/T 602 配制和标定后,再根据使用的仪器要求进行稀释配制成含砷相应浓度的三种标准溶液。

A.14.2.5 氢氧化钠溶液:1 g/L。

A.14.2.6 硼氢化钠溶液:8 g/L(溶剂为 1 g/L 的氢氧化钠溶液)。

A.14.2.7 盐酸溶液:1+10。

A.14.2.8 碘化钾溶液:200 g/L。

A.14.3 仪器和设备

A.14.3.1 原子吸收光谱仪

A.14.3.2 仪器参考条件:砷空心阴极灯分析线波长:193.7 nm;狭缝:0.5 nm~1.0 nm;灯电流:6 mA~10 mA。

A.14.3.3 载气流速:氩气 250 mL/min。

A.14.3.4 原子化器温度:900 ℃。

A.14.4 分析步骤

A.14.4.1 试样消解

称取约 1 g 试样(精确至 0.001 g),置于 250 mL 三角或圆底烧瓶中,加 10 mL~15 mL 硝酸和 2 mL 硫酸溶液,摇匀后用小火加热赶出二氧化氮气体,溶液变成棕色,停止加热,放冷后加入 5 mL 硝酸-高氯酸混合液,强火加热至溶液透明或微黄色,如仍不透明,放冷后再补加 5 mL 硝酸-高氯酸混合液,继续加热至溶液透明无色或微黄色并产生白烟(避免烧干出现炭化现象),停止加热,放冷后加 5 mL 水加热至沸,除去残余的硝酸-高氯酸(必要时可再加水煮沸一次),继续加热至发生白烟,保持 10 min,放冷后移入 100 mL 容量瓶(若溶液出现浑浊、沉淀或机械杂质应过滤),用盐酸溶液稀释定容。

同时按相同的方法制备空白溶液。

A.14.4.2 测定

量取 25 mL 消解后的试样溶液至 50 mL 容量瓶,加入 5 mL 碘化钾溶液,用盐酸溶液稀释定容,摇匀,静置 15 min。

同时按相同的方法以空白溶液制备空白测试液。

开启仪器,待仪器及砷空心阴极灯充分预热,基线稳定后,用硼氢化钠溶液作氢化物还原发生剂,以标准空白、标准溶液、样品空白测试液及样品溶液的顺序,按电脑指令分别进样。测试结束后电脑自动生成工作曲线及扣除样品空白后的样品溶液中砷浓度,输入样品信息(如:名称、称样量、稀释体积等),即自动换算出试样中砷含量。

平行测定结果的绝对差值不大于 0.1 mg/kg,取其算术平均值作为测定结果。

A.15 铅的测定

A.15.1 方法提要

日落黄经湿法消解后,制备成试样溶液,用原子吸收光谱法测定铅的含量。

A.15.2 试剂和材料

A.15.2.1 铅(Pb)标准溶液:按 GB/T 602 配制和标定后,再根据使用的仪器要求进行稀释配制成含铅相应浓度的三种标准溶液。

A.15.2.2 氢氧化钠溶液:1 g/L。

A.15.2.3 硼氢化钠溶液:8 g/L(溶剂为 1 g/L 的氢氧化钠溶液)。

A.15.2.4 盐酸溶液:1+10。

A.15.3 仪器和设备

A.15.3.1 原子吸收光谱仪。

A.15.3.2 仪器参考条件:GB 5009.12—2010 中第三法火焰原子吸收光谱法。

A.15.4 分析步骤

可直接采用 A.14.4.1 的试样溶液和空白溶液。

按 GB 5009.12—2010 中第三法火焰原子吸收光谱法操作。

平行测定结果的绝对差值不大于 1.0 mg/kg,取其算术平均值作为测定结果。

A.16 汞的测定

A.16.1 方法提要

日落黄经微波或回流消解后,制备成试样溶液,用原子吸收光谱法测定汞的含量。

A.16.2 试剂和材料

A.16.2.1 汞(Hg)标准溶液:按 GB/T 602 配制和标定后,再稀释配制成 1 mL 含汞 0.5 μg、1 μg、2 μg 的三种标准溶液。

A.16.2.2 硝酸。

A.16.2.3 过氧化氢。

A.16.2.4 氢氧化钠溶液:1 g/L。

A.16.2.5 硼氢化钠溶液:8 g/L(溶剂为 1 g/L 的氢氧化钠溶液)。

A.16.2.6 盐酸溶液:1+10。

A.16.3 仪器和设备

A.16.3.1 原子吸收光谱仪。

A.16.3.2 仪器参考条件:汞空心阴极灯分析线波长:253.7 nm;狭缝:0.5 nm;灯电流:6 mA。

A.16.3.3 载气流速:氩气 200 mL/min。

A.16.3.4 原子化器温度:常温。

A.16.4 分析步骤

A.16.4.1 微波消解

称取约 0.1 g 试样(精确至 0.001 g),置于消解罐中,加入 10 mL 硝酸和 2 mL 过氧化氢,盖好安全阀后,将消解罐置于微波炉中,10 min 内升温至 130 ℃,停留 2 min 后再 5 min 升温至 150 ℃,停留 3 min 后再 5 min 升温至 180 ℃,保温 10 min。待完全冷却后将试样转移至 25 mL 容量瓶中(若溶液出现浑浊、沉淀或机械杂质应过滤),用盐酸溶液稀释定容。

A.16.4.2 回流消解

参考 GB/T 5009.17—2003 中第二法冷原子吸收光谱法中的回流消解。

同时按相同的方法制备空白溶液,作为空白参比液。

A.16.4.3 测定

开启仪器,待仪器及汞空心阴极灯充分预热,基线稳定后,用硼氢化钠溶液作氢化物还原发生剂,以标准空白、标准溶液、样品空白及样品溶液的顺序,按电脑指令分别进样。测试结束后电脑自动生成工作曲线及扣除样品空白后的样品溶液中汞浓度,输入样品信息(如:名称、称样量、稀释体积等),即自动换算出试样中汞含量。

平行测定结果的绝对差值不大于 0.1 mg/kg,取其算术平均值作为测定结果。

附　录　B
（规范性附录）
三氯化钛标准滴定溶液的配制方法

B.1　试剂和材料

B.1.1　盐酸。

B.1.2　硫酸亚铁铵。

B.1.3　硫氰酸铵溶液:200 g/L。

B.1.4　硫酸溶液:1+1。

B.1.5　三氯化钛溶液。

B.1.6　重铬酸钾标准滴定溶液:$c(1/6K_2Cr_2O_7)=0.1$ mol/L,按 GB/T 602 配制与标定。

B.2　仪器和设备

见图 A.1。

B.3　三氯化钛标准滴定溶液的配制

B.3.1　配制

取 100 mL 三氯化钛溶液和 75 mL 盐酸,置于 1 000 mL 棕色容量瓶中,用煮沸并已冷却到室温的水稀释至刻度,摇匀,立即倒入避光的下口瓶中,在二氧化碳气体保护下贮藏。

B.3.2　标定

称取约 3 g(精确至 0.000 1 g)硫酸亚铁铵,置于 500 mL 锥形瓶中,在二氧化碳气流保护作用下,加入 50 mL 煮沸并已冷却的水,使其溶解,再加入 25 mL 硫酸溶液,继续在液面下通入二氧化碳气流作保护,迅速准确加入 35 mL 重铬酸钾标准滴定溶液,然后用需标定的三氯化钛标准溶液滴定到接近计算量终点,立即加入 25 mL 硫氰酸铵溶液,并继续用需标定的三氯化钛标准溶液滴定到红色转变为绿色,即为终点。整个滴定过程应在二氧化碳气流保护下操作,同时做一空白试验。

B.3.3　结果计算

三氯化钛标准溶液的浓度以 $c(TiCl_3)$ 计,单位以摩尔每升(mol/L)表示,按公式(B.1)计算:

$$c(TiCl_3)=\frac{cV_1}{V_2-V_3} \qquad\qquad\qquad (B.1)$$

式中:

c ——重铬酸钾标准滴定溶液浓度的准确数值,单位为摩尔每升(mol/L);

V_1——重铬酸钾标准滴定溶液体积的准确数值,单位为毫升(mL);

V_2——滴定被重铬酸钾标准滴定溶液氧化成高钛所消耗的三氯化钛标准滴定溶液体积的准确数值,单位为毫升(mL);

V_3——滴定空白消耗三氯化钛标准滴定溶液体积的准确数值,单位为毫升(mL)。

计算结果表示到小数点后 4 位。

以上标定需在分析样品时即时标定。

附　录　C

（规范性附录）

氯化钡标准溶液的配制方法

C.1　试剂和材料

C.1.1　氯化钡。

C.1.2　氨水。

C.1.3　硫酸标准滴定溶液：$c(1/2H_2SO_4)=0.1$ mol/L，按 GB/T 601 配制与标定。

C.1.4　玫瑰红酸钠指示液（称取 0.1 g 玫瑰红酸钠，溶于 10 mL 水中，现用现配）。

C.1.5　广范 pH 试纸。

C.2　配制

称取 12.25 g 氯化钡，溶于 500 mL 水，移入 1 000 mL 容量瓶中，稀释至刻度，摇匀。

C.3　标定方法

吸取 20 mL 硫酸标准滴定溶液，置于 250 mL 锥形瓶中，加 50 mL 水，并用氨水中和到广范 pH 试纸为 8，然后用氯化钡标准滴定溶液滴定，以玫瑰红酸钠指示液作外指示液，反应液与指示液在滤纸上交汇处呈现玫瑰红色斑点且保持 2 min 不褪色为终点。

C.4　结果计算

氯化钡标准滴定溶液浓度以 $c(1/2BaCl_2)$ 计，单位以摩尔每升（mol/L）表示，按公式（C.1）计算：

$$c\left(\frac{1}{2}BaCl_2\right)=\frac{c_1 V_1}{V_2} \qquad\cdots\cdots\cdots\cdots\cdots\cdots\cdots\cdots\cdots（C.1）$$

式中：

c_1 ——硫酸标准滴定溶液浓度的准确数值，单位为摩尔每升（mol/L）；

V_1 ——硫酸标准滴定溶液体积的准确数值，单位为毫升（mL）；

V_2 ——消耗氯化钡标准滴定溶液体积的准确数值，单位为毫升（mL）。

计算结果表示到小数点后 4 位。

附 录 D
（资料性附录）
日落黄液相色谱图和各组分保留时间

D.1 日落黄液相色谱图见图 D.1。

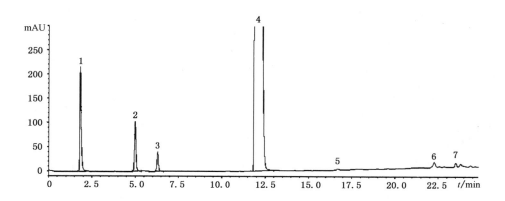

1——对氨基苯磺酸钠；

2——4,4′-(重氮亚氨基)二苯磺酸二钠盐；

3——2-萘酚-6-磺酸钠；

4——日落黄；

5——6,6′-氧代双(2-萘磺酸)二钠；

6——1-苯基偶氮基-2-萘酚；

7——未知物。

图 D.1 日落黄液相色谱示意图

D.2 日落黄各组分保留时间见表 D.1。

表 D.1 日落黄各组分保留时间

峰号	组分名称	保留时间/min
1	对氨基苯磺酸钠	1.83
2	4,4′-(重氮亚氨基)二苯磺酸二钠盐	4.99
3	2-萘酚-6-磺酸钠	6.29
4	日落黄	11.92
5	6,6′-氧代双(2-萘磺酸)二钠	16.21
6	1-苯基偶氮基-2-萘酚	21.86
注：不同仪器、不同分离柱、甚至不同时间进样各组分的保留时间均会有所不同,但各组分的洗脱顺序是不变的。		

ICS 67.220.20
X 42

中华人民共和国国家标准

GB 6227.2—2005
代替 GB 6227.2—1995

食品添加剂 日落黄铝色淀

Food additive—
Sunset yellow aluminum lake

2005-06-30 发布

2005-12-01 实施

中华人民共和国国家质量监督检验检疫总局
中国国家标准化管理委员会 发布

前　言

本标准的全部技术内容为强制性。

本标准修改采用日本《食品添加物公定书》第七版(1999)"食用黄色 5 号铝色淀"。

本标准根据日本《食品添加物公定书》第七版(1999)"食用黄色 5 号铝色淀"重新起草。

考虑到我国国情,在采用日本《食品添加物公定书》第七版(1999)"食用黄色 5 号铝色淀"时,本标准作了一些修改。本标准与日本《食品添加物公定书》第七版(1999)"食用黄色 5 号铝色淀"的主要差异如下:

——增加了副染料含量项目的定量指标(本标准的 3.2),这是因为有利于产品质量的控制;

——砷含量指标以 As 来计算(本标准的 3.2)。这是为了与我国食品添加剂中砷含量计算方法保持一致;

——含量的测定(本标准的 4.3)除将三氯化钛滴定法作为仲裁方法外,分光光度比色法可用于日常测定;

——砷含量的测定(本标准的 4.7)采用"湿法消解"处理实验室样品,然后采用"砷斑法"限量比较。这是考虑到操作简便,结果准确稳定而决定的;

——重金属(以 Pb 计)含量的测定(本标准的 4.8)采用"湿法消解"处理实验室样品。这样使操作更简便,结果更准确,有利于产品质量的提高;

——钡(以 Ba 计)含量的测定(本标准的 4.9)采用硫酸钡沉淀限量比色法,这是根据我国生产企业发展和用户的实际情况而决定的。

本标准代替 GB 6227.2—1995《食品添加剂　日落黄铝色淀》。

本标准与 GB 6227.2—1995 相比,主要变化如下:

——鉴别方法进行了修改(1995 年版的 4.2,本版的 4.2);

——日落黄铝色淀含量指标改为以含 6-羟基-5-(4-磺基苯偶氮)-2-萘磺酸二钠盐($C_{16}H_{10}N_2Na_2O_7S_2$ 分子量为 452.38)计的质量分数(1995 年版的 3.2、4.3,本版的 3.2、4.3);

——取消水溶性氯化物(以 NaCl 计)及硫酸盐(以 Na_2SO_4 计)指标项目(1995 年版的 3.2、4.6);

——重金属(以 Pb 计)含量的测定改为"湿法消解"处理实验室样品(1995 年版的 4.9,本版的 4.8);

——钡(以 Ba 计)含量的测定改为硫酸钡沉淀限量比色法(1995 年版的 4.10,本版的 4.9);

——检验规则、标志、包装、运输和贮存等条款作了修改(1995 年版的 5、6,本版的 5、6)。

本标准由中国石油和化学工业协会提出。

本标准由全国染料标准化技术委员会 SAC/TC 134 和中国疾病预防控制中心营养与食品安全所归口。

本标准起草单位:上海染料研究所有限公司、上海市卫生局卫生监督所。

本标准主要起草人:商晓菁、周建村、张磊、成春虹、施怀炯。

本标准于 1995 年 8 月首次发布。

食品添加剂 日落黄铝色淀

1 范围

本标准规定了食品添加剂日落黄铝色淀的要求,试验方法,检验规则以及标志、包装、运输和贮存。

本标准适用于食品添加剂日落黄与氢氧化铝作用生成的铝色淀。供食品、药品和化妆品等行业作着色剂用。

2 规范性引用文件

下列文件中的条款通过本标准的引用而成为本标准的条款。凡是注日期的引用文件,其随后所有的修改单(不包括勘误的内容)或修订版均不适用于本标准,然而,鼓励根据本标准达成协议的各方研究是否可使用这些文件的最新版本。凡是不注日期的引用文件,其最新版本适用于本标准。

GB/T 601 化学试剂 标准滴定溶液的制备

GB/T 602 化学试剂 杂质测定用标准溶液的制备(GB/T 602—2002,ISO 6353-1:1982,NEQ)

GB/T 603 化学试剂 试验方法中所用制剂及制品的制备(GB/T 603—2002,ISO 6353-1:1982,NEQ)

GB/T 5009.76—2003 食品添加剂中砷的测定

GB 6227.1—1999 食品添加剂 日落黄

GB/T 6682 实验室用水规格和试验方法(GB/T 6682—1992,neq ISO 3696:1987)

3 要求

3.1 外观

橙黄色微细粉末。

3.2 技术要求

食品添加剂日落黄铝色淀的技术要求应符合表1规定。

表 1 食品添加剂日落黄铝色淀的技术要求

项 目	指 标
含量:6-羟基-5-(4-磺基苯偶氮)-2-萘磺酸二钠 $(C_{16}H_{10}N_2Na_2O_7S_2)$ 的质量分数/% ≥	10.0
干燥减量的质量分数/% ≤	30.0
盐酸和氨水中不溶物的质量分数/% ≤	0.5
副染料的质量分数/% ≤	1.8
砷(以 As 计)的质量分数/% ≤	0.000 3
重金属(以 Pb 计)的质量分数/% ≤	0.002
钡(以 Ba 计)的质量分数/% ≤	0.05

4 试验方法

本标准所用试剂和水,在没有注明其他要求时,均指分析纯试剂和GB/T 6682规定的三级水。试验中所需标准溶液、杂质标准溶液、制剂及制品在没有注明其他规定时,均按GB/T 601,GB/T 602、GB/T 603规定配制。

4.1 外观

在自然光线条件下用目视测定,结果应符合本标准3.1的规定。

4.2 鉴别

4.2.1 试剂和材料

4.2.1.1 硫酸;

4.2.1.2 硫酸溶液:1+19;

4.2.1.3 盐酸溶液:1+2;

4.2.1.4 乙酸铵溶液:3+1997;

4.2.1.5 氢氧化钠溶液:1+9;

4.2.1.6 活性炭。

4.2.2 仪器

4.2.2.1 分光光度计;

4.2.2.2 比色皿:10 mm。

4.2.3 分析步骤

4.2.3.1 称取约0.1 g实验室样品,加盐酸溶液5 mL,在水浴中不断地摇动,加热约5 min时,显橙红色。冷却后,取上层澄清液2～3滴,加水5 mL时,溶液显橙黄色。

4.2.3.2 称取0.1 g实验室样品,加硫酸溶液5 mL,充分摇匀后,加乙酸铵溶液配至100 mL。如溶液不澄清时,要离心分离。然后使测定的吸光度在0.2～0.7范围内,量取此溶液1 mL～10 mL,加乙酸铵溶液配至100 mL,此溶液在波长482 nm±2 nm处有最大吸收峰。

4.2.3.3 称取0.1 g实验室样品,加盐酸溶液10 mL,在水浴中加热,使其大部分溶解,加活性炭0.5 g,充分摇匀后过滤。取无色滤液,加氢氧化钠溶液中和后,呈现铝盐反应。

4.3 含量的测定

4.3.1 三氯化钛滴定法(仲裁法)

4.3.1.1 方法提要

在酸性介质中,染料结构中的偶氮基被三氯化钛还原分解成氨基化合物,按三氯化钛标准溶液滴定消耗的量来计算其含量的质量分数。

4.3.1.2 试剂和材料

4.3.1.2.1 柠檬酸三钠;

4.3.1.2.2 硫酸溶液:1+19;

4.3.1.2.3 三氯化钛标准溶液:$c(TiCl_3)=0.1$ mol/L(现配现用,配制方法按GB 6227.1—1999附录A);

4.3.1.2.4 钢瓶装二氧化碳。

4.3.1.3 分析步骤

称取规定量的实验室样品(以使0.1 mol/L三氯化钛标准溶液消耗量约20 mL),精确至0.2 mg,置于500 mL三角烧瓶内,加硫酸溶液20 mL,充分混合后,加热水50 mL,加热溶解,然后再加沸水150 mL,加柠檬酸三钠15 g,按GB 6277.1—1999中图1所示装好装置,在液面下通入二氧化碳,加热至沸,用三氯化钛标准滴定溶液滴定到试料固有颜色消失为终点。

4.3.1.4 结果计算

日落黄铝色淀的质量分数(w_1),数值以%表示,按式(1)计算:

$$w_1 = \frac{(V/1\,000) \times c \times (M/4)}{m \times 50/250} \times 100 \qquad\cdots\cdots\cdots\cdots(1)$$

式中：

V——滴定试料耗用的三氯化钛标准滴定溶液(4.3.1.2.3)体积的数值,单位为毫升(mL);

c——三氯化钛标准滴定溶液浓度的准确数值,单位为摩尔每升(mol/L);

m——试料质量的数值,单位为克(g);

M——日落黄铝色淀(以钠盐计)摩尔质量的数值,单位为克每摩尔(g/mol)(M=452.38)。

计算结果表示到小数点后1位。

4.3.1.5 允许差

取两次平行测定结果的算术平均值作为测定结果,两次平行测定结果的绝对差值不大于1.0%。

4.3.2 分光光度比色法

4.3.2.1 方法提要

将日落黄铝色淀与已知含量的日落黄标准样品分别用水溶解后,在最大吸收波长处,分别测其吸光度,然后计算其含量的质量分数。

4.3.2.2 试剂

4.3.2.2.1 乙酸铵溶液:3+1997;

4.3.2.2.2 硫酸溶液:1+20;

4.3.2.2.3 日落黄标准样品:质量分数≥85.0%(三氯化钛滴定法)。

4.3.2.3 仪器

4.3.2.3.1 分光光度计;

4.3.2.3.2 比色皿:10 mm。

4.3.2.4 日落黄标准样品溶液的配制

称取0.5 g日落黄标准样品,精确至0.2 mg。溶于适量的水中,移入1 000 mL的容量瓶中,加入乙酸铵溶液,稀释至刻度,摇匀。准确吸取10 mL移入500 mL容量瓶中,加入乙酸铵溶液,稀释至刻度,摇匀。

4.3.2.5 日落黄铝色淀试验溶液的配制

称取规定量的实验室样品(以使试验溶液的吸光度在0.2～0.7范围内为准),精确至0.2 mg。加入硫酸溶液25 mL,加热至80℃～90℃。溶解后移入1 000 mL容量瓶中,用乙酸铵溶液稀释至刻度,摇匀。吸取10 mL移入500 mL容量瓶中,再用乙酸铵溶液稀释至刻度,摇匀。

4.3.2.6 分析步骤

将日落黄标准样品溶液(4.3.2.4)和日落黄铝色淀试验溶液(4.3.2.5)分别置于比色皿中,同在482 nm±2 nm波长处用分光光度计测定其各自的吸光度。以乙酸铵溶液作参比溶液。

4.3.2.7 结果计算

日落黄铝色淀的质量分数(w_2),数值以%表示,按式(2)计算:

$$w_2 = \frac{m_s A}{m A_s} \times w_s \qquad\qquad\cdots\cdots\cdots\cdots\cdots\cdots (2)$$

式中：

A——日落黄铝色淀试验溶液(4.3.2.5)的吸光度;

A_s——标准样品溶液(4.3.2.4)的吸光度;

w_s——日落黄标准样品(4.3.2.2.3)的质量分数(三氯化钛滴定法),%;

m——试料质量的数值,单位为克(g);

m_s——日落黄标准样品质量的数值,单位为克(g)。

计算结果表示到小数点后1位。

4.3.2.8 允许差

取两次平行测定结果的算术平均值作为测定结果,两次平行测定结果的绝对差值不大于1.0%。

4.4 干燥减量的测定

按 GB 6227.1—1999 中的 4.4 规定的方法。

4.5 盐酸和氨水中不溶物含量的测定

4.5.1 试剂

4.5.1.1 盐酸；

4.5.1.2 盐酸溶液：3+17；

4.5.1.3 氨水溶液：4+96；

4.5.1.4 硝酸银溶液：$c(AgNO_3)=0.1$ mol/L。

4.5.2 仪器

4.5.2.1 玻璃砂芯坩埚：孔径为 5 μm～15 μm；

4.5.2.2 恒温烘箱。

4.5.3 分析步骤

称取 2 g 实验室样品，精确至 10 mg。置于 600 mL 烧杯中，加入水 20 mL 和盐酸 20 mL，充分搅拌后加入热水 300 mL，搅匀，盖上表面皿。在 70℃～80℃的水浴中加热 30 min，放冷。用已在 135℃±2℃烘至质量恒定的玻璃砂芯坩埚过滤，用水约 30 mL 将烧杯中的不溶物冲洗到坩埚中，洗涤至滤液无色后，再用氨水溶液 100 mL 洗至无色，用盐酸溶液 10 mL 洗涤，以后用水洗到滤液用硝酸银溶液检测无白色沉淀，然后放入 135℃±2℃恒温烘箱中烘至质量恒定，干燥器内放冷，精确称量。

4.5.4 结果计算

盐酸和氨水中不溶物的质量分数(w_3)，数值以％表示，按式(3)计算：

$$w_3 = \frac{m_1}{m} \times 100 \quad\cdots\cdots\cdots\cdots\cdots\cdots\cdots\cdots\cdots\cdots\cdots\cdots\cdots(3)$$

式中：

m_1——干燥后水不溶物质量的数值，单位为克(g)；

m——试料质量的数值，单位为克(g)。

计算结果表示到小数点后 1 位。

4.5.5 允许差

取两次平行测定结果的算术平均值作为测定结果，两次平行测定结果的绝对差值不大于 0.05％。

4.6 副染料含量的测定

4.6.1 方法提要

用纸上层析法将各组分分离，洗脱，然后用分光光度法定量。

4.6.2 试剂

4.6.2.1 无水乙醇；

4.6.2.2 正丁醇；

4.6.2.3 酒石酸氢钠；

4.6.2.4 丙酮溶液：1+1；

4.6 2.5 氨水溶液：4+96；

4.6.2.6 碳酸氢钠溶液：4 g/L。

4.6.3 仪器

4.6.3.1 分光光度计；

4.6.3.2 层析滤纸：中速，150 mm×250 mm；

4.6.3.3 层析缸：φ240 mm×300 mm；

4.6.3.4 微量进样器：100 μL；

4.6.3.5 纳氏比色管：50 mL，有玻璃磨口塞；

4.6.3.6 玻璃砂芯漏斗:孔径为 15 μm～40 μm;

4.6.3.7 比色皿:50 mm;

4.6.3.8 比色皿:10 mm。

4.6.4 分析步骤

4.6.4.1 纸上层析条件

展开剂:正丁醇＋无水乙醇＋氨水溶液＝6＋2＋3;

温度:20℃～25℃。

4.6.4.2 日落黄铝色淀试料洗出液的配制

称取 2 g 实验室样品,精确至 1 mg。置于烧杯中,加入适量水和酒石酸氢钠 5 g,加热溶解后,移入 100 mL 容量瓶中,稀释至刻度,摇匀。用微量进样器吸取 100 μL,均匀地注在离滤纸底边 25 mm 的一条基线上,成一直线,使其在滤纸上的宽度不超过 5 mm,长度为 130 mm,用吹风机吹干。将滤纸放入装有预先配制好展开剂的层析缸中展开,滤纸底边浸入展开剂液面下 10 mm,待展开剂前沿线上升至 150 mm 或直到副染料分离满意为止。取出层析滤纸,用冷风吹干。

用空白滤纸在相同条件下展开,该空白滤纸必须与试验溶液展开用的滤纸在同一张滤纸上相邻部位裁取。

副染料纸上层析示意图见图1。

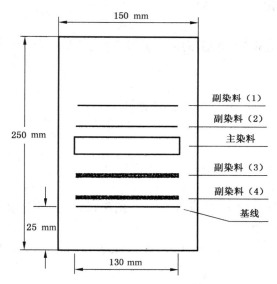

图 1　副染料纸上层析示意图

将展开后取得的各个副染料和在空白滤纸上与各副染料相对应的部位的滤纸按同样大小剪下,并剪成约 5 mm×15 mm 的细条,分别置于 50 mL 的纳氏比色管中,准确加入丙酮溶液 5 mL,摇动 3 min～5 min 后,再准确加入碳酸氢钠溶液 20 mL,充分摇动,然后分别在玻璃砂芯漏斗中自然过滤,滤液必须澄清,无悬浮物。分别得到各副染料和空白洗出溶液。在各自副染料的最大吸收波长处,用 50 mm 比色皿,在分光光度计上测定其各自的吸光度。

在分光光度计上测定吸光度时,以丙酮溶液 5 mL 和碳酸氢钠溶液 20 mL 的混合液作参比溶液。

4.6.4.3 标准洗出液的配制

准确吸取上述 2% 的试验溶液 6 mL,移入 100 mL 容量瓶中,稀释至刻度,摇匀。用微量进样器吸取 100 μL,均匀地注在离滤纸底边 25 mm 的一条基线上,用吹风机吹干。将滤纸放入装有预先配制好展开剂的层析缸中展开,待展开剂前沿线上升 40 mm,取出后,用冷风吹干,剪下所有展开的各染料部分,按 4.6.4.2 方法进行萃取操作后,得到标准洗出溶液。将标准洗出溶液用 10 mm 比色皿在最大吸收波长处测定其吸光度。

同时用空白滤纸在相同条件下展开,按4.6.4.2的方法进行萃取操作后,测其萃取液的吸光度。

4.6.4.4 结果计算

副染料的质量分数(w_4),数值以%表示,按式(4)计算:

$$w_4 = \frac{[(A_1 - b_1) + \cdots\cdots + (A_n - b_n)]/5}{(A_s - b_s) \times (100/6)} \times w_s \quad\cdots\cdots\cdots\cdots\cdots\cdots (4)$$

式中:

$A_1 \cdots, A_n$——各副染料洗出溶液以50 mm光径长度计算的吸光度;

$b_1 \cdots, b_n$——各副染料对照空白洗出溶液以50 mm光径长度计算的吸光度;

A_s——标准洗出溶液以10 mm光径长度计算的吸光度;

b_s——标准对照空白洗出溶液以10 mm光径长度计算的吸光度;

5——折算成以10 mm光径长度计算的比数;

100/6——标准洗出溶液折算成2%试验溶液的比数;

w_s——日落黄铝色淀的质量分数,%。

计算结果表示到小数点后1位。

4.6.4.5 允许差

取两次平行测定结果的算术平均值作为测定结果,两次平行测定结果的绝对差值不大于0.2%。

4.7 砷(以As计)含量的测定

4.7.1 方法提要

实验室样品经湿法消解处理后,然后采用"砷斑法"进行限量比色。

4.7.2 试剂

4.7.2.1 盐酸;

4.7.2.2 硝酸;

4.7.2.3 氨水;

4.7.2.4 硫酸溶液:1+1;

4.7.2.5 盐酸溶液:1+3;

4.7.2.6 乙酸铵溶液:1+9;

4.7.2.7 硝酸-高氯酸混合溶液(3+1):量取60 mL硝酸,加20 mL高氯酸,混匀;

4.7.2.8 硫化钠溶液:1+9;

4.7.2.9 砷(As)标准溶液(0.001 mg/mL):取0.1 mg/mL的砷(As)标准溶液1 mL于100 mL容量瓶中,稀释至刻度。

4.7.3 仪器

按GB/T 5009.76—2003中第10章图2的装置。

4.7.4 日落黄铝色淀试验溶液的配制

称取2.5 g实验室样品,精确至10 mg。置于圆底烧杯中,加硝酸5 mL～8 mL,润湿样品,放置片刻后,缓缓加热。等作用缓和后稍冷,沿瓶壁加入硫酸溶液约15 mL,再缓缓加热,至瓶中溶液开始变成棕色,停止加热。放冷后加入硝酸-高氯酸混合溶液约15 mL,继续加热,至生成大量的二氧化硫白色烟雾,最后溶液应呈无色或微黄色(如仍有黄色则再补加硝酸-高氯酸混合溶液5 mL后处理)。冷却后加水20 mL,煮沸除去残余的硝酸-高氯酸,如此处理两次至产生白烟,放冷。将溶液移入50 mL容量瓶中,用水洗涤圆底烧瓶,将洗涤液并入容量瓶中,加水至刻度,摇匀,作为日落黄铝色淀试验溶液。

4.7.5 空白溶液的配制

按相同方法,取同样量的硝酸、硫酸和硝酸-高氯酸混合溶液配制空白溶液。

4.7.6 分析步骤

按GB/T 5009.76—2003中第11章所示的规定进行操作。

4.8 重金属(以 Pb 计)含量的测定

4.8.1 方法提要

日落黄铝色淀经湿法消解处理后,稀释至一定体积,在 pH 等于 4 时,加入硫化钠溶液,然后进行限量比色。

4.8.2 试剂

4.8.2.1 盐酸;

4.8.2.2 硝酸;

4.8.2.3 氨水;

4.8.2.4 硫酸溶液:1+1;

4.8.2.5 盐酸溶液:1+3;

4.8.2.6 乙酸铵溶液:1+9;

4.8.2.7 硝酸-高氯酸混合溶液(3+1):量取 60 mL 硝酸,加 20 mL 高氯酸,混匀;

4.8.2.8 硫化钠溶液:1+9;

4.8.2.9 铅(Pb)标准溶液(0.01 mg/mL):取 0.1 mg/mL 的铅(Pb)标准溶液 1 mL 于 100 mL 容量瓶中,稀释至刻度。

4.8.3 日落黄铝色淀试验溶液的配制

按本标准中 4.7.4 方法配制。

4.8.4 空白试验溶液的配制

按相同方法取同样量的硝酸、硫酸溶液,作为空白试验溶液。

4.8.5 检测溶液的配制

量取 20 mL 日落黄铝色淀试验溶液(4.8.3)。加氨水调整 pH,再加乙酸铵溶液调至 pH 为 4,加水配至 50 mL,作为检测溶液。

4.8.6 比较溶液的配制

量取 20 mL 空白试验溶液(4.8.4)及铅标准溶液 2.0 mL。与 4.7.4 一样操作,配成比较溶液。

4.8.7 分析步骤

在两种溶液(4.8.5)和(4.8.6)中各加硫化钠溶液 2 滴后,摇匀,放置 5 min,检测溶液颜色不应深于比较溶液。

4.9 钡(以 Ba 计)含量的测定

4.9.1 试剂

4.9.1.1 硫酸;

4.9.1.2 无水碳酸钠;

4.9.1.3 盐酸溶液:1+3;

4.9.1.4 硫酸溶液:1+19;

4.9.1.5 钡标准溶液:氯化钡($BaCl_2 \cdot 2H_2O$)177.9 mg,用水定容至 1 000 mL。每 1 mL 含有 0.1 mg 钡(0.1 mg/mL)。

4.9.2 日落黄铝色淀试验溶液的配制

称取 1 g 实验室样品,精确至 10 mg,放于白金坩埚或陶瓷坩埚中,加少量硫酸润湿,徐徐加热,尽量在低温下使之几乎全部灰化。放冷后,再加硫酸 1 mL,慢慢加热至几乎不发生硫酸蒸汽为止,放入马弗炉中,于 450℃～550℃ 灼烧 3 h。冷却后,加无水碳酸钠 5 g 充分混合,加热熔化后,再继续加热 10 min。冷却后,加水 20 mL,在水浴上加热,将熔融物溶解。冷却后,过滤,用水洗涤滤纸上的残渣至洗涤液不呈硫酸盐反应为止。然后将纸上的残渣与滤纸一起移至烧杯中,加盐酸溶液 30 mL,充分摇匀后煮沸。冷却后,过滤,用水 10 mL 洗涤滤纸上的残渣。将洗涤液与滤液合并,在水浴上蒸发到干涸。加水 5 mL 使残渣溶解,必要时过滤,加盐酸溶液 0.25 mL,充分混合后,再加水配至 25 mL 作为日落黄铝色淀试验溶液。

4.9.3 标准比浊溶液的配制

取 5 mL 钡标准溶液,加盐酸溶液 0.25 mL。加水至 25 mL,作为标准比浊溶液。

4.9.4 分析步骤

在试验溶液(4.9.2)和标准比浊溶液(4.9.3)中各加硫酸溶液 1 mL 混合,放置 10 min 时,试验溶液浑浊程度不得超过标准比浊溶液。

5 检验规则

5.1 组批

以批为单位(以一次拼混的均匀产品为一批)。

5.2 采样

瓶装产品采样应从每批包装产品箱总数中选取 10% 大箱,再从抽出的箱中选取 10% 瓶,在每瓶的中心处取出不少于 50 g 的样品,取样时应小心,不使外界杂质落入产品中,将所取样品迅速混匀后从中取约 100 g,分别装于二个清洁干燥的密封容器中,注明生产厂名、产品名称、批号、生产日期,一瓶供检验,一瓶留样备查。

5.3 检验

按本标准第 3 章的要求,逐批、全项目检验。

5.4 判定规则与复验

若检验结果有任何一项不符合本标准要求时,应重新自该批产品中取双倍试样,对该不合格项目进行复验,若复验结果符合本标准要求时,则判该批产品为合格品,反之,则判该批产品为不合格品。

6 标志、包装、运输和贮存

6.1 标志

每一瓶(袋、桶)出厂产品,应有明显的标识,内容包括:"食品添加剂"字样、产品名称、生产厂名和地址、商标、生产和食品卫生许可证号、产品标准号和标准名称、保质期、生产日期和批号、净含量、使用说明。

6.2 包装

食品添加剂日落黄铝色淀使用食用级聚乙烯塑料瓶或其他符合药品和食品包装要求的材料包装,外套纸箱固封。其他形式包装可由制造厂商与用户协商确定。

6.3 运输

运输时必须防雨、防潮、防晒,不得与有毒、有害等其他物资混装、混运。

6.4 贮存

6.4.1 本产品贮存在干燥、通风、阴凉仓库内,防止污染。

6.4.2 本产品在包装完整、未启封的情况下,自生产之日起保质期为五年。逾期重新检验是否符合本标准要求,合格仍可使用。

ICS 67.220.20
X 42

中华人民共和国国家标准

GB 7655.1—2005
代替 GB 7655.1—1996

食品添加剂 亮蓝

Food additive—Brilliant blue

2005-06-30 发布

2005-12-01 实施

中华人民共和国国家质量监督检验检疫总局
中国国家标准化管理委员会 发布

前　言

本标准的全部技术内容为强制性。

本标准修改采用日本《食品添加物公定书》第七版(1999)"食用蓝色1号"。

本标准根据日本《食品添加物公定书》第七版(1999)"食用蓝色1号"重新起草。

考虑到我国国情,在采用日本《食品添加物公定书》第七版(1999)"食用蓝色1号"时,本标准作了一些修改。本标准与日本《食品添加物公定书》第七版(1999)"食用蓝色1号"的主要差异如下:

——增加了副染料含量项目的定量指标(本标准的3.2)。这是因为对产品中副染料含量进行控制,有利于产品质量的提高;

——砷含量指标(质量分数)由≤0.000 4(以 As_2O_3 计)修改为≤0.000 1(以 As 计)(本标准的3.2)。这是为了与我国对食品添加剂中砷含量计算方法相一致;

——提高了重金属(以 Pb 计)含量指标(本标准的3.2)。这是根据我国对食品添加剂中有害杂质的监控要求制定的;

——含量的测定的方法除三氯化钛滴定法外,增加了相对简便的分光光度法(本标准的4.3.2)。三氯化钛滴定法作为仲裁方法;

——氯化物(以 NaCl 计)及硫酸盐(以 Na_2SO_4 计)的测定方法采用化学滴定法(本标准的4.6.1),这是根据我国生产企业和用户的实际情况决定的。

本标准代替 GB 7655.1—1996《食品添加剂　亮蓝》。

本标准与 GB 7655.1—1996 相比,主要变化如下:

——取消 GB 7655.1—1996 中含量(质量分数)≥60％的指标(1996年版的3.2);

——修改了鉴别试验的方法,采用日本《食品添加物公定书》第七版(1999)"食用蓝色1号"的方法(1996年版的4.1,本版的4.1);

——取消异丙醚萃取物项目(1996年版的3.2);

——修改了重金属(以 Pb 计)的测定方法,采用日本食品添加物公定书第七版(1999)"食用蓝色1号"的方法(1996年版的4.10,本版的4.9)。

本标准的附录 A 和附录 B 为规范性附录。

本标准由中国石油和化学工业协会提出。

本标准由全国染料标准化技术委员会 SAC/TC 134 和中国疾病预防控制中心营养与食品安全所归口。

本标准起草单位:上海染料研究所有限公司、上海市卫生局卫生监督所。

本标准主要起草人:丁秋龙、王丽斌、张磊、叶英青、施怀炯。

本标准于1987年首次发布,1996年第一次修订。

食品添加剂 亮蓝

1 范围

本标准规定了食品添加剂亮蓝的要求,试验方法,检验规则以及标志、包装、运输和贮存。

本标准适用于由苯甲醛邻磺酸与 N-乙基-N-(3-磺基苄基)-苯胺经缩合、氧化而得的染料。本品可在食品、药品、化妆品等行业中作着色剂用。

结构式:

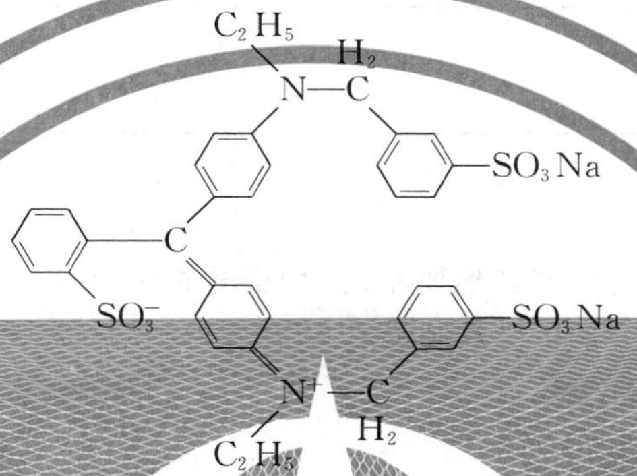

分子式:$C_{37}H_{34}N_2Na_2O_9S_3$

相对分子质量:792.85(按 2001 年国际相对原子质量)

2 规范性引用文件

下列文件中的条款通过本标准的引用而成为本标准的条款。凡是注日期的引用文件,其随后所有的修改单(不包括勘误的内容)或修订版均不适用于本标准,然而,鼓励根据本标准达成协议的各方研究是否可使用这些文件的最新版本。凡是不注日期的引用文件,其最新版本适用于本标准。

GB/T 601 化学试剂 标准滴定溶液的制备

GB/T 602 化学试剂 杂质测定用标准溶液的制备(GB/T 602—2002,ISO 6353-1:1982,NEQ)

GB/T 603 化学试剂 试验方法中所用制剂及制品的制备(GB/T 603—2002,ISO 6353-1:1982,NEQ)

GB/T 5009.76 食品添加剂中砷的测定

GB/T 6682 实验室用水规格和试验方法(GB/T 6682—1992,neq ISO 3696:1987)

3 要求

3.1 外观

红紫色粉末。

3.2 技术要求

食品添加剂亮蓝应符合表 1 规定。

表 1 食品添加剂亮蓝的技术要求

项 目		指 标
亮蓝的质量分数/%	≥	85.0
干燥减量的质量分数/%	≤	10.0

表 1（续）

项 目		指 标
水不溶物的质量分数/%	≤	0.2
氯化物(以 NaCl 计)及硫酸盐(以 Na₂SO₄ 计)的质量分数/%	≤	4.0
副染料的质量分数/%	≤	6.0
砷(以 As 计)的质量分数/%	≤	0.000 1
重金属(以 Pb 计)的质量分数/%	≤	0.001
锰ᵃ(Mn)的质量分数/%	≤	0.005
铬ᵇ(Cr)的质量分数/%	≤	0.005

　ᵃ　为锰法工艺控制项目；

　ᵇ　为铬法工艺控制项目。

4 试验方法

本标准所用试剂和水，在没有注明其他要求时，均指分析纯试剂和 GB/T 6682 规定的三级水。试验中所需标准溶液、杂质标准溶液、制剂及制品在没有注明其他规定时，均按 GB/T 601、GB/T 602、GB/T 603 的规定配制。

4.1 外观

在自然光线条件下用目视测定，结果应符合本标准 3.1 的规定。

4.2 鉴别

4.2.1 试剂

4.2.1.1 硫酸；

4.2.1.2 盐酸；

4.2.1.3 氢氧化钠溶液：200 g/L；

4.2.1.4 乙酸铵溶液：1.5 g/L。

4.2.2 仪器

4.2.2.1 分光光度计；

4.2.2.2 比色皿：10 mm。

4.2.3 分析步骤

4.2.3.1 称取 0.1 g 实验室样品，精确至 10 mg。溶于 200 mL 水中，呈蓝色澄清溶液。

4.2.3.2 称取 0.2 g 实验室样品，精确至 10 mg。溶于 20 mL 硫酸中，呈灰棕色，取此液 2～3 滴，加入 5 mL 水中，振摇，呈绿色。

4.2.3.3 称取 0.1 g 实验室样品，精确至 10 mg。溶于 100 mL 水中，量取该试验溶液 10 mL，加氢氧化钠溶液 10 mL，在 80℃ 水浴中加热片刻转呈紫红色。

4.2.3.4 取 4.2.3.3 中试验溶液 5 mL，加盐酸 1 mL，转呈较暗的带黄光的绿色溶液。

4.2.3.5 称取 0.1 g 实验室样品，精确至 10 mg。溶于 100 mL 乙酸铵溶液中，取此溶液 1 mL，加乙酸铵溶液配至 200 mL，该溶液的最大吸收波长为 630 nm±2 nm。

4.3 含量的测定

4.3.1 三氯化钛滴定法（仲裁法）

4.3.1.1 方法提要

酸性介质中，三芳甲烷类染料被三氯化钛还原成隐色体，按三氯化钛标准滴定溶液的消耗量，计算其含量的质量分数。

4.3.1.2 试剂和材料

4.3.1.2.1 酒石酸氢钠；

4.3.1.2.2 三氯化钛标准滴定溶液：$c(TiCl_3)=0.1$ mol/L(现配现用,配制方法见规范性附录A)；

4.3.1.2.3 钢瓶装二氧化碳。

4.3.1.3 仪器

见图1。

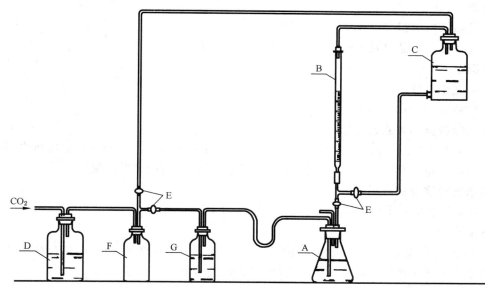

A——锥形瓶(500 mL)；

B——棕色滴定管(50 mL)；

C——包黑纸的下口玻璃瓶(2 000 mL)；

D——盛碳酸铵和硫酸亚铁等量混合液的容器(5 000 mL)；

E——活塞；

F——空瓶；

G——装有水的洗气瓶。

图1 三氯化钛滴定法的装置图

4.3.1.4 分析步骤

称取 7 g 实验室样品,精确至 0.2 mg。溶于 100 mL 新煮沸并冷却至室温的水中,移至 250 mL 容量瓶中,用水稀释至刻度,摇匀,吸取 50 mL 置于 500 mL 锥形瓶中,加入酒石酸氢钠 15 g 和水 150 mL,振荡溶解后,按图1装好仪器,在液面下通入二氧化碳的同时,加热至沸,并用三氯化钛标准滴定溶液滴定到其固有颜色消失为终点。

4.3.1.5 结果计算

亮蓝的质量分数(w_1),数值以%表示,按式(1)计算：

$$w_1 = \frac{(V/1\,000) \times c \times (M/2)}{m \times 50/250} \times 100 \quad\quad\cdots\cdots\cdots\cdots\cdots\cdots\cdots (1)$$

式中：

V——滴定试料耗用的三氯化钛标准滴定溶液(4.3.1.2.2)的体积的数值,单位为毫升(mL)；

c——三氯化钛标准滴定溶液的浓度的准确数值,单位为摩尔每升(mol/L)；

m——试料质量的数值,单位为克(g)；

M——亮蓝的摩尔质量的数值,单位为克每摩尔(g/mol)($M=792.85$)。

计算结果表示到小数点后 1 位。

4.3.1.6 允许差

取两次平行测定结果的算术平均值作为测定结果,两次平行测定结果的绝对差值不大于1.0%。

4.3.2 分光光度比色法

4.3.2.1 方法提要

将试料与已知含量的亮蓝标准样品分别用水溶解后,在最大吸收波长处,分别测其吸光度,然后计算其含量的质量分数。

4.3.2.2 试剂

4.3.2.2.1 乙酸铵溶液:1.5 g/L;

4.3.2.2.2 亮蓝标准样品:质量分数≥85.0%(三氯化钛滴定法)。

4.3.2.3 仪器

4.3.2.3.1 分光光度计;

4.3.2.3.2 比色皿:10 mm。

4.3.2.4 亮蓝标准样品溶液的配制

称取0.25 g亮蓝标准样品,精确到0.2 mg。溶于适量水中,移入1 000 mL容量瓶中,加水稀释至刻度,摇匀。吸取5 mL,移入500 mL容量瓶中,加乙酸铵溶液稀释至刻度,摇匀。

4.3.2.5 亮蓝试验溶液的配制

称取0.25 g亮蓝实验室样品,精确到0.2 mg。以下同4.3.2.4。

4.3.2.6 分析步骤

将亮蓝标准样品溶液(4.3.2.4)和亮蓝试验溶液(4.3.2.5)分别置于10 mm比色皿中,同在630 nm±2 nm波长处用分光光度计测定各自的吸光度,以乙酸铵溶液作参比液。

4.3.2.7 结果计算

亮蓝的质量分数(w_2),数值以%表示,按式(2)计算:

$$w_2 = \frac{A}{A_s} \times w_s \qquad\qquad\qquad (2)$$

式中:

A——亮蓝试验溶液(4.3.2.5)的吸光度;

A_s——亮蓝标准样品溶液(4.3.2.4)的吸光度;

w_s——亮蓝标准样品(4.3.2.2.2)含量的质量分数(三氯化钛滴定法),数值以%表示。

计算结果表示到小数点后1位。

4.3.2.8 允许差

取两次平行测定结果的算术平均值作为测定结果,两次平行测定结果的绝对差值不大于1.0%。

4.4 干燥减量的测定

4.4.1 分析步骤

称取2 g实验室样品,精确至10 mg。置于已质量恒定的φ(30~40)mm称量瓶中,在135℃±2℃恒温烘箱中烘至质量恒定。

4.4.2 结果计算

干燥减量的质量分数(w_3),数值以%表示,按式(3)计算:

$$w_3 = \frac{m - m_1}{m} \times 100 \qquad\qquad\qquad (3)$$

式中:

m——试料干燥前的质量的数值,单位为克(g);

m_1——干燥至质量恒定的试料的质量数值,单位为克(g)。

计算结果表示到小数点后1位。

4.4.3 允许差

取两次平行测定结果的算术平均值作为测定结果,两次平行测定结果的绝对差值不大于0.2%。

4.5 水不溶物含量的测定

4.5.1 仪器

4.5.1.1 玻璃砂芯坩埚:孔径为5 μm~15 μm。

4.5.1.2 恒温烘箱。

4.5.2 分析步骤

称取3 g实验室样品,精确至1 mg。置于500 mL烧杯中,加入50℃~60℃水250 mL,使之溶解,用已在135℃±2℃烘至质量恒定的玻璃砂芯坩埚(4.5.1.1)过滤,并用热水充分洗涤到洗涤液无色,在135℃±2℃恒温烘箱中烘至质量恒定。

4.5.3 结果计算

水不溶物的质量分数(w_4),数值以%表示,按式(4)计算:

$$w_4 = \frac{m_1}{m} \times 100 \quad\cdots\cdots\cdots\cdots\cdots\cdots\cdots(4)$$

式中:

m——试料质量的数值,单位为克(g);

m_1——干燥后水不溶物的质量的数值,单位为克(g)。

计算结果表示到小数点后2位。

4.5.4 允许差

取两次平行测定结果的算术平均值作为测定结果,两次平行测定结果的绝对差值不大于0.05%。

4.6 氯化物(以NaCl计)及硫酸盐(以Na_2SO_4计)含量的测定

4.6.1 氯化物(以NaCl计)含量的测定

4.6.1.1 试剂和材料

4.6.1.1.1 硝基苯;

4.6.1.1.2 硝酸溶液:1+1;

4.6.1.1.3 硝酸银溶液:$c(AgNO_3)=0.1$ mol/L;

4.6.1.1.4 硫酸铁铵溶液。配制方法:称取14 g硫酸铁铵,溶于100 mL水中,过滤,加硝酸10 mL,贮存于棕色瓶中;

4.6.1.1.5 硫氰酸铵标准滴定溶液:$c(NH_4SCN)=0.1$ mol/L;

4.6.1.1.6 活性炭。

4.6.1.2 试验溶液的配制

称取2 g实验室样品,精确至1 mg。溶于150 mL水中,加活性炭10 g,温和煮沸2 min~3 min。冷却至室温,加入硝酸溶液1 mL,不断摇动均匀,放置30 min(其间不断摇动)。用干燥滤纸过滤。如滤液有色,则再加活性炭2 g,不断摇动下放置1 h,再用干燥滤纸过滤(如仍有色则更换活性炭重复操作至滤液无色)。每次以水10 mL洗活性炭三次,滤液合并并移至200 mL容量瓶中,加水至刻度,摇匀。用于氯化物和硫酸盐含量的测定。

4.6.1.3 分析步骤

移取50 mL试验溶液(4.6.1.2),置于500 mL锥形瓶中,加硝酸溶液2 mL和硝酸银溶液10 mL(氯化物含量多时要多加些)及硝基苯5 mL,剧烈摇动到氯化银凝结,加入硫酸铁铵溶液1 mL,用硫氰酸铵标准滴定溶液滴定过量的硝酸银到终点并保持1 min,同时以同样方法做一空白试验。

4.6.1.4 结果计算

氯化物以氯化钠(NaCl)的质量分数(w_5)计,数值以%表示,按式(5)计算:

$$w_5 = \frac{\left[(V_1-V)/1\,000\right] \times c \times M}{m \times 50/200} \times 100 = \frac{(V_1-V) \times c \times 23.36}{m} \quad\cdots\cdots\cdots(5)$$

式中：

V——滴定试料耗用硫氰酸铵标准滴定溶液(4.6.1.1.5)体积的数值,单位为毫升(mL);

V_1——滴定空白溶液耗用硫氰酸铵标准滴定溶液的体积的数值,单位为毫升(mL);

c——硫氰酸铵标准滴定溶液浓度的数值,单位为摩尔每升(mol/L);

m——试料质量的数值,单位为克(g);

M——氯化钠的摩尔质量的数值,单位为克每摩尔(g/mol)($M=58.4$)。

计算结果表示到小数点后1位。

4.6.1.5 允许差

取两次平行测定结果的算术平均值作为测定结果,两次平行测定结果的绝对差值不大于0.3%。

4.6.2 硫酸盐(以 Na_2SO_4 计)含量的测定

4.6.2.1 试剂

4.6.2.1.1 氢氧化钠溶液:2 g/L。

4.6.2.1.2 盐酸溶液:1+1999。

4.6.2.1.3 氯化钡标准滴定溶液:$c(1/2BaCl_2)=0.1$ mol/L(配制方法见规范性附录B)。

4.6.2.1.4 酚酞指示液:10 g/L。

4.6.2.1.5 玫瑰红酸钠指示液:称取0.1 g玫瑰红酸钠,溶于10 mL水中(现配现用)。

4.6.2.2 分析步骤

吸取25 mL(4.6.1.2)试验溶液,置于250 mL锥形瓶中,加1滴酚酞指示液,滴加氢氧化钠溶液呈粉红色,然后滴加盐酸溶液到粉红色消失,摇匀,溶解后不断摇动下用氯化钡标准滴定溶液滴定,以玫瑰红酸钠指示液作液外指示,在滤纸上呈现玫瑰红色斑点保持2 min不褪为终点。

同时以相同方法做空白试验。

4.6.2.3 结果计算

硫酸盐以硫酸钠(Na_2SO_4)的质量分数(w_6)计,数值以%表示,按式(6)计算:

$$w_6 = \frac{(V_1-V_2)/1\,000 \times c \times (M/2)}{m \times 25/200} \times 100 = \frac{(V_1-V_2) \times c \times 56.8}{m} \qquad \cdots\cdots\cdots(6)$$

式中：

V_1——滴定试验溶液耗用氯化钡标准滴定溶液(4.6.2.1.3)体积的数值,单位为毫升(mL);

V_2——滴定空白溶液耗用氯化钡标准滴定溶液体积的数值,单位为毫升(mL);

c——氯化钡标准滴定溶液浓度的准确数值,单位为摩尔每升(mol/L);

M——硫酸钠的摩尔质量的数值,单位为克每摩尔(g/mol)($M=142$);

m——试料的质量的数值,单位为克(g)。

计算结果表示到小数点后1位。

4.6.2.4 允许差

取两次平行测定结果的算术平均值作为测定结果,两次平行测定结果的绝对差值不大于0.2%。

4.6.3 氯化物(以 NaCl 计)及硫酸盐(以 Na_2SO_4 计)的含量总和的结果计算

氯化物(以 NaCl 计)及硫酸盐(以 Na_2SO_4 计)含量的质量分数总和(w_7)计,数值以%表示,按式(7)计算:

$$w_7 = w_5 + w_6 \qquad \cdots\cdots\cdots\cdots\cdots\cdots(7)$$

式中：

w_5——氯化物(以 NaCl 计)的质量分数,数值以%表示;

w_6——硫酸盐(以 Na_2SO_4 计)的质量分数,数值以%表示;

计算结果表示到小数点后1位。

4.7 副染料含量的测定

4.7.1 方法提要

用纸上层析法将各组分分离,洗脱,然后用分光光度法定量。

4.7.2 试剂

4.7.2.1 无水乙醇;

4.7.2.2 正丁醇;

4.7.2.3 丙酮溶液:1+1;

4.7.2.4 氨水溶液:4+96;

4.7.2.5 碳酸氢钠溶液:4 g/L。

4.7.3 仪器

4.7.3.1 分光光度计;

4.7.3.2 层析滤纸:1号中速,150 mm×250 mm;

4.7.3.3 层析缸:ϕ240 mm×300 mm;

4.7.3.4 微量进样器:100 μL;

4.7.3.5 纳氏比色管:50 mL,有玻璃磨口塞;

4.7.3.6 玻璃砂芯漏斗:孔径为15 μm~40 μm;

4.7.3.7 50 mm比色皿;

4.7.3.8 10 mm比色皿。

4.7.4 分析步骤

4.7.4.1 纸上层析条件

展开剂:正丁醇+无水乙醇+氨水溶液=6+2+3;

温度:20℃~25℃。

4.7.4.2 试料洗出液的配制

称取1 g实验室样品,精确至1 mg。置于烧杯中,加入适量水溶解后,移入100 mL容量瓶中,稀释至刻度,摇匀。用微量进样器吸取100 μL,均匀地注在离滤纸底边25 mm的一条基线上,成一直线,使其在滤纸上的宽度不超过5 mm,长度为130 mm,用吹风机吹干。将滤纸放入装有预先配制好展开剂的层析缸中展开,滤纸底边浸入展开剂液面下10 mm,待展开剂前沿线上升至150 mm或直到副染料分离满意为止。取出层析滤纸,用冷风吹干。

用空白滤纸在相同条件下展开,该空白滤纸必须与上述步骤展开用的滤纸在同一张滤纸上相邻部位裁取。

副染料纸上层析示意图见图2。

将展开后取得的各个副染料和在空白滤纸上与各副染料相对应的部位的滤纸按同样大小剪下,并剪成约5 mm×15 mm的细条,分别置于50 mL的纳氏比色管中,准确加入丙酮溶液5 mL,摇动3 min~5 min后,再准确加入碳酸氢钠溶液20 mL,充分摇动,然后分别在玻璃砂芯漏斗中自然过滤,滤液必须澄清,无悬浮物。加水至刻度。分别得到各副染料和空白的洗出液。在各自副染料的最大吸收波长处,用50 mm比色皿,将各副染料的试料洗出液在分光光度计上测定各自的吸光度。

在分光光度计上测定吸光度时,以丙酮溶液5 mL和碳酸氢钠溶液20 mL的混合液作参比液。

4.7.4.3 标准洗出液的配制

吸取上述1%的试料洗出液(4.7.4.2)2 mL移入100 mL容量瓶中,稀释至刻度,摇匀。用微量进样器吸取100 μL,均匀地点注在离滤纸底边25 mm的一条基线上,用吹风机吹干。将滤纸放入装有预先配制好展开剂的层析缸中展开,待展开剂前沿线上升40 mm,取出用冷风吹干,剪下所有展开的染料部分,按4.7.4.2方法进行萃取操作,得到标准洗出液。用10 mm比色皿在最大吸收波长处测吸光度。

同时用空白滤纸在相同条件下展开,按相同方法操作后测萃取液的吸光度。

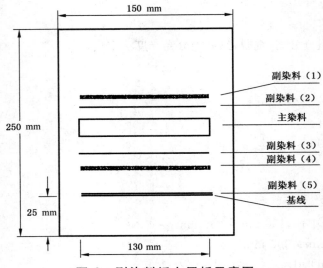

图 2　副染料纸上层析示意图

4.7.4.4　结果计算

副染料的质量分数(w_8),按式(8)计算:

$$w_8 = \frac{[(A_1 - b_1) + \cdots\cdots + (A_n - b_n)]/5}{(A_s - b_s) \times (100/2)} \times w_s \quad\cdots\cdots\cdots\cdots\cdots(8)$$

式中:

$A_1\cdots,A_n$——各副染料洗出液以 50 mm 光径长度计算的吸光度;

$b_1\cdots,b_n$——各副染料对照空白洗出液以 50 mm 光径长度计算的吸光度;

A_s——标准洗出液以 10 mm 光径长度计算的吸光度;

b_s——标准对照空白洗出液以 10 mm 光径长度计算的吸光度;

5——折算成以 10 mm 光径长度计算的比数;

100/2——标准洗出液折算成1%试料溶液的比数;

w_s——亮蓝样品总含量的质量分数,数值以%表示。

计算结果表示到小数点后 1 位。

4.7.4.5　允许差

取两次平行测定结果的算术平均值作为测定结果,两次平行测定结果的绝对差值不大于 0.2%。

4.8　砷(以 As 计)含量的测定

4.8.1　试剂

4.8.1.1　硝酸;

4.8.1.2　硫酸溶液:1+1;

4.8.1.3　硝酸-高氯酸混合溶液:3+1;

4.8.1.4　砷(As)标准溶液(0.001 mg/mL):取 0.1 mg/mL 的砷(As)标准溶液 1 mL 于 100 mL 容量瓶中,稀释至刻度。每 1 mL 相当 0.001 mg 砷。

4.8.2　仪器

按 GB/T 5009.76 中第 10 章中图 2 的装置。

4.8.3　分析步骤

称取 1 g 实验室样品,精确至 10 mg。置于圆底烧瓶中,加硝酸 1.5 mL 和硫酸 5 mL,用小火加热赶出二氧化氮气体,溶液变成棕色,停止加热,放冷后加入硝酸-高氯酸混合液 5 mL,强火加热至溶液至透明无色或微黄色,如仍不透明,放冷后再补加硝酸-高氯酸混合溶液 5 mL,继续加热至溶液澄清无色或微黄色并产生白烟,停止加热,放冷后加水 5 mL 加热至沸,除去残余的硝酸-高氯酸(必要时可再加水煮沸一次),继续加热至发生白烟,保持 10 min,放冷后移入 100 mL 锥形瓶中,以下按 GB/T 5009.76 中第 11 章所示的规定进行测定。

4.9 重金属(以 Pb 计)含量的测定

4.9.1 试剂

4.9.1.1 硫酸;

4.9.1.2 盐酸;

4.9.1.3 盐酸溶液:1+3;

4.9.1.4 乙酸溶液:1+3;

4.9.1.5 氨水溶液:1+2;

4.9.1.6 硫化钠溶液:100 g/L;

4.9.1.7 铅(Pb)标准溶液(0.01 mg/mL):取 0.1 mg/mL 的铅(Pb)标准溶液 1 mL 于 100 mL 容量瓶中,稀释至刻度。

4.9.2 仪器

4.9.2.1 白金制(石英制或瓷制)坩埚;

4.9.2.2 定性滤纸;

4.9.2.3 纳氏比色管。

4.9.3 试料溶液及空白试验溶液的配制

称取 2.5 g 实验室样品,精确至 10 mg。置于用白金制(石英制或瓷制)坩埚中,加少量硫酸润湿,缓慢灼烧,尽量在低温下使之几乎全部灰化,再加硫酸 1 mL,逐渐加热至硫酸蒸气不再发生。放入电炉中,在 450℃~550℃灼烧至灰化,然后放冷。加盐酸 3 mL,摇匀,再加水 7 mL 摇匀,用定性滤纸过滤。用盐酸溶液 5 mL 及水 5 mL 洗涤滤纸上的残留物,将洗液和滤液合并,加水配至 50 mL,作为试料溶液。

用同样方法不加试料配制为空白试验溶液。

4.9.4 试验溶液的配制

量取 20 mL 试料溶液(4.9.3),放入纳氏比色管中,加入 1 滴酚酞,滴加氨水溶液(同时振摇)至溶液呈红色,再加乙酸溶液 2 mL(如有浑浊则过滤,并用水洗滤纸),加水至刻度,作为试验溶液。

4.9.5 标准比浊溶液的配制

量取 20 mL 空白试验溶液,放入纳氏比色管中,移入铅标准溶液 1.0 mL,加入 1 滴酚酞,以下配制方法同试验溶液(4.9.4),作为标准比浊溶液。

4.9.6 分析步骤

在试验溶液(4.9.4)和标准比浊溶液(4.9.5)中分别加入硫化钠溶液 2 滴,摇匀,在暗处放置 5 min 后进行观察,用空白试验溶液进行比较,试验溶液的颜色不得深于标准比浊溶液。

4.10 锰(Mn)含量的测定

4.10.1 方法提要

亮蓝样品经硝酸-高氯酸混合溶液消解后,制备成试料溶液,用原子吸收光谱仪测定锰的含量。

4.10.2 试剂和材料

4.10.2.1 盐酸;

4.10.2.2 硝酸;

4.10.2.3 硝酸-高氯酸混合溶液:3+1;

4.10.2.4 锰(Mn)标准溶液:按 GB/T 602 配制和标定后,再稀释配制成 1 mL 含锰 0.5 μg、1.0 μg、2.0 μg 的三个标准溶液;

4.10.2.5 高纯乙炔气。

4.10.3 仪器

原子吸收光谱仪。

4.10.4 测定条件

光源:锰空心阴极灯。

波长:279.5 nm。

火焰法:乙炔-空气。

4.10.5 试验溶液及空白参比溶液的制备

称取 1 g 实验室样品,精确至 10 mg,置于 150 mL 锥形瓶中,加 10 mL 盐酸和 10 mL 硝酸,将锥形瓶放在加热器上缓慢加热至黄烟基本消失,稍冷后加入 10 mL 硝酸-高氯酸混合溶液,在加热器上大火加热至完全消解,得到无色或微黄色透明溶液,如仍不透明,放冷后再补加硝酸-高氯酸混合溶液 1 mL,继续加热至溶液澄清无色或微黄色直至得到无色或微黄色透明溶液。稍冷后加入 10 mL 水加热至沸并冒白烟保持数分钟以驱除残余硝酸-高氯酸混合溶液。冷却到室温,把溶液转移至 50 mL 容量瓶中用水稀释至刻度(若溶液出现浑浊、沉淀或机械杂质须过滤)。

同时按相同的方法制备一空白溶液,作为空白参比液。

4.10.6 分析步骤

在(4.10.4)条件下用原子吸收光谱仪测定空白参比液、锰(Mn)标准溶液吸光度。以锰(Mn)标准溶液浓度为横坐标,所测得的吸光度与空白参比液的吸光度差值为纵坐标,绘制标准曲线。然后在(4.10.4)条件下测定试验溶液(4.10.5)吸光度。以该值与空白参比液的吸光度差值对照标准曲线查得试验溶液锰(Mn)浓度值,应小于 1.0 μg/mL。

4.11 铬(Cr)含量的测定

4.11.1 方法提要

亮蓝样品经硝酸-高氯酸混合溶液消解后,制备成试料溶液,用原子吸收光谱仪测定铬的含量。

4.11.2 试剂和材料

4.11.2.1 盐酸;

4.11.2.2 硝酸;

4.11.2.3 硝酸-高氯酸混合溶液:3+1;

4.11.2.4 铬(Cr)标准溶液:按 GB/T 602 配制和标定后,再稀释配制成 1 mL 含铬 0.5 μg、1.0 μg、2.0 μg的三个标准溶液;

4.11.2.5 高纯乙炔气。

4.11.3 仪器

原子吸收光谱仪。

4.11.4 测定条件

光源:铬空心阴极灯;

波长:359.3 nm;

火焰法:乙炔-空气。

4.11.5 试验溶液及空白参比溶液的制备

同 4.10.5。

4.11.6 分析步骤

在(4.11.4)条件下用原子吸收光谱仪测定空白参比液、铬(Cr)标准溶液吸光度。以铬(Cr)标准溶液浓度为横坐标,所测得的吸光度与空白参比液的吸光度差值为纵坐标,绘制标准曲线。然后在(4.11.4)条件下测定试验溶液(4.11.5)吸光度。以该值与空白参比液的吸光度差值对照标准曲线查得试验溶液铬(Cr)浓度值,应小于 1.0 μg/mL。

5 检验规则

5.1 组批

以批为单位(以一次拼混的均匀产品为一批)。

5.2 采样

瓶装产品采样应从每批包装产品箱总数中选取 10% 大箱,再从抽出的箱中选取 10% 瓶,在每瓶的中心处取出不少于 50 g 的样品,取样时应小心,不使外界杂质落入产品中,将所取样品迅速混匀后从中取约 100 g,分别装于二个清洁干燥的磨口玻璃瓶中,并用石蜡密封,注明生产厂名、产品名称、批号、生产日期,一瓶供检验,一瓶留样备查。

5.3 检验

按本标准第 3 章的要求,逐批、全项目检验。

5.4 判定规则与复验

若检验结果有任何一项不符合本标准要求时,应重新自该批产品中取双倍试料,对该不合格项目进行复验,若复验结果符合本标准要求时,则判该批产品为合格品,反之,则判该批产品为不合格品。

6 标志、包装、运输和贮存

6.1 标志

每一瓶(袋、桶)出厂产品,应有明显的标识,内容包括:"食品添加剂"字样、产品名称、生产厂名和地址、商标、生产和食品卫生许可证号、产品标准号和标准名称、保质期、生产日期和批号、净含量、使用说明。

6.2 包装

使用食用级聚乙烯塑料瓶或其他符合食品和药品包装要求的材料包装,外套纸箱固封。包装形式可由制造厂商与用户协商确定。

6.3 运输

运输时必须防雨、防潮、防晒,不得与有毒、有害等其他物资混装、混运。

6.4 贮存

6.4.1 本产品贮存在干燥、通风、阴凉仓库内,防止污染。

6.4.2 在包装完整、未启封的情况下,自生产之日起保质期为五年。逾期重新检验是否符合本标准要求,合格仍可使用。

附　录　A
（规范性附录）
三氯化钛标准滴定溶液的配制方法

A.1　试剂

A.1.1　盐酸；

A.1.2　硫酸亚铁铵；

A.1.3　硫氰酸铵溶液：200 g/L；

A.1.4　硫酸溶液：1+1；

A.1.5　三氯化钛溶液；

A.1.6　重铬酸钾标准滴定溶液：[$c(1/6K_2Cr_2O_7)=0.1$ mol/L]，按 GB/T 602 配制与标定。

A.2　仪器

见本标准图 1。

A.3　三氯化钛标准滴定溶液的配制

A.3.1　配制

取三氯化钛溶液 100 mL 和盐酸 75 mL 置于 1 000 mL 棕色容量瓶中，用新煮沸并已冷却到室温的水稀释至刻度，摇匀，立即倒入避光的下口瓶中，在二氧化碳气体保护下贮藏。

A.3.2　标定

称取 3 g 硫酸亚铁铵，精确至 0.2 mg，置于 500 mL 锥形瓶中，在二氧化碳气流保护作用下，加入新煮沸并已冷却的水 50 mL，使其溶解，再加入硫酸溶液 25 mL，继续在液面下通入二氧化碳气流作保护，迅速准确加入重铬酸钾标准滴定溶液 45 mL，然后用需标定的三氯化钛标准溶液滴定到接近计算量终点，立即加入硫氰酸铵溶液 25 mL，并继续用需标定的三氯化钛标准溶液滴定到红色转变为绿色，即为终点。整个滴定过程应在二氧化碳气流保护下操作，同时做一空白试验。

A.3.3　结果计算

三氯化钛标准溶液浓度的准确数值 $c(TiCl_3)$，单位以摩尔每升（mol/L）表示，按式（A.1）计算：

$$c(TiCl_3) = \frac{V_1 c_1}{V_2 - V_3} \quad\cdots\cdots\cdots\cdots\cdots\cdots\cdots\cdots（A.1）$$

式中：

V_1——重铬酸钾标准滴定溶液（A.1.6）的体积的数值，单位为毫升（mL）；

V_2——滴定被重铬酸钾标准溶液[$c(1/6K_2Cr_2O_7)=0.1$ mol/L]氧化成高钛所用去的三氯化钛溶液的数值体积，单位为毫升（mL）；

V_3——滴定空白用去三氯化钛溶液的体积的数值，单位为毫升（mL）；

c_1——重铬酸钾标准滴定溶液浓度的准确数值，单位为摩尔每升（mol/L）。

计算结果表示到小数点后 4 位。

以上标定需在分析样品时即时标定。

附 录 B

（规范性附录）

氯化钡标准溶液的配制方法

B.1 试剂

B.1.1 氯化钡；

B.1.2 硫酸标准滴定溶液：$[c(1/2H_2SO_4)=0.1 \text{ mol/L}]$，按 GB/T 602 配制与标定；

B.1.3 氨水；

B.1.4 玫瑰红酸钠指示液（称取 0.1 g 玫瑰红酸钠，溶于 10 mL 水中，现配现用）；

B.1.5 亮黄试纸。

B.2 配制

称取氯化钡 12.25 g，溶于 500 mL 水，移入 1 000 mL 容量瓶中，稀释至刻度，摇匀。

B.3 标定方法

吸取硫酸标准滴定溶液 20 mL，加水 50 mL，并用氨水中和到亮黄试纸呈碱性反应，然后用氯化钡标准滴定溶液滴定，以玫瑰红酸钠指示液作液外指示，在滤纸上呈现玫瑰红色斑点保持 2 min 不褪为终点。

B.4 结果计算

氯化钡标准滴定溶液浓度的准确数值 $c(1/2BaCl_2)$，单位以摩尔每升（mol/L）表示，按式（B.1）计算：

$$c(1/2BaCl_2) = \frac{Vc}{V_1} \qquad\cdots\cdots\cdots\cdots\cdots\cdots\cdots\cdots(B.1)$$

式中：

V——硫酸标准滴定溶液（B.1.2）的体积的数值，单位为毫升（mL）；

c——硫酸标准滴定溶液浓度的准确数值，单位为摩尔每升（mol/L）；

V_1——氯化钡标准滴定溶液体积的数值，单位为毫升（mL）。

计算结果表示到小数点后 4 位。

ICS 67.220.20
X 42

中华人民共和国国家标准

GB 7655.2—2005
代替 GB 7655.2—1996

食品添加剂 亮蓝铝色淀

Food additive—
Brilliant blue aluminum lake

2005-06-30 发布
2005-12-01 实施

中华人民共和国国家质量监督检验检疫总局
中国国家标准化管理委员会 发布

前　言

本标准的全部技术内容为强制性。

本标准修改采用日本《食品添加物公定书》第七版(1999)"食用蓝色 1 号铝色淀"。

本标准根据日本《食品添加物公定书》第七版(1999)"食用蓝色 1 号铝色淀"重新起草。

考虑到我国国情,在采用日本《食品添加物公定书》第七版(1999)"食用蓝色 1 号铝色淀"时,本标准作了一些修改。本标准与日本《食品添加物公定书》第七版(1999)"食用蓝色 1 号铝色淀"的主要差异如下:

——增加了副染料含量项目的定量指标(本标准的 3.2),这是因为有利于产品质量的控制;

——砷含量指标以 As 来计算(本标准的 3.2)。这是为了与我国食品添加剂中砷含量计算方法保持一致;

——含量的测定(本标准的 4.3)除将三氯化钛滴定法作为仲裁方法外,分光光度比色法可用于日常测定;

——砷含量的测定(本标准的 4.7)采用"湿法消解"处理实验室样品,然后采用"砷斑法"限量比较。这是考虑到操作简便,结果准确稳定而决定的;

——重金属(以 Pb 计)含量的测定(本标准的 4.8)采用"湿法消解"处理实验室样品。这样使操作更简便,结果更准确,有利于产品质量的提高;

——钡(以 Ba 计)含量的测定(本标准的 4.9)采用硫酸钡沉淀限量比色法,这是根据我国生产企业发展和用户的实际情况而决定的。

本标准代替 GB 7655.2—1996《食品添加剂　亮蓝铝色淀》。

本标准与 GB 7655.2—1996 相比,主要变化如下:

——鉴别方法进行了修改(1996 年版的 4.2,本版的 4.2);

——亮蓝铝色淀的含量改为以含 2-【双{4-[N-乙基-N-(3-磺酸苯甲基)氨基]苯}亚甲基】苯磺酸二钠盐($C_{37}H_{34}N_2Na_2O_9S_3$ 分子量为 792.86)计的质量分数(1996 年版的 3.2、4.3,本版的 3.2、4.3);

——取消水溶性氯化物(以 NaCl 计)及硫酸盐(以 Na_2SO_4 计)指标项目(1996 年版的 3.2、4.6);

——重金属(以 Pb 计)含量的测定改为"湿法消解"处理实验室样品(1996 年版的 4.9,本版的 4.8);

——钡(以 Ba 计)含量的测定改为硫酸钡沉淀限量比色法(1996 年版的 4.10,本版的 4.9);

——检验规则、标志、包装、运输和贮存等条款作了修改(1996 年版的 5、6,本版的 5、6)。

本标准由中国石油和化学工业协会提出。

本标准由全国染料标准化技术委员会 SAC/TC 134 和中国疾病预防控制中心营养与食品安全所归口。

本标准起草单位:上海染料研究所有限公司、上海市卫生局卫生监督所。

本标准主要起草人:商晓菁、周建村、张磊、李玉华、施怀炯。

本标准于 1996 年 9 月首次发布。

食品添加剂 亮蓝铝色淀

1 范围

本标准规定了食品添加剂亮蓝铝色淀的要求、试验方法、检验规则以及标志、包装、运输和贮存。

本标准适用于食品添加剂亮蓝与氢氧化铝作用生成的铝色淀。供食品、药品、化妆品等行业作着色剂用。

2 规范性引用文件

下列文件中的条款通过本标准的引用而成为本标准的条款。凡是注日期的引用文件,其随后所有的修改单(不包括勘误的内容)或修订版均不适用于本标准,然而,鼓励根据本标准达成协议的各方研究是否可使用这些文件的最新版本。凡是不注日期的引用文件,其最新版本适用于本标准。

GB/T 601 化学试剂 标准滴定溶液的制备

GB/T 602 化学试剂 杂质测定用标准溶液的制备(GB/T 602—2002,ISO 6353-1:1982,NEQ)

GB/T 603 化学试剂 试验方法中所用制剂及制品的制备(GB/T 603—2002,ISO 6353-1:1982,NEQ)

GB/T 5009.76—2003 食品添加剂中砷的测定

GB/T 6682 实验室用水规格和试验方法(GB/T 6682—1992,neq ISO 3696:1987)

GB 7655.1—2005 食品添加剂 亮蓝

3 要求

3.1 外观

蓝色微细粉末。

3.2 技术要求

食品添加剂亮蓝铝色淀的技术要求应符合表1规定。

表 1 食品添加剂亮蓝铝色淀的技术要求

项 目	指 标
含量:2-{双[4-[N-乙基-N-(3-磺酸苯甲基)氨基]苯]亚甲基}苯磺酸二钠盐($C_{37}H_{34}N_2Na_2O_9S_3$)的质量分数/%　≥	10.0
干燥减量的质量分数/%　≤	30.0
盐酸和氨水中不溶物的质量分数/%　≤	0.5
副染料的质量分数/%　≤	1.2
砷(以 As 计)的质量分数/%　≤	0.000 3
重金属(以 Pb 计)的质量分数/%　≤	0.002
钡(以 Ba 计)的质量分数/%　≤	0.05

4 试验方法

本标准所用试剂和水,在没有注明其他要求时,均指分析纯试剂和 GB/T 6682 规定的三级水。试验中所需标准溶液、杂质标准溶液、制剂及制品在没有注明其他规定时,均按 GB/T 601、GB/T 602、

GB/T 603 的规定配制。

4.1 外观

在自然光线条件下用目视测定,结果应符合本标准 3.1 的规定。

4.2 鉴别

4.2.1 试剂

4.2.1.1 硫酸;

4.2.1.2 盐酸溶液:1+3;

4.2.1.3 氨水溶液:1+2;

4.2.1.4 硫酸溶液:1+19;

4.2.1.5 氢氧化钠溶液:1+9;

4.2.1.6 乙酸铵溶液:3+1997;

4.2.1.7 活性炭。

4 2.2 仪器

4.2.2.1 分光光度计;

4.2.2.2 比色皿:10 mm。

4.2.3 分析步骤

4.2.3.1 称取实验室样品 0.1 g。加盐酸溶液 5 mL,在水浴中不断地摇动,加热约 5 min 时,溶液澄清,显绿至暗绿色。冷却后加氨水溶液中和显蓝色,产生同样颜色的胶状沉淀。

4.2.3.2 称取实验室样品 0.1 g。加硫酸 5 mL,在水浴中不断地摇动,加热约 5 min,溶液澄清,显暗黄色至暗灰褐色。冷却后,取上层澄清液 2～3 滴,加水 5 mL～50 mL 时,溶液显蓝至蓝绿色。

4.2.3.3 称取实验室样品 0.1 g。加入氢氧化钠溶液 5 mL,在水浴中加热 5 min,摇动溶解,溶解成几乎澄清透明溶液,显紫红色至红紫色。冷却后,加盐酸溶液中和时,显蓝色至红紫色,产生同样颜色的胶状沉淀。

4.2.3.4 称取实验室样品 0.1 g。加硫酸溶液 5 mL,充分摇匀后,加乙酸铵溶液配至 200 mL,溶液不澄清时进行离心分离。然后使测定的吸光度在 0.2～0.7 范围内,量取此溶液 1 mL～10 mL,加乙酸铵溶液配至 100 mL,此溶液在 630 nm±2 nm 处有最大吸收峰。

4.2.3.5 称取实验室样品 0.1 g。加入盐酸溶液 10 mL,在水浴中加热,使大部分溶解。加活性炭 0.5 g,充分摇匀后过滤。取无色滤液,加氢氧化钠溶液中和后,呈现铝盐反应。

4.3 含量的测定

4.3.1 三氯化钛滴定法(仲裁法)

4.3.1.1 方法提要

在酸性介质中,三芳甲烷染料被三氯化钛还原成其相应的隐色体,按三氯化钛标准溶液滴定消耗的量来计算其含量的质量分数。

4.3.1.2 试剂和材料

4.3.1.2.1 酒石酸氢钠;

4.3.1.2.2 硫酸溶液:1+19;

4.3.1.2.3 三氯化钛标准溶液:$c(TiCl_3)=0.1$ mol/L(现配现用,配制方法按 GB 7655.1—2005 规范性附录 A);

4.3.1.2.4 钢瓶装二氧化碳。

4.3.1.3 分析步骤

称取规定量的实验室样品(以使 0.1 mol/L 三氯化钛标准溶液消耗量约 20 mL),精确至 0.2 mg,置于 500 mL 三角烧瓶内,加硫酸溶液 20 mL,充分混合后,加热水 50 mL,加热溶解,然后再加沸水 150 mL,加酒石酸氢钠 15 g。按 GB 7655.1—2005 中图 1 所示装好装置,在液面下通入二氧化碳,加热至沸,用三氯化钛标准滴定溶液滴定到试料固有颜色消失为终点。

4.3.1.4 结果计算

亮蓝铝色淀(以钠盐计)的质量分数(w_1),数值以％表示,按式(1)计算:

$$w_1 = \frac{(V/1\,000)c(M/2)}{m \times 50/250} \times 100 \qquad \cdots\cdots\cdots\cdots\cdots\cdots\cdots (1)$$

式中:

V——滴定试料耗用的三氯化钛标准滴定溶液(4.3.1.2.3)体积的数值,单位为毫升(mL);

c——三氯化钛标准滴定溶液浓度的准确数值,单位为摩尔每升(mol/L);

m——试料质量的数值,单位为克(g);

M——亮蓝铝色淀(以钠盐计)的摩尔质量的数值,单位为克每摩尔(g/mol)($M=792.86$)。

计算结果表示到小数点后1位。

4.3.1.5 允许差

取两次平行测定结果的算术平均值作为测定结果,两次平行测定结果的绝对差值不大于1.0％。

4.3.2 分光光度比色法

4.3.2.1 方法提要

将亮蓝铝色淀与已知含量的亮蓝标准样品分别用水溶解后,在最大吸收波长处,分别测其吸光度,然后计算出其含量的质量分数。

4.3.2.2 试剂

4.3.2.2.1 乙酸铵溶液:3＋1997;

4.3.2.2.2 硫酸溶液:1＋20;

4.3.2.2.3 亮蓝标准样品:质量分数≥85.0％(三氯化钛滴定法)。

4.3.2.3 仪器

4.3.2.3.1 分光光度计;

4.3.2.3.2 比色皿:10 mm。

4.3.2.4 亮蓝标准样品溶液的配制

称取0.25 g亮蓝标准样品,精确至0.2 mg。溶于适量的水中,移入1 000 mL的容量瓶中,加入乙酸铵溶液,稀释至刻度,摇匀。吸取10 mL移入500 mL容量瓶中,加入乙酸铵溶液,稀释至刻度,摇匀。

4.3.2.5 亮蓝铝色淀试验溶液的配制

称取规定量的实验室样品(以使试验溶液的吸光度在0.2～0.7范围内为准),精确至0.2 mg。加入硫酸溶液25 mL,加热至80℃～90℃。溶解后移入1 000 mL容量瓶中,用乙酸铵溶液稀释至刻度,摇匀。吸取10 mL移入500 mL容量瓶中,再用乙酸铵溶液稀释至刻度,摇匀。

4.3.2.6 分析步骤

将亮蓝标准样品溶液(4.3.2.4)和亮蓝铝色淀试验溶液(4.3.2.5)分别置于比色皿中,同在630 nm±2 nm波长处用分光光度计测定其各自的吸光度。以乙酸铵溶液作参比溶液。

4.3.2.7 结果计算

亮蓝铝色淀的质量分数(w_2),数值以％表示,按式(2)计算:

$$w_2 = \frac{m_s A}{m A_s} \times w_s \qquad \cdots\cdots\cdots\cdots\cdots\cdots\cdots (2)$$

式中:

A——亮蓝铝色淀试验溶液(4.3.2.5)的吸光度;

A_s——亮蓝标准样品溶液(4.3.2.4)的吸光度;

w_s——亮蓝标准样品(4.3.2.2.3)的质量分数(三氯化钛滴定法),数值以％表示;

m——试料质量的数值,单位为克(g);

m_s——亮蓝标准样品质量的数值,单位为克(g)。

计算结果表示到小数点后 1 位。

4.3.2.8 允许差

取两次平行测定结果的算术平均值作为测定结果,两次平行测定结果的绝对差值不大于 1.0%。

4.4 干燥减量的测定

按 GB 7655.1—2005 中的 4.4 规定的方法。

4.5 盐酸和氨水中不溶物含量的测定

4.5 1 试剂

4.5.1.1 盐酸;

4.5.1.2 盐酸溶液:3+17;

4.5.1.3 氨水溶液:4+96;

4.5.1.4 硝酸银溶液:$c(AgNO_3)=0.1$ mol/L。

4.5.2 仪器

4.5.2.1 玻璃砂芯坩埚:孔径为 5 μm~15 μm;

4.5.2.2 恒温烘箱。

4.5.3 分析步骤

称取 2 g 实验室样品,精确至 10 mg。置于 600 mL 烧杯中,加入水 20 mL 和盐酸 20 mL,充分搅拌后加入热水 300 mL,搅匀,盖上表面皿。在 70℃~80℃的水浴中加热 30 min,放冷。用已在 135℃±2℃烘至质量恒定的玻璃砂芯坩埚过滤,用水约 30 mL 将烧杯中的不溶物冲洗到坩埚中,洗涤至滤液无色后,再用氨水溶液 100 mL 洗至无色,用盐酸溶液 10 mL 洗涤,然后用水洗到滤液用硝酸银溶液检测无白色沉淀,放入 135℃±2℃恒温烘箱中烘至质量恒定,在干燥器内放冷,称重。

4.5.4 结果计算

盐酸和氨水中不溶物含量的质量分数(w_3),数值以%表示,按式(3)计算:

$$w_3 = \frac{m_1}{m} \times 100 \qquad\cdots\cdots\cdots\cdots\cdots\cdots\cdots\cdots\cdots\cdots\cdots (3)$$

式中:

m_1——干燥后水不溶物质量的数值,单位为克(g);

m——试料的质量的数值,单位为克(g)。

计算结果表示到小数点后 1 位。

4.5.5 允许差

取两次平行测定结果的算术平均值作为测定结果,两次平行测定结果的绝对差值不大于 0.05%。

4.6 副染料含量的测定

4.6.1 方法提要

用纸上层析法将各组分分离,洗脱,然后用分光光度法定量。

4.6.2 试剂

4.6.2.1 无水乙醇;

4.6.2.2 正丁醇;

4.6.2.3 酒石酸氢钠;

4.6.2.4 丙酮溶液:1+1;

4.6.2.5 氨水溶液:4+96;

4.6.2.6 碳酸氢钠溶液:4 g/L。

4.6.3 仪器

4.6.3.1 分光光度计;

4.6.3.2 层析滤纸:中速,150 mm×250 mm;

4.6.3.3 层析缸:φ240 mm×300 mm;

4.6.3.4 微量进样器:100 μL;

4.6.3.5 纳氏比色管:50 mL,有玻璃磨口塞;

4.6.3.6 玻璃砂芯漏斗:孔径为 15 μm~40 μm;

4.6.3.7 比色皿:50 mm;

4.6.3.8 比色皿:10 mm。

4.6.4 分析步骤

4.6.4.1 纸上层析条件

展开剂:正丁醇+无水乙醇+氨水溶液=6+2+3;

温度:20℃~25℃。

4.6.4.2 实验室样品洗出溶液的配制

称取 2 g 实验室样品,精确至 1 mg。置于烧杯中,加入适量水和酒石酸氢钠 5 g,加热溶解后,移入 100 mL 容量瓶中,稀释至刻度,摇匀。用微量进样器吸取 100 μL,均匀地注在离滤纸底边 25 mm 的一条基线上,成一直线,使其在滤纸上的宽度不超过 5 mm,长度为 130 mm,用吹风机吹干。将滤纸放入装有预先配制好展开剂的层析缸中展开,滤纸底边浸入展开剂液面下 10 mm,待展开剂前沿线上升至 150 mm 或直到副染料分离满意为止。取出层析滤纸,用冷风吹干。

用空白滤纸在相同条件下展开,该空白滤纸必须与试验溶液展开用的滤纸在同一张滤纸上相邻部位裁取。

副染料纸上层析示意图见图 1。

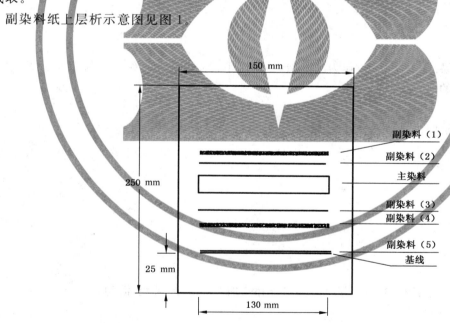

图 1 副染料层析示意图

将展开后取得的各个副染料和在空白滤纸上与各副染料相对应的部位的滤纸按同样大小剪下,并剪成约 5 mm×15 mm 的细条,分别置于 50 mL 的纳氏比色管中,加入丙酮溶液 5 mL,摇动 3 min~5 min 后,再加入碳酸氢钠溶液 20 mL,充分摇动,然后分别在玻璃砂芯漏斗中自然过滤,滤液必须澄清,无悬浮物。分别得到各副染料和空白洗出溶液。在各自副染料的最大吸收波长处,用 50 mm 比色皿,在分光光度计上测定其各自的吸光度。

在分光光度计上测定吸光度时,以丙酮溶液 5 mL 和碳酸氢钠溶液 20 mL 的混合液作参比溶液。

4.6.4.3 标准洗出溶液的配制

吸取上述 2% 的试验溶液 6 mL，移入 100 mL 容量瓶中，稀释至刻度，摇匀。用微量进样器吸取 100 μL，均匀地注在离滤纸底边 25 mm 的一条基线上，用吹风机吹干。将滤纸放入装有预先配制好展开剂的层析缸中展开，待展开剂前沿线上升 40 mm，取出后，用冷风吹干，剪下所有展开的各染料部分，按 4.6.4.2 方法进行萃取操作后，得到标准洗出溶液。将标准洗出溶液用 10 mm 比色皿在最大吸收波长处测定其吸光度。

同时用空白滤纸在相同条件下展开，按 4.6.4.2 的方法进行萃取操作后，测其萃取液的吸光度。

4.6.4.4 结果计算

副染料的质量分数（w_4），数值以 % 表示，按式（4）计算：

$$w_4 = \frac{[(A_1 - b_1) + \cdots\cdots + (A_n - b_n)]/5}{(A_s - b_s) \times (100/6)} \times w_s \qquad\cdots\cdots\cdots\cdots\cdots\cdots（4）$$

式中：

$A_1 \cdots, A_n$——各副染料洗出溶液以 50 mm 光径长度计算的吸光度；

$b_1 \cdots, b_n$——各副染料对照空白洗出溶液以 50 mm 光径长度计算的吸光度；

A_s——标准洗出溶液以 10 mm 光径长度计算的吸光度；

b_s——标准对照空白洗出溶液以 10 mm 光径长度计算的吸光度；

5——折算成以 10 mm 光径长度计算的比数；

100/6——标准洗出溶液折算成 2% 试验溶液的比数；

w_s——亮蓝铝色淀的质量分数，数值以 % 表示。

计算结果表示到小数点后 1 位。

4.6.4.5 允许差

取两次平行测定结果的算术平均值作为测定结果，两次平行测定结果的绝对差值不大于 0.2%。

4.7 砷（以 As 计）含量的测定

4.7.1 方法提要

实验室样品经湿法消解处理后，然后采用"砷斑法"进行限量比色。

4.7.2 试剂

4.7.2.1 盐酸；

4.7.2.2 硝酸；

4.7.2.3 氨水；

4.7.2.4 硫酸溶液：1+1；

4.7.2.5 盐酸溶液：1+3；

4.7.2.6 乙酸铵溶液：1+9；

4.7.2.7 硝酸-高氯酸混合溶液（3+1）：量取 60 mL 硝酸，加 20 mL 高氯酸，混匀；

4.7.2.8 硫化钠溶液：1+9；

4.7.2.9 砷（As）标准溶液（0.001 mg/mL）：取 0.1 mg/mL 的砷（As）标准溶液 1 mL 于 100 mL 容量瓶中，稀释至刻度。

4.7.3 仪器

按 GB/T 5009.76—2003 中第 10 章图 2 的装置。

4.7.4 亮蓝铝色淀试验溶液的配制

称取 2.5 g 实验室样品，精确至 10 mg。置于圆底烧杯中，加硝酸 5 mL～8 mL，润湿样品，放置片刻后，缓缓加热。等作用缓和后稍冷，沿瓶壁加入硫酸溶液约 15 mL，再缓缓加热，至瓶中溶液开始变成棕色，停止加热。放冷后加入硝酸-高氯酸混合溶液约 15 mL，继续加热，至生成大量的二氧化硫白色烟雾,最后溶液应呈无色或微黄色(如仍有黄色则再补加硝酸-高氯酸混合溶液 5 mL 后处理)。冷却后加水 20 mL,煮沸除去残余的硝酸-高氯酸,如此处理两次至产生白烟,放冷。将溶液移入 50 mL 容量瓶中,用水洗涤圆底烧瓶,将洗涤液并入容量瓶中,加水至刻度,摇匀,作为亮蓝铝色淀试验溶液。

4.7.5 空白溶液的配制

按相同方法,取同样量的硝酸、硫酸和硝酸-高氯酸混合溶液配制空白溶液。

4.7.6 分析步骤

按 GB/T 5009.76—2003 中第 11 章所示的规定进行操作。

4.8 重金属(以 Pb 计)含量的测定

4.8.1 方法提要

亮蓝铝色淀经湿法消解处理后,稀释至一定体积,在 pH 等于 4 时,加入硫化钠溶液,然后进行限量比色。

4.8.2 试剂

4.8.2.1 盐酸;

4.8.2.2 硝酸;

4.8.2.3 氨水;

4.8.2.4 硫酸溶液:1+1;

4.8.2.5 盐酸溶液:1+3;

4.8.2.6 乙酸铵溶液:1+9;

4.8.2.7 硝酸-高氯酸混合溶液(3:1):量取 60 mL 硝酸,加 20 mL 高氯酸,混匀;

4.8.2.8 硫化钠溶液:1+9;

4.8.2.9 铅(Pb)标准溶液(0.01 mg/mL):取 0.1 mg/mL 的铅(Pb)标准溶液 1 mL 于 100 mL 容量瓶中,稀释至刻度。

4.8.3 试验溶液的配制

按本标准中 4.7.4 方法配制。

4.8.4 空白试验溶液的配制

按相同方法,取同样量的硝酸、硫酸溶液,作为空白试验溶液。

4.8.5 检测溶液的配制

量取 20 mL 试验溶液(4.8.3)。加氨水调整 pH,再加乙酸铵溶液调至 pH 为 4,加水配至 50 mL,作为检测溶液。

4.8.6 比较溶液的配制

量取 20 mL 空白试验溶液(4.8.4)及铅标准溶液 2.0 mL。与 4.7.4 一样操作,配成比较溶液。

4.8.7 分析步骤

在两种溶液(4.8.5)和(4.8.6)中各加硫化钠溶液 2 滴后,摇匀,放置 5 min,检测溶液颜色不应深于比较溶液。

4.9 钡(以 Ba 计)含量的测定

4.9.1 试剂

4.9.1.1 硫酸;

4.9.1.2 无水碳酸钠;

4.9.1.3 盐酸溶液:1+3;

4.9.1.4 硫酸溶液:1+19;

4.9.1.5 钡标准溶液:氯化钡(BaCl₂·2H₂O)177.9 mg,用水定容至1 000 mL。每1 mL含有0.1 mg钡(0.1 mg/mL)。

4.9.2 试验溶液的配制

称取1 g实验室样品,精确至10 mg,放于白金坩埚或陶瓷坩埚中,加少量硫酸润湿,徐徐加热,尽量在低温下使之几乎全部灰化。放冷后,再加硫酸1 mL,慢慢加热至几乎不发生硫酸蒸汽为止,放入马福炉中,于450℃~550℃灼烧3 h。冷却后,加无水碳酸钠5 g充分混合,加热熔化后,再继续加热10 min。冷却后,加水20 mL,在水浴上加热,将熔融物溶解。冷却后过滤,用水洗涤滤纸上的残渣至洗涤液不呈硫酸盐反应为止。然后将纸上的残渣与滤纸一起移至烧杯中,加盐酸溶液30 mL,充分摇匀后煮沸。冷却后过滤,用水10 mL洗涤滤纸上的残渣。将洗涤液与滤液合并,在水浴上蒸发到干涸。加水5 mL使残渣溶解,必要时过滤,加盐酸溶液0.25 mL,充分混合后,再加水配至25 mL作为试验溶液。

4.9.3 标准比浊溶液的配制

取5 mL钡标准溶液,加盐酸溶液0.25 mL。加水至25 mL,作为标准比浊溶液。

4.9.4 分析步骤

在试验溶液(4.9.2)和标准比浊溶液(4.9.3)中各加硫酸溶液1 mL混合,放置10 min内,试验溶液浑浊程度不得超过标准比浊溶液。

5 检验规则

5.1 组批

以批为单位(以一次拼混的均匀产品为一批)。

5.2 采样

瓶装产品采样应从每批包装产品箱总数中选取10%大箱,再从抽出的箱中选取10%瓶,在每瓶的中心处取出不少于50 g的样品,取样时应小心,不使外界杂质落入产品中,将所取样品迅速混匀后从中取约100 g,分别装于二个清洁干燥的密封容器中,注明生产厂名、产品名称、批号、生产日期,一瓶供检验,一瓶留样备查。

5.3 检验

按本标准第3章的要求,逐批、全项目检验。

5.4 判定规则与复验

若检验结果有任何一项不符合本标准要求时,应重新自该批产品中取双倍试料,对该不合格项目进行复验,若复验结果符合本标准要求时,则判该批产品为合格品,反之,则判该批产品为不合格品。

6 标志、包装、运输和贮存

6.1 标志

每一瓶(袋、桶)出厂产品,应有明显的标识,内容包括:"食品添加剂"字样、产品名称、生产厂名和地址、商标、生产和食品卫生许可证号、产品标准号和标准名称、保质期、生产日期和批号、净含量、使用说明。

6.2 包装

食品添加剂亮蓝铝色淀使用食用级聚乙烯塑料瓶或其他符合药品和食品包装要求的材料包装,外套纸箱固封。其他形式包装可由制造厂商与用户协商确定。

6.3 运输

运输时必须防雨、防潮、防晒,不得与有毒、有害等其他物资混装、混运。

6.4　**贮存**

6.4.1　本产品贮存在干燥、通风、阴凉仓库内，防止污染。

6.4.2　本产品在包装完整、未启封的情况下，自生产之日起保质期为五年。逾期重新检验是否符合本标准要求，合格仍可使用。

中华人民共和国国家标准

GB 7912—2010

食品安全国家标准

食品添加剂　栀子黄

2010-12-21 发布

2011-02-21 实施

中华人民共和国卫生部 发布

前　言

本标准代替 GB 7912—1987《食品添加剂　栀子黄（粉末、浸膏）》。

本标准与 GB 7912—1987 相比，主要变化如下：

——修改了色价、干燥失重、砷、铅等指标；

——增加了栀子苷指标；

——取消了重金属和灼烧残渣的要求。

本标准的附录 A 为规范性附录。

本标准所代替标准的历次版本发布情况为：

——GB 7912—1987。

食品安全国家标准

食品添加剂 栀子黄

1 范围

本标准适用于以茜草科植物栀子(*Gardenia jasminoides* Ellis)的果实为原料,经提取、精制而成,可用糊精稀释的粉末、浸膏或液态的食品添加剂栀子黄。

2 规范性引用文件

本标准中引用的文件对于本标准的应用是必不可少的。凡是注日期的引用文件,仅所注日期的版本适用于本标准。凡是不注日期的引用文件,其最新版本(包括所有的修改单)适用于本标准。

3 分子式和相对分子质量

3.1 分子式

藏花素:$C_{44}H_{64}O_{24}$

藏花酸:$C_{20}H_{24}O_4$

3.2 相对分子质量

藏花素:977.21(按 2007 年国际相对原子质量)

藏花酸:328.35(按 2007 年国际相对原子质量)

4 技术要求

4.1 感官要求:应符合表 1 的规定。

表 1 感官要求

项 目	要 求	检验方法
色泽	粉末产品呈橙黄色至橘红色,浸膏产品呈黄褐色,液态产品呈黄褐色至橘红色	取适量样品置于清洁、干燥的白瓷盘或烧杯中,在自然光线下,观察其色泽和组织状态
组织状态	粉末、浸膏或液体	

4.2 理化指标:应符合表 2 的规定。

表 2　理化指标

项　目		指　标		检验方法
		粉末	浸膏、液体	
色价 $E_{1\,cm}^{1\%}$ (440 nm±5 nm)	≥	10		附录 A 中 A.3
栀子苷，w/%	≤	1(以色价 10 计进行换算)		附录 A 中 A.4
干燥减量，w/%	≤	7	—	GB 5009.3 直接干燥法
砷(As)/(mg/kg)	≤	2	2	GB/T 5009.11
铅(Pb)/(mg/kg)	≤	3	3	GB 5009.12

附　录　A
（规范性附录）
检　验　方　法

A.1　一般规定

除非另有说明,在分析中仅使用确认为分析纯的试剂和GB/T 6682—2008中规定的水。分析中所用标准滴定溶液、杂质测定用标准溶液、制剂及制品,在没有注明其他要求时,均按GB/T 601、GB/T 602、GB/T 603的规定制备。本试验所用溶液在未注明用何种溶剂配制时,均指水溶液。

A.2　鉴别试验

A.2.1　最大吸收波长

取A.3.2色价测定中的栀子黄试样液,用分光光度计检测,在波长440 nm附近应有最大吸收峰。

A.2.2　颜色反应

取0.5 g样品,加入2 mL硫酸,即由深青色慢慢变为紫色,最后变为褐色。

A.2.3　薄层层析

A.2.3.1　试验方法

固定相采用微结晶纤维素薄层板,薄层板的制法:称取10 g微结晶纤维素SF加水35 mL成悬浊液,均匀涂布于平滑且厚度均匀的玻璃板上,涂厚为0.35 mm以下,在60 ℃～80 ℃下,烘20 min。移动相为异戊醇:丙酮:水=5:6:5(体积比)。

A.2.3.2　点样试验液的制备

称取一定量的试样,配成浓度为50 g/L的水溶液作为点样试验液。

A.2.3.3　点样

在干燥的微结晶纤维素薄层板上,用毛细管点样。点离板下端2 cm,点间距离1 cm,点直径约3 mm,点样时用冷风吹干。

A.2.3.4　展开与观察

将点样的薄层板放入展开槽中展开,待展开高度为15 cm时,取出、风干。观察应有两个黄色斑点:R_f约为0.6是藏花素;R_f约为0.9是藏花酸。

A.3　色价的测定

A.3.1　仪器和设备

分光光度计。

A.3.2 分析步骤

称取约 0.15 g 粉末试样(精确至 0.000 2 g)或称取约 1 g 浸膏或液体试样(精确至 0.000 2 g),用水溶解,转移至 100 mL 容量瓶中,加水定容至刻度,摇匀。然后再吸取 10 mL 试样液,转移至 100 mL 容量瓶中,加水定容至刻度,摇匀。取此试样液置于 1 cm 比色皿中,以水做空白对照,用分光光度计在(440 nm±5 nm)范围内的最大吸收波长处测定吸光度。(吸光度应控制在 0.3～0.7 之间,否则应调整试样液浓度,再重新测定吸光度。)

A.3.3 结果计算

色价按公式(A.1)计算:

$$E_{1\,cm}^{1\%}(440 \pm 5)\,nm = \frac{A}{c} \times \frac{1}{100} \qquad\cdots\cdots\cdots\cdots\cdots\cdots\cdots\cdots\cdots\cdots\cdots(A.1)$$

式中:

$E_{1\,cm}^{1\%}$(440 nm±5 nm)——试样液浓度为 1%,用 1 cm 比色皿,在(440 nm±5 nm)范围内的最大吸收波长处测得的色价;

A ——实际测定试样液的吸光度;

c ——被测试样液的浓度,单位为克每毫升(g/mL)。

实验结果以平行测定结果的算术平均值为准。在重复性条件下获得的两次独立测定结果的绝对差值不大于算术平均值的 5%。

A.4 栀子苷的测定

A.4.1 试剂和材料

a) 乙腈:色谱纯。

b) 栀子苷标准品:质量分数≥99%。

A.4.2 仪器和设备

高效液相色谱仪:配紫外检测器(检测波长 238 nm)。

A.4.3 参考色谱条件

a) 色谱柱:ODS C_{18},4.6 mm×25 cm,粒度 5 μm;或其他等效的色谱柱。

b) 流动相:乙腈:水=15:85;将 150 mL 色谱纯乙腈与 850 mL 水混合均匀后,用 0.45 μm 滤膜过滤,超声脱气后备用。

c) 柱温:40 ℃。

d) 流速:0.7 mL/min。

e) 进样量:10 μL。

A.4.4 分析步骤

A.4.4.1 栀子苷标准曲线的制备

称取约 0.01 g 栀子苷标准品(精确至 0.000 1 g),用流动相(乙腈水溶液)溶解并定容至 50 mL,得到标样贮存液 A。吸取 0.25 mL、0.75 mL、1.25 mL、2.0 mL、2.5 mL 贮存液 A,分别用流动相(乙腈水溶液)稀释并定容至 50 mL,得到 5 个标样。在 A.4.3 参考色谱条件下,对梯度浓度的标样进行测定,重复实验两次,得到标样平均峰面积值。以标样峰面积为纵坐标,标样的栀子苷质量浓度(g/mL)为横坐标,做标准曲线。

A.4.4.2 试样液的制备

称取适量试样(精确至 0.000 1 g),用流动相(乙腈水溶液)溶解并定容至 25 mL,所得溶液用 0.45 μm 滤膜过滤,滤液备用。

A.4.4.3 测定

在 A.4.3 参考色谱条件下,对试样液进行测定,根据栀子苷标准品的保留时间定性。重复进样一次,得到栀子苷平均峰面积值。根据标样峰面积和标样的栀子苷质量浓度之间的线性关系,得到试样液中栀子苷的质量浓度(g/mL)。若试样液中栀子苷浓度(g/mL)不在标准曲线范围内,则应调整试样液的浓度或者重新设计标准曲线。

A.4.5 结果计算

试样中栀子苷的含量 X_1 按公式(A.2)计算:

$$X_1 = \frac{c_1}{c_2} \times 100\% \qquad\qquad\cdots\cdots\cdots\cdots\cdots\cdots\cdots\cdots\cdots\cdots (A.2)$$

式中:

X_1——试样中栀子苷的含量,%;

c_1——根据标准曲线求得的栀子苷浓度,单位为克每毫升(g/mL);

c_2——试样液的浓度,单位为克每毫升(g/mL)。

最后将上述计算结果换算成以色价 10 计的栀子苷含量。

实验结果以平行测定结果的算术平均值为准。在重复性条件下获得的两次独立测定结果的绝对差值不大于 0.1%。

前　　言

本标准主要是非等效采用美国食品用化学品法典(FCC IV—1996)来进行修订的,其中氨氮和4-甲基咪唑指标略优于国外标准,设项和指标主要参照 FCC IV—1996 标准。

本标准在 GB 8817—1988《食品添加剂　焦糖色》(氨法)、QB 1412—1991《食品添加剂　焦糖色素(亚硫酸铵法)》和 QB 2392—1998《食品添加剂　焦糖色(亚硫酸铵法和普通法)》基础上进行了修改。并按 FCC IV —1996 标准要求新增了总氮、总硫、汞含量指标,使本标准更具监控性及实用性。

本标准自实施之日起,同时代替 GB 8817—1988、QB 1412—1991 和 QB 2392—1998。

本标准由国家轻工业局提出。

本标准由全国食品发酵标准化中心归口。

本标准起草单位:重庆天府可乐渝龙食品饮料有限公司、中国食品发酵工业研究所、上海爱普食品工业有限公司、浙江瑞安康威制药有限公司、重庆黑马食品添加剂公司、大连红源食品有限公司。

本标准主要起草人:彭钢、谭继荣、郑九芳、霍秀岩、戈弋、张亚琴、叶天保。

中华人民共和国国家标准

食品添加剂 焦糖色
（亚硫酸铵法、氨法、普通法）

Food additive—Caramel
(Sulfite ammonia caramel, ammonia
caramel, plain caramel)

GB 8817—2001

代替 GB 8817—1988

1 范围

本标准规定了采用亚硫酸铵法、氨法、普通法制成的液体和粉状焦糖色的技术要求、试验方法、检验规则以及包装、标志、贮存、运输的各项要求。

本标准适用于以蔗糖、淀粉糖浆、木糖母液等为原料，采用亚硫酸铵法、氨法、普通法制成的液状、粉状焦糖色，在食品中用作着色剂。

2 引用标准

下列标准所包含的条文，通过在本标准中引用而构成为本标准的条文。本标准出版时，所示版本均为有效。所有标准都会被修订，使用本标准的各方应探讨使用下列标准最新版本的可能性。

GB/T 602—1988 化学试剂杂质测定用标准溶液的制备

GB/T 5009.5—1985 食品中蛋白质的测定方法

GB/T 5009.17—1996 食品中总汞的测定方法

GB/T 5009.34—1996 食品中亚硫酸盐的测定方法

GB/T 8449—1987 食品添加剂中铅的测定方法

GB/T 8450—1987 食品添加剂中砷的测定方法

GB/T 8451—1987 食品添加剂中重金属限量试验法

3 要求

3.1 感官指标

3.1.1 色泽和外观形状：黑褐色，稠状液体或粉粒状。

3.1.2 气味：具有焦糖色素的焦香味，无异味。

3.1.3 本品经稀释后应澄明，无混浊和沉淀。

3.2 理化指标（见表1）

表 1

项 目	指 标	
	固体	液体
吸光度，$E_{1\,cm}^{0.1\%}$(610 nm)	0.05～0.6	0.05～0.6
干燥失重，%，$\leqslant$	5	—

表 1（完）

项 目		指 标	
		固体	液体
氨氮*（以 NH₃ 计）,%	≤	0.50	0.50
二氧化硫*（以 SO₂ 计）,%	≤	0.1	0.1
4-甲基咪唑*,%	≤	0.02	0.02
砷（以 As 计）,mg/kg	≤	1.0	1.0
铅（以 Pb 计）,mg/kg	≤	2.0	2.0
重金属（以 Pb 计）,mg/kg	≤	25.0	25.0
总氮*（以 N 计）,%	≤	3.3	3.3
总汞（以 Hg 计）,mg/kg	≤	0.1	0.1
总硫*（以 S 计）,%	≤	3.5	3.5

注：带 * 项目的指标值是吸光度为 0.10 个吸收单位时的指标值（当色度不等于 0.10 时，需将各有关指标测定结果进行折算后，再与本表比较、判定）；普通法生产的焦糖色不检测氨氮和 4-甲基咪唑。

4 试验方法

试验中所用试剂和仪器设备除特别注明外,均采用分析纯试剂、蒸馏水或去离子水及实验室常用仪器设备。

4.1 感官检验

4.1.1 色泽和外观形态

将样品（液状、粉状）分别吸入或倒入无色玻璃烧杯中,观察其色泽和外观形状。

4.1.2 气味

将样品稀释成 5 g/L～20 g/L 的水溶液,嗅其气味。

4.1.3 澄明度

将样品稀释成 2 g/L～4 g/L 的水溶液,置入 50 mL 比色管中。在明亮处由上到下观察。

4.2 吸光度的测定

称取样品 0.5 g（精确至 0.002 g）。用水定容于 500 mL 容量瓶中,用 1 cm 比色皿,在 610 nm 处用分光光度计测定其吸光度。

4.3 干燥失重的测定

4.3.1 测定方法

用已恒重过的称量瓶称取样品 2 g（准确至 0.000 2 g）,于 105℃干燥 2 h,冷却,称重。

4.3.2 分析结果的表述

$$X_1 = \frac{m_1 - m_2}{m} \times 100 \qquad\qquad\qquad (1)$$

式中：X_1——干燥失重,%;

m_1——烘干前称量瓶和样品的质量,g;

m_2——烘干后称量瓶和样品的质量,g;

m——样品质量,g。

4.4 氨氮的测定

4.4.1 试剂和溶液

4.4.1.1 硼酸（GB/T 628）:2%溶液。

4.4.1.2 甲基红-溴甲酚绿混合指示液：5份0.2%溴甲酚绿乙醇溶液与1份0.2%甲基红乙醇溶液混合。

4.4.1.3 氧化镁(HGB 1294)。

4.4.1.4 盐酸(GB/T 622)0.1 mol/L溶液,按GB/T 602配制和标定。

4.4.2 测定方法

称取样品5 g(精确至0.01 g)置于500 mL蒸馏瓶中,加氧化镁2 g、水200 mL,以直接火蒸馏,蒸馏液吸收于加有混合指示液5滴的5 mL 2%硼酸溶液中,至蒸馏液约100 mL时,停止蒸馏,蒸馏液以0.1 mol/L盐酸滴定至灰红色。

4.4.3 分析结果的表述

$$X_2 = \frac{V \times c \times 0.017}{m} \times 100 \times 0.1/A_{610} \qquad \cdots\cdots\cdots\cdots\cdots\cdots (2)$$

式中：X_2——氨氮,以NH_3计,%;

$\quad V$——消耗0.1 mol/L盐酸的体积,mL;

$\quad c$——盐酸标准液的浓度,mol/L;

$\quad$0.017——与1.00 mL 1.000 mol/L的盐酸溶液相当的氨的克数,g;

$\quad m$——称取样品的质量,g;

$\quad A_{610}$——样品在610 nm处的吸光度;

$\quad$0.1/A_{610}——折算成色度为0.1时的值。

4.5 二氧化硫的测定

按GB/T 5009.34测定。

4.6 4-甲基咪唑的测定(薄层法)

4.6.1 试剂与溶液

4.6.1.1 三氯甲烷-无水乙醇混合溶液(8:2)。

4.6.1.2 碳酸钠(HG B1293),10%溶液。

4.6.1.3 硫酸(GB/T 625),0.05 mol/L溶液。

4.6.1.4 硅胶(GF 254)(薄层层析用)。

4.6.1.5 碳酸氢钠(GB/T 640)。

4.6.1.6 碳酸氢钠(GB/T 640),8%溶液。

4.6.1.7 展开剂[乙醚-三氯甲烷-甲醇(8:2:2)]。

4.6.1.8 显色剂

A:0.5%对氨基苯磺酸的2%盐酸溶液;

B:0.5%亚硝酸钠溶液。

A与B临用前等量混合。

4.6.1.9 4-甲基咪唑标准溶液

称取样品4-甲基咪唑(精确至0.100 0 g)置于100 mL容量瓶中,加95%乙醇定容至刻度,此液每1 mL相当于1.0 mg 4-甲基咪唑。

临用前再用95%乙醇稀释成每1 mL相当于0.1 mg的4-甲基咪唑标准液。

4.6.2 方法步骤

4.6.2.1 提取

称取样品5 g(准确至0.01 g)加15 mL水溶解,加10%碳酸钠15 mL,于250 mL分液漏斗中,加三氯甲烷-无水乙醇混合溶液80 mL,剧烈振摇4 min~5 min,待完全分层后,将三氯甲烷-无水乙醇提取液收集于250 mL具塞三角瓶中,上述水层再用三氯甲烷-无水乙醇混合溶液70 mL提取一次,合并提取液。提取液中加入0.05 mol/L硫酸20 mL,剧烈振摇60次,分取水层,此液于60℃~70℃水浴上浓缩至 2 mL~3 mL,缓缓加入碳酸氢钠细粉约 0.2 g,使不产生气泡为止,用乙醇定溶到 5 mL。

4.6.2.2 制板

称取硅胶(GF 254)3g,加 80%碳酸氢钠溶液 1 mL,蒸馏水 6 mL,混匀涂于 125 mm×85 mm 薄板上,在空气中自然干燥,再放入烘箱 120℃干燥 2 min,取出后放入干燥器备用。

4.6.2.3 点样

将 4-甲基咪唑标准标准液 10 μL、20 μL、30 μL 及样品稀释液 100 μL 分别点在薄板上。

将薄板在展开剂中展至溶剂前沿达 10 cm,取出薄板,吹干后用新配的显色剂进行喷雾,在 5 min~10 min 内,4-甲基咪唑的黄色斑点可达最深度,并稳定数小时,根据斑点大小和颜色的深浅与标准斑点比较,确定样品中 4-甲基咪唑的含量。

4.6.3 分析结果的表述

$$X_3 = \frac{c}{m \times \frac{V_1}{V_2} \times 1\ 000 \times 1\ 000} \times 100 \times 0.1/A_{610} \quad\cdots\cdots\cdots\cdots\cdots\cdots(3)$$

式中：X_3——4-甲基咪唑的含量,%；

c——样品斑点相当于标准斑点的量,μg；

m——样品质量,g；

V_1——点样的体积,μL；

V_2——样品溶液的总体积,μL；

A_{610}——样品在 610 nm 处的吸光度；

$0.1/A_{610}$——折算成色度为 0.1 时的含量。

4.7 砷的测定

按 GB/T 8450—1987 中经湿法消化以砷斑法测定。

4.8 铅的测定

按 GB/T 8449—1987 经湿法消化测定。

4.9 重金属的测定

按 GB/T 8451—1987 经湿法消化测定。

4.10 总氮的测定

按 GB/T 5009.5 测定。

4.11 总硫的测定

4.11.1 试剂和溶液

4.11.1.1 氧化镁(HGB 1294)。

4.11.1.2 硝酸镁[Mg(NO₃)₂·6H₂O](HG 3—1077)。

4.11.1.3 蔗糖(HG 3—1001)。

4.11.1.4 硝酸(GB/T 626)。

4.11.1.5 盐酸(1:1)(GB/T 622)。

4.11.1.6 10%氯化钡(GB/T 652)。

4.11.2 测定方法

选用与马弗炉相配的最大瓷坩埚(为防止反应飞溅),加入 1 g~3 g 氧化镁(MgO)或等当量的硝酸镁[Mg(NO₃)₂·6H₂O]6.4 g~19.2 g,1 g 蔗糖粉,缓慢加入 50 mL 硝酸,称取样品 5 g(精确至 0.01 g)(总硫含量≤2.5%的称取 5 g,总硫含量>2.5%的称取 1 g)。在蒸汽浴中蒸发至糊状,再在电炉上炭化至无烟,然后放入马弗炉中,升温至 525℃,保持温度 4 h~5 h,冷却。用 100 mL 水溶解样品,用盐酸中和至 pH=7(用精密试纸),再加 2 mL 盐酸,将溶液过滤至烧杯中,加热沸腾,边搅拌,边慢慢滴加 10%氯化钡(BaCl₂)20 mL 至热溶液中,沸腾 5 min,放置过夜。用无灰滤纸过滤,把沉淀全部转移到滤纸上,用热水充分洗涤滤纸及沉淀物。然后将滤纸及沉淀物放入已恒重过的坩埚中,在烘箱中105℃保持1 h,取出。用电炉加热,慢慢炭化至无。最后在马弗炉中800℃灰化1 h,冷却,称重。同样方法做一空白试验。

4.11.3 分析结果的表述

$$X_4 = (W_s - W_B)/S \times 0.137 \times 100 \times 0.1/A_{610} \quad \cdots\cdots\cdots\cdots\cdots (4)$$

式中：X_4——总硫的含量,%;

W_s——硫酸钡灼烧后的残余量,g;

W_B——空白试验的质量,g;

S——样品的质量,g;

0.137——硫酸钡换算成硫的系数;

A_{610}——样品在 610 nm 处的吸光度;

0.1/A_{610}——折算成色度为 0.1 时总硫的含量。

4.12 总汞的测定

按GB/T 5009.17测定。

5 检验规则

5.1 同一设备、同一班次生产的包装完好的同一品种产品为一批。

5.2 在每批产品中随机抽取样品,液状为每次产品中按件或桶数的5%选取小样(最少不得少于3件或3桶)。每件(或桶)抽取样品不少于500 mL,粉状为2袋,每袋抽取的样品不得少于250 g,将抽取试样迅速混合均匀,分别装于两只清洁、干燥的大口瓶中,贴上标签,注明厂家名称、批量及取样日期。一份送化验室检测、一份保存备查。

5.3 干燥失重(固体)、吸光度为必检项目。砷、铅、重金属、氨氮、二氧化硫、4-甲基咪唑、总氮、总硫为型式抽检项目。

5.4 如检验中有一项指标不符合本指标时,应重新抽取双倍数量同批产品进行复验。如复验结果仍有一项不符合本标准时,则该批产品判为不合格。

5.5 如供需双方对产品质量发生异议时,可由双方协商,选定有关法定仲裁部门按本标准有关规定进行。

6 标志、包装、运输、贮存

6.1 标志

产品的包装上应牢固标明产品名称、生产厂名、厂址、商标、型号、采用标准号、生产日期、净含量、贮存期、生产许可证、批号等。并标明"食品添加剂"字样。

6.2 包装

应采用符合食品卫生标准的包装材料制成的塑料包装,液体规格为2、10、20、30 kg,粉状规格为0.5、1、2.5、10 kg,或按需方要求规格包装。封口要求严密,液状、粉状均以瓦楞纸为外包装。

6.3 贮存

产品应堆放在通风、清洁、干燥的地方,不得与有毒、有害、有腐蚀性等物质混存。

6.4 运输

运输时避免与有害、有毒及污染物质一起混合载运。防止重压、碰撞、雨淋、曝晒等。

6.5 保质期

自生产之日起,在符合上述包装、贮存、运输的条件,原包装完好的情况下,保质期为12个月。

ICS 67.220.20
X 41

中华人民共和国国家标准

GB 8818—2008
代替 GB 8818—1988

食品添加剂　可可壳色素

Food additive—Cocoa husk pigment

2008-12-03 发布

2009-06-01 实施

中华人民共和国国家质量监督检验检疫总局
中国国家标准化管理委员会　发布

前　言

本标准的第 3 章为强制性的，其余为推荐性的。

本标准是对 GB 8818—1988《食品添加剂　可可壳色素》的修订。

本标准与 GB 8818—1988 相比，主要修改如下：

——对 pH、灼烧残渣和吸光度等指标进行了修订；

——取消了原标准中水不溶物和重金属指标。

本标准由全国食品添加剂标准化技术委员会提出。

本标准由全国食品添加剂标准化技术委员会、全国食品发酵标准化中心归口。

本标准起草单位：中国食品添加剂和配料协会着色剂专业委员会、中国食品发酵工业研究院、浙江永康阳光天然色素厂、河南省漯河市中大天然食品添加剂有限公司。

本标准主要起草人：李惠宜、徐晖、文雁君、孙瑾、陈艳燕、阎炳宗、柴秋儿、朱劲柏。

本标准所代替标准的历次版本发布情况为：

——GB 8818—1988。

食品添加剂　可可壳色素

1　范围

本标准规定了食品添加剂可可壳色素的技术要求、试验方法、检验规则、标志、包装、运输和贮存。

本标准适用于以可可壳为原料,经水溶液提取、精制、浓缩、干燥而制得的产品。

2　规范性引用文件

下列文件中的条款通过本标准的引用而成为本标准的条款。凡是注日期的引用文件,其随后所有的修改单(不包括勘误的内容)或修订版均不适用于本标准,然而,鼓励根据本标准达成协议的各方研究是否可使用这些文件的最新版本。凡是不注日期的引用文件,其最新版本适用于本标准。

GB/T 5009.75　食品添加剂中铅的测定

GB/T 5009.76　食品添加剂中砷的测定

GB/T 6682　分析实验室用水规格和试验方法(GB/T 6682—2008,ISO 3696:1987,MOD)

3　技术要求

3.1　性状

深棕色粉末。

3.2　理化指标

应符合表1的规定。

表 1　理化指标

项　　目		指　　标
pH		6.0~7.5
干燥失重质量分数/%	≤	5
灼烧残渣质量分数/%	≤	20
吸光度 $E_{1cm}^{1\%}$ 400 nm	≥	20
砷(以 As 计)/(mg/kg)	≤	2
铅(以 Pb 计)/(mg/kg)	≤	4

4　试验方法

除非另有说明,在分析中仅使用确认为分析纯的试剂和 GB/T 6682 中规定的水。

4.1　鉴别

4.1.1　色泽

0.1%样品水溶液呈澄明、棕色;0.1%样品 6 mol/L 氢氧化钠溶液,色泽加深,呈深棕色;0.1%样品 6 mol/L 盐酸溶液,产生棕色沉淀,上清液变为棕黄色。

4.1.2　最大吸收峰

0.01%(质量分数)水溶液以可见-紫外光分光光度计检测,在紫外部分有两个吸收峰,在波长 195 nm 处有一个最大吸收峰,在波长 275 nm 处有一较小的吸收峰。

4.2　pH

称取 1.0 g 样品,用水溶解并转移至 100 mL 容量瓶,定容,用酸度计测定溶液的 pH 值。

4.3 干燥失重

4.3.1 分析步骤

称取约 2 g(准确至 0.000 2 g)试样,置于已烘干至恒量的称量瓶中,试样厚度约 5 mm,铺匀,开盖于 105 ℃干燥箱干燥至恒重,放入干燥器内冷却,称量。

4.3.2 结果计算

干燥失重的质量分数按式(1)计算:

$$X_1 = \frac{m_2 - m_1}{m} \times 100 \qquad\qquad (1)$$

式中:

X_1——干燥失重的质量分数,%;

m_2——干燥前称量瓶及试样的质量,单位为克(g);

m_1——干燥后称量瓶及试样的质量,单位为克(g);

m——试样的质量,单位为克(g)。

4.3.3 允许差

实验结果以两次平行测定结果的算术平均值为准。在重复性条件下获得的两次独立测定结果与算术平均值的绝对差值不得超过 0.2%。

4.4 灼烧残渣

4.4.1 分析步骤

称取约 3 g 样品(准确至 0.000 2 g),置于已在 700 ℃~800 ℃恒重的瓷坩埚中,缓缓加热直至样品完全碳化。将碳化的样品冷却,移入高温炉中,在 800 ℃下烧灼至恒重。

4.4.2 结果计算

灼烧残渣的质量分数按式(2)计算:

$$X_2 = \frac{m_4 - m_3}{m} \times 100 \qquad\qquad (2)$$

式中:

X_2——灼烧残渣的质量分数,%;

m_4——坩埚加残渣质量,单位为克(g);

m_3——坩埚质量,单位为克(g);

m——样品质量,单位为克(g)。

4.4.3 允许差

实验结果以两次平行测定结果的算术平均值为准。在重复性条件下获得的两次独立测定结果与算术平均值的绝对差值不得超过 0.5%。

4.5 吸光度

4.5.1 仪器

分光光度计,附 1 cm 比色皿。

4.5.2 分析步骤

将试样置于干燥器中,在室温下干燥 24 h,称取 1 g(准确至 0.000 2 g),用水溶解并定容至 100 mL,摇匀。用移液管在摇匀状态下吸取 2 mL 样品溶液,再定容至 100 mL(即为 0.02%水溶液),用分光光度计,以水作参比液,于 1 cm 比色皿中,在 400 nm 波长处测其吸光度。

4.5.3 结果计算

吸光度按式(3)计算:

$$E_{1\,cm}^{1\%}400\ nm = \frac{Af}{m} \times \frac{1}{100} \qquad\qquad (3)$$

式中:

$E_{1\,cm}^{1\%}400\ nm$——被测试样为 1%,1 cm 比色皿,在 400 nm 处的吸光度;

A——实测试样的吸光度；

f——稀释倍数；

m——试样质量，单位为克（g）。

4.6 砷

按 GB/T 5009.76 规定的方法测定。

4.7 铅

按 GB/T 5009.75 规定的方法测定。

5 检验规则

5.1 批次的确定

由生产单位按照其相应的规则确定产品的批号，经最后混合且有均一性质量的产品为一批。

5.2 取样方法和取样量

在每批产品中随机抽取样品，每批按包装件数的 3% 抽取小样，每批不得少于三个包装，每个包装抽取样品不得少于 100 g，将抽取试样迅速混合均匀，分装入两个洁净、干燥的瓶中，瓶上注明生产厂、产品名称、批号、数量及取样日期，一瓶作检验，一瓶密封留存备查。

5.3 出厂检验

5.3.1 出厂检验项目包括干燥失重、灼烧残渣和吸光度。

5.3.2 每批产品须经生产厂检验部门按本标准规定的方法检验，并出具产品合格证后方可出厂。

5.4 型式检验

第 3 章中规定的所有项目均为型式检验项目。型式检验每一年进行一次，或当出现下列情况之一时进行检验：

——原料、工艺发生较大变化时；

——停产后重新恢复生产时；

——出厂检验结果与平常记录有较大差别时。

5.5 判定规则

对全部技术要求进行检验，检验结果中若有一项指标不符合本标准要求时，应重新双倍取样进行复检。复检结果即使有一项不符合本标准，则整批产品判为不合格。

如供需双方对产品质量发生异议时，可由双方协商选定仲裁机构，按本标准规定的检验方法进行仲裁。

6 标志、包装、运输和贮存

6.1 标志

食品添加剂必须有包装标志和产品说明书，标志内容应包括：品名、产地、生产厂名、卫生许可证号、生产许可证号、规格、生产日期、批号或者代号、保质期限、产品标准号等，并在标志上明确标示"食品添加剂"字样。

6.2 包装

产品的包装应采用国家批准的、并符合相应的食品包装用卫生标准的材料。

6.3 运输和贮存

6.3.1 产品在运输过程中不得与有毒、有害及污染物质混合载运，避免雨淋日晒等。

6.3.2 产品应贮存在通风、清洁、干燥的地方，不得与有毒、有害及有腐蚀性等物质混存。

6.3.3 产品自生产之日起，在符合上述贮运条件、包装完好的情况下，保质期应不少于 12 个月。

中华人民共和国国家标准

GB 8821—2011

食品安全国家标准

食品添加剂　β-胡萝卜素

2011-11-21 发布　　　　　　　　　　　　　　2011-12-21 实施

中华人民共和国卫生部　发 布

前　言

本标准代替 GB 8821—2010《食品安全国家标准　食品添加剂　β-胡萝卜素》。

本标准与 GB 8821—2010 相比,主要变化如下:

——修改了 A.10"熔点的测定"的内容。

本标准所代替标准的历次版本发布情况为:

——GB 8821—1988;

——GB 8821—2010。

食品安全国家标准

食品添加剂 β-胡萝卜素

1 范围

本标准适用于以维生素 A 乙酸酯为起始原料，以化学合成法制得的食品添加剂 β-胡萝卜素。

2 化学名称、分子式、结构式和相对分子质量

2.1 化学名称

全反式-1,1′-(3,7,12,16-四甲基-1,3,5,7,9,11,13,15,17-十八碳九烯-1,18-二基)双[2,6,6-三甲基环己烯]

2.2 分子式

$C_{40}H_{56}$

2.3 结构式

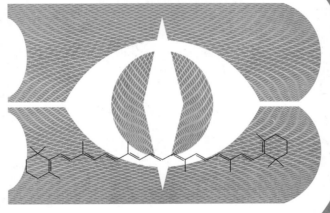

2.4 相对分子质量

536.88(按 2007 年国际相对原子质量)

3 技术要求

3.1 感官要求：应符合表 1 的规定。

表 1 感官要求

项 目	要 求	检 验 方 法
色泽	紫红色或红色	取适量样品置于清洁、干燥的白瓷盘中，在自然光线下，观察其色泽和组织状态，嗅其气味
气味	无臭	
组织状态	结晶或结晶性粉末	

3.2 理化指标：应符合表 2 的规定。

表 2 理化指标

项　目		指　标	检验方法
β-胡萝卜素(以干基计),w/%		96.0～101.0	附录 A 中 A.4
灼烧残渣,w/%	≤	0.2	附录 A 中 A.5
澄清度试验		通过试验	附录 A 中 A.8
干燥减量,w/%	≤	0.2	附录 A 中 A.9
熔点/℃		176～182	附录 A 中 A.10
重金属(以 Pb 计)/(mg/kg)	≤	5	附录 A 中 A.6
砷(As)/(mg/kg)	≤	2	附录 A 中 A.7

附 录 A

检 验 方 法

A.1 安全提示

本标准试验方法中使用的部分试剂具有毒性或腐蚀性,按相关规定操作,操作时需小心谨慎。若溅到皮肤上应立即用水冲洗,严重者应立即治疗。在使用挥发性酸时,要在通风橱中进行。

A.2 一般规定

本标准所用试剂除非另有说明,在分析中仅使用确认为分析纯的试剂和 GB/T 6682—2008 中规定的三级水。

试验方法中所需标准滴定溶液、制剂及制品,在没有注明其他要求时,均按 GB/T 603 之规定制备。

A.3 鉴别试验

A.3.1 方法原理

β-胡萝卜素是共轭双键化合物,在其紫外吸收光谱中有三个吸收峰(455 nm,483 nm,340 nm),用 $A_{455\,nm}/A_{340\,nm}$ 及 $A_{455\,nm}/A_{483\,nm}$ 的比值来控制 β-胡萝卜素的顺式异构体及类 β-胡萝卜素。

A.3.2 试剂和材料

A.3.2.1 环己烷。

A.3.2.2 三氯甲烷。

A.3.3 仪器和设备

A.3.3.1 紫外分光光度仪。

A.3.3.2 石英池(1 cm)。

A.3.4 分析步骤

A.3.4.1 样品溶液的制备

溶液 A:取约 50 mg 实验室样品,精确至 0.000 1 g,置 100 mL 棕色容量瓶中,加三氯甲烷 10 mL,溶解后,立即用环己烷稀释至刻度,摇匀。精密量取其 5.0 mL,置 100 mL 棕色容量瓶中,用环己烷稀释至刻度,摇匀,即得。

溶液 B:取 5.0 mL 溶液 A,置 50 mL 棕色容量瓶中,用环己烷稀释至刻度,摇匀,即得。

A.3.4.2 紫外光吸收度的测定

取溶液 B 在波长 455 nm±1 nm、483 nm±1 nm 处分别测定吸光度(A),$A_{455\,nm}/A_{483\,nm}$ 的比值应在 1.14~1.18。

取溶液 B 在波长 455 nm±1 nm、溶液 A 在波长 340 nm±1 nm 处分别测定吸光度(A),$A_{455\,nm}/A_{340\,nm}$ 的比值不低于 1.5。

A.4 β-胡萝卜素的测定

A.4.1 方法原理

β-胡萝卜素是共轭双键化合物,在波长 455 nm 处有最大吸收,将样品溶液于该波长处测定吸光度,以百分吸收系数($E_{1\,cm}^{1\%}$)计算质量分数。

A.4.2 试剂和材料

A.4.2.1 环己烷。

A.4.2.2 三氯甲烷。

A.4.3 仪器和设备

同 A.3.3。

A.4.4 分析步骤

取 A.3.4.1 中溶液 B,以环己烷为空白对照,在波长 455 nm±1 nm 处测定吸光度(A)。

A.4.5 结果计算

根据实验室样品的吸收值计算 β-胡萝卜素的质量分数 w_1,数值以%表示,按公式(A.1)计算

$$w_1 = 20\,000 \times \frac{A}{m \times (1-w_2) \times 2\,500 \times 100} \times 100\% \quad\cdots\cdots\cdots\cdots\cdots\cdots (\text{A.1})$$

式中:

A ——实验室样品溶液吸光度数值;

m ——实验室样品的质量数值,单位为克(g);

20 000——实验室样品稀释的总体积,单位为毫升(mL);

2 500 ——β-胡萝卜素的百分吸收系数($E_{1\,cm}^{1\%}$);

w_2 ——第 A.9 章测得的干燥减量的数值,%。

A.5 灼烧残渣的测定

A.5.1 方法原理

样品加硫酸经灼烧后所留的硫酸盐,用重量法测定。

A.5.2 分析步骤

称取约 2.0 g 实验室样品,精确至 0.000 1 g,置于已在 550 ℃±50 ℃灼烧至恒重的瓷坩埚中,用小火缓缓加热至完全炭化,放冷后,加 1.0 mL 硫酸使湿润,低温加热至硫酸蒸气除尽后,移入高温炉中,在 550 ℃±50 ℃灼烧至恒重。

A.5.3 结果计算

β-胡萝卜素的灼烧残渣以质量分数 w_3 计,数值以%表示,按公式(A.2)计算:

$$w_3 = \frac{m_1 - m_2}{m} \times 100\% \quad\cdots\cdots\cdots\cdots\cdots\cdots\cdots\cdots\cdots\cdots (\text{A.2})$$

式中：

m_1——残渣和坩埚的总质量的数值，单位为克(g)；

m_2——坩埚的质量的数值，单位为克(g)；

m ——实验室样品的质量的数值，单位为克(g)。

A.6 重金属的测定

A.6.1 方法原理

样品中杂质金属在酸性(pH 3.5)条件下，与硫化氢或硫化钠试液显色。样品与标准铅溶液同法测定，以此检查其限度。

A.6.2 试剂和材料

A.6.2.1 硝酸。

A.6.2.2 硫酸。

A.6.2.3 盐酸。

A.6.2.4 甘油。

A.6.2.5 乙酸铵。

A.6.2.6 硝酸铅。

A.6.2.7 硫代乙酰胺。

A.6.2.8 氨试液：400→1 000。

A.6.2.9 氢氧化钠溶液：$c(\mathrm{NaOH})=1\ \mathrm{mol/L}$。

A.6.2.10 盐酸溶液：$c(\mathrm{HCl})=2\ \mathrm{mol/L}$。

A.6.2.11 盐酸溶液：$c(\mathrm{HCl})=7\ \mathrm{mol/L}$。

A.6.2.12 氨水溶液：$c(\mathrm{NH_3 \cdot H_2O})=5\ \mathrm{mol/L}$。

A.6.2.13 酚酞指示液：10 g/L 乙醇溶液。

A.6.2.14 乙酸盐缓冲液(pH 3.5)：取 25 g 乙酸铵，加水 25 mL 溶解后，加 7 mol/L 盐酸溶液 38 mL，用 2 mol/L 盐酸溶液或氨水溶液准确调节 pH 至 3.5(pH 计)，用水稀释至 100 mL。

A.6.2.15 硫代乙酰胺试液：称取约 4 g 硫代乙酰胺，精确至 0.01 g，加水使溶解成 100 mL，置冰箱中保存。临用前取 5.0 mL 混合液(由 15 mL 1 mol/L 氢氧化钠溶液、5.0 mL 水及 20 mL 甘油组成)，加上述 1.0 mL 硫代乙酰胺溶液，置水浴上加热 20 s 冷却，立即使用。

A.6.2.16 铅标准溶液：称取约 0.160 g 硝酸铅，精确至 0.000 2 g，置于 1 000 mL 容量瓶中，加 5 mL 硝酸与 50 mL 水溶解后，用水稀释至刻度，摇匀，作为贮备液。临用前，移取 10 mL±0.02 mL 贮备液，置于 100 mL 容量瓶中，加水稀释至刻度，摇匀，即得(每 1 mL 相当于 10 μg 的 Pb)。配置与贮存用的玻璃仪器均不得含铅。

A.6.3 分析步骤

按《中华人民共和国药典》2005 年版二部附录Ⅷ H 重金属检查法第二法测定，具体方法如下：

取第 A.5 章中遗留的残渣，加 0.5 mL 硝酸，蒸干，至氧化氮蒸气除尽后，放冷，加 2 mL 盐酸，置水浴上蒸干后加 15 mL 水，滴加氨试液至对酚酞指示液显中性，再加 2 mL 乙酸盐缓冲液(pH 3.5)，微热溶解后，移置纳氏比色管甲管中，加水稀释成 25 mL；另取配制供试溶液的试剂，置瓷皿中蒸干后，加 2 mL 乙酸盐缓冲液(pH 3.5)与 15 mL 水，微热溶解后，移置纳氏比色管乙管中，加 1.0 mL 标准铅溶液，再用水稀释成 25 mL；再在甲乙两管中分别加硫代乙酰胺试液各 2 mL，摇匀，放置 2 min，同置白纸上，自上向下透视，甲管中显示的颜色与乙管比较，不得更深。

A.7 砷盐的测定

A.7.1 方法原理

在强酸性溶液中,样品中的砷均可被金属锌还原成砷化氢,砷化氢再与溴化汞试纸作用生成棕黄色化合物。样品与砷标准溶液用同一方法处理所得的棕黄色化合物比较,以此检查样品中砷盐的限度。

A.7.2 分析步骤

称取 5.0 g±0.01 g 实验室样品、量取 10 mL± 0.05 mL 限量砷标准溶液(每 1 mL 溶液相当于 1 μg 砷),分别按 GB/T 5009.76—2003 第一法 5.2.2 干灰化法处理试样后,按第二法砷斑法检测样品。试样的砷斑不得深于标准砷斑。

A.8 澄清度试验

A.8.1 试剂和材料

A.8.1.1 三氯甲烷。

A.8.1.2 乌洛托品溶液:100 g/L。

A.8.1.3 浊度标准贮备液:称取于 105 ℃ 干燥至恒重的 1.00 g 硫酸肼,精确至 0.001 g,置 100 mL 容量瓶中,加水适量使溶解,必要时可在 40 ℃ 的水浴中温热溶解,并用水稀释至刻度,摇匀,放置 4 h~6 h;取此溶液与等容量的乌洛托品溶液(100 g/L)混合,摇匀,于 25 ℃ 避光静置 24 h,即得。本液置冷处避光保存,可在两个月内使用,用前摇匀。

A.8.1.4 浊度标准原液:取 15.0 mL 浊度标准贮备液,置 1 000 mL 容量瓶中,加水稀释至刻度,摇匀,取适量,置 1 cm 吸收池中,按紫外-可见分光光度法(中华人民共和国药典 2005 年版二部 附录Ⅳ A),在 550 nm 的波长处测定,其吸光度应在 0.12~0.15 范围内。本液应在 48 h 内使用,用前摇匀。

A.8.1.5 0.5 号浊度标准:取 2.5 mL 浊度标准原液,置 100 mL 容量瓶中,加水稀释至刻度,摇匀,即得。

A.8.2 分析步骤

按《中华人民共和国药典》2005 年版二部 附录Ⅸ B 澄清度检查法。称取 1.0 g± 0.01 g 实验室样品,加 100 mL 三氯甲烷溶解,与同体积的三氯甲烷或 0.5 号浊度标准液比较,若显混浊,不得比 0.5 号浊度标准液更深。

A.9 干燥减量的测定

A.9.1 分析步骤

称取约 1 g 实验室样品,精确至 0.000 1 g,以五氧化二磷为干燥剂,置于已在 40 ℃ 减压干燥(压力应在 20 mmHg 以下)至恒重的扁形称量瓶中,在 40 ℃ 减压干燥 4 h 后,放入干燥器内冷却至室温,称重。

A.9.2 结果计算

β-胡萝卜素干燥减量以质量分数 w_2 计,数值以 % 表示,按公式(A.3)计算:

$$w_2 = \frac{m_3 - m_4}{m} \times 100\% \quad\quad\quad\quad\quad\quad (A.3)$$

式中：

m_3——干燥前实验室样品和称量瓶的总质量数值，单位为克（g）；

m_4——干燥后实验室样品和称量瓶的总质量数值，单位为克（g）；

m——实验室样品的质量数值，单位为克（g）。

A.10 熔点的测定

按《中华人民共和国药典》2005 年版二部 附录ⅥC 熔点测定法第一法进行。方法如下：

取实验室样品适量，研成细粉，以五氧化二磷为干燥剂，置于扁形称量瓶中，在 40 ℃减压（压力应在 2 666 Pa 以下）干燥 4 h 后，放入干燥器内冷却至室温，取适量，置熔点测定用毛细管（简称毛细管，由中性硬质玻璃管制成，长 9 cm 以上，内径 0.9 mm～1.1 mm，壁厚 0.10 mm～0.15 mm，一端熔封；当所用温度计浸入传温液（硅油或液状石蜡）在 6 cm 以上时，管长应适当增加，使露出液面 3 cm 以上）中，轻击管壁或借助长短适宜的洁净玻璃管，垂直放在表面皿或其他适宜的硬质物体上，将毛细管自上口放入使自由落下，反复数次，使粉末紧密集结在毛细管的熔封端。装入实验室样品的高度为 3 mm。另将温度计（分浸型，具有 0.5 ℃刻度，经熔点测定用对照品校正）放入盛装传温液的容器中，使温度计汞球部的底端与容器的底部距离 2.5 cm 以上（用内加热的容器，温度计汞球与加热器上表面距离 2.5 cm 以上）；加入传温液以使传温液受热后的液面适在温度计的分浸线处。将传温液加热，待温度上升至比规定的熔点低限约低 10 ℃时，将装有实验室样品的毛细管浸入传温液，贴附在温度计上（可用橡皮圈或毛细管夹固定），位置须使毛细管的内容物适在温度计汞球中部；继续加热，调节升温速率为每分钟上升 1.0 ℃～1.5 ℃，加热时须不断搅拌使传温液温度保持均匀，记录实验室样品在初熔至全熔时的温度，重复测定 3 次，取其平均值。

"初熔"系指供试品在毛细管内开始局部液化出现明显液滴时的温度。

"全熔"系指供试品全部液化时的温度。

测定熔融同时分解的供试品时，方法如上述，但调节升温速率使每分钟上升 2.5 ℃～3.0 ℃；供试品开始局部液化时（或开始产生气泡时）的温度作为初熔温度；供试品固相消失全部液化时的温度作为全熔温度。遇有固相消失不明显时，应以供试品分解物开始膨胀上升时的温度作为全熔温度。某些药品无法分辨其初熔、全熔时，可以其发生突变时的温度作为熔点。

―――――――――

ICS 67.220.20
X 41

中华人民共和国国家标准

GB 9993—2005
代替 GB 9993—1988

食品添加剂 高粱红

Food additive—Sorghum pigment

2005-06-30 发布

2005-12-01 实施

中华人民共和国国家质量监督检验检疫总局
中国国家标准化管理委员会 发布

前　言

本标准的第 4 章技术要求为强制性。

本标准代替 GB 9993—1988《食品添加剂　高粱红》。

本标准与 GB 9993—1988 相比主要变化如下：

——色价的指标调整为≥25；

——pH 调整为 7.5±0.5；

——干燥失重的指标调整为≤7%。

本标准由中国轻工业联合会提出。

本标准由全国食品发酵标准化中心、中国疾病预防控制中心营养与食品安全所归口。

本标准起草单位：天津师范大学生物系、天津金狮天然食品添加剂有限公司、中国食品发酵工业研究院。

本标准主要起草人：阎炳宗、王春利、孙英汉、李建中、李晓斌。

本标准所代替标准的历次版本发布情况为：

——GB 9993—1988。

食品添加剂　高粱红

1　范围

本标准规定了食品添加剂高粱红的技术要求、试验方法、检验规则和标志、包装、运输、贮存等。

本标准适用于以黑紫色或红棕色高粱（*Sorghum vulgare* Pers）壳为原料，用水或稀乙醇水溶液抽提后，经浓缩、干燥制得的粉末制品。在食品工业中作着色剂。

2　规范性引用文件

下列文件中的条款通过本标准的引用而成为本标准的条款。凡是注日期的引用文件，其随后所有的修改单（不包括勘误的内容）或修订版均不适用于本标准，然而，鼓励根据本标准达成协议的各方研究是否可使用这些文件的最新版本。凡是不注日期的引用文件，其最新版本适用于本标准。

GB/T 5009.75　食品添加剂中铅的测定

GB/T 5009.76　食品添加剂中砷的测定

GB/T 6682　分析实验室用水规格和试验方法（GB/T 6682—1992，neq ISO 3696：1987）

3　分子式、结构式、相对分子质量

主要成分：

a)　化学名称：5,7,4′—三羟基黄酮

分子式：$C_{15}H_{10}O_5$

结构式：

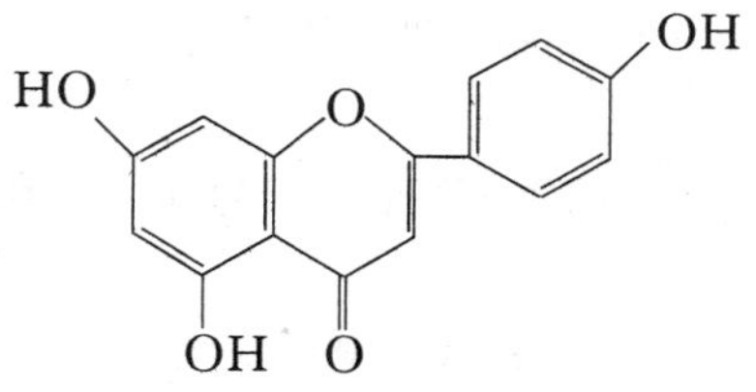

相对分子质量：270.24（按 1991 年国际原子量）

b)　化学名称：3,5,3′,4′—四羟基黄酮—7—葡萄糖苷

分子式：$C_{21}H_{20}O_{12}$

结构式：

相对分子质量：464.38（按 1991 年国际原子量）

4 技术要求

4.1 外观

本品为深红棕色粉末。

4.2 理化指标

理化指标应符合表1的规定。

表 1 高粱红的理化指标

项　　目		指　　标
色价[$E_{1\,cm}^{1\%}$(500±10) nm]	≥	25
pH		7.5±0.5
干燥失重/(%)	≤	7
砷(以 As 计)/(mg/kg)	≤	2
铅(以 Pb 计)/(mg/kg)	≤	3

5 试验方法

除非另有说明,在分析中仅使用确认为分析纯的试剂和 GB/T 6682 中规定的三级(含三级)以上规格的水。

5.1 鉴别

5.1.1 溶解性

高粱红溶于水及乙醇水溶液,不溶于石油醚和三氯甲烷。

5.1.2 色泽

0.1‰水溶液呈中性时为红棕色透明溶液,呈碱性时为深红棕色透明溶液。

5.1.3 颜色反应

取1%试样的水溶液少许,滴于滤纸上,干燥后置于氨蒸气中,样点转变成橙黄色,立即置紫外光下观察,具有黄绿色荧光。

5.1.4 最大吸收峰

取试样 1 g,用水定容到 100 mL,从中取出 1 mL,再用水定容到 100 mL,此溶液在波长 500 nm±10 nm 处有最大吸收峰。

5.1.5 纸层析

5.1.5.1 仪器和设备

仪器和设备包括:

——层析缸;

——毛细管;

——滤纸:15 cm×7 cm。

5.1.5.2 试剂和溶液

试剂和溶液包括:

——正丁醇;

——冰乙酸;

——展开剂。

其中,展开剂的配制方法如下:

正丁醇+冰乙酸+水＝4+1+5。将三者加入到分液漏斗中,充分振摇,静置 24 h 以上。取上层作为展开剂。下部水层放入到一个小烧杯中,放入层析缸作为平衡液。

5.1.5.3 试验

将展开剂上层加入到大培养皿中,而展开剂下层水液加入到小烧杯中,二者均平放到层析缸底部。盖上盖,使层析缸空间为展开剂蒸气充分饱和。

在距滤纸一端的 1.5 cm 处用细铅笔轻划一条线,在此线处点 1‰高粱红水溶液样品,斑点直径不超过 2 mm,风干,重复点样三次。放入层析缸内,在温度 16℃±1℃ 条件上行展开。待流动相溶剂进行到滤纸的三分之二处时,取出滤纸,用铅笔划出展开剂前沿和斑点位置。距原点远的斑点为第一组分,距原点近的斑点为第二组分。

5.1.5.4 计算

第一组分的比移值(R_{f_1})和第二组分的比移值(R_{f_2})分别按式(1)和式(2)计算。

$$R_{f_1} = \frac{b_1}{a} \quad\cdots\cdots\cdots\cdots\cdots\cdots\cdots\cdots (1)$$

$$R_{f_2} = \frac{b_2}{a} \quad\cdots\cdots\cdots\cdots\cdots\cdots\cdots\cdots (2)$$

式中:

a——原点到展开剂前沿距离,单位为厘米(cm);

b_1——原点到第一组分点中心距离,单位为厘米(cm);

b_2——原点到第二组分点中心距离,单位为厘米(cm)。

结果:$R_{f_1} = 0.9 \pm 0.05$

$R_{f_2} = 0.5 \pm 0.05$

5.2 色价

5.2.1 原理

通过测定试样溶液在特定波长处的吸光度来表示试样的纯度。

5.2.2 仪器设备

分光光度计,附 1 cm 比色皿。

5.2.3 试验方法

准确称取试样 1 g(准确到 0.000 2 g),用水溶解,置于 100 mL 容量瓶中定容,摇匀;从中取出1 mL,用水定容到 100 mL 容量瓶中,摇匀。取此溶液置于 1 cm 比色皿中,在波长 500 nm±10 nm 处测定吸光度。试样溶液的浓度应使测出的吸光度在 0.2~0.7 范围内为最佳,当试样溶液的吸光度大于0.7 时,可用水将溶液稀释到适当的浓度,然后测定。

5.2.4 结果计算

样品的吸光度可按式(3)计算。

$$E_{1\,cm}^{1\%}(500 \pm 10)\text{nm} = \frac{A \times n}{m} \times \frac{1}{100} \quad\cdots\cdots\cdots\cdots\cdots\cdots (3)$$

式中:

$E_{1\,cm}^{1\%}(500 \pm 10)\text{nm}$——试样色价;

A——稀释后试样溶液的吸光度;

m——试样的质量,单位为克(g);

n——稀释倍数。

5.2.5 结果的允许差

两次平行测定结果之差不大于 2%，取其算术平均值为测定结果（精确至小数点后一位）。

5.3 pH

称取高粱红色素试样 1.0 g，用重蒸水溶解后，置于 100 mL 容量瓶中，用重蒸水定容，用酸度计测定 pH。

5.4 干燥失重

5.4.1 原理

在规定温度下，将试样烘干至恒量，然后测定试样减少的质量。

5.4.2 仪器设备

称量瓶，直径 5 cm，高 3 cm。

5.4.3 分析步骤

称取试样 2 g（精确至 0.000 2 g），置于已在 105℃±2℃烘至恒量的称量瓶中，放入 105℃±2℃烘箱中，烘至恒量。

5.4.4 结果计算

用质量百分数表示的干燥失重（X_1）按式（4）计算。

$$X_1 = \frac{m_1 - m_2}{m} \times 100\% \qquad\qquad\cdots\cdots\cdots\cdots\cdots\cdots(4)$$

式中：

X_1——高粱红试样的干燥失重，%；

m_1——称量瓶和试样干燥前的质量，单位为克（g）；

m_2——称量瓶和试样干燥后的质量，单位为克（g）；

m——试样的质量，单位为克（g）。

5.4.5 允许差

两次平行测定结果之差不大于 0.2%，取其算术平均值为测定结果（精确至小数点后一位）。

5.5 砷

按 GB/T 5009.76 规定的方法测定。

5.6 铅

按 GB/T 5009.75 规定的方法测定。

6 检验规则

6.1 每批产品由生产厂的质量检验部门进行检验。生产厂要保证所有出厂的产品均符合本标准的要求，每批出厂的产品都应附有质量合格证。

6.2 本产品经最后混合具有质量均一性的产品为一批。

6.3 出厂检验项目为色价和干燥失重及 pH。型式检验项目有砷、铅，正常生产时，每三个月进行一次。

6.4 检验时，每批包装单位 100 箱（袋）以下者，抽取两箱（袋）；100 箱（袋）以上者抽取三箱（袋）。开启包装后，外观检查无杂质、未吸潮。以"梅花"型取样法各取样品 10 g，混匀。再分别装入两个清洁、干燥、有磨口的广口瓶中，密封、避光、防潮。瓶上标签标明：生产厂名、产品名称、批号、数量及取样日期。一瓶作检验用，另一瓶留存备查。

6.5 如果检验中有一项指标不符合本标准要求，应重新自两倍量的包装中取样进行复验，复验结果即使只有一项不符合本标准时，则整批产品判为不合格品。

6.6 如果供需双方对产品质量发生异议时，由法定单位进行仲裁。

7 标志、包装、运输和贮存

7.1 包装上应有牢固的标志,标有"食品添加剂"字样,并标明生产厂名、厂址、商标、产品名称、生产日期、批号、净含量、保质期和产品标准号、卫生许可证号。

7.2 本品包装规格可根据用户要求决定。

7.3 在装运过程中,防日晒、雨淋,小心轻放,严禁与有毒物品混合装运。

7.4 本品应密封,置于通风阴凉、干燥处,严防光照、受潮,禁止与有毒物品混合存放。

7.5 符合规定的贮运条件,本品在包装完整且未经启封情况下,保质期为一年。

ICS 67.220.20
X 41

中华人民共和国国家标准

GB 10783—2008
代替 GB 10783—1996

食品添加剂 辣椒红

Food additive—Paprika red

2008-12-03 发布
2009-06-01 实施

中华人民共和国国家质量监督检验检疫总局
中国国家标准化管理委员会 发布

前　言

本标准的第 4 章为强制性的,其余为推荐性的。

本标准代替 GB 10783—1996《食品添加剂　辣椒红》。

本标准与 GB 10783—1996 相比,主要修改如下:

——对辣椒素指标进行了修订;

——取消了原标准中灰分和重金属指标,增加了铅指标。

本标准由全国食品添加剂标准化技术委员会提出。

本标准由全国食品添加剂标准化技术委员会、全国食品发酵标准化中心归口。

本标准起草单位:青岛红星化工集团天然色素有限公司、河南省漯河市中大天然食品添加剂有限公司、河北晨光天然色素有限公司、中国食品发酵工业研究院、北京金晔生物工程有限公司、青岛英特生物科技有限公司、邯郸市中进天然色素有限公司、青岛赛特香料有限公司。

本标准主要起草人:李惠宜、卢庆国、孙爱俊、文雁君、陈闽芳、欧阳杰、张志忠、张发茂、陈艳燕、孙瑾、阎炳宗、连运河、柴秋儿。

本标准所代替标准的历次版本发布情况为:

——GB 10783—1989、GB 10783—1996。

食品添加剂　辣椒红

1　范围

本标准规定了食品添加剂辣椒红的技术要求、试验方法、检验规则、标志、包装、运输及贮存等要求。

本标准适用于以辣椒果皮及其制品为原料,经萃取、过滤、浓缩、脱辣椒素等工艺制成的辣椒红,可以用食用油脂调整色价。

2　规范性引用文件

下列文件中的条款通过本标准的引用而成为本标准的条款。凡是注日期的引用文件,其随后所有的修改单(不包括勘误的内容)或修订版均不适用于本标准,然而,鼓励根据本标准达成协议的各方研究是否可使用这些文件的最新版本。凡是不注日期的引用文件,其最新版本适用于本标准。

GB/T 5009.37—2003　食用植物油卫生标准的分析方法

GB/T 5009.75　食品添加剂中铅的测定

GB/T 5009.76　食品添加剂中砷的测定

GB/T 6682　分析实验室用水规格和试验方法(GB/T 6682—2008,ISO 3696:1987,MOD)

3　分子式、结构式和相对分子质量

3.1　分子式

辣椒红素:$C_{40}H_{56}O_3$。

辣椒玉红素:$C_{40}H_{56}O_4$。

3.2　结构式

辣椒红素:

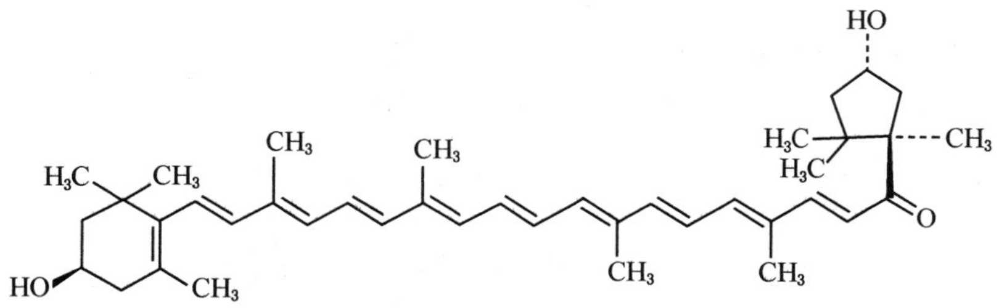

辣椒玉红素:

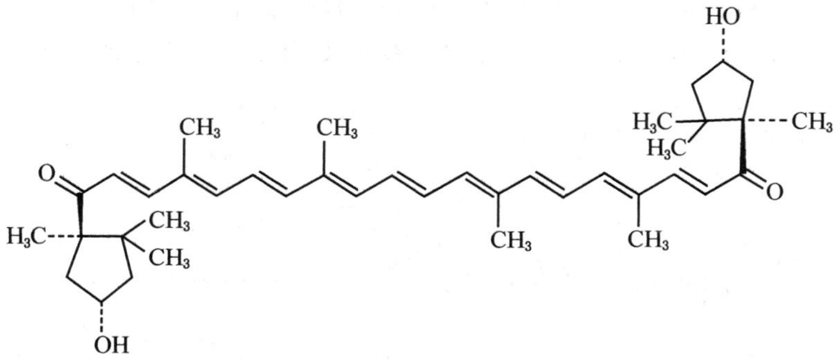

3.3　相对分子质量

辣椒红素:584.85。

辣椒玉红素:600.85。

4 技术要求

4.1 性状

深红色油状液体。

4.2 理化指标

应符合表 1 的规定。

表 1 理化指标

项 目		指 标
吸光度 $E_{1\,cm}^{1\%}$ 460 nm	$\geqslant$	50
砷(以 As 计)/(mg/kg)	$\leqslant$	3
铅(以 Pb 计)/(mg/kg)	$\leqslant$	2
己烷残留量/(mg/kg)	$\leqslant$	25
总有机溶剂残留量/(mg/kg)	$\leqslant$	50
辣椒素质量分数/%		符合标称

5 试验方法

除非另有说明,在分析中仅使用确认为分析纯的试剂和 GB/T 6682 中规定的水。

5.1 鉴别

5.1.1 溶解性

溶于乙醇,易溶于植物油、丙酮、乙醚、三氯甲烷,几乎不溶于水,不溶于甘油。

5.1.2 显色反应

在 1 滴试样中加 2 滴~3 滴三氯甲烷和 1 滴硫酸,应呈现暗蓝色。

5.1.3 最大吸收峰

样品溶解在正己烷中,在约 470 nm 处有最大吸收峰。

5.2 吸光度

5.2.1 试剂

丙酮。

5.2.2 仪器

分光光度计,附 1 cm 比色皿。

5.2.3 分析步骤

准确称取 0.1 g 试样,精确至 0.000 2 g,用丙酮稀释于 100 mL 容量瓶中,再精确吸取稀溶液 10 mL,稀释至 100 mL,用分光光度计在 460 nm 波长处,用丙酮作参比液,于 1 cm 比色皿中测定其吸光度。

注:被测比色液的吸光度范围宜控制在 $A=0.30\sim0.70$ 范围内。

5.2.4 结果计算

吸光度按式(1)计算:

$$E_{1\,cm}^{1\%} 460 \text{ nm} = \frac{Af}{m} \times \frac{1}{100} \quad\quad\quad\quad\quad\quad\cdots\cdots(1)$$

式中:

$E_{1\,cm}^{1\%}$ 460 nm——被测试样浓度为 1 %,用 1 cm 比色皿,在 460 nm 处的吸光度;

$\quad\quad A$——实测试样的吸光度;

f——稀释倍数；

m——试样质量，单位为克（g）。

5.3 砷

按 GB/T 5009.76 规定的方法测定。

5.4 铅

按 GB/T 5009.75 规定的方法测定。

5.5 己烷残留量和总有机溶剂残留量

按照 GB/T 5009.37—2003 中 4.8 规定的方法测定。

5.6 辣椒素

5.6.1 分析步骤

准确称取约 5.00 g 试样于 300 mL 磨口三角瓶中，准确加入 100 mL 70％甲醇液，振摇 30 min。静置 5 min 后过滤，过滤时盖住漏斗，防止蒸发。弃去初滤液 25 mL，其余滤液混匀后，按表 2 要求制备试液。

表 2　试液制备

项　　目	1# 瓶	2# 瓶	3# 瓶	4# 瓶
滤液/mL	4.00	4.00	—	—
去离子水/mL	17.8	16.8	19.0	18.00
1 mol/L 盐酸/mL	1.00	—	1.00	—
1 mol/L 氢氧化钠/mL	—	2.00	—	2.00
测定值	A_1	A_2	A_3	A_4

4 个瓶中的试液分别用甲醇定容至 100 mL 并摇匀，于 248 nm 和 296 nm 处分别测定四种溶液的吸光度 A_1、A_2、A_3、A_4、A_1'、A_2'、A_3'、A_4'（使用石英比色杯和氘灯）。

5.6.2 结果计算

a) 248 nm 处，试样中辣椒素的质量分数按式（2）计算：

$$X = \frac{[(A_2 - A_1) - (A_4 - A_3)] \times 2\,500}{314 \times m} \quad\cdots\cdots\cdots\cdots（2）$$

b) 296 nm 处，试样中辣椒素的质量分数按式（3）计算：

$$X = \frac{[(A_2' - A_1') - (A_4' - A_3')] \times 2\,500}{127 \times m} \quad\cdots\cdots\cdots（3）$$

式中：

X——试样中辣椒素的质量分数，％；

2 500——试样的稀释倍数；

314 和 127——校正系数；

m——试样质量，单位为克（g）。

式（2）和式（3）计算结果相差不得超过 10％，否则需重做。

6 检验规则

6.1 批次的确定

由生产单位按照其相应的规则确定产品的批号，经最后混合且有均一性质量的产品为一批。

6.2 取样方法和取样量

在每批产品中随机抽取样品，每批按包装件数的 3％抽取小样，每批不得少于三个包装，每个包装抽取样品不得少于 100 g，将抽取试样迅速混合均匀，分装入两个洁净、干燥的瓶中，瓶上注明生产厂、产品名称、批号、数量及取样日期,一瓶作检验,一瓶密封留存备查。

6.3 出厂检验

6.3.1 出厂检验项目包括吸光度、己烷残留量、总有机溶剂残留量和辣椒素。

6.3.2 每批产品须经生产厂检验部门按本标准规定的方法检验,并出具产品合格证后方可出厂。

6.4 型式检验

第 4 章中规定的所有项目均为型式检验项目。型式检验每一年进行一次,或当出现下列情况之一时进行检验:

——原料、工艺发生较大变化时;

——停产后重新恢复生产时;

——出厂检验结果与平常记录有较大差别时。

6.5 判定规则

对全部技术要求进行检验,检验结果中若有指标不符合本标准要求时,应重新双倍取样进行复检。复检结果即使有一项不符合本标准,则整批产品判为不合格。

如供需双方对产品质量发生异议时,可由双方协商选定仲裁机构,按本标准规定的检验方法进行仲裁。

7 标志、包装、运输和贮存

7.1 标志

食品添加剂必须有包装标志和产品说明书,标志内容应包括:品名、产地、生产厂名、卫生许可证号、生产许可证号、规格、生产日期、批号或者代号、保质期限、产品标准号等,并在标志上明确标示"食品添加剂"字样。

7.2 包装

产品的包装应采用国家批准的、并符合相应的食品包装卫生标准的材料。

7.3 运输和贮存

7.3.1 产品在运输过程中不得与有毒、有害及污染物质混合载运,避免雨淋日晒等。

7.3.2 产品应贮存在干燥、阴凉、避光的地方,不得与有毒、有害及有腐蚀性等物质混存。

7.3.3 产品自生产之日起,在符合上述贮运条件、包装完好的情况下,保质期应不少于 12 个月。

中华人民共和国国家标准

GB 14888.1—2010

食品安全国家标准

食品添加剂　新红

2010-12-21 发布　　　　　　　　　　　　2011-02-21 实施

中华人民共和国卫生部 发布

前　言

本标准代替 GB 14888.1—1994《食品添加剂　新红》。

本标准与 GB 14888.1—1994 相比,主要变化如下:

——增加了安全提示;

——新红含量指标由≥80%修改为≥85%;

——修改了鉴别试验的方法;

——分光光度比色法平行测定的允许差由 2%修改为 1.0%;

——增加了氯化物及硫酸盐指标和检测方法,与干燥减量合并,指标为≤15.0%;

——取消了异丙醚萃取物的质量规格;

——增加了未反应中间体总和指标和检测方法;

——增加了未磺化芳族伯胺(以苯胺计)指标和检测方法;

——砷(As)的检测方法由化学限量法修改为原子吸收法;

——取消了重金属(以 Pb 计)的质量规格;

——增加了铅(Pb)指标和检测方法。

本标准的附录 A、附录 B 和附录 C 为规范性附录,附录 D 为资料性附录。

本标准所代替标准的历次版本发布情况为:

——GB 14888.1—1994。

食品安全国家标准

食品添加剂 新红

1 范围

本标准适用于由对氨基苯磺酸经重氮化后与 5-乙酰氨基-4-萘酚-2,7-二磺酸钠偶合,经盐析、精制而成的食品添加剂新红。

2 规范性引用文件

本标准中引用的文件对于本标准的应用是必不可少的。凡是注日期的引用文件,仅所注日期的版本适用于本标准。凡是不注日期的引用文件,其最新版本(包括所有的修改单)适用于本标准。

3 化学名称、结构式、分子式、相对分子质量

3.1 化学名称

7-[(4-磺酸基苯基)偶氮]-1-乙酰氨基-8-萘酚-3,6-二磺酸的三钠盐

3.2 结构式

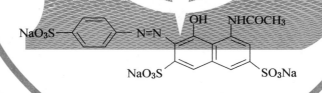

3.3 分子式

$C_{18}H_{12}O_{11}N_3Na_3S_3$

3.4 相对分子质量

611.47(按 2007 年国际相对原子质量)

4 技术要求

4.1 感官要求:应符合表 1 的规定。

表 1 感官要求

项 目	要 求	检 验 方 法
色泽	红褐色	自然光线下采用目视评定
组织状态	粉末或颗粒	

4.2 理化指标：应符合表2的规定。

表 2 理化指标

项　　目		指　标	检验方法
新红,$w/\%$	≥	85.0	附录 A 中 A.4
干燥减量、氯化物(以 NaCl 计)及硫酸盐(以 NaSO₄ 计)总量,$w/\%$	≤	15.0	附录 A 中 A.5
水不溶物,$w/\%$	≤	0.20	附录 A 中 A.6
副染料,$w/\%$	≤	2.0	附录 A 中 A.7
未反应中间体总和,$w/\%$	≤	0.50	附录 A 中 A.8
未磺化芳族伯胺(以苯胺计),$w/\%$	≤	0.01	附录 A 中 A.9
砷(As)/(mg/kg)	≤	1.0	附录 A 中 A.10
铅(Pb)/(mg/kg)	≤	10.0	附录 A 中 A.11

附 录 A
（规范性附录）
检 验 方 法

A.1 安全提示

本标准试验方法中使用的部分试剂具有毒性或腐蚀性,按相关规定操作,操作时需小心谨慎。若溅到皮肤上应立即用水冲洗,严重者应立即治疗。在使用挥发性酸时,要在通风橱中进行。

A.2 一般规定

本标准所用试剂和水,在没有注明其他要求时,均指分析纯试剂和 GB/T 6682—2008 规定的三级水。试验中所需标准溶液、杂质标准溶液、制剂及制品在没有注明其他规定时,均按 GB/T 601、GB/T 602、GB/T 603 规定配制和标定。

A.3 鉴别试验

A.3.1 试剂和材料

A.3.1.1 硫酸。

A.3.1.2 乙酸铵溶液:1.5 g/L。

A.3.2 仪器和设备

A.3.2.1 分光光度计。

A.3.2.2 比色皿:10 mm。

A.3.3 鉴别方法

应满足如下条件:

A.3.3.1 称取约 0.1 g 试样(精确至 0.001 g),溶于 100 mL 水中,呈红色澄清溶液。

A.3.3.2 称取约 0.2 g 试样(精确至 0.001 g),溶于 20 mL 硫酸中,呈暗紫红色,取此液 2 滴～3 滴,加入 5 mL 水中,振摇,呈红色。

A.3.3.3 称取约 0.1 g 试样(精确至 0.001 g),溶于 100 mL 乙酸铵溶液中,取此溶液 1 mL,加乙酸铵溶液配至 100 mL,该溶液的最大吸收波长为 525 nm±2 nm。

A.4 新红的测定

A.4.1 三氯化钛滴定法（仲裁法）

A.4.1.1 方法提要

在酸性介质中,新红中的偶氮基被三氯化钛还原分解成氨基化合物,按三氯化钛标准滴定溶液的消耗量,计算其含量。

A.4.1.2 试剂和材料

A.4.1.2.1 柠檬酸三钠。

A.4.1.2.2 三氯化钛标准滴定溶液:$c(TiCl_3)＝0.1$ mol/L(现用现配,配制方法见附录B)。

A.4.1.2.3 钢瓶装二氧化碳。

A.4.1.3 仪器和设备

三氯化钛滴定的装置图见图 A.1。

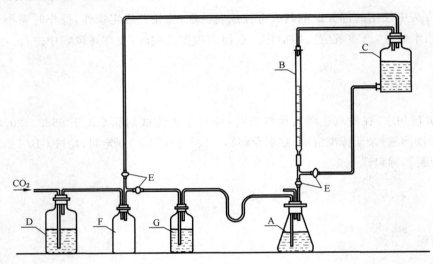

A——锥形瓶(500 mL);

B——棕色滴定管(50 mL);

C——包黑纸的下口玻璃瓶(2 000 mL);

D——装有 100 g/L 碳酸铵溶液和 100 g/L 硫酸亚铁溶液等量混合液的容器(5 000 mL);

E——活塞;

F——空瓶;

G——装有水的洗气瓶。

图 A.1 三氯化钛滴定法的装置图

A.4.1.4 分析步骤

称取约 0.5 g 试样(精确至 0.000 1 g),于 500 mL 锥形瓶中,加入 15 g 柠檬酸三钠和 200 mL 煮沸的水,振荡溶解后,按图 A.1 装好仪器,在液面下通入二氧化碳的同时,加热沸腾,用三氯化钛标准滴定溶液滴定使其固有颜色消失为终点。

A.4.1.5 结果计算

新红以质量分数 w_1 计,数值用%表示,按公式(A.1)计算:

$$w_1 = \frac{c(V/1\,000)(M/4)}{m_1} \times 100\% \quad \cdots\cdots\cdots\cdots\cdots\cdots\cdots\cdots (A.1)$$

式中:

c ——三氯化钛标准滴定溶液浓度的准确数值,单位为摩尔每升(mol/L);

V ——滴定试样耗用的三氯化钛标准滴定溶液体积的准确数值,单位为毫升(mL);

M ——新红的摩尔质量数值,单位为克每摩尔（g/mol）$[M(C_{18}H_{12}O_{11}N_3Na_3S_3)=611.47]$；

m_1 ——试样的质量数值,单位为克（g）。

计算结果表示到小数点后 1 位。

平行测定结果的绝对差值不大于 1.0%（质量分数）,取其算术平均值作为测定结果。

A.4.2 分光光度比色法

A.4.2.1 方法提要

将试样与已知含量的新红标准品分别用水溶解,用乙酸铵溶液稀释定容后,在最大吸收波长处,分别测其吸光度,然后计算其含量。

A.4.2.2 试剂和材料

A.4.2.2.1 乙酸铵溶液:1.5 g/L。

A.4.2.2.2 新红标准品:≥85.0%（质量分数,按 A.4.1 测定）。

A.4.2.3 仪器和设备

A.4.2.3.1 分光光度计。

A.4.2.3.2 比色皿:10 mm。

A.4.2.4 新红标样溶液的配制

称取约 0.25 g 新红标准样品（精确到 0.000 1 g）,溶于适量水中,移入 1 000 mL 容量瓶中,加水稀释至刻度,摇匀。吸取 10 mL,移入 500 mL 容量瓶中,加乙酸铵溶液稀释至刻度,摇匀,备用。

A.4.2.5 新红试样溶液的配制

称量与操作方法同 A.4.2.4 标样溶液的配制。

A.4.2.6 分析步骤

将新红标样溶液和新红试样溶液分别置于 10 mm 比色皿中,同在最大吸收波长处用分光光度计测定各自的吸光度值,用乙酸铵溶液作参比液。

A.4.2.7 结果计算

新红以质量分数 w_1 计,数值用%表示,按公式（A.2）计算:

$$w_1 = \frac{Am_0}{A_0 m} \times w_0 \qquad \cdots\cdots\cdots\cdots\cdots\cdots\cdots\cdots\cdots（A.2）$$

式中:

A ——新红试样溶液的吸光度值;

m_0 ——新红标准品的质量数值,单位为克（g）;

A_0 ——新红标样溶液的吸光度值;

m ——试样的质量数值,单位为克（g）;

w_0 ——新红标准品的质量分数%。

计算结果表示到小数点后 1 位。

平行测定结果的绝对差值不大于 1.0%（质量分数）,取其算术平均值作为测定结果。

A.5 干燥减量、氯化物(以 NaCl 计)及硫酸盐(以 Na₂SO₄ 计)总量的测定

A.5.1 干燥减量的测定

A.5.1.1 分析步骤

称取约 2 g 试样(精确至 0.001 g),置于已在 135 ℃±2 ℃恒温干燥箱中恒量的称量瓶中,在 135 ℃±2 ℃恒温干燥箱中烘至恒量。

A.5.1.2 结果计算

干燥减量以质量分数 w_2 计,数值用%表示,按公式(A.3)计算:

$$w_2 = \frac{m_2 - m_3}{m_2} \times 100\% \qquad\cdots\cdots\cdots\cdots\cdots\cdots\cdots\cdots\cdots\cdots\cdots\cdots \text{(A.3)}$$

式中:

m_2——试样干燥前质量的数值,单位为克(g);

m_3——试样干燥至恒量质量的数值,单位为克(g)。

计算结果表示到小数点后 1 位。

平行测定结果的绝对差值不大于 0.2%(质量分数),取其算术平均值作为测定结果。

A.5.2 氯化物(以 NaCl 计)的测定

A.5.2.1 试剂和材料

A.5.2.1.1 硝基苯。

A.5.2.1.2 活性炭;767 针型。

A.5.2.1.3 硝酸溶液:1+1。

A.5.2.1.4 硝酸银溶液:$c(\text{AgNO}_3)=0.1 \text{ mol/L}$。

A.5.2.1.5 硫酸铁铵溶液:

配制方法:称取约 14 g 硫酸铁铵,溶于 100 mL 水中,过滤,加 10 mL 硝酸,贮存于棕色瓶中。

A.5.2.1.6 硫氰酸铵标准滴定溶液:$c(\text{NH}_4\text{CNS})=0.1 \text{ mol/L}$。

A.5.2.2 试样溶液的配制

称取约 2 g 试样(精确至 0.001 g),溶于 150 mL 水中,加约 15 g 活性炭,温和煮沸 2 min～3 min,加入 1 mL 硝酸溶液,不断摇动均匀,放置 30 min(其间不时摇动)。用干燥滤纸过滤。如滤液有色,则再加 5 g 活性炭,不时摇动下放置 1 h,再用干燥滤纸过滤(如仍有色则更换活性炭重复操作至滤液无色)。每次以 10 mL 水洗活性炭三次,滤液合并移至 200 mL 容量瓶中,加水至刻度,摇匀。用于氯化物和硫酸盐含量的测定。

A.5.2.3 分析步骤

移取 50 mL 试样溶液,置于 500 mL 锥形瓶中,加 2 mL 硝酸溶液和 10 mL 硝酸银溶液(氯化物含量多时要多加些)及 5 mL 硝基苯,剧烈摇动至氯化银凝结,加入 1 mL 硫酸铁铵溶液,用硫氰酸铵标准滴定溶液滴定过量的硝酸银到终点并保持 1 min,同时以同样方法做一空白试验。

A.5.2.4 结果计算

氯化物(以 NaCl 计)以质量分数 w_3 计,数值用%表示,按公式(A.4)计算:

$$w_3 = \frac{c_1\left[(V_1 - V_0)/1\,000\right]M_1}{m_4(50/200)} \times 100\% \quad\cdots\cdots\cdots\cdots\cdots\cdots\cdots(\text{A.}4)$$

式中：

c_1 —— 硫氰酸铵标准滴定溶液浓度的准确数值，单位为摩尔每升（mol/L）；

V_1 —— 滴定空白溶液耗用硫氰酸铵标准滴定溶液体积的准确数值，单位为毫升（mL）；

V_0 —— 滴定试样溶液耗用硫氰酸铵标准滴定溶液体积的准确数值，单位为毫升（mL）；

M_1 —— 氯化钠的摩尔质量数值，单位为克每摩尔（g/mol）[M_1(NaCl)＝58.4]；

m_4 —— 试样的质量数值，单位为克（g）。

计算结果表示到小数点后 1 位。

平行测定结果的绝对差值不大于 0.3%（质量分数），取其算术平均值作为测定结果。

A.5.3 硫酸盐（以 Na_2SO_4 计）的测定

A.5.3.1 试剂和材料

A.5.3.1.1 氢氧化钠溶液：2 g/L。

A.5.3.1.2 盐酸溶液：1＋1 999。

A.5.3.1.3 氯化钡标准滴定溶液：$c(1/2BaCl_2)＝0.1$ mol/L（配制方法见附录 C）。

A.5.3.1.4 酚酞指示液：10 g/L。

A.5.3.1.5 玫瑰红酸钠指示液：称取 0.1 g 玫瑰红酸钠，溶于 10 mL 水中（现用现配）。

A.5.3.2 分析步骤

吸取 25 mL 试样溶液 A.5.2.2，置于 250 mL 锥形瓶中，加 1 滴酚酞指示液，滴加氢氧化钠溶液呈粉红色，然后滴加盐酸溶液至粉红色消失，摇匀，溶解后在不断摇动下用氯化钡标准滴定溶液滴定，以玫瑰红酸钠指示液作外指示液，反应液与指示液在滤纸上交汇处呈现玫瑰红色斑点并保持 2 min 不褪色为终点。

同时以相同方法做空白试验。

A.5.3.3 结果计算

硫酸盐（以 Na_2SO_4 计）以质量分数 w_4 计，数值用％表示，按公式（A.5）计算：

$$w_4 = \frac{c_2\left[(V_2 - V_3)/1\,000\right](M_2/2)}{m_4(25/200)} \times 100\% \quad\cdots\cdots\cdots\cdots\cdots\cdots(\text{A.}5)$$

式中：

c_2 —— 氯化钡标准滴定溶液浓度的准确数值，单位为摩尔每升（mol/L）；

V_2 —— 滴定试样溶液耗用氯化钡标准滴定溶液体积的准确数值，单位为毫升（mL）；

V_3 —— 滴定空白溶液耗用氯化钡标准滴定溶液体积的准确数值，单位为毫升（mL）；

M_2 —— 硫酸钠的摩尔质量的数值，单位为克每摩尔（g/mol）[M_2(Na_2SO_4)＝142.04]；

m_4 —— 试样质量的数值，单位为克（g）。

计算结果表示到小数点后 1 位。

平行测定结果的绝对差值不大于 0.2%（质量分数），取其算术平均值作为测定结果。

A.5.4 干燥减量、氯化物（以 NaCl 计）及硫酸盐（以 Na_2SO_4 计）总量的结果计算

干燥减量和氯化物（以 NaCl 计）及硫酸盐（以 Na_2SO_4 计）的总量以质量分数 w_5 计，数值用％表示，按公式（A.6）计算：

$$w_5 = w_2 + w_3 + w_4 \quad\quad \cdots\cdots\cdots\cdots\cdots\cdots\cdots\cdots (A.6)$$

式中：

w_2——干燥减量的质量分数，%；

w_3——氯化物（以 NaCl 计）的质量分数，%；

w_4——硫酸盐（以 Na_2SO_4 计）的质量分数，%。

计算结果表示到小数点后 1 位。

A.6　水不溶物的测定

A.6.1　仪器和设备

A.6.1.1　玻璃砂芯坩埚：G_4，孔径为 5 μm～15 μm。

A.6.1.2　恒温干燥箱。

A.6.2　分析步骤

称取约 3 g 试样（精确至 0.001 g），置于 500 mL 烧杯中，加入 50 ℃～60 ℃热水 250 mL，使之溶解，用已在 135 ℃±2 ℃烘至恒量的 G_4 玻璃砂芯坩埚过滤，并用热水充分洗涤到洗涤液无色，在 135 ℃±2 ℃恒温干燥箱中烘至恒量。

A.6.3　结果计算

水不溶物以质量分数 w_6 计，数值用%表示，按公式（A.7）计算：

$$w_6 = \frac{m_6}{m_5} \times 100\% \quad\quad \cdots\cdots\cdots\cdots\cdots\cdots\cdots\cdots (A.7)$$

式中：

m_6——干燥后水不溶物质量的数值，单位为克（g）；

m_5——试样质量的数值，单位为克（g）。

计算结果表示到小数点后 2 位。

平行测定结果的绝对差值不大于 0.05%（质量分数），取其算术平均值作为测定结果。

A.7　副染料的测定

A.7.1　方法提要

用纸上层析法将各组分分离、洗脱，然后用分光光度法定量。

A.7.2　试剂和材料

A.7.2.1　无水乙醇。

A.7.2.2　正丁醇。

A.7.2.3　丙酮溶液：1＋1。

A.7.2.4　氨水溶液：4＋96。

A.7.2.5　碳酸氢钠溶液：4 g/L。

A.7.3　仪器和设备

A.7.3.1　分光光度计。

A.7.3.2 层析滤纸：1 号中速，150 mm×250 mm。

A.7.3.3 层析缸：φ240 mm×300 mm。

A.7.3.4 微量进样器：100 μL。

A.7.3.5 纳氏比色管：50 mL 有玻璃磨口塞。

A.7.3.6 玻璃砂芯漏斗：G_3，孔径为 15 μm～40 μm。

A.7.3.7 50 mm 比色皿。

A.7.3.8 10 mm 比色皿。

A.7.4 分析步骤

A.7.4.1 纸上层析条件

A.7.4.1.1 展开剂：正丁醇＋无水乙醇＋氨水溶液＝6＋2＋3。

A.7.4.1.2 温度：20 ℃～25 ℃。

A.7.4.2 试样溶液的配制

称取 1 g 试样（精确至 0.001 g），置于烧杯中，加入适量水溶解后，移入 100 mL 容量瓶中，稀释至刻度，摇匀备用，该试样溶液浓度为 1%。

A.7.4.3 试样洗出液的制备

用微量进样器吸取 100 μL 试样溶液，均匀地注在离滤纸底边 25 mm 的一条基线上，成一直线，使其在滤纸上的宽度不超过 5 mm，长度为 130 mm，用吹风机吹干。将滤纸放入装有配制好展开剂的层析缸中展开，滤纸底边浸入展开剂液面下 10 mm，待展开剂前沿线上升至 150 mm 或直到副染料分离满意为止。取出层析滤纸，用冷风吹干。

用空白滤纸在相同条件下展开，该空白滤纸应与上述步骤展开用的滤纸在同一张滤纸上相邻部位裁取。

副染料纸上层析示意图见图 A.2。

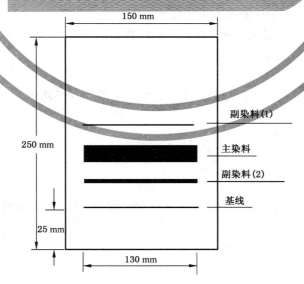

图 A.2 副染料纸上层析示意图

将展开后取得的各个副染料和在空白滤纸上与各副染料相对应的部位的滤纸按同样大小剪下，并剪成约 5 mm×15 mm 的细条,分别置于 50 mL 的纳氏比色管中,准确加入 5 mL 丙酮溶液,摇动 3 min~5 min 后,再准确加入 20 mL 碳酸氢钠溶液,充分摇动,然后分别在玻璃砂芯漏斗中自然过滤,滤液应澄清,无悬浮物。加水至刻度。分别得到各副染料和空白的洗出液。在各自副染料的最大吸收波长处,用 50 mm 比色皿,将各副染料的试料洗出液在分光光度计上测定各自的吸光度值。

在分光光度计上测定吸光度时,以丙酮溶液 5 mL 和碳酸氢钠溶液 20 mL 的混合液作参比液。

A.7.4.4　标准溶液的配制

吸取 2 mL 1‰的试样溶液移入 100 mL 容量瓶中,稀释至刻度,摇匀,该溶液为标准溶液。

A.7.4.5　标准洗出液的制备

用微量进样器吸取标准溶液 100 μL,均匀地点注在离滤纸底边 25 mm 的一条基线上,用吹风机吹干。将滤纸放入装有预先配制好展开剂的层析缸中展开,待展开剂前沿线上升 40 mm,取出用冷风吹干,剪下所有展开的染料部分,按 A.7.4.3 的方法进行操作,得到标准洗出液。用 10 mm 比色皿在最大吸收波长处测吸光度值。

同时用空白滤纸在相同条件下展开,按相同方法操作后测洗出液的吸光度值。

A.7.4.6　结果计算

副染料的质量分数以 w_7 计,数值用%表示,按公式(A.8)计算:

$$w_7 = \frac{[(A_1 - b_1) + \cdots\cdots + (A_n - b_n)]/5}{(A_s - b_s)(100/2)} \times S \quad\quad\quad\quad (A.8)$$

式中:

$A_1 \cdots A_n$ ——各副染料洗出液以 50 mm 光径长度测定出的吸光度值;

$b_1 \cdots b_n$ ——各副染料对照空白洗出液以 50 mm 光径长度测定出的吸光度值;

A_s ——标准洗出液以 10 mm 光径长度测定出的吸光度值;

b_s ——标准对照空白洗出液以 10 mm 光径长度测定出的吸光度值;

5 ——折算成以 10 mm 光径长度的比数;

100/2 ——标准洗出液折算成 1‰试样溶液的比数;

S ——试样的质量分数%。

计算结果表示到小数点后 1 位。

平行测定结果的绝对差值不大于 0.2%(质量分数),取其算术平均值作为测定结果。

A.8　未反应中间体总和的测定

A.8.1　方法提要

采用反相液相色谱法,用外标法分别定量各未反应中间体,最后计算未反应中间体的总和。

A.8.2　试剂和材料

A.8.2.1　甲醇。

A.8.2.2　乙酸铵溶液:2 g/L。

A.8.2.3　1-乙酰氨基-8-萘酚-3,6-二磺酸。

A.8.2.4　1-氨基-8-萘酚-3,6-二磺酸。

A.8.2.5　对氨基苯磺酸。

A.8.3 仪器和设备

A.8.3.1 液相色谱仪:输液泵-流量范围 0.1 mL/min～5.0 mL/min,在此范围内其流量稳定性为 ±1％ 检测器—多波长紫外分光检测器或具有同等性能的紫外分光检测器。

A.8.3.2 色谱柱:长为 150 mm,内径为 4.6 mm 的不锈钢柱,固定相为 C_{18},粒径 5 μm。

A.8.3.3 色谱工作站或积分仪。

A.8.3.4 超声波发生器。

A.8.3.5 定量环:20 μL。

A.8.4 色谱分析条件

A.8.4.1 检测波长:254 nm。

A.8.4.2 柱温:40 ℃。

A.8.4.3 流动相:A,乙酸铵溶液;B,甲醇;

浓度梯度:50 min 线性浓度梯度从 A(100)比 B(0)至 A(0)比 B(100)。

A.8.4.4 流量:1 mL/min。

A.8.4.5 进样量:20 μL。

可根据仪器不同,选择最佳分析条件,流动相应摇匀后用超声波发生器进行脱气。

A.8.5 试样溶液的配制

称取约 0.01 g 新红试样(精确至 0.000 1 g),加乙酸铵溶液溶解并定容至 100 mL。

A.8.6 标准溶液的配制

称取约 0.01 g(精确至 0.000 1 g)置于真空干燥器中干燥 24 h 后的 1-乙酰氨基-8-萘酚-3,6-二磺酸,用乙酸铵溶液溶解并定容至 100 mL。再吸取此溶液 10 mL,用乙酸铵溶液定容至 100 mL,以此作为标准溶液 A。

称取约 0.01 g(精确至 0.000 1 g)置于真空干燥器中干燥 24 h 后的 1-氨基-8-萘酚-3,6-二磺酸,用乙酸铵溶液溶解并定容至 100 mL。再吸取此溶液 10 mL,用乙酸铵溶液定容至 100 mL,以此作为标准溶液 B。

称取约 0.01 g(精确至 0.000 1 g)置于真空干燥器中干燥 24 h 后的对氨基苯磺酸,用乙酸铵溶液溶解并定容至 100 mL。再吸取此溶液 10 mL,用乙酸铵溶液定容至 100 mL,以此作为标准溶液 C。

然后分别吸取 10.0 mL、5.0 mL、2.0 mL、1.0 mL 上述标准溶液 A、标准溶液 B 和标准溶液 C,分别用乙酸铵溶液定容至 100 mL,配制成 A 系列标准溶液、B 系列标准溶液和 C 系列标准溶液。

A.8.7 分析步骤

在 A.8.4 规定的色谱分析条件下,分别用微量注射器吸取试样溶液及系列标准溶液注入并充满定量环进行色谱检测,待最后一个组分流出完毕,进行结果处理。测定各系列标准溶液物质的峰面积,分别绘制成标准曲线 A、B、C。测定试样溶液中 1-乙酰氨基-8-萘酚-3,6-二磺酸、1-氨基-8-萘酚-3,6-二磺酸和对氨基苯磺酸的峰面积,根据各标准曲线计算各未反应中间体的含量。色谱图见附录 D。

A.8.8 结果计算

未反应中间体的总和以质量分数 w_{11} 计,数值用％表示,按公式(A.9)计算:

$$w_{11} = w_8 + w_9 + w_{10} \quad\cdots\cdots\cdots\cdots\cdots\cdots(A.9)$$

式中：

w_8——1-乙酰氨基-8-萘酚-3,6-二磺酸的质量分数,%;

w_9——1-氨基-8-萘酚-3,6-二磺酸的质量分数,%;

w_{10}——对氨基苯磺酸的质量分数,%。

A.9 未磺化芳族伯胺(以苯胺计)的测定

A.9.1 方法提要

以乙酸乙酯萃取出试样中未磺化芳族伯胺成分,将萃取液和苯胺标准溶液分别经重氮化和偶合后再测定各自生成染料的吸光度予以比较与判别。

A.9.2 试剂和材料

A.9.2.1 乙酸乙酯。

A.9.2.2 盐酸溶液:1+10。

A.9.2.3 盐酸溶液:1+3。

A.9.2.4 溴化钾溶液:500 g/L。

A.9.2.5 碳酸钠溶液:200 g/L。

A.9.2.6 氢氧化钠溶液:40 g/L。

A.9.2.7 氢氧化钠溶液:4 g/L。

A.9.2.8 R 盐溶液:20 g/L。

A.9.2.9 亚硝酸钠溶液:3.52 g/L。

A.9.2.10 苯胺标准溶液:0.100 0 g/L。

配制:用小烧杯称取 0.500 0 g 新蒸馏的苯胺,移至 500 mL 容量瓶中,以 150 mL 盐酸溶液(1+3)分三次洗涤烧杯,并入 500 mL 容量瓶中,水稀释至刻度。移取 25 mL 该溶液至 250 mL 容量瓶中,用水定容。此溶液苯胺浓度为 0.100 0 g/L。

A.9.3 仪器和设备

A.9.3.1 可见分光光度计。

A.9.3.2 40 mm 比色皿。

A.9.4 试样萃取溶液的配制

称取约 2 g 试样(精确至 0.001 g)于 150 mL 烧杯中,加 100 mL 水和 5 mL 氢氧化钠溶液(40 g/L),在温水浴中搅拌至完全溶解。将此溶液移入分液漏斗中,少量水洗净烧杯。每次以 50 mL 乙酸乙酯萃取两次,合并萃取液。以 10 mL 氢氧化钠溶液(4 g/L)洗涤乙酸乙酯萃取液,除去痕量色素。再每次以 10 mL 盐酸溶液(1+3)对乙酸乙酯溶液反萃取三次。合并该盐酸萃取液,然后用水稀释至 100 mL,摇匀。此溶液为试样萃取溶液。

A.9.5 标准对照溶液的制备

吸取 2.0 mL 苯胺标准溶液至 100 mL 容量瓶中,用盐酸溶液(1+10)稀释至刻度,混合均匀,此为标准对照溶液。

A.9.6 重氮化偶合溶液的制备

吸取 10 mL 试样萃取溶液,移入透明洁净的试管中,浸入盛有冰水混合物的烧杯内冷却 10 min。

在试管中加入 1 mL 溴化钾溶液及 0.5 mL 亚硝酸钠溶液,稍用力摇匀后仍置于冰水浴中冷却 10 min,进行重氮化反应。另取一个 25 mL 容量瓶移入 1 mL R 盐溶液和 10 mL 碳酸钠溶液。将上述试管中的苯胺重氮盐溶液加至盛有 R 盐溶液的容量瓶中,边加边略振摇容量瓶,用少许水洗净试管一并加入容量瓶中,再以水定容。充分混匀后在暗处放置 15 min。该溶液为试样重氮化偶合溶液。

标准重氮化偶合溶液的制备,吸取 10 mL 标准对照溶液,其余步骤同上。

A.9.7 参比溶液的制备

吸取 10 mL 盐酸溶液(1+10)、10 mL 碳酸钠溶液及 1 mL R 盐溶液于 25 mL 容量瓶中,水定容。该溶液为参比溶液。

A.9.8 分析步骤

将标准重氮化偶合溶液和试样重氮化偶合溶液分别置于比色皿中,在 510 nm 波长处用分光光度计测定各自的吸光度 A_a、A_b,以 A.9.7 作参比溶液。

A.9.9 结果判定

$A_b \leqslant A_a$ 即为合格。

A.10 砷的测定

A.10.1 方法提要

新红经湿法消解后,制备成试样溶液,用原子吸收光谱法测定砷的含量。

A.10.2 试剂和材料

A.10.2.1 硝酸。

A.10.2.2 硫酸溶液:1+1。

A.10.2.3 硝酸-高氯酸混合溶液:3+1。

A.10.2.4 砷(As)标准溶液:按 GB/T 602 配制和标定后,再根据使用的仪器要求进行稀释配制成含砷相应浓度的三种标准溶液。

A.10.2.5 氢氧化钠溶液:1 g/L。

A.10.2.6 硼氢化钠溶液:8 g/L(溶剂为 1 g/L 的氢氧化钠溶液)。

A.10.2.7 盐酸溶液:1+10。

A.10.2.8 碘化钾溶液:200 g/L。

A.10.3 仪器和设备

A.10.3.1 原子吸收光谱仪。

A.10.3.2 仪器参考条件:砷空心阴极灯分析线波长:193.7 nm;狭缝:0.5 nm～1.0 nm;灯电流:6 mA～10 mA。

A.10.3.3 载气流速:氩气 250 mL/min。

A.10.3.4 原子化器温度:900 ℃。

A.10.4 分析步骤

A.10.4.1 试样消解

称取约 1 g 试样(精确至 0.001 g),置于 250 mL 三角或圆底烧瓶中,加 10 mL～15 mL 硝酸和

2 mL硫酸溶液,摇匀后用小火加热赶出二氧化氮气体,溶液变成棕色,停止加热,放冷后加入 5 mL硝酸-高氯酸混合液,强火加热至溶液透明或微黄色,如仍不透明,放冷后再补加 5 mL硝酸-高氯酸混合溶液,继续加热至溶液透明无色或微黄色并产生白烟(避免烧干出现炭化现象),停止加热,放冷后加 5 mL水加热至沸,除去残余的硝酸-高氯酸(必要时可再加水煮沸一次),继续加热至发生白烟,保持 10 min,放冷后移入 100 mL容量瓶(若溶液出现浑浊、沉淀或机械杂质应过滤),用盐酸溶液稀释定容。

同时按相同的方法制备空白溶液。

A.10.4.2 测定

量取 25 mL消解后的试样溶液至 50 mL容量瓶,加入 5 mL碘化钾溶液,用盐酸溶液稀释定容,摇匀,静置 15 min。

同时按相同的方法以空白溶液制备空白测试液。

开启仪器,待仪器及砷空心阴极灯充分预热,基线稳定后,用硼氢化钠溶液作氢化物还原发生剂,以标准空白、标准溶液、样品空白测试液及样品溶液的顺序,按电脑指令分别进样。测试结束后电脑自动生成工作曲线及扣除样品空白后的样品溶液中砷浓度,输入样品信息(如:名称、称样量、稀释体积等),即自动换算出试样中砷含量。

平行测定结果的绝对差值不大于 0.1 mg/kg,取其算术平均值作为测定结果。

A.11 铅的测定

A.11.1 方法提要

新红经湿法消解后,制备成试样溶液,用原子吸收光谱法测定铅的含量。

A.11.2 试剂和材料

A.11.2.1 铅(Pb)标准溶液:按 GB/T 602配制和标定后,再根据使用的仪器要求进行稀释配制成含铅相应浓度的三种标准溶液。

A.11.2.2 氢氧化钠溶液:1 g/L。

A.11.2.3 硼氢化钠溶液:8 g/L(溶剂为 1 g/L的氢氧化钠溶液)。

A.11.2.4 盐酸溶液:1+10。

A.11.3 仪器和设备

A.11.3.1 原子吸收光谱仪

A.11.3.2 仪器参考条件:GB 5009.12—2010中第三法火焰原子吸收光谱法。

A.11.4 分析步骤

可直接采用 A.10.4.1的试样溶液和空白溶液。

按 GB 5009.12—2010中第三法火焰原子吸收光谱法操作。

平行测定结果的绝对差值不大于 1.0 mg/kg,取其算术平均值作为测定结果。

附　录　B
（规范性附录）
三氯化钛标准滴定溶液的配制方法

B.1　试剂和材料

B.1.1 盐酸。

B.1.2 硫酸亚铁铵。

B.1.3 硫氰酸铵溶液:200 g/L。

B.1.4 硫酸溶液:1+1。

B.1.5 三氯化钛溶液。

B.1.6 重铬酸钾标准滴定溶液:$c(1/6K_2Cr_2O_7)=0.1$ mol/L,按 GB/T 602 配制与标定。

B.2　仪器和设备

见图 A.1。

B.3　三氯化钛标准滴定溶液的配制

B.3.1　配制

取 100 mL 三氯化钛溶液和 75 mL 盐酸,置于 1 000 mL 棕色容量瓶中,用煮沸并已冷却到室温的水稀释至刻度,摇匀,立即倒入避光的下口瓶中,在二氧化碳气体保护下贮藏。

B.3.2　标定

称取约 3 g(精确至 0.000 1 g)硫酸亚铁铵,置于 500 mL 锥形瓶中,在二氧化碳气流保护作用下,加入 50 mL 煮沸并已冷却的水,使其溶解,再加入 25 mL 硫酸溶液,继续在液面下通入二氧化碳气流作保护,迅速准确加入 35 mL 重铬酸钾标准滴定溶液,然后用需标定的三氯化钛标准溶液滴定到接近计算量终点,立即加入 25 mL 硫氰酸铵溶液,并继续用需标定的三氯化钛标准溶液滴定到红色转变为绿色,即为终点。整个滴定过程应在二氧化碳气流保护下操作,同时做一空白试验。

B.3.3　结果计算

三氯化钛标准溶液的浓度以 $c(TiCl_3)$ 计,单位以摩尔每升(mol/L)表示,按公式(B.1)计算:

$$c(TiCl_3)=\frac{cV_1}{V_2-V_3} \qquad\qquad\cdots\cdots\cdots\cdots\cdots\cdots\cdots（ B.1 ）$$

式中:

c ——重铬酸钾标准滴定溶液浓度的准确数值,单位为摩尔每升(mol/L);

V_1 ——重铬酸钾标准滴定溶液体积的准确数值,单位为毫升(mL);

V_2 ——滴定被重铬酸钾标准滴定溶液氧化成高钛所消耗的三氯化钛标准滴定溶液体积的准确数值,单位为毫升(mL);

V_3 ——滴定空白消耗三氯化钛标准滴定溶液体积的准确数值,单位为毫升(mL)。

计算结果表示到小数点后 4 位。

以上标定需在分析样品时即时标定。

附　录　C
（规范性附录）
氯化钡标准溶液的配制方法

C.1　试剂和材料

C.1.1　氯化钡。

C.1.2　氨水。

C.1.3　硫酸标准滴定溶液：$c(1/2H_2SO_4)=0.1$ mol/L，按 GB/T 601 配制与标定。

C.1.4　玫瑰红酸钠指示液（称取 0.1 g 玫瑰红酸钠，溶于 10 mL 水中，现用现配）。

C.1.5　广范 pH 试纸。

C.2　配制

称取 12.25 g 氯化钡，溶于 500 mL 水，移入 1 000 mL 容量瓶中，稀释至刻度，摇匀。

C.3　标定方法

吸取 20 mL 硫酸标准滴定溶液，置于 250 mL 锥形瓶中，加 50 mL 水，并用氨水中和到广范 pH 试纸为 8，然后用氯化钡标准滴定溶液滴定，以玫瑰红酸钠指示液作外指示液，反应液与指示液在滤纸上交汇处呈现玫瑰红色斑点且保持 2 min 不褪色为终点。

C.4　结果计算

氯化钡标准滴定溶液浓度以 $c(1/2BaCl_2)$ 计，单位以摩尔每升（mol/L）表示，按公式（C.1）计算：

$$c\left(\frac{1}{2}BaCl_2\right)=\frac{c_1 V_4}{V_5} \quad\cdots\cdots\cdots\cdots\cdots\cdots\cdots\cdots(C.1)$$

式中：

c_1——硫酸标准滴定溶液浓度的准确数值，单位为摩尔每升（mol/L）；

V_4——硫酸标准滴定溶液体积的准确数值，单位为毫升（mL）；

V_5——消耗氯化钡标准滴定溶液体积的准确数值，单位为毫升（mL）。

计算结果表示到小数点后 4 位。

附　录　D
（资料性附录）
新红液相色谱图和各组分保留时间

D.1　新红液相色谱示意图见图 D.1。

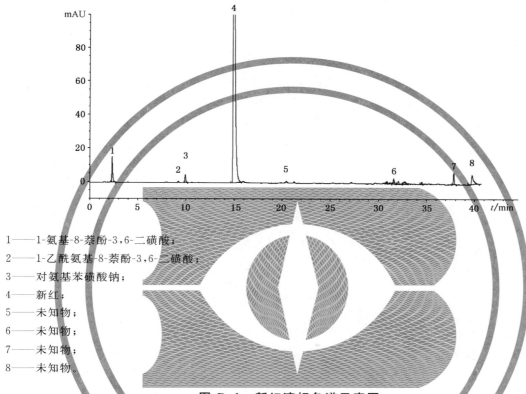

1——1-氨基-8-萘酚-3,6-二磺酸；

2——1-乙酰氨基-8-萘酚-3,6-二磺酸；

3——对氨基苯磺酸钠；

4——新红；

5——未知物；

6——未知物；

7——未知物；

8——未知物。

图 D.1　新红液相色谱示意图

D.2　新红各组分保留时间见表 D.1。

表 D.1　新红各组分保留时间

峰号	组分名称	保留时间/min
1	1-氨基-8-萘酚-3,6-二磺酸	2.19
2	1-乙酰氨基-8-萘酚-3,6-二磺酸	9.20
3	对氨基苯磺酸钠	9.95
4	新红	15.32
注：不同仪器、不同分离柱、甚至不同时间进样各组分的保留时间均会有所不同,但各组分的洗脱顺序是不变的。		

中华人民共和国国家标准

GB 14888.2—2010

食品安全国家标准
食品添加剂　新红铝色淀

2010-12-21发布　　　　　　　　　　　　　　2011-02-21实施

中华人民共和国卫生部 发布

前　言

本标准代替 GB 14888.2—1994《食品添加剂　新红铝色淀》。

本标准与 GB 14888.2—1994 相比,主要变化如下:

——增加了安全提示;

——修改了鉴别试验方法;

——含量指标由以色酸计修改为以钠盐计;

——分光光度比色法平行测定的允许差由 2%修改为 1.0%;

——取消了水溶性氯化物及硫酸盐(以 Na 盐计)指标和检测方法;

——砷(As)的检测方法由化学限量法修改为原子吸收法;

——取消了重金属(以 Pb 计)的质量规格;

——增加了铅(Pb)指标和检测方法;

——钡(以 Ba 计)的检测方法修改为硫酸钡沉淀限量比色法。

本标准的附录 A 和附录 B 为规范性附录。

本标准所代替标准的历次版本发布情况为:

——GB 14888.2—1994。

食品安全国家标准

食品添加剂 新红铝色淀

1 范围

本标准适用于由食品添加剂新红和氢氧化铝作用生成的添加剂新红铝色淀。

2 规范性引用文件

本标准中引用的文件对于本标准的应用是必不可少的。凡是注日期的引用文件,仅所注日期的版本适用于本标准。凡是不注日期的引用文件,其最新版本(包括所有的修改单)适用于本标准。

3 分子式和相对分子质量

3.1 分子式

$C_{18}H_{12}O_{11}N_3Na_3S_3$

3.2 相对分子质量

611.47(按 2007 年国际相对原子质量)

4 技术要求

4.1 感官要求:应符合表 1 的规定。

表 1 感官要求

项　　目	要　　求	检验方法
色泽	红色	自然光线下采用目视评定
组织状态	粉末	

4.2 理化指标:应符合表 2 的规定。

表 2 理化指标

项　　目		指　标	检验方法
新红(以钠盐计),$w/\%$	$\geqslant$	10.0	附录 A 中 A.4
干燥减量,$w/\%$	$\leqslant$	30.0	附录 A 中 A.5
盐酸和氨水中不溶物,$w/\%$	$\leqslant$	0.5	附录 A 中 A.6

表 2（续）

项　　目		指　　标	检验方法
副染料，$w/\%$	≤	1.5	附录 A 中 A.7
砷（As）/（mg/kg）	≤	3.0	附录 A 中 A.8
铅（Pb）/（mg/kg）	≤	10.0	附录 A 中 A.9
钡（Ba），$w/\%$	≤	0.05	附录 A 中 A.10

附　录　A

（规范性附录）

检　验　方　法

A.1　安全提示

本标准试验方法中使用的部分试剂具有毒性或腐蚀性,按相关规定操作,操作时需小心谨慎。若溅到皮肤上应立即用水冲洗,严重者应立即治疗。在使用挥发性酸时,要在通风橱中进行。

A.2　一般规定

本标准所用试剂和水,在没有注明其他要求时,均指分析纯试剂和 GB/T 6682—2008 规定的三级水。试验中所需标准溶液、杂质标准溶液、制剂及制品在没有注明其他规定时,均按 GB/T 601、GB/T 602、GB/T 603 规定配制和标定。

A.3　鉴别试验

A.3.1　试剂和材料

A.3.1.1　硫酸。

A.3.1.2　硫酸溶液:1+20。

A.3.1.3　盐酸溶液:1+3。

A.3.1.4　氢氧化钠溶液:90 g/L。

A.3.1.5　乙酸铵溶液:1.5 g/L。

A.3.1.6　活性炭。

A.3.2　仪器和设备

A.3.2.1　分光光度计。

A.3.2.2　比色皿:10 mm。

A.3.3　鉴别方法

应满足如下条件:

A.3.3.1　称取试样约 0.1 g(精确至 0.001 g),加 5 mL 硫酸,在 50 ℃～60 ℃水浴中不时地摇动,加热约 5 min 时,溶液呈暗紫红色。冷却后,取上层澄清液 2 滴～3 滴,加 5 mL 水,溶液呈红色。

A.3.3.2　称取试样约 0.1 g(精确至 0.001 g),加 5 mL 硫酸溶液,充分摇匀后,加乙酸铵溶液配至 100 mL,溶液不澄清时进行离心分离。然后取此液 1 mL～10 mL,加乙酸铵溶液配至 100 mL,使测定的吸光度值在 0.3～0.7 范围内,此溶液的最大吸收波长为 525 nm±2 nm。

A.3.3.3　称取试样约 0.1 g(精确至 0.001 g),加入 10 mL 盐酸溶液,在水浴中加热,使大部分溶解。加 0.5 g 活性炭,充分摇匀后过滤。取无色滤液,加氢氧化钠溶液中和后,呈现铝盐反应。

A.4 新红铝色淀的测定

A.4.1 三氯化钛滴定法(仲裁法)

A.4.1.1 方法提要

在酸性介质中,新红铝色淀溶解转成色素,其偶氮基被三氯化钛还原分解,按三氯化钛标准滴定溶液的消耗量,计算其含量。

A.4.1.2 试剂和材料

A.4.1.2.1 酒石酸氢钠。

A.4.1.2.2 三氯化钛标准滴定溶液:$c(TiCl_3)=0.1$ mol/L(现用现配,配制方法见附录 B)。

A.4.1.2.3 钢瓶装二氧化碳。

A.4.1.3 仪器和设备

三氯化钛滴定法的装置图见图 A.1。

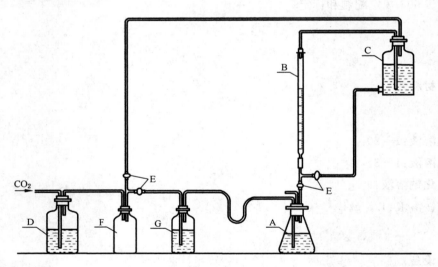

A——锥形瓶(500 mL);

B——棕色滴定管(50 mL);

C——包黑纸的下口玻璃瓶(2 000 mL);

D——装有 100 g/L 碳酸铵溶液和 100 g/L 硫酸亚铁溶液等量混合液的容器(5 000 mL);

E——活塞;

F——空瓶;

G——装有水的洗气瓶。

图 A.1 三氯化钛滴定法的装置图

A.4.1.4 分析步骤

称取约 1.0 g 试样(精确至 0.000 1 g),置于 500 mL 锥形瓶中,加入 30 g 酒石酸氢钠和 200 mL 沸水,剧烈振荡溶解后,按图 A.1 装好仪器,在液面下通入二氧化碳的同时,用三氯化钛标准滴定溶液滴定使其固有颜色消失为终点。

A.4.1.5 结果计算

新红铝色淀(以钠盐计)以质量分数 w_1 计,数值用%表示,按公式(A.1)计算:

$$w_1 = \frac{c(V/1\,000)(M/4)}{m_1} \times 100\% \quad\cdots\cdots\cdots\cdots\cdots\cdots\cdots\cdots\cdots (\text{A.1})$$

式中:

c ——三氯化钛标准滴定溶液浓度的准确数值,单位为摩尔每升(mol/L);

V ——滴定试样耗用的三氯化钛标准滴定溶液体积的准确数值,单位为毫升(mL);

M ——新红铝色淀的摩尔质量数值,单位为克每摩尔(g/mol)[$M(C_{18}H_{12}O_{11}N_3Na_3S_3)=611.47$];

m_1 ——试样的质量数值,单位为克(g)。

计算结果表示到小数点后 1 位。

平行测定结果的绝对差值不大于 1.0%(质量分数),取其算术平均值作为测定结果。

A.4.2 分光光度比色法

A.4.2.1 方法提要

将试样与已知含量的新红标准品分别在水介质或水中溶解,用乙酸铵溶液稀释定容后,在最大吸收波长处,分别测其吸光度值,然后计算其含量。

A.4.2.2 试剂和材料

A.4.2.2.1 酒石酸氢钠。

A.4.2.2.2 乙酸铵溶液:1.5 g/L。

A.4.2.2.3 新红标准品:≥85.0%(质量分数,按 A.4.1 测定)。

A.4.2.3 仪器和设备

A.4.2.3.1 分光光度计。

A.4.2.3.2 比色皿:10 mm。

A.4.2.4 新红标样溶液的配制

称取约 0.1 g 新红标准品(精确到 0.000 1 g),溶于适量水中,移入 1 000 mL 容量瓶中,加水稀释至刻度,摇匀。吸取 10 mL,移入 500 mL 容量瓶中,加乙酸铵溶液稀释至刻度,摇匀,备用。

A.4.2.5 新红铝色淀试样溶液的配制

称取约 0.5 g 试样(精确至 0.000 1 g),加入 20 mL 水和 2 g 酒石酸氢钠,加热至 80 ℃～90 ℃,溶解后移入 1 000 mL 容量瓶中,加水稀释至刻度,摇匀。吸取 10 mL 移入 500 mL 容量瓶中,再加乙酸铵溶液稀释至刻度,摇匀。

A.4.2.6 分析步骤

将新红标样溶液和新红铝色淀试样溶液分别置于 10 mm 比色皿中,同在最大吸收波长处用分光光度计测定各自的吸光度值,用乙酸铵溶液作参比液。

A.4.2.7 结果计算

新红铝色淀以质量分数 w_1 计,数值用%表示,按公式(A.2)计算:

$$w_1 = \frac{A m_0}{A_0 m} \times w_0 \qquad \cdots\cdots\cdots\cdots\cdots\cdots\cdots\cdots\cdots (A.2)$$

式中：

A ——新红铝色淀试样溶液的吸光度值；

m_0 ——新红标准品质量的数值，单位为克(g)；

w_0 ——新红标准品的质量分数，%；

A_0 ——新红标样溶液的吸光度值；

m ——试样质量的数值，单位为克(g)。

计算结果表示到小数点后 1 位。

平行测定结果的绝对差值不大于 1.0%（质量分数），取其算术平均值作为测定结果。

A.5 干燥减量的测定

A.5.1 分析步骤

称取约 2 g 试样(精确至 0.001 g)，置于已在 135 ℃±2 ℃恒温干燥箱中恒量的称量瓶中，在 135 ℃±2 ℃恒温干燥箱中烘至恒量。

A.5.2 结果计算

干燥减量的质量分数以 w_2 计，数值用%表示，按公式（A.3）计算：

$$w_2 = \frac{m_2 - m_3}{m_2} \times 100\% \qquad \cdots\cdots\cdots\cdots\cdots\cdots\cdots\cdots (A.3)$$

式中：

m_2 ——试样干燥前质量的数值，单位为克(g)；

m_3 ——试样干燥至恒量的质量数值，单位为克(g)。

计算结果表示到小数点后 1 位。

平行测定结果的绝对差值不大于 0.2%（质量分数），取其算术平均值作为测定结果。

A.6 盐酸和氨水中不溶物的测定

A.6.1 试剂和材料

A.6.1.1 盐酸。

A.6.1.2 盐酸溶液：3+7。

A.6.1.3 氨水溶液：4+96。

A.6.1.4 硝酸银溶液：$c(AgNO_3) = 0.1$ mol/L。

A.6.2 仪器和设备

A.6.2.1 玻璃砂芯坩埚：G4，孔径为 5 μm～15 μm。

A.6.2.2 恒温干燥箱。

A.6.3 分析步骤

称取约 2 g 试样(精确至 0.001 g)，置于 600 mL 烧杯中，加 20 mL 水和 20 mL 盐酸，充分搅拌后加入 300 mL 热水，搅匀，盖上表面皿，在 70 ℃～80 ℃水浴中加热 30 min，冷却，用已在 135 ℃±2 ℃烘至恒量的 G4 玻璃砂芯坩埚过滤，用约 30 mL 水将烧杯中的不溶物冲洗到 G4 玻璃砂芯坩埚中，至洗液无色后,先用 100 mL 氨水溶液洗涤,后用 10 mL 盐酸溶液洗涤,再用水洗涤至洗涤液用硝酸银溶液检验无白色沉淀,然后在 135 ℃±2 ℃恒温干燥箱中烘至恒量。

A.6.4 结果计算

盐酸和氨水中不溶物以质量分数 w_6 计,数值用%表示,按公式(A.4)计算:

$$w_3 = \frac{m_4}{m_5} \times 100\% \qquad\qquad\cdots\cdots\cdots\cdots\cdots\cdots\cdots\cdots\cdots (\,A.4\,)$$

式中:

m_4——干燥后水不溶物质量的数值,单位为克(g);

m_5——试样质量的数值,单位为克(g)。

计算结果表示到小数点后 2 位。

A.6.5 允许差

两次平行测定结果的绝对差值不大于 0.10%(质量分数),取其算术平均值作为测定结果。

A.7 副染料的测定

A.7.1 方法提要

用纸上层析法将各组分分离,洗脱,然后用分光光度法定量。

A.7.2 试剂和材料

A.7.2.1 无水乙醇。

A.7.2.2 正丁醇。

A.7.2.3 酒石酸氢钠。

A.7.2.4 丙酮溶液:1+1。

A.7.2.5 氨水溶液:4+96。

A.7.2.6 碳酸氢钠溶液:4 g/L。

A.7.3 仪器和设备

A.7.3.1 分光光度计。

A.7.3.2 层析滤纸:1 号中速,150 mm×250 mm。

A.7.3.3 层析缸:ϕ240 mm×300 mm。

A.7.3.4 微量进样器:100 μL。

A.7.3.5 纳氏比色管:50 mL 有玻璃磨口塞。

A.7.3.6 玻璃砂芯漏斗:G3,孔径为 15 μm~40 μm。

A.7.3.7 50 mm 比色皿。

A.7.3.8 10 mm 比色皿。

A.7.4 分析步骤

A.7.4.1 纸上层析条件

A.7.4.1.1 展开剂:正丁醇+无水乙醇+氨水溶液=6+2+3。

A.7.4.1.2 温度:20 ℃~25 ℃。

A.7.4.2 试样溶液的配制

称取约 2 g 试样(精确至 0.001 g)。置于烧杯中,加入适量水和 5 g 酒石酸氢钠,加热溶解后,移入 100 mL 容量瓶中,稀释至刻度,摇匀备用,该试样溶液浓度为 2%。

A.7.4.3 试样洗出液的制备

用微量进样器吸取 100 μL 试样溶液,均匀地注在离滤纸底边 25 mm 的一条基线上,成一直线,使其在滤纸上的宽度不超过 5 mm,长度为 130 mm,用吹风机吹干。将滤纸放入装有预先配制好展开剂的层析缸中展开,滤纸底边浸入展开剂液面下 10 mm,待展开剂前沿线上升至 150 mm 或直到副染料分离满意为止。取出层析滤纸,用冷风吹干。

用空白滤纸在相同条件下展开,该空白滤纸应与上述步骤展开用的滤纸在同一张滤纸上相邻部位裁取。

副染料纸上层析示意图见图 A.2。

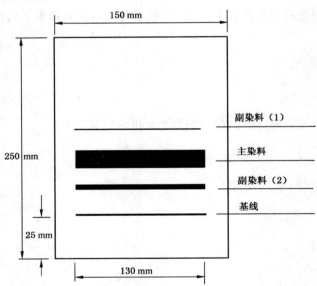

图 A.2 副染料纸上层析示意图

将展开后取得的各个副染料和在空白滤纸上与各副染料相对应的部位的滤纸按同样大小剪下,并剪成约 5 mm×15 mm 的细条,分别置于 50 mL 的纳氏比色管中,准确加入丙酮溶液 5 mL,摇动 3 min~5 min 后,再准确加入 20 mL 碳酸氢钠溶液,充分摇动,然后分别在 G3 玻璃砂芯漏斗中自然过滤,滤液应澄清,无悬浮物。分别得到各副染料和空白的洗出液。在各自副染料的最大吸收波长处,用 50 mm 比色皿,将各副染料的洗出液在分光光度计上测定各自的吸光度值。

在分光光度计上测定吸光度值时,以 5 mL 丙酮溶液和 20 mL 碳酸氢钠溶液的混合液作参比液。

A.7.4.4 标准溶液的配制

吸取 6 mL 2% 的试样溶液移入 100 mL 容量瓶中,稀释至刻度,摇匀,该溶液为标准溶液。

A.7.4.5 标准洗出液的制备

用微量进样器吸取 100 μL 标准溶液,均匀地点注在离滤纸底边 25 mm 的一条基线上,用吹风机吹干。将滤纸放入装有预先配制好展开剂的层析缸中展开,待展开剂前沿线上升 40 mm,取出用冷风吹干,剪下所有展开的染料部分,按 A.7.4.3 方法进行萃取操作,得到标准洗出液。用 10 mm 比色皿在最大吸收波长处测吸光度值。

同时用空白滤纸在相同条件下展开,按相同方法操作后测洗出液的吸光度值。

A.7.4.6 结果计算

副染料以质量分数 w_4 计,数值用%表示,按公式(A.5)计算:

$$w_4 = \frac{[(A_1 - b_1) + \cdots + (A_n - b_n)]/5}{(A_s - b_s)(100/6)} \times S \quad\cdots\cdots\cdots\cdots\cdots(A.5)$$

式中:

$A_1 \cdots A_n$ —— 各副染料洗出液以 50 mm 光径长度测定出的吸光度值;

$b_1 \cdots b_n$ —— 各副染料对照空白洗出液以 50 mm 光径长度测定出的吸光度值;

A_s —— 标准洗出液以 10 mm 光径长度测定出的吸光度值;

b_s —— 标准对照空白洗出液以 10 mm 光径长度测定出的吸光度值;

5 —— 折算成以 10 mm 光径长度的比数;

100/6 —— 标准洗出液折算成2%试样溶液的比数;

S —— 试样的质量分数,%。

计算结果表示到小数点后 1 位。

平行测定结果的绝对差值不大于 0.2%(质量分数),取其算术平均值作为测定结果。

A.8 砷的测定

A.8.1 方法提要

新红铝色淀经湿法消解后,制备成试样溶液,用原子吸收光谱法测定砷的含量。

A.8.2 试剂和材料

A.8.2.1 硝酸。

A.8.2.2 硫酸溶液:1+1。

A.8.2.3 硝酸-高氯酸混合溶液:3+1。

A.8.2.4 砷(As)标准溶液:按 GB/T 602 配制和标定后,再根据使用的仪器要求进行稀释配制成含砷相应浓度的三种标准溶液。

A.8.2.5 氢氧化钠溶液:1 g/L。

A.8.2.6 硼氢化钠溶液:8 g/L(溶剂为 1 g/L 的氢氧化钠溶液)。

A.8.2.7 盐酸溶液:1+10。

A.8.2.8 碘化钾溶液:200 g/L。

A.8.3 仪器和设备

A.8.3.1 原子吸收光谱仪。

A.8.3.2 仪器参考条件:砷空心阴极灯分析线波长:193.7 nm;狭缝:0.5 nm～1.0 nm;灯电流:6 mA～10 mA。

A.8.3.3 载气流速:氩气 250 mL/min。

A.8.3.4 原子化器温度:900 ℃。

A.8.4 分析步骤

A.8.4.1 试样消解

称取约 1 g 试样(精确至 0.001 g),置于 250 mL 三角或圆底烧瓶中,加 10 mL～15 mL 硝酸和

2 mL 硫酸溶液,摇匀后用小火加热赶出二氧化氮气体,溶液变成棕色,停止加热,放冷后加入 5 mL 硝酸-高氯酸混合液,强火加热至溶液至透明无色或微黄色,如仍不透明,放冷后再补加 5 mL 硝酸-高氯酸混合溶液,继续加热至溶液澄清无色或微黄色并产生白烟(避免烧干出现炭化现象),停止加热,放冷后加水 5 mL 加热至沸,除去残余的硝酸-高氯酸(必要时可再加水煮沸一次),继续加热至发生白烟,保持 10 min,放冷后移入 100 mL 容量瓶(若溶液出现浑浊、沉淀或机械杂质应过滤),用盐酸溶液稀释定容。

同时按相同的方法制备空白溶液。

A.8.4.2 测定

量取 25 mL 消解后的试样溶液至 50 mL 容量瓶,加入 5 mL 碘化钾溶液,用盐酸溶液稀释定容,摇匀,静置 15 min。

同时按相同的方法以空白溶液制备空白测试液。

开启仪器,待仪器及砷空心阴极灯充分预热,基线稳定后,用硼氢化钠溶液作氢化物还原发生剂,以标准空白、标准溶液、样品空白测试液及样品溶液的顺序,按电脑指令分别进样。测试结束后电脑自动生成工作曲线及扣除样品空白后的样品溶液中砷浓度,输入样品信息(如:名称、称样量、稀释体积等),即自动换算出试样中砷的含量。

平行测定结果的绝对差值不大于0.1 mg/kg,取其算术平均值作为测定结果。

A.9 铅的测定

A.9.1 方法提要

新红铝色淀经湿法消解后,制备成试样溶液,用原子吸收光谱法测定铅的含量。

A.9.2 试剂和材料

A.9.2.1 铅(Pb)标准溶液:按GB/T 602配制和标定后,再根据使用的仪器要求进行稀释配制成含铅相应浓度的三种标准溶液。
A.9.2.2 氢氧化钠溶液:1 g/L。
A.9.2.3 硼氢化钠溶液:8 g/L(溶剂为1 g/L的氢氧化钠溶液)。
A.9.2.4 盐酸溶液:1+10。

A.9.3 仪器和设备

A.9.3.1 原子吸收光谱仪。
A.9.3.2 仪器参考条件:GB 5009.12—2010中第三法火焰原子吸收光谱法。

A.9.4 分析步骤

可直接采用A.8.4.1的试样溶液和空白溶液。
按GB 5009.12—2010中第三法火焰原子吸收光谱法操作。
平行测定结果的绝对差值不大于1.0 mg/kg,取其算术平均值作为测定结果。

A.10 钡的测定

A.10.1 方法提要

新红铝色淀经干法消解处理后,制备成试样溶液,与钡标准溶液比较,作硫酸钡的浊度限量试验。

A.10.2 试剂和材料

A.10.2.1 硫酸。

A.10.2.2 无水碳酸钠。

A.10.2.3 盐酸溶液：1+3。

A.10.2.4 硫酸溶液：1+19。

A.10.2.5 钡标准溶液：氯化钡（$BaCl_2 \cdot 2H_2O$）177.9 mg，用水溶解并定容至 1 000 mL。每 1 mL 含有 0.1 mg 钡（0.1 mg/mL）。

A.10.3 试样溶液的配制

称取约 1 g 试样（精确至 0.001 g），放于白金坩埚或陶瓷坩埚中，加少量硫酸润湿，徐徐加热，尽量在低温下使之几乎全部炭化。放冷后，再加 1 mL 硫酸，慢慢加热至几乎不发生硫酸蒸气为止，放入高温炉中，于 800 ℃ 灼烧 3 h。冷却后，加无水碳酸钠 5 g 充分混合，加盖后放入高温炉中，于 860 ℃ 灼烧 15 min，冷却后，加水 20 mL，在水浴上加热，将熔融物溶解。冷却后过滤，用水洗涤滤纸上的残渣至洗涤液不呈硫酸盐反应为止。然后将纸上的残渣与滤纸一起移至烧杯中，加 30 mL 盐酸溶液，充分摇匀后煮沸。冷却后过滤，用 10 mL 水洗涤滤纸上的残渣。将洗涤液与滤液合并，在水浴上蒸发至干。加 5 mL 水使残渣溶解，必要时过滤，加 0.25 mL 盐酸溶液，充分混合后，再加水配至 25 mL 作为试样溶液。

A.10.4 标准比浊溶液的配制

取 5 mL 钡标准溶液，加 0.25 mL 盐酸溶液。加水至 25 mL，作为标准比浊溶液。

A.10.5 分析步骤

在试样溶液和标准比浊溶液中各加 1 mL 硫酸溶液混合，放置 10 min 时，试样溶液混浊程度不得超过标准比浊溶液，即为合格。

附　录　B
（规范性附录）
三氯化钛标准滴定溶液的配制方法

B.1　试剂和材料

B.1.1　盐酸。

B.1.2　硫酸亚铁铵。

B.1.3　硫氰酸铵溶液:200 g/L。

B.1.4　硫酸溶液:1+1。

B.1.5　三氯化钛溶液。

B.1.6　重铬酸钾标准滴定溶液:$c(1/6K_2Cr_2O_7)=0.1$ mol/L,按 GB/T 602 配制与标定。

B.2　仪器和设备

见图 A.1。

B.3　三氯化钛标准滴定溶液的配制

B.3.1　配制

取 100 mL 三氯化钛溶液和 75 mL 盐酸,置于 1 000 mL 棕色容量瓶中,用煮沸并已冷却到室温的水稀释至刻度,摇匀,立即倒入避光的下口瓶中,在二氧化碳气体保护下贮藏。

B.3.2　标定

称取约 3 g(精确至 0.000 1 g)硫酸亚铁铵,置于 500 mL 锥形瓶中,在二氧化碳气流保护作用下,加入 50 mL 煮沸并已冷却的水,使其溶解,再加入 25 mL 硫酸溶液,继续在液面下通入二氧化碳气流作保护,迅速准确加入 35 mL 重铬酸钾标准滴定溶液,然后用需标定的三氯化钛标准溶液滴定到接近计算量终点,立即加入 25 mL 硫氰酸铵溶液,并继续用需标定的三氯化钛标准溶液滴定到红色转变为绿色,即为终点。整个滴定过程应在二氧化碳气流保护下操作,同时做一空白试验。

B.3.3　结果计算

三氯化钛标准溶液的浓度以 $c(TiCl_3)$ 计,单位以摩尔每升(mol/L)表示,按公式(B.1)计算:

$$c(TiCl_3)=\frac{cV_1}{V_2-V_3} \quad\cdots\cdots\cdots\cdots\cdots\cdots\cdots\cdots\cdots(B.1)$$

式中:

c ——重铬酸钾标准滴定溶液浓度的准确数值,单位为摩尔每升(mol/L);

V_1——重铬酸钾标准滴定溶液体积的准确数值,单位为毫升(mL);

V_2——滴定被重铬酸钾标准滴定溶液氧化成高钛所用去的三氯化钛标准滴定溶液体积的准确数值,单位为毫升(mL);

V_3——滴定空白用去三氯化钛标准滴定溶液体积的准确数值，单位为毫升（mL）。

计算结果表示到小数点后 4 位。

以上标定需在分析样品时即时标定。

ICS 67.220.20
X 41

中华人民共和国国家标准

GB 15961—2005
代替 GB 15961—1995

食品添加剂 红曲红

Food additive—Monascus color

2005-06-30 发布

2005-12-01 实施

中华人民共和国国家质量监督检验检疫总局
中国国家标准化管理委员会 发布

前　言

本标准的第 3 章技术要求为强制性。

本标准代替 GB 15961—1995《食品添加剂　红曲红》。

本标准与 GB 15961—1995 相比主要变化如下：

——取消对膏状产品的要求；

——液体培养的产品色价提高到 60,固体培养的产品增加干燥失重的要求。

本标准由中国轻工业联合会提出。

本标准由全国食品发酵标准化中心、中国疾病预防控制中心营养与食品安全所归口。

本标准起草单位:江门科隆生物技术有限公司、宁夏轻工业设计研究院瑞德天然色素公司、中国食品发酵工业研究院。

本标准主要起草人:陈家文、高波、李惠宜、李英明。

本标准所代替标准的历次版本发布情况为:

——GB 15961—1995。

食品添加剂　红曲红

1　范围

本标准规定了食品添加剂红曲红的技术要求、试验方法、检验规则和标志、包装、运输、贮存等。

本标准适用于以大米、大豆为主要原料的液体培养基,经红曲霉(*Monascus anka* Nakazawa *et* Sato)菌液体发酵培养、提取、浓缩、精制而成以及以红曲米(GB 4926 食品添加剂　红曲米)为原料,经萃取、浓缩、精制得到的红曲红色素。在食品工业中作为着色剂。

2　规范性引用文件

下列文件中的条款通过本标准的引用而成为本标准的条款。凡是注日期的引用文件,其随后所有的修改单(不包括勘误的内容)或修订版均不适用于本标准,然而,鼓励根据本标准达成协议的各方研究是否可使用这些文件的最新版本。凡是不注日期的引用文件,其最新版本适用于本标准。

GB/T 5009.75　食品添加剂中铅的测定

GB/T 5009.76　食品添加剂中砷的测定

GB/T 6682　分析实验室用水规格和试验方法(GB/T 6682—1992,neq ISO 3696:1987)

3　技术要求

3.1　外观

本品为黑紫色固体粉末。

3.2　理化指标

理化指标应符合表 1 的规定。

表 1　红曲红的理化指标

项　　目		指　　标	
		固体发酵	液体发酵
色价$[E_{1\ cm}^{1\%}(495\pm10)\ nm]$	$\geqslant$	90	60
干燥失重/(%)	$\leqslant$	6.0	
灼烧残渣/(%)	$\leqslant$	7.4	—
砷(As)/(mg/kg)	$\leqslant$	5	1
铅(Pb)/(mg/kg)	$\leqslant$	10	5

4　试验方法

除非另有说明,在分析中仅使用确认为分析纯的试剂和 GB/T 6682 中规定的三级(含三级)以上规格的水。

4.1　鉴别

4.1.1　红曲红溶液置可见光下扫描,在约 390 nm、420 nm、495 nm 处呈现三个吸收峰,或在约420 nm、495 nm 处呈现两个吸收峰。

4.1.2　红曲红溶液在硅胶 G 板上展层,以正己烷＋乙酸乙酯(9＋1)为展层剂,出现黄色斑点($R_f=0.88$)和一个在紫外光下呈荧光的斑点($R_f=0.5$)。以乙酸乙酯为展层剂,出现桔红色斑点

$(R_f=0.2)$。以甲醇＋水$(8+2)$为展层剂出现红色斑点$(R_f=0.98)$。

4.2 色价

4.2.1 原理

通过测定试样溶液在特定波长处的吸光度表示试样的纯度。

4.2.2 试剂和溶液

乙醇(GB 679)：配制成70%的乙醇溶液。

4.2.3 仪器设备

可见光分光光度计,附1 cm比色皿。

4.2.4 试验方法

准确称取试样0.05 g～0.1 g(精确至0.000 2 g)于50 mL烧杯中,用70%乙醇溶液或水搅拌溶解,将其移入500 mL或1 000 mL容量瓶中,用70%乙醇溶液或水洗涤数次,使之完全转移,定容至刻度,摇匀,静置15 min(必要时可过滤)。取此液置于1 cm比色皿,分光光度计于495 nm±10 nm处,试样溶液的浓度应使测出的吸光度在0.2～0.7范围内为最佳,当试样溶液的吸光度大于0.7时,可用70%乙醇溶液或水将溶液稀释到适当的浓度,然后测定。该吸光度可按式(1)计算成本标准所规定的吸光度。

注：生产工艺中以乙醇溶液为提取剂的用70%乙醇溶液作为溶剂测定,以水为提取剂的用水作为溶剂测定。

4.2.5 结果计算

$$E_{1\,cm}^{1\%}(495\pm10)\,nm = \frac{A\times n}{m}\times\frac{1}{100} \qquad\cdots\cdots\cdots\cdots\cdots\cdots(1)$$

式中：

$E_{1\,cm}^{1\%}(495\pm10)\,nm$——试样色价；

A——稀释后试样溶液的吸光度；

m——试样的质量,单位为克(g)；

n——稀释倍数。

4.2.6 允许差

两次平行测定结果之差不大于2%,取其算术平均值为测定结果(精确到小数点后一位)。

4.3 干燥失重

4.3.1 原理

在规定温度下,将试样烘干至恒重,然后测定试样减少的质量。

4.3.2 仪器设备

称量瓶,直径5 cm,高3 cm。

4.3.3 分析步骤

称取试样2 g(精确至0.000 2 g),置于已在105℃±2℃烘至恒重的称量瓶中,放入105℃±2℃烘箱中,烘至恒重。

4.3.4 结果计算

用质量百分数表示的干燥失重(X_1)按式(2)计算。

$$X_1 = \frac{m_1-m_2}{m}\times100\% \qquad\cdots\cdots\cdots\cdots\cdots\cdots(2)$$

式中：

X_1——红曲红试样的干燥失重,%；

m_1——称量瓶和试样干燥前的质量,单位为克(g)；

m_2——称量瓶和试样干燥后的质量,单位为克(g)；

m——试样的质量,单位为克(g)。

4.3.5 允许差

两次平行测定结果之差不大于 0.2%,取其算术平均值为测定结果(精确到小数点后一位)。

4.4 铅

按 GB/T 5009.75 的方法测定。

4.5 砷

按 GB/T 5009.76 的方法测定。

5 检验规则

5.1 每批产品由生产厂的质量检验部门进行检验。生产厂要保证所有出厂的产品均符合本标准的要求,每批出厂的产品都应附有质量合格证。

5.2 本产品经最后混合具有质量均一性的产品为一批。

5.3 出厂检验项目为色价和干燥失重。型式检验项目有砷、铅,正常生产时,每三个月进行一次。

5.4 从每批包装数的 3% 中取样,每批不少于 3 个包装。在每个包装中心处取出不少于 30 g 的样品,将所取样品混合后,取 40 g 分别装于两个清洁、干燥的磨口玻璃瓶中,密封,避光,一瓶做检验用,一瓶留样备查,并在瓶上标明生产日期、产品名称及批号。

5.5 如果检验中有一项指标不符合本标准要求,应重新自两倍量的包装中取样进行复验,复验结果即使只有一项不符合本标准时,则整批产品判为不合格品。

5.6 如果供需双方对产品质量发生异议时,由法定单位进行仲裁。

6 包装、标志、贮存和运输

6.1 包装上应有牢固的标志,标有"食品添加剂"字样,并标明生产厂名、厂址、商标、产品名称、生产日期、批号、净含量、保质期和产品标准号、卫生许可证号。

6.2 粉状产品用铝箔袋或棕色玻璃瓶装,外用纸箱或纸板桶包装,包装规格可根据用户要求决定。允许每包装件重量误差 5%。

6.3 本产品运输中应防止日晒、雨淋,不得与有毒物品混合装运。

6.4 本产品应密封,置于通风、阴凉、干燥处,严防光照、受热,禁止与有毒物品混合存放。

6.5 符合规定的贮运条件,本品在包装完整且未经启封情况下,保质期为一年。

ICS 67.220.20
X 42

中华人民共和国国家标准

GB 17511.1—2008
代替 GB 17511.1—1998

食品添加剂　诱惑红

Food additive—Allura red

2008-06-25 发布

2009-01-01 实施

中华人民共和国国家质量监督检验检疫总局
中国国家标准化管理委员会　发布

前　言

本标准的 4.2 和 7.1 为强制性，其余为推荐性。

本标准与日本《食品添加物公定书》第七版(1999)(食用赤色 40 号，诱惑红)一致性程度为非等效。

本标准代替 GB 17511.1—1998《食品添加剂　诱惑红》。

本标准与 GB 17511.1—1998 相比，主要变化如下：

——将外观由暗红色粉末修改为暗红色粉末或颗粒(1998 版的 3.1，本版的 4.1)；

——将鉴别方法做了修改(1998 版的 4.2.3.1、4.2.3.2 本版的 5.2.3.1、5.2.3.2)；

——砷、重金属、铅含量的测定按照 GB/T 5009 中的规定进行(1998 版的 4.13、4.14、4.15，本版的 5.14、5.15、5.16)；

——分光光度比色法平行测定的允许差由 2%修改为 1.0%(1998 版的 4.3.2.8，本版的 5.3.2.8)；

——对氯化物和硫酸盐含量的测定方法作了修改(1998 版的 4.4.2、4.4.3，本版的 5.5.1、5.5.2)；

——干燥减量与氯化物和硫酸盐含量分别控制(1998 版的 3.2，本版的 4.2)；

——将未磺化芳族伯胺(以苯胺计)总含量的测定方法由液相色谱法修改为化学分析法(1998 版的 4.12，本版的 5.13)。

本标准的附录 A 和附录 B 为规范性附录。

本标准由中国石油和化学工业协会提出。

本标准由全国染料标准化技术委员会(SAC/TC 134)和全国食品添加剂标准化技术委员会(SAC/TC 11)归口。

本标准起草单位：上海染料研究所有限公司、天津多福源实业有限公司、沈阳化工研究院。

本标准主要起草人：马凯音、李子会、蒲爱军、葛蕾红、邓松培、肖杰。

本标准于 1998 年首次发布。

食品添加剂　诱惑红

1　范围

本标准规定了食品添加剂诱惑红的要求、试验方法、检验规则以及标志、包装、运输、贮存。

本标准适用于由 4-氨基-5-甲氧基-2-甲基苯磺酸经重氮后与 6-羟基-2-萘磺酸钠偶合,经盐析、精制而成的染料。该产品可添加于食品、药品、化妆品中,作着色剂用。

2　规范性引用文件

下列文件中的条款通过本标准的引用而成为本标准的条款。凡是注日期的引用文件,其随后所有的修改单(不包括勘误的内容)或修订版均不适用于本标准,然而,鼓励根据本标准达成协议的各方研究是否可使用这些文件的最新版本。凡是不注日期的引用文件,其最新版本适用于本标准。

GB/T 601　化学试剂　标准滴定溶液的制备

GB/T 602　化学试剂　杂质测定用标准溶液的制备

GB/T 603　化学试剂　试验方法中所用制剂及制品的制备

GB/T 5009.76—2003　食品添加剂中砷的测定

GB/T 6682—2008　分析实验室用水规格和试验方法(ISO 3696:1987,MOD)

3　化学名称、结构式、分子式和相对分子质量

化学名称:6-羟基-5-[(2-甲氧基-5-甲基-4-磺基苯)偶氮]-2-萘磺酸二钠盐

结构式:

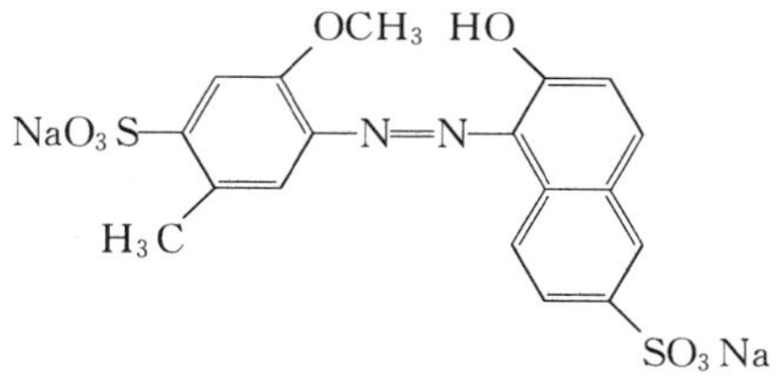

分子式:$C_{18}H_{14}N_2Na_2O_8S_2$

相对分子质量:496.42(按 2007 年国际相对原子质量)

4　要求

4.1　外观

暗红色粉末或颗粒。

4.2　技术要求

食品添加剂诱惑红应符合表 1 规定。

表 1　食品添加剂诱惑红的要求

项　　目		指　标
诱惑红,$w/\%$	$\geqslant$	85.0
干燥减量,$w/\%$	$\leqslant$	10.0
氯化物(以 NaCl 计)及硫酸盐(以 Na_2SO_4 计),$w/\%$	$\leqslant$	5.0

表 1（续）

项　　目		指　标
水不溶物，$w/\%$	≤	0.20
低磺化副染料，$w/\%$	≤	1.0
高磺化副染料，$w/\%$	≤	1.0
6-羟基-5-[（2-甲氧基-5-甲基-4-磺基苯）偶氮]-8-（2-甲氧基-5-甲基-4-磺基苯氧基）-2-萘磺酸二钠盐，$w/\%$	≤	1.0
6-羟基-2-萘磺酸钠，$w/\%$	≤	0.30
4-氨基-5-甲氧基-2-甲基苯磺酸，$w/\%$	≤	0.20
6,6′-氧代-双（2-萘磺酸）二钠盐，$w/\%$	≤	1.0
未磺化芳族伯胺（以苯胺计），$w/\%$	≤	0.01
砷（以 As 计），$w/\%$	≤	0.000 1
重金属（以 Pb 计），$w/\%$	≤	0.002
铅（以 Pb 计），$w/\%$	≤	0.001

5　试验方法

本标准所用的试剂和水，在没有注明其他要求时，均指分析纯试剂和 GB/T 6682—2008 规定的三级水。试验中所需标准溶液、杂质标准溶液、制剂及制品在没有注明其他规定时，均按 GB/T 601、GB/T 602、GB/T 603 规定配制。

5.1　外观

在自然光线条件下用目视测定。本品为暗红色粉末或颗粒。

5.2　鉴别

5.2.1　试剂

5.2.1.1　硫酸；

5.2.1.2　乙酸铵溶液：1.5 g/L。

5.2.2　仪器设备

5.2.2.1　分光光度计；

5.2.2.2　比色皿：10 mm。

5.2.3　分析步骤

5.2.3.1　称取约 0.1 g 试样，精确至 0.001 g。溶于 100 mL 水中，呈红色澄清溶液。

5.2.3.2　称取约 0.2 g 试样，精确至 0.001 g。溶于 20 mL 硫酸中，呈暗紫红色，取此液（2～3）滴，加入 5 mL 水中，振摇，呈红色。

5.2.3.3　称取约 0.1 g 试样，精确至 0.001 g。溶于 100 mL 乙酸铵溶液中，取此溶液 1 mL，加乙酸铵溶液配至 100 mL，该溶液的最大吸收波长为（499±2）nm。

5.3　诱惑红含量的测定

5.3.1　三氯化钛滴定法（仲裁法）

5.3.1.1　方法提要

在酸性介质中，染料中偶氮基被三氯化钛还原分解成氨基化合物，按三氯化钛标准滴定溶液的消耗量，计算其含量的质量分数。

5.3.1.2　试剂和材料

5.3.1.2.1　酒石酸氢钠；

5.3.1.2.2 三氯化钛标准滴定溶液:$c(TiCl_3)=0.1$ mol/L(现用现配,配制方法见规范性附录 A);

5.3.1.2.3 钢瓶装二氧化碳。

5.3.1.3 仪器设备

见图 1。

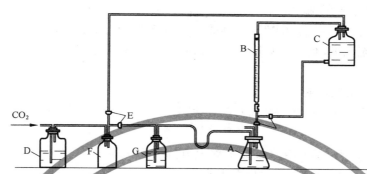

A——锥形瓶(500 mL);

B——棕色滴定管(50 mL);

C——包黑纸的下口玻璃瓶(2 000 mL);

D——盛 100 g/L 碳酸铵和 100 g/L 硫酸亚铁等量混合液的容器(5 000 mL);

E——活塞;

F——空瓶;

G——装有水的洗气瓶。

图 1 三氯化钛滴定法的装置图

5.3.1.4 分析步骤

称取约 5 g 试样,精确至 0.000 2 g。溶于 100 mL 新煮沸并冷却至室温的水中,移至 500 mL 容量瓶中,用水稀释至刻度,摇匀。准确吸取该溶液 50 mL 置于 500 mL 锥形瓶中,加入酒石酸氢钠 15 g 和水 150 mL,振荡溶解后,按图 1 装好仪器,在液面下通入二氧化碳的同时,加热至沸,并用三氯化钛标准滴定溶液滴定至其固有颜色消失为终点。

5.3.1.5 结果计算

诱惑红含量的质量分数 w_1,数值以%表示,按式(1)计算:

$$w_1 = \frac{(V/1\,000) \times c \times (M/4)}{m_1 \times 50/500} \times 100 \quad \cdots\cdots\cdots\cdots\cdots\cdots\cdots\cdots (1)$$

式中:

V——滴定试样耗用的三氯化钛标准滴定溶液的体积的数值,单位为毫升(mL);

c——三氯化钛标准滴定溶液的浓度的实际数值,单位为摩尔每升(mol/L);

m_1——试样质量的数值,单位为克(g);

M——诱惑红的摩尔质量的数值,单位为克每摩尔(g/mol)($M=496.42$)。

计算结果表示到小数点后 1 位。

5.3.1.6 允许差

取两次平行测定结果的算术平均值作为测定结果,两次平行测定结果的绝对差值不大于 1.0%。

5.3.2 分光光度比色法

5.3.2.1 方法提要

将试样与已知含量的诱惑红标准样品分别用水溶解后,在最大吸收波长处,分别测其吸光度,然后计算其含量的质量分数。

5.3.2.2 试剂

5.3.2.2.1 乙酸铵溶液:1.5 g/L;

5.3.2.2.2 诱惑红标准样品：含量（质量分数）≥85.0%（三氯化钛滴定法）。

5.3.2.3 仪器设备

5.3.2.3.1 分光光度计；

5.3.2.3.2 比色皿：10 mm。

5.3.2.4 诱惑红标准溶液的配制

称取约 0.5 g 诱惑红标准样品，精确到 0.000 2 g。溶于适量乙酸铵溶液中，移入 1 000 mL 容量瓶中，加乙酸铵溶液稀释至刻度，摇匀。吸取 10 mL，移入 500 mL 容量瓶中，加乙酸铵溶液稀释至刻度，摇匀。

5.3.2.5 诱惑红试样溶液的配制

称取约 0.5 g 诱惑红试样，精确到 0.000 2 g。以下同 5.3.2.4。

5.3.2.6 分析步骤

将诱惑红标准溶液和诱惑红试样溶液分别置于 10 mm 比色皿中，同在（499±2）nm 波长处用分光光度计测定各自的吸光度，以乙酸铵溶液作参比液。

5.3.2.7 结果计算

诱惑红含量的质量分数 w_2，数值以%表示，按式（2）计算：

$$w_2 = \frac{A}{A_s} \times w_s \quad\cdots\cdots\cdots\cdots\cdots\cdots\cdots\cdots（2）$$

式中：

A——诱惑红试验溶液的吸光度；

A_s——诱惑红标准样品溶液的吸光度；

w_s——诱惑红标准样品含量的质量分数（三氯化钛滴定法）数值，用%表示。

计算结果表示到小数点后 1 位。

5.3.2.8 允许差

取两次平行测定结果的算术平均值作为测定结果，两次平行测定结果的绝对差值不大于 1.0%。

5.4 干燥减量的测定

5.4.1 分析步骤

称取约 2 g 试样，精确至 0.001 g。置于已质量恒定的 ϕ（30~40）mm 称量瓶中，在（135±2）℃恒温烘箱中烘至质量恒定。

5.4.2 结果计算

干燥减量的质量分数 w_3，数值以%表示，按式（3）计算：

$$w_3 = \frac{m_2 - m_3}{m_2} \times 100 \quad\cdots\cdots\cdots\cdots\cdots\cdots\cdots\cdots（3）$$

式中：

m_2——试样干燥前的质量，单位为克（g）；

m_3——干燥至质量恒定的试样的质量，单位为克（g）。

计算结果表示到小数点后 1 位。

5.4.3 允许差

取两次平行测定结果的算术平均值作为测定结果，两次平行测定结果的绝对差值不大于 0.2%。

5.5 氯化物（以 NaCl 计）及硫酸盐（以 Na_2SO_4 计）含量的测定

5.5.1 氯化物（以 NaCl 计）含量的测定

5.5.1.1 试剂和材料

5.5.1.1.1 硝基苯；

5.5.1.1.2 活性炭；

5.5.1.1.3 硝酸溶液:1+1;

5.5.1.1.4 硝酸银溶液:$c(AgNO_3)=0.1\ mol/L$;

5.5.1.1.5 硫酸铁铵溶液;

配制方法:称取 14 g 硫酸铁铵,溶于 100 mL 水中,过滤,加硝酸溶液 10 mL,贮存于棕色瓶中。

5.5.1.1.6 硫氰酸铵标准滴定溶液:$c(NH_4CNS)=0.1\ mol/L$。

5.5.1.2 试验溶液的配制

称取约 2 g 试样,精确至 0.001 g。溶于 150 mL 水中,加活性炭 10 g,温和煮沸(2~3)min。冷却至室温,加入硝酸溶液 1 mL,不断摇动均匀,放置 30 min(其间不时摇动)。用干燥滤纸过滤。如滤液有色,则再加活性炭 2 g,不时摇动下放置 1 h,再用干燥滤纸过滤(如仍有色则更换活性炭重复操作至滤液无色)。每次以水 10 mL 洗活性炭三次,滤液合并并移至 250 mL 容量瓶中,加水至刻度,摇匀。用于氯化物和硫酸盐含量的测定。

5.5.1.3 分析步骤

移取 50 mL 试验溶液,置于 500 mL 锥形瓶中,加硝酸溶液 2 mL 和硝酸银溶液 10 mL(氯化物含量多时要多加些)及硝基苯 5 mL,剧烈摇动到氯化银凝结,加入硫酸铁铵溶液 1 mL,用硫氰酸铵标准滴定溶液滴定过量的硝酸银到终点并保持 1 min,同时以同样方法做一空白试验。

5.5.1.4 结果计算

氯化物(以 NaCl 计)的质量分数 w_4,数值以%表示,按式(4)计算:

$$w_4=\frac{[(V_1-V)/1\ 000]\times c\times M}{m_4\times(50/250)}\times 100 \quad\cdots\cdots\cdots\cdots\cdots\cdots(4)$$

式中:

V——滴定试样耗用硫氰酸铵标准滴定溶液的体积,单位为毫升(mL);

V_1——滴定空白溶液耗用硫氰酸铵标准滴定溶液的体积,单位为毫升(mL);

c——硫氰酸铵标准滴定溶液浓度,单位为摩尔每升(mol/L);

m_4——试样质量,单位为克(g);

M——氯化钠的摩尔质量,单位为克每摩尔(g/mol)($M=58.4$)。

计算结果表示到小数点后 1 位。

5.5.1.5 允许差

取两次平行测定结果的算术平均值作为测定结果,两次平行测定结果的绝对差值不大于 0.3%。

5.5.2 硫酸盐(以 Na₂SO₄ 计)含量的测定

5.5.2.1 试剂

5.5.2.1.1 氢氧化钠溶液:0.2 g/L;

5.5.2.1.2 盐酸溶液:1+99;

5.5.2.1.3 氯化钡标准滴定溶液:$c(1/2BaCl_2)=0.1\ mol/L$(配制方法见规范性附录 B);

5.5.2.1.4 酚酞指示液:10 g/L;

5.5.2.1.5 玫瑰红酸钠指示液:称取 0.1 g 玫瑰红酸钠,溶于 10 mL 水中(现用现配)。

5.5.2.2 分析步骤

吸取 25 mL 试验溶液(5.5.1.2),置于 250 mL 锥形瓶中,加 1 滴酚酞指示液,滴加氢氧化钠溶液呈粉红色,然后滴加盐酸溶液到粉红色消失,摇匀,溶解后不断摇动下用氯化钡标准滴定溶液滴定,以玫瑰红酸钠指示液作液外指示,在滤纸上呈现玫瑰红色斑点保持 2 min 不褪为终点。

同时以相同方法做空白试验。

5.5.2.3 结果计算

硫酸盐(以 Na₂SO₄ 计)的质量分数 w_5,数值以%表示,按式(5)计算:

$$w_5=\frac{(V_1-V_2)/1\ 000\times c\times(M/2)}{m_4\times(25/250)}\times 100 \quad\cdots\cdots\cdots\cdots\cdots\cdots(5)$$

式中：

V_1——滴定试验溶液耗用氯化钡标准滴定溶液的体积的数值,单位为毫升(mL);

V_2——滴定空白溶液耗用氯化钡标准滴定溶液的体积的数值,单位为毫升(mL);

c——氯化钡标准滴定溶液浓度的实际数值,单位为摩尔每升(mol/L);

M——硫酸钠的摩尔质量的数值,单位为克每摩尔(g/mol)($M=142.04$);

m_4——试样的质量的数值,单位为克(g)。

计算结果表示到小数点后1位。

5.5.2.4 允许差

取两次平行测定结果的算术平均值作为测定结果,两次平行测定结果的绝对差值不大于0.2%。

5.5.3 氯化物(以 NaCl 计)及硫酸盐(以 Na₂SO₄ 计)的含量总和的结果计算

氯化物(以 NaCl 计)及硫酸盐(以 Na₂SO₄ 计)含量的质量分数总和 w_6,数值以%表示,按式(6)计算：

$$w_6 = w_4 + w_5 \qquad\qquad\qquad (6)$$

式中：

w_4——氯化物(以 NaCl 计)的质量分数,用%表示;

w_5——硫酸盐(以 Na₂SO₄ 计)的质量分数,用%表示。

计算结果表示到小数点后1位。

5.6 水不溶物含量的测定

5.6.1 仪器

5.6.1.1 G4 玻璃砂芯坩埚;

5.6.1.2 恒温烘箱。

5.6.2 分析步骤

称取约 3 g 试样,精确至 0.001 g。置于 500 mL 烧杯中,加入(50~60)℃水 250 mL,使之溶解,用已在(135±2)℃烘至质量恒定的玻璃砂芯坩埚过滤,并用热水充分洗涤到洗涤液无色,在(135±2)℃恒温烘箱中烘至质量恒定。

5.6.3 结果计算

水不溶物的质量分数 w_7,数值以%表示,按式(7)计算：

$$w_7 = \frac{m_6}{m_5} \times 100 \qquad\qquad\qquad (7)$$

式中：

m_5——试样的质量,单位为克(g);

m_6——干燥后水不溶物的质量,单位为克(g)。

计算结果表示到小数点后2位。

5.6.4 允许差

取两次平行测定结果的算术平均值作为测定结果,两次平行测定结果的绝对差值不大于0.05%。

5.7 低磺化副染料含量的测定

5.7.1 试剂

5.7.1.1 甲醇;

5.7.1.2 乙酸铵溶液:7.8 g/L。

5.7.2 仪器设备

5.7.2.1 液相色谱仪:输液泵——流量范围(0.1~5.0)mL/min,在此范围内其流量稳定性为±1%;
检测器——多波长紫外分光检测器或具有同等性能的紫外分光检测器;

5.7.2.2 色谱柱:长为 150 mm,内径为 4.6 mm 的不锈钢柱,固定相为 C₁₈、粒径 5 μm;

5.7.2.3 数据处理机:色谱工作站或满量程(1～5)mV 记录仪;

5.7.2.4 超声波发生器;

5.7.2.5 定量环:20 μL。

5.7.3 色谱分析条件

5.7.3.1 检测波长:515 nm;

5.7.3.2 柱温:40℃;

5.7.3.3 流动相:a) 乙酸铵溶液;b) 甲醇;

概度梯度:50 min 线性浓度梯度从 A:B(100:0)至 A:B(0:100);

5.7.3.4 流量:1 mL/min;

5.7.3.5 进样量:20 μL。

可根据仪器不同,选择最佳分析条件,流动相应摇匀后用超声波发生器进行脱气。

5.7.4 试验溶液的配制

称取约 0.01 g 诱惑红试样,精确至 0.000 2 g。加乙酸铵溶液溶解并定容至 100 mL。

5.7.5 标准溶液的配制

称取置于真空干燥器中干燥 24 h 后的克力西丁磺酸偶氮 β-萘酚约 0.01 g,精确至 0.000 2 g。溶于 5 mL 甲醇后,用乙酸铵溶液定容至 100 mL。另外称取置于真空干燥器中干燥 24 h 后的克力西丁偶氮 薛佛氏酸盐约 0.01 g,精确至 0.000 2 g。用乙酸铵溶液溶解并定容至 100 mL。分别吸取上述溶液各 10 mL,并分别用乙酸铵溶液定容至 100 mL,以此作为溶液 A 和溶液 B。然后分别吸取 10.0 mL、 5.0 mL、2.0 mL、1.0 mL 上述溶液 A 和溶液 B,分别用乙酸铵溶液定容至 100 mL。作为系列标准 溶液。

5.7.6 分析步骤

在 5.7.3 规定的测试条件下,分别用微量注射器吸取试验溶液及标准溶液注入并充满定量环进行 色谱检测,待最后一个组分流出完毕,进行结果处理。测定各标准溶液物质的峰面积,绘制成标准曲线。 测定试验溶液中克力西丁磺酸偶氮 β 萘酚和克力西丁偶氮薛佛氏酸盐的峰面积,根据标准曲线求出各 自物质的量,再求其合值。

5.8 高磺化副染料含量的测定

5.8.1 试剂

同本标准的 5.7.1。

5.8.2 仪器设备

同本标准 5.7.2。

5.8.3 色谱分析条件

同本标准的 5.7.3。

5.8.4 试验溶液的配制

同本标准的 5.7.4。

5.8.5 标准溶液的配制

分别称取置于真空干燥器中干燥 24 h 后的克力西丁磺酸偶氮 G 盐和克力西丁磺酸偶氮 R 盐约 0.01 g,精确至 0.000 2 g,分别用乙酸铵溶液溶解并定容至 100 mL。分别吸取上述溶液各 10 mL,并分 别用乙酸铵溶液定容至 100 mL,以此作为溶液 A 和溶液 B。然后再分别吸取 10.0 mL、5.0 mL、 2.0 mL、1.0 mL 上述溶液 A 和溶液 B,用乙酸铵溶液定容至 100 mL。作为系列标准溶液。

5.8.6 分析步骤

在 5.7.3 规定的测试条件下,分别用微量注射器吸取试验溶液及标准溶液注入并充满定量环进行 色谱检测,待最后一个组分流出完毕,进行结果处理。测定各标准溶液物质的峰面积,制成标准曲线。 测定试验溶液中克力西丁磺酸偶氮 G 盐和克力西丁磺酸偶氮 R 盐的峰面积,根据标准曲线求出各自物 质的量,再求其合值。

5.9 6-羟基-5-[(2-甲氧基-5-甲基-4-磺基苯)偶氮]-8-(2-甲氧基-5-甲基-4-磺基苯氧基)-2-萘磺酸二钠盐含量的测定

5.9.1 试剂

同本标准的 5.7.1。

5.9.2 仪器设备

同本标准的 5.7.2。

5.9.3 色谱分析条件

同本标准的 5.7.3。

5.9.4 试验溶液的配制

同本标准的 5.7.4。

5.9.5 标准溶液的配制

称取置于真空干燥器中干燥 24 h 后的 6-羟基-5-[(2-甲氧基-5-甲基-4-磺基苯)偶氮]-8-(2-甲氧基-5-甲基-4-磺基苯氧基)-2-萘磺酸二钠盐约 0.01 g,精确至 0.000 2 g。用乙酸铵溶液溶解并定容至 100 mL。吸取该溶液 10 mL,用乙酸铵溶液定容至 100 mL,以此作为溶液 A,再分别吸取 10.0 mL、5.0 mL、2.0 mL、1.0 mL 上述溶液 A,用乙酸铵溶液定容至 100 mL。作为系列标准溶液。

5.9.6 测试方法

在 5.7.3 规定的测试条件下,分别用微量注射器吸取试验溶液及标准溶液注入并充满定量环进行色谱检测,待最后一个组分流出完毕,测定标准溶液物质的峰面积,绘制成标准曲线。测定试验溶液中该物质的峰面积,根据标准曲线求出此物质的量。

5.10 6-羟基-2-萘磺酸钠含量的测定

5.10.1 试剂

同本标准的 5.7.1。

5.10.2 仪器设备

同本标准的 5.7.2。

5.10.3 色谱分析条件

除检测波长为 290 nm 外,其他条件同本标准的 5.7.3。

5.10.4 试验溶液的配制

同本标准的 5.7.4。

5.10.5 标准溶液的配制

称取置于真空干燥器中干燥 24 h 后的 6-羟基-2-萘磺酸钠约 0.01 g,精确至 0.000 2 g。用乙酸铵溶液溶解并定容至 100 mL。吸取上述溶液 10 mL,用乙酸铵溶液定容至 100 mL,此液作为溶液 A。然后再分别吸取 3.0 mL、2.0 mL、1.0 mL 上述溶液 A,用乙酸铵溶液定容至 100 mL,作为系列标准溶液。

5.10.6 分析步骤

在 5.10.3 规定的测试条件下,分别用微量注射器吸取试验溶液及标准溶液注入并充满定量环进行色谱检测,待最后一个组分流出完毕,测定各标准溶液中 6-羟基-2-萘磺酸钠的峰面积,绘制成标准曲线。测定试验溶液中 6-羟基-2-萘磺酸钠的峰面积,根据标准曲线求出此物质的量。

5.11 4-氨基-5-甲氧基-2-甲基苯磺酸含量的测定

5.11.1 试剂

同本标准的 5.7.1。

5.11.2 仪器设备

同本标准的 5.7.2。

5.11.3 色谱分析条件

同本标准的 5.10.3。

5.11.4 试验溶液的配制

同本标准的 5.7.4。

5.11.5 标准溶液的配制

称取置于真空干燥器中干燥 24 h 后的 4-氨基-5-甲氧基-2-甲基苯磺酸约 0.01 g,精确至 0.000 2 g。用乙酸铵溶液溶解并定容至 100 mL。吸取上述溶液 10 mL,用乙酸铵溶液定容至 100 mL 作为溶液 A。然后再分别吸取 10.0 mL、5.0 mL、2.0 mL、1.0 mL 溶液 A,用乙酸铵溶液定容至 100 mL,作为系列标准溶液。

5.11.6 分析步骤

在 5.10.3 规定的测试条件下,分别用微量注射器吸取试验溶液及标准溶液注入并充满定量环进行色谱检测,待最后一个组分流出完毕,测定各标准溶液中 4-氨基-5-甲氧基-2-甲基苯磺酸的峰面积,制成标准曲线。测定试验溶液中 4-氨基-5-甲氧基-2-甲基苯磺酸的峰面积,根据标准曲线求出此物质的量。

5.12 6,6′-氧代-双(2-萘磺酸)二钠盐含量的测定

5.12.1 试剂

同本标准的 5.7.1。

5.12.2 仪器

同本标准的 5.7.2。

5.12.3 色谱分析条件

同本标准的 5.10.3。

5.12.4 试验溶液的配制

同本标准的 5.7.4。

5.12.5 标准溶液的配制

称取置于真空干燥器中干燥 24 h 后的 6,6′-氧代-双(2-萘磺酸)二钠盐约 0.01 g,精确至 0.000 2 g,用乙酸铵溶液溶解并定容至 100 mL。吸取上述溶液 10 mL,用乙酸铵溶液定容至 100 mL 作为溶液 A。然后再分别吸取 10.0 mL、5.0 mL、2.0 mL、1.0 mL 溶液 A,用乙酸铵溶液定容至 100 mL,作为系列标准溶液。

5.12.6 分析步骤

在 5.10.3 规定的测试条件下,分别用微量注射器吸取量取试验溶液及标准溶液注入并充满定量环进行色谱检测,待最后一个组分流出完毕,测定各标准溶液中 6,6′-氧代-双(2-萘磺酸)二钠盐的峰面积,绘制成标准曲线。测定试验溶液中 6,6′-氧代-双(2-萘磺酸)二钠盐的峰面积,根据标准曲线求出此物质的量。

5.13 未磺化芳族伯胺(以苯胺计)总含量的测定

5.13.1 试剂和材料

5.13.1.1 乙酸乙酯;

5.13.1.2 盐酸溶液:1+10;

5.13.1.3 盐酸溶液:1+3;

5.13.1.4 溴化钾溶液:500 g/L;

5.13.1.5 碳酸钠溶液:200 g/L;

5.13.1.6 氢氧化钠溶液:40 g/L;

5.13.1.7 氢氧化钠溶液:4 g/L;

5.13.1.8 R 盐溶液:20 g/L{0.05 N};

5.13.1.9 亚硝酸钠溶液:3.52 g/L{0.05 N};

5.13.1.10 苯胺标准溶液:0.100 0 g/L。

配制:用小烧杯称取 0.500 0 g 新蒸馏的苯胺,移至 500 mL 容量瓶中,以 150 mL 盐酸溶液

(4.13.1.3)分三次洗涤烧杯,并入 500 mL 容量瓶中,水稀释至刻度。移取 25 mL 该溶液至另一 250 mL 容量瓶中,水定容。此溶液苯胺浓度为 0.100 0 g/L。

5.13.2 仪器设备

5.13.2.1 可见分光光度计;

5.13.2.2 比色皿:40 mm。

5.13.3 试样萃取溶液的配制

称取约 2.0 g 试样于 150 mL 烧杯中,精确至 0.001 g。加 100 mL 水和 5 mL(5.13.1.6)氢氧化钠溶液,在温水浴中搅拌至完全溶解。将此溶液移入分液漏斗中,少量水洗净烧杯。每次以 50 mL 乙酸乙酯萃取两次,合并萃取液。以 10 mL 氢氧化钠溶液(5.13.1.7)洗涤乙酸乙酯萃取液,除去痕量色素。再每次以 10 mL 盐酸溶液(5.13.1.3)对乙酸乙酯溶液反萃取三次。合并该盐酸萃取液,然后用水稀释至 100 mL,摇匀。此溶液为试样萃取溶液。

5.13.4 标准对照溶液的制备

吸取 2.0 mL 苯胺标准溶液至 100 mL 容量瓶中,用盐酸溶液(5.13.1.2)稀释至刻度,混合均匀。

吸取该稀释液 10 mL,移入透明洁净的试管中,浸入盛有冰水混合物的烧杯内冷却 10 min。在试管中加入溴化钾溶液 1 mL 及亚硝酸溶液 0.5 mL,稍用力摇匀后仍置于冰水浴中冷却 10 min,进行重氮化反应。另取一个 25 mL 容量瓶移入 R 盐溶液 1 mL 和碳酸钠溶液 10 mL。将上述试管中的苯胺重氮盐溶液加至盛有 R 盐溶液的容量瓶中,边加边略振摇容量瓶,用少许水洗净试管一并加入容量瓶中,再以水定容至。充分混匀后在暗处放置 15 min。该溶液为对照溶液。

5.13.5 测试溶液的制备

吸取试样萃取溶液 10 mL,按本标准的 5.13.4 相同方法进行重氮化和偶合,配制测试溶液。

5.13.6 参比溶液的制备

吸取盐酸溶液(5.13.1.2)10 mL、碳酸钠溶液 10 mL 及 R 盐溶液 1 mL 于 25 mL 容量瓶中,水定容。该溶液为参比溶液。

5.13.7 分析步骤

将标准对照溶液和测试溶液分别置于比色皿中,在 510 nm 波长处用分光光度计测定各自的吸光度 A_0、A_1,以参比溶液(5.13.6)作参比。

5.13.8 结果

$A_1 \leqslant A_0$ 即为合格。

5.14 砷(以 As 计)含量的测定

5.14.1 试剂

5.14.1.1 硝酸;

5.14.1.2 硫酸溶液:1+1;

5.14.1.3 硝酸-高氯酸混合溶液:3+1;

5.14.1.4 砷(As)标准溶液(0.001 mg/mL):取 0.1 mg/mL 的砷(As)标准溶液 1 mL 于 100 mL 容量瓶中,稀释至刻度。每 1 mL 相当 0.001 mg 砷。

5.14.2 仪器

按 GB/T 5009.76 中 10 的装置。

5.14.3 分析步骤

称取约 1 g 实验室样品,精确至 0.001 g。置于圆底烧瓶中,加硝酸 1.5 mL 和硫酸 5 mL,用小火加热赶出二氧化氮气体,溶液变成棕色,停止加热,放冷后加入硝酸-高氯酸混合液 5 mL,强火加热溶液至透明无色或微黄色,如仍不透明,放冷后再补加硝酸-高氯酸混合溶液 5 mL,继续加热至溶液澄清无色或微黄色并产生白烟,停止加热,放冷后加水 5 mL 加热至沸,除去残余的硝酸-高氯酸(必要时可再加水煮沸一次),继续加热至发生白烟,并将白烟赶净,保持 10 min,放冷后移入 100 mL 锥形瓶中,以下按

GB/T 5009.76—2003 中第 11 章规定进行测定。

5.15 重金属（以 Pb 计）含量的测定

5.15.1 试剂

5.15.1.1 硫酸；

5.15.1.2 盐酸；

5.15.1.3 盐酸溶液:1+3；

5.15.1.4 乙酸溶液:1+3；

5.15.1.5 氨水溶液:1+2；

5.15.1.6 硫化钠溶液:100 g/L；

5.15.1.7 铅(Pb)标准溶液(0.01 mg/mL):取 0.1 mg/mL 的铅(Pb)标准溶液 10 mL 于 100 mL 容量瓶中,稀释至刻度。

5.15.2 仪器设备

5.15.2.1 白金（石英或瓷）坩埚；

5.15.2.2 定性滤纸；

5.15.2.3 纳氏比色管。

5.15.3 试料溶液及空白试验溶液的配制

称取约 2.5 g 试样,精确至 0.001 g。置于用白金制(石英制或瓷制)坩埚中,加少量硫酸润湿,缓慢灼烧,尽量在低温下使之几乎全部灰化,再加硫酸 1 mL,逐渐加热至硫酸蒸气不再发生。放入电炉中,在(450～550)℃灼烧至灰化,然后放冷。加盐酸 3 mL,摇匀,再加水 7 mL 摇匀,用定性滤纸过滤。用盐酸溶液 5 mL 及水 5 mL 洗涤滤纸上的残留物,将洗液和滤液合并,加水配至 50 mL,作为试料溶液。

用同样方法不加试料配制为空白试验溶液。

5.15.4 试验溶液的配制

量取 20 mL 试料溶液,放入纳氏比色管中,滴一滴酚酞,滴加氨水溶液(同时振摇)至溶液呈红色,再加乙酸溶液 2 mL(如有浑浊则过滤,并用水洗滤纸),加水至刻度,作为试验溶液。

5.15.5 标准比色溶液的配制

量取 20 mL 空白试验溶液,放入纳氏比色管中,移入铅标准溶液 1.0 mL,滴一滴酚酞,以下配制方法同试验溶液(5.15.4),作为标准比色溶液。

5.15.6 分析步骤

在试验溶液(5.15.4)和标准比色溶液(5.15.5)中分别加入硫化钠溶液 2 滴,摇匀,在暗处放置 5 min 后进行观察,用空白试验溶液进行比较,试验溶液的颜色不得深于标准比色溶液。

5.16 铅（以 Pb 计）含量的测定

5.16.1 试剂

同本标准的 5.15.1。

5.16.2 仪器

同本标准 5.15.2。

5.16.3 试验溶液的配制

同本标准的 5.15.3、5.15.4。

5.16.4 标准比色溶液的配制

同本标准 5.15.5。

5.16.5 分析步骤

在试验溶液(5.16.3)和标准比色溶液(5.16.4)中分别加入硫化钠溶液 2 滴,摇匀,在暗处放置 5 min 后进行观察,用空白试验溶液进行比较,试验溶液的颜色不得深于标准比色溶液。

6 检验规则

6.1 组批

以批为单位(以一次拼混的均匀产品为一批)。

6.2 采样

瓶装产品采样应从每批包装产品箱总数中选取 10％箱,再从抽出的箱中选取 10％瓶,在每瓶的中心处取出不少于 50 g 的样品,取样时应小心,不使外界杂质落入产品中,将所取样品迅速混匀后从中取约 100 g,分别装于二个清洁干燥的磨口玻璃瓶中,并用石蜡密封,注明生产厂名、产品名称、批号、生产日期,一瓶供检验,一瓶留样备查。

6.3 检验

按本标准第 4 章的要求,逐批、全项目检验。

6.4 判定规则与复验

若检验结果有任何一项不符合本标准要求时,应重新自该批产品中取双倍试料,对该不合格项目进行复验,若复验结果符合本标准要求时,则判该批产品为合格,反之,则判该批产品为不合格。

7 标志、包装、运输、贮存

7.1 标志

每一瓶(袋、桶)出厂产品,应有明显的标识,内容包括:"食品添加剂"字样、产品名称、生产厂名和地址、生产许可证编号及标志、卫生许可证编号、产品标准号和标准名称、保质期、生产日期和批号、净含量、使用说明。

7.2 包装

使用食用级聚乙烯塑料瓶或其他符合食品和药品包装要求的材料包装,外套纸箱固封。包装形式可由制造厂商与用户协商确定。

7.3 运输

运输时必须防雨、防潮、防晒,不得与有毒、有害等其他物资混装、混运、一起堆放。

7.4 贮存

7.4.1 本产品贮存在干燥、通风、阴凉的专用仓库内,防止污染。

7.4.2 在包装完整、未启封的情况下,自生产之日起保质期为 5 年。逾期重新检验是否符合本标准要求,合格仍可使用。

附 录 A

（规范性附录）

三氯化钛标准滴定溶液的配制方法

A.1 试剂

A.1.1 盐酸；

A.1.2 硫酸亚铁铵；

A.1.3 硫氰酸铵溶液：200 g/L；

A.1.4 硫酸溶液：1+1；

A.1.5 三氯化钛溶液；

A.1.6 重铬酸钾标准滴定溶液：$\left[c\left(\dfrac{1}{6}K_2Cr_2O_7\right)=0.1\ mol/L\right]$，按 GB/T 601 配制与标定。

A.2 仪器

见本标准图 1。

A.3 三氯化钛标准滴定溶液的配制

A.3.1 配制

取三氯化钛溶液 100 mL 和盐酸 75 mL 置于 1 000 mL 棕色容量瓶中，用新煮沸并已冷却到室温的水稀释至刻度，摇匀，立即倒入避光的下口瓶中，在二氧化碳气体保护下贮藏。

A.3.2 标定

称取 3 g 硫酸亚铁铵，精确至 0.2 mg，置于 500 mL 锥形瓶中，在二氧化碳气流保护作用下，加入新煮沸并已冷却的水 50 mL，使其溶解，再加入硫酸溶液 25 mL，继续在液面下通入二氧化碳气流作保护，迅速准确加入重铬酸钾标准滴定溶液 35 mL，然后用需标定的三氯化钛标准溶液滴定到接近计算量终点，立即加入硫氰酸铵溶液 25 mL，并继续用需标定的三氯化钛标准溶液滴定到红色转变为绿色，即为终点。整个滴定过程应在二氧化碳气流保护下操作，同时做一空白试验。

A.3.3 结果计算

三氯化钛标准溶液浓度的实际数值 $c(TiCl_3)$，单位以摩尔每升（mol/L）表示，按式（A.1）计算：

$$c(TiCl_3)=\frac{V_1\times c_1}{V_2-V_3} \qquad\qquad\cdots\cdots\cdots\cdots\cdots\cdots\cdots\cdots\cdots（A.1）$$

式中：

V_1——重铬酸钾标准滴定溶液（A.1.6）的体积的数值，单位为毫升（mL）；

V_2——滴定被重铬酸钾标准溶液 $\left[c\left(\dfrac{1}{6}K_2Cr_2O_7\right)=0.1\ mol/L\right]$ 氧化成高钛所用去的三氯化钛溶液的体积的数值，单位为毫升（mL）；

V_3——滴定空白用去三氯化钛溶液的体积的数值，单位为毫升（mL）；

c_1——重铬酸钾标准滴定溶液浓度的实际数值，单位为摩尔每升（mol/L）。

计算结果表示到小数点后 4 位。

以上标定需在分析样品时即时标定。

附 录 B

（规范性附录）

氯化钡标准溶液的配制方法

B.1 试剂

B.1.1 氯化钡；

B.1.2 硫酸标准滴定溶液：$c\left(\dfrac{1}{2}H_2SO_4\right)=0.1\ mol/L$，按 GB/T 601 配制与标定；

B.1.3 氨水；

B.1.4 玫瑰红酸钠指示液（称取 0.1 g 玫瑰红酸钠，溶于 10 mL 水中，现用现配）；

B.1.5 广泛 pH 试纸。

B.2 配制

称取氯化钡 12.25 g，溶于 500 mL 水，移入 1 000 mL 容量瓶中，稀释至刻度，摇匀。

B.3 标定方法

吸取硫酸标准滴定溶液 20 mL，加水 50 mL，并用氨水中和到广泛 pH 试纸为 8，然后用氯化钡标准滴定溶液滴定，以玫瑰红酸钠指示液作液外指示，在滤纸上呈现玫瑰红色斑点保持 2 min 不褪为终点。

B.4 结果计算

氯化钡标准滴定溶液浓度的实际数值 $c\left(\dfrac{1}{2}BaCl_2\right)$，单位以摩尔每升（mol/L）表示，按式（B.1）计算：

$$c\left(\frac{1}{2}BaCl_2\right)=\frac{V\times c}{V_1} \quad\cdots\cdots\cdots\cdots\cdots\cdots\cdots\cdots\cdots\cdots\cdots（B.1）$$

式中：

V——硫酸标准滴定溶液（B.1.2）的体积的数值，单位为毫升（mL）；

c——硫酸标准滴定溶液浓度的实际数值，单位为摩尔每升（mol/L）；

V_1——氯化钡标准滴定溶液体积的数值，单位为毫升（mL）。

计算结果表示到小数点后 4 位。

ICS 67.220.20
X 42

中华人民共和国国家标准

GB 17511.2—2008
代替 GB 17511.2—1998

食品添加剂　诱惑红铝色淀

Food additive—Allura red aluminum lake

2008-06-25 发布

2009-01-01 实施

中华人民共和国国家质量监督检验检疫总局
中国国家标准化管理委员会 发布

前　言

本标准的 4.2,7.1 为强制性,其余为推荐性。

本标准与日本《食品添加物公定书》第七版(1999)(食用赤色 40 号铝色淀)一致性程度为非等效。

本标准代替 GB 17511.2—1998《食品添加剂　诱惑红铝色淀》。

本标准与 GB 17511.2—1998 相比,主要变化如下:

——含量指标项目由原标准的以色酸计修改为以钠盐计,与日本《食品添加物公定书》第七版 (1999)(食用赤色 40 号铝色淀)的指标项目一致(1998 版的 3.2,本版的 4.2);

——分光光度比色法平行测定的允许差由 2% 修改为 1.0%(1998 版的 4.3.2.8,本版的 5.3.2.8);

——将未磺化芳族伯胺(以苯胺计)总含量的测定方法由液相色谱法修改为化学分析法(1998 版的 4.13,本版的 5.12);

——取消了氯化物(以 NaCl 计)及硫酸盐(以 Na_2SO_4 计)指标项目,与日本《食品添加物公定书》第 七版(1999)(食用赤色 40 号铝色淀)的指标项目一致;

——重金属(以 Pb 计)含量的测定修改为"湿法消解"处理试样(1998 版的 4.15,本版的 5.14);

——钡(以 Ba 计)含量的测定修改为硫酸钡沉淀限量比色法(1998 版的 4.17,本版的 5.16);

——检验规则、标志、包装、运输、贮存等条款作了修改(1998 版的第 5 章、第 6 章,本版的第 6 章、 第 7 章)。

本标准的附录 A 为规范性附录。

本标准由中国石油和化学工业协会提出。

本标准由全国染料标准化技术委员会(SAC/TC 134)和全国食品添加剂标准化技术委员会 (SAC/TC 11)归口。

本标准起草单位:上海染料研究所有限公司、天津多福源实业有限公司、沈阳化工研究院。

本标准主要起草人:金小敏、李子会、蒲爱军、叶英青、邓松培、刁雯蓉。

本标准于 1998 年首次发布。

食品添加剂　诱惑红铝色淀

1　范围

本标准规定了食品添加剂诱惑红铝色淀的要求、试验方法、检验规则以及标志、包装、运输、贮存。

本标准适用于由食品添加剂诱惑红和氢氧化铝作用生成的颜料色淀，本品可添加于食品、药品、化妆品中，作着色剂用。

2　规范性引用文件

下列文件中的条款通过本标准的引用而成为本标准的条款。凡是注日期的引用文件，其随后所有的修改单(不包括勘误的内容)或修订版均不适用于本标准，然而，鼓励根据本标准达成协议的各方研究是否可使用这些文件的最新版本。凡是不注日期的引用文件，其最新版本适用于本标准。

GB/T 601　化学试剂　标准滴定溶液的制备

GB/T 602　化学试剂　杂质测定用标准溶液的制备

GB/T 603　化学试剂　试验方法中所用制剂及制品的制备

GB/T 5009.76—2003　食品添加剂中砷含量的测定

GB/T 6682—2008　实验室用水规格和试验方法(ISO 3696:1987,MOD)

GB 17511.1—2008　食品添加剂　诱惑红

3　分子式和相对分子质量

分子式：$C_{18}H_{14}N_2Na_2O_8S_2$

相对分子质量：496.42(按 2007 年国际相对原子质量)

4　要求

4.1　外观

红色粉末。

4.2　技术要求

食品添加剂诱惑红铝色淀应符合表 1 规定。

表 1　食品添加剂诱惑红铝色淀的要求

项　目		指　标
诱惑红铝色淀(以钠盐计)，$w/\%$	≥	10.0
干燥减量，$w/\%$	≤	30.0
盐酸和氨水中不溶物，$w/\%$	≤	0.5
低磺化副染料，$w/\%$	≤	1.0
高磺化副染料，$w/\%$	≤	1.0
6-羟基-5-[(2-甲氧基-5-甲基-4-磺基苯)偶氮]-8-(2-甲氧基-5-甲基-4-磺基苯氧基)-2-萘磺酸二钠盐，$w/\%$	≤	1.0
6-羟基-2-萘磺酸钠，$w/\%$	≤	0.3
4-氨基-5-甲氧基-2-甲基苯磺酸，$w/\%$	≤	0.2

表 1（续）

项　　　目		指　标
6,6′-氧代-双(2-萘磺酸)二钠盐，$w/\%$	≤	1.0
未磺化芳族伯胺(以苯胺计)总，$w/\%$	≤	0.01
砷(以 As 计)，$w/\%$	≤	0.000 3
重金属(以 Pb 计)，$w/\%$	≤	0.002
铅(以 Pb 计)，$w/\%$	≤	0.001
钡(以 Ba 计)，$w/\%$	≤	0.05

5 试验方法

本标准所用试剂和水，在没有注明其他要求时，均指分析纯试剂和 GB/T 6682 规定的三级水。试验中所需标准溶液、杂质标准溶液、制剂及制品在没有注明其他规定时，均按 GB/T 601、GB/T 602、GB/T 603 规定配制。

5.1 外观

在自然光线条件下用目视测定。

5.2 鉴别

5.2.1 试剂

5.2.1.1 硫酸；

5.2.1.2 硫酸溶液：1+19；

5.2.1.3 盐酸溶液：1+17；

5.2.1.4 氢氧化钠溶液：90 g/L；

5.2.1.5 乙酸铵溶液：1.5 g/L；

5.2.1.6 活性炭。

5.2.2 仪器

5.2.2.1 分光光度计；

5.2.2.2 比色皿：10 mm。

5.2.3 分析步骤

5.2.3.1 称取试样约 0.1 g。加硫酸 5 mL，在水浴中不时地摇动，加热约 5 min 时，溶液呈暗紫红色。冷却后，取上层澄清液(2～3)滴，加水 5 mL，溶液呈红色。

5.2.3.2 称取试样约 0.1 g。加硫酸溶液 5 mL，充分摇匀后，加乙酸铵溶液配至 100 mL，溶液不澄清时进行离心分离。然后取此液 1 mL～10 mL，加乙酸铵溶液配至 100 mL，使测定的吸光度在 0.2～0.7 范围内，此溶液的最大吸收波长为(499±2)nm。

5.2.3.3 称取试样约 0.1 g。加入盐酸溶液 10 mL，在水浴中加热，使大部分溶解。加活性炭 0.5 g，充分摇匀后过滤。取无色滤液，加氢氧化钠溶液中和后，呈现铝盐反应。

5.3 诱惑红铝色淀含量的测定

5.3.1 三氯化钛滴定法(仲裁法)

5.3.1.1 方法提要

在酸性介质中，染料中偶氮基被三氯化钛还原成隐色体，按三氯化钛标准滴定溶液的消耗量，计算其含量的质量分数。

5.3.1.2 试剂和材料

5.3.1.2.1 酒石酸氢钠。

5.3.1.2.2 三氯化钛标准滴定溶液：$c(TiCl_3)=0.1$ mol/L（现用现配，配制方法见规范性附录 A）。

5.3.1.2.3 钢瓶装二氧化碳。

5.3.1.3 仪器

见图 1。

5.3.1.4 分析步骤

称取一定量的试样（以使 0.1 mol/L 三氯化钛标准滴定溶液消耗量约 20 mL），精确至 0.000 2 g，置于 500 mL 锥形瓶中，加入酒石酸氢钠 25 g 和新煮沸水 200 mL，激烈振荡溶解后，按图 1 装好仪器，在液面下通入二氧化碳的同时，用三氯化钛标准滴定溶液滴定到其固有颜色消失为终点。

5.3.1.5 结果计算

诱惑红铝色淀（以钠盐计）含量的质量分数 w_1，数值以％表示，按式（1）计算：

$$w_1 = \frac{(V/1\,000) \times c \times (M/4)}{m_1} \times 100 = \frac{V \times c \times 12.41}{m_1} \quad\quad\quad\quad (1)$$

式中：

V——滴定试样耗用的三氯化钛标准滴定溶液的体积，单位为毫升(mL)；

c——三氯化钛标准滴定溶液的浓度，单位为摩尔每升(mol/L)；

m_1——试样的质量，单位为克(g)；

M——诱惑红铝色淀的摩尔质量，单位为克每摩尔(g/mol)($M=496.42$)。

计算结果表示到小数点后 1 位。

5.3.1.6 允许差

取两次平行测定结果的算术平均值作为测定结果，两次平行测定结果的绝对差值不大于 1.0％。

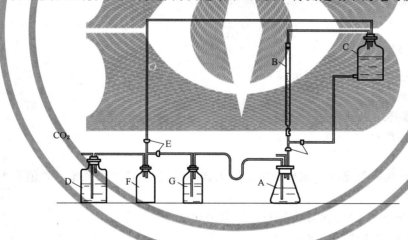

A——锥形瓶(500 mL)；

B——棕色滴定管(50 mL)；

C——包黑纸的下口玻璃瓶(2 000 mL)；

D——盛 100 g/L 碳酸铵和 100 g/L 硫酸亚铁等量混合液的容器(5 000 mL)；

E——活塞；

F——空瓶；

G——装有水的洗气瓶。

图 1 三氯化钛滴定法的装置图

5.3.2 分光光度比色法

5.3.2.1 方法提要

将试样与已知含量的诱惑红标准样品分别用水溶解后，在最大吸收波长处，分别测其吸光度，然后计算其含量的质量分数。

5.3.2.2 试剂

5.3.2.2.1 酒石酸氢钠；

5.3.2.2.2 乙酸铵溶液:1.5 g/L；

5.3.2.2.3 诱惑红标准样品:含量(质量分数)≥85.0%(三氯化钛滴定法)。

5.3.2.3 仪器设备

5.3.2.3.1 分光光度计；

5.3.2.3.2 比色皿:10 mm。

5.3.2.4 诱惑红标准试验溶液的配制

称取约 0.5 g 诱惑红标准样品,精确到 0.000 2 g。溶于适量乙酸铵溶液中,移入 1 000 mL 容量瓶中,加乙酸铵溶液稀释至刻度,摇匀。吸取 10 mL,移入 500 mL 容量瓶中,加乙酸铵溶液稀释至刻度,摇匀。

5.3.2.5 诱惑红铝色淀试验溶液的配制

称取一定量的试样(以使试验溶液的吸光度在 0.2～0.7 范围内为准),精确至 0.000 2 g。加入适量乙酸铵溶液,加入酒石酸氢钠 2 g,加热至(80～90)℃,溶解后移入 1 000 mL 容量瓶中,用乙酸铵溶液稀释至刻度,摇匀。吸取 10 mL 移入 500 mL 容量瓶中,再用乙酸铵溶液稀释至刻度,摇匀。

5.3.2.6 分析步骤

将诱惑红标准试验溶液和诱惑红铝色淀试验溶液分别置于 10 mm 比色皿中,同在(499±2)nm 波长处用分光光度计测定各自的吸光度,以乙酸铵溶液作参比液。

5.3.2.7 结果计算

诱惑红铝色淀含量的质量分数 w_2,数值以%表示,按式(2)计算:

$$w_2 = \frac{A}{A_s} \times w_s \qquad\qquad\qquad (2)$$

式中:

A——诱惑红铝色淀试验溶液的吸光度；

A_s——诱惑红标准试验溶液的吸光度；

w_s——诱惑红标准样品含量的质量分数,用%表示。

计算结果表示到小数点后 1 位。

5.3.2.8 允许差

取两次平行测定结果的算术平均值作为测定结果,两次平行测定结果的绝对差值不大于 1.0%。

5.4 干燥减量的测定

按 GB 17511.1—2008 中 4.4 的规定进行。结果的允许差不大于 0.5%。

5.5 盐酸和氨水中不溶物含量的测定

5.5.1 试剂

5.5.1.1 盐酸；

5.5.1.2 盐酸溶液:1+17；

5.5.1.3 氨水溶液:4+96；

5.5.1.4 硝酸银溶液:$c(AgNO_3)=0.1$ mol/L。

5.5.2 仪器设备

5.5.2.1 G4 玻璃砂芯坩埚；

5.5.2.2 恒温烘箱。

5.5.3 分析步骤

称取约 2 g 试样,精确至 0.001 g。置于 600 mL 烧杯中,加水 20 mL 和盐酸 20 mL,充分搅拌后加入热水 300 mL,搅拌,盖上表面皿,在(70～80)℃水浴中加热 30 min,冷却,用已在(135±2)℃烘至质量恒定的玻璃砂芯坩埚过滤,用水约 30 mL 将烧杯中的不溶物冲洗到坩埚中,至洗液无色后,先用氨水溶液 100 mL 洗涤,后用盐酸溶液 10 mL 洗涤,再用水洗涤到洗涤液用硝酸银溶液检验无白色沉淀,然后在(135±2)℃恒温烘箱中烘至质量恒定。

5.5.4 结果计算

盐酸和氨水中不溶物的质量分数 w_3,数值以％表示,按式(3)计算:

$$w_3 = \frac{m_2}{m_3} \times 100 \qquad\qquad\qquad (3)$$

式中:

m_3——试样质量,单位为克(g);

m_2——干燥后水不溶物的质量,单位为克(g)。

计算结果表示到小数点后 2 位。

5.5.5 允许差

取两次平行测定结果的算术平均值作为测定结果,两次平行测定结果的绝对差值不大于 0.05％。

5.6 低磺化副染料含量的测定

5.6.1 试剂

5.6.1.1 甲醇;

5.6.1.2 硫酸溶液:1+99;

5.6.1.3 乙酸铵溶液:7.8 g/L。

5.6.2 仪器设备

5.6.2.1 液相色谱仪:输液泵——流量范围(0.1～5.0)mL/min,在此范围内其流量稳定性为±1％;
　　　　　检测器——多波长紫外分光检测器或具有同等性能的紫外分光检测器;

5.6.2.2 色谱柱:长为 150 mm,内径为 4.6 mm 的不锈钢柱,固定相为 C_{18}、粒径 5 μm;

5.6.2.3 数据处理机:色谱工作站或满量程(1～5)mV 记录器;

5.6.2.4 超声波发生器;

5.6.2.5 定量环:20 μL。

5.6.3 色谱分析条件

同 GB 17511.1—2008 中 5.7.3。

5.6.4 试验溶液的配制

称取约 0.1 g 诱惑红铝色淀试样,精确至 0.000 2 g。加硫酸溶液 5 mL,充分摇匀后,用乙酸铵溶液定容至 100 mL。溶液混浊时,离心分离,此溶液作为试验溶液。

5.6.5 标准溶液的配制

称取置于真空干燥器中干燥 24 h 后的克力西丁磺酸偶氮 β-萘酚约 0.01 g,精确至 0.000 2 g。溶于 5 mL 甲醇,加乙酸铵溶液准确配至 100 mL。另外称取置于真空干燥器中干燥 24 h 后的克力西丁偶氮薜佛氏酸盐约 0.01 g,精确至 0.000 2 g,加乙酸铵溶液准确配至 100 mL。分别吸取上述溶液各10 mL,并分别用乙酸铵溶液准确配至 100 mL,以此作为溶液 A 和溶液 B。然后再分别吸取 10.0 mL、5.0 mL、2.0 mL、1.0 mL 上述溶液 A 和溶液 B,分别用乙酸铵溶液准确配至 100 mL 作为系列标准溶液。

5.6.6 分析步骤

在以上给定测试条件下分别用微量注射器吸取试验溶液及标准溶液注入并充满定量环进行色谱检测,待最后一个组分流出完毕,进行结果处理。测定各标准溶液物质的峰面积,绘制成标准曲线。测定试验溶液中克力西丁磺酸偶氮 β-萘酚和克力西丁偶氮薜佛氏酸盐的峰面积,根据上述标准曲线求出各自物质的含量,再求其合计值。

5.7 高磺化副染料含量的测定

5.7.1 试剂和材料

同 5.6.1。

5.7.2 仪器设备

同 5.6.2。

5.7.3 色谱分析条件

按 5.6.3 规定的测试条件。

5.7.4 试验溶液的配制

准确吸取 20 μL 按 5.6.4 配制的试验溶液作为试液。

5.7.5 标准溶液的配制

称取置于真空干燥器中干燥 24 h 后的克力西丁磺酸偶氮 G 盐和克力西丁磺酸偶氮 R 盐各约 0.01 g,分别精确至 0.000 2 g。加乙酸铵溶液准确配至 100 mL,分别准确吸取上述溶液各 10 mL,并分别用乙酸铵溶液准确配至 100 mL,以此作为溶液 A 和溶液 B。再分别吸取 10.0 mL、5.0 mL、2.0 mL、1.0 mL 上述溶液 A 和溶液 B,分别用乙酸铵溶液定容至 100 mL 作为系列标准溶液。

5.7.6 分析步骤

在以上给定测试条件下分别用微量注射器吸取试验溶液及标准溶液注入并充满定量环进行色谱检测,待最后一个组分流出完毕,进行结果处理。测定各标准溶液物质的峰面积,绘制成标准曲线。测定试验溶液中克力西丁磺酸偶氮 G 盐和克力西丁磺酸偶氮 R 盐的峰面积,根据上述标准曲线求出各自物质的含量,再求其合计值。

5.8 6-羟基-5-[(2-甲氧基-5-甲基-4-磺基苯)偶氮]-8-(2-甲氧基-5-甲基-4-磺基苯氧基)-2-萘磺酸二钠盐含量的测定

5.8.1 试剂和材料

同 5.6.1。

5.8.2 仪器设备

同 5.6.2。

5.8.3 色谱分析条件

按 5.6.3 规定的测试条件。

5.8.4 试验溶液的配制

准确吸取 20 μL 按 5.6.4 配制的试验溶液作为试液。

5.8.5 标准溶液的配制

称取置于真空干燥器中干燥 24 h 后的 6-羟基-5-[(2-甲氧基-5-甲基-4-磺基苯)偶氮]-8-(2-甲氧基-5-甲基-4-磺基苯氧基)-2-萘磺酸二钠盐约 10 mg,精确至 0.000 2 g。用乙酸铵溶液溶解,准确配至 100 mL,吸取该溶液 10 mL 加乙酸铵溶液准确配至 100 mL,以此作为溶液 A。吸取 10.0 mL、5.0 mL、2.0 mL、1.0 mL 溶液 A,分别用乙酸铵溶液定容至 100 mL 作为系列标准溶液。

5.8.6 分析步骤

在以上给定测试条件下分别用微量注射器吸取试验溶液及标准溶液注入并充满定量环进行色谱检测,待最后一个组分流出完毕,进行结果处理。测定各标准溶液物质的峰面积,绘制成标准曲线。测定试液中该物质的峰面积,根据上述标准曲线求出本物质含量。

5.9 6-羟基-2-萘磺酸钠含量的测定

5.9.1 试剂和材料

同 5.6.1。

5.9.2 仪器设备

同 5.6.2。

5.9.3 色谱分析条件

除检测器改用紫外光吸收检测器(检测波长 290 nm)外,其他均按 5.6.3 规定的测试条件。

5.9.4 试验溶液的配制

准确吸取 20 μL 按 5.6.4 配制的试验溶液作为试液。

5.9.5 标准溶液的配制

称取置于真空干燥器中干燥 24 h 后的 6-羟基-2-萘磺酸钠约 0.01 g,精确至 0.000 2 g,用乙酸铵溶液溶解,准确配至 100 mL,吸取 10 mL 上述溶液加乙酸铵溶液准确配至 100 mL 作为溶液 A。分别吸取 3.0 mL、2.0 mL、1.0 mL 溶液 A,分别用乙酸铵溶液定容至 100 mL 作为系列标准溶液。

5.9.6 分析步骤

在以上给定测试条件下分别用微量注射器吸取试验溶液及标准溶液注入并充满定量环进行色谱检测,待最后一个组分流出完毕,进行结果处理。测定各标准溶液物质的峰面积,绘制成标准曲线。测定试验溶液中 6-羟基 2-萘磺酸钠的峰面积,根据上述标准曲线求出本物质含量。

5.10 4-氨基-5-甲氧基-2-甲基苯磺酸含量的测定

5.10.1 试剂和材料

同 5.6.1。

5.10.2 仪器设备

同 5.6.2。

5.10.3 色谱分析条件

按 5.9.3 规定的测试条件。

5.10.4 试验溶液的配制

准确吸取 20 μL 按 5.6.4 配制的试验溶液作为试液。

5.10.5 标准溶液的配制

称取置于真空干燥器中干燥 24 h 后的 4-氨基-5-甲氧基-2-甲基苯磺酸约 0.01 g,精确至 0.000 2 g,用乙酸铵溶液溶解,准确至 100 mL。吸取上述溶液 10 mL,加乙酸铵溶液准确配至 100 mL 作为溶液 A。分别吸取 2.5 mL、2.0 mL、1.0 mL 溶液 A,用乙酸铵溶液准确配至 100 mL 作为标准溶液。

5.10.6 分析步骤

在以上给定测试条件下分别用微量注射器吸取试验溶液及标准溶液注入并充满定量环进行色谱检测,待最后一个组分流出完毕,进行结果处理。测定各标准溶液物质的峰面积,绘制成标准曲线。测定试验溶液中 4-氨基-5-甲氧基-2-甲基苯磺酸的峰面积,根据上述标准曲线求出本物质的含量。

5.11 6,6′-氧代-双(2-萘磺酸)二钠盐含量的测定

5.11.1 试剂和材料

同 5.6.1。

5.11.2 仪器设备

同 5.6.2。

5.11.3 色谱分析条件

按 5.9.3 规定的测试条件。

5.11.4 试验溶液的配制

准确吸取 20 μL 按 5.6.4 配制的试验溶液作为试液。

5.11.5 标准溶液的配制

称取置于真空干燥器中干燥 24 h 后的 6,6′-氧代-双(2-萘磺酸)二钠盐约 0.01 g,精确至 0.000 2 g。用乙酸铵溶液溶解,准确配到 100 mL。吸取 10 mL 上述溶液,加乙酸铵溶液,准确配至 100 mL 作为溶液 A。分别吸取 10.0 mL、5.0 mL、2.0 mL、1.0 mL 溶液 A,用乙酸铵溶液准确配至 100 mL 作为标准溶液。

5.11.6 分析步骤

在以上给定测试条件下分别用微量注射器吸取试验溶液及标准溶液注入并充满定量环进行色谱检测,待最后一个组分流出完毕,进行结果处理。测定各标准溶液物质的峰面积,绘制成标准曲线。测定试液中 6,6′-氧代-双(2-萘磺酸)二钠盐的峰面积,根据上述标准曲线求出本物质含量。

5.12 未磺化芳族伯胺(以苯胺计)总含量的测定

按 GB 17511.1—2008 中 5.13 规定进行。

5.13 砷(以 As 计)含量的测定

5.13.1 方法提要

试样经湿法消解处理后,然后采用"砷斑法"进行限量比色。

5.13.2 试剂

5.13.2.1 硝酸;

5.13.2.2 硫酸溶液:1+1;

5.13.2.3 硝酸-高氯酸混合溶液:3+1;

5.13.2.4 砷(As)标准溶液(0.001 mg/mL)。

配制:取 0.1 mg/mL 的砷(As)标准溶液 1 mL 于 100 mL 容量瓶中,稀释至刻度。每 1 mL 相当 0.001 mg 砷。

5.13.3 仪器设备

按 GB/T 5009.76 中 10 的装置。

5.13.4 试验溶液的制备

称取约 2.5 g 试样,精确至 0.001 g。置于圆底烧杯中,加硝酸 5 mL,润湿样品,沿瓶壁加入硫酸溶液约 15 mL,再缓缓加热赶出二氧化氮气体,至瓶中溶液开始变成棕色,停止加热。放冷后加入硝酸-高氯酸混合溶液约 15 mL,继续加热,强火加热至溶液至透明无色或微黄色,至生成大量的二氧化硫白色烟雾,最后溶液应呈无色或微黄色(如仍有黄色则再补加硝酸-高氯酸混合溶液 5 mL 后处理)。冷却后加水 15 mL,煮沸除去残余的硝酸-高氯酸(必要时可再加水煮沸一次),继续加热至发生白烟,保持 10 min,放冷。将溶液移入 50 mL 容量瓶中,用水洗涤圆底烧瓶,将洗涤液并入容量瓶中,加水至刻度,摇匀,作为诱惑红铝色淀试验溶液。

5.13.5 空白溶液的配制

按相同方法,取同样量的硝酸、硫酸和硝酸-高氯酸混合溶液配制空白溶液。

5.13.6 分析步骤

分别吸 20 mL 试液、20 mL 空白溶液移入各自的 100 mL 锥形瓶中,以下按 GB/T 5009.76 中第 11 章所示的规定进行测定。

5.14 重金属(以 Pb 计)含量的测定

5.14.1 方法提要

诱惑红铝色淀经湿法消解处理后,稀释至一定体积,在 pH 等于 4 时,加入硫化钠溶液,然后进行限量比色。

5.14.2 试剂

5.14.2.1 盐酸;

5.14.2.2 硝酸;

5.14.2.3 氨水;

5.14.2.4 硫酸溶液:1+1;

5.14.2.5 盐酸溶液:1+3;

5.14.2.6 乙酸铵溶液:1+9;

5.14.2.7 硝酸-高氯酸混合溶液(3+1);

配制:量取 60 mL 硝酸,加 20 mL 高氯酸,混匀。

5.14.2.8 硫化钠溶液:100 g/L;

5.14.2.9 铅(Pb)标准溶液(0.01 mg/mL):取 0.1 mg/mL 的铅(Pb)标准溶液 10 mL 于 100 mL 容量瓶中,稀释至刻度。

5.14.3 试验溶液的配制

量取 20 mL 试验溶液(5.13.4)。加氨水搅拌调整 pH,再加乙酸铵溶液调至 pH4,加水配至 50 mL,作为检测溶液。

5.14.4 比较溶液的配制

量取 20 mL 空白试验溶液(5.13.5)及铅标准溶液 2.0 mL。与 5.14.3 一样操作,配成比较溶液。

5.14.5 分析步骤

在两种溶液(5.14.3)和(5.14.4)中各加硫化钠溶液 2 滴后,摇匀,放置 5 min,检测溶液颜色不应深于比较溶液。

5.15 铅含量的测定

5.15.1 试剂

同 5.14.2。

5.15.2 试验溶液的配制

量取制备的试样液(5.13.4)10 mL,加稀盐酸溶液配至 25 mL,作为试验液。

5.15.3 标准比色溶液的配制

量取空白试验溶液(5.13.5)10 mL,吸取 1.0 mL 铅标准溶液加稀盐酸溶液配至 25 mL,作为标准比色溶液。

5.15.4 分析步骤

在试验溶液(5.15.2)和标准比色溶液(5.15.3)中分别加入硫化钠溶液 2 滴,摇匀,在暗处放置 5 min 后进行观察,试验溶液的颜色不得深于标准比色溶液。

5.16 钡(以 Ba 计)含量的测定

5.16.1 试剂

5.16.1.1 硫酸;

5.16.1.2 无水碳酸钠;

5.16.1.3 盐酸溶液:1+3;

5.16.1.4 硫酸溶液:1+19;

5.16.1.5 钡标准溶液:氯化钡($BaCl_2 \cdot 2H_2O$)177.9 mg,用水溶解并定容至 1 000 mL。每 1 mL 含有 0.1 mg 钡(0.1 mg/mL)。

5.16.2 试验溶液的配制

称取约 1 g 试样,精确至 0.001 g,放于白金坩埚或陶瓷坩埚中,加少量硫酸润湿,徐徐加热,尽量在低温下使之几乎全部灰化。放冷后,再加硫酸 1 mL,慢慢加热至几乎不发生硫酸蒸汽为止,放入马福炉中,于 800 ℃灼烧 3 h。冷却后,加无水碳酸钠 5 g 充分混合,加水 20 mL,加热,将混合物溶解。冷却后过滤,用水洗涤滤纸上的残渣至洗涤液不呈硫酸盐反应为止。然后将纸上的残渣与滤纸一起移至烧杯中,加盐酸溶液 30 mL,充分摇匀后煮沸。冷却后过滤,用水 10 mL 洗涤滤纸上的残渣。将洗涤液与滤液合并,在水浴上蒸发到干涸。加水 5 mL 使残渣溶解,必要时过滤,加盐酸溶液 0.25 mL,充分混合后,再加水配至 25 mL 作为试验溶液。

5.16.3 标准比浊溶液的配制

取 5 mL 钡标准溶液,加盐酸溶液 0.25 mL。加水至 25 mL,作为标准比浊溶液。

5.16.4 分析步骤

在试验溶液(5.16.2)和标准比浊溶液(5.16.3)中各加硫酸溶液 1 mL 混合,放置 10 min 时,试验溶液混浊程度不得超过标准比浊溶液。

6 检验规则

6.1 组批

以批为单位(以一次拼混的均匀产品为一批)。

6.2 采样

瓶装产品采样应从每批包装产品箱总数中选取 10％箱,再从抽出的箱中选取 10％瓶,在每瓶的中心处取出不少于 50 g 的样品,取样时应小心,不使外界杂质落入产品中,将所取样品迅速混匀后从中取约 100 g,分别装于二个清洁干燥的磨口玻璃瓶中,并用石蜡密封,注明生产厂名、产品名称、批号、生产日期,一瓶供检验,一瓶留样备查。

6.3 检验

食品添加剂诱惑红铝色淀质量检验中所有项目为出厂检验。

6.4 判定规则与复验

若检验结果有任何一项不符合本标准要求时,应重新自该批产品中取双倍试料,对该不合格项目进行复验,若复验结果符合本标准要求时,则判该批产品为合格,反之,则判该批产品为不合格。

7 标志、包装、运输、贮存

7.1 标志

每一瓶(袋、桶)出厂产品,应有明显的标识,内容包括:"食品添加剂"字样、产品名称、生产厂名和地址、生产许可证编号及标志、卫生许可证编号、产品标准号和标准名称、保质期、生产日期和批号、净含量、使用说明。

7.2 包装

使用食用级聚乙烯塑料瓶或其他符合食品和药品包装要求的材料包装,外套纸箱固封。包装形式可由制造厂商与用户协商确定。

7.3 运输

运输时必须防雨、防潮、防晒,不得与有毒、有害等其他物资混装、混运、一起堆放。

7.4 贮存

7.4.1 本产品贮存在干燥、通风、阴凉的专用仓库内,防止污染。

7.4.2 在包装完整、未启封的情况下,自生产之日起保质期为 5 年。逾期重新检验是否符合本标准要求,合格仍可使用。

附　录　A

（规范性附录）

三氯化钛标准滴定溶液的配制方法

A.1　试剂

A.1.1　盐酸；

A.1.2　硫酸亚铁铵；

A.1.3　硫氰酸铵溶液：200 g/L；

A.1.4　硫酸溶液：1+1；

A.1.5　三氯化钛溶液；

A.1.6　重铬酸钾标准滴定溶液：$\left[c\left(\dfrac{1}{6}K_2Cr_2O_7\right)=0.1 \text{ mol/L}\right]$，按 GB/T 601 配制与标定。

A.2　仪器设备

见本标准图1。

A.3　三氯化钛标准滴定溶液的配制

A.3.1　配制

取三氯化钛溶液 100 mL 和盐酸 75 mL 置于 1 000 mL 棕色容量瓶中，用新煮沸并已冷却到室温的水稀释至刻度，摇匀，立即倒入避光的下口瓶中，在二氧化碳气体保护下贮藏。

A.3.2　标定

称取约 3 g 硫酸亚铁铵，精确至 0.2 mg，置于 500 mL 锥形瓶中，在二氧化碳气流保护作用下，加入新煮沸并已冷却的水 50 mL，使其溶解，再加入硫酸溶液 25 mL，继续在液面下通入二氧化碳气流作保护，迅速准确加入重铬酸钾标准滴定溶液 35 mL，然后用需标定的三氯化钛标准溶液滴定到接近计算量终点，立即加入硫氰酸铵溶液 25 mL，并继续用需标定的三氯化钛标准溶液滴定到红色转变为绿色，即为终点。整个滴定过程应在二氧化碳气流保护下操作，同时做一空白试验。

A.3.3　结果计算

三氯化钛标准溶液浓度的实际数值 $c(TiCl_3)$，单位以摩尔每升（mol/L）表示，按式（A.1）计算：

$$c(TiCl_3)=\frac{V_1\times c_1}{V_2-V_3} \quad\cdots\cdots\cdots\cdots\cdots\cdots\cdots\cdots\quad (A.1)$$

式中：

V_1——重铬酸钾标准滴定溶液（A.1.6）的体积的数值，单位为毫升（mL）；

V_2——滴定被重铬酸钾标准溶液 $\left[c\left(\dfrac{1}{6}K_2Cr_2O_7\right)=0.1 \text{ mol/L}\right]$ 氧化成高钛所用去的三氯化钛溶液的数值体积，单位为毫升（mL）；

V_3——滴定空白用去三氯化钛溶液的体积的数值，单位为毫升（mL）；

c_1——重铬酸钾标准滴定溶液浓度的准确数值，单位为摩尔每升（mol/L）。

计算结果表示到小数点后 4 位。

以上标定需在分析样品时即时标定。

中华人民共和国国家标准

GB 17512.1—2010

食品安全国家标准

食品添加剂　赤藓红

2010-12-21发布

2011-02-21实施

中华人民共和国卫生部 发布

前　言

本标准代替 GB 17512.1—1998《食品添加剂　赤藓红》。

本标准与 GB 17512.1—1998 相比,主要变化如下:

——增加了安全提示;

——修改了鉴别试验的方法;

——分光光度比色法平行测定的允许差由 2.0%修改为 1.0%;

——修改了氯化物和硫酸盐的检测方法;

——砷(As)的检测方法由化学限量法修改为原子吸收法;

——取消了重金属(以 Pb 计)的质量规格;

——增加了铅(Pb)指标和检测方法;

——增加了锌(Zn)指标和检测方法。

本标准的附录 A 为规范性附录,附录 B 为资料性附录。

本标准所代替标准的历次版本发布情况为:

——GB 17512.1—1998。

食品安全国家标准
食品添加剂　赤藓红

1　范围

本标准适用于荧光黄经碘化后而制得的食品添加剂赤藓红。

2　规范性引用文件

本标准中引用的文件对于本标准的应用是必不可少的。凡是注日期的引用文件,仅所注日期的版本适用于本标准。凡是不注日期的引用文件,其最新版本(包括所有的修改单)适用于本标准。

3　化学名称、结构式、分子式和相对分子质量

3.1　化学名称

9-(*o*-羧基苯基)-6-羟基-2,4,5,7-四碘-3H-呫吨-3-酮二钠盐一水合物

3.2　结构式

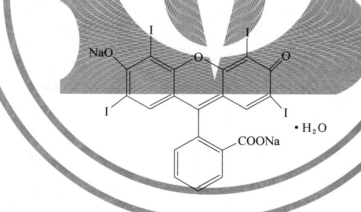

3.3　分子式

$C_{20}H_6I_4Na_2O_5 \cdot H_2O$

3.4　相对分子质量

897.87(按 2007 年国际相对原子质量)

4　技术要求

4.1　感官要求:应符合表 1 的规定。

表 1　感官要求

项　目	要　　求	检 验 方 法
色泽	红至暗红褐色	自然光线下采用目视评定
组织状态	粉末或颗粒	

4.2　理化指标:应符合表 2 的规定。

表 2　理化指标

项　目	指　标	检 验 方 法
赤藓红,w/% ≥	85.0	附录 A 中 A.4
干燥减量、氯化物(以 NaCl 计)及硫酸盐(以 $NaSO_4$ 计)总量,w/% ≤	14.0	附录 A 中 A.5
水不溶物,w/% ≤	0.20	附录 A 中 A.6
副染料,w/% ≤	3.0	附录 A 中 A.7
碘化钠,w/% ≤	0.40	附录 A 中 A.8
砷(As)/(mg/kg) ≤	1.0	附录 A 中 A.9
铅(Pb)/(mg/kg) ≤	10.0	附录 A 中 A.10
锌(Zn)/(mg/kg) ≤	20.0	附录 A 中 A.11

附　录　A
（规范性附录）
检　验　方　法

A.1　安全提示

本标准试验方法中使用的部分试剂具有毒性或腐蚀性,按相关规定操作,操作时需小心谨慎。若溅到皮肤上应立即用水冲洗,严重者应立即治疗。在使用挥发性酸时,要在通风橱中进行。

A.2　一般规定

本标准所用试剂和水,在没有注明其他要求时,均指分析纯试剂和 GB/T 6682—2008 规定的三级水。试验中所需标准溶液、杂质标准溶液、制剂及制品在没有注明其他规定时,均按 GB/T 601、GB/T 602、GB/T 603 规定配制和标定。

A.3　鉴别试验

A.3.1　试剂和材料

A.3.1.1　硫酸。
A.3.1.2　盐酸。
A.3.1.3　乙酸铵溶液:1.5 g/L。

A.3.2　仪器和设备

A.3.2.1　分光光度计。
A.3.2.2　比色皿:10 mm。

A.3.3　鉴别方法

应满足如下条件:
A.3.3.1　称取试样约 0.1 g(精确至 0.01 g),溶于 100 mL 水中,呈红色澄清溶液。取 5 mL 溶液加入 1 mL 盐酸,则产生红色沉淀。
A.3.3.2　称取试样约 0.2 g(精确至 0.01 g),溶于 20 mL 硫酸中,呈褐黄色,取此液 2 滴～3 滴,加水 5 mL,产生橙红色沉淀。
A.3.3.3　称取试样约 0.1 g(精确至 0.01 g),溶于 100 mL 乙酸铵溶液中,取此溶液 1 mL,加乙酸铵溶液配至 100 mL,该溶液的最大吸收波长为 526 nm±2 nm。

A.4　赤藓红的测定

A.4.1　重量法(仲裁法)

A.4.1.1　方法提要

试样溶解后,经稀释、酸化、煮沸,并经过恒量过滤,再恒量,然后进行称量计算。

A.4.1.2 试剂和材料

A.4.1.2.1 盐酸溶液:1+49。

A.4.1.2.2 盐酸溶液:1+199。

A.4.1.3 仪器和设备

A.4.1.3.1 恒温干燥箱。

A.4.1.3.2 玻璃砂芯坩埚:G4,孔径为 5 μm～15 μm。

A.4.1.4 分析步骤

称取约 2.5 g 试样(精确至 0.000 1 g),置于烧杯中,用水溶解后移入 250 mL 容量瓶中,稀释至刻度,摇匀。吸取 50 mL 该溶液,置于 250 mL 烧杯中,加热至沸腾后,加入 20 mL 盐酸溶液(1+49),再次煮沸,然后用 5 mL 水冲洗烧杯内壁,盖上表面皿,在沸水浴上加热约 5 h 后,放冷至室温,用已在 135 ℃±2 ℃烘至恒量,并冷却称量过的 G4 玻璃砂芯坩埚,将沉淀物过滤。再每次用 15 mL 盐酸溶液(1+199)冲洗,洗涤二次后,再用 15 mL 水洗一次,将沉淀物和 G4 玻璃砂芯坩埚在 135 ℃±2 ℃恒温干燥箱中烘至恒量,在干燥器内冷却 30 min 后称量。

A.4.1.5 结果计算

赤藓红以质量分数 w_1 计,数值用%表示,按公式(A.1)计算:

$$w_1 = \frac{m_1 \times 1.074}{m \times 50/250} \times 100\% \quad\cdots\cdots\cdots\cdots\cdots\cdots\cdots\cdots\cdots(A.1)$$

式中:

m_1 ——沉淀物质量的数值,单位为克(g);

1.074 ——变换系数;

m ——试样质量的数值,单位为克(g)。

计算结果表示到小数点后 1 位。

平行测定结果的绝对差值不大于 0.2%(质量分数),取其算术平均值作为测定结果。

A.4.2 分光光度比色法

A.4.2.1 方法提要

将试样与已知含量的赤藓红标准品分别用水溶解,用乙酸铵溶液稀释定容后,在最大吸收波长处,分别测其吸光度,计算其含量。

A.4.2.2 试剂和材料

A.4.2.2.1 乙酸铵溶液:1.5 g/L。

A.4.2.2.2 赤藓红标准品:≥85.0%(质量分数,按 A.4.1 测定)。

A.4.2.3 仪器和设备

A.4.2.3.1 分光光度计。

A.4.2.3.2 比色皿:10 mm。

A.4.2.4 赤藓红标样溶液的配制

称取约 0.25 g(精确至 0.000 1 g)赤藓红标准样品,溶于适量水中,移入 1 000 mL 棕色容量瓶中,加水稀释至刻度,摇匀。准确吸取 10 mL,移入 500 mL 棕色容量瓶中,加乙酸铵溶液稀释至刻度,摇匀。

A.4.2.5 赤藓红试样溶液的配制

称量与操作方法同 A.4.2.4 标样溶液的配制。

A.4.2.6 分析步骤

将赤藓红标样溶液和赤藓红试样溶液分别置于 10 mm 比色皿中,同在最大吸收波长处用分光光度计测定各自的吸光度值,用乙酸铵溶液作参比液。

A.4.2.7 结果计算

赤藓红以质量分数 w_1 计,数值用%表示,按公式(A.2)计算:

$$w_1 = \frac{Am_0}{A_0 m} \times w_0 \qquad\qquad\qquad\qquad (A.2)$$

式中:

A ——赤藓红试样溶液的吸光度值;

m_0 ——赤藓红标准品的质量数值,单位为克(g);

w_0 ——赤藓红标准品(重量法)的质量分数,%;

A_0 ——赤藓红标样溶液的吸光度值;

m ——试样的质量数值,单位为克(g)。

计算结果表示到小数点后 1 位。

平行测定结果的绝对差值不大于 1.0%(质量分数),取其算术平均值作为测定结果。

A.5 干燥减量、氯化物(以 NaCl 计)及硫酸盐(以 Na_2SO_4 计)总量的测定

A.5.1 干燥减量的测定

A.5.1.1 分析步骤

称取约 2 g 试样(精确至 0.001 g),置于已在 135 ℃±2 ℃烘至恒量的称量瓶中,在 135 ℃±2 ℃恒温干燥箱中烘至恒量。

A.5.1.2 结果计算

干燥减量以质量分数 w_2 计,数值用%表示,按公式(A.3)计算:

$$w_2 = \frac{m_2 - m_3}{m_2} \times 100\% \qquad\qquad\qquad\qquad (A.3)$$

式中:

m_2 ——试样干燥前质量的数值,单位为克(g);

m_3 ——试样干燥至恒量质量的数值,单位为克(g)。

计算结果表示到小数点后 1 位。

平行测定结果的绝对差值不大于 0.2%(质量分数),取其算术平均值作为测定结果。

A.5.2 氯化物(以 NaCl 计)的测定

A.5.2.1 试剂和材料

A.5.2.1.1 硝基苯。

A.5.2.1.2 活性炭;767 针型。

A.5.2.1.3 硝酸溶液:1+1。

A.5.2.1.4 硝酸银溶液:$c(AgNO_3)=0.1$ mol/L。

A.5.2.1.5 硫酸铁铵溶液:

配制方法:称取约 14 g 硫酸铁铵,溶于 100 mL 水中,过滤,加 10 mL 硝酸,贮存于棕色瓶中。

A.5.2.1.6 硫氰酸铵标准滴定溶液:$c(NH_4CNS)=0.1$ mol/L。

A.5.2.2 试样溶液的配制

称取约 2 g 试样(精确至 0.001 g),溶于 150 mL 水中,加约 15 g 活性炭,温和煮沸 2 min~3 min,加入 1 mL 硝酸溶液,不断摇动均匀,放置 30 min(其间不时摇动)。用干燥滤纸过滤。如滤液有色,则再加 5 g 活性炭,不时摇动下放置 1 h,再用干燥滤纸过滤(如仍有色则更换活性炭重复操作至滤液无色)。每次以 10 mL 水洗活性炭三次,滤液合并移至 200 mL 容量瓶中,加水至刻度,摇匀。用于氯化物和硫酸盐含量的测定。

A.5.2.3 分析步骤

移取 50 mL 试样溶液,置于 500 mL 锥形瓶中,加 2 mL 硝酸溶液和 10 mL 硝酸银溶液(氯化物含量多时要多加些)及 5 mL 硝基苯,剧烈摇动至氯化银凝结,加入 1 mL 硫酸铁铵溶液,用硫氰酸铵标准滴定溶液滴定过量的硝酸银到终点并保持 1 min,同时以同样方法做一空白试验。

A.5.2.4 结果计算

氯化物(以 NaCl 计)以质量分数 w_3 计,数值用%表示,按公式(A.4)计算:

$$w_3 = \frac{c_1[(V_1-V_0)/1\,000]M_1}{m_4(50/200)} \times 100\% \quad\cdots\cdots\cdots\cdots\cdots\cdots (A.4)$$

式中:

c_1——硫氰酸铵标准滴定溶液浓度的准确数值,单位为摩尔每升(mol/L);

V_1——滴定空白溶液耗用硫氰酸铵标准滴定溶液体积的准确数值,单位为毫升(mL);

V_0——滴定试样溶液耗用硫氰酸铵标准滴定溶液体积的准确数值,单位为毫升(mL);

M_1——氯化钠的摩尔质量数值,单位为克每摩尔(g/mol)[$M_1(NaCl)=58.4$];

m_4——试样的质量数值,单位为克(g)。

计算结果表示到小数点后 1 位。

平行测定结果的绝对差值不大于 0.3%(质量分数),取其算术平均值作为测定结果。

A.5.3 硫酸盐(以 Na$_2$SO$_4$ 计)的测定

A.5.3.1 试剂和材料

A.5.3.1.1 氢氧化钠溶液:2 g/L。

A.5.3.1.2 盐酸溶液:1+1 999。

A.5.3.1.3 氯化钡标准滴定溶液:$c(1/2BaCl_2)=0.1$ mol/L(配制方法见附录 B)。

A.5.3.1.4 酚酞指示液:10 g/L。

A.5.3.1.5 玫瑰红酸钠指示液:称取 0.1 g 玫瑰红酸钠,溶于 10 mL 水中(现用现配)。

A.5.3.2 分析步骤

吸取 25 mL 试样溶液(A.5.2.2),置于 250 mL 锥形瓶中,加 1 滴酚酞指示液,滴加氢氧化钠溶液呈粉红色,然后滴加盐酸溶液至粉红色消失,摇匀,溶解后在不断摇动下用氯化钡标准滴定溶液滴定,以玫瑰红酸钠指示液作外指示液,反应液与指示液在滤纸上交汇处呈现玫瑰红色斑点并保持 2 min 不褪色为终点。

同时以相同方法做空白试验。

A.5.3.3 结果计算

硫酸盐(以 Na_2SO_4 计)以质量分数 w_4 计,数值用%表示,按公式(A.5)计算:

$$w_4 = \frac{c_2\left[(V_2 - V_3)/1\,000\right](M_2/2)}{m_4(25/200)} \times 100\% \quad\cdots\cdots\cdots\cdots\cdots（A.5）$$

式中:

c_2——氯化钡标准滴定溶液浓度的准确数值,单位为摩尔每升(mol/L);

V_2——滴定试样溶液耗用氯化钡标准滴定溶液体积的准确数值,单位为毫升(mL);

V_3——滴定空白溶液耗用氯化钡标准滴定溶液体积的准确数值,单位为毫升(mL);

M_2——硫酸钠的摩尔质量的数值,单位为克每摩尔(g/mol)[$M_2(Na_2SO_4) = 142.04$];

m_4——试样质量的数值,单位为克(g)。

计算结果表示到小数点后 1 位。

平行测定结果的绝对差值不大于 0.2%(质量分数),取其算术平均值作为测定结果。

A.5.4 干燥减量、氯化物(以 NaCl 计)及硫酸盐(以 Na_2SO_4 计)总量的结果计算

干燥减量和氯化物(以 NaCl 计)及硫酸盐(以 Na_2SO_4 计)的总量以质量分数 w_5 计,数值用%表示,按公式(A.6)计算:

$$w_5 = w_2 + w_3 + w_4 \quad\cdots\cdots\cdots\cdots\cdots\cdots（A.6）$$

式中:

w_2——干燥减量的质量分数,%;

w_3——氯化物(以 NaCl 计)的质量分数,%;

w_4——硫酸盐(以 Na_2SO_4 计)的质量分数,%。

计算结果表示到小数点后 1 位。

A.6 水不溶物的测定

A.6.1 仪器和设备

A.6.1.1 玻璃砂芯坩埚:G4,孔径为 5 μm～15 μm。

A.6.1.2 恒温干燥箱。

A.6.2 分析步骤

称取约 3 g 试样(精确至 0.001 g),置于 500 mL 烧杯中,加入 50 ℃～60 ℃热水 250 mL,使之溶解,用已在 135 ℃±2 ℃烘至恒量的 G4 玻璃砂芯坩埚过滤,并用热水充分洗涤到洗涤液无色,在 135 ℃±2 ℃恒温干燥箱中烘至恒量。

A.6.3 结果计算

水不溶物以质量分数 w_6 计,数值用%表示,按公式(A.7)计算:

$$w_6 = \frac{m_6}{m_5} \times 100\% \quad\cdots\cdots\cdots\cdots\cdots\cdots（A.7）$$

式中：

m_6——干燥后水不溶物质量的数值，单位为克(g)；

m_5——试样质量的数值，单位为克(g)。

计算结果表示到小数点后 2 位。

平行测定结果的绝对差值不大于 0.05%(质量分数)，取其算术平均值作为测定结果。

A.7 副染料的测定

A.7.1 方法提要

用纸上层析法将各组分分离，洗脱，然后用分光光度法定量。

A.7.2 试剂和材料

A.7.2.1 无水乙醇。

A.7.2.2 正丁醇。

A.7.2.3 丙酮溶液:1+1。

A.7.2.4 氨水溶液:4+96。

A.7.2.5 碳酸氢钠溶液:4 g/L。

A.7.3 仪器和设备

A.7.3.1 分光光度计。

A.7.3.2 层析滤纸:1 号中速,150 mm×250 mm。

A.7.3.3 层析缸:ϕ240 mm×300 mm。

A.7.3.4 微量进样器:100 μL。

A.7.3.5 纳氏比色管:50 mL 有玻璃磨口塞。

A.7.3.6 玻璃砂芯漏斗:G3,孔径为 15 μm~40 μm。

A.7.3.7 50 mm 比色皿。

A.7.3.8 10 mm 比色皿。

A.7.4 分析步骤

A.7.4.1 纸上层析条件

A.7.4.1.1 展开剂:正丁醇+无水乙醇+氨水溶液=6+2+3。

A.7.4.1.2 温度:20 ℃~25 ℃。

A.7.4.2 试样溶液的配制

称取约 1 g 试样(精确至 0.001 g),置于烧杯中,加入适量水溶解后,移入 100 mL 容量瓶中,稀释至刻度,摇匀备用,该试样溶液浓度为 1%。

A.7.4.3 试样洗出液的制备

用微量进样器吸取 100 μL 试样溶液,均匀地注在离滤纸底边 25 mm 的一条基线上,成一直线,使其在滤纸上的宽度不超过 5 mm,长度为 130 mm,用吹风机吹干。将滤纸放入装有预先配制好展开剂的层析缸中展开,滤纸底边浸入展开剂液面下 10 mm,待展开剂前沿线上升至 150 mm 或直到副染料分离满意为止。取出层析滤纸,用冷风吹干。

用空白滤纸在相同条件下展开,该空白滤纸应与上述步骤展开用的滤纸在同一张滤纸上相邻部位裁取。

副染料纸上层析示意图见图 A.1。

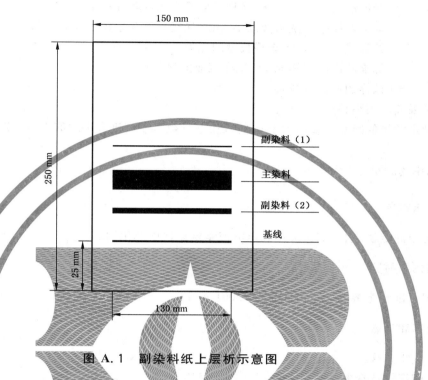

图 A.1　副染料纸上层析示意图

将展开后取得的各个副染料和在空白滤纸上与各副染料相对应的部位的滤纸按同样大小剪下,并剪成约 5 mm×15 mm 的细条,分别置于 50 mL 的纳氏比色管中,准确加入 5 mL 丙酮溶液,摇动 3 min~5 min 后,再准确加入 20 mL 碳酸氢钠溶液,充分摇动,然后分别在玻璃砂芯漏斗中自然过滤,滤液应澄清,无悬浮物。加水至刻度。分别得到各副染料和空白的洗出液。在各自副染料的最大吸收波长处,用 50 mm 比色皿,将各副染料的试料洗出液在分光光度计上测定各自的吸光度值。

在分光光度计上测定吸光度时,以丙酮溶液 5 mL 和碳酸氢钠溶液 20 mL 的混合液作参比液。

A.7.4.4　标准溶液的配制

吸取 2 mL 1‰的试样溶液移入 100 mL 容量瓶中,稀释至刻度,摇匀,该溶液为标准溶液。

A.7.4.5　标准洗出液的制备

用微量进样器吸取标准溶液 100 μL,均匀地点注在离滤纸底边 25 mm 的一条基线上,用吹风机吹干。将滤纸放入装有预先配制好展开剂的层析缸中展开,待展开剂前沿线上升 40 mm,取出用冷风吹干,剪下所有展开的染料部分,按 A.7.4.3 的方法进行萃取操作,得到标准洗出液。用 10 mm 比色皿在最大吸收波长处测吸光度值。

同时用空白滤纸在相同条件下展开,按相同方法操作后测洗出液的吸光度值。

A.7.4.6　结果计算

副染料的质量分数以 w_7 计,数值用%表示,按公式(A.8)计算:

$$w_7 = \frac{[(A_1-b_1)+\cdots\cdots+(A_n-b_n)]/5}{(A_s-b_s)(100/2)} \times S \quad\cdots\cdots\cdots\cdots(A.8)$$

式中：

$A_1 \cdots A_n$ ——各副染料洗出液以 50 mm 光径长度测定出的吸光度值；

$b_1 \cdots b_n$ ——各副染料对照空白洗出液以 50 mm 光径长度测定出的吸光度值；

A_s ——标准洗出液以 10 mm 光径长度测定出的吸光度值；

b_s ——标准对照空白洗出液以 10 mm 光径长度测定出的吸光度值；

5 ——折算成以 10 mm 光径长度的比数；

100/2 ——标准洗出液折算成 1% 试样溶液的比数；

S ——试样的质量分数，%。

计算结果表示到小数点后 1 位。

平行测定结果的绝对差值不大于 0.2%（质量分数），取其算术平均值作为测定结果。

A.8 碘化钠的测定

A.8.1 方法提要

采用电位滴定法，用硝酸银标准滴定溶液滴定试样中碘化钠的含量。

A.8.2 试剂和材料

硝酸银标准滴定溶液：$c(AgNO_3) = 0.001 \ mol/L$。

A.8.3 仪器和设备

A.8.3.1 数字毫伏计。

A.8.3.2 碘离子选择电极。

A.8.3.3 参比电极。

A.8.3.4 电磁搅拌器。

A.8.4 试样溶液的制备

称取约 4.0 g 试样（精确至 0.000 1 g），置于烧杯中，加入准确量取 100 mL 的水，用电磁搅拌器搅拌溶解，作为试样溶液。

A.8.5 分析步骤

将碘离子选择电极及参比电极插入已溶解的试样溶液中，然后调整毫伏计的毫伏读数，在充分搅拌下，用硝酸银标准滴定溶液滴定。开始滴定时滴定量每次 0.5 mL，渐渐加入，然后观察每次滴加的电位变化，并记录电位读数，当接近终点时，滴加速度降至每次 0.1 mL，将测得的电位毫伏读数和相应的硝酸银标准滴定溶液的滴定体积作图，曲线的最大突跃点即为滴定终点，得出其对应的硝酸银标准滴定溶液的体积。

A.8.6 结果计算

碘化钠以质量分数 w_8 计，数值用 % 表示，按公式（A.9）计算：

$$w_8 = \frac{c_2(V_4/1\ 000)M_3}{m_7} \times 100\% \quad \cdots\cdots\cdots\cdots\cdots\cdots\cdots\cdots\cdots\cdots (A.9)$$

式中：

c_2 ——硝酸银标准滴定溶液浓度的准确数值，单位为摩尔每升（mol/L）；

V_4 ——滴定试样耗用的硝酸银标准滴定溶液的体积的数值，单位为毫升（mL）；

M_3——碘化钠的摩尔质量的数值,单位为克每摩尔(g/mol)[M_3(NaI)=149.89];

m_7——试样质量的数值,单位为克(g)。

计算结果表示到小数点后 1 位。

A.9 砷的测定

A.9.1 方法提要

赤藓红经湿法消解后,制备成试样溶液,用原子吸收光谱法测定砷的含量。

A.9.2 试剂和材料

A.9.2.1 硝酸。

A.9.2.2 硫酸溶液:1+1。

A.9.2.3 硝酸-高氯酸混合溶液:3+1。

A.9.2.4 砷(As)标准溶液:按 GB/T 602 配制和标定后,再根据使用的仪器要求进行稀释配制成含砷相应浓度的三种标准溶液。

A.9.2.5 氢氧化钠溶液:1 g/L。

A.9.2.6 硼氢化钠溶液:8 g/L(溶剂为 1 g/L 的氢氧化钠溶液)。

A.9.2.7 盐酸溶液:1+10。

A.9.2.8 碘化钾溶液:200 g/L。

A.9.3 仪器和设备

A.9.3.1 原子吸收光谱仪。

A.9.3.2 仪器参考条件:砷空心阴极灯分析线波长:193.7 nm;狭缝:0.5 nm～1.0 nm;灯电流:6 mA～10 mA。

A.9.3.3 载气流速:氩气 250 mL/min。

A.9.3.4 原子化器温度:900 ℃。

A.9.4 分析步骤

A.9.4.1 试样消解

称取约 1 g 试样(精确至 0.001 g),置于 250 mL 三角或圆底烧瓶中,加 10 mL～15 mL 硝酸和 2 mL 硫酸溶液,摇匀后用小火加热赶出二氧化氮气体,溶液变成棕色,停止加热,放冷后加入 5 mL 硝酸-高氯酸混合液,强火加热至溶液透明或微黄色,如仍不透明,放冷后再补加 5 mL 硝酸-高氯酸混合溶液,继续加热至溶液透明无色或微黄色并产生白烟(避免烧干出现炭化现象),停止加热,放冷后加 5 mL 水加热至沸,除去残余的硝酸-高氯酸(必要时可再加水煮沸一次),继续加热至发生白烟,保持 10 min,放冷后移入 100 mL 容量瓶(若溶液出现浑浊、沉淀或机械杂质应过滤),用盐酸溶液稀释定容。

同时按相同的方法制备空白溶液。

A.9.4.2 测定

量取 25 mL 消解后的试样溶液至 50 mL 容量瓶,加入 5 mL 碘化钾溶液,用盐酸溶液稀释定容,摇匀,静置 15 min。

同时按相同的方法以空白溶液制备空白测试液。

开启仪器,待仪器及砷空心阴极灯充分预热,基线稳定后,用硼氢化钠溶液作氢化物还原发生剂,以标准空白、标准溶液、样品空白测试液及样品溶液的顺序,按电脑指令分别进样。测试结束后电脑自动生成工作曲线及扣除样品空白后的样品溶液中砷浓度,输入样品信息(如:名称、称样量、稀释体积等),即自动换算出试样中砷含量。

平行测定结果的绝对差值不大于 0.1 mg/kg,取其算术平均值作为测定结果。

A.10 铅的测定

A.10.1 方法提要

赤藓红经湿法消解后,制备成试样溶液,用原子吸收光谱法测定铅的含量。

A.10.2 试剂和材料

A.10.2.1 铅(Pb)标准溶液:按 GB/T 602 配制和标定后,再根据使用的仪器要求进行稀释配制成含铅相应浓度的三种标准溶液。

A.10.2.2 氢氧化钠溶液:1 g/L。

A.10.2.3 硼氢化钠溶液:8 g/L(溶剂为 1 g/L 的氢氧化钠溶液)。

A.10.2.4 盐酸溶液:1+10。

A.10.3 仪器和设备

A.10.3.1 原子吸收光谱仪。

A.10.3.2 仪器参考条件:GB 5009.12—2010 中第三法火焰原子吸收光谱法。

A.10.4 分析步骤

可直接采用 A.9.4.1 的试样溶液和空白溶液。

按 GB 5009.12—2010 中第三法火焰原子吸收光谱法操作。

两次平行测定结果的绝对差值不大于 1.0 mg/kg,取其算术平均值作为测定结果。

A.11 锌含量的测定

A.11.1 方法提要

赤藓红经湿法消解后,制备成试样溶液,用原子吸收光谱法测定锌的含量。

A.11.2 试剂和材料

A.11.2.1 锌(Zn)标准溶液:按 GB/T 602 配制和标定后,再根据使用的仪器要求进行稀释配制成含锌相应浓度的三种标准溶液。

A.11.2.2 氢氧化钠溶液:1 g/L。

A.11.2.3 硼氢化钠溶液:8 g/L(溶剂为 1 g/L 的氢氧化钠溶液)。

A.11.2.4 盐酸溶液:1+10。

A.11.3 仪器和设备

A.11.3.1 原子吸收光谱仪。

A.11.3.2 仪器参考条件:GB/T 5009.14—2003 中第一法原子吸收光谱法。

A. 11. 4　分析步骤

可直接采用本标准的 A. 9. 4. 1 的试样溶液和空白溶液。

按 GB/T 5009. 14—2003 中第一法原子吸收光谱法进行测定。

平行测定结果的绝对差值不大于 2. 0 mg/kg，取其算术平均值作为测定结果。

附　录　B
（规范性附录）
氯化钡标准溶液的配制方法

B.1　试剂和材料

B.1.1　氯化钡。

B.1.2　氨水。

B.1.3　硫酸标准滴定溶液：$c(1/2H_2SO_4)=0.1$ mol/L，按 GB/T 601 配制与标定。

B.1.4　玫瑰红酸钠指示液（称取 0.1 g 玫瑰红酸钠，溶于 10 mL 水中，现用现配）。

B.1.5　广范 pH 试纸。

B.2　配制

称取 12.25 g 氯化钡，溶于 500 mL 水，移入 1 000 mL 容量瓶中，稀释至刻度，摇匀。

B.3　标定方法

吸取 20 mL 硫酸标准滴定溶液，置于 250 mL 锥形瓶中，加 50 mL 水，并用氨水中和到广范 pH 试纸为 8，然后用氯化钡标准滴定溶液滴定，以玫瑰红酸钠指示液作外指示液，反应液与指示液在滤纸上交汇处呈现玫瑰红色斑点且保持 2 min 不褪色为终点。

B.4　结果计算

氯化钡标准滴定溶液浓度以 $c(1/2BaCl_2)$ 计，单位以摩尔每升 mol/L 表示，按公式（B.1）计算：

$$c\left(\frac{1}{2}BaCl_2\right)=\frac{c_1V_4}{V_5} \quad\cdots\cdots\cdots\cdots\cdots\cdots\cdots\cdots\cdots（B.1）$$

式中：

c_1——硫酸标准滴定溶液浓度的准确数值，单位为摩尔每升（mol/L）；

V_4——硫酸标准滴定溶液体积的准确数值，单位为毫升（mL）；

V_5——消耗氯化钡标准滴定溶液体积的准确数值，单位为毫升（mL）。

计算结果表示到小数点后 4 位。

中华人民共和国国家标准

GB 17512.2—2010

食品安全国家标准

食品添加剂　赤藓红铝色淀

2010-12-21 发布

2011-02-21 实施

中华人民共和国卫生部 发布

前　言

本标准代替 GB 17512.2—1998《食品添加剂　赤藓红铝色淀》。

本标准与 GB 17512.2—1998 相比,主要技术变化如下:

——增加了安全提示;

——修改了鉴别试验方法;

——增加了分光光度比色法平行测定的允许差;

——取消了氯化物(以 NaCl 计)及硫酸盐(以 Na_2SO_4 计)的指标;

——砷(As)的检测方法由化学限量法修改为原子吸收法;

——取消了重金属(以铅计)的指标;

——增加了铅(Pb)指标和检测方法;

——增加了锌的控制指标和检测方法;

——钡(Ba)的检测方法修改为硫酸钡沉淀限量比色法。

本标准附录 A 为规范性附录。

本标准所代替标准的历次版本发布情况为:

——GB 17512.2—1998。

食品安全国家标准
食品添加剂　赤藓红铝色淀

1　范围

本标准适用于由食品添加剂赤藓红和氢氧化铝作用生成的添加剂赤藓红铝色淀。

2　规范性引用文件

本标准中引用的文件对于本标准的应用是必不可少的。凡是注日期的引用文件,仅所注日期的版本适用于本标准。凡是不注日期的引用文件,其最新版本(包括所有的修改单)适用于本标准。

3　分子式和相对分子质量

3.1　分子式

$C_{20}H_6I_4Na_2O_5 \cdot H_2O$

3.2　相对分子质量

897.87(按 2007 年国际相对原子质量)

4　技术要求

4.1　感官要求:应符合表 1 的规定。

表 1　感官要求

项　目	要　求	检验方法
色泽	红色	自然光线下采用目视评定
组织状态	粉末	

4.2　理化指标:应符合表 2 的规定。

表 2　理化指标

项　目		指标	检验方法
赤藓红(以钠盐计),$w/\%$	$\geqslant$	10.0	附录 A 中 A.4
干燥减量,$w/\%$	$\leqslant$	30.0	附录 A 中 A.5
盐酸和氨水中不溶物,$w/\%$	$\leqslant$	0.5	附录 A 中 A.6
副染料,$w/\%$	$\leqslant$	1.5	附录 A 中 A.7

表 2（续）

项　　目		指　标	检验方法
碘化钠,w/%	≤	0.2	附录 A 中 A.8
砷（As）/（mg/kg）	≤	3.0	附录 A 中 A.9
铅（Pb）/（mg/kg）	≤	10.0	附录 A 中 A.10
锌（Zn）/（mg/kg）	≤	50.0	附录 A 中 A.11
钡（Ba）,w/%	≤	0.05	附录 A 中 A.12

附 录 A
（规范性附录）
检 验 方 法

A.1 安全提示

本标准试验方法中使用的部分试剂具有毒性或腐蚀性,按相关规定操作,操作时需小心谨慎。若溅到皮肤上应立即用水冲洗,严重者应立即治疗。在使用挥发性酸时,要在通风橱中进行。

A.2 一般规定

本标准所用试剂和水,在没有注明其他要求时,均指分析纯试剂和 GB/T 6682—2008 规定的三级水。试验中所需标准溶液、杂质标准溶液、制剂及制品在没有注明其他规定时,均按 GB/T 601、GB/T 602、GB/T 603 规定配制和标定。

A.3 鉴别试验

A.3.1 试剂和材料

A.3.1.1 硫酸。

A.3.1.2 盐酸溶液:1+3。

A.3.1.3 氢氧化钠溶液:90 g/L。

A.3.1.4 乙酸铵溶液:1.5 g/L。

A.3.1.5 活性炭。

A.3.2 仪器和设备

A.3.2.1 分光光度计。

A.3.2.2 比色皿:10 mm。

A.3.3 鉴别方法

应满足如下条件:

A.3.3.1 称取约 0.1 g 试样,加 5 mL 硫酸,在 50 ℃～60 ℃ 水浴中不时地摇动,加热约 5 min 时,溶液呈橙红色。冷却后,取上层澄清液 2 滴～3 滴,加 5 mL 水,溶液呈红色。

A.3.3.2 称取约 0.1 g 试样,加 5 mL 氢氧化钠溶液,在水浴上加热溶解,加乙酸铵溶液配至 100 mL,溶液不澄清时进行离心分离。然后取此液 1 mL～10 mL,加乙酸铵溶液配至 100 mL,使测定的吸光度在 0.2～0.7 范围内,此溶液的最大吸收波长为 526 nm±2 nm。

A.3.3.3 称取约 0.1 g 试样,加入 10 mL 盐酸溶液,在水浴中加热,使大部分溶解。加 0.5 g 活性炭,充分摇匀后过滤。取无色滤液,加氢氧化钠溶液中和后,呈现铝盐反应。

A.4 赤藓红铝色淀的测定

A.4.1 方法提要

将试样处理后与已知含量的赤藓红标准品分别在水介质或水中溶解,用乙酸铵溶液稀释定容后,在最大吸收波长处,分别测其吸光度值,然后计算含量。

A.4.2 试剂和材料

A.4.2.1 氨水溶液:1+3。

A.4.2.2 乙酸铵溶液:1.5 g/L。

A.4.2.3 赤藓红标准品:≥85.0%(质量分数,按 GB/T 17512.1—2010 A.4.1 测定)。

A.4.3 仪器和设备

A.4.3.1 分光光度计。

A.4.3.2 比色皿:10 mm。

A.4.4 赤藓红标准溶液的配制

称取约 0.25 g 赤藓红标准品(精确到 0.000 1 g),溶于适量乙酸铵溶液中,移入 1 000 mL 容量瓶中,加水稀释至刻度,摇匀。吸取 10 mL,移入 500 mL 容量瓶中,加乙酸铵溶液稀释至刻度,摇匀。

A.4.5 赤藓红铝色淀试样溶液的配制

称取约 0.5 g 试样(精确至 0.000 1 g),移入 250 mL 烧杯中,加入 150 mL 氨水溶液,不时搅拌直至溶解后移入 500 mL 容量瓶中,用水稀释至刻度,摇匀。吸取 10 mL 移入 500 mL 容量瓶中,用乙酸铵溶液稀释至刻度,摇匀。

A.4.6 分析步骤

将赤藓红标准溶液和赤藓红铝色淀试样溶液分别置于 10 mm 比色皿中,同在最大吸收波长处用分光光度计测定各自的吸光度值,以乙酸铵溶液作参比液。

A.4.7 结果计算

赤藓红铝色淀以质量分数 w_1 计,数值用%表示,按公式(A.1)计算:

$$w_1 = \frac{A_1(m_0/1\ 000 \times 10/500)}{A_0(m_1/500 \times 10/500)} \times w_0 \quad\cdots\cdots\cdots\cdots\cdots\cdots\cdots\cdots(A.1)$$

式中:

A_1——赤藓红铝色淀试样溶液的吸光度值;

m_0——赤藓红标准品的质量数值,单位为克(g);

w_0——赤藓红标准品的质量分数,%;

A_0——赤藓红标准溶液的吸光度值;

m_1——赤藓红铝色淀试样的质量数值,单位为克(g)。

计算结果表示到小数点后 1 位。

平行测定结果的绝对差值不大于 1.0%(质量分数),取其算术平均值作为测定结果。

A.5 干燥减量的测定

A.5.1 分析步骤

称取约 2 g 试样(精确至 0.001 g),置于已在 135 ℃±2 ℃恒温干燥箱中恒量的称量瓶中,在 135 ℃±2 ℃恒温干燥箱中烘至恒量。

A.5.2 结果计算

干燥减量的质量分数以 w_2 计,数值用%表示,按公式(A.2)计算:

$$w_2 = \frac{m_2 - m_3}{m_2} \times 100\% \quad\quad\quad\quad\quad\quad\quad (A.2)$$

式中:

m_2——试样干燥前质量的数值,单位为克(g);

m_3——试样干燥至恒量的质量数值,单位为克(g)。

计算结果表示到小数点后 1 位。

平行测定结果的绝对差值不大于 0.2%(质量分数),取其算术平均值作为测定结果。

A.6 盐酸和氨水中不溶物的测定

A.6.1 试剂和材料

A.6.1.1 盐酸。

A.6.1.2 盐酸溶液:3+7。

A.6.1.3 氨水溶液:4+96。

A.6.1.4 硝酸银溶液:$c(AgNO_3) = 0.1$ mol/L。

A.6.2 仪器和设备

A.6.2.1 玻璃砂芯坩埚:G4,孔径为 5 μm～15 μm。

A.6.2.2 恒温干燥箱。

A.6.3 分析步骤

称取约 2 g 试样(精确至 0.001 g),置于 600 mL 烧杯中,加 20 mL 水和 20 mL 盐酸,充分搅拌后加入 300 mL 热水,搅匀,盖上表面皿,在 70 ℃～80 ℃水浴中加热 30 min,冷却,用已在 135 ℃±2 ℃烘至恒量的 G4 玻璃砂芯坩埚过滤,用约 30 mL 水将烧杯中的不溶物冲洗到 G4 玻璃砂芯坩埚中,至洗液无色后,先用 100 mL 氨水溶液洗涤,后用 10 mL 盐酸溶液洗涤,再用水洗涤至洗涤液用硝酸银溶液检验无白色沉淀,然后在 135 ℃±2 ℃恒温干燥箱中烘至恒量。

A.6.4 结果计算

盐酸和氨水中不溶物以质量分数 w_3 计,数值用%表示,按公式(A.3)计算:

$$w_3 = \frac{m_4}{m_5} \times 100\% \quad\quad\quad\quad\quad\quad\quad (A.3)$$

式中:

m_4——干燥后水不溶物质量的数值,单位为克(g);

m_5——试样质量的数值,单位为克(g)。

计算结果表示到小数点后 2 位。

平行测定结果的绝对差值不大于 0.05%（质量分数），取其算术平均值作为测定结果。

A.7 副染料的测定

A.7.1 方法提要

用纸上层析法将各组分分离，洗脱，然后用分光光度法定量。

A.7.2 试剂和材料

A.7.2.1 无水乙醇。

A.7.2.2 正丁醇。

A.7.2.3 丙酮溶液：1+1。

A.7.2.4 氨水溶液：4+96。

A.7.2.5 碳酸氢钠溶液：4 g/L。

A.7.2.6 氢氧化钠溶液：100 g/L。

A.7.3 仪器和设备

A.7.3.1 分光光度计。

A.7.3.2 层析滤纸：1 号中速，150 mm×250 mm。

A.7.3.3 层析缸：ϕ240 mm×300 mm。

A.7.3.4 微量进样器：100 μL。

A.7.3.5 纳氏比色管：50 mL 有玻璃磨口塞。

A.7.3.6 玻璃砂芯漏斗：G3，孔径为 15 μm～40 μm。

A.7.3.7 50 mm 比色皿。

A.7.3.8 10 mm 比色皿。

A.7.4 分析步骤

A.7.4.1 纸上层析条件

A.7.4.1.1 展开剂：正丁醇+无水乙醇+氨水溶液=6+2+3。

A.7.4.1.2 温度：20 ℃～25 ℃。

A.7.4.2 试样溶液的配制

称取 2 g 试样（精确至 0.001 g）。置于烧杯中，加入适量水和 50 mL 氢氧化钠溶液，加热溶解后，移入 100 mL 容量瓶中，稀释至刻度，摇匀备用，该试样溶液浓度为 2%。

A.7.4.3 试样洗出液的制备

用微量进样器吸取 100 μL 试样溶液，均匀地注在离滤纸底边 25 mm 的一条基线上，成一直线，使其在滤纸上的宽度不超过 5 mm，长度为 130 mm，用吹风机吹干。将滤纸放入装有预先配制好展开剂的层析缸中展开，滤纸底边浸入展开剂液面下 10 mm，待展开剂前沿线上升至 150 mm 或直到副染料分离满意为止。取出层析滤纸，用冷风吹干。

用空白滤纸在相同条件下展开，该空白滤纸应与上述步骤展开用的滤纸在同一张滤纸上相邻部位裁取。

副染料纸上层析示意图见图 A.1。

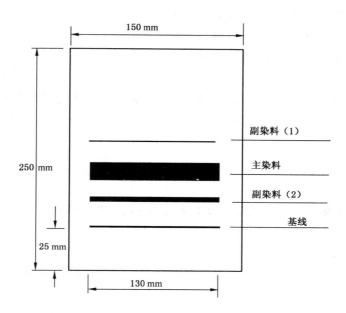

图 A.1 副染料纸上层析示意图

将展开后取得的各个副染料和在空白滤纸上与各副染料相对应的部位的滤纸按同样大小剪下，并剪成约 5 mm×15 mm 的细条，分别置于 50 mL 的纳氏比色管中，准确加入丙酮溶液 5 mL，摇动 3 min～5 min 后，再准确加入 20 mL 碳酸氢钠溶液，充分摇动，然后分别在 G3 玻璃砂芯漏斗中自然过滤，滤液应澄清，无悬浮物。分别得到各副染料和空白的洗出液。在各自副染料的最大吸收波长处，用 50 mm 比色皿，将各副染料的洗出液在分光光度计上测定各自的吸光度值。

在分光光度计上测定吸光度值时，以 5 mL 丙酮溶液和 20 mL 碳酸氢钠溶液的混合液作参比液。

A.7.4.4 标准溶液的配制

吸取 6 mL 2% 的试样溶液移入 100 mL 容量瓶中，稀释至刻度，摇匀，该溶液为标准溶液。

A.7.4.5 标准洗出液的制备

用微量进样器吸取 100 μL 标准溶液，均匀地点注在离滤纸底边 25 mm 的一条基线上，用吹风机吹干。将滤纸放入装有预先配制好展开剂的层析缸中展开，待展开剂前沿线上升 40 mm，取出用冷风吹干，剪下所有展开的染料部分，按 A.7.4.3 方法进行萃取操作，得到标准洗出液。用 10 mm 比色皿在最大吸收波长处测吸光度值。

同时用空白滤纸在相同条件下展开，按相同方法操作后测洗出液的吸光度值。

A.7.4.6 结果计算

副染料以质量分数 w_4 计，数值用 % 表示，按公式（A.4）计算：

$$w_4 = \frac{[(A_1 - b_1) + \cdots\cdots + (A_n - b_n)]/5}{(A_S - b_S)(100/6)} \times S \qquad\qquad (A.4)$$

式中：

$A_1 \cdots A_n$ ——各副染料洗出液以 50 mm 光径长度测定出的吸光度值；

$b_1 \cdots b_n$ ——各副染料对照空白洗出液以 50 mm 光径长度测定出的吸光度值；

A_S —— 标准洗出液以 10 mm 光径长度测定出的吸光度值；

b_S ——标准对照空白洗出液以 10 mm 光径长度测定出的吸光度值；

5 ——折算成以 10 mm 光径长度的比数；

100/6 ——标准洗出液折算成 2% 试样溶液的比数；

S —— 试样的质量分数，%。

计算结果表示到小数点后 1 位。

平行测定结果的绝对差值不大于 0.2%（质量分数），取其算术平均值作为测定结果。

A.8 碘化钠的测定

A.8.1 方法提要

采用电位滴定法，用硝酸银标准滴定溶液滴定试样中碘化钠的含量。

A.8.2 试剂和材料

硝酸银标准滴定溶液：$c(AgNO_3)=0.001$ mol/L。

A.8.3 仪器和设备

A.8.3.1 数字毫伏计。

A.8.3.2 碘离子选择电极。

A.8.3.3 参比电极。

A.8.3.4 电磁搅拌器。

A.8.4 试样溶液的制备

称取约 2.0 g 试样（精确至 0.000 1 g），置于烧杯中，加入准确量取的 100 mL 水，用电磁搅拌器搅拌后，用干燥滤纸填于玻璃砂坩埚漏斗过滤，滤液作为试样溶液。

A.8.5 分析步骤

将碘离子选择电极及参比电极插入试验液中，然后调整毫伏计的毫伏读数，在充分搅拌下，用硝酸银标准滴定溶液滴定。开始滴定时滴定量每次 0.5 mL，渐渐加入，然后观察每次滴加的电位变化，并记录电位读数，当接近终点时，滴加速度降至每次 0.1 mL，将测得的电位毫伏读数和相应的硝酸银标准滴定溶液的滴定体积作图，曲线的最大突跃点即为滴定终点，得出其对应的硝酸银标准滴定溶液的体积。

A.8.6 结果计算

碘化钠以质量分数 w_5 计，数值用 % 表示，按公式（A.5）计算：

$$w_5=\frac{c(V/1\,000)M}{m_6}\times 100\% \qquad\cdots\cdots\cdots\cdots\cdots\cdots\cdots\cdots\cdots\cdots(A.5)$$

式中：

c ——硝酸银标准滴定溶液浓度的准确数值，单位为摩尔每升（mol/L）；

V ——滴定试样耗用的硝酸银标准滴定溶液体积的准确数值，单位为毫升（mL）；

M ——碘化钠的摩尔质量数值，单位为克每摩尔（g/mol）[$M(NaI)=149.89$]；

m_6 ——试样的质量数值，单位为克（g）。

计算结果表示到小数点后 1 位。

A.9 砷的测定

A.9.1 方法提要

赤藓红铝色淀经湿法消解后,制备成试样溶液,用原子吸收光谱法测定砷的含量。

A.9.2 试剂和材料

A.9.2.1 硝酸。

A.9.2.2 硫酸溶液:1+1。

A.9.2.3 硝酸-高氯酸混合溶液:3+1。

A.9.2.4 砷(As)标准溶液:按 GB/T 602 配制和标定后,再根据使用的仪器要求进行稀释配制成含砷相应浓度的三种标准溶液。

A.9.2.5 氢氧化钠溶液:1 g/L。

A.9.2.6 硼氢化钠溶液:8 g/L(溶剂为 1 g/L 的氢氧化钠溶液)。

A.9.2.7 盐酸溶液:1+10。

A.9.2.8 碘化钾溶液:200 g/L。

A.9.3 仪器和设备

A.9.3.1 原子吸收光谱仪。

A.9.3.2 仪器参考条件:砷空心阴极灯分析线波长:193.7 nm;狭缝:0.5 nm～1.0 nm;灯电流:6 mA～10 mA。

A.9.3.3 载气流速:氩气 250 mL/min。

A.9.3.4 原子化器温度:900 ℃。

A.9.4 分析步骤

A.9.4.1 试样消解

称取约 1 g 试样(精确至 0.001 g),置于 250 mL 三角或圆底烧瓶中,加 10 mL～15 mL 硝酸和 2 mL 硫酸溶液,摇匀后用小火加热赶出二氧化氮气体,溶液变成棕色,停止加热,放冷后加入 5 mL 硝酸-高氯酸混合液,强火加热至溶液透明或微黄色,如仍不透明,放冷后再补加 5 mL 硝酸-高氯酸混合溶液,继续加热至溶液透明无色或微黄色并产生白烟(避免烧干出现炭化现象),停止加热,放冷后加水 5 mL 加热至沸,除去残余的硝酸-高氯酸(必要时可再加水煮沸一次),继续加热至发生白烟,保持 10 min,放冷后移入 100 mL 容量瓶(若溶液出现浑浊、沉淀或机械杂质应过滤),用盐酸溶液稀释定容。

同时按相同的方法制备空白溶液。

A.9.4.2 测定

量取 25 mL 消解后的试样溶液至 50 mL 容量瓶,加入 5 mL 碘化钾溶液,用盐酸溶液稀释定容,摇匀,静置 15 min。

同时按相同的方法以空白溶液制备空白测试液。

开启仪器,待仪器及砷空心阴极灯充分预热,基线稳定后,用硼氢化钠溶液作氢化物还原发生剂,以标准空白、标准溶液、样品空白测试液及样品溶液的顺序,按电脑指令分别进样。测试结束后电脑自动生成工作曲线及扣除样品空白后的样品溶液中砷浓度,输入样品信息(如:名称、称样量、稀释体积等),即自动换算出试样中砷的含量。

平行测定结果的绝对差值不大于 0.1 mg/kg,取其算术平均值作为测定结果。

A.10 铅的测定

A.10.1 方法提要

赤藓红铝色淀经湿法消解后,制备成试样溶液,用原子吸收光谱法测定铅的含量。

A.10.2 试剂和材料

A.10.2.1 铅(Pb)标准溶液:按 GB/T 602 配制和标定后,再根据使用的仪器要求进行稀释配制成含铅相应浓度的三种标准溶液。
A.10.2.2 氢氧化钠溶液:1 g/L。
A.10.2.3 硼氢化钠溶液:8 g/L(溶剂为 1 g/L 的氢氧化钠溶液)。
A.10.2.4 盐酸溶液:1+10。

A.10.3 仪器和设备

A.10.3.1 原子吸收光谱仪。
A.10.3.2 仪器参考条件:GB 5009.12—2010 中第三法火焰原子吸收光谱法。

A.10.4 分析步骤

可直接采用 A.9.4.1 的试样溶液和空白溶液。
按 GB 5009.12—2010 中第三法火焰原子吸收光谱法操作。
平行测定结果的绝对差值不大于 1.0 mg/kg,取其算术平均值作为测定结果。

A.11 锌的测定

A.11.1 方法提要

赤藓红铝色淀经湿法消解后,制备成试样溶液,用原子吸收光谱法测定锌的含量。

A.11.2 试剂和材料

A.11.2.1 锌(Zn)标准溶液:按 GB/T 602 配制和标定后,再根据使用的仪器要求进行稀释配制成含锌相应浓度的三种标准溶液。
A.11.2.2 氢氧化钠溶液:1 g/L。
A.11.2.3 硼氢化钠溶液:8 g/L(溶剂为 1 g/L 的氢氧化钠溶液)。
A.11.2.4 盐酸溶液:1+10。

A.11.3 仪器和设备

A.11.3.1 原子吸收光谱仪。
A.11.3.2 仪器参考条件:GB/T 5009.14—2003 中第一法原子吸收光谱法。

A.11.4 分析步骤

可直接采用 A.9.4.1 的试样溶液和空白溶液。
按 GB/T 5009.14—2003 中第一法原子吸收光谱法进行测定。

平行测定结果的绝对差值不大于 5.0 mg/kg,取其算术平均值作为测定结果。

A.12 钡的测定

A.12.1 方法提要

赤藓红铝色淀经干法消解处理后,制备成试样溶液,与钡标准溶液比较,作硫酸钡的浊度限量试验。

A.12.2 试剂和材料

A.12.2.1 硫酸。

A.12.2.2 无水碳酸钠。

A.12.2.3 盐酸溶液:1+3。

A.12.2.4 硫酸溶液:1+19。

A.12.2.5 钡标准溶液:氯化钡($BaCl_2 \cdot 2H_2O$)177.9 mg,用水溶解并定容至 1 000 mL。每毫升含有 0.1 毫克的钡(0.1 mg/mL)。

A.12.3 试样溶液的配制

称取约 1 g 试样(精确至 0.001 g),放于白金坩埚或陶瓷坩埚中,加少量硫酸润湿,徐徐加热,尽量在低温下使之几乎全部炭化。放冷后,再加 1 mL 硫酸,慢慢加热至几乎不发生硫酸蒸汽为止,放入高温炉中,于 800 ℃灼烧 3 h。冷却后,加无水碳酸钠 5 g 充分混合,加盖后放入高温炉中,于 860 ℃灼烧 15 min,冷却后,加水 20 mL,在水浴上加热,将熔融物溶解。冷却后过滤,用水洗涤滤纸上的残渣至洗涤液不呈硫酸盐反应为止。然后将纸上的残渣与滤纸一起移至烧杯中,加 30 mL 盐酸溶液,充分摇匀后煮沸。冷却后过滤,用 10 mL 水洗涤滤纸上的残渣。将洗涤液与滤液合并,在水浴上蒸发至干。加 5 mL 水使残渣溶解,必要时过滤,加 0.25 mL 盐酸溶液,充分混合后,再加水配至 25 mL 作为试样溶液。

A.12.4 标准比浊溶液的配制

取 5 mL 钡标准溶液,加 0.25 mL 盐酸溶液。加水至 25 mL,作为标准比浊溶液。

A.12.5 分析步骤

在试样溶液和标准比浊溶液中各加 1 mL 硫酸溶液混合,放置 10 min 时,试样溶液混浊程度不得超过标准比浊溶液,即为合格。

_____

中华人民共和国国家标准

GB 25534—2010

食品安全国家标准
食品添加剂 红米红

2010-12-21 发布

2011-02-21 实施

中华人民共和国卫生部 发布

前　言

本标准的附录 A 为规范性附录。

食品安全国家标准

食品添加剂 红米红

1 范围

本标准适用于以红米（*Oryza sativa* L.）为原料，经提取、精制，可用糊精稀释的粉末、浸膏或液态的食品添加剂红米红。

2 规范性引用文件

本标准中引用的文件对于本标准的应用是必不可少的。凡是注日期的引用文件，仅所注日期的版本适用于本标准。凡是不注日期的引用文件，其最新版本（包括所有的修改单）适用于本标准。

3 技术要求

3.1 感官要求：应符合表1的规定。

表 1 感官要求

项　目	要　求	检 验 方 法
色泽	紫红色至红色	取适量样品置于清洁、干燥的白瓷盘或烧杯中，在自然光线下，观察其色泽及组织状态
组织状态	粉末、浸膏或液体	

3.2 理化指标：应符合表2的规定。

表 2 理化指标

项　目		指　标		检 验 方 法
		粉末	浸膏、液体	
色价 $E_{1\,cm}^{1\%}$ (535 nm±5 nm)	≥	15.0	8.0	附录A中A.3
灼烧残渣，$w/\%$	≤	8.0	5.0	附录A中A.4
干燥减量，$w/\%$	≤	8.0	—	GB 5009.3—2010 直接干燥法
砷(As)/(mg/kg)	≤	1	1	GB/T 5009.11
铅(Pb)/(mg/kg)	≤	2	2	GB 5009.12

附　录　A
（规范性附录）
检　验　方　法

A.1　一般规定

除非另有说明,在分析中仅使用确认为分析纯的试剂和 GB/T 6682—2008 中规定的水。分析中所用标准滴定溶液、杂质测定用标准溶液、制剂及制品,在没有注明其他要求时,均按 GB/T 601、GB/T 602、GB/T 603 的规定制备。本试验所用溶液在未注明用何种溶剂配制时,均指水溶液。

A.2　鉴别试验

A.2.1　溶解性

能溶于水和乙醇水溶液,不溶于非极性溶剂。

A.2.2　颜色反应

在 pH 为 1～6 的溶液中呈红到紫红色;在 pH 为 6～12 的溶液中呈紫红到黄褐色。

A.2.3　最大吸收峰

取 A.3 色价测定中的红米红试样液,用分光光度计检测,在波长 535 nm±5 nm 范围内应有一个最大吸收峰。

A.2.4　纸层析

A.2.4.1　展层溶液

正丁醇：冰乙酸：水＝4：1：5（体积比）。

A.2.4.2　分析步骤

用盐酸甲醇溶液(1＋40)提取色素,在水浴上浓缩后点样。将点样后的滤纸放入已被展层溶液饱和的层析缸中展层,待溶剂前沿上升到所要求的高度,即将滤纸取出风干。滤纸呈现紫红色与红色两个斑点,其 R_f 值分别为 0.32 和 0.47。

A.3　色价的测定

A.3.1　试剂和材料

乙醇-盐酸溶液：95％乙醇溶液和 0.15 mol/L 盐酸溶液的混合液,体积比为 85：15。

A.3.2　仪器和设备

分光光度计。

A.3.3 分析步骤

准确称取 0.15 g～0.2 g 试样(精确至 0.000 2 g),用乙醇-盐酸溶液溶解,转移至 100 mL 容量瓶中,加乙醇-盐酸溶液定容至刻度,摇匀。取此试样液置于 1 cm 比色皿中,以乙醇-盐酸溶液做空白对照,用分光光度计在 535 nm±5 nm 范围内的最大吸收波长处测定吸光度(吸光度应控制在 0.3～0.7 之间,否则应调整试样液浓度,再重新测定吸光度)。

A.3.4 结果计算

色价按公式(A.1)计算:

$$E_{1\,cm}^{1\%}(535\ nm\pm 5\ nm)=\frac{A}{c}\times \frac{1}{100} \quad\cdots\cdots\cdots\cdots\cdots\cdots (A.1)$$

式中:

$E_{1\,cm}^{1\%}(535\ nm\pm 5\ nm)$——试样液浓度为 1%,用 1 cm 比色皿,在 535 nm±5 nm 范围内的最大吸收波长处测得的色价;

A ——实际测定试样液的吸光度;

c ——被测试样液的浓度,单位为克每毫升(g/mL)。

实验结果以平行测定结果的算术平均值为准。在重复性条件下获得的两次独立测定结果的绝对差值不大于算术平均值的 5%。

A.4 灼烧残渣的测定

A.4.1 分析步骤

称取 2 g 试样(精确至 0.001 g),置于预先恒重的坩埚内(液体或浸膏产品先蒸干),先用小火缓缓加热至完全炭化,然后小心移入高温炉内于 600 ℃±25 ℃灼烧至恒重。

A.4.2 结果计算

灼烧残渣按公式(A.2)计算:

$$X=\frac{m_1-m_2}{m_3-m_2}\times 100\% \quad\cdots\cdots\cdots\cdots\cdots\cdots (A.2)$$

式中:

X ——试样中灼烧残渣的含量,%;

m_1 ——坩埚和灼烧残渣的质量,单位为克(g);

m_2 ——坩埚的质量,单位为克(g);

m_3 ——坩埚和试样的质量,单位为克(g)。

实验结果以平行测定结果的算术平均值为准。在重复性条件下获得的两次独立测定结果的绝对差值不大于算术平均值的 5%(粉末)或 10%(浸膏或液体)。

中华人民共和国国家标准

GB 25536—2010

食品安全国家标准

食品添加剂　萝卜红

2010-12-21 发布

2011-02-21 实施

中华人民共和国卫生部　发 布

前　言

本标准的附录 A 为规范性附录。

食品安全国家标准

食品添加剂　萝卜红

1　范围

本标准适用于以红心萝卜(*Raphanus sativus* L.)为原料,经提取、精制,可用糊精稀释的粉末或液态的食品添加剂萝卜红。

2　规范性引用文件

本标准中引用的文件对于本标准的应用是必不可少的。凡是注日期的引用文件,仅所注日期的版本适用于本标准。凡是不注日期的引用文件,其最新版本(包括所有的修改单)适用于本标准。

3　技术要求

3.1　感官要求:应符合表1的规定。

表1　感官要求

项　目	要　求	检验方法
色泽	红至深红色	取适量样品置于清洁、干燥的白瓷盘或烧杯中,在自然光线下,观察其色泽和组织状态,并嗅其味
气味	具有轻微的萝卜特有气味	
组织状态	粉末或液体	

3.2　理化指标:应符合表2的规定。

表2　理化指标

项　目	指　标		检验方法
	粉末	液体	
色价 $E_{1\,cm}^{1\%}$(514 nm±5 nm)　≥	10	5	附录A中A.3
灼烧残渣,$w/\%$　≤	5	5	附录A中A.4
干燥减量,$w/\%$　≤	8	—	GB 5009.3—2010 直接干燥法
砷(As)/(mg/kg)　≤	2	2	GB/T 5009.11
铅(Pb)/(mg/kg)　≤	2	2	GB 5009.12

附　录　A
（规范性附录）
检　验　方　法

A.1　一般规定

除非另有说明，在分析中仅使用确认为分析纯的试剂和 GB/T 6682—2008 中规定的水。分析中所用标准滴定溶液、杂质测定用标准溶液、制剂及制品，在没有注明其他要求时，均按 GB/T 601、GB/T 602、GB/T 603 的规定制备。本试验所用溶液在未注明用何种溶剂配制时，均指水溶液。

A.2　鉴别试验

A.2.1　颜色反应

称取约 1 g 样品，用 pH 为 3.0 的柠檬酸-磷酸氢二钠缓冲液溶解并稀释至 100 mL，溶液应呈红色～紫红色；在此试样液中加入适量氢氧化钠溶液（40 g/L），使样品溶液呈碱性时，应变为紫罗兰色。

A.2.2　最大吸收峰

取 A.3 色价测定中的萝卜红试样液，用分光光度计检测，在波长 514 nm±5 nm 范围内应有一个最大吸收峰。

A.3　色价的测定

A.3.1　试剂和材料

a)　柠檬酸。

b)　磷酸氢二钠。

c)　磷酸氢二钠溶液：0.2 mol/L。准确称取 71.63 g 磷酸氢二钠（$Na_2HPO_4 \cdot 12H_2O$），用水定容至 1 000 mL。

d)　柠檬酸溶液：0.1 mol/L。准确称取 21.01 g 柠檬酸（$C_6H_8O_7 \cdot H_2O$），用水定容至 1 000 mL。

e)　柠檬酸-磷酸氢二钠缓冲液（pH 为 3.0）：量取 4.11 mL 的 A.3.1c)溶液与 15.89 mL 的 A.3.1d)溶液，混合，摇匀。如果 pH 不为 3.0，则用酸或碱调整 pH 至 3.0。

A.3.2　仪器和设备

分光光度计。

A.3.3　分析步骤

准确称取 0.1 g～0.2 g 样品（精确至 0.000 2 g），用柠檬酸-磷酸氢二钠缓冲液溶解，转移至 100 mL 容量瓶中，加柠檬酸-磷酸氢二钠缓冲液定容至刻度，摇匀。取此试样液置于 1 cm 比色皿中，以缓冲液做空白对照，用分光光度计在 514 nm±5 nm 范围内的最大吸收波长处测定吸光度。（吸光度应控制在 0.3～0.7 之间，否则应调整试样液浓度，再重新测定吸光度。）

A.3.4 结果计算

色价按公式（A.1）计算：

$$E_{1\,cm}^{1\%}(514\ nm \pm 5\ nm) = \frac{A}{c} \times \frac{1}{100} \quad\cdots\cdots\cdots\cdots\cdots\cdots\cdots（A.1）$$

式中：

$E_{1\,cm}^{1\%}(514\ nm \pm 5\ nm)$——试样液浓度为1%，用1 cm比色皿，在514 nm±5 nm范围内的最大吸收波长处测得的色价；

A ——实际测定试样液的吸光度；

c ——被测试样液的浓度，单位为克每毫升（g/mL）。

实验结果以平行测定结果的算术平均值为准。在重复性条件下获得的两次独立测定结果的绝对差值不大于算术平均值的5%。

A.4 灼烧残渣的测定

A.4.1 分析步骤

称取2 g试样（精确至0.001 g），置于预先恒重的坩埚内（液体产品先蒸干），先用小火缓缓加热至完全炭化，然后小心移入高温炉内于600 ℃左右灼烧至恒重。

A.4.2 结果计算

灼烧残渣按公式（A.2）计算：

$$X = \frac{m_1 - m_2}{m_3 - m_2} \times 100\% \quad\cdots\cdots\cdots\cdots\cdots\cdots\cdots（A.2）$$

式中：

X ——试样中灼烧残渣的含量，%；

m_1 ——坩埚和灼烧残渣的质量，单位为克（g）；

m_2 ——坩埚的质量，单位为克（g）；

m_3 ——坩埚和试样的质量，单位为克（g）。

实验结果以平行测定结果的算术平均值为准。在重复性条件下获得的两次独立测定结果的绝对差值不大于算术平均值的5%（粉末）或10%（液体）。

中华人民共和国国家标准

GB 25577—2010

食品安全国家标准

食品添加剂 二氧化钛

2010-12-21 发布

2011-02-21 实施

中华人民共和国卫生部 发布

前　言

本标准的附录 A 为规范性附录。

食品安全国家标准

食品添加剂 二氧化钛

1 范围

本标准适用于用钛铁矿与硫酸等为原料制备的食品添加剂二氧化钛或金红石矿（或富集的钛铁矿）用氯化法制得的食品添加剂二氧化钛。

2 规范性引用文件

本标准中引用的文件对于本标准的应用是必不可少的。凡是注日期的引用文件，仅所注日期的版本适用于本标准。凡是不注日期的引用文件，其最新版本（包括所有的修改单）适用于本标准。

3 分子式和相对分子质量

3.1 分子式

TiO_2

3.2 相对分子质量

79.87（按 2007 年国际相对原子质量）

4 技术要求

4.1 感官要求：应符合表 1 的规定。

表 1 感官要求

项　　目	要　　求	检验方法
色泽、气味	白色，无异味	取适量试样置于 50 mL 烧杯中，在自然光下观察色泽和组织状态，闻其气味
组织状态	粉末	

4.2 理化指标：应符合表 2 的规定。

表 2 理化指标

项　　目		指　标	检验方法
二氧化钛（TiO_2），$w/\%$	$\geqslant$	98.5	附录 A 中 A.4
干燥减量，$w/\%$	$\leqslant$	0.50	附录 A 中 A.5
灼烧减量（以干基计），$w/\%$	$\leqslant$	0.50	附录 A 中 A.6

表 2（续）

项　目		指　标	检验方法
盐酸溶解物，w/%	≤	0.50	附录 A 中 A.7
水溶物，w/%	≤	0.25	附录 A 中 A.8
重金属（以 Pb 计）/(mg/kg)	≤	10	附录 A 中 A.9
砷（As)/(mg/kg)	≤	5	附录 A 中 A.10

附　录　A

（规范性附录）

检　验　方　法

A.1　警示

本标准的检验方法中使用的部分试剂具有毒性或腐蚀性,操作时须小心谨慎! 如溅到皮肤上应立即用水冲洗,严重者应立即治疗。

A.2　一般规定

本标准的检验方法中所用的试剂和水在没有注明其他要求时,均指分析纯试剂和 GB/T 6682—2008 中规定的三级水。试验中所用标准滴定溶液、杂质标准溶液、制剂及制品,在没有注明其他要求时,均按 HG/T 3696.1、HG/T 3696.2,HG/T 3696.3 之规定制备。

A.3　鉴别试验

取约 0.5 g 试样加 5 mL 硫酸,慢慢加热,直至硫酸出现烟雾,冷却。小心地用水慢慢稀释到 100 mL,过滤。然后取约 5 mL 滤液,加入数滴过氧化氢试验溶液,滤液出现橙红色。

A.4　二氧化钛的测定——铝还原法

称取 0.20 g±0.01 g 按 A.5 干燥后的试样,精确至 0.000 1 g,其他操作同 GB/T 1706—2006 的 7.1。

A.5　干燥减量测定

同 GB/T 1706—2006 的 7.2,干燥 3 h。

A.6　灼烧减量的测定

A.6.1　仪器和设备

高温炉:能控制 800 ℃±25 ℃。

A.6.2　分析步骤

称取约 2 g 按 A.5 干燥后的试样,精确至 0.000 1 g,置于在 800 ℃±25 ℃下灼烧至质量恒定的瓷坩埚中,于高温炉中在 800 ℃±25 ℃下灼烧至质量恒定。

A.6.3　结果计算

灼烧减量以质量分数 w_1 计,数值以％表示,按公式(A.1)计算:

$$w_1 = \frac{m_1 - m_2}{m} \times 100\% \qquad \cdots\cdots\cdots\cdots\cdots\cdots\cdots (\,A.1\,)$$

式中：

m_1——称取 A.5 干燥后试料的质量的数值，单位为克(g)；

m_2——灼烧后试料的质量的数值，单位为克(g)；

m ——试料质量的数值，单位为克(g)。

取平行测定结果的算术平均值为测定结果，两次平行测定结果的绝对差值不大于 0.02%。

A.7 盐酸溶解物的测定

A.7.1 试剂和材料

盐酸溶液:1+19。

A.7.2 分析步骤

称取约 5 g 试样，精确至 0.01 g，置于 250 mL 烧杯中，加 100 mL 盐酸溶液，混匀。水浴上加热 30 min，过滤，滤渣用盐酸溶液洗涤 3 次，每次用 10 mL。将滤液和洗液置于 800 ℃±25 ℃下灼烧至质量恒定的坩埚中，蒸发至干。再于 800 ℃±25 ℃下灼烧至质量恒定。

A.7.3 结果计算

盐酸溶解物含量以质量分数 w_2 计，数值以%表示，按公式(A.2)计算：

$$w_2 = \frac{m_1}{m} \times 100\% \qquad \cdots\cdots\cdots\cdots\cdots\cdots\cdots (\,A.2\,)$$

式中：

m_1——残渣的质量的数值，单位为克(g)；

m ——试料质量的数值，单位为克(g)。

取平行测定结果的算术平均值为测定结果，两次平行测定结果的绝对差值不大于 0.01%。

A.8 水溶物的测定

同 GB/T 1706—2006 的 7.3。

A.9 重金属的测定

A.9.1 试剂和材料

A.9.1.1 盐酸溶液:1+19。

A.9.1.2 其他同 GB/T 5009.74—2003 的第 3 章。

A.9.2 仪器和设备

同 GB/T 5009.74—2003 的第 4 章。

A.9.3 分析步骤

称取 10.0 g±0.1 g 试样，置于 250 mL 烧杯中，加 50 mL 盐酸溶液，加热至沸，再缓缓地煮沸 15 min。用离心分离使不溶物沉降。用定性滤纸过滤上层清液，将用过的烧杯和残渣用热水洗涤 3 次，每次用热水 10 mL,用同一滤纸过滤。再用 10 mL～15 mL 的热水冲洗滤纸,将洗液和滤液合并,冷却后转移至 100 mL 容量瓶中,加水至刻度,摇匀。将此溶液作为试样溶液 A,保留此溶液用于重金属和砷的测定。

分别移取 20.00 mL 试样溶液 A 与 2.00 mL 铅标准溶液(1 mL 溶液含有 0.01 mg Pb)用于测定,以下按 GB/T 5009.74—2003 的第 6 章操作。

A.10 砷的测定

移取 4.00 mL 试样溶液 A(A.9.3)与 2 mL 砷标准溶液(1 mL 溶液含有 0.001 mg As)用于测定,其他操作同 GB/T 5009.76—2003。

中华人民共和国国家标准

GB 26405—2011

食品安全国家标准

食品添加剂 叶黄素

2011-03-15 发布

2011-05-15 实施

中华人民共和国卫生部 发布

食品安全国家标准

食品添加剂　叶黄素

1　范围

本标准适用于以万寿菊（*Tagetes erecta* L.）油树脂为原料，经皂化、提取精制而成的食品添加剂叶黄素。商品化的叶黄素产品可含有用于标准化等目的的食用植物油、糊精、抗氧化剂等辅料。

2　分子式、结构式和相对分子质量

2.1　分子式

$C_{40}H_{56}O_2$

2.2　结构式

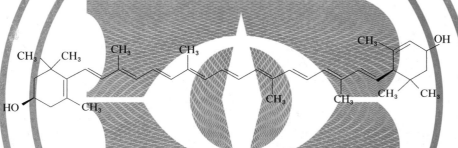

2.3　相对分子质量

568.88（按 2007 年国际相对原子质量）

3　技术要求

3.1　感官要求：应符合表 1 的规定。

表 1　感官要求

项　目	要　求	检验方法
色泽	橘黄色至橘红色	取适量样品置于清洁、干燥的白瓷盘中，在自然光线下，观察其色泽和状态
组织状态	粉末	

3.2　理化指标：应符合表 2 的规定。

表 2　理化指标

项　目		指　标	检验方法
总类胡萝卜素，$w/\%$	≥	80.0	附录 A 中 A.3
叶黄素，$w/\%$	≥	70.0	附录 A 中 A.4

表 2（续）

项　　　目		指　　标	检验方法
玉米黄质, w/%	≤	9.0	附录 A 中 A.4
干燥减量, w/%	≤	1.0	GB 5009.3 减压干燥法
灰分, w/%	≤	1.0	GB 5009.4
正己烷/(mg/kg)	≤	50	附录 A 中 A.5
铅(Pb)/(mg/kg)	≤	3	GB 5009.12
总砷(以 As 计)/(mg/kg)	≤	3	GB/T 5009.11

附　录　A
检　验　方　法

A.1　一般规定

本标准所用试剂和水,在没有注明其他要求时,均指分析纯试剂和 GB/T 6682—2008 中规定的三级水。试验中所用标准滴定溶液、杂质测定用标准溶液、制剂及制品,在没有注明其他要求时,均按 GB/T 601、GB/T 602、GB/T 603 的规定制备。试验中所用溶液在未注明用何种溶剂配制时,均指水溶液。

A.2　鉴别试验

A.2.1　不溶于水,极微溶于正己烷,溶于乙醇和氯仿。

A.2.2　在测定总类胡萝卜素含量试验中,试样液在 446 nm 附近有最大吸收。

A.2.3　在测定叶黄素含量试验中,试样液在液相色谱图中的主峰保留时间应与标准溶液中叶黄素的保留时间相同。

A.3　总类胡萝卜素的测定

A.3.1　试剂和材料

A.3.1.1　溶剂:正己烷、丙酮、甲苯和无水乙醇的混合物(10∶7∶7∶6)。

A.3.1.2　无水乙醇。

A.3.2　仪器和设备

紫外-可见分光光度计。

A.3.3　分析步骤

准确称取 0.03 g 试样,精确至 0.000 1 g,用 A.3.1.1 溶剂溶解,转移至 100 mL 容量瓶中,加 A.3.1.1 溶剂定容至刻度,摇匀。取此试样液 1 mL 于 100 mL 容量瓶中,使用无水乙醇定容至刻度,置于 1 cm 比色皿中,以无水乙醇做空白对照,用紫外-可见分光光度计在 446 nm±1 nm 处的最大吸收波长处测定吸光度(吸光度应控制在 0.3~0.7 之间,否则应调整试样液浓度,再重新测定吸光度)。

A.3.4　结果计算

总类胡萝卜素含量以总类胡萝卜素的质量分数 w_0 计,数值以％表示,按公式(A.1)计算:

$$w_0 = \frac{A}{c} \times \frac{1}{2\,550} \quad\cdots\cdots\cdots\cdots\cdots\cdots\cdots\cdots\cdots\cdots (A.1)$$

式中:

A——实际测定试样液的吸光度;

c——被测试样液的浓度的数值,单位为克每毫升(g/mL);

2 550——1％试样液在无水乙醇中波长 446 nm 处的吸收系数。

实验结果以平行测定结果的算术平均值为准。在重复性条件下获得的两次独立测定结果的绝对差值不大于算术平均值的 1.5％,计算结果保留小数点后一位有效数字。

A.4 叶黄素和玉米黄质的测定

A.4.1 试剂和材料

A.4.1.1 正己烷:色谱纯。

A.4.1.2 乙酸乙酯:色谱纯。

A.4.1.3 叶黄素标准品:已知纯度。

A.4.1.4 玉米黄质标准品:已知纯度。

A.4.2 仪器和设备

高效液相色谱仪(检测器波长为 446 nm)。

A.4.3 参考色谱条件

A.4.3.1 色谱柱:硅胶柱,4.6 mm×250 mm,粒度 3 μm;或其他等效的色谱柱。

A.4.3.2 流动相:按正己烷:乙酸乙酯=70:30(体积比)配制,混合均匀后,用 0.45 μm 滤膜过滤,超声脱气后备用。

A.4.3.3 柱温:室温。

A.4.3.4 流动相流速:1.5 mL/min。

A.4.3.5 进样量:10 μL。

A.4.4 分析步骤

A.4.4.1 标准溶液的制备

分别称取约 0.01 g 叶黄素和玉米黄质标准品,精确至 0.000 1 g,用流动相溶解,移入一个 50 mL 容量瓶中,加流动相定容至刻度,摇匀备用。

A.4.4.2 试样液的制备

称取 0.025 g~0.027 g 试样,精确至 0.000 1 g,用流动相溶解,移入一个 100 mL 容量瓶中,加流动相定容至刻度,摇匀备用。

A.4.4.3 测定

在 A.4.3 参考色谱条件下,对叶黄素和玉米黄质的标准溶液进行测定,记录色谱图。要求以叶黄素峰计,理论板数至少为 5 000,主峰与异构体峰的分离度至少为 1.5。

在 A.4.3 参考色谱条件下,对试样液进行测定,根据标准品的保留时间定性,记录色谱图。重复实验两次,分别得到叶黄素和玉米黄质的平均峰面积值。

A.4.5 结果计算

叶黄素含量以叶黄素的质量分数 w_1 计,数值以%表示,按公式(A.2)计算:

$$w_1 = w_0 \times P_1 \quad\cdots\cdots\cdots\cdots\cdots\cdots\cdots\cdots(A.2)$$

玉米黄质含量以玉米黄质的质量分数 w_2 计,数值以%表示,按公式(A.3)计算:

$$w_2 = w_0 \times P_2 \quad\cdots\cdots\cdots\cdots\cdots\cdots\cdots\cdots(A.3)$$

式中:

w_0——按照本标准 A.3 测定的总类胡萝卜素的质量分数,数值以%表示;

P_1——叶黄素的峰面积百分比；

P_2——玉米黄质的峰面积百分比。

实验结果以平行测定结果的算术平均值为准。在重复性条件下获得的两次独立测定结果的绝对差值不大于算术平均值的 2%，计算结果保留小数点后一位有效数字。

A.5 正己烷的测定

A.5.1 仪器和设备

气相色谱仪，带氢火焰离子检测器（FID）和顶空进样器。

A.5.2 参考色谱条件

A.5.2.1 色谱柱：DB-624 毛细管柱，30 m×0.53 mm，膜厚 3.0 μm；或其他等效的色谱柱。

A.5.2.2 载气：氦气或氮气。

A.5.2.3 载气流量：3.0 mL/min。

A.5.2.4 进样口温度：220 ℃。

A.5.2.5 柱温：40 ℃，保持 3 min，以 3.5 ℃/min 升至 65 ℃，再以 20 ℃/min 升至 220 ℃，保持 5 min。

A.5.2.6 检测器温度：235 ℃。

A.5.2.7 进样体积：1 mL 定量环。

A.5.2.8 分流比：3∶1。

A.5.3 顶空条件

A.5.3.1 顶空瓶温：80 ℃。

A.5.3.2 定量环温度：85 ℃。

A.5.3.3 传输线温度：100 ℃。

A.5.3.4 顶空瓶平衡时间：40.0 min。

A.5.3.5 气相循环时间：30.0 min。

A.5.3.6 加压时间：0.2 min。

A.5.3.7 定量环填充时间：0.2 min。

A.5.3.8 定量环平衡时间：0.05 min。

A.5.3.9 进样时间：1.0 min。

A.5.3.10 顶空瓶压力：95.15 kPa。

A.5.4 分析步骤

A.5.4.1 对照液制备

精密吸取 1.5 μL 正己烷于 100 mL 容量瓶，用二甲基甲酰胺（DMF）稀释至刻度，摇匀，吸取 25.0 mL 至 50 mL 容量瓶，用 DMF 定容，此为对照液（该对照液中正己烷浓度为 0.004 95 mg/mL）。

灵敏度溶液配制：吸取对照液 1.0 mL 于 10 mL 容量瓶，用 DMF 定容，摇匀（灵敏度溶液中正己烷浓度为 0.000 495 mg/mL）。

A.5.4.2 试样液制备

精密称取约 300 mg 试样，置于 10 mL 顶空瓶，加 3.0 mL DMF 稀释，摇匀。

A.5.4.3　系统适应性要求

取上述 A.5.4.1 对照液 3.0 mL 于 10 mL 顶空瓶,连续进 6 针,主峰理论板数应不小于 5 000,峰面积 RSD 应不大于 10.0%,灵敏度溶液中主峰信噪比应不小于 3。

A.5.5　结果计算

用外标法计算样品中的正己烷,正己烷的残留量以正己烷的质量分数 w_3 计,数值以毫克每千克(mg/kg)表示,按公式(A.4)计算:

$$w_3 = \frac{A_X \times C_R}{A_R \times C_X} \times 10^6 \qquad\cdots\cdots\cdots\cdots\cdots\cdots\cdots\cdots\cdots (A.4)$$

式中:

A_X——试样液中正己烷的峰面积的数值;

C_R——对照液中正己烷的浓度的数值,单位为毫克每毫升(mg/mL);

A_R——对照液中正己烷的峰面积的数值;

C_X——试样液的浓度的数值,单位为毫克每毫升(mg/mL)。

中华人民共和国国家标准

GB 26406—2011

食品安全国家标准

食品添加剂　叶绿素铜钠盐

2011-03-15 发布

2011-05-15 实施

中华人民共和国卫生部 发 布

食品安全国家标准

食品添加剂 叶绿素铜钠盐

1 范围

本标准适用于以桑叶、蚕沙为原料,经皂化、铜代等步骤加工制得的粉状食品添加剂叶绿素铜钠盐。

2 分子式和相对分子质量

2.1 分子式

铜叶绿酸三钠:$C_{34}H_{31}O_6N_4CuNa_3$
铜叶绿酸二钠:$C_{34}H_{30}O_5N_4CuNa_2$

2.2 相对分子质量

铜叶绿酸三钠:724.17(按 2007 年国际相对原子质量)
铜叶绿酸二钠:684.16(按 2007 年国际相对原子质量)

3 技术要求

3.1 感官要求:应符合表 1 的规定。

表 1 感官要求

项 目	要 求	检验方法
色泽	墨绿色至黑色	取适量样品置于清洁、干燥的白瓷盘中,在自然光线下,观察其色泽和状态
组织状态	粉末	

3.2 理化指标:应符合表 2 的规定。

表 2 理化指标

项 目		指 标	检验方法
pH		9.5~11.0	附录 A 中 A.3
吸光度[$E_{1cm}^{1\%}$(405 nm±3 nm)]	≥	568	附录 A 中 A.4
吸光度比值		3.2~4.0	附录 A 中 A.4
总铜(Cu),$w/\%$	≤	8.0	附录 A 中 A.5
游离铜(Cu),$w/\%$	≤	0.025	附录 A 中 A.6
干燥减量,$w/\%$	≤	5.0	GB 5009.3 直接干燥法[a]
总砷(以 As 计)/(mg/kg)	≤	2	GB/T 5009.11
铅(Pb)/(mg/kg)	≤	5	GB 5009.12
[a] 干燥温度和时间分别为 105 ℃和 2 h。			

附　录　A

检　验　方　法

A.1　一般规定

本标准所用试剂和水,在没有注明其他要求时,均指分析纯试剂和 GB/T 6682—2008 中规定的三级水。试验中所用标准滴定溶液、杂质测定用标准溶液、制剂及制品,在没有注明其他要求时,均按 GB/T 601、GB/T 602、GB/T 603 的规定制备。试验中所用溶液在未注明用何种溶剂配制时,均指水溶液。

A.2　鉴别试验

A.2.1　物理性状

易溶于水,几乎不溶于低醇,不溶于氯仿。水溶液透明、无沉淀。在酸性情况下(pH 6.5 以下)或钙离子存在时,则有沉淀析出。

A.2.2　吸收峰的测定

取 A.4.3.1 吸光度测定中的试样液,试样液在 405 nm±3 nm 和 630 nm±3 nm 的两个波长范围内均有最大吸收峰。

A.2.3　铜钠离子试验

称取 1 g 试样,置于已在 800 ℃±25 ℃下灼烧至恒重的坩埚中,缓缓加热直至试样完全碳化。将碳化的试样冷却,用 0.5 mL～1 mL 硫酸润湿残渣,继续加热至硫酸蒸汽逸尽,并在 800 ℃±25 ℃的高温炉中灼烧残渣至恒重。在残渣中加入 10 mL 盐酸溶液(1+3),在水浴上加热溶解,过滤后补充水至 10 mL,以此为试液,进行如下试验:

　　a)　取试液作焰色试验。开始呈绿色,后呈黄色。
　　b)　取 5 mL 试液,加入 0.5 mL 浓度为 0.1％的二乙基二硫代氨基甲酸钠溶液(1 g 溶于 1 000 mL 水中),产生褐红色沉淀。

A.3　pH 的测定

配制浓度为 1％的试样溶液(1 g 试样溶于 100 mL 水中),用酸度计测定其 pH 值。

A.4　吸光度及吸光度比值的测定

A.4.1　试剂和材料

A.4.1.1　0.15 mol/L 磷酸氢二钠溶液:称取 53.7 g 磷酸氢二钠($Na_2HPO_4 \cdot 12H_2O$),加水溶解,稀释并定容至 1 000 mL。

A.4.1.2　0.15 mol/L 磷酸二氢钾溶液:称取 20.4 g 磷酸二氢钾(KH_2PO_4),加水溶解,稀释并定容至 1 000 mL。

A.4.1.3 磷酸盐缓冲液(pH7.5)：取 21 份 0.15 mol/L 磷酸氢二钠溶液与 4 份 0.15 mol/L 磷酸二氢钾溶液混合。

A.4.2 仪器和设备

分光光度计。

A.4.3 分析步骤

A.4.3.1 试样液制备

准确称取 0.1 g 试样，精确至 0.000 2 g，加水溶解，移入 100 mL 容量瓶中加水至刻度摇匀。取 1 mL 上述水溶液，用磷酸盐缓冲液(pH7.5)稀释并定容至 100 mL，此为试样液。

A.4.3.2 测定

取试样液置于 1 cm 比色皿中，以磷酸盐缓冲液(pH7.5)做空白对照，用分光光度计在 405 nm±3 nm 和 630 nm±3 nm 两个波长范围内的最大吸收波长处测定吸光度(吸光度应控制在 0.3～0.7 之间，否则应调整试样液浓度，再重新测定吸光度)。

A.4.4 结果计算

A.4.4.1 试样液浓度为 1%，用 1 cm 比色皿，在 405 nm±3 nm 范围内的最大吸收波长处测得的吸光度以 $E_{1\,cm}^{1\%}$(405 nm±3 nm)计，按公式(A.1)计算：

$$E_{1\,cm}^{1\%}(405\ nm \pm 3\ nm) = \frac{A_1}{c_1} \times \frac{1}{100} \quad\quad\quad\quad (A.1)$$

式中：

A_1——实际测定试样液的吸光度；

c_1——被测试样液的浓度的数值(根据实测试样的干燥失重值，换算成以干基计的浓度)，单位为克每毫升(g/mL)。

A.4.4.2 吸光度比值以 w_1 计，按公式(A.2)计算：

$$w_1 = \frac{E_{1\,cm}^{1\%}(405\ nm \pm 3\ nm)}{E_{1\,cm}^{1\%}(630\ nm \pm 3\ nm)} \quad\quad\quad\quad (A.2)$$

式中：

$E_{1\,cm}^{1\%}$(405 nm±3 nm)——试样液浓度为 1%，用 1 cm 比色皿，在 405 nm±3 nm 范围内的最大吸收波长处测得的吸光度；

$E_{1\,cm}^{1\%}$(630 nm±3 nm)——试样液浓度为 1%，用 1 cm 比色皿，在 630 nm±3 nm 范围内的最大吸收波长处测得的吸光度，测定方法同 $E_{1\,cm}^{1\%}$(405 nm±3 nm)。

A.4.4.3 实验结果以平行测定结果的算术平均值为准。在重复性条件下获得的两次独立测定结果的绝对差值不得超过算术平均值的 2%。

A.5 总铜含量

A.5.1 试样处理

准确称取 0.1 g 试样，精确至 0.000 2 g，置于硅皿中，在不超过 500 ℃下灼烧至无碳，用 1 滴～2 滴硫酸湿润，再次灰化。用质量分数为 10% 的盐酸溶液分 3 次(每次 5 mL)煮沸溶解灰分，并过滤于 100 mL 容量瓶中，冷却后用水定容至刻度，此为试样液。

A.5.2 测定

除试样处理外,其他步骤按 GB/T 5009.13 规定的方法测定。

A.6 游离铜含量

A.6.1 试样处理

准确称取 0.1 g 试样,加水约 50 mL 溶解后,用 1 mol/L 盐酸调节 pH 至 4.0,定容至 100 mL,过滤,此为试样液。

A.6.2 测定

除试样处理外,其他步骤按 GB/T 5009.13 规定的方法测定。

中华人民共和国国家标准

GB 28301—2012

食品安全国家标准

食品添加剂　核黄素 5′-磷酸钠

2012-04-25 发布

2012-06-25 实施

中华人民共和国卫生部 发布

食品安全国家标准
食品添加剂　核黄素5′-磷酸钠

1　范围

本标准适用于以核黄素为原料,经磷酸化、中和、精制等步骤生产的食品添加剂核黄素5′-磷酸钠。

2　分子式和相对分子质量

2.1　分子式

$C_{17}H_{20}N_4NaO_9P \cdot 2H_2O$

2.2　相对分子质量

514.36(按2007年国际相对原子质量)

3　技术要求

3.1　感官要求:应符合表1的规定。

表1　感官要求

项　目	要　求	检验方法
色泽	橙黄色	取适量样品置于清洁、干燥的白瓷盘中,在
状态	结晶性粉末	自然光线下,观察其色泽和状态

3.2　理化指标:应符合表2的规定。

表2　理化指标

项　目		指　标	检验方法
核黄素($C_{17}H_{20}N_4O_6$)含量,$w/\%$		73.0～79.0	附录A中A.3
比旋光度 α_m(25 ℃,D)/$[(°) \cdot dm^2 \cdot kg^{-1}]$		＋37.0～＋42.0	附录A中A.4
pH		5.0～6.5	附录A中A.5
干燥减量,$w/\%$	≤	7.5	附录A中A.6
灼烧残渣,$w/\%$	≤	25.0	附录A中A.7
游离磷酸,$w/\%$	≤	1.0	附录A中A.8
游离核黄素,$w/\%$	≤	6.0	附录A中A.9
核黄素二磷酸盐,$w/\%$	≤	6.0	附录A中A.9
铅(Pb)/(mg/kg)	≤	2.0	GB 5009.12

附 录 A
检 验 方 法

A.1 一般规定

本标准所用试剂和水,在没有注明其他要求时,均指分析纯试剂和 GB/T 6682—2008 中规定的三级水。试验中所用标准滴定溶液、杂质测定用标准溶液、制剂及制品,在没有注明其他要求时,均按 GB/T 601、GB/T 602、GB/T 603 的规定制备。试验中所用溶液在未注明用何种溶剂配制时,均指水溶液。

A.2 鉴别试验

A.2.1 试剂和材料

A.2.1.1 盐酸溶液:取盐酸 1 mL,用水稀释至 3 mL。
A.2.1.2 氢氧化钠溶液:取氢氧化钠 1 g,加水溶解并稀释至 25 mL。

A.2.2 鉴别方法

称取约 1.5 mg 试样,加 100 mL 水溶解,此为试样液。试样液在透射光下显淡黄绿色,并有强烈的黄绿色荧光。取试样液 25 mL,加入 0.5 mL 盐酸溶液,荧光消失;另取试样液 25 mL,加入 0.1 mL 氢氧化钠溶液,荧光消失。

A.3 核黄素($C_{17}H_2ON_4O_6$)含量的测定

A.3.1 试剂和材料

A.3.1.1 冰乙酸。
A.3.1.2 乙酸钠溶液:14 g/L。

A.3.2 仪器和设备

分光光度计。

A.3.3 分析步骤

避光操作。称取约 100 mg 样品,精确至 0.000 1 g,置于 500 mL 容量瓶中,加 1 mL 冰乙酸和 75 mL 水。待样品溶解后,用水稀释至刻度,摇匀。精确量取 10 mL,置于 100 mL 容量瓶中,加入 7 mL 乙酸钠溶液,用水稀释至刻度,摇匀。以水作空白,用光程为 1 cm 的比色杯,在 444 nm 波长处测定样品溶液的吸光度。核黄素的吸光系数($E_{1\,cm}^{1\%}$)以 328 计。

A.3.4 结果计算

核黄素含量以核黄素的质量分数 w_0 计,数值以％表示,按公式(A.1)计算:

$$w_0 = \frac{50 \times A}{328 \times m \times (1 - w_1)} \times 100\% \quad \cdots\cdots\cdots\cdots\cdots\cdots\cdots (A.1)$$

式中：

50——稀释倍数；

A ——样品溶液的吸光度值；

m ——样品质量的数值，单位为克（g）；

w_1——实测样品干燥减量的数值，%。

实验结果以平行测定结果的算术平均值为准。在重复性条件下获得的两次独立测定结果的绝对差值与算术平均值的比值不大于 1.0%。

A.4 比旋光度的测定

A.4.1 试剂和材料

盐酸溶液：取盐酸 27.0 mL，用水稀释、定容至 50 mL。

A.4.2 仪器和设备

旋光仪，精度±0.01°。

A.4.3 分析步骤

避光操作。称取 0.75 g（以无水品计）样品，精确至 0.000 1 g，置于 50 mL 容量瓶中，加盐酸溶液溶解并稀释至刻度，在 15 min 内、25 ℃±1 ℃ 条件下用旋光仪测定比旋光度。

A.4.4 结果计算

比旋光度 α_m（25 ℃，D）数值以（°）· dm^2 · kg^{-1} 表示，按公式（A.2）计算：

$$\alpha_m(25\ ℃,D)=\frac{\alpha}{l\rho_\alpha} \quad\quad\quad\quad\quad\quad\quad\quad (A.2)$$

式中：

α ——测得的旋光角，单位为度（°）；

l ——旋光管的长度，单位为分米（dm）；

ρ_α ——样品溶液的浓度，单位为克每毫升（g/mL）。

实验结果以平行测定结果的算术平均值为准。在重复性条件下获得的两次独立测定结果的绝对差值与算术平均值的比值不大于 1.0%。

A.5 pH 的测定

A.5.1 仪器和设备

酸度计，精度±0.01。

A.5.2 分析步骤

称取 1.0 g 样品，精确至 0.000 1 g，置于 200 mL 清洁干燥的烧杯中，加水 100 mL 溶解，在 20 ℃下用酸度计测定其 pH。

A.5.3 结果计算

实验结果以平行测定结果的算术平均值为准。在重复性条件下获得的两次独立测定结果的绝对差值与算术平均值的比值不大于1.0%。

A.6 干燥减量的测定

A.6.1 仪器和设备

恒温真空干燥箱。

A.6.2 分析步骤

称取约2 g样品,精确至0.000 1 g,置于已干燥至恒重的称量瓶中,于100 ℃±1 ℃、0.01 MPa下干燥5 h,然后置于干燥器中冷却至室温,称重。

A.6.3 结果计算

干燥减量以质量分数w_1计,数值以%表示,按公式(A.3)计算:

$$w_1 = \frac{m_1 - m_2}{m_3} \times 100\%$$ ······························ (A.3)

式中:
m_1——干燥前样品和称量瓶质量的数值,单位为克(g);
m_2——干燥后样品和称量瓶质量的数值,单位为克(g);
m_3——干燥前样品质量的数值,单位为克(g)。
实验结果以平行测定结果的算术平均值为准。在重复性条件下获得的两次独立测定结果的绝对差值与算术平均值的比值不大于1.0%。

A.7 灼烧残渣的测定

A.7.1 仪器和设备

高温炉。

A.7.2 分析步骤

称取约1 g样品,精确至0.001 g,置于已在600 ℃~700 ℃下灼烧至恒重的坩埚中,缓缓加热至样品完全碳化。将碳化的样品冷却,用0.5 mL的硫酸润湿残渣,继续加热至硫酸蒸汽逸尽,并在600 ℃~700 ℃的高温炉中灼烧至恒重。

A.7.3 结果计算

灼烧残渣以质量分数w_2计,数值以%表示,按公式(A.4)计算:

$$w_2 = \frac{m_4 - m_5}{m_6} \times 100\%$$ ······························ (A.4)

式中:
m_4——残渣和空坩埚质量的数值,单位为克(g);
m_5——空坩埚质量的数值,单位为克(g);
m_6——样品质量的数值,单位为克(g)。
实验结果以平行测定结果的算术平均值为准。在重复性条件下获得的两次独立测定结果的绝对差值与算术平均值的比值不大于1.0%。

A.8 游离磷酸的测定

A.8.1 试剂和材料

A.8.1.1 标准磷酸盐溶液:精确称取 105 ℃干燥 2 h 的磷酸二氢钾 0.22 g,置于 1 000 mL 容量瓶中,加适量的水溶解,并稀释至刻度,摇匀,临用时再稀释 5 倍。

A.8.1.2 钼酸铵[$(NH_4)_6Mo_7O_{24} \cdot 4H_2O$]溶液:70 g/L。

A.8.1.3 硫酸溶液:3.75 mol/L。

A.8.1.4 酸性钼酸铵溶液:将 25 mL 钼酸铵溶液用水稀释至 200 mL,然后缓缓加入 25 mL 硫酸溶液,摇匀。

A.8.1.5 硫酸亚铁溶液:精确称取 10.0 g 的硫酸亚铁,置于 100 mL 容量瓶中,加适量的水和 2 mL 的硫酸溶液溶解,并稀释至刻度,摇匀。

A.8.2 仪器和设备

紫外-可见分光光度计。

A.8.3 分析步骤

A.8.3.1 样品溶液的制备

精确称取 300.0 mg 样品(按无水品计),置于 100 mL 容量瓶中,加适量的水溶解,并稀释至刻度,摇匀。

A.8.3.2 测定

精确量取标准磷酸盐溶液和样品溶液各 10.0 mL,分别置于 50 mL 的锥形瓶中,然后向各锥形瓶中加入 10.0 mL 酸性钼酸盐溶液和 5 mL 硫酸亚铁溶液,混匀,以 10.0 mL 水、10.0 mL 酸性钼酸盐溶液和 5 mL 硫酸亚铁溶液组成的混合液为空白,用光程为 1 cm 的比色杯,在 700 nm 波长处测定各锥形瓶中溶液的吸光度。样品溶液的吸光度不得大于标准溶液的吸光度。

A.8.4 结果计算

实验结果以平行测定结果的算术平均值为准。在重复性条件下获得的两次独立测定结果的绝对差值与算术平均值的比值不大于 1.5%。

A.9 游离核黄素和核黄素二磷酸盐的测定

A.9.1 试剂和材料

A.9.1.1 KH_2PO_4 溶液:0.054 mol/L。

A.9.1.2 甲醇:色谱纯。

A.9.1.3 核黄素标准品:核黄素含量不低于 99.0%(质量分数)。

A.9.1.4 核黄素 5′-磷酸钠标准品:核黄素含量不低于 74.0%(质量分数)。

A.9.2 仪器和设备

高效液相色谱仪,配荧光检测器(激发波长 440 nm;发射波长 470 nm)。

A.9.3 参考色谱条件

A.9.3.1 色谱柱:C18 柱,3.9 mm×300 mm,或其他等效的色谱柱。

A.9.3.2 流动相:按 KH_2PO_4 溶液:甲醇=85:15(体积比)配制,混合均匀后,用 0.45 μm 滤膜过滤,超声脱气后备用。

A.9.3.3 柱温:室温。

A.9.3.4 流动相流速:2.0 mL/min。

A.9.3.5 进样量:100 μL。

A.9.4 分析步骤

A.9.4.1 系统适应性溶液的制备

溶解 100 mg 核黄素 5′-磷酸钠标准品于水中,使其质量浓度为 2.0 mg/mL,加入等体积的流动相,混匀。吸取 8 mL,用流动相稀释至 50 mL,混匀备用。

A.9.4.2 标准溶液的制备

精确称取 60.0 mg 核黄素标准品于 250 mL 容量瓶中,小心加入 1 mL 盐酸溶解,用水稀释至刻度,混匀。用移液管吸取 4 mL 的核黄素溶液于 100 mL 容量瓶中,用流动相稀释至刻度,混匀备用。

A.9.4.3 样品溶液的制备

精确称取 100.0 mg 样品于 100 mL 容量瓶中,加 50 mL 水溶解,用流动相稀释至刻度,混匀。用移液管吸取 8 mL 溶液于 50 mL 容量瓶中,用流动相稀释至刻度,摇匀备用。

A.9.4.4 系统适应性要求

取适量系统适应性溶液注入色谱仪中进行色谱分析。核黄素 4′-单磷酸盐和核黄素 5′-单磷酸盐之间的分离度应不低于 1.0;核黄素 5′-单磷酸盐两次重复进样的相对标准偏差不大于 1.5%。

核黄素 5′-单磷酸盐的保留时间约为 20 min～25 min。各组分的近似相对保留时间如表 A.1 所示。

表 A.1 各组分的近似相对保留时间

组　　分	相对保留时间
核黄素 3′,4′-二磷酸盐	0.23
核黄素 3′,5′-二磷酸盐	0.39
核黄素 4′,5′-二磷酸盐	0.58
核黄素 3′-单磷酸盐	0.70
核黄素 4′-单磷酸盐	0.87
核黄素 5′-单磷酸盐	1.00
核黄素	1.63

A.9.4.5 测定

分别将等体积(约 100 μL)的标准溶液、样品溶液和系统适应性溶液注入色谱仪中进行色谱分析,记录色谱图,分别测量标准溶液和样品溶液色谱图中的峰响应值。通过比对系统适应性溶液色谱图中色谱峰的保留时间,确定样品溶液色谱图中待测的峰。

A.9.5 结果计算

游离核黄素含量以游离核黄素的质量分数 w_3 计,数值以%表示,按公式(A.5)计算:

$$w_3 = 625 \times w_s \times \frac{P_F}{P_S} \quad\cdots\cdots\cdots\cdots\cdots\cdots\cdots\cdots\cdots\cdots(A.5)$$

式中:

625——样品的稀释倍数;

w_s ——标准溶液中核黄素浓度的数值,单位为毫克每毫升(mg/mL);

P_F ——样品溶液色谱图中核黄素的峰响应值;

P_S ——标准溶液色谱图中核黄素的峰响应值。

核黄素二磷酸盐含量以核黄素二磷酸盐的质量分数 w_4 计,数值以%表示,按公式(A.6)计算:

$$w_4 = 625 \times w_s \times \frac{P_D}{P_S} \quad\cdots\cdots\cdots\cdots\cdots\cdots\cdots\cdots\cdots\cdots(A.6)$$

式中:

625——样品的稀释倍数;

w_s ——标准溶液中核黄素浓度的数值,单位为毫克每毫升(mg/mL);

P_S ——标准溶液色谱图中核黄素的峰响应值;

P_D ——样品溶液色谱图中三种核黄素二磷酸盐峰的总响应值。

实验结果以平行测定结果的算术平均值为准。在重复性条件下获得的两次独立测定结果的绝对差值与算术平均值的比值不大于1.5%。

GB 28308—2012

中华人民共和国国家标准

食品安全国家标准
食品添加剂　植物炭黑

2012-04-25 发布　　　　　　　　　　　　　　2012-06-25 实施

中华人民共和国卫生部 发布

食品安全国家标准

食品添加剂　植物炭黑

1　范围

本标准适用于以植物为原料,经炭化、精制而生成的食品添加剂植物炭黑。

2　化学名称、分子式、相对分子质量

2.1　化学名称

碳

2.2　分子式

C

2.3　相对分子质量

12.01(按 2007 年国际相对原子质量)

3　技术要求

3.1　感官要求:应符合表 1 的规定。

表 1　感官要求

项　　目	要　　求	检验方法
色泽	黑色	取适量样品置于清洁、干燥的白瓷盘中,在自然光线下,观察其色泽和状态,并嗅其气味
气味	无臭、无味	
状态	粉末	

3.2　理化指标:应符合表 2 的规定。

表 2　理化指标

项　　目		指　　标	检验方法
干燥减量,$w/\%$	$\leqslant$	12.0	附录 A 中 A.3
碳含量(以干基计),$w/\%$	$\geqslant$	95	附录 A 中 A.4
灰分,$w/\%$	$\leqslant$	4.0	附录 A 中 A.5
碱溶性呈色物质		通过试验	附录 A 中 A.6
高级芳香烃		通过试验	附录 A 中 A.7

表 2（续）

项　　目		指　　标	检验方法
总砷（以 As 计）/(mg/kg)	≤	3	GB/T 5009.11
铅(Pb)/(mg/kg)	≤	10	GB 5009.12
镉(Cd)/(mg/kg)	≤	1	GB/T 5009.15
汞(Hg)/(mg/kg)	≤	1	GB/T 5009.17

附 录 A

检 验 方 法

A.1 一般规定

本标准所用试剂和水,在没有注明其他要求时,均指分析纯试剂和 GB/T 6682—2008 中规定的三级水。试验中所用标准滴定溶液、杂质测定用标准溶液、制剂及制品,在没有注明其他要求时,均按 GB/T 601、GB/T 602、GB/T 603 的规定制备。试验中所用溶液在未注明用何种溶剂配制时,均指水溶液。

A.2 鉴别试验

A.2.1 溶解性试验

称取约 0.1 g 试样,加 100 mL 水,摇动均匀并静置 10 min,溶液应无色。

称取约 0.1 g 试样,加 100 mL 环己烷,摇动均匀并静置 10 min,溶液应无色。

A.2.2 燃烧试验

将试样缓慢加热至红色,未见明焰。

A.3 干燥减量的测定

A.3.1 仪器和设备

A.3.1.1 称量瓶:ϕ30 mm～40 mm。

A.3.1.2 恒温烘箱。

A.3.2 分析步骤

称取约 2 g 试样,精确到 0.000 1 g,置于已在 120 ℃±2 ℃恒温烘箱中恒量的称量瓶中,在 120 ℃±2 ℃恒温烘箱中干燥 4 h,取出试样,在干燥器中冷却至室温。

A.3.3 结果计算

干燥减量以质量分数 w_1 计,数值以％表示,按公式(A.1)计算:

$$w_1 = \frac{m - m_1}{m} \times 100\% \quad \cdots\cdots\cdots\cdots\cdots\cdots\cdots\cdots\cdots\cdots\cdots\cdots(A.1)$$

式中:

m ——试样干燥前质量的数值,单位为克(g);

m_1 ——试样干燥后质量的数值,单位为克(g)。

实验结果以平行测定结果的算术平均值为准(保留一位小数)。在重复性条件下获得的两次独立测定结果的绝对差值与算术平均值的比值不大于 5％。

A.4 碳含量(以干基计)的测定

A.4.1 仪器和设备

A.4.1.1 瓷坩埚:30 mL。
A.4.1.2 高温电炉。

A.4.2 分析步骤

称取约 1 g 已在 120 ℃±2 ℃干燥 4 h 的试样,精确到 0.000 1 g,置于已在 625 ℃±20 ℃灼烧至恒量的坩埚中。将坩埚送入温度不超过 300 ℃的电炉中,打开坩埚盖,逐渐升高温度,在 625 ℃±20 ℃灰化至恒量。

A.4.3 结果计算

碳含量以质量分数 w_2 计,数值以%表示,按公式(A.2)计算:

$$w_2 = \frac{m_2 - m_3}{m_2} \times 100\% \quad\cdots\cdots\cdots\cdots\cdots\cdots\cdots\cdots\cdots\cdots\cdots\cdots\cdots\cdots(A.2)$$

式中:
m_2——试样质量(以干基计)的数值,单位为克(g);
m_3——实测试样灰分质量的数值,单位为克(g)。
实验结果以平行测定结果的算术平均值为准。在重复性条件下获得的两次独立测定结果的绝对差值与算术平均值的比值不大于 5%。

A.5 灰分的测定

A.5.1 仪器和设备

A.5.1.1 瓷坩埚:30 mL。
A.5.1.2 高温电炉。

A.5.2 分析步骤

称取约 1 g 试样,精确到 0.000 1 g,置于已在 625 ℃±20 ℃灼烧至恒量的坩埚中。将坩埚送入温度不超过 300 ℃的高温电炉中,打开坩埚盖,逐渐升高温度,在 625 ℃±20 ℃灰化至恒量。

A.5.3 结果计算

灰分以质量分数 w_3 计,数值以%表示,按公式(A.3)计算:

$$w_3 = \frac{m_5}{m_4} \times 100\% \quad\cdots\cdots\cdots\cdots\cdots\cdots\cdots\cdots\cdots\cdots\cdots\cdots\cdots\cdots(A.3)$$

式中:
m_5——灰分质量的数值,单位为克(g);
m_4——试样质量的数值,单位为克(g)。
实验结果以平行测定结果的算术平均值为准。在重复性条件下获得的两次独立测定结果的绝对差值与算术平均值的比值不大于 5%。

A.6 碱溶性有色色素的测定

A.6.1 试剂和材料

氢氧化钠溶液:1 mol/L。

A.6.2 分析步骤

称取约 2 g 试样,精确到 0.000 1 g,置于 100 mL 锥形瓶中,加入 20 mL 氢氧化钠溶液,缓慢加热至沸,冷却后过滤,滤液应无色,即为通过试验。

A.7 高级芳香烃的测定

A.7.1 试剂和材料

A.7.1.1 环己烷。

A.7.1.2 硫酸奎宁。

A.7.1.3 硫酸溶液:0.01 mol/L。

A.7.2 仪器和设备

连续萃取装置。

A.7.3 分析步骤

A.7.3.1 硫酸奎宁-硫酸参比溶液的配制

称取约 0.1 g 硫酸奎宁,精确至 0.000 1 g,加 100 mL 硫酸溶液,溶解后移入 1 000 mL 容量瓶,加硫酸溶液至刻度,摇匀。吸取 1 mL 该溶液移入 1 000 mL 容量瓶中,加硫酸溶液至刻度,摇匀,备用。

A.7.3.2 测定

称取约 1 g 试样,精确至 0.000 1 g,加入 10 g 环己烷,精确至 0.01 g,然后连续萃取 4 h 后,萃取溶液应无色。合并萃取溶液,在紫外光下,萃取液的荧光不大于硫酸奎宁-硫酸参比溶液,即为通过试验。

中华人民共和国国家标准

GB 28309—2012

食品安全国家标准

食品添加剂　酸性红（偶氮玉红）

2012-04-25 发布　　　　　　　　　　　　　　2012-06-25 实施

中华人民共和国卫生部　发布

食品安全国家标准

食品添加剂　酸性红(偶氮玉红)

1　范围

本标准适用于1-萘胺-4-磺酸钠经重氮化后与1-萘酚-4-磺酸钠偶合而制得的食品添加剂酸性红(偶氮玉红)。

2　化学名称、结构式、分子式和相对分子质量

2.1　化学名称

1-羟基-2-(4-偶氮萘磺酸)-4-萘磺酸二钠盐

2.2　结构式

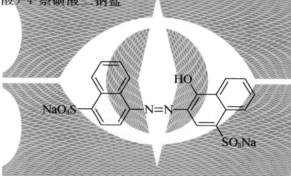

2.3　分子式

$C_{20}H_{12}N_2Na_2O_7S_2$

2.4　相对分子质量

502.43(按2007年国际相对原子质量)

3　技术要求

3.1　感官要求：应符合表1的规定。

表1　感官要求

项　　目	要　　求	检验方法
色泽	红褐色至暗红褐色	取适量样品置于清洁、干燥的白瓷盘中,在自然光线下,观察其色泽和状态
状态	粉末或颗粒	

3.2 理化指标:应符合表 2 的规定。

表 2 理化指标

项 目		指 标	检验方法
酸性红(偶氮玉红)含量,$w/\%$	$\geqslant$	85.0	附录 A 中 A.3
干燥减量、氯化物(以 NaCl 计)及硫酸盐 (以 Na_2SO_4 计)总量,$w/\%$	$\leqslant$	15.0	附录 A 中 A.4
水不溶物,$w/\%$	$\leqslant$	0.20	附录 A 中 A.5
副染料,$w/\%$	$\leqslant$	1.0	附录 A 中 A.6
未反应原料总和,$w/\%$	$\leqslant$	0.50	附录 A 中 A.7
未磺化芳族伯胺(以苯胺计),$w/\%$	$\leqslant$	0.01	附录 A 中 A.8
总砷(以 As 计)/(mg/kg)	$\leqslant$	1.0	GB/T 5009.11
铅(Pb)/(mg/kg)	$\leqslant$	2.0	GB 5009.12

附 录 A

检 验 方 法

A.1 一般规定

本标准所用试剂和水,在没有注明其他要求时,均指分析纯试剂和 GB/T 6682—2008 规定的三级水。试验中所用标准溶液、杂质标准溶液、制剂及制品,在没有注明其他要求时,均按 GB/T 601、GB/T 602、GB/T 603 的规定制备。实验中所用溶液在未注明用何种溶剂配制时,均指水溶液。

A.2 鉴别试验

A.2.1 试剂和材料

A.2.1.1 硫酸。

A.2.1.2 乙酸铵溶液:1.5 g/L。

A.2.2 仪器和设备

A.2.2.1 分光光度计。

A.2.2.2 比色皿:10 mm。

A.2.3 鉴别方法

A.2.3.1 称取约 0.1 g 试样,精确至 0.01 g,溶于 100 mL 水中,溶液为澄清红色。

A.2.3.2 称取约 0.1 g 试样,精确至 0.01 g,加 10 mL 硫酸,溶液显红色,取此溶液 2～3 滴于 5 mL 水中,溶液显红色。

A.2.3.3 称取约 0.1 g 试样,精确至 0.01 g,溶于 100 mL 乙酸铵溶液中,取此溶液 1 mL,加乙酸铵溶液至 100 mL,该溶液的最大吸收波长为 516 nm±2 nm。

A.3 酸性红(偶氮玉红)含量的测定

A.3.1 三氯化钛滴定法(仲裁法)

A.3.1.1 方法提要

在酸性介质中,酸性红(偶氮玉红)中的偶氮基被三氯化钛还原分解,按三氯化钛标准滴定溶液的消耗量,计算酸性红(偶氮玉红)的含量。

A.3.1.2 试剂和材料

A.3.1.2.1 柠檬酸三钠。

A.3.1.2.2 三氯化钛标准滴定溶液:$c(TiCl_3)=0.1$ mol/L(现配现用,配制方法见附录 B)。

A.3.1.2.3 二氧化碳。

A.3.1.3 仪器和设备

见图 A.1。

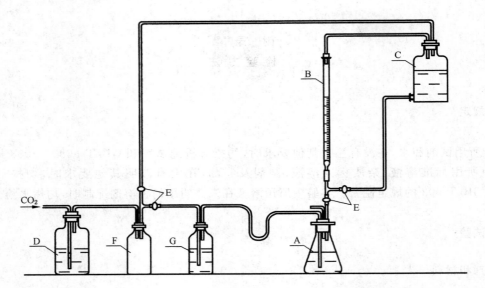

A——锥形瓶(500 mL)；

B——棕色滴定管(50 mL)；

C——包黑纸的下口玻璃瓶(2 000 mL)；

D——装有 100 g/L 碳酸铵溶液和 100 g/L 硫酸亚铁溶液等量混合液的容器(5 000 mL)；

E——活塞；

F——空瓶；

G——装有水的洗气瓶。

图 A.1　三氯化钛滴定法的装置图

A.3.1.4　分析步骤

称取约 0.5 g 试样,精确至 0.000 1 g,置于 500 mL 锥形瓶中,加入 50 mL 新煮沸并冷却至室温的水,溶解,加入 15 g 柠檬酸三钠和 150 mL 新煮沸并冷却至室温的水,振荡溶解后,按图 A.1 装好仪器,在液面下通入二氧化碳的同时,加热至沸,并用三氯化钛标准滴定溶液滴定到其固有颜色消失为终点。

A.3.1.5　结果计算

酸性红(偶氮玉红)含量以质量分数 w_1 计,数值以％表示,按公式(A.1)计算:

$$w_1 = \frac{c(V/1\ 000)(M/4)}{m_1} \times 100\% \quad\cdots\cdots\cdots\cdots\cdots\cdots\cdots\cdots (A.1)$$

式中:

c　——三氯化钛标准滴定溶液浓度的准确数值,单位为摩尔每升(mol/L)；

V　——滴定试样耗用的三氯化钛标准滴定溶液体积的准确数值,单位为毫升(mL)；

1 000——体积换算因子；

M　——酸性红(偶氮玉红)的摩尔质量数值,单位为克每摩尔(g/mol)$[M(C_{20}H_{12}N_2Na_2O_7S_2)=502.43]$；

4　——浓度换算因子；

m_1　——试样质量的数值,单位为克(g)。

实验结果以平行测定结果的算术平均值为准(保留一位小数)。在重复性条件下获得的两次独立测定结果的绝对差值不大于 1.0%。

A.3.2 分光光度比色法

A.3.2.1 方法提要

将试样与已知含量的酸性红(偶氮玉红)标准品分别用水溶解,用乙酸铵溶液稀释定容后,在最大吸收波长处,分别测其吸光度值,然后计算其含量。

A.3.2.2 试剂和材料

A.3.2.2.1 乙酸铵溶液:1.5 g/L。

A.3.2.2.2 酸性红(偶氮玉红)标准品:≥85.0%(质量分数,按 A.3.1 测定)。

A.3.2.3 仪器和设备

A.3.2.3.1 分光光度计。

A.3.2.3.2 比色皿:10 mm。

A.3.2.4 分析步骤

A.3.2.4.1 酸性红(偶氮玉红)标准溶液的制备

称取约 0.25 g 酸性红(偶氮玉红)标准品,精确到 0.000 1 g,溶于适量水中,移入 1 000 mL 容量瓶中,加水稀释并定容至刻度,摇匀。吸取 10 mL,移入 500 mL 容量瓶中,加乙酸铵溶液稀释并定容至刻度,摇匀,备用。

A.3.2.4.2 酸性红(偶氮玉红)试样溶液的制备

称量与操作方法同 A.3.2.4.1 标准溶液的配制。

A.3.2.4.3 测定

取适量酸性红(偶氮玉红)标准溶液和酸性红(偶氮玉红)试样溶液,分别置于 10 mm 比色皿中,同在最大吸收波长(516 nm±2 nm)处用分光光度计测定各自的吸光度值,用乙酸铵溶液作参比液。

A.3.2.5 结果计算

酸性红(偶氮玉红)含量以质量分数 w_2 计,数值以%表示,按公式(A.2)计算:

$$w_2 = \frac{Am_0}{A_0 m} \times w_0 \qquad\qquad\cdots\cdots\cdots\cdots\cdots\cdots\cdots (A.2)$$

式中:

A ——酸性红(偶氮玉红)试样溶液的吸光度值;

m_0 ——酸性红(偶氮玉红)标准品质量的数值,单位为克(g);

A_0 ——酸性红(偶氮玉红)标准溶液的吸光度值;

m ——试样质量的数值,单位为克(g);

w_0 ——酸性红(偶氮玉红)标准品含量的数值,%。

实验结果以平行测定结果的算术平均值为准(保留一位小数)。在重复性条件下获得的两次独立测定结果的绝对差值不大于 1.0%。

A.4 干燥减量、氯化物（以 NaCl 计）及硫酸盐（以 Na$_2$SO$_4$ 计）总量的测定

A.4.1 干燥减量的测定

A.4.1.1 分析步骤

称取约 2 g 试样，精确至 0.001 g，置于已在 135 ℃±2 ℃恒温干燥箱恒量的称量瓶中，在 135 ℃±2 ℃恒温干燥箱中烘至恒量。

A.4.1.2 结果计算

干燥减量以质量分数 w_3 计，数值以％表示，按公式（A.3）计算：

$$w_3 = \frac{m_2 - m_3}{m_2} \times 100\% \qquad\cdots\cdots\cdots\cdots\cdots\cdots\cdots\cdots\cdots\cdots\cdots（A.3）$$

式中：

m_2——试样干燥前质量的数值，单位为克（g）；

m_3——试样干燥至恒量后质量的数值，单位为克（g）。

实验结果以平行测定结果的算术平均值为准（保留一位小数）。在重复性条件下获得的两次独立测定结果的绝对差值不大于 0.2％。

A.4.2 氯化物（以 NaCl 计）的测定

A.4.2.1 试剂和材料

A.4.2.1.1 硝基苯。

A.4.2.1.2 活性炭：767 针型。

A.4.2.1.3 硝酸溶液：1+1。

A.4.2.1.4 硝酸银溶液：$c(AgNO_3) = 0.1$ mol/L。

A.4.2.1.5 硫酸铁铵溶液：称取约 14 g 硫酸铁铵，溶于 100 mL 水中，过滤，加 10 mL 硝酸，贮存于棕色瓶中。

A.4.2.1.6 硫氰酸铵标准滴定溶液：$c(NH_4CNS) = 0.1$ mol/L。

A.4.2.2 分析步骤

A.4.2.2.1 试样溶液的制备

称取约 2 g 试样，精确至 0.001 g，溶于 150 mL 水中，加约 15 g 活性炭，温和煮沸 2 min～3 min，加入 1 mL 硝酸溶液，不断摇动均匀，放置 30 min（其间不时摇动）。用干燥滤纸过滤。如滤液有色，则再加 5 g 活性炭，不时摇动下放置 1 h，再用干燥滤纸过滤（如仍有色则更换活性炭重复操作至滤液无色）。每次以 10 mL 水洗活性炭三次，滤液合并移至 200 mL 容量瓶中，加水至刻度，摇匀。用于氯化物和硫酸盐含量的测定。

A.4.2.2.2 测定

移取 50 mL 试样溶液，置于 500 mL 锥形瓶中，加 2 mL 硝酸溶液和 10 mL 硝酸银溶液（氯化物含量多时要多加些）及 5 mL 硝基苯，剧烈摇动至氯化银凝结，加入 1 mL 硫酸铁铵溶液，用硫氰酸铵标准滴定溶液滴定过量的硝酸银到终点并保持 1 min，同时以同样方法做一空白试验。

A.4.2.3 结果计算

氯化物（以 NaCl 计）含量以质量分数 w_4 计，数值以％表示，按公式（A.4）计算：

$$w_4 = \frac{c_1\big[(V_1 - V_0)/1\,000\big]M_1}{m_4(50/200)} \times 100\% \quad\cdots\cdots\cdots\cdots\cdots\cdots\cdots (\text{A.4})$$

式中：

c_1 ——硫氰酸铵标准滴定溶液浓度的准确数值，单位为摩尔每升（mol/L）；

V_1 ——滴定空白溶液耗用硫氰酸铵标准滴定溶液体积的准确数值，单位为毫升（mL）；

V_0 ——滴定试样溶液耗用硫氰酸铵标准滴定溶液体积的准确数值，单位为毫升（mL）；

1 000 ——体积换算因子；

M_1 ——氯化钠的摩尔质量数值，单位为克每摩尔（g/mol）[$M_1(\text{NaCl}) = 58.4$]；

m_4 ——试样质量的数值，单位为克（g）；

50/200——稀释因子。

实验结果以平行测定结果的算术平均值为准（保留一位小数）。在重复性条件下获得的两次独立测定结果的绝对差值不大于 0.3%。

A.4.3 硫酸盐（以 Na_2SO_4 计）的测定

A.4.3.1 试剂和材料

A.4.3.1.1 氢氧化钠溶液：0.2 g/L。

A.4.3.1.2 盐酸溶液：1+99。

A.4.3.1.3 氯化钡标准滴定溶液：$c(1/2\text{BaCl}_2) = 0.1$ mol/L（配制方法见附录 C）。

A.4.3.1.4 酚酞指示液：10 g/L。

A.4.3.1.5 玫瑰红酸钠指示液：称取 0.1 g 玫瑰红酸钠，溶于 10 mL 水中（现用现配）。

A.4.3.2 分析步骤

吸取 25 mL 试样溶液（A.4.2.2.1），置于 250 mL 锥形瓶中，加 1 滴酚酞指示液，滴加氢氧化钠溶液呈粉红色，然后滴加盐酸溶液至粉红色消失，摇匀，溶解后在不断摇动下用氯化钡标准滴定溶液滴定，以玫瑰红酸钠指示液作外指示液，反应液与指示液在滤纸上交汇处呈现玫瑰红色斑点并保持 2 min 不褪色为终点。同时以相同方法做空白试验。

A.4.3.3 结果计算

硫酸盐（以 Na_2SO_4 计）含量以质量分数 w_5 计，数值以%表示，按公式（A.5）计算：

$$w_5 = \frac{c_2\big[(V_2 - V_3)/1\,000\big](M_2/2)}{m_5(25/200)} \times 100\% \quad\cdots\cdots\cdots\cdots\cdots\cdots\cdots (\text{A.5})$$

式中：

c_2 ——氯化钡标准滴定溶液浓度的准确数值，单位为摩尔每升（mol/L）；

V_2 ——滴定试样溶液耗用氯化钡标准滴定溶液体积的准确数值，单位为毫升（mL）；

V_3 ——滴定空白溶液耗用氯化钡标准滴定溶液体积的准确数值，单位为毫升（mL）；

1 000 ——体积换算因子；

M_2 ——硫酸钠的摩尔质量的数值，单位为克每摩尔（g/mol）[$M_2(\text{Na}_2\text{SO}_4) = 142.04$]；

2 ——浓度换算因子；

m_5 ——试样质量的数值，单位为克（g）；

25/200——稀释因子。

实验结果以平行测定结果的算术平均值为准（保留一位小数）。在重复性条件下获得的两次独立测定结果的绝对差值不大于 0.2%。

A.4.4 干燥减量、氯化物（以 NaCl 计）及硫酸盐（以 Na_2SO_4 计）总量的结果计算

干燥减量、氯化物（以 NaCl 计）及硫酸盐（以 Na_2SO_4 计）的总量以质量分数 w_6 计，数值以%表示，

按公式(A.6)计算：

$$w_6 = w_3 + w_4 + w_5 \qquad\qquad (A.6)$$

式中：

w_3——干燥减量，%；

w_4——氯化物（以 NaCl 计）含量，%；

w_5——硫酸盐（以 Na_2SO_4 计）含量，%。

A.5 水不溶物的测定

A.5.1 仪器和设备

A.5.1.1 玻璃砂芯坩埚：G4，孔径为 5 μm～15 μm。

A.5.1.2 恒温干燥箱。

A.5.2 分析步骤

称取约 3 g 试样，精确至 0.001 g，置于 500 mL 烧杯中，加入 50 ℃～60 ℃热水 250 mL，使之溶解，用已在 135 ℃±2 ℃烘至恒量的 G4 玻璃砂芯坩埚过滤，并用热水充分洗涤到洗涤液无色，在 135 ℃±2 ℃恒温干燥箱中烘至恒量。

A.5.3 结果计算

水不溶物以质量分数 w_7 计，数值以%表示，按公式(A.7)计算：

$$w_7 = \frac{m_6}{m_7} \times 100\% \qquad\qquad (A.7)$$

式中：

m_6——干燥后水不溶物质量的数值，单位为克(g)；

m_7——试样质量的数值，单位为克(g)。

实验结果以平行测定结果的算术平均值为准（保留两位小数）。在重复性条件下获得的两次独立测定结果的绝对差值不大于 0.05%。

A.6 副染料的测定

A.6.1 方法提要

用纸上层析法将各组分分离，洗脱，然后用分光光度法定量。

A.6.2 试剂和材料

A.6.2.1 无水乙醇。

A.6.2.2 正丁醇。

A.6.2.3 丙酮溶液：1+1。

A.6.2.4 氨水溶液：4+96。

A.6.2.5 碳酸氢钠溶液：4 g/L。

A.6.3 仪器和设备

A.6.3.1 分光光度计。

A.6.3.2　层析滤纸:1号中速,150 mm×250 mm。

A.6.3.3　层析缸:ϕ240 mm×300 mm。

A.6.3.4　微量进样器:100 μL。

A.6.3.5　纳氏比色管:50 mL 有玻璃磨口塞。

A.6.3.6　玻璃砂芯漏斗:G3,孔径为 15 μm～40 μm。

A.6.3.7　50 mm 比色皿。

A.6.3.8　10 mm 比色皿。

A.6.4　分析步骤

A.6.4.1　纸上层析条件

A.6.4.1.1　展开剂:正丁醇＋无水乙醇＋氨水溶液＝6＋2＋3。

A.6.4.1.2　温度:20 ℃～25 ℃。

A.6.4.2　试样溶液的制备

称取 1 g 试样,精确至 0.001 g,置于烧杯中,加入适量水溶解后,移入 100 mL 容量瓶中,稀释至刻度,摇匀备用,该试样溶液浓度为 1%。

A.6.4.3　试样洗出液的制备

用微量进样器吸取 100 μL 试样溶液,均匀地注在离滤纸底边 25 mm 的一条基线上,成一直线,使其在滤纸上的宽度不超过 5 mm,长度为 130 mm;用吹风机吹干。将滤纸放入装有预先配制好展开剂的层析缸中展开,滤纸底边浸入展开剂液面下 10 mm,待展开剂前沿线上升至 150 mm 或直到副染料分离满意为止。取出层析滤纸,用冷风吹干。

用空白滤纸在相同条件下展开,该空白滤纸必须与上述步骤展开用的滤纸在同一张滤纸上相邻部位裁取。

副染料纸上层析示意图见图 A.2。

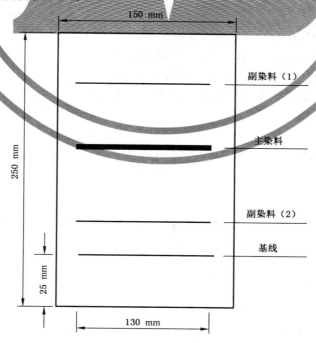

图 A.2　副染料纸上层析示意图

将展开后取得的各个副染料和在空白滤纸上与各副染料相对应的部位的滤纸按同样大小剪下,并剪成约 5 mm×15 mm 的细条,分别置于 50 mL 的纳氏比色管中,准确加入 5 mL 丙酮溶液,摇动 3 min～5 min 后,再准确加入 20 mL 碳酸氢钠溶液,充分摇动,然后分别在 G3 玻璃砂芯漏斗中自然过滤,滤液必须澄清,无悬浮物。分别得到各副染料和空白的洗出液。在各自副染料的最大吸收波长处,用 50 mm 比色皿,将各副染料的洗出液在分光光度计上测定各自的吸光度值。

在分光光度计上测定吸光度时,以 5 mL 丙酮溶液和 20 mL 碳酸氢钠溶液的混合液作参比液。

A.6.4.4　标准溶液的制备

吸取 2 mL 1% 的试样溶液移入 100 mL 容量瓶中,稀释至刻度,摇匀,该溶液为标准溶液。

A.6.4.5　标准洗出液的制备

用微量进样器吸取标准溶液 100 μL,均匀地点注在离滤纸底边 25 mm 的一条基线上,用吹风机吹干。将滤纸放入装有预先配制好展开剂的层析缸中展开,待展开剂前沿线上升 40 mm,取出用冷风吹干,剪下所有展开的染料部分,按 A.6.4.3 的方法进行萃取操作,得到标准洗出液。用 10 mm 比色皿在最大吸收波长处测吸光度值。

同时用空白滤纸在相同条件下展开,按相同方法操作后测洗出液的吸光度值。

A.6.4.6　结果计算

副染料的含量以质量分数 w_8 计,数值以 % 表示,按公式(A.8)计算:

$$w_8 = \frac{[(A_1 - b_1) + \cdots + (A_n - b_n)]/5}{(A_S - b_S)(100/2)} \times w_S \quad\cdots\cdots\cdots\cdots\cdots\cdots\cdots\cdots (\text{A.8})$$

式中:

$A_1, \cdots, A_n$ ——各副染料洗出液以 50 mm 光径长度测定出的吸光度值;

$b_1, \cdots, b_n$ ——各副染料对照空白洗出液以 50 mm 光径长度测定出的吸光度值;

A_S ——标准洗出液以 10 mm 光径长度测定出的吸光度值;

b_S ——标准对照空白洗出液以 10 mm 光径长度测定出的吸光度值;

5 ——折算成以 10 mm 光径长度的比数;

100/2 ——标准洗出液折算成 1% 试样溶液的比数;

w_S ——试样中酸性红(偶氮玉红)的质量分数,%。

实验结果以平行测定结果的算术平均值为准(保留一位小数)。在重复性条件下获得的两次独立测定结果的绝对差值不大于 0.2%。

A.7　未反应原料总和的测定

A.7.1　方法提要

采用反相液相色谱法,用外标法分别定量各未反应中间体,最后计算未反应中间体总和的质量分数。

A.7.2　试剂和材料

A.7.2.1　乙腈。

A.7.2.2　乙酸铵溶液:15 g/L。

A.7.2.3　1-萘胺-4-磺酸钠。

A.7.2.4　1-萘酚-4-磺酸钠。

A.7.3 仪器和设备

A.7.3.1 液相色谱仪:输液泵-流量范围 0.1 mL/min～5.0 mL/min,在此范围内其流量稳定性为 ±1%。

A.7.3.2 检测器:多波长紫外分光检测器或具有同等性能的紫外分光检测器。

A.7.3.3 色谱柱:长为 150 mm,内径为 4.6 mm 的不锈钢柱,固定相为 C_{18},粒径 5 μm。

A.7.3.4 色谱工作站或积分仪。

A.7.3.5 超声波发生器。

A.7.3.6 定量环:20 μL。

A.7.4 参考色谱条件

A.7.4.1 检测波长:254 nm。

A.7.4.2 柱温:30 ℃。

A.7.4.3 流动相:A.乙酸铵溶液;B.乙腈。浓度梯度:35 min 线性浓度梯度从 A:B(100:0)至 A:B (60:40),再 5 min 线性浓度梯度从 A:B(60:40)至 A:B(0:100)。

A.7.4.4 流量:1.0 mL/min。

A.7.4.5 进样量:20 μL。

可根据仪器不同,选择最佳分析条件,流动相应摇匀后用超声波发生器进行脱气。

A.7.5 试样溶液的制备

称取约 0.1 g 酸性红(偶氮玉红)试样,精确至 0.000 1 g,加乙酸铵溶液溶解并定容至 100 mL。

A.7.6 标准溶液的制备

分别称取约 0.01 g,精确至 0.000 1 g,置于真空干燥器中干燥 24 h 后的 1-萘胺-4-磺酸钠标准品和 4-羟基-1-萘磺酸钠标准品。用乙酸铵溶液分别溶解并定容至 100 mL。然后分别吸取 10.0 mL、 5.0 mL、2.0 mL、1.0 mL 上述各标准溶液,用乙酸铵溶液定容至 100 mL,制备成系列浓度的标准 溶液。

A.7.7 分析步骤

在 A.7.4 参考色谱条件下,分别用微量注射器吸取试样溶液及系列浓度的标准溶液,注入并充满 定量环进行色谱检测,待最后一个组分流出完毕,进行结果处理。测定各标准溶液物质的峰面积,分别 绘制成各标准曲线。测定试样溶液中的 1-萘胺-4-磺酸钠和 1-萘酚-4-磺酸钠的峰面积,根据各标准曲线 求出 1-萘胺-4-磺酸钠的含量(w_9)和 1-萘酚-4-磺酸钠的含量(w_{10})。(参考色谱图见附录 D。)

A.7.8 结果计算

未反应原料总和以质量分数 w_{11} 计,数值以％表示,按公式(A.9)计算:

$$w_{11} = w_9 + w_{10} \qquad\qquad\cdots\cdots\cdots\cdots\cdots\cdots\cdots\cdots\cdots\cdots\cdots\cdots (A.9)$$

式中:

w_9——1-萘胺-4-磺酸钠的含量,％;

w_{10}——1-萘酚-4-磺酸钠的含量,％。

A.8 未磺化芳族伯胺(以苯胺计)的测定

A.8.1 方法提要

以乙酸乙酯萃取出试样中未磺化芳族伯胺成分,将萃取液和苯胺标准溶液分别经重氮化和偶合后再测定各自生成染料的吸光度予以比较与判别。

A.8.2　试剂和材料

A.8.2.1　乙酸乙酯。

A.8.2.2　盐酸溶液:1+10。

A.8.2.3　盐酸溶液:1+3。

A.8.2.4　溴化钾溶液:500 g/L。

A.8.2.5　碳酸钠溶液:200 g/L。

A.8.2.6　氢氧化钠溶液:40 g/L。

A.8.2.7　氢氧化钠溶液:4 g/L。

A.8.2.8　R盐溶液:2-萘酚-3,6-二磺酸二钠盐溶液,浓度为20 g/L。

A.8.2.9　亚硝酸钠溶液:3.52 g/L。

A.8.2.10　苯胺标准溶液:0.100 0 g/L。用小烧杯称取0.500 0 g新蒸馏的苯胺,移至500 mL容量瓶中,以150 mL盐酸溶液(A.8.2.3)分三次洗涤烧杯,并入500 mL容量瓶中,用水稀释至刻度。移取25 mL该溶液至另一250 mL容量瓶中,用水定容。此溶液苯胺浓度为0.100 0 g/L。

A.8.3　仪器和设备

A.8.3.1　分光光度计。

A.8.3.2　40 mm比色皿。

A.8.4　试样萃取溶液的配制

称取约2.0 g试样,精确至0.001 g,置于150 mL烧杯中,加100 mL水和5 mL氢氧化钠溶液(A.8.2.6),在温水浴中搅拌至完全溶解。将此溶液移入分液漏斗中,少量水洗净烧杯。每次以50 mL乙酸乙酯萃取两次,合并萃取液。以10 mL氢氧化钠溶液(A.8.2.7)洗涤乙酸乙酯萃取液,除去痕量色素。再每次以10 mL盐酸溶液(A.8.2.3)对乙酸乙酯溶液反萃取三次。合并该盐酸萃取液,然后用水稀释至100 mL,摇匀。此溶液为试样萃取溶液。

A.8.5　标准对照溶液的制备

吸取2.0 mL苯胺标准溶液至100 mL容量瓶中,用盐酸溶液(A.8.2.2)稀释至刻度,混合均匀,此为标准对照溶液。

A.8.6　重氮化偶合溶液的制备

吸取10 mL试样萃取溶液,移入透明洁净的试管中,浸入盛有冰水混合物的烧杯内冷却10 min。在试管中加入1 mL溴化钾溶液及0.5 mL亚硝酸钠溶液,稍用力摇匀后仍置于冰水浴中冷却10 min,进行重氮化反应。另取一个25 mL容量瓶移入1 mLR盐溶液和10 mL碳酸钠溶液。将上述试管中的苯胺重氮盐溶液加至盛有R盐溶液的容量瓶中,边加边略振摇容量瓶,用少许水洗净试管一并加入容量瓶中,再以水定容。充分混匀后在暗处放置15 min。该溶液为试样重氮化偶合溶液。

标准重氮化偶合溶液的制备,吸取10 mL标准对照溶液,其余步骤同上。

A.8.7　参比溶液的制备

吸取10 mL盐酸溶液(A.8.2.2)、10 mL碳酸钠溶液及1 mLR盐溶液于25 mL容量瓶中,用水定容。该溶液为参比溶液。

A.8.8 分析步骤

将标准重氮化偶合溶液和试样重氮化偶合溶液分别置于比色皿中,在 510 nm 波长处用分光光度计测定各自的吸光度 A_a、A_b,以 A.8.7 制备的溶液为参比溶液。

A.8.9 结果判定

$A_b \leqslant A_a$ 即为合格。

附　录　B

三氯化钛标准滴定溶液的配制方法

B.1　试剂和材料

B.1.1　盐酸。

B.1.2　硫酸亚铁铵。

B.1.3　硫氰酸铵溶液:200 g/L。

B.1.4　硫酸溶液:1+1。

B.1.5　三氯化钛溶液。

B.1.6　重铬酸钾标准滴定溶液:$[c(1/6K_2Cr_2O_7)=0.1 \text{ mol/L}]$,按 GB/T 602 配制与标定。

B.2　仪器和设备

见图 A.1。

B.3　三氯化钛标准滴定溶液的配制

B.3.1　配制

取 100 mL 三氯化钛溶液和 75 mL 盐酸,置于 1 000 mL 棕色容量瓶中,用新煮沸并已冷却到室温的水稀释至刻度,摇匀,立即倒入避光的下口瓶中,在二氧化碳气体保护下贮藏。

B.3.2　标定

称取硫酸亚铁铵约 3 g,精确至 0.000 1 g,置于 500 mL 锥形瓶中,在二氧化碳气流保护作用下,加入 50 mL 新煮沸并已冷却的水,使其溶解,再加入 25 mL 硫酸溶液,继续在液面下通入二氧化碳气流作保护,迅速准确加入 35 mL 重铬酸钾标准滴定溶液,然后用需标定的三氯化钛标准溶液滴定到接近计算量终点,立即加入 25 mL 硫氰酸铵溶液,并继续用需标定的三氯化钛标准溶液滴定到红色转变为绿色,即为终点。整个滴定过程应在二氧化碳气流保护下操作,同时做一空白试验。

B.3.3　结果计算

三氯化钛标准滴定溶液的浓度以 $c(TiCl_3)$ 计,单位以摩尔每升(mol/L)表示,按公式(B.1)计算:

$$c=\frac{cV_1}{V_2-V_3} \qquad\cdots\cdots\cdots\cdots\cdots\cdots\cdots\cdots\cdots\cdots(B.1)$$

式中:

c ——重铬酸钾标准滴定溶液浓度的准确数值,单位为摩尔每升(mol/L);

V_1 ——重铬酸钾标准滴定溶液体积的准确数值,单位为毫升(mL);

V_2 ——滴定被重铬酸钾标准滴定溶液氧化成高钛所用去的三氯化钛标准滴定溶液体积的准确数值,单位为毫升(mL);

V_3 ——滴定空白用去三氯化钛标准滴定溶液体积的准确数值,单位为毫升(mL)。

计算结果表示到小数点后 4 位。

以上标定需在分析样品时即时标定。

附　录　C

氯化钡标准溶液的配制方法

C.1　试剂和材料

C.1.1　氯化钡。

C.1.2　氨水。

C.1.3　硫酸标准滴定溶液：$[c(1/2H_2SO_4)=0.1\ mol/L]$，按 GB/T 601 配制与标定。

C.1.4　玫瑰红酸钠指示液：称取 0.1 g 玫瑰红酸钠，溶于 10 mL 水中（现用现配）。

C.1.5　广范 pH 试纸。

C.2　配制

称取 12.25 g 氯化钡，溶于 500 mL 水，移入 1 000 mL 容量瓶中，稀释至刻度，摇匀。

C.3　标定方法

吸取 20 mL 硫酸标准滴定溶液，置于 250 mL 锥形瓶中，加 50 mL 水，并用氨水中和到广范 pH 试纸为 8，然后用氯化钡标准滴定溶液滴定，以玫瑰红酸钠指示液作外指示液，反应液与指示液在滤纸上交汇处呈现玫瑰红色斑点且保持 2 min 不褪色为终点。

C.4　结果计算

氯化钡标准滴定溶液浓度的以 $c(1/2BaCl_2)$ 计，单位以摩尔每升（mol/L）表示，按公式（C.1）计算：

$$c=\frac{c_1 \times V_4}{V_5} \quad\quad\quad\quad\quad\quad\quad\text{………………………………（C.1）}$$

式中：

c_1——硫酸标准滴定溶液浓度的准确数值，单位为摩尔每升（mol/L）；

V_4——硫酸标准滴定溶液体积的准确数值，单位为毫升（mL）；

V_5——消耗氯化钡标准滴定溶液体积的准确数值，单位为毫升（mL）。

计算结果表示到小数点后 4 位。

附　录　D

酸性红(偶氮玉红)液相色谱示意图和各组分参考保留时间

D.1　酸性红(偶氮玉红)液相色谱示意图

酸性红(偶氮玉红)液相色谱图示意图见 D.1。

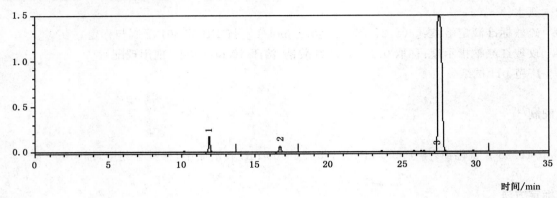

1——1-萘胺-4-磺酸钠；

2——1-萘酚-4-磺酸钠；

3——酸性红(偶氮玉红)。

图 D.1　酸性红(偶氮玉红)液相色谱图示意图

D.2　酸性红(偶氮玉红)各组分参考保留时间

表 D.1　酸性红(偶氮玉红)各组分参考保留时间

峰号	组分名称	保留时间 min
1	1-萘胺-4-磺酸钠	11.88
2	1-萘酚-4-磺酸钠	16.68
3	酸性红(偶氮玉红)	27.50
注：不同仪器、不同分离柱、甚至不同时间进样各组分的保留时间均会有所不同,但各组分的洗脱顺序是不变的。		

中华人民共和国国家标准

GB 28310—2012

食品安全国家标准
食品添加剂 β-胡萝卜素(发酵法)

2012-04-25 发布

2012-06-25 实施

中华人民共和国卫生部 发布

食品安全国家标准

食品添加剂 β-胡萝卜素(发酵法)

1 范围

本标准适用于经丝状真菌三孢布拉霉(*Blakeslea trispora*)发酵而得的食品添加剂 β-胡萝卜素。

2 分子式、结构式、相对分子质量

2.1 分子式

$C_{40}H_{56}$

2.2 结构式

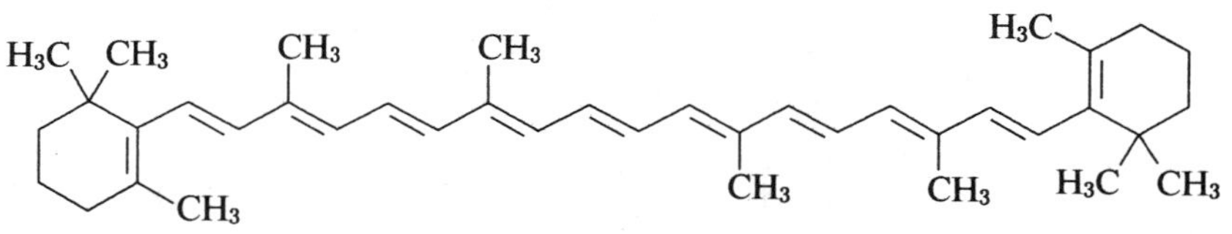

2.3 相对分子质量

536.88(按 2007 年国际相对原子质量)

3 技术要求

3.1 感官要求:应符合表 1 的规定。

表 1 感官要求

项 目	要 求	检验方法
色泽	暗红色至棕红色	取适量样品置于清洁、干燥的白瓷盘中,在自然光线下,观察其色泽和状态
状态	结晶或结晶性粉末	

3.2 理化指标：应符合表2的规定。

表 2 理化指标

项 目		指 标	检验方法
总 β-胡萝卜素含量(以 $C_{40}H_{56}$ 计), $w/\%$ ≥		96.0	附录 A 中 A.3
吸光度比值	A_{455}/A_{483}	1.14～1.19	附录 A 中 A.4
	A_{455}/A_{340} ≥	0.75	
灼烧残渣, $w/\%$ ≤		0.2	附录 A 中 A.5
乙醇, $w/\%$ ≤		0.8(单独或两者之和)	附录 A 中 A.6
乙酸乙酯, $w/\%$ ≤			
异丙醇, $w/\%$ ≤		0.1	
乙酸异丁酯, $w/\%$ ≤		1.0	
铅(Pb)/(mg/kg) ≤		2	GB 5009.12
总砷(以 As 计)/(mg/kg) ≤		3	GB/T 5009.11

注：商品化的 β-胡萝卜素产品应以符合本标准的 β-胡萝卜素为原料,可添加符合食品添加剂质量规格要求的明胶、抗氧化剂和(或)食用的植物油、糊精、淀粉制成的产品,其总 β-胡萝卜素含量和吸光度比值符合标识值。

附 录 A
检 验 方 法

A.1 一般规定

标准所用试剂和水,在没有注明其他要求时,均指分析纯试剂和 GB/T 6682—2008 中规定的三级水。试验中所用标准滴定溶液、杂质测定用标准溶液、制剂及制品,在没有注明其他要求时,均按 GB/T 601、GB/T 602、GB/T 603 的规定制备。试验中所用溶液在未注明用何种溶剂配制时,均指水溶液。

A.2 鉴别试验

A.2.1 溶解性试验

A.2.1.1 试剂和材料

A.2.1.1.1 乙醇。
A.2.1.1.2 植物油。

A.2.1.2 分析步骤

室温下称取一定量的样品分别加入到一定量水、乙醇和植物油中,摇动 0.5 min~5 min,观察样品的溶解情况。β-胡萝卜素几乎不溶于水和乙醇[(溶质/溶剂)<(1/10 000)],微溶于植物油[(1/100)<(溶质/溶剂)<(1/1 000)]。

A.2.2 类胡萝卜素试验

A.2.2.1 试剂和材料

A.2.2.1.1 丙酮。
A.2.2.1.2 5%亚硝酸钠溶液:称取 50 g 亚硝酸钠,加水溶解,稀释并定容至 1 000 mL。
A.2.2.1.3 0.5 mol/L 硫酸溶液。

A.2.2.2 分析步骤

称取一定量的样品加丙酮溶解,样品的丙酮溶液的颜色在连续滴加 5%亚硝酸钠溶液和 0.5 mol/L 硫酸溶液后逐渐消失。

A.3 总 β-胡萝卜素含量的测定

A.3.1 试剂和材料

A.3.1.1 三氯甲烷。
A.3.1.2 环己烷。

A.3.2 仪器和设备

紫外-可见分光光度计。

A.3.3 分析步骤

A.3.3.1 溶液 A 制备

准确称取 0.05 g 试样,精确至 0.000 1 g,置于 100 mL 容量瓶中,加三氯甲烷 10 mL 溶解试样,用环己烷定容至刻度。取此试样液 5.0 mL 于 100 mL 棕色容量瓶中,用环己烷定容至刻度,摇匀,即得。

A.3.3.2 溶液 B 制备

取溶液 A 5.0 mL 于 50 mL 棕色容量瓶中,用环己烷定容至刻度,摇匀,即得。

A.3.3.3 测定

将溶液 B 置于 1 cm 比色皿中,以环己烷做空白对照,用紫外-可见分光光度计在 455 nm±2 nm 范围内的最大吸收波长处测定吸光度。吸光度应控制在 0.3～0.7 之间,否则应调整试样液浓度,再重新测定吸光度。

A.3.4 结果计算

总 β-胡萝卜素含量以 β-胡萝卜素($C_{40}H_{56}$)的质量分数 w_1 计,数值以％表示,按公式(A.1)计算:

$$w_1 = \frac{A}{c} \times \frac{1}{2\ 500} \quad\cdots\cdots\cdots\cdots\cdots\cdots\cdots\cdots\cdots(A.1)$$

式中:

A ——实际测定试样液吸光度的数值;

c ——被测试样液浓度的数值,单位为克每毫升(g/mL);

$2\ 500$——β-胡萝卜素在环己烷中的百分吸光系数($E_{1\,cm}^{1\%}$)。

实验结果以平行测定结果的算术平均值为准。在重复性条件下获得的两次独立测定结果的绝对差值不得超过算术平均值的 1.5％。

A.4 吸光度比值的测定

A.4.1 试剂和材料

A.4.1.1 三氯甲烷。

A.4.1.2 环己烷。

A.4.2 仪器和设备

紫外-可见分光光度计。

A.4.3 分析步骤

A.4.3.1 样品溶液的制备

溶液 A 制备同 A.3.3.1,溶液 B 制备同 A.3.3.2。

A.4.3.2 A_{455}/A_{483} 的测定

将溶液 B 置于 1 cm 比色皿中,以环己烷做空白对照,在波长 455 nm 和波长 483 nm 处分别测定吸光度(A),A_{455}/A_{483} 的比值应在 1.14～1.19 之间。

A.4.3.3 A_{455}/A_{340} 的测定

将溶液 B 和溶液 A 分别置于 1 cm 比色皿中,以环己烷做空白对照,在波长 455 nm 处测定溶液 B 的吸光度(A_{455}),在波长 340 nm 处测定溶液 A 的吸光度(A_{340}),A_{455}/A_{340} 的比值应不小于 0.75。

A.5 灼烧残渣的测定

A.5.1 试剂和材料

硫酸。

A.5.2 分析步骤

称取约 2 g 试样,精确至 0.000 1 g,置于已在 800 ℃±25 ℃ 灼烧至恒重的坩埚中,用小火缓缓加热至试样完全炭化,放冷后,加约 1.0 mL 硫酸使其湿润,低温加热至硫酸蒸汽除尽后,移入高温炉中,在 800 ℃±25 ℃ 灼烧至恒重。

A.5.3 结果计算

灼烧残渣以质量分数 w_2 计,数值以%表示,按公式(A.2)计算:

$$w_2 = \frac{m_1 - m_2}{m} \times 100\% \quad\quad\quad\quad\quad (A.2)$$

式中:

m_1——残渣和空坩埚质量的数值,单位为克(g);

m_2——空坩埚质量的数值,单位为克(g);

m ——称取的试样质量的数值,单位为克(g)。

实验结果以平行测定结果的算术平均值为准,二次平行测定结果的绝对差值不大于 0.05%。

A.6 乙醇、乙酸乙酯、异丙醇、乙酸异丁酯的测定

A.6.1 试剂和材料

A.6.1.1 乙醇。

A.6.1.2 异丙醇。

A.6.1.3 乙酸乙酯。

A.6.1.4 乙酸异丁酯。

A.6.1.5 N,N-二甲基甲酰胺(DMF):色谱纯。

A.6.2 仪器和设备

气相色谱仪,带氢火焰离子检测器(FID)和顶空进样器。

A.6.3 参考色谱条件

A.6.3.1 色谱柱:DB-624 毛细管柱,30 m×0.53 mm,膜厚 3.0 μm;或其他等效的色谱柱。

A.6.3.2 载气:氦气或氮气。

A.6.3.3 载气流量:4.8 mL/min。

A.6.3.4 进样口温度:250 ℃。

A.6.3.5 柱温:50 ℃,以 1 ℃/min 升至 60 ℃,再以 9.2 ℃/min 升至 115 ℃,再以 35 ℃/min 升至 220 ℃ 保持 6 min。

A.6.3.6 检测器温度:270 ℃。

A.6.3.7 分流比:5∶1。

A.6.3.8 进样体积:1 mL 定量环。

A.6.4 顶空条件

A.6.4.1 顶空瓶温度:100 ℃。

A.6.4.2 定量环温度:110 ℃。

A.6.4.3 传输线温度:120 ℃。

A.6.4.4 顶空瓶平衡时间:50 min。

A.6.4.5 气相循环时间:30.0 min。

A.6.4.6 加压时间:0.2 min。

A.6.4.7 定量环填充时间:0.2 min。

A.6.4.8 定量环平衡时间:0.05 min。

A.6.4.9 进样时间:1.0 min。

A.6.4.10 顶空瓶压力:95.15 kPa(13.8 psi)。

A.6.5 分析步骤

A.6.5.1 对照液制备

A.6.5.1.1 对照液制备:精密吸取乙醇 34 μL、异丙醇 4.5 μL、乙酸乙酯 30 μL、乙酸异丁酯 38 μL,置于 100 mL 容量瓶中,用 DMF 稀释至刻度,摇匀,移取 3.0 mL 到 10 mL 顶空瓶中,封盖。该对照溶液中含有乙醇 0.268 6 mg/mL,异丙醇 0.035 325 mg/mL,乙酸乙酯 0.270 3 mg/mL,乙酸异丁酯 0.332 5 mg/mL。

      注:乙醇密度 0.790 g/mL,异丙醇密度 0.785 g/mL,乙酸乙酯密度 0.901 g/mL,乙酸异丁酯密度 0.875 g/mL。

A.6.5.1.2 灵敏度溶液制备:精密吸取 5.0 mL 对照液于 50 mL 容量瓶中,用 DMF 稀释至刻度,摇匀,移取 3.0 mL 到 10 mL 顶空瓶中,封盖。该溶液中含有乙醇 0.026 86 mg/mL(相对应于试样中浓度约 0.08%),异丙醇 0.003 532 5 mg/mL(相对应于试样中浓度约 0.01%),乙酸乙酯 0.027 03 mg/mL(相对应于试样中浓度约 0.08%),乙酸异丁酯 0.033 25 mg/mL(相对应于试样中浓度约 0.1%)。

A.6.5.2 试样液制备

精确称取试样约 0.1 g 到 10 mL 顶空瓶中,加 3.0 mL DMF 稀释,封盖,摇匀,此为试样液。

A.6.5.3 系统适应性要求

分别移取上述 A.6.5.1 对照液 3.0 mL 于 6 个 10 mL 顶空瓶中,分别进样,各个峰理论板数应不小于 5 000,峰面积的相对标准偏差不得大于 10.0%,灵敏度溶液中主峰信噪比应不小于 10。

A.6.5.4 测定

分别取对照液和试样液顶空进样,用外标法计算样品中的乙醇、异丙醇、乙酸乙酯和乙酸异丁酯含量。

A.6.6 结果计算

乙醇、异丙醇、乙酸乙酯和乙酸异丁酯的含量分别以质量分数 w_i 计,数值均以%表示,分别按公式(A.3)计算:

$$w_i = \frac{A_X \times c_R}{A_R \times c_X} \times 100\%$$ ·····················（A.3）

式中：

A_X ——试样液色谱图中所测溶剂峰面积值的数值；

c_R ——对照液中对应溶剂浓度的数值，单位为毫克每毫升(mg/mL)；

A_R ——对照液色谱图中所测溶剂峰面积值的数值；

c_X ——试样液浓度的数值，单位为毫克每毫升(mg/mL)。

实验结果以平行测定结果的算术平均值为准。在重复性条件下获得的两次独立测定结果的绝对差值不得超过算术平均值的20%。

中华人民共和国国家标准

GB 28311—2012

食品安全国家标准

食品添加剂 栀子蓝

2012-04-25 发布

2012-06-25 实施

中华人民共和国卫生部 发布

食品安全国家标准

食品添加剂 栀子蓝

1 范围

本标准适用于以栀子（*Gardenia jasminoides* Ellis）的果实为原料，经水或食用乙醇浸提、酶解（β-葡萄糖苷酶）、添加食用氨基酸化合、精制等工艺加工制成的食品添加剂栀子蓝。

2 技术要求

2.1 感官要求：应符合表1的规定。

表 1 感官要求

项 目	要 求	检验方法
气味	略有特殊的芳香性气味	取适量样品置于清洁、干燥的白瓷盘中，在自然光线下，观察其色泽和状态，并嗅其气味
色泽	蓝色至深紫蓝色	
状态	粉末、粒状或液体	

2.2 理化指标：应符合表2的规定。

表 2 理化指标

项 目	指 标		检验方法
	粉末、粒状	液体	
色价 $E_{1\ cm}^{1\%}$ (580～620) nm	符合声称		附录 A 中 A.3
干燥减量，$w/\%$ ≤	7	—	GB 5009.3 直接干燥法
铅(Pb)/(mg/kg) ≤	3	3	GB 5009.12
总砷(以 As 计)/(mg/kg) ≤	2	2	GB/T 5009.11

注：商品化的栀子蓝产品应以符合本标准的栀子蓝为原料，可添加食用糊精和（或）乳糖而制成，其色价符合声称。

附　录　A

检　验　方　法

A.1　一般规定

本标准所用试剂和水,在没有注明其他要求时,均指分析纯试剂和 GB/T 6682 中规定的三级水。分析中所用标准滴定溶液、杂质测定用标准溶液、制剂及制品,在没有注明其他要求时,均按 GB/T 601、GB/T 602、GB/T 603 的规定制备。本试验所用溶液在未注明用何种溶剂配制时,均指水溶液。

A.2　鉴别试验

A.2.1　试剂和材料

A.2.1.1　0.2 mol/L 磷酸氢二钠溶液:准确称取磷酸氢二钠($Na_2HPO_4 \cdot 12H_2O$)71.64 g,用水定容至 1 000 mL。

A.2.1.2　0.1 mol/L 柠檬酸溶液:准确称取柠檬酸($C_6H_8O_7 \cdot H_2O$)21.01 g,用水定容至 1 000 mL。

A.2.1.3　pH7.0 柠檬酸缓冲液:0.2 mol/L 磷酸氢二钠溶液 16.47 mL 与 0.1 mol/L 柠檬酸溶液 3.53 mL 混合。

A.2.1.4　次氯酸钠溶液:有效氯含量在 4% 以上。

A.2.2　分析步骤

A.2.2.1　最大吸收波长

取 A.3.2 色价测定中的栀子蓝试样液,用分光光度计检测,在波长 580 nm～620 nm 之间应有最大吸收峰。

A.2.2.2　颜色反应

用 pH7.0 柠檬酸缓冲液配制 0.1% 试样液,应呈蓝色。

A.2.2.3　褪色反应

取 0.1% 试样液 5 mL,加盐酸 1～2 滴,再加含有效氯 4% 以上的次氯酸钠溶液 1～3 滴,应褪色。

A.3　色价的测定

A.3.1　仪器和设备

分光光度计。

A.3.2　分析步骤

称取约 0.2 g 试样,精确至 0.000 1 g,用水溶解,转移至 100 mL 容量瓶中,加水定容至刻度,摇匀,然后吸取 10 mL,转移至 100 mL 容量瓶中,加水定容至刻度,摇匀。取此试样液置于 1 cm 比色皿中,以水做空白对照,用分光光度计在 580 nm～620 nm 内的最大吸收波长处测定吸光度。(吸光度应控制在 0.3～0.7 之间,否则应调整试样液浓度,再重新测定吸光度。)

A.3.3 结果计算

色价以被测试样液浓度为 1‰、用 1 cm 比色皿、在 580 nm～620 nm 范围内最大吸收波长处测得的吸光度 $E_{1\,cm}^{1\%}(580{\sim}620)nm$ 计,按公式(A.1)计算:

$$E_{1\,cm}^{1\%}(580 \sim 620)nm = \frac{A}{c} \times \frac{1}{100} \quad\cdots\cdots\cdots\cdots\cdots\cdots\cdots\cdots (\text{A.1})$$

式中:

A ——实测试样液的吸光度;

c ——被测试样液浓度的数值,单位为克每毫升(g/mL);

100——浓度换算系数。

实验结果以平行测定结果的算术平均值为准。在重复性条件下获得的两次独立测定结果的绝对差值不得超过 2%。

中华人民共和国国家标准

GB 28315—2012

食品安全国家标准
食品添加剂　紫草红

2012-04-25 发布

2012-06-25 实施

中华人民共和国卫生部 发布

食品安全国家标准

食品添加剂　紫草红

1　范围

本标准适用于以紫草科植物紫草（*Lithospermum euchromom*；*Lithospermum erythrohizn*；*Macrotomia euchroma*）的根为原料,经萃取、精制而成的食品添加剂紫草红。

2　主成分的分子式、结构式和相对分子质量

2.1　分子式

紫草宁：$C_{16}H_{16}O_5$

2.2　结构式

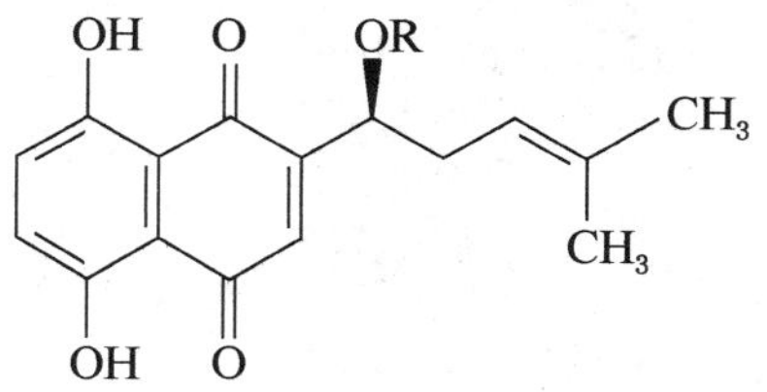

R＝H

2.3　相对分子质量

紫草宁：288.295（按 2007 年国际相对原子质量）

3　技术要求

3.1　感官要求：应符合表 1 的规定。

表 1　感官要求

项　目	要　求	检验方法
色泽	深紫红色	取适量样品置于清洁、干燥的白瓷盘中,在自然光线下,观察其色泽和状态
状态	油状液体	

3.2 理化指标:应符合表2的规定。

表 2 理化指标

项 目		指 标	检验方法
色价 $E_{1\,cm}^{1\%}$(515±3)nm	≥	100	附录A中A.3
残留溶剂/(mg/kg)	≤	50	附录A中A.4
铅(Pb)/(mg/kg)	≤	3	GB 5009.12
总砷(以 As 计)/(mg/kg)	≤	1	GB/T 5009.11
注：商品化的紫草红产品应以符合本标准的紫草红为原料,可添加食用植物油或乙醇而制成,其色价指标符合声称。			

附 录 A
检 验 方 法

A.1 一般规定

本标准所用试剂和水,在没有注明其他要求时,均指分析纯试剂和 GB/T 6682 中规定的三级水。分析中所用标准滴定溶液、杂质测定用标准溶液、制剂及制品,在没有注明其他要求时,均按GB/T 601、GB/T 602、GB/T 603 的规定制备。本试验所用溶液在未注明用何种溶剂配制时,均指水溶液。

A.2 鉴别试验

A.2.1 溶解性

不溶于水,部分溶于碱性水溶液,溶于丙酮和正己烷。

A.2.2 最大吸收峰

取 A.3 色价测定中的紫草红试样液,用分光光度计检测,在 515 nm 附近有最大吸收峰。

A.2.3 层析试验

A.2.3.1 展层溶液

石油醚:乙酸乙酯=9:1(体积比)。

A.2.3.2 分析步骤

将试样的丙酮溶液点在硅胶板上,将点样后的硅胶板放入已被展层溶液饱和的层析缸中展层,硅胶板呈现四个斑点,其颜色分别为淡紫色、淡紫色、紫色、紫红色,其 R_f 值分别为 0.20、0.35、0.53、0.64。

A.3 色价的测定

A.3.1 试剂和材料

丙酮。

A.3.2 仪器和设备

分光光度计。

A.3.3 分析步骤

称取 0.05 g～0.1 g 试样,精确到 0.000 1 g,用丙酮定容于 100 mL 容量瓶中,摇匀,再从中精确吸取 5 mL,丙酮稀释定容于 100 mL 的容量瓶中,摇匀,用丙酮作参比液,用分光光度计在 515 nm±3 nm 范围内的最大吸收峰处,于 1 cm 比色皿中测定其吸光度。吸光度应控制在 0.3～0.7 之间,否则应调整试样液浓度,再重新测定吸光度。

A.3.4 结果计算

色价以被测试样液浓度为 1‰,用 1 cm 比色皿,在(515±3)nm 处测得的吸光度 $E_{1\ cm}^{1\%}(515\pm3)$nm 计,按公式(A.1)计算:

$$E_{1\ cm}^{1\%}(515\pm3)\text{nm}=\frac{A}{c}\times\frac{1}{100} \quad\cdots\cdots\cdots\cdots\cdots\cdots(\text{A.1})$$

式中:

A ——实际测定试样液的吸光度值;

c ——被测试样液浓度的数值,单位为克每毫升(g/mL);

100 ——浓度换算系数。

实验结果以平行测定结果的算术平均值为准。在重复性条件下获得的两次独立测定结果的绝对差值不得超过算术平均值的 2%。

A.4 残留溶剂的测定

A.4.1 试样制备

将样品于 50 ℃水浴中加热至有流动性后,称取 20 g 于 100 mL 烧杯中,加入 40 g 在水浴预热至 50 ℃ 的冷榨植物油,将两者混合均匀后,称取稀释后的色素 25 g 加入标准气化瓶中,密封,得到待测试样。

A.4.2 测定

以制备的待测试样为检测对象,其他步骤按照 GB/T 5009.37—2003 中 4.8 残留溶剂规定的方法测定。

A.4.3 结果计算

按 GB/T 5009.37—2003 中公式(9)计算待测试样的溶剂残留量 x_1。

样品中的溶剂残留量按公式(A.2)计算:

$$x=x_1\times3 \quad\cdots\cdots\cdots\cdots\cdots\cdots\cdots(\text{A.2})$$

式中:

x_1——按 GB/T 5009.37 测得的稀释后待测试样的溶剂残留量;

3 ——样品的稀释倍数。

中华人民共和国国家标准

GB 28316—2012

食品安全国家标准

食品添加剂　番茄红

2012-04-25 发布

2012-06-25 实施

中华人民共和国卫生部 发 布

食品安全国家标准

食品添加剂 番茄红

1 范围

本标准适用于以番茄($Lycopersicon$)或番茄制品为原料,以超临界流体(包括二氧化碳等)或有机溶剂为萃取介质制备的食品添加剂番茄红。

2 分子式、结构式、相对分子质量

2.1 分子式

番茄红素:$C_{40}H_{56}$

2.2 结构式

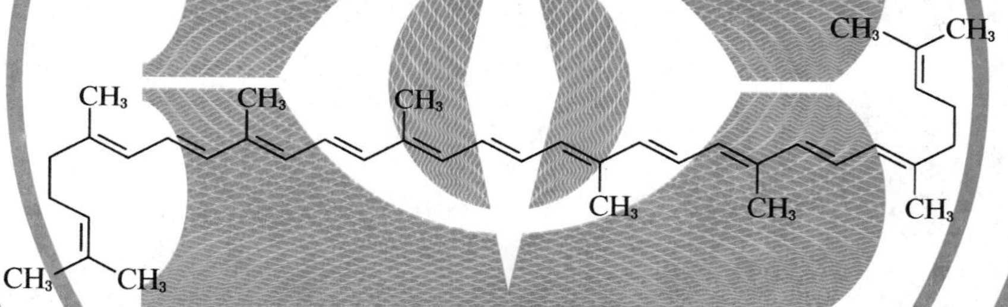

全反式番茄红素化学结构式

2.3 相对分子质量

536.87(按 2007 年国际相对原子质量)

3 技术要求

3.1 感官要求:应符合表 1 的规定。

表 1 感官要求

项 目	要 求	检验方法
色泽	深红色	取适量样品置于清洁、干燥的白瓷盘中,在自然光线下,观察其色泽和状态
状态	膏状物或油状液体或粉末(晶体)	

3.2 理化指标:应符合表2的规定。

表2 理化指标

项 目		指 标	检测方法
番茄红素含量,w/%	≥	5.0	附录A中A.3
总类胡萝卜素含量,w/%	≥	5.5	附录A中A.4
铅(Pb)/(mg/kg)	≤	1.0	GB 5009.12
总砷(以As计)/(mg/kg)	≤	3.0	GB/T 5009.11
残留溶剂[a]/(mg/kg)	≤	50[b]	乙酸乙酯:附录A中A.5 正己烷:GB/T 5009.37 残留溶剂
注:商品化的番茄红产品应以符合本标准的番茄红为原料,可添加符合食品添加剂质量规格要求的明胶、抗氧化剂和(或)食用的糊精、植物油、淀粉而制成,其番茄红素含量和总类胡萝卜素含量符合标识值。			

[a] 超临界流体萃取的产品除外。

[b] 乙酸乙酯和正己烷单独或两者之和。

附 录 A

检 验 方 法

A.1 一般规定

本标准所用试剂和水,在没有注明其他要求时,均指分析纯试剂和 GB/T 6682—2008 中规定的三级水。试验中所用标准滴定溶液、杂质测定用标准溶液、制剂及制品,在没有注明其他要求时,均按 GB/T 601、GB/T 602、GB/T 603 的规定制备。试验中所用溶液在未注明用何种溶剂配制时,均指水溶液。

A.2 鉴别试验

A.2.1 溶解性

易溶于乙酸乙酯和正己烷,部分溶于乙醇和丙酮,不溶于水。

A.2.2 颜色反应

称取约 0.01 g 试样,溶于 10 mL 丙酮中,形成橙红色透明溶液,向其中连续滴加等体积的 5% 硝酸钠溶液(5 g 溶于 100 mL 水中)和 1 mol/L 硫酸溶液,试样溶液的颜色变浅。

A.2.3 特征吸收峰

取适量试样,溶于正己烷中,此试样溶液在 446 nm、472 nm、505 nm 附近波长处有特征吸收峰。

A.3 番茄红素含量的测定

A.3.1 试剂和材料

A.3.1.1 二氯甲烷:色谱纯。

A.3.1.2 乙腈:色谱纯。

A.3.1.3 乙酸乙酯:色谱纯。

A.3.1.4 水:一级水。

A.3.1.5 乙醇。

A.3.1.6 石油醚:沸程 60 ℃~90 ℃。

A.3.1.7 2,6-二叔丁基对甲酚(BHT)。

A.3.1.8 番茄红素对照品:纯度≥90%。

A.3.2 仪器和设备

A.3.2.1 高效液相色谱仪。

A.3.2.2 紫外-可见分光光度计。

A.3.3 参考色谱条件

A.3.3.1 色谱柱:固定相为 C_{18},250 mm×4.6 mm,5 μm;或其他等效的色谱柱。

A.3.3.2 柱温:25 ℃。

A.3.3.3 检测器:紫外/可见光检测器或二极管阵列检测器。

A.3.3.4 检测波长:472 nm。

A.3.3.5 流动相:流动相 A 为乙腈溶液(9+1),流动相 B 为乙酸乙酯。洗脱条件为二元线型梯度:流动相 B 在 20 min 内由 0%上升到 100%,20 min 后流动相 B 保持 100%运行 5 min。

A.3.3.6 流速:1.0 mL/min。

A.3.3.7 进样量:10 μL。

A.3.4 分析步骤

A.3.4.1 BHT 溶液的配制

准确称量 2.5 g BHT 置于 500 mL 棕色容量瓶中,用二氯甲烷定容,浓度为5 000 mg/L,密闭避光放置,可稳定储存 3 个月。

A.3.4.2 番茄红素对照品溶液的配制

分别称取 10 mg 番茄红素对照品和 20 mg BHT,精确至 0.000 1 g,取少量二氯甲烷溶解后,转移至 100 mL 棕色容量瓶中,用二氯甲烷定容,混合均匀。由于番茄红素不稳定,番茄红素对照品溶液使用前应采用 A.3.4.3 方法标定其纯度。番茄红素对照品溶液应在 −20 ℃ 条件下储存,24 h 内可使用。

A.3.4.3 番茄红素对照品溶液的标定

量取 1 mL(V_A)番茄红素对照品溶液,置于 50 mL(V_B)棕色容量瓶中,加入 5 mL 乙醇和 5 mL BHT 溶液,用石油醚定容,混匀。将此溶液置于 1 cm 比色皿中,以石油醚作空白对照,用紫外-可见光分光光度计在 472 nm 附近的最大吸收波长处测定吸光度。吸光度应控制在 0.3~0.7 之间,否则应调整溶液浓度,再重新测定吸光度。番茄红素对照品溶液中番茄红素浓度以 c_{ST} 计,单位为毫克每升(mg/L),按公式(A.1)计算:

$$c_{ST} = \frac{A_{max} \times D \times 10\ 000}{3\ 450} \quad\cdots\cdots\cdots\cdots\cdots\cdots(A.1)$$

式中:

A_{max} ——番茄红素对照品溶液在 472 nm 附近的最大吸收波长处测得的吸光度值;

D ——稀释因子(V_B/V_A);

10 000 ——浓度换算因子;

3 450 ——番茄红素的吸光系数。

A.3.4.4 标准曲线的制备

分别吸取适量番茄红素对照品溶液,用二氯甲烷稀释,并用棕色容量瓶定容,配制成浓度分别为 1.0 μg/mL、5.0 μg/mL、10.0 μg/mL、20.0 μg/mL、30.0 μg/mL、40.0 μg/mL、50.0 μg/mL 系列的番茄红素标准溶液。在 A.3.3 参考色谱条件下,对系列的番茄红素标准溶液进行色谱分析,得到峰面积值-番茄红素浓度的标准曲线图。

A.3.4.5 试样液的配制

取适量试样置于玻璃容器中,于 60 ℃水浴中 30 min 融化。称取融化后的试样 1.0 g~1.2 g,精确至 0.000 1 g,用少量二氯甲烷溶解后转移至 100 mL 棕色容量瓶中,加入 10 mL BHT 溶液,超声混匀,冷却至室温,用二氯甲烷定容。再取 1 mL 置于 50 mL 棕色容量瓶中,用二氯甲烷定容,混匀后用于高效液相色谱分析。

A.3.4.6 测定

在 A.3.3 参考色谱条件下,对试样液进行色谱分析,以保留时间和光谱特征定性,以试样中番茄红素组分峰面积与标准曲线比较定量。

A.3.5 结果计算

番茄红素含量以质量分数 w_1 计,数值以%表示,按公式(A.2)计算:

$$w_1 = \frac{c \times V}{m \times 1\,000 \times 1\,000} \times 100\% \qquad\cdots\cdots\cdots\cdots\cdots\cdots\cdots\cdots (\text{A.2})$$

式中:

c ——根据标准曲线查得的试样液中番茄红素浓度的数值,单位为微克每毫升(μg/mL);

V ——试样定容体积的数值,单位为毫升(mL);

m ——试样质量的数值,单位为克(g);

$1\,000 \times 1\,000$ ——质量换算因子。

在重复性条件下获得的两次独立测定结果的绝对差值不得超过算术平均值的5%。

A.4 总类胡萝卜素含量的测定

A.4.1 试剂和材料

A.4.1.1 二氯甲烷。

A.4.1.2 2,6-二叔丁基对甲酚(BHT)。

A.4.1.3 乙醇。

A.4.1.4 石油醚。

A.4.1.5 BHT 溶液:准确称量 2.5 g BHT 置于 500 mL 棕色容量瓶中,用二氯甲烷定容,浓度为5 000 mg/L,密闭避光放置,可稳定储存 3 个月。

A.4.2 仪器和设备

紫外-可见光分光光度计。

A.4.3 分析步骤

A.4.3.1 试样液的制备

取适量试样置于玻璃容器中,60 ℃水浴 30 min 融化。称取融化后的试样 1.0 g～1.2 g,精确至0.000 1 g,取少量二氯甲烷溶解后置于 100 mL 棕色容量瓶中,加入 10 mL BHT 溶液,超声混匀,冷却至室温,二氯甲烷定容(溶液 A)。从溶液 A 中转移 5 mL(V_C),置于 50 mL(V_D)棕色容量瓶中,二氯甲烷定容(溶液 B)。转移 2 mL(V_E)溶液 B 置于 100 mL 棕色容量瓶(V_F)中,添加 10 mL 乙醇,石油醚定容,混合均匀,记作溶液 C。

A.4.3.2 测定

采用紫外-可见光分光光度计扫描,1 cm 比色皿,波长范围 300 nm～550 nm,石油醚作空白,记录溶液 C 的最大吸光度(吸光度应控制在 0.2～0.8 之间)。

A.4.3.3 结果计算

总类胡萝卜素含量以番茄红素的质量分数 w_2 计,数值以%表示,按公式(A.3)计算:

$$w_2 = \frac{A \times D}{m_s \times 3\,450} \times 100 \qquad \cdots\cdots\cdots\cdots\cdots\cdots\cdots\cdots (\text{A.3})$$

式中：

A ——溶液 C 的最大吸光度值；

m_s ——试样质量的数值，单位为克（g）；

D ——稀释因子 $[(V_F \times V_D)/(V_E \times V_C)]$；

3 450 ——番茄红素的吸光系数。

实验结果以平行测定结果的算术平均值为准。在重复性条件下获得的两次独立测定结果的绝对差值不得超过算术平均值的 2%。

A.5 乙酸乙酯的测定

A.5.1 仪器和设备

配备顶空进样器和氢火焰离子检测器（FID）的气相色谱仪。

A.5.2 参考色谱条件

A.5.2.1 色谱柱：交联键合 5%二苯基～95%聚二甲基硅氧烷固定液的石英毛细管柱，30 m×0.53 mm，膜厚 3.0 μm；或其他等效的色谱柱。

A.5.2.2 载气：氮气。

A.5.2.3 载气流量：4.0 mL/min。

A.5.2.4 进样口温度：180 ℃。

A.5.2.5 柱温：73 ℃，保持 5 min，以 25 ℃/min 的速率升温至 160 ℃，保持 1 min。

A.5.2.6 检测器温度：230 ℃。

A.5.2.7 进样体积：1 mL 定量环。

A.5.2.8 分流比：1∶6。

A.5.3 顶空条件

A.5.3.1 顶空瓶平衡温度及时间：70 ℃，120.0 min。

A.5.3.2 定量环温度：100 ℃。

A.5.3.3 传输线温度：110 ℃。

A.5.3.4 混合方式：每 30 min 搅拌 1 min。

A.5.3.5 加压时间：0.2 min。

A.5.3.6 定量环填充时间：0.2 min。

A.5.3.7 定量环平衡时间：0.05 min。

A.5.3.8 进样时间：1.0 min。

A.5.3.9 顶空瓶压力：95.15 kPa(13.8 psi)。

A.5.3.10 进样量：1 mL。

A.5.4 分析步骤

A.5.4.1 对照液制备

A.5.4.1.1 乙酸乙酯贮备液 A(10 000 mg/kg)

在天平上放置一空量瓶，扣除瓶重后精密加入乙酸乙酯 500 mg，再精密加入邻苯二甲酸二乙酯使得溶剂量达到 50.00 g，精确至 0.1 mg，超声混匀。此溶液在室温环境下可稳定存放 2 个月。

A.5.4.1.2 乙酸乙酯贮备液 B(100 mg/kg)

在天平上放置一空量瓶,扣除瓶重后精密加入乙酸乙酯贮备液 A 500 mg,再精密加入邻苯二甲酸二乙酯使得溶剂量达到 50.00 g,精确至 0.1 mg,超声混匀。此溶液在室温环境下可稳定存放 2 个月。

A.5.4.1.3 乙酸乙酯标准溶液 C(5 mg/kg)

在天平上放置一空顶空瓶,扣除瓶重后精密加入乙酸乙酯贮备液 B 500 mg,再精密加入邻苯二甲酸二乙酯使得溶剂量达到 10.00 g,精确至 0.1 mg,放入 1 个 12 mm～15 mm 的磁力搅拌棒。密封,混匀。

A.5.4.1.4 乙酸乙酯标准溶液 D(10 mg/kg)

在天平上放置一空顶空瓶,扣除瓶重后精密加入乙酸乙酯贮备液 B 1 000 mg,再精密加入邻苯二甲酸二乙酯使得溶剂量达到 10.00 g,精确至 0.1 mg,放入 1 个 12 mm～15 mm 的磁力搅拌棒。密封,混匀。

A.5.4.1.5 乙酸乙酯标准溶液 E(17.5 mg/kg)

在天平上放置一空顶空瓶,扣除瓶重后精密加入乙酸乙酯贮备液 B 1 750 mg,再精密加入邻苯二甲酸二乙酯使得溶剂量达到 10.00 g,精确至 0.1 mg,放入 1 个 12 mm～15 mm 的磁力搅拌棒。密封,混匀。

A.5.4.1.6 乙酸乙酯标准溶液 F(25 mg/kg)

在天平上放置一空顶空瓶,扣除瓶重后精密加入乙酸乙酯贮备液 B 2 500 mg,再精密加入邻苯二甲酸二乙酯使得溶剂量达到 10.00 g,精确至 0.1 mg,放入 1 个 12 mm～15 mm 的磁力搅拌棒。密封,混匀。

A.5.4.2 试样液制备

测定前,取约 30 g 试样,加热至 40 ℃～50 ℃,机械搅拌。趁热精密称取 5 000 mg,置于 1 个预先称重的顶空瓶中,精密加入邻苯二甲酸二乙酯,使试样和溶剂的总重为 10.00 g,精确至 0.1 mg,放入 1 个 12 mm～15 mm 的磁力搅拌棒。密封,混匀。

A.5.4.3 测定

取乙酸乙酯标准溶液 C、D、E、F 和试样液,按 A.5.3 和 A.5.2 分别进样。

A.5.5 结果计算

乙酸乙酯含量以质量分数 w_3 计,数值以毫克每千克(mg/kg)表示,按公式(A.4)计算:

$$w_3 = A_S \times \left(\frac{C_{ST}}{A_{ST}}\right) \times \frac{m_1}{m_2} \quad \cdots\cdots\cdots\cdots\cdots\cdots\cdots (A.4)$$

式中:

A_S ——试样液中乙酸乙酯色谱峰的峰面积;

C_{ST}/A_{ST} ——根据乙酸乙酯标准溶液 C、溶液 D、溶液 E、溶液 F 相应浓度和峰面积计算得到的浓度/峰面积比的平均值;

m_1 ——试样液的总重,单位为克(g);

m_2 ——试样质量,单位为克(g)。

中华人民共和国国家标准

GB 28317—2012

食品安全国家标准

食品添加剂 靛蓝

2012-04-25 发布

2012-06-25 实施

中华人民共和国卫生部 发布

食品安全国家标准

食品添加剂　靛蓝

1　范围

本标准适用于以靛蓝为原料,经磺化、精制而制得的食品添加剂靛蓝。

2　化学名称、分子式、结构式、相对分子质量

2.1　化学名称

5,5′-靛蓝素二磺酸二钠盐

2.2　分子式

$C_{16}H_8N_2Na_2O_8S_2$

2.3　结构式

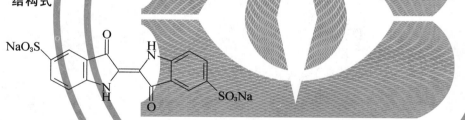

2.4　相对分子质量

466.36(按 2007 年国际相对原子质量)

3　技术要求

3.1　感官要求:应符合表 1 的规定。

表 1　感官要求

项　　目	要　　求	检验方法
色泽	暗紫色至暗紫褐色	取适量样品置于清洁、干燥的白瓷盘中,在自然光线下,
状态	粉末或颗粒	观察其色泽和状态

3.2 **理化指标**:应符合表 2 的规定。

表 2 理化指标

项 目		指 标	检验方法
靛蓝含量,$w/\%$	$\geqslant$	85.0	附录 A 中 A.3
干燥减量、氯化物(以 NaCl 计)及硫酸盐 (以 Na_2SO_4 计)总量,$w/\%$	$\leqslant$	15.0	附录 A 中 A.4
水不溶物,$w/\%$	$\leqslant$	0.20	附录 A 中 A.5
副染料,$w/\%$	$\leqslant$	1.0	附录 A 中 A.6
总砷(以 As 计)/(mg/kg)	$\leqslant$	1	附录 A 中 A.7
铅(Pb)/(mg/kg)	$\leqslant$	10	附录 A 中 A.8

附 录 A

检 验 方 法

A.1 一般规定

本标准所用试剂和水,在没有注明其他要求时,均指分析纯试剂和 GB/T 6682—2008 中规定的三级水。试验中所用标准滴定溶液、杂质测定用标准溶液、制剂及制品,在没有注明其他要求时,均按 GB/T 601、GB/T 602、GB/T 603 的规定制备。试验中所用溶液在未注明用何种溶剂配制时,均指水溶液。

A.2 鉴别试验

A.2.1 试剂和材料

A.2.1.1 硫酸溶液:1+20。
A.2.1.2 氢氧化钠溶液:2.5 g/L。
A.2.1.3 乙酸铵溶液:1.5 g/L。

A.2.2 仪器和设备

A.2.2.1 分光光度计。
A.2.2.2 比色皿:10 mm。

A.2.3 分析步骤

A.2.3.1 颜色反应

A.2.3.1.1 称取约 0.1 g 试样,加 10 mL 硫酸溶液,不时摇动,溶液呈深紫色,冷却后,取 2～3 滴,加 5 mL 水,溶液呈蓝紫色。
A.2.3.1.2 量取蓝紫色的靛蓝-硫酸溶液 5 mL,加 1 mL 氢氧化钠溶液,略加摇动,呈黄绿色。

A.2.3.2 最大吸收波长

称取约 0.1 g 试样,加 100 mL 水,不时摇动,溶解成紫蓝色溶液。量取溶液 1 mL,加乙酸铵溶液配至 100 mL。此溶液的最大吸收波长为 612 nm±2 nm。

A.3 靛蓝含量的测定

A.3.1 三氯化钛滴定法(仲裁法)

A.3.1.1 方法提要

在酸性介质中,染料结构中的氨基被三氯化钛还原分解成氨基化合物,按三氯化钛标准滴定溶液的消耗量,计算其含量。

A.3.1.2 试剂和材料

A.3.1.2.1 酒石酸氢钠。

A.3.1.2.2 三氯化钛标准滴定溶液:$c(TiCl_3)=0.1\ mol/L$(现配现用,配制方法见附录 B)。

A.3.1.2.3 二氧化碳。

A.3.1.3 仪器和设备

见图 A.1。

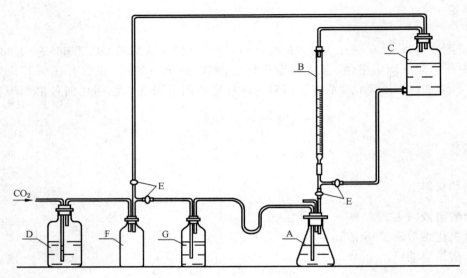

A——锥形瓶(500 mL);

B——棕色滴定管(50 mL);

C——包黑纸的下口玻璃瓶(2 000 mL);

D——盛碳酸铵和硫酸亚铁等量混合液的容器(5 000 mL);

E——活塞;

F——空瓶;

G——装有水的洗气瓶。

图 A.1 三氯化钛滴定法的装置图

A.3.1.4 分析步骤

称取约 0.5 g 试样,精确至 0.000 1 g,置于 500 mL 锥形瓶中,溶于 50 mL 新煮沸并冷却至室温的水中,加入 15 g 酒石酸氢钠和 150 mL 新煮沸并冷却至室温的水,振荡溶解后,按图 A.1 装好仪器,在液面下通入二氧化碳的同时,加热至沸,并用三氯化钛标准滴定溶液滴定到其固有颜色消失为终点。

A.3.1.5 结果计算

靛蓝含量以质量分数 w_1 计,数值以％表示,按公式(A.1)计算:

$$w_1=\frac{(V/1\ 000)\times c\times(M/2)}{m_1}\times100\%\quad\cdots\cdots\cdots\cdots\cdots\cdots(A.1)$$

式中:

V ——滴定试样耗用的三氯化钛标准滴定溶液体积的准确数值,单位为毫升(mL);

1 000 ——体积换算因子;

c ——三氯化钛标准滴定溶液浓度的准确数值,单位为摩尔每升(mol/L);

M ——靛蓝的摩尔质量数值,单位为克每摩尔(g/mol)[$M(C_{16}H_8N_2Na_2O_8S_2)=466.36$];

2 ——浓度换算因子;

m_1 ——试样质量的数值,单位为克(g)。

计算结果表示到小数点后 1 位。

实验结果以平行测定结果的算术平均值为准。在重复性条件下获得的两次独立测定结果的绝对差值不得超过算术平均值的 1.0%。

A.3.2 分光光度比色法

A.3.2.1 方法提要

将试样与已知含量的靛蓝标准样品分别用水溶解后,在最大吸收波长处,分别测其吸光度值,然后计算其含量。

A.3.2.2 试剂和材料

A.3.2.2.1 乙酸铵溶液:1.5 g/L。

A.3.2.2.2 靛蓝标准样品:含量≥85.0%(质量分数,按 A.3.1 测定)。

A.3.2.3 仪器和设备

A.3.2.3.1 分光光度计。

A.3.2.3.2 比色皿:10 mm。

A.3.2.4 分析步骤

A.3.2.4.1 靛蓝标准样品溶液的制备

称取约 0.25 g 靛蓝标准样品,精确到 0.000 1 g,溶于适量水中,移入 1 000 mL 容量瓶中,加水稀释至刻度,摇匀。准确吸取 10 mL,移入 500 mL 容量瓶中,加入乙酸铵溶液稀释至刻度,摇匀,备用。

A.3.2.4.2 靛蓝试样溶液的制备

称量与操作方法同靛蓝标准样品溶液的制备。

A.3.2.4.3 测定

将靛蓝标准样品溶液和靛蓝试样溶液分别置于 10 mm 比色皿中,同在最大吸收波长(612 nm±2 nm)处用分光光度计测定各自的吸光度值,以乙酸铵溶液作参比液。

A.3.2.5 结果计算

靛蓝含量以质量分数 w_2 计,数值以%表示,按公式(A.2)计算:

$$w_2 = \frac{A_1 \times m_0}{A_0 \times m} \times w_0 \quad\quad\quad\quad\quad\quad\quad (A.2)$$

式中:

A_1——靛蓝试样溶液的吸光度值;

m_0——靛蓝标准样品质量的数值,单位为克(g);

A_0——靛蓝标准样品溶液的吸光度值;

m ——试样质量的数值,单位为克(g);

w_0——靛蓝标准样品含量的数值,%。

计算结果表示到小数点后 1 位。

实验结果以平行测定结果的算术平均值为准。在重复性条件下获得的两次独立测定结果的绝对差值不得超过算术平均值的 1.0%。

A.4 干燥减量、氯化物（以 NaCl 计）及硫酸盐（以 Na₂SO₄ 计）总量的测定

A.4.1 干燥减量的测定

A.4.1.1 分析步骤

称取约 2 g 试样，精确到 0.000 1 g，置于已在 135 ℃±2 ℃恒温烘箱中恒量的称量瓶中，在 135 ℃±2 ℃恒温烘箱中烘至恒量。

A.4.1.2 结果计算

干燥减量以质量分数 w_3 计，数值以％表示，按公式（A.3）计算：

$$w_3 = \frac{m_2 - m_3}{m_2} \times 100\% \quad\dots\dots\dots\dots\dots\dots\dots\dots\dots\quad (\text{A.3})$$

式中：

m_2——试样干燥前质量的数值，单位为克（g）；

m_3——试样干燥至恒量后质量的数值，单位为克（g）。

计算结果表示到小数点后 1 位。

实验结果以平行测定结果的算术平均值为准。在重复性条件下获得的两次独立测定结果的绝对差值不得超过算术平均值的 0.2％。

A.4.2 氯化物（以 NaCl 计）的测定

A.4.2.1 试剂和材料

A.4.2.1.1 硝基苯。

A.4.2.1.2 硝酸溶液：1+1。

A.4.2.1.3 硝酸银溶液：$c(\text{AgNO}_3)=0.1$ mol/L。

A.4.2.1.4 硫酸铁铵试液：称取 14 g 硫酸铁铵，溶于 100 mL 水中，过滤，加硝酸 10 mL，贮存于棕色瓶中。

A.4.2.1.5 硫氰酸铵标准滴定溶液：$c(\text{NH}_4\text{SCN})=0.1$ mol/L。

A.4.2.1.6 活性炭。

A.4.2.2 分析步骤

A.4.2.2.1 试样溶液的制备

称取约 2 g 试样，精确到 0.000 1 g，溶于 150 mL 水中，加约 15 g 活性炭，温和煮沸 2 min～3 min。冷却至室温，加入硝酸溶液 1 mL，不断摇动均匀，放置 30 min（其间不时摇动）。用干燥滤纸过滤。如滤液有色，则再加活性炭 5 g，不时摇动下放置 1 h，再用干燥滤纸过滤（如仍有色则更换活性炭重复操作至滤液无色）。每次以水 10 mL 洗活性炭三次，滤液合并移至 200 mL 容量瓶中，加水至刻度，摇匀。用于氯化物和硫酸盐含量的测定。

A.4.2.2.2 测定

移取 50 mL 试样溶液，置于 500 mL 锥形瓶中，加 2 mL 硝酸溶液和 10 mL 硝酸银溶液（氯化物含量多时要多加些）及 5 mL 硝基苯，剧烈摇动至氯化银凝结，加入 1 mL 硫酸铁铵试液，用硫氰酸铵标准滴定溶液滴定过量的硝酸银到终点并保持 1 min，同时以同样方法做一空白试验。

A.4.2.3 结果计算

氯化物(以 NaCl 计)以质量分数 w_4 计,数值以%表示,按公式(A.4)计算:

$$w_4 = \frac{[(V_1 - V_0)/1\,000] \times c_1 \times M_1}{m_4 \times (50/200)} \times 100\% \quad\cdots\cdots\cdots\cdots\cdots\cdots(A.4)$$

式中:

V_1 ——滴定空白溶液耗用硫氰酸铵标准滴定溶液体积的数值,单位为毫升(mL);

V_0 ——滴定试样溶液耗用硫氰酸铵标准滴定溶液体积的数值,单位为毫升(mL);

$1\,000$ ——体积换算因子;

c_1 ——硫氰酸铵标准滴定溶液浓度的数值,单位为摩尔每升(mol/L);

M_1 ——氯化钠摩尔质量的数值,单位为克每摩尔(g/mol)($M(NaCl)=58.4$);

m_4 ——试样质量的数值,单位为克(g);

$50/200$——稀释因子。

计算结果表示到小数点后 1 位。

实验结果以平行测定结果的算术平均值为准。在重复性条件下获得的两次独立测定结果的绝对差值不得超过算术平均值的 0.3%。

A.4.3 硫酸盐(以 Na_2SO_4 计)的测定

A.4.3.1 试剂和材料

A.4.3.1.1 氢氧化钠溶液:0.2 g/L。

A.4.3.1.2 盐酸溶液:1+99。

A.4.3.1.3 氯化钡标准滴定溶液:$c(1/2BaCl_2)=0.1$ mol/L(配制方法见附录 C)。

A.4.3.1.4 酚酞指示液:10 g/L。

A.4.3.1.5 玫瑰红酸钠指示液:称取 0.1 g 玫瑰红酸钠,溶于 10 mL 水中(现用现配)。

A.4.3.2 分析步骤

吸取 25 mL 试样溶液(A.4.2.2.1),置于 250 mL 锥形瓶中,加 1 滴酚酞指示液,滴加氢氧化钠溶液呈粉红色,然后滴加盐酸溶液至粉红色消失,摇匀,溶解后在不断摇动下用氯化钡标准滴定溶液滴定,以玫瑰红酸钠指示液作外指示液,反应液与指示液在滤纸上交汇处呈现玫瑰红色斑点并保持 2 min 不褪色为终点。同时以相同方法做空白试验。

A.4.3.3 结果计算

硫酸盐(以 Na_2SO_4 计)含量以质量分数 w_5 计,数值用%表示,按公式(A.5)计算:

$$w_5 = \frac{[(V_2 - V_3)/1\,000] \times c_2 \times (M_2/2)}{m_5 \times (25/200)} \times 100\% \quad\cdots\cdots\cdots\cdots(A.5)$$

式中:

V_2 ——滴定空白溶液耗用氯化钡标准滴定溶液体积的数值,单位为毫升(mL);

V_3 ——滴定试样溶液耗用氯化钡标准滴定溶液体积的数值,单位为毫升(mL);

$1\,000$ ——体积换算因子;

c_2 ——氯化钡标准滴定溶液浓度的数值,单位为摩尔每升(mol/L);

M_2 ——硫酸钠摩尔质量的数值,单位为克每摩尔(g/mol)[$M(Na_2SO_4)=142$];

2 ——浓度换算因子;

m_5 ——试样质量的数值,单位为克(g);

$25/200$——稀释因子。

计算结果表示到小数点后 1 位。

实验结果以平行测定结果的算术平均值为准。在重复性条件下获得的两次独立测定结果的绝对差值不得超过算术平均值的 0.2%。

A.4.4 干燥减量、氯化物(以 NaCl 计)及硫酸盐(以 Na₂SO₄ 计)总量的结果计算

干燥减量、氯化物(以 NaCl 计)及硫酸盐(以 Na₂SO₄ 计)的总量以质量分数 w_6 计,数值以%表示,按公式(A.6)计算:

$$w_6 = w_3 + w_4 + w_5 \quad\quad\quad\quad\quad\quad\quad\quad\quad (A.6)$$

式中:

w_3——干燥减量,%;

w_4——氯化物(以 NaCl 计)含量,%;

w_5——硫酸盐(以 Na₂SO₄ 计)含量,%。

计算结果表示到小数点后 1 位。

A.5 水不溶物的测定

A.5.1 仪器和设备

A.5.1.1 玻璃砂芯坩埚:G4,孔径为 5 μm～15 μm。

A.5.1.2 恒温烘箱。

A.5.2 分析步骤

称取约 3 g 试样,精确至 0.001 g,置于 500 mL 烧杯中,加入 50 ℃～60 ℃的水 250 mL,使之溶解,用已在 135 ℃±2 ℃烘至恒量的玻璃砂芯坩埚过滤,并用热水充分洗涤到洗涤液无色,在 135 ℃±2 ℃恒温烘箱中烘至恒量。

A.5.3 结果计算

水不溶物以质量分数 w_7 计,数值以%表示,按公式(A.7)计算:

$$w_7 = \frac{m_6}{m_7} \times 100\% \quad\quad\quad\quad\quad\quad\quad\quad\quad (A.7)$$

式中:

m_6——干燥后水不溶物质量的数值,单位为克(g);

m_7——试样质量的数值,单位为克(g)。

计算结果表示到小数点后 1 位。

实验结果以平行测定结果的算术平均值为准。在重复性条件下获得的两次独立测定结果的绝对差值不得超过算术平均值的 0.2%。

A.6 副染料的测定

A.6.1 方法提要

用纸上层析法将各组分分离,洗脱,然后用分光光度法定量。

A.6.2 试剂和材料

A.6.2.1 2-丁酮。

A.6.2.2 丙酮。

A.6.2.3 丙酮溶液:1+1。

A.6.2.4 盐酸溶液:1+200。

A.6.3 仪器和设备

A.6.3.1 分光光度计。

A.6.3.2 层析滤纸:1号中速,150 mm×250 mm。

A.6.3.3 层析缸:ϕ240 mm×300 mm。

A.6.3.4 微量进样器:100 μL。

A.6.3.5 纳氏比色管:50 mL 有玻璃磨口塞。

A.6.3.6 玻璃砂芯漏斗:G3,孔径为 15 μm～40 μm。

A.6.3.7 50 mm 比色皿。

A.6.3.8 10 mm 比色皿。

A.6.4 分析步骤

A.6.4.1 纸上层析条件

A.6.4.1.1 展开剂:2-丁酮+丙酮+水=7+3+3。

A.6.4.1.2 温度:20 ℃～25 ℃。

A.6.4.2 试样溶液的制备

称取约 1 g 试样,精确至 0.001 g,置于烧杯中,加入适量水溶解后,移入 100 mL 容量瓶中,稀释至刻度,摇匀备用,该试样溶液浓度为 1%。

A.6.4.3 试样洗出液的制备

用微量进样器吸取 100 μL 试样溶液,均匀地注在离滤纸底边 25 mm 的一条基线上,成一直线,使其在滤纸上的宽度不超过 5 mm,长度为 130 mm,用吹风机吹干。将滤纸放入装有预先配制好的展开剂的层析缸中展开,滤纸底边浸入展开剂液面下 10 mm,待展开剂前沿线上升至 150 mm 或直到副染料分离满意为止。取出层析滤纸,用冷风吹干。

用空白滤纸在相同条件下展开,该空白滤纸应与上述步骤展开用的滤纸在同一张滤纸上相邻部位裁取。

副染料纸上层析示意图见图 A.2。

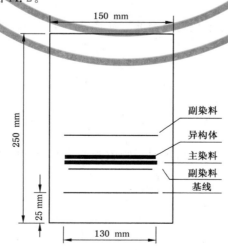

图 A.2 副染料层析示意图

将展开后取得的各个副染料(异构体除外)和在空白滤纸上与各副染料相对应部位的滤纸按同样大小剪下,并剪成约 5 mm×15 mm 的细条,分别置于 50 mL 的纳氏比色管中,准确加入 5 mL 丙酮溶液,摇动 3 min~5 min 后,再准确加入盐酸溶液 20 mL,充分摇动,然后分别在 G₃ 玻璃砂芯漏斗中自然过滤,滤液应澄清,无悬浮物。分别得到各副染料和空白洗出溶液。在各自副染料的最大吸收波长处,用 50 mm 比色皿,将各副染料的洗出液在分光光度计上测定各自的吸光度值。

在分光光度计上测定吸光度时,以 5 mL 丙酮溶液和 20 mL 盐酸溶液的混合液作参比溶液。

A.6.4.4 标准溶液的制备

吸取 2 mL 试样溶液移入 100 mL 容量瓶中,稀释至刻度,摇匀。该溶液为标准溶液。

A.6.4.5 标准洗出溶液的制备

用微量进样器吸取 100 μL 标准溶液,均匀地点注在离滤纸底边 25 mm 的一条基线上,用吹风机吹干。将滤纸放入装有预先配制好的展开剂的层析缸中展开,待展开剂前沿线上升 40 mm,取出用冷风吹干,剪下所有展开的染料部分,按 A.6.4.3 的方法进行萃取操作,得到标准洗出溶液。用 10 mm 比色皿在最大吸收波长处测定吸光度值。

同时用空白滤纸在相同条件下展开,按相同方法操作后测洗出液的吸光度值。

A.6.4.6 结果计算

副染料的含量以质量分数 w_8 计,数值以%表示,按公式(A.8)计算:

$$w_8 = \frac{[(A_1 - b_1) + \cdots + (A_n - b_n)]/5}{(A_S - b_S)(100/2)} \times w_s \quad \cdots\cdots\cdots\cdots\cdots (A.8)$$

式中:

$A_1, \cdots, A_n$ ——各副染料洗出溶液以 50 mm 光径长度测定出的吸光度值;

$b_1, \cdots, b_n$ ——各副染料对照空白洗出溶液以 50 mm 光径长度测定出的吸光度值;

A_S ——标准样品洗出溶液以 10 mm 光径长度测定出的吸光度值;

b_S ——标准样品对照空白洗出溶液以 10 mm 光径长度测定出的吸光度值;

5 ——折算成以 10 mm 光径长度的比数;

100/2 ——标准样品洗出溶液折算成 1%试样溶液的比数;

w_s ——试样中靛蓝的质量分数,%。

计算结果表示到小数点后 1 位。

实验结果以平行测定结果的算术平均值为准。在重复性条件下获得的两次独立测定结果的绝对差值不得超过算术平均值的 0.2%。

A.7 砷的测定

A.7.1 方法提要

靛蓝经湿法消解后,制备成试样溶液,用原子吸收光谱法测定砷的含量。

A.7.2 试剂和材料

A.7.2.1 硝酸。

A.7.2.2 硫酸溶液:1+1。

A.7.2.3 硝酸-高氯酸混合溶液:3+1。

A.7.2.4 砷(As)标准溶液:按 GB/T 602 配制和标定后,再根据使用的仪器要求进行稀释配制成含砷相应浓度的三个标准溶液。

A.7.2.5 氢氧化钠溶液:1 g/L。

A.7.2.6 硼氢化钠溶液:8 g/L(溶剂为 1 g/L 的氢氧化钠溶液)。

A.7.2.7 盐酸溶液:1+10。

A.7.2.8 碘化钾溶液:200 g/L。

A.7.3 仪器和设备

原子吸收光谱仪,应满足以下条件:

a) 仪器参考条件:砷空心阴极灯分析线波长:193.7 nm;狭缝:0.5 nm～1.0 nm;灯电流:6 mA～10 mA;

b) 载气流速:氩气 250 mL/min;

c) 原子化器温度:900 ℃。

A.7.4 分析步骤

A.7.4.1 试样消解

称取约 1.0 g 试样,精确至 0.001 g,置于 250 mL 锥形或圆底烧瓶中,加 10 mL～15 mL 硝酸和 2 mL 硫酸溶液,摇匀后用小火加热赶出二氧化氮气体,溶液变成棕色,停止加热,放冷后加入 5 mL 硝酸-高氯酸混合液,强火加热至溶液至透明无色或微黄色,如仍不透明,放冷后再补加 5 mL 硝酸-高氯酸混合溶液,继续加热至溶液澄清无色或微黄色并产生白烟(避免烧干出现碳化现象),停止加热,放冷后加水 5 mL 加热至沸,除去残余的硝酸-高氯酸(必要时可再加水煮沸一次),继续加热至发生白烟,保持 10 min,放冷后移入 100 mL 容量瓶(若溶液出现浑浊、沉淀或机械杂质须过滤),用盐酸溶液稀释定容。

同时按相同的方法制备空白溶液。

A.7.4.2 测定

量取 25 mL 消解后的试样溶液至 50 mL 容量瓶,加入 5 mL 碘化钾溶液,用盐酸溶液稀释定容,摇匀,静止 15 min。

同时按相同的方法以空白溶液制备空白测试液。

开启仪器,待仪器及砷空心阴极灯充分预热,基线稳定后,用硼氢化钠溶液作氢化物还原发生剂,以标准空白、标准溶液、样品空白测试液及样品溶液的顺序,按电脑指令分别进样。测试结束后电脑自动生成工作曲线及扣除样品空白后的样品溶液中砷浓度,输入样品信息(名称、称样量、稀释体积等),即自动换算出试样中砷的含量。

实验结果以平行测定结果的算术平均值为准。在重复性条件下获得的两次独立测定结果的绝对差值不大于 0.1 mg/kg。

A.8 铅的测定

A.8.1 方法提要

靛蓝经湿法消解后,制备成试样溶液,用原子吸收光谱法测定铅的含量。

A.8.2 试剂和材料

A.8.2.1 铅(Pb)标准溶液:按 GB/T 602 配制和标定后,再根据使用的仪器要求进行稀释配制成含铅相应浓度的三个标准溶液。

A.8.2.2 氢氧化钠溶液:1 g/L。

A.8.2.3 硼氢化钠溶液:8 g/L(溶剂为 1 g/L 的氢氧化钠溶液)。

A.8.2.4 盐酸溶液:1+10。

A.8.3 仪器和设备

原子吸收光谱仪,仪器参考条件应满足 GB 5009.12 中的火焰原子吸收光谱法的要求。

A.8.4 测定步骤

可直接采用 A.7.4.1 的试样溶液和空白溶液。

按 GB 5009.12 中的火焰原子吸收光谱法操作。

实验结果以平行测定结果的算术平均值为准。在重复性条件下获得的两次独立测定结果的绝对差值不大于 1.0 mg/kg。

附　录　B

三氯化钛标准滴定溶液的配制方法

B.1　试剂和材料

B.1.1　盐酸。

B.1.2　硫酸亚铁铵。

B.1.3　硫氰酸铵溶液:200 g/L。

B.1.4　硫酸溶液:1+1。

B.1.5　三氯化钛溶液。

B.1.6　重铬酸钾标准滴定溶液:$[c(1/6K_2Cr_2O_7)=0.1$ mol/L],按 GB/T 602 配制与标定。

B.2　仪器和设备

见图 A.1。

B.3　三氯化钛标准滴定溶液的配制

B.3.1　配制

取 100 mL 三氯化钛溶液和 75 mL 盐酸,置于 1 000 mL 棕色容量瓶中,用新煮沸并已冷却到室温的水稀释至刻度,摇匀,立即倒入避光的下口瓶中,在二氧化碳气体保护下贮藏。

B.3.2　标定

称取约 3 g 硫酸亚铁铵,精确至 0.000 1 g,置于 500 mL 锥形瓶中,在二氧化碳气流保护作用下,加入 50 mL 新煮沸并已冷却的水,使其溶解,再加入 25 mL 硫酸溶液,继续在液面下通入二氧化碳气流作保护,迅速准确加入 35 mL 重铬酸钾标准滴定溶液,然后用需标定的三氯化钛标准溶液滴定到接近计算量终点,立即加入 25 mL 硫氰酸铵溶液,并继续用需标定的三氯化钛标准溶液滴定到红色转变为绿色,即为终点。整个滴定过程应在二氧化碳气流保护下操作,同时做一空白试验。

B.3.3　结果计算

三氯化钛标准溶液的浓度以 $c(TiCl_3)$ 计,单位以摩尔每升(mol/L)表示,按公式(B.1)计算:

$$c=\frac{c_1 \times V_1}{V_2-V_3} \quad\cdots\cdots\cdots\cdots\cdots\cdots\cdots\cdots\cdots\cdots(B.1)$$

式中:

V_1——重铬酸钾标准滴定溶液体积的数值,单位为毫升(mL);

c_1——重铬酸钾标准滴定溶液浓度的数值,单位为摩尔每升(mol/L);

V_2——滴定被重铬酸钾标准滴定溶液氧化成高钛所用去的三氯化钛标准滴定溶液体积的数值,单位为毫升(mL);

V_3——滴定空白用去三氯化钛标准滴定溶液体积的准确数值,单位为毫升(mL)。

计算结果表示到小数点后 4 位。

以上标定需在分析样品时即时标定。

附 录 C

氯化钡标准溶液的配制方法

C.1 试剂和材料

C.1.1 氯化钡。

C.1.2 氨水。

C.1.3 硫酸标准滴定溶液：$[c(1/2H_2SO_4)=0.1\ mol/L]$，按 GB/T 601 配制与标定。

C.1.4 玫瑰红酸钠指示液（称取 0.1 g 玫瑰红酸钠，溶于 10 mL 水中，现用现配）。

C.1.5 广范 pH 试纸。

C.2 配制

称取 12.25 g 氯化钡，溶于 500 mL 水，移入 1 000 mL 容量瓶中，稀释至刻度，摇匀。

C.3 标定方法

吸取 20 mL 硫酸标准滴定溶液，置于 250 mL 锥形瓶中，加 50 mL 水，并用氨水中和到广范 pH 试纸为 8，然后用氯化钡标准滴定溶液滴定，以玫瑰红酸钠指示液作外指示液，反应液与指示液在滤纸上交汇处呈现玫瑰红色斑点且保持 2 min 不褪色为终点。

C.4 结果计算

氯化钡标准滴定溶液浓度的以 $c(1/2BaCl_2)$ 计，单位以摩尔每升（mol/L）表示，按式（C.1）计算：

$$c=\frac{c_1 \times V_4}{V_5} \quad\quad\quad\quad\quad\quad\quad\quad\quad\quad (C.1)$$

式中：

V_4——硫酸标准滴定溶液体积的数值，单位为毫升（mL）；

c_1——硫酸标准滴定溶液浓度的数值，单位为摩尔每升（mol/L）；

V_5——消耗氯化钡标准滴定溶液体积的数值，单位为毫升（mL）。

计算结果表示到小数点后 4 位。

中华人民共和国国家标准

GB 28318—2012

食品安全国家标准
食品添加剂　靛蓝铝色淀

2012-04-25 发布

2012-06-25 实施

中华人民共和国卫生部 发布

食品安全国家标准
食品添加剂 靛蓝铝色淀

1 范围

本标准适用于由靛蓝和氢氧化铝作用生成的食品添加剂靛蓝铝色淀。

2 分子式、相对分子质量

2.1 分子式

$C_{16}H_8N_2Na_2O_8S_2$

2.2 相对分子质量

466.36(按 2007 年国际相对原子质量)

3 技术要求

3.1 感官要求:应符合表 1 的规定。

表 1 感官要求

项 目	要 求	检验方法
色泽	蓝色	取适量样品置于清洁、干燥的白瓷盘中,在自然光线下,观察其色泽和状态
状态	粉末	

3.2 理化指标:应符合表 2 的规定。

表 2 理化指标

项 目		指 标	检验方法
靛蓝含量,$w/\%$	$\geqslant$	10.0	附录 A 中 A.3
干燥减量,$w/\%$	$\leqslant$	30.0	附录 A 中 A.4
盐酸和氨水中不溶物,$w/\%$	$\leqslant$	0.50	附录 A 中 A.5
副染料,$w/\%$	$\leqslant$	1.0	附录 A 中 A.6
总砷(以 As 计)/(mg/kg)	$\leqslant$	3	附录 A 中 A.7
铅(Pb)/(mg/kg)	$\leqslant$	10	附录 A 中 A.8
钡(Ba)/(mg/kg)	$\leqslant$	500	附录 A 中 A.9

附 录 A

检 验 方 法

A.1 一般规定

本标准所用试剂和水,在没有注明其他要求时,均指分析纯试剂和 GB/T 6682—2008 中规定的三级水。试验中所用标准滴定溶液、杂质测定用标准溶液、制剂及制品,在没有注明其他要求时,均按 GB/T 601、GB/T 602、GB/T 603 的规定制备。试验中所用溶液在未注明用何种溶剂配制时,均指水溶液。

A.2 鉴别试验

A.2.1 试剂和溶液

A.2.1.1 硫酸溶液:1+20。
A.2.1.2 盐酸溶液:1+4。
A.2.1.3 氢氧化钠溶液:100 g/L。
A.2.1.4 乙酸铵溶液:1.5 g/L。

A.2.2 仪器和设备

A.2.2.1 分光光度计。
A.2.2.2 比色皿:10 mm。

A.2.3 分析步骤

A.2.3.1 颜色反应

称取约 0.1 g 试样,加 5 mL 硫酸溶液,在水浴中不断摇动,加热约 5 min,溶液呈蓝紫色,冷却后,取 2 滴～3 滴上层澄清液,加 5 mL 水,仍呈蓝紫色。

A.2.3.2 铝盐反应

称取约 0.1 g 试样,加 5 mL 氢氧化钠溶液,在水浴中加热 5 min,不时摇动,溶液呈黄棕色,冷却后,用盐酸溶液中和至中性,出现蓝紫色胶状沉淀。

A.2.3.3 最大吸收波长

称取约 0.1 g 试样,加硫酸溶液 5 mL,在水浴中加热溶解,充分搅匀后,加乙酸铵溶液配至 100 mL。溶液不澄清时进行离心分离。然后取此溶液 1 mL～5 mL,加乙酸铵溶液配至 100 mL。使测定的吸光度值在 0.3～0.7 范围内,此溶液的最大吸收波长为 612 nm±2 nm。

A.3 靛蓝含量的测定

A.3.1 三氯化钛滴定法(仲裁法)

A.3.1.1 方法提要

在酸性介质中,靛蓝铝色淀溶解成色素,其染料结构中的氨基被三氯化钛还原分解成氨基化合物,按三氯化钛标准滴定溶液的消耗量,计算其含量。

A.3.1.2 试剂和材料

A.3.1.2.1 酒石酸氢钠。

A.3.1.2.2 硫酸溶液:1+20。

A.3.1.2.3 三氯化钛标准滴定溶液:$c(TiCl_3)=0.1 \text{ mol/L}$(现配现用,配制方法见附录 B)。

A.3.1.2.4 二氧化碳。

A.3.1.3 仪器和设备

见图 A.1。

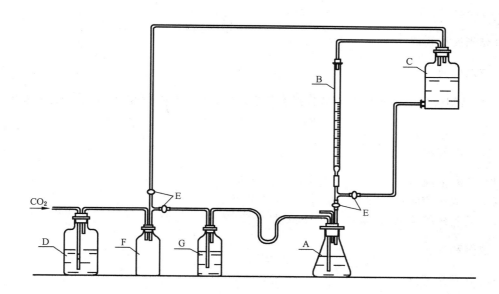

A——锥形瓶(500 mL);

B——棕色滴定管(50 mL);

C——包黑纸的下口玻璃瓶(2 000 mL);

D——盛碳酸铵和硫酸亚铁等量混合液的容器(5 000 mL);

E——活塞;

F——空瓶;

G——装有水的洗气瓶。

图 A.1 三氯化钛滴定法的装置图

A.3.1.4 分析步骤

称取约 5 g 试样,精确至 0.000 1 g,加入硫酸溶液 20 mL 及 50 mL 新煮沸并冷却至室温的水,不断摇动下水浴加热至溶解后,移入 500 mL 锥形瓶中,加入 15 g 酒石酸氢钠和 150 mL 新煮沸并冷却至室温的水,按图 A.1 装好仪器,在液面下通入二氧化碳的同时,加热至沸,并用三氯化钛标准滴定溶液滴定到其固有颜色消失为终点。

A.3.1.5 结果计算

靛蓝含量以质量分数 w_1 计,数值以%表示,按公式(A.1)计算:

$$w_1 = \frac{(V/1\ 000) \times c \times (M/2)}{m_1} \times 100\% \quad \cdots\cdots\cdots\cdots\cdots\cdots\cdots\cdots(A.1)$$

式中：

V ——滴定试样耗用的三氯化钛标准滴定溶液体积的准确数值，单位为毫升(mL)；

1 000——体积换算因子；

c ——三氯化钛标准滴定溶液浓度的准确数值，单位为摩尔每升(mol/L)；

M ——靛蓝的摩尔质量数值，单位为克每摩尔(g/mol)[$M(C_{16}H_8N_2Na_2O_8S_2)=466.36$]；

2 ——浓度换算因子；

m_1 ——试样质量的数值，单位为克(g)。

计算结果表示到小数点后 1 位。

实验结果以平行测定结果的算术平均值为准。在重复性条件下获得的两次独立测定结果的绝对差值不得超过算术平均值的 1.0%。

A.3.2 分光光度比色法

A.3.2.1 方法提要

将试样与已知含量的靛蓝标准样品分别溶解后，在最大吸收波长处，分别测其吸光度值，然后计算其含量。

A.3.2.2 试剂和材料

A.3.2.2.1 乙酸溶液：1+10。

A.3.2.2.2 乙酸铵溶液：1.5 g/L。

A.3.2.2.3 靛蓝标准样品：含量≥85.0%(质量分数，按 A.3.1 测定)。

A.3.2.3 仪器和设备

A.3.2.3.1 分光光度计。

A.3.2.3.2 比色皿：10 mm。

A.3.2.4 分析步骤

A.3.2.4.1 靛蓝标准样品溶液的制备

称取约 0.25 g 靛蓝标准样品，精确到 0.000 1 g，溶于适量水中，移入 1 000 mL 容量瓶中，加水稀释至刻度，摇匀。准确吸取 10 mL，移入 500 mL 容量瓶中，加入乙酸铵溶液稀释至刻度，摇匀，备用。

A.3.2.4.2 靛蓝铝色淀试样溶液的制备

称取约 0.5 g 靛蓝铝色淀试样，精确到 0.000 1 g，加 10 mL 乙酸溶液及 50 mL 新煮沸并冷却至室温的水，不断摇动下水浴加热至溶解后，移入 1 000 mL 容量瓶中，加水稀释至刻度，摇匀。吸取 10 mL，移入 500 mL 容量瓶中，加乙酸铵溶液稀释至刻度，摇匀，备用。

A.3.2.4.3 测定

将靛蓝标准样品溶液和靛蓝铝色淀试样溶液分别置于 10 mm 比色皿中，同在最大吸收波长处用分光光度计测定各自的吸光度值，以乙酸铵溶液作参比液。

A.3.2.5 结果计算

靛蓝含量以质量分数 w_2 计，数值以%表示，按公式(A.2)计算：

$$w_2 = \frac{A_1 \times m_0}{A_0 \times m_1} \times w_0 \qquad \cdots\cdots\cdots\cdots\cdots\cdots\cdots\cdots\cdots\cdots\cdots\cdots(\text{A.2})$$

式中：

A_1——靛蓝铝色淀试样溶液的吸光度值；

m_0——靛蓝标准样品质量的数值，单位为克(g)；

A_0——靛蓝标准样品溶液的吸光度值；

m_1——试样质量的数值，单位为克(g)；

w_0——靛蓝标准样品含量的数值，％。

计算结果表示到小数点后 1 位。

实验结果以平行测定结果的算术平均值为准。在重复性条件下获得的两次独立测定结果的绝对差值不得超过算术平均值的 1.0％。

A.4 干燥减量的测定

A.4.1 分析步骤

称取约 2 g 试样，精确到 0.000 1 g，置于已在 135 ℃±2 ℃恒温烘箱中恒量的 ϕ30 mm～40 mm 称量瓶中，在 135 ℃±2 ℃恒温烘箱中烘至恒量。

A.4.2 结果计算

干燥减量以质量分数 w_3 计，数值以％表示，按公式(A.3)计算：

$$w_3 = \frac{m_2 - m_3}{m_2} \times 100\% \qquad \cdots\cdots\cdots\cdots\cdots\cdots\cdots\cdots\cdots\cdots(\text{A.3})$$

式中：

m_2——试样干燥前质量的数值，单位为克(g)；

m_3——试样干燥至恒量后质量的数值，单位为克(g)。

计算结果表示到小数点后 1 位。

实验结果以平行测定结果的算术平均值为准。在重复性条件下获得的两次独立测定结果的绝对差值不得超过算术平均值的 0.2％。

A.5 盐酸和氨水中不溶物的测定

A.5.1 试剂和材料

A.5.1.1 盐酸。

A.5.1.2 盐酸溶液：3+7。

A.5.1.3 氨水溶液：4+96。

A.5.1.4 硝酸银溶液：$c(\text{AgNO}_3) = 0.1$ mol/L。

A.5.2 仪器和设备

A.5.2.1 玻璃砂芯坩埚：G4，孔径为 5 μm～15 μm。

A.5.2.2 恒温烘箱。

A.5.3 分析步骤

称取约 2 g 试样，精确至 0.001 g，置于 600 mL 烧杯中，加 20 mL 水和 20 mL 盐酸，充分搅拌后加入 300 mL 热水,搅匀,盖上表面皿,在 70 ℃～80 ℃水浴中加热 30 min,冷却,用已在 135 ℃±2 ℃烘至恒量的玻璃砂芯坩埚(G4)过滤,用约 30 mL 水将烧杯中的不溶物冲洗到 G4 玻璃砂芯坩埚中,至洗液无色后,先用 100 mL 氨水溶液洗涤,后用 10 mL 盐酸溶液洗涤,再用水洗涤至洗涤液用硝酸银溶液检验无白色沉淀,然后在 135 ℃±2 ℃恒温烘箱中烘至恒量。

A.5.4 结果计算

盐酸和氨水中不溶物以质量分数 w_4 计,数值用%表示,按公式(A.4)计算:

$$w_4 = \frac{m_4}{m_5} \times 100\% \quad\cdots\cdots\cdots\cdots\cdots\cdots\cdots\cdots\cdots\cdots\cdots\cdots\cdots\cdots (A.4)$$

式中:

m_4——干燥后不溶物质量的数值,单位为克(g);

m_5——试样质量的数值,单位为克(g)。

计算结果表示到小数点后 2 位。

实验结果以平行测定结果的算术平均值为准。在重复性条件下获得的两次独立测定结果的绝对差值不得超过算术平均值的 0.10%。

A.6 副染料的测定

A.6.1 方法提要

用纸上层析法将各组份分离,洗脱,然后用分光光度法定量。

A.6.2 试剂和材料

A.6.2.1 2-丁酮。

A.6.2.2 丙酮。

A.6.2.3 丙酮溶液:1+1。

A.6.2.4 盐酸溶液:1+200。

A.6.2.5 乙酸溶液:1+20。

A.6.3 仪器和设备

A.6.3.1 分光光度计。

A.6.3.2 层析滤纸:1 号中速,150 mm×250 mm。

A.6.3.3 层析缸:ϕ240 mm×300 mm。

A.6.3.4 微量进样器:100 μL。

A.6.3.5 纳氏比色管:50 mL 有玻璃磨口塞。

A.6.3.6 玻璃砂芯漏斗:G3,孔径为 15 μm～40 μm。

A.6.3.7 50 mm 比色皿。

A.6.3.8 10 mm 比色皿。

A.6.4 分析步骤

A.6.4.1 纸上层析条件

A.6.4.1.1 展开剂:2-丁酮+丙酮+水=7+3+3。

A.6.4.1.2 温度:20 ℃～25 ℃。

A.6.4.2 试样溶液的制备

称取约 2 g 试样,精确至 0.001 g,置于烧杯中,加入乙酸溶液 80 mL,加热至沸,搅拌使其溶解,冷却后移入 100 mL 容量瓶中,稀释至刻度,摇匀备用,该试样溶液浓度为 2%。

A.6.4.3 试样洗出液的制备

用微量进样器吸取 100 μL 试样溶液,均匀地注在离滤纸底边 25 mm 的一条基线上,成一直线,使其在滤纸上的宽度不超过 5 mm,长度为 130 mm,用吹风机吹干。将滤纸放入装有预先配制好展开剂的层析缸中展开,滤纸底边浸入展开剂液面下 10 mm,待展开剂前沿线上升至 150 mm 或直到副染料分离满意为止。取出层析滤纸,用冷风吹干。

用空白滤纸在相同条件下展开,该空白滤纸应与上述步骤展开用的滤纸在同一张滤纸上相邻部位裁取。

副染料纸上层析示意图见图 A.2。

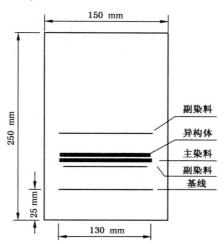

图 A.2 副染料层析示意图

将展开后取得的各个副染料(异构体除外)和在空白滤纸上与各副染料相对应部位的滤纸按同样大小剪下,并剪成约 5 mm×15 mm 的细条,分别置于 50 mL 的纳氏比色管中,准确加入 5 mL 丙酮溶液,摇动 3 min～5 min 后,再准确加入盐酸溶液 20 mL,充分摇动,然后分别在 G3 玻璃砂芯漏斗中自然过滤,滤液必须澄清,无悬浮物。分别得到各副染料和空白洗出溶液。在各自副染料的最大吸收波长处,用 50 mm 比色皿,将各副染料的洗出液在分光光度计上测定各自的吸光度值。

在分光光度计上测定吸光度时,以 5 mL 丙酮溶液和 20 mL 盐酸溶液的混合液作参比溶液。

A.6.4.4 标准溶液的制备

吸取 6 mL 试样溶液移入 100 mL 容量瓶中,稀释至刻度,摇匀。该溶液为标准溶液。

A.6.4.5 标准洗出溶液的制备

用微量进样器吸取 100 μL 标准溶液,均匀地点注在离滤纸底边 25 mm 的一条基线上,用吹风机吹干。将滤纸放入装有预先配制好展开剂的层析缸中展开,待展开剂前沿线上升 40 mm,取出用冷风吹干,剪下所有展开的染料部分,按本标准 A.6.4.3 的方法进行萃取操作,得到标准洗出溶液。用 10 mm 比色皿在最大吸收波长处测定吸光度值。

同时用空白滤纸在相同条件下展开,按相同方法操作后测洗出液的吸光度值。

A.6.4.6 结果计算

副染料的含量以质量分数 w_5 计,数值以%表示,按公式(A.5)计算:

$$w_5 = \frac{\left[\sum_{i=1}^{n}(A_n - b_n)/5\right]}{(A_S - b_S) \times (100/6)} \times w_S \quad\cdots\cdots\cdots\cdots\cdots\cdots\cdots (A.5)$$

式中:

$A_1, \cdots, A_n$ ——各副染料洗出溶液以 50 mm 光径长度测定出的吸光度值;

$b_1, \cdots, b_n$ ——各副染料对照空白洗出溶液以 50 mm 光径长度测定出的吸光度值;

A_S ——标准样品洗出溶液以 10 mm 光径长度测定出的吸光度值;

b_S ——标准样品对照空白洗出溶液以 10 mm 光径长度测定出的吸光度值;

5 ——折算成以 10 mm 光径长度的比数;

100/6 ——标准样品洗出溶液折算成 2%试验溶液的比数;

w_S ——试样中靛蓝的质量分数,%。

计算结果表示到小数点后 1 位。

实验结果以平行测定结果的算术平均值为准。在重复性条件下获得的两次独立测定结果的绝对差值不得超过算术平均值的 0.2%。

A.7 砷的测定

A.7.1 方法提要

靛蓝铝色淀经湿法消解后,制备成试样溶液,用原子吸收光谱法测定砷的含量。

A.7.2 试剂和材料

A.7.2.1 硝酸。

A.7.2.2 硫酸溶液:1+1。

A.7.2.3 硝酸-高氯酸混合溶液:3+1。

A.7.2.4 砷(As)标准溶液:按 GB/T 602 配制和标定后,再根据使用的仪器要求进行稀释配制成含砷相应浓度的三个标准溶液。

A.7.2.5 氢氧化钠溶液:1 g/L。

A.7.2.6 硼氢化钠溶液:8 g/L(溶剂为 1 g/L 的氢氧化钠溶液)。

A.7.2.7 盐酸溶液:1+10。

A.7.2.8 碘化钾溶液:200 g/L。

A.7.3 仪器和设备

原子吸收光谱仪,应满足以下条件:

a) 仪器参考条件:砷空心阴极灯分析线波长:193.7 nm;狭缝:0.5 nm～1.0 nm;灯电流:6 mA～10 mA;

b) 载气流速:氩气 250 mL/min;

c) 原子化器温度:900 ℃。

A.7.4 分析步骤

A.7.4.1 试样消解

称取约 1.0 g 试样,精确至 0.001 g,置于 250 mL 锥形或圆底烧瓶中,加 10 mL～15 mL 硝酸和

2 mL 硫酸溶液,摇匀后用小火加热赶出二氧化氮气体,溶液变成棕色,停止加热,放冷后加入 5 mL 硝酸-高氯酸混合液,强火加热至溶液至透明无色或微黄色,如仍不透明,放冷后再补加 5 mL 硝酸-高氯酸混合溶液,继续加热至溶液澄清无色或微黄色并产生白烟(避免烧干出现碳化现象),停止加热,放冷后加水 5 mL 加热至沸,除去残余的硝酸-高氯酸(必要时可再加水煮沸一次),继续加热至发生白烟,保持 10 min,放冷后移入 100 mL 容量瓶(若溶液出现浑浊、沉淀或机械杂质须过滤),用盐酸溶液稀释定容。

同时按相同的方法制备空白溶液。

A.7.4.2　测定

量取 25 mL 消解后的试样溶液至 50 mL 容量瓶,加入 5 mL 碘化钾溶液,用盐酸溶液稀释定容,摇匀,静止 15 min。

同时按相同的方法以空白溶液制备空白测试液。

开启仪器,待仪器及砷空心阴极灯充分预热,基线稳定后,用硼氢化钠溶液作氢化物还原发生剂,以标准空白、标准溶液、样品空白测试液及样品溶液的顺序,按电脑指令分别进样。测试结束后电脑自动生成工作曲线及扣除样品空白后的样品溶液中砷浓度,输入样品信息(名称、称样量、稀释体积等),即自动换算出试样中砷的含量。

实验结果以平行测定结果的算术平均值为准。在重复性条件下获得的两次独立测定结果的绝对差值不大于 0.1 mg/kg。

A.8　铅的测定

A.8.1　方法提要

靛蓝铝色淀经湿法消解后,制备成试样溶液,用原子吸收光谱法测定铅的含量。

A.8.2　试剂和材料

A.8.2.1　铅(Pb)标准溶液:按 GB/T 602 配制和标定后,再根据使用的仪器要求进行稀释配制成含铅相应浓度的三个标准溶液。

A.8.2.2　氢氧化钠溶液:1 g/L。

A.8.2.3　硼氢化钠溶液:8 g/L(溶剂为 1 g/L 的氢氧化钠溶液)。

A.8.2.4　盐酸溶液:1+10。

A.8.3　仪器和设备

原子吸收光谱仪,仪器参考条件应满足 GB 5009.12 中的第三法 火焰原子吸收光谱法的要求。

A.8.4　测定步骤

可直接采用 A.7.4.1 的试样溶液和空白溶液。

按 GB 5009.12 中的第三法 火焰原子吸收光谱法操作。

实验结果以平行测定结果的算术平均值为准。在重复性条件下获得的两次独立测定结果的绝对差值不大于 1.0 mg/kg。

A.9　钡的测定

A.9.1　方法提要

靛蓝铝色淀经干法消解处理后,制备成试样溶液,与钡标准溶液比较,进行硫酸钡的浊度限量试验。

A.9.2　试剂和材料

A.9.2.1　硫酸。

A.9.2.2　无水碳酸钠。

A.9.2.3　盐酸溶液:1+3。

A.9.2.4　硫酸溶液:1+19。

A.9.2.5　钡标准溶液:氯化钡($BaCl_2 \cdot 2H_2O$)177.9 mg,用水溶解并定容至 1 000 mL。每 1 mL 含有 0.1 mg 钡(0.1 mg/mL)。

A.9.3　分析步骤

A.9.3.1　试样溶液的配制

称取约 1 g 试样,精确至 0.001 g,放于白金坩埚或陶瓷坩埚中,加少量硫酸润湿,徐徐加热,尽量在低温下使之几乎全部炭化。放冷后,再加 1 mL 硫酸,慢慢加热至几乎不发生硫酸蒸汽为止,放入高温炉中,于 800 ℃灼烧 3 h。冷却后,加无水碳酸钠 5 g 充分混合,加盖后放入高温炉中,于 860 ℃灼烧 15 min,冷却后,加水 20 mL,在水浴上加热,将熔融物溶解。冷却后过滤,用水洗涤滤纸上的残渣至洗涤液不呈硫酸盐反应为止。然后将纸上的残渣与滤纸一起移至烧杯中,加 30 mL 盐酸溶液,充分摇匀后煮沸。冷却后过滤,用 10 mL 水洗涤滤纸上的残渣。将洗涤液与滤液合并,在水浴上蒸发至干。加 5 mL 水使残渣溶解,必要时过滤,加 0.25 mL 盐酸溶液,充分混合后,再加水配至 25 mL 作为试样溶液。

A.9.3.2　标准比浊溶液的配制

取 5 mL 钡标准溶液,加 0.25 mL 盐酸溶液。加水至 25 mL,作为标准比浊溶液。

A.9.3.3　测定

在试样溶液和标准比浊溶液中各加 1 mL 硫酸溶液混合,放置 10 min 时,试样溶液混浊程度不得超过标准比浊溶液,即为合格。

附　录　B

三氯化钛标准滴定溶液的配制方法

B.1　试剂和材料

B.1.1　盐酸。

B.1.2　硫酸亚铁铵。

B.1.3　硫氰酸铵溶液:200 g/L。

B.1.4　硫酸溶液:1+1。

B.1.5　三氯化钛溶液。

B.1.6　重铬酸钾标准滴定溶液:[$c(1/6K_2Cr_2O_7)=0.1$ mol/L],按 GB/T 602 配制与标定。

B.2　仪器和设备

见图 A.1。

B.3　三氯化钛标准滴定溶液的配制

B.3.1　配制

取 100 mL 三氯化钛溶液和 75 mL 盐酸,置于 1 000 mL 棕色容量瓶中,用新煮沸并已冷却到室温的水稀释至刻度,摇匀,立即倒入避光的下口瓶中,在二氧化碳气体保护下贮藏。

B.3.2　标定

称取约 3 g 硫酸亚铁铵,精确至 0.000 1 g,置于 500 mL 锥形瓶中,在二氧化碳气流保护作用下,加入 50 mL 新煮沸并已冷却的水,使其溶解,再加入 25 mL 硫酸溶液,继续在液面下通入二氧化碳气流作保护,迅速准确加入 35 mL 重铬酸钾标准滴定溶液,然后用需标定的三氯化钛标准溶液滴定到接近计算量终点,立即加入 25 mL 硫氰酸铵溶液,并继续用需标定的三氯化钛标准溶液滴定到红色转变为绿色,即为终点。整个滴定过程应在二氧化碳气流保护下操作,同时做一空白试验。

B.3.3　结果计算

三氯化钛标准溶液的浓度以 $c(TiCl_3)$ 计,单位以摩尔每升(mol/L)表示,按公式(B.1)计算:

$$c=\frac{c_1 \times V_1}{V_2-V_3}　\cdots\cdots\cdots\cdots\cdots\cdots\cdots（B.1）$$

式中:

V_1——重铬酸钾标准滴定溶液体积的数值,单位为毫升(mL);

c_1——重铬酸钾标准滴定溶液浓度的数值,单位为摩尔每升(mol/L);

V_2——滴定被重铬酸钾标准滴定溶液氧化成高钛所用去的三氯化钛标准滴定溶液体积的数值,单位为毫升(mL);

V_3——滴定空白用去三氯化钛标准滴定溶液体积的准确数值,单位为毫升(mL)。

计算结果表示到小数点后 4 位。

以上标定需在分析样品时即时标定。

中华人民共和国国家标准

GB 31620—2014

食品安全国家标准

食品添加剂 β-阿朴-8′-胡萝卜素醛

2014-12-01 发布　　　　　　　　　　　　　2015-05-01 实施

中华人民共和国
国家卫生和计划生育委员会　发布

食品安全国家标准

食品添加剂 β-阿朴-8′-胡萝卜素醛

1 范围

本标准适用于由类胡萝卜素生产中常用的合成中间体,经过维蒂希聚合反应制备而成的食品添加剂 β-阿朴-8′-胡萝卜素醛。包含少量的其他类胡萝卜素。

2 分子式、结构式和相对分子质量

2.1 分子式

$C_{30}H_{40}O$。

2.2 结构式

2.3 相对分子质量

416.65(按 2007 年国际相对原子质量)。

3 技术要求

3.1 感官要求

应符合表 1 的规定。

表 1 感官要求

项 目	要 求	检 验 方 法
色泽	深紫色带有金属光泽	取适量试样置于清洁、干燥的白瓷盘中,在自然光线下,观察其色泽和状态
状态	结晶或结晶性粉末	

3.2 理化指标

应符合表 2 的规定。

表 2 理化指标

项　目		指　标	检　验　方　法
含量(w)/%	≥	96	附录 A 中 A.3
其他着色物质(w)/%	≤	3	A.4
灼烧残渣(w)/%	≤	0.1	A.5
铅(Pb)/(mg/kg)	≤	2	GB 5009.12
注：商品化的 β-阿朴-8′-胡萝卜素醛产品应以符合本标准的 β-阿朴-8′-胡萝卜素醛为原料，可添加抗氧化剂、乳化剂等辅料，将其配制成悬浮于食用油中的悬浮液或水溶型的粉末。			

附　录　A

检　验　方　法

A.1　一般规定

本标准除另有规定外,所用试剂的纯度应在分析纯以上,所用标准滴定溶液、杂质测定用标准溶液、制剂及制品,应按 GB/T 601、GB/T 602、GB/T 603 的规定制备,试验用水应符合 GB/T 6682 的规定。试验中所用溶液在未注明用何种溶剂配制时,均指水溶液。

A.2　鉴别试验

A.2.1　溶解性试验

不溶于水,微溶于乙醇,略溶于植物油,可溶于三氯甲烷。

A.2.2　类胡萝卜素试验

A.2.2.1　试剂和材料

A.2.2.1.1　丙酮。
A.2.2.1.2　亚硝酸钠溶液:50 g/L。
A.2.2.1.3　硫酸溶液:0.5 mol/L。

A.2.2.2　分析步骤

配制试样的丙酮溶液。连续向试样液中滴加亚硝酸钠溶液和硫酸溶液,试样液颜色逐渐消失。

A.2.3　分光光度法试验

测定试样溶液(A.3.3.1)在 461 nm 和 488 nm 处的吸收值,A_{488}/A_{461} 的比值应在 0.80～0.84 之间。

A.3　含量的测定

A.3.1　试剂和材料

A.3.1.1　三氯甲烷。
A.3.1.2　环己烷。

A.3.2　仪器和设备

分光光度计。

A.3.3　分析步骤

A.3.3.1　试样溶液的制备

称取试样 0.08 g±0.01 g,置于 100 mL 容量瓶中,加三氯甲烷 20 mL 溶解试样,用环己烷稀释至刻度,摇匀。取此试样液 5.0 mL 于另一个 100 mL 容量瓶中,用环己烷稀释至刻度,摇匀。取此稀释溶液 5.0 mL 于第三个 100 mL 容量瓶中,用环己烷稀释至刻度,摇匀,得到试样溶液。

A.3.3.2　测定

将试样溶液置于 1 cm 比色皿中,以环己烷做空白对照,用分光光度计在波长 461 nm 处测定吸光度。

注:上述操作过程应尽快完成,尽可能地避免暴露在空气中,应保证所有操作均避免阳光直射。

A.3.4　结果计算

β-阿朴-8′-胡萝卜素醛($C_{30}H_{40}O$)含量的质量分数 w_1 按式(A.1)计算:

$$w_1 = \frac{A_1 \times 40\,000}{m_1 \times 100} \times \frac{1}{2\,640} \times 100\% \quad\quad\quad\cdots\cdots\cdots\cdots(\text{A.1})$$

式中:

A_1 ——试样溶液的吸光度;

40 000——稀释倍数;

m_1 ——试样的质量,单位为克(g);

100 ——换算系数;

2 640 ——β-阿朴-8′-胡萝卜素醛在环己烷中的吸收系数。

A.4　其他着色物质的测定

A.4.1　试剂和材料

A.4.1.1 三氯甲烷。

A.4.1.2 氢氧化钾甲醇溶液:30 g/L。

A.4.1.3 展开剂:正己烷＋三氯甲烷＋乙酸乙酯＝70＋20＋10。

A.4.1.4 薄层色谱板:硅胶,厚度 0.25 mm。

A.4.2　仪器和设备

分光光度计。

A.4.3　分析步骤

A.4.3.1　薄层色谱板的预处理

将薄层板浸于氢氧化钾甲醇溶液中使之完全湿润,然后取出薄层板,在空气中干燥 5 min,置于 110℃±2℃干燥箱中活化 1 h,置于装有氯化钙的干燥器中冷却并保存待用。

A.4.3.2　试样溶液的制备

称取约 0.08 g 试样,精确至 0.001 g,溶于 100 mL 三氯甲烷中。取 400 μL 该溶液均匀地点样于离薄层板底边 2 cm 的基线上。点样后,立刻在预先用展开剂饱和的层析缸中展开,适当避光,直到展开剂前沿线移动至距离基线 10 cm 处。取出薄层板,在室温下挥发大部分溶剂,标记主色谱带和其他类胡萝卜素相应的色谱带。移取包含主色谱带的硅胶吸收剂,转入一支 100 mL 具塞离心管中,加入 40.0 mL 三氯甲烷(溶液 1)。移取包含其他类胡萝卜素的相应色谱带的硅胶吸收剂,转入另一支 50 mL 具塞离心管中,加入 20.0 mL 三氯甲烷(溶液 2)。机械振摇离心管 10 min 后,再离心 5 min。取 10.0 mL

溶液 1 用三氯甲烷稀释至 50.0 mL(溶液 3)。

A.4.3.3 测定

分别将溶液 2 和溶液 3 置于 1 cm 比色皿中,以三氯甲烷做空白对照,用合适的分光光度计在最大吸收波长处(474 nm)测定吸光度。

A.4.4 结果计算

其他着色物质(β-阿朴-8′-胡萝卜素醛除外的其他类胡萝卜素)的质量分数 w_2 按式(A.2)计算:

$$w_2 = \frac{A_2 \times 10}{A_3} \times 100\% \quad\cdots\cdots\cdots\cdots\cdots\cdots\cdots\cdots\quad (A.2)$$

式中:

A_2——溶液 2 的吸光度;

10——溶液浓度比;

A_3——溶液 3 的吸光度。

A.5 灼烧残渣的测定

A.5.1 试剂和材料

硫酸。

A.5.2 分析步骤

称取约 2 g 试样,精确至 0.000 2 g,置于已在 800 ℃±25 ℃灼烧至恒重的坩埚中,用小火缓缓加热至试样完全炭化,放冷后,加约 1.0 mL 硫酸使其湿润,低温加热至硫酸蒸汽除尽后,移入高温炉中,在 800 ℃±25 ℃灼烧至恒重。

A.5.3 结果计算

灼烧残渣的质量分数 w_3 按式(A.3)计算:

$$w_3 = \frac{m_1 - m_2}{m} \times 100\% \quad\cdots\cdots\cdots\cdots\cdots\cdots\cdots\cdots\quad (A.3)$$

式中:

m_1——残渣和空坩埚的质量,单位为克(g);

m_2——空坩埚的质量,单位为克(g);

m ——试样的质量,单位为克(g)。

GB 31622—2014

中华人民共和国国家标准

食品安全国家标准

食品添加剂　杨梅红

2015-01-28 发布

2015-07-28 实施

中华人民共和国
国家卫生和计划生育委员会 发布

食品安全国家标准
食品添加剂　杨梅红

1　范围

本标准适用于以杨梅(*Mynica rubra* Sied.*et* Zucc)的成熟果实为原料,经乙醇溶液浸提、食品工业用吸附树脂纯化,再经浓缩、干燥制得的食品添加剂杨梅红。

2　分子式、结构式和相对分子质量

2.1　分子式

矢车菊素-3-O-葡萄糖苷:$C_{21}H_{21}O_{11}$

2.2　结构式

2.3　相对分子质量

矢车菊素-3-葡萄糖苷:449.38(按 2007 年国际相对原子质量)

3　技术要求

3.1　感官要求

应符合表 1 的规定。

表 1　感官要求

项　　目	要　　求	检验方法
色泽	紫红色至红黑色	取适量试样置于清洁、干燥的白瓷盘中,在自然光线下,观察其色泽和状态
状态	粉末	

3.2　理化指标

应符合表 2 的规定。

表 2 理化指标

项 目		指 标	检验方法
色价 $E_{1cm}^{1\%}$ (525±5) nm	≥	40	附录 A 中 A.4
pH(10 g/L 溶液)		3.0~4.5	GB/T 9724
矢车菊素-3-O-葡萄糖苷含量(w)/%	≥	5	A.4
干燥减量(w)/%	≤	18	GB 5009.3 中直接干燥法[a]
灼烧残渣(w)/%	≤	6	GB 5009.4
总砷(以 As 计)/(mg/kg)	≤	2	GB 5009.11
铅(Pb)/(mg/kg)	≤	3	GB 5009.12
[a] 干燥温度和时间分别为 105 ℃±2 ℃和 4 h。			

附 录 A

检验方法

A.1 一般规定

本标准除另有规定外,所用试剂均为分析纯,所用标准滴定溶液、杂质测定用标准溶液、制剂及制品,应按 GB/T 601、GB/T 602、GB/T 603 的规定制备,试验用水应符合 GB/T 6682 的规定。试验中所用溶液在未注明用何种溶剂配制时,均指水溶液。

A.2 鉴别试验

A.2.1 最大吸收峰

取试样 0.1 g,用乙醇-盐酸溶液(A.3.1.2)溶解并稀释至 100 mL,此试样液在 525 nm±5 nm 范围内有最大吸收峰。

A.2.2 颜色反应

取试样 0.1 g,溶于 50 mL 水中,溶液呈红色~紫红色,在溶液中加入氢氧化钠溶液(4.3 g 氢氧化钠溶于 100 mL 水中),溶液颜色转为蓝色或深绿色。

A.3 色价的测定

A.3.1 试剂和材料

A.3.1.1 乙醇。

A.3.1.2 乙醇-盐酸溶液:取 4 mL 盐酸溶液(1+4),置于 1 000 mL 容量瓶中,用 40%乙醇溶液稀释定容至刻度,摇匀。

A.3.2 仪器和设备

分光光度计。

A.3.3 分析步骤

称取试样 0.1 g,精确至 0.000 1 g,用乙醇-盐酸溶液溶解并定容至 100 mL,摇匀,然后吸取 10 mL,转移至 100 mL 容量瓶中,加乙醇-盐酸溶液定容至刻度,摇匀。取此试样液置于 1 cm 比色皿中,以乙醇-盐酸溶液做空白对照,用分光光度计在 525 nm±5 nm 的最大吸收波长处测定吸光度(吸光度应控制在 0.2~0.8 之间,否则应调整试样液浓度,再重新测定吸光度)。

A.3.4 结果计算

色价以被测试样液浓度为 1%、用 1 cm 比色皿、在 525 nm±5 nm 的最大吸收波长处测得的吸光度 $E_{1\,cm}^{1\%}(525\pm5)$ nm 计,按式(A.1)计算:

$$E_{1\,cm}^{1\%}(525\pm5)\ nm = \frac{A}{c}\times\frac{1}{100} \qquad\cdots\cdots\cdots\cdots\cdots\cdots (A.1)$$

式中：

A ——实测试样液的吸光度；

c ——被测试样液的浓度，单位为克每毫升(g/mL)；

100——浓度换算系数。

试验结果以平行测定结果的算术平均值为准。在重复性条件下获得的两次独立测定结果的绝对差值不大于算术平均值的10%。

A.4 矢车菊素-3-O-葡萄糖苷含量的测定

A.4.1 试剂和材料

A.4.1.1 乙腈：色谱纯。

A.4.1.2 盐酸。

A.4.1.3 甲酸。

A.4.1.4 矢车菊素-3-O-葡萄糖苷对照品：纯度≥98%。

A.4.1.5 甲醇溶液：50%。色谱纯甲醇和水等体积比混合均匀。

A.4.1.6 盐酸溶液：1+499。

A.4.2 仪器和设备

高效液相色谱仪，配紫外检测器。

A.4.3 参考色谱条件

A.4.3.1 色谱柱：耐酸型 C_{18} 色谱柱，4.6 mm(内径)×250 mm(长)，粒度5 μm。或其他等效色谱柱。

A.4.3.2 流动相：乙腈+甲酸+水=(15+1+100)。

A.4.3.3 柱温：25 ℃。

A.4.3.4 流速：1.0 mL/min。

A.4.3.5 进样量：20 μL。

A.4.3.6 检测波长：515 nm。

A.4.4 分析步骤

A.4.4.1 对照溶液的制备

称取适量矢车菊素-3-O-葡萄糖苷对照品，精确至0.000 1 g，用甲醇溶液溶解后配制成浓度约为0.06 mg/mL的矢车菊素-3-O-葡萄糖苷对照溶液，冷冻保存。测定前，此对照溶液用盐酸溶液稀释3倍后，备用。

A.4.4.2 试样溶液的制备

称取试样0.1 g，精确至0.000 1 g，置于具塞锥形瓶中，加入甲醇溶液100 mL，超声处理10 min，用微孔滤膜(0.45 μm)滤过，冷冻保存。测定前，此试样溶液用盐酸溶液稀释3倍后，备用。

A.4.4.3 系统适用性试验

在A.4.3参考色谱条件下，多次进样，对对照溶液进行色谱分析，分离度 R 应大于1.5，理论塔板数按矢车菊素-3-O-葡萄糖苷计算应不低于2 000。

A.4.4.4　测定

在 A.4.3 参考色谱条件下,分别对对照溶液和试样溶液进行色谱分析。记录试样溶液色谱图与对照溶液色谱图中矢车菊素-3-O-葡萄糖苷峰面积值。

A.4.5　结果计算

矢车菊素-3-O-葡萄糖苷的质量分数 w 按式(A.2)计算:

$$w = \frac{A_1 \times c \times 3 \times 100}{A_2 \times m} \times 100\%　\cdots\cdots\cdots\cdots\cdots\cdots\cdots\cdots\cdots（A.2）$$

式中:

A_1 ——试样溶液色谱图中矢车菊素-3-O-葡萄糖苷的峰面积值;

c ——对照溶液的浓度,单位为毫克每毫升(mg/mL);

3 ——稀释倍数;

100 ——溶液体积,单位为毫升(mL);

A_2 ——对照溶液色谱图中矢车菊素-3-O-葡萄糖苷的峰面积值;

m ——试样的质量,单位为毫克(mg)。

试验结果以平行测定结果的算术平均值为准。在重复性条件下获得的两次独立测定结果的绝对差值不大于算术平均值的 5%。

中华人民共和国国家标准

GB 31624—2014

食品安全国家标准

食品添加剂　天然胡萝卜素

2015-01-28 发布　　　　　　　　　　　　　　2015-07-28 实施

中华人民共和国
国家卫生和计划生育委员会 发布

食品安全国家标准
食品添加剂　天然胡萝卜素

1　范围

本标准适用于以胡萝卜(*Daucus carota*)、棕榈果油(*Elaeis guinensis*)、甘薯(*Ipomoea batatas*)或其他可食用植物为原料,经溶剂萃取、精制而成的食品添加剂天然胡萝卜素。主要着色物质为β-胡萝卜素和α-胡萝卜素,β-胡萝卜素占大多数。

2　主成分的分子式、结构式和相对分子质量

2.1　分子式

$C_{40}H_{56}$(β-胡萝卜素)

2.2　结构式

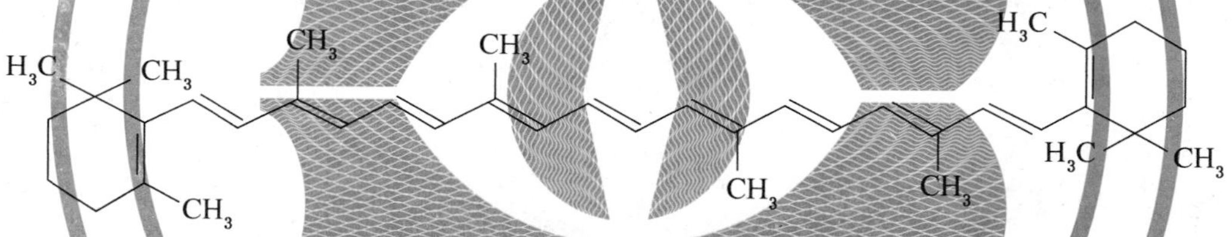

2.3　相对分子质量

536.88(β-胡萝卜素,按2007年国际相对原子质量)

3　技术要求

3.1　感官要求

应符合表1的规定。

表 1　感官要求

项　目	要　求	检 验 方 法
色泽	红棕色至棕色或橙色至暗橙色	将适量试样均匀置于白瓷盘内,于自然光线下观察其色泽和状态
状态	固体或液体	

3.2　理化指标

应符合表2的规定。

表 2　理化指标

项　目		指　标	检验方法
胡萝卜素含量(以 β-胡萝卜素计,w)/%		符合声称	附录 A 中 A.4
残留溶剂(丙酮、正己烷、甲醇、乙醇和异丙醇)/(mg/kg)	≤	50(单独或混合)	A.4
铅(Pb)/(mg/kg)	≤	5	GB 5009.12
注：商品化的天然胡萝卜素产品应以符合本标准的天然胡萝卜素为原料,可添加抗氧化剂、乳化剂等辅料,将其配制成悬浮于食用油中的悬浮液或水溶型的粉末。			

附　录　A

检　验　方　法

A.1　一般规定

本标准除另有规定外,所用试剂均为分析纯,所用标准滴定溶液、杂质测定用标准溶液、制剂及制品,应按 GB/T 601、GB/T 602、GB/T 603 的规定制备,试验用水应符合 GB/T 6682 中三级水的规定。试验中所用溶液在未注明用何种溶剂配制时,均指水溶液。

A.2　鉴别试验

A.2.1　溶解性试验

不溶于水。

A.2.2　分光光度法试验

用分光光度计测定,试样的环己烷溶液(5 mg/L)在 440 nm～457 nm 和 470 nm～486 nm 处有最大吸收值。

A.2.3　颜色反应

将试样的甲苯溶液(约含 β-胡萝卜素 400 μg/mL)点于滤纸上,用 200 g/L 的三氯化锑甲苯溶液进行喷雾,2 min～3 min 后,斑点变蓝。

A.3　胡萝卜素含量的测定

A.3.1　试剂和材料

A.3.1.1　三氯甲烷。
A.3.1.2　环己烷。

A.3.2　仪器和设备

分光光度计。

A.3.3　分析步骤

A.3.3.1　试样溶液的制备

称取试样 0.08 g±0.01 g,置于一个 100 mL 容量瓶中,加三氯甲烷 20 mL 溶解试样,用环己烷稀释至刻度,摇匀。取此试样液 5.0 mL 于另一个 100 mL 容量瓶中,用环己烷稀释至刻度,摇匀。取此稀释溶液 5.0 mL 于第三个 100 mL 容量瓶中,用环己烷稀释至刻度,摇匀,得到最终的试样溶液。

A.3.3.2　测定

将试样溶液置于 1 cm 比色皿中,以环己烷做空白对照,用分光光度计在最大吸收波长处(440 nm～

457 nm)测定吸光度。吸光度应控制在 0.2～0.8 之间,否则应通过调整称样量来调整试样液浓度,再重新测定吸光度。

注:上述操作过程应尽快完成,尽可能地避免暴露在空气中,应保证所有操作均避免阳光直射。

A.3.4 结果计算

胡萝卜素含量(以 β-胡萝卜素计)的质量分数 w_1 按式(A.1)计算:

$$w_1 = \frac{A \times 40\,000}{m_1 \times 100} \times \frac{1}{2\,500} \times 100\% \quad\cdots\cdots\cdots\cdots\cdots\cdots\cdots\cdots\cdots (\text{A.1})$$

式中:

A ——稀释后试样溶液的吸光度;

40 000——稀释倍数;

m_1 ——试样的质量,单位为克(g);

100 ——换算系数;

2 500 ——β-胡萝卜素在环己烷中的吸收系数。

试验结果以平行测定结果的算术平均值为准。

A.4 残留溶剂(丙酮、正己烷、甲醇、乙醇和异丙醇)的测定

A.4.1 试剂和材料

A.4.1.1 待测组分对照品:丙酮、正己烷、甲醇、乙醇和异丙醇。

A.4.1.2 空白样:几乎不含溶剂的试样。

A.4.1.3 3-甲基-2-戊酮。

A.4.1.4 甲醇。

A.4.1.5 水:GB/T 6682—2008 规定的一级水。

A.4.2 仪器和设备

气相色谱仪,带氢火焰离子检测器(FID)和顶空进样器。

A.4.3 参考色谱条件

A.4.3.1 色谱柱:熔融石英,长 0.8 m,内径 0.53 mm,涂层为 100%二甲基聚硅氧烷,涂层厚度为 1 μm。配套:熔融石英,长 30 m,内径 0.53 mm,涂层为 10%二甲基聚硅氧烷,涂层厚度为 5 μm。或其他等同分离效果的色谱柱和色谱条件。

A.4.3.2 载气:氮气。

A.4.3.3 流速:208 kPa,5 mL/min。

A.4.3.4 柱温:35 ℃保持 5 min,以 5 ℃/min 升温至 90 ℃,保持 6 min。

A.4.3.5 进样口温度:140 ℃。

A.4.3.6 检测器温度:300 ℃。

A.4.4 顶空采样器参考条件

A.4.4.1 试样加热温度:60 ℃。

A.4.4.2 试样加热时间:10 min。

A.4.4.3 注射器温度:70 ℃。

A.4.4.4 传质温度:80 ℃。

A.4.4.5 试样气体进样:分流模式,1.0 mL。

A.4.5 分析步骤

A.4.5.1 内标溶液的制备

移取 50.0 mL 甲醇到一个 50 mL 进样瓶中,封盖,称重进样瓶,精确至 0.000 1 g。移取 15 μL 内标物 3-甲基-2-戊酮,通过隔片将其注入进样瓶中,混匀,再称重进样瓶,精确至 0.000 1 g。

A.4.5.2 空白溶液的制备

称取 0.20 g 空白样,置于进样瓶中。加入 5.0 mL 甲醇和 1.0 mL 内标溶液。在 60 ℃ 下加热 10 min,用力振摇 10 s,混匀。

A.4.5.3 试样溶液的制备

称取 0.20 g 试样,置于进样瓶中。加入 5.0 mL 甲醇和 1.0 mL 内标溶液。在 60 ℃ 下加热 10 min,用力振摇 10 s,混匀。

A.4.5.4 校准溶液的制备

溶液 A:移取 50.0 mL 甲醇到一个 50 mL 进样瓶中,封盖,称重进样瓶,精确至 0.000 1 g。移取 50 μL 待测组分对照品,通过隔片将其注入进样瓶中,混匀,再称重进样瓶,精确至 0.000 1 g。

称取 0.20 g 空白样,置于进样瓶中。加入 4.9 mL 甲醇和 1.0 mL 内标溶液。通过隔片注入 0.1 mL 溶液 A。混合均匀后,在 60 ℃ 下加热 10 min,用力振摇 10 s。

A.4.6 测定

在 A.4.3 和 A.4.4 参考操作条件下,分别对试样溶液、空白溶液和校准溶液进行色谱分析。

A.4.7 结果计算

A.4.7.1 校准因子 f_i

校准因子 f_i 按式(A.2)计算:

$$f_i = \frac{m_i}{m_0 \times (A_f - A_g) \times 10} \quad\cdots\cdots\cdots\cdots\cdots\cdots\cdots(A.2)$$

式中:

m_i ——溶液 A 中待测组分对照品的质量,单位为毫克(mg);

m_0 ——内标溶液中内标物的质量,单位为毫克(mg);

A_f ——校准溶液色谱图中待测组分峰面积与内标物峰面积的比值;

A_g ——空白溶液色谱图中待测组分峰面积与内标物峰面积的比值;

10 ——浓度换算系数。

A.4.7.2 待测组分

待测组分(丙酮、正己烷、甲醇、乙醇和异丙醇)的含量 w_i 以毫克每千克(mg/kg)计,按式(A.3)计算:

$$m_i = \frac{A_i \times m_0 \times f_i \times 1\ 000}{50 \times m_2} \quad\cdots\cdots\cdots\cdots\cdots(A.3)$$

式中：

A_i ——试样溶液色谱图中待测组分峰面积与内标物峰面积的比值；

m_0 ——内标溶液中内标物的质量，单位为毫克(mg)；

f_i ——校准因子；

1 000——质量换算系数；

50 ——体积换算系数；

m_2 ——试样的质量，单位为克(g)。

LY 1193—1996

前　言

　　紫胶是一种天然树脂。它在医药上用作缓释剂、糖衣防湿剂层、肠溶衣等。在食品工业中用于糖果挂膜、饮料的悬浮剂、果蔬保鲜的被膜剂。为了严格控制由加工过程中可能带入的有害的物质，保护消费者的健康，必须制定食品添加剂紫胶（虫胶）的行业标准。

　　本标准是以 GB 4093—83《食品添加剂　紫胶》为基础，结合我国紫胶生产和使用的现实情况修订的。

　　自本标准生效之日起，GB 4093—83 《食品添加剂　紫胶》作废。

　　本标准由全国食品添加剂标准化技术委员会归口。

　　本标准负责起草单位：中国林科院林产化学工业研究所、江苏省卫生防疫站。

　　本标准主要起草人：甘启贵、周树南、杨鸾。

中华人民共和国林业行业标准

食品添加剂 紫胶(虫胶)

LY 1193—1996

Shellac used as food additive

1 范围

本标准规定了食品添加剂紫胶的技术要求、试验方法、检验规则及标志、包装、运输、贮存要求。

本标准适用于热滤法或溶剂法生产的紫胶片、经活性炭脱色的脱色紫胶片,以及用漂白剂漂白的粒状或片状漂白紫胶。

2 引用标准

下列标准所包含的条文,通过在本标准中引用而构成为本标准的条文。本标准出版时,所示版本均为有效。所有标准都会被修订,使用本标准的各方应探讨使用下列标准最新版本的可能性。

GB 8142—87 紫胶产品取样方法

GB 8143—87 紫胶产品检验方法

GB 8449—87 食品添加剂中铅的测定方法

GB 8450—87 食品添加剂中砷的测定方法

3 技术要求

3.1 外观

浅黄色至黄棕色透明片或白色至浅黄色不透明片。

3.2 质量指标

应符合表1要求。

表 1

指 标 项 目		指 标 参 数		
		紫胶片	脱色紫胶片	漂白紫胶
颜色指数,号	≤	18	5	2
热乙醇不溶物,%	≤	1.0	0.5	1.0
冷乙醇可溶物,%	≥	—	—	92.0
热硬化时间,min	≥	3	2	—
氯含量,%	≤	—	—	2
铅(Pb),mg/kg	≤	5	5	5
砷(As),mg/kg	≤	1	1	1
干燥失重,%	≤	2.0	2.0	3.0
水溶物,%	≤	0.5	0.5	1.0

中华人民共和国林业部 1996-08-06 批准

1996-12-01 实施

表 1(完)

指 标 项 目		指 标 参 数		
		紫胶片	脱色紫胶片	漂白紫胶
灼烧残渣,%	≤	0.4	0.3	1.0
蜡质,%	≤	5.5	5.5	5.5
软化点,℃	≥	72	72	—
酸值,KOHmg/g	≤	—	—	85
松香		无	无	无

4 试验方法

4.1 抽样

按 GB 8142 规定进行抽样。

4.2 颜色指数的测定

按 GB 8143—87 第 5 章进行测定。

4.3 热乙醇不溶物的测定

按 GB 8143—87 第 4 章进行测定。

4.4 冷乙醇可溶物的测定

按 GB 8143—87 第 15 章进行测定。

4.5 热硬化时间的测定

按 GB 8143—87 第 11 章进行测定。

4.6 氯含量的测定

按 GB 8143—87 第 14 章进行测定。

4.7 铅(Pb)含量的测定

按 GB 8449—87 进行测定。试样处理采用 1.4.2.1 湿法消解。

4.8 砷(As)含量的测定

按 GB 8450—87 第 1 章进行测定。试样处理采用 1.4.2.1 湿法消解。

4.9 干燥失重的测定

按 GB 8143—87 第 3 章进行测定。

4.10 水溶物的测定

按 GB 8143—87 第 10 章进行测定。

4.11 灼烧残渣的测定

按 GB 8143—87 第 9 章进行测定。

4.12 蜡质的测定

按 GB 8143—87 第 6 章进行测定。

4.13 软化点的测定

按 GB 8143—87 第 16 章进行测定。

4.14 酸值的测定

按 GB 8143—87 第 12 章进行测定。

4.15 松香的测定

按 GB 8143—87 第 7 章进行测定。

5 检验规则

5.1 食品添加剂紫胶由生产单位的产品质量部门进行检验,保证产品都符合本标准规定的技术要求。出厂时,每箱产品应附有产品合格证。

5.2 使用单位可按照本标准规定的检验规则和试验方法检验产品的质量是否符合本标准的要求。

5.3 检验结果中如有任何一项指标不符合本标准技术要求时,应重新加倍取样进行复验,复验的结果仍不合格,则该批产品为不合格产品。

5.4 使用单位如对产品质量有异议需仲裁时,应在到货后一个月内提出,由供需双方协商选定仲裁单位,按本标准进行仲裁分析。

5.5 其他规定

5.5.1 紫胶片产品自出厂日期起,一年内颜色指数的增加不得超过 6 号。

5.5.2 漂白紫胶产品从生产日起,8 个月内应能溶解于酒精。

6 标志、包装、运输、贮存

6.1 产品应用木箱或胶合板箱包装,内衬牛皮纸袋,每箱净重 25 kg 或 20 kg。

6.2 包装上应有明显的标志,内容包括:产品名称、标准编号、生产厂名、生产厂地址、商标、规格、批号、毛重、净重、生产日期,并在明显位置标明"避晒"、"防潮"字样。每箱需附产品质量合格证。

6.3 运输时产品必须防雨、防潮、防晒。产品应贮放在干燥通风、阴凉的库房中,必须垫有仓板,堆放不宜过高,最多不超过八层。

6.4 贮运中不得与有毒、有异味等物质混装、混运、一起堆放。

八、护色剂

ICS 67.220.20
X 42

中华人民共和国国家标准

GB 1891—2007
代替 GB 1891—1996

食品添加剂 硝酸钠

Food additive—Sodium nitrate

2007-10-29 发布

2008-06-01 实施

中华人民共和国国家质量监督检验检疫总局
中国国家标准化管理委员会 发布

前　言

本标准的第 5 章、第 8 章和第 10 章为强制性的，其余为推荐性的。

本标准修改采用《日本食品添加剂公定书》第七版（2000 年）《硝酸钠》。

本标准根据《日本食品添加剂公定书》第七版（2000 年）重新起草。

考虑到我国国情，在采用《日本食品添加剂公定书》第七版（2000 年）时，本标准做了一些修改。本标准与《日本食品添加剂公定书》第七版（2000 年）的主要差异如下：

——对标准要求中的部分指标进行了适当的调整（本版的第 5 章）；

——硝酸钠含量测定，日本食品添加剂公定书第七版采用蒸馏法，本标准采用银量法；

——本标准硝酸钠含量测定依据 GB/T 13025.5—1991《制盐工业通用试验方法　氯离子的测定》（本版的 6.4）；

——本标准重金属含量测定依据 GB/T 5009.74—2003《食品添加剂中重金属限量试验》（本版的 6.7）；

——本标准砷含量测定依据 GB/T 5009.76—2003《食品添加剂中砷的测定》（本版的 6.8）。

本标准代替 GB 1891—1996《食品添加剂　硝酸钠》。

本标准与 GB 1891—1996 相比主要变化如下：

——指标参数相应调整（1996 版 3.2，本版第 5 章）；

——改进了硝酸钠含量的测定方法（1996 版 4.10，本版 6.4）。

本标准由中国石油和化学工业协会提出。

本标准由全国化学标准化技术委员会无机化工分会（ SAC/TC 63/SC 1）和全国食品添加剂标准化技术委员会（SAC/TC 11）共同归口。

本标准主要起草单位：天津化工研究设计院、杭州龙山化工有限公司。

本标准主要起草人：邓乐平、张静娟。

本标准所代替标准的历次版本发布情况：

——GB 1891—1980、GB 1891—1986、GB 1891—1996。

食品添加剂　硝酸钠

1　范围

本标准规定了食品添加剂硝酸钠的要求、试验方法、检验规则、标志、包装、运输、贮存和安全。

本标准适用于食品添加剂硝酸钠。该产品可作护色剂、防腐剂使用。

2　规范性引用文件

下列文件中的条款通过本标准的引用而成为本标准的条款。凡是注日期的引用文件，其随后所有的修改单（不包括勘误的内容）或修订版本均不适用于本标准，然而，鼓励根据本标准达成协议的各方研究是否可使用这些文件的最新版本。凡是不注日期的引用文件，其最新版本适用于本标准。

GB 190—1990　危险货物包装标志

GB/T 191—2000　包装储运图示标志（eqv ISO 780：1997）

GB/T 3051—2000　无机化工产品中氯化物含量测定的通用方法　汞量法（neq ISO 5790：1979）

GB/T 5009.74—2003　食品添加剂中重金属限量试验

GB/T 5009.76—2003　食品添加剂中砷的测定

GB/T 6678　化工产品采样总则

GB/T 6682　分析实验室用水规格和试验方法（ISO 3696：1987）

HG/T 3696.1　无机化工产品化学分析用标准滴定溶液的制备

HG/T 3696.2　无机化工产品化学分析用杂质标准溶液的制备

HG/T 3696.3　无机化工产品化学分析用制剂及制品的制备

3　符号

分子式：$NaNO_3$

相对分子质量：84.99（按 2005 年国际相对原子质量）

4　性状

白色细小结晶，允许带淡灰色、淡黄色。

5　要求

食品添加剂　硝酸钠应符合表 1 要求：

表 1　要求

项　目		指　标
硝酸钠（$NaNO_3$）（以干基计）质量分数/%		99.3～100.5
氯化物（以 Cl 计）质量分数/%	≤	0.20
水分质量分数/%	≤	1.5
重金属（以 Pb 计）质量分数/%	≤	0.000 5
砷（As）质量分数/%	≤	0.000 2
注：水分以出厂检验为准。		

6 试验方法

6.1 安全提示

本试验方法中使用的部分试剂具有毒性或腐蚀性,操作时须小心谨慎!如溅到皮肤上应立即用水冲洗,严重者应立即治疗。

6.2 一般规定

本标准所用试剂和水在没有注明其他要求时,均指分析纯试剂和 GB/T 6682 中规定的三级水。试验中所用标准滴定溶液、杂质标准溶液、制剂及制品,在没有注明其他要求时,均按 HG/T 3696.1、HG/T 3696.2、HG/T 3696.3 的规定制备。

6.3 鉴别试验

6.3.1 取试验溶液,加等量硫酸混匀,冷却后小心加入硫酸亚铁溶液(80 g/L),使成两液层,介面处显示棕色。

6.3.2 取试验溶液,加硫酸与铜丝,加热即产生红棕色气体。

6.3.3 取铂丝,用盐酸润湿后,先在无色火焰中烧至无色,再蘸取试验溶液少许,在无色火焰上燃烧,火焰即显黄色。

6.4 硝酸钠含量的测定

6.4.1 方法提要

用盐酸将硝酸钠转化为氯化钠,加热蒸干除去硝酸和多余的盐酸,用银量法测定氯离子。

6.4.2 试剂和溶液

6.4.2.1 盐酸溶液:4+1;

6.4.2.2 硝酸银标准滴定溶液:$c(AgNO_3)$ 约 0.1 mol/L;

6.4.2.3 铬酸钾溶液:100 g/L;

6.4.2.4 石蕊溶液:10 g/L。

6.4.3 分析步骤

称取约 0.8 g 预先在 105℃～110℃ 下干燥至恒量的试样(也可以直接称样,计算结果时减掉水分),精确至 0.000 2 g,置于一个小烧杯中。加 20 mL 盐酸溶液,盖上表面皿,在蒸气浴(或可调电炉)上蒸发至干。再加 20 mL 盐酸溶液溶解残留物,再次蒸发至干。继续加热,直至残留物溶于水时对石蕊显中性。将溶液转移至 100 mL 容量瓶中,稀释至刻度,摇匀。移取 25 mL 溶液置于 150 mL 烧杯中,加 4 滴铬酸钾指示液,在均匀搅拌下,用硝酸银标准滴定溶液滴定,至呈现稳定的淡橘红色悬浊液即为终点,同时做空白试验。

空白试验应与测定平行进行,并采用相同的分析步骤,取相同量的所有试剂,但空白试验不加试样。

6.4.4 结果计算

硝酸钠含量以硝酸钠($NaNO_3$)的质量分数 w_1 计,数值以% 表示,按式(1)计算:

$$w_1 = \frac{c(V-V_0)M}{m \times (25/100) \times 1\,000} \times 100 \quad \cdots\cdots\cdots\cdots\cdots\cdots\cdots (1)$$

式中:

V——滴定试样溶液所消耗硝酸银标准滴定溶液的体积的数值,单位为毫升(mL);

V_0——滴定空白溶液所消耗硝酸银标准滴定溶液的体积的数值,单位为毫升(mL);

c——硝酸银标准滴定溶液浓度的准确数值,单位为摩尔每升(mol/L);

m——试料质量的数值,单位为克(g);

M——硝酸钠($NaNO_3$)的摩尔质量的数值,单位为克每摩尔(g/mol)($M=84.99$)。

取平行测定结果的算术平均值为测定结果,两次平行测定结果的绝对差值不大于 0.2%。

6.5 氯化物含量的测定

6.5.1 方法提要

同 GB/T 3051—2000 第 3 章。

6.5.2 试剂和材料

6.5.2.1 尿素;

6.5.2.2 其他同 GB/T 3051—2000 第 4 章。

6.5.3 仪器、设备

微量滴定管:分度值 0.01 mL 或 0.02 mL。

6.5.4 分析步骤

6.5.4.1 参比溶液的制备

在 250 mL 锥形瓶中加 50 mL 水,加 3 g 尿素,加热溶解。在微沸下滴加(1+1)硝酸溶液至无气泡产生,冷却。加 2 滴～3 滴溴酚蓝指示液,用氢氧化钠溶液(1 mol/L)调至溶液呈蓝色,用(1+13)硝酸溶液调至溶液由蓝色变为黄色再过量 2 滴～6 滴。加入 1 mL 二苯偶氮碳酰肼指示液,使用微量滴定管,用浓度 $c[1/2Hg(NO_3)_2]$ 约为 0.05 mol/L 的硝酸汞标准滴定溶液滴定至紫红色。记录硝酸汞标准滴定溶液的体积。此溶液在使用前配制。

6.5.4.2 测定

称取约 10 g 试样,精确至 0.01 g,置于 250 mL 锥形瓶中,加约 50 mL 水,加热使试样完全溶解。加 3 g 尿素,加热溶解。在微沸下滴加(1+1)硝酸溶液,至无细小气泡产生,冷却,加 2 滴溴酚蓝指示液,用氢氧化钠溶液(1 mol/L)调至溶液呈蓝色,用(1+13)硝酸溶液调至溶液由蓝色变为黄色再过量 2 滴～6 滴。加入 1 mL 二苯偶氮碳酰肼指示液,使用微量滴定管用浓度 $c[1/2Hg(NO)_2]$ 约为 0.05 mol/L 的硝酸汞标准滴定溶液滴定至溶液由黄色变为与参比溶液相同的紫红色为终点。

将滴定后的含汞废液收集于瓶中,按 GB/T 3051—2000 附录 D 规定的方法进行处理。

6.5.5 结果计算

氯化物含量以氯(Cl)的质量分数 w_2 计,数值以%表示,按式(2)计算:

$$w_2 = \frac{c(V - V_0)M}{m \times 1\ 000} \times 100 \quad\cdots\cdots\cdots\cdots\cdots\cdots\cdots\cdots(2)$$

式中:

V——滴定试样溶液所消耗硝酸汞标准滴定溶液的体积的数值,单位为毫升(mL);

V_0——参比溶液所消耗硝酸汞标准滴定溶液的体积的数值,单位为毫升(mL);

c——硝酸银汞标准滴定溶液浓度的准确数值,单位为摩尔每升(mol/L);

m——试料质量的数值,单位为克(g);

M——氯(Cl)的摩尔质量的数值,单位为克每摩尔(g/mol)($M=35.45$)。

取平行测定结果的算术平均值为测定结果,两次平行测定结果的绝对差值不大于 0.02%。

6.6 水分的测定

6.6.1 仪器、设备

6.6.1.1 称量瓶:ϕ50 mm×30 mm。

6.6.2 分析步骤

用预先在 105℃～110℃ 干燥至质量恒定的称量瓶称取约 5 g 试样,精确至 0.000 2 g,于 105℃～110℃ 干燥至质量恒定。

6.6.3 结果计算

水分含量以质量分数 w_3 计,数值以%表示,按式(3)计算:

$$w_3 = \frac{m - m_1}{m} \times 100 \quad\cdots\cdots\cdots\cdots\cdots\cdots\cdots\cdots(3)$$

式中:

m——试料质量的数值,单位为克(g);

m_1——干燥后试料的质量的数值,单位为克(g)。

取平行测定结果的算术平均值为测定结果,两次平行测定结果的绝对差值不大于 0.02%。

6.7 重金属含量的测定

6.7.1 方法提要

同 GB/T 5009.74—2003 第 2 章。

6.7.2 试剂和材料

6.7.2.1 盐酸溶液:4+1;

6.7.2.2 其他同 GB/T 5009.74—2003 第 3 章。

6.7.3 仪器、设备

同 GB/T 5009.74—2003 第 4 章。

6.7.4 分析步骤

称取(2.00±0.01 g)试样,精确至 0.01 g,置于 100 mL 烧杯中,加 10 mL 水溶解,加入 2 mL 盐酸溶液,置于水浴上加热至干。取出烧杯,再加入 1 mL 盐酸溶液,并以少量水冲洗杯壁,再蒸干。加水溶解残渣,全部转移至 50 mL 纳氏比色管中,加水至 25 mL,以下按 GB/T 5009.74—2003 第 6 章操作。

标准比色溶液是用移液管移取 1 mL 铅标准溶液(1 mL 溶液含有 10 μgPb),与试样同时同样处理。

6.8 砷含量的测定

6.8.1 方法提要

同 GB/T 5009.76—2003 第 8 章。

6.8.2 试剂

6.8.2.1 硫酸;

6.8.2.2 砷标准溶液:1 mL 溶液含有砷(As)1 μg

移取 1.00 mL 按 HG/T 3696.2 要求配制的砷标准溶液,置于 1 000 mL 容量瓶中,用水稀释至刻度,摇匀。

6.8.2.3 其他同 GB/T 5009.76—2003 第 9 章。

6.8.3 仪器、设备

同 GB/T 5009.76—2003 第 10 章。

6.8.4 分析步骤

称取(1.00±0.01 g)试样,精确至 0.01 g,置于 100 mL 烧杯中。加入 2 mL 硫酸,在可调电炉上蒸发至三氧化硫的浓烟出现。取下烧杯,以少量水冲洗杯壁,再次蒸发至浓烟出现,取出后冷却。用约 25 mL 水将残渣移入测砷装置的锥形瓶中,加水至总体积约 40 mL,以下按 GB/T 5009.76—2003 第 11 章操作。

标准比色溶液是用移液管移取 2 mL 砷标准溶液(1 mL 溶液含有 1 μgAs),与试样同时同样处理。

7 检验规则

7.1 本标准表 1 要求中所列项目均为出厂检验项目,应逐批检验。

7.2 每批产品不超过 20 t。

7.3 按 GB/T 6678 中的规定确定采样单元数。采样时,将采样器自袋的中心垂直插入至料层深度的 3/4 处采样。将采出的样品混匀,用四分法缩分至不少于 500 g。将样品分装于两个清洁、干燥密封的容器中,密封,并粘贴标签,注明生产厂名、产品名称、批号、采样日期和采样者姓名。一份供检验用,另一份保存三个月备查。

7.4 食品添加剂硝酸钠应由生产厂的质量监督检验部门按照本标准规定进行检验,生产厂应保证所有出厂的产品都符合本标准要求。

7.5 检验结果如有一项指标不符合本标准要求,应重新自两倍量的包装中采样进行复验,复验结果即使只有一项指标不符合本标准的要求时,则整批产品为不合格。

8 标志、标签

8.1 食品添加剂硝酸钠包装容器上应有牢固清晰的标志,内容包括:生产厂名、厂址、产品名称、商标、

"食品添加剂"字样、净含量、批号或生产日期、保质期、生产许可证号、卫生许可证号、本标准编号,以及 GB 190—1990 中的"氧化剂"标志和 GB/T 191—2000 中规定的"怕热"和"怕湿"标志。

8.2 每批出厂的食品添加剂硝酸钠都应附有质量证明书,内容包括:生产厂名、厂址、产品名称、商标、"食品添加剂"字样、净含量、批号或生产日期、生产许可证号及卫生许可证号、产品质量符合本标准的证明和本标准编号。

9 包装、运输、贮存

9.1 食品添加剂硝酸钠应用内衬食品级聚乙烯薄膜的双层牛皮纸袋作内包装。外包装为塑料编织袋。每袋净重 25 kg。内袋扎口,外袋应牢固缝合。缝线整齐,针距均匀,无漏缝和跳线现象。或按照用户要求自行确定包装。

9.2 运输过程中,防止雨淋,不得受潮和包装不受污损,禁止与有害、有毒物质及其他污染物品混贮、混运。

9.3 食品添加剂硝酸钠贮存于干燥通风的食品添加剂专用库房内,并需离地离墙码放,防止受潮污染。

9.4 食品添加剂硝酸钠在符合标准包装、运输、贮存条件下,自出厂之日起保质期为 2 年,逾期检验合格,仍可继续使用。

10 安全

10.1 硝酸钠为一级无机氧化剂,加热至 380℃时分解为亚硝酸钠和氧,加热至更高温度时则生成氧、氮、氮氧化物的混合气体。当与有机物,硫磺或亚硫酸盐等混合时,能引起燃烧爆炸。硝酸钠引起的火灾可以用大量的水扑灭。

10.2 硝酸钠生产和存放场所应备有消防器材,急救药品。

ICS 67.220.20
X 42

中华人民共和国国家标准

GB 1907—2003
代替 GB 1907—1992

食品添加剂　亚硝酸钠

Food additive—Sodium nitrite

2003-06-13 发布

2003-12-01 实施

中华人民共和国
国家质量监督检验检疫总局 发布

前　言

本标准的全部技术内容为强制性条文。

本标准对应于美国《食品用化学品法典》(FCC)1996(第四版)"亚硝酸钠"。本标准与FCC(第四版)"亚硝酸钠"的一致性程度为非等效。

本标准与美国《食品用化学品法典》的主要技术差异：

——增加了砷和水不溶物含量的指标及试验方法；

——干燥失量测定方法改用电烘箱干燥；

——铅含量和重金属的试验方法采用国家标准中的通用方法。

本标准代替GB 1907—1992《食品添加剂　亚硝酸钠》。

本标准与GB 1907—1992的主要技术差异：

——取消了氯化物和澄清度指标；

——增加了铅指标及试验方法；

——将包装净含量改为1 kg小包装；

——产品的保质期改为两年。

本标准由原国家石油和化学工业局提出。

本标准由全国化学标准化技术委员会无机化工分会和卫生部食品卫生监督检验所归口。

本标准起草单位：天津化工研究设计院、杭州龙山化工有限公司。

本标准主要起草人：王文琼、李光明。

本标准于1980年首次发布，1992年第一次修订。

本标准委托全国化学标准化技术委员会无机化工分会负责解释。

食品添加剂　亚硝酸钠

1　范围

本标准规定了食品添加剂亚硝酸钠的要求、试验方法、检验规则以及标志、标签、包装、运输、贮存。

本标准适用于食品添加剂碳酸钠吸收二氧化氮气体制得的亚硝酸钠,该产品用于肉制品加工中作为护色剂、防腐剂。

分子式:$NaNO_2$

相对分子质量:69.00(按 1999 年国际相对原子质量)

2　规范性引用文件

下列文件中的条款通过本标准的引用而成为本标准的条款。凡是注日期的引用文件,其随后所有的修改单(不包括勘误的内容)或修订版均不适用于本标准,然而,鼓励根据本标准达成协议的各方研究是否可使用这些文件的最新版本。凡是不注日期的引用文件,其最新版本适用于本标准。

GB 190—1990　危险货物包装标志

GB/T 191—2000　包装储运图示标志(eqv ISO 780:1997)

GB/T 601　化学试剂　标准滴定溶液的制备

GB/T 602　化学试剂　杂质测定用标准溶液的制备(GB/T 602—2002,neq ISO 6353-1:1982)

GB/T 603　化学试剂　试验方法中所用制剂及制品的制备(GB/T 603—2002,neq ISO 6353-1:1982)

GB 2760　食品添加剂使用卫生标准

GB/T 6678　化工产品采样总则

GB/T 6682—1992　分析实验室用水规格和试验方法(neq ISO 3696:1987)

GB/T 8450—1987　食品添加剂中砷的测定方法

GB/T 8451—1987　食品添加剂中重金属限量试验法

GB/T 9723—1988　化学试剂　火焰原子吸收光谱法通则(neq ISO 6353-1:1982)

3　要求

3.1　外观:本品为白色或微带淡黄色斜方晶体。

3.2　食品添加剂亚硝酸钠应符合表 1 要求。

表 1　　　　　　　　　　　　　　　　　　　　　　　　　　　　　　　　　　　　　　%

项　　目		指　　标
亚硝酸钠($NaNO_2$)含量(以干基计)	≥	99.0
干燥失量	≤	0.25
水不溶物含量(以干基计)	≤	0.05
砷(As)含量	≤	0.000 2
重金属(以 Pb 计)含量	≤	0.002
铅含量	≤	0.001
注 1:干燥失量以出厂检验结果时为准。		
注 2:当重金属含量≤0.001%时,不再测定铅含量。		

4 试验方法

本标准所用试剂和水,在没有注明其他要求时,均指分析纯试剂和 GB/T 6682—1992 中规定的三级水。

试验中所用标准滴定溶液、杂质标准溶液、制剂及制品,在没有注明其他要求时,均按 GB/T 601、GB/T 602、GB/T 603 之规定制备。

安全提示:试验中所用部分试剂具有腐蚀性,原料具有毒性,操作时应小心。

4.1 鉴别

4.1.1 试剂和材料

4.1.1.1 冰乙酸。

4.1.1.2 盐酸溶液:1+3。

4.1.1.3 硫酸亚铁溶液:80 g/L。

4.1.1.4 硝酸银溶液:17 g/L。

4.1.1.5 铂丝:一端弯成直径约 4 mm 的小环,另一端绕在玻璃棒上。

4.1.2 鉴别方法

4.1.2.1 亚硝酸根的鉴别

a) 取适量试样溶液,加盐酸溶液后加热,应放出红棕色气体。

b) 取(3 g/L)1 mL 试样溶液,加冰乙酸呈酸性后,加新配制的硫酸亚铁溶液应显棕色。

4.1.2.2 钠离子鉴别

称量 1 g 试样,加 20 mL 水溶解。用铂丝环蘸盐酸,在无色火焰上燃烧至无色。再蘸取试验溶液在无色火焰上燃烧,火焰应呈鲜黄色。

4.2 亚硝酸钠含量的测定

4.2.1 方法提要

在酸性介质中,用高锰酸钾氧化亚硝酸钠,根据高锰酸钾标准滴定溶液的消耗量计算出亚硝酸钠含量。

4.2.2 试剂和材料

4.2.2.1 硫酸溶液:1+5。

加热硫酸溶液至 70℃左右,滴加高锰酸钾标准滴定溶液至溶液呈微红色为止。冷却,备用。

4.2.2.2 高锰酸钾标准滴定溶液:$c(1/5KMnO_4)$约为 0.1 mol/L。

4.2.2.3 草酸钠标准滴定溶液:$c(1/2Na_2C_2O_4)$约为 0.1 mol/L。

称取约 6.7 g 草酸钠,溶解于 300 mL(1+29)硫酸溶液(配制方法同 4.2.2.1)中,用水稀释至 1 000 mL,摇匀。用高锰酸钾标准滴定溶液标定。

4.2.3 分析步骤

称取 2.5 g~2.7 g 试样,精确至 0.000 2 g,置于 500 mL 容量瓶中,加水使其溶解,用水稀释至刻度,摇匀。在 250 mL 锥形瓶中,用滴定管滴加约 40 mL 高锰酸钾标准滴定溶液。加入 10 mL 硫酸溶液,用移液管移取 25 mL 试验溶液,加热至约 40℃。用移液管加入 10 mL 草酸钠标准滴定溶液,加热至 70℃~80℃,继续用高锰酸钾标准滴定溶液滴定至溶液呈粉红色并保持 30 s 不消失为止。

4.2.4 分析结果的表述

以质量分数表示的亚硝酸钠(以 $NaNO_2$ 计)含量(X_1)(%)按式(1)计算:

$$X_1 = \frac{(c_1 V_1 - c_2 V_2) \times 0.034\ 50}{m \times \dfrac{25}{500}\left(1 - \dfrac{X_2}{100}\right)} \times 100 \quad\cdots\cdots\cdots\cdots\cdots\cdots\cdots\cdots\cdots(1)$$

式中：

c_1——高锰酸钾标准滴定溶液的实际浓度，单位为摩尔每升（mol/L）；

V_1——加入和滴定试验溶液所消耗的高锰酸钾标准滴定溶液的体积，单位为毫升（mL）；

c_2——草酸钠标准滴定溶液的实际浓度，单位为摩尔每升（mol/L）；

V_2——移取草酸钠标准滴定溶液的体积，单位为毫升（mL）；

X_2——按 4.3 测定的干燥失量的含量；

m——试料的质量，单位为克（g）；

0.034 50——与 1.00 mL 高锰酸钾标准滴定溶液[$c(1/5KMnO_4)=1.000$ mol/L]相当的以克表示的亚硝酸钠的质量。

4.2.5 允许差

取平行测定结果的算术平均值为测定结果，平行测定结果的绝对差值不大于 0.2%。

4.3 干燥失量测定

4.3.1 仪器、设备

4.3.1.1 称量瓶：ϕ500 mm×30 mm。

4.3.1.2 电烘箱：温度能控制在 105℃～110℃。

4.3.2 分析步骤

用预先于 105℃～110℃下干燥的称量瓶称取约 5 g 试样，精确至 0.000 2 g，于 105℃～110℃电烘箱中干燥至恒重。

4.3.3 分析结果的表述

以质量分数表示的干燥失量（X_2）（%）按式（2）计算：

$$X_2 = \frac{m - m_1}{m} \times 100 \qquad\cdots\cdots\cdots\cdots\cdots（2）$$

式中：

m_1——干燥后试料的质量，单位为克（g）；

m——试料的质量，单位为克（g）。

4.3.4 允许差

取平行测定结果的算术平均值为测定结果，平行测定结果的绝对差值不大于 0.005%。

4.4 水不溶物含量的测定

4.4.1 试剂和材料

4.4.1.1 盐酸。

4.4.1.2 淀粉-碘化钾试纸。

4.4.2 仪器、设备

4.4.2.1 坩埚式过滤器：滤板孔径（5～15）μm；

4.4.2.2 电烘箱：温度能控制在 105℃～110℃。

4.4.3 分析步骤

称取约 100 g 试样，精确至 0.1 g，置于 500 mL 烧杯中，加 300 mL 水，加热溶解。用预先于 105℃～110℃下干燥的玻璃砂坩埚过滤，用热水洗至无亚硝酸根离子为止（取 20 mL 洗涤液，加两滴盐酸，用淀粉-碘化钾试纸检查）。置于 105℃～110℃电烘箱中干燥至恒重。

4.4.4 分析结果的表述

以质量分数表示的水不溶物含量（X_3）（%）按式（3）计算：

$$X_3 = \frac{(m_1 - m_2)}{m\left(1 - \dfrac{X_2}{100}\right)} \times 100 \qquad\cdots\cdots\cdots\cdots\cdots（3）$$

式中：

m_1——玻璃砂坩埚的质量，单位为克(g)；

m_2——水不溶物和玻璃砂坩埚的质量，单位为克(g)；

X_2——按4.3测定的干燥失量的含量；

m——试料的质量，单位为克(g)。

4.4.5 允许差

取平行测定结果的算术平均值为测定结果，平行测定结果的绝对差值不大于0.005%。

4.5 砷含量的测定

称取约1g试样，精确至0.01g，置于100mL烧杯中，加5mL水和6mL盐酸，置于水浴上蒸干，再加1mL水，蒸干至赶尽盐酸气体，分次用水溶解残渣至25mL，全部转移至测砷瓶中，加水至总体积约40mL，按GB/T 8450—1987中2.4的规定操作。

标准是用移液管移取2mL(1mL溶液含有0.001mg砷)的砷标准溶液，与试样同时同样处理。

4.6 重金属含量的测定

称取1g样品，精确至0.01g，置于50mL烧杯中，加10mL水和2mL盐酸将样品溶解，在可调电炉上蒸干，再加2mL盐酸再蒸干，用25mL水溶解残留物。

将样品溶液按GB/T 8451—1987第6章进行操作。

标准是用移液管移取2mL(1mL溶液含有0.010mg铅)的铅标准溶液，与试样同时同样处理。

4.7 铅含量的测定

4.7.1 方法提要

同GB/T 9723—1988第3章。

4.7.2 试剂和材料

4.7.2.1 盐酸。

4.7.2.2 铅标准溶液；1mL溶液含有0.010mg铅。

按GB/T 602之规定配制后，用移液管移取10mL溶液，置于100mL容量瓶中，用水稀释至刻度，摇匀。此溶液使用前配制。

4.7.3 仪器、设备

同GB/T 9723—1988第5章。

4.7.4 分析步骤

4.7.4.1 工作曲线的绘制

按GB/T 9723—1988中6.2的规定进行操作。

在一系列50mL容量瓶中，分别加入0、0.5、1.0、1.5、2.0、3.0mL铅标准溶液，用水稀释至刻度，摇匀。

将仪器调整至最佳工作条件，在283.3nm波长下，以水调零，测量上述各溶液的吸光度。以铅离子浓度为横坐标，对应的吸光度为纵坐标，绘制工作曲线。

4.7.4.2 测量

称取1g样品，精确至0.01g，置于50mL容量瓶中，摇匀。与标准溶液同时测定。

4.7.5 分析结果的表述

以质量分数表示的铅(Pb)含量(X_4)(%)按式(4)计算：

$$X_4 = \frac{m_1 \times 10^{-3}}{m} \times 100 \qquad\qquad\cdots\cdots\cdots\cdots\cdots\cdots(4)$$

式中：

m_1——从标准曲线上查得铅的质量，单位为毫克(mg)；

m——试料的质量，单位为克(g)。

4.7.6 允许差

取平行测定结果的算术平均值为测定结果,平行测定结果的绝对差值不大于0.000 1%。

5 检验规则

5.1 本标准规定的所有项目为出厂检验项目。

5.2 每批产品不超过5 t。

5.3 按照GB/T 6678的规定确定采样单元数。每一塑料袋为一包装单元。采样时,从每个选取的包装袋的上方斜插至料层深度的四分之三处,用采样器取出不少于50 g的样品,将所采的样品混匀后,按四分法缩分至约250 g,立即装入两个清洁干燥带磨口塞的广口瓶中,密封。瓶上粘贴标签,注明:生产厂名、产品名称、批号、采样日期和采样者姓名。一瓶用于检验,另一瓶保存三个月备查。生产厂可在包装线上自动取样。或包装封口前取样。

5.4 食品添加剂亚硝酸钠应由生产厂的质量监督检验部门按本标准的规定进行检验。生产厂应保证所出厂的食品添加剂亚硝酸钠符合本标准的要求。

5.5 使用单位有权按照本标准的规定对所收到的食品添加剂亚硝酸钠产品进行验收,验收时间在货到之日起一个月之内进行。

5.6 检验结果有一项指标不符合本标准要求时,应重新自两倍量的包装中采样进行复验,复验的结果即使只有一项指标不符合本标准的要求时,则整批产品为不合格。

6 标志、标签

6.1 食品添加剂亚硝酸钠包装袋上应有牢固清晰的标志,内容包括:生产厂名、厂址、产品名称、商标、"食品添加剂"字样、净含量、批号或生产日期、保质期、生产许可证号和本标准编号,以及按GB 190—1990所规定的"氧化剂"、"有毒品"标志和GB/T 191—2000所规定的"怕晒"、"怕雨"标志。

6.2 食品添加剂亚硝酸钠应由生产厂的质量监督检验部门按照本标准的规定进行检验,生产厂应保证每批出厂产品都符合本标准的要求。每批出厂产品应附有质量证明书,内容包括:生产厂名、厂址、产品名称、商标、"食品添加剂"字样、批号或生产日期、保质期、生产许可证号、产品质量符合本标准的证明及本标准编号。

6.3 食品添加剂亚硝酸钠使用时应严格按照GB 2760中规定的使用范围和使用限量执行。

7 包装、运输、贮存

7.1 食品添加剂亚硝酸钠内包装采用食品级聚乙烯薄膜袋包装,用热合机封口;外包装采用纸板箱包装。每袋净含量1 kg。每箱装20袋。用户对包装有特殊要求时,可供需协商。

7.2 食品添加剂亚硝酸钠在运输过程中应有遮盖物,防止日晒、雨淋、受潮。不得与氧化剂、其他有毒有害物品混运。

7.3 食品添加剂亚硝酸钠应贮存在干燥库房处,防止雨淋、受潮、日晒。不得与氧化剂、其他有毒害物品混贮。

7.4 食品添加剂亚硝酸钠在符合贮存和运输的条件下,保质期为两年。

GB 29213—2012

中华人民共和国国家标准

食品安全国家标准

食品添加剂 硝酸钾

2012-12-25 发布

2013-01-25 实施

中华人民共和国卫生部 发布

食品安全国家标准

食品添加剂 硝酸钾

1 范围

本标准适用于以硝酸铵、硝酸钠和氯化钾为原料,经复分解法或离子交换法等方法生产的,再经精制而得的食品添加剂硝酸钾。

2 化学名称、分子式和相对分子质量

2.1 化学名称

硝酸钾

2.2 分子式

KNO_3

2.3 相对分子质量

101.1(按 2007 年国际相对原子质量)

3 技术要求

3.1 感官要求

应符合表 1 的规定。

表 1 感官要求

项　　目	要　　求	检 验 方 法
色泽	无色透明或白色	取适量试样置于 50 mL 烧杯中,在自然光下观察色泽和状态
状态	粒状晶体或结晶状粉末	

3.2 理化指标

应符合表 2 的规定。

表 2 理化指标

项　　目	指　　标	检 验 方 法
硝酸钾(KNO_3)含量(以干基计),$w/\%$	99.0～100.5	附录 A 中 A.4
干燥减量,$w/\%$　　　　　　$\leqslant$	1.0	附录 A 中 A.5

表 2（续）

项　目		指　标	检 验 方 法
氯酸盐		通过试验	附录 A 中 A.6
砷（As)/(mg/kg)	≤	3	GB /T 5009.76
铅（Pb)/(mg/kg)	≤	4	GB 5009.12

附 录 A
检 验 方 法

A.1 警示

本标准的检验方法中使用的部分试剂具有毒性或腐蚀性,操作时应采取适当的安全和防护措施。

A.2 一般规定

本标准所用试剂和水,在没有注明其他要求时,均指分析纯试剂和 GB/T 6682—2008 中规定的三级水。本标准试验中所需标准滴定溶液、杂质测定用标准溶液、制剂和制品,在没有注明其他要求时均按 GB/T 601、GB/T 602、GB/T 603 之规定制备。所用溶液在未注明用何种溶剂配制时,均指水溶液。

A.3 鉴别试验

A.3.1 试剂和材料

A.3.1.1 乙酸。

A.3.1.2 乙醇。

A.3.1.3 酒石酸钠溶液:100 g/L。

A.3.1.4 氨水溶液:4+6。

A.3.1.5 高锰酸钾溶液:$c(1/5KMnO_4)=0.1$ mol/L。称取 3.161 g 高锰酸钾,用适量水溶解后,再稀释定容至 1 000 mL。

A.3.2 鉴别方法

A.3.2.1 钾离子的鉴别

称取 1 g 试样溶于 10 mL 水中,加入酒石酸钠,生成白色晶体沉淀,在氨试样溶液中、碱性氢氧化物和碳酸盐溶液中可被溶解。搅拌、用玻璃棒摩擦试管内壁或加入少量的乙酸或乙醇可以加速沉淀的生成。

A.3.2.2 硝酸根离子的鉴别

A.3.2.2.1 称取 1 g 试样溶于 10 mL 水中,滴入高锰酸钾溶液中不会引起褪色反应。

A.3.2.2.2 将试样置于铜箔上,滴加硫酸,加热时,放出棕红色的烟。

A.4 硝酸钾(KNO₃)含量的测定

A.4.1 试剂和材料

A.4.1.1 氢氧化钠溶液:400 g/L。

A.4.1.2 硫酸溶液:$c(H_2SO_4)=0.1$ mol/L。

A.4.1.3 氢氧化钠标准滴定溶液:$c(NaOH)=0.1$ mol/L。

A.4.1.4 甲基红-亚甲基蓝混合指示液。

A.4.1.5 无氨的水。

A.4.1.6 定氮合金:粒径不大于 0.85 mm。

A.4.2 仪器和设备

A.4.2.1 蒸馏仪器:按图 A.1 配备或其他具有相同蒸馏能力的定氮蒸馏仪器。

A.4.2.2 沸石。

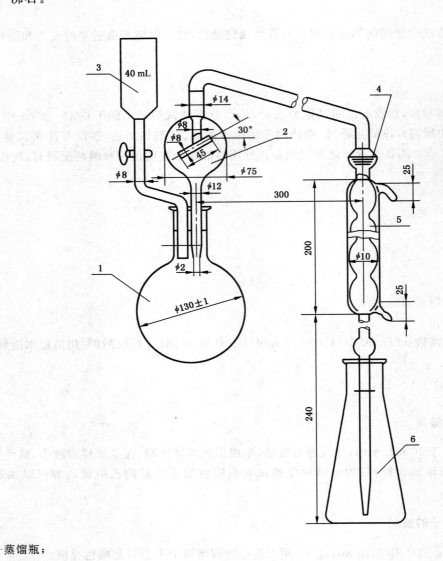

1——蒸馏瓶;

2——防溅球管;

3——滴液漏斗;

4——球型磨口或橡胶塞;

5——球形冷凝管;

6——吸收瓶。

图 A.1 蒸馏仪器图

A.4.3 分析步骤

称取已于 105 ℃±2 ℃干燥 4 h 的 0.4 g 样品,精确至 0.000 2 g。在蒸馏瓶中加 300 mL 无氨的水,摇动使试样溶解。加入约 3 g 定氮合金和几粒沸石,将蒸馏瓶连接于蒸馏装置上,接口处均应涂上硅脂以防止漏气。在吸收瓶中用移液管移入 50 mL 硫酸溶液,加 4 滴～5 滴甲基红-亚甲基蓝混合指示液,并与蒸馏装置连接。在吸收瓶中加适量水,以保证导流管出口位于吸收液液面下约 1.5 cm。通过蒸馏装置的分液漏斗加入 15 mL 氢氧化钠溶液,在溶液将流尽时加入 20 mL～30 mL 水冲洗漏斗,剩 3 mL～5 mL 水时关闭活塞。静置 10 min 后,开通冷却水,同时加热,沸腾时根据泡沫产生程度调节供热强度,避免泡沫溢出或液滴带出。蒸馏出至少 150 mL 馏出液后,用 pH 试纸检查液滴,如不呈碱性则结束蒸馏。用少量水冲洗导流管的下端,取下吸收瓶。用氢氧化钠标准滴定溶液滴定吸收瓶中的吸收液呈灰绿色为终点。

同时进行空白试验。空白试验除不加试样外,其他操作及加入试剂的种类和量(标准滴定溶液除外)与测定试验相同。

A.4.4 结果计算

硝酸钾(KNO_3)含量的质量分数 w_1,按式(A.1)计算:

$$w_1 = \frac{[(V_0 - V_1)/1\,000]cM}{m} \times 100\% \quad\quad\quad (A.1)$$

式中:

V_0 ——空白试验所消耗的氢氧化钠标准滴定溶液的体积的数值,单位为毫升(mL);

V_1 ——滴定试样溶液所消耗的氢氧化钠标准滴定溶液的体积的数值,单位为毫升(mL);

c ——氢氧化钠标准滴定溶液浓度的准确数值,单位为摩尔每升(mol/L);

M ——硝酸钾(KNO_3)的摩尔质量的数值,单位为克每摩尔(g/mol)($M=101.1$);

m ——试样的质量的数值,单位为克(g);

$1\,000$ ——换算因子。

实验结果以平行测定结果的算术平均值为准,在重复性条件下获得的两次独立测定结果的绝对差值不大于 0.3%。

A.5 干燥减量的测定

A.5.1 仪器和设备

A.5.1.1 称量瓶:ϕ30 mm×25 mm。

A.5.1.2 电热恒温干燥箱:能控制温度在 105 ℃±2 ℃。

A.5.2 分析步骤

在预先于 105 ℃±2 ℃下干燥至质量恒定的称量瓶中称取约 2 g 试样,精确到 0.000 2 g,在 105 ℃±2 ℃下干燥 4 h,冷却 30 min,称量。

A.5.3 结果计算

干燥减量的质量分数 w_2,按式(A.2)计算:

$$w_2 = \frac{m_1 - m_2}{m} \times 100\% \quad\quad\quad (A.2)$$

式中:

m_1 ——试样和称量瓶的质量的数值,单位为克(g);

m_2 ——干燥后试样和称量瓶质量的数值,单位为克(g);

m ——试样的质量的数值,单位为克(g)。

实验结果以平行测定结果的算术平均值为准,在重复性条件下获得的两次独立测定结果的绝对差值不大于 0.2%。

A.6 氯酸盐的测定

称取约 0.1 g 已于 105 ℃±2 ℃下干燥 4 h 后的试样于烧杯中,加入 2 mL 硫酸,试样保持白色,没有气味和气体产生,即为通过试验。

中华人民共和国国家标准

GB 29940—2013

食品安全国家标准

食品添加剂　柠檬酸亚锡二钠

2013-11-29 发布

2014-06-01 实施

中华人民共和国
国家卫生和计划生育委员会 发布

中华人民共和国国家标准

GB 29940—2013

食品安全国家标准

食品添加剂 ·

2014-08-01 实施

中华人民共和国国家卫生和计划生育委员会 发布

食品安全国家标准

食品添加剂 柠檬酸亚锡二钠

1 范围

本标准适用于以柠檬酸、氯化亚锡、氢氧化钠为原料经加工制得的食品添加剂柠檬酸亚锡二钠。

2 分子式和相对分子质量

2.1 分子式

$C_6H_6O_8SnNa_2$

2.2 相对分子质量

370.80（按 2007 年国际相对原子质量）

3 技术要求

3.1 感官要求

感官要求应符合表 1 的规定。

表 1 感官要求

项目	要求	检验方法
色泽	无色或白色	取适量试样置于白瓷盘内，在自然光线下，观察其色泽和状态
状态	结晶或粉末	

3.2 理化指标

理化指标应符合表 2 的规定。

表 2 理化指标

项目		指标	检验方法
亚锡（Sn^{2+}）含量（w）/%	≥	29.0	附录 A 中 A.3
pH（10 g/L 溶液）		5.0～7.0	GB/T 9724
水不溶物（w）/%	≤	0.05	A.4
总砷（以 As 计）/(mg/kg)	≤	2	GB/T 5009.11
铅（Pb）/(mg/kg)	≤	3	GB 5009.12

附 录 A

检验方法

A.1 一般规定

本标准除另有规定外,所用试剂的纯度应在分析纯以上,所用标准滴定溶液、杂质测定用标准溶液、制剂及制品,应按 GB/T 601、GB/T 602、GB/T 603 的规定制备,试验用水应符合 GB/T 6682—2008 中三级水的规定。试验中所用溶液在未注明用何种溶剂配制时,均指水溶液。

A.2 鉴别试验

A.2.1 试剂和材料

A.2.1.1 盐酸溶液:5%。
A.2.1.2 磷钼酸铵试纸:称取 1 g 磷钼酸铵,用 10 mL 氢氧化钠溶液(100 g/L)溶解。将无灰滤纸放入该溶液中浸透后,取出于暗处晾干即得。
A.2.1.3 吡啶-乙酸酐溶液:3+1。

A.2.2 鉴别步骤

A.2.2.1 取铂丝,用盐酸溶液湿润后,蘸取试样,在无色火焰中燃烧,火焰显现黄色。
A.2.2.2 称取 1 g 试样,溶于 10 mL 盐酸溶液中,配制成 10%的试样溶液,取 1 滴试样溶液,滴在磷钼酸铵试纸上,试纸应显蓝色。
A.2.2.3 称取 1 g 试样,溶于 10 mL 水中,配制成 10%的试样溶液,取 1 mL 试样溶液,加 5 mL 吡啶-乙酸酐溶液,振摇,溶液即显黄色到红色或紫红色。

A.3 亚锡(Sn^{2+})含量的测定

A.3.1 方法提要

在酸性介质中,以淀粉为指示剂,用碘酸钾标准滴定溶液滴定试样液,稍微过量的碘酸钾在酸溶液中马上转化为游离碘,游离碘遇淀粉即变蓝色指示终点。根据碘酸钾标准滴定溶液的消耗量求出亚锡的含量。

A.3.2 试剂和材料

A.3.2.1 盐酸溶液:20%。
A.3.2.2 淀粉指示液:10 g/L。
A.3.2.3 碘酸钾标准滴定溶液:$c\left(\dfrac{1}{6}KIO_3\right)=0.1$ mol/L。

A.3.3 分析步骤

称取 0.7 g 试样,精确至 0.000 1 g,置于 250 mL 具塞锥形瓶中,加 25 mL 水及 5 mL 盐酸溶液,摇匀,加入 3 mL 淀粉指示液后,立即用碘酸钾标准滴定溶液滴定至溶液由无色变为蓝色,即为滴定终点。

A.3.4 结果计算

亚锡(Sn²⁺)含量的质量分数 w_1 按式(A.1)计算:

$$w_1 = \frac{V \times c \times M}{m \times 1\,000 \times 2} \times 100\%$$ ·················(A.1)

式中:

V ——滴定消耗碘酸钾标准滴定溶液的体积,单位为毫升(mL);

c ——碘酸钾标准滴定溶液的浓度,单位为摩尔每升(mol/L);

M ——锡的摩尔质量,单位为克每摩尔(g/mol)[$M(Sn)=118.71$];

m ——试样质量,单位为克(g);

1 000 ——换算系数;

2 ——换算系数。

试验结果以平行测定结果的算术平均值为准。在重复性条件下获得的两次独立测定结果的绝对差值不大于 0.2%。

A.4 水不溶物的测定

A.4.1 仪器和设备

A.4.1.1 玻璃砂芯坩埚:滤板孔径为 3 μm~4 μm。
A.4.1.2 电热恒温干燥箱:105 ℃±2 ℃。

A.4.2 分析步骤

称取约 4 g 试样,精确至 0.01 g,置于 400 mL 烧杯中,加 100 mL 热水,溶解,用预先在 105 ℃±2 ℃ 电热恒温干燥箱烘至恒重的玻璃砂芯坩埚抽滤,用 200 mL 热水分 4 次洗涤水不溶物。将玻璃砂芯坩埚连同水不溶物置于 105 ℃±2 ℃ 电热恒温干燥箱中,烘至恒重。

A.4.3 结果计算

水不溶物的质量分数 w_2 按式(A.2)计算:

$$w_2 = \frac{m_1 - m_2}{m} \times 100\%$$ ·····················(A.2)

式中:

m_1 ——水不溶物和玻璃砂芯坩埚的质量,单位为克(g);

m_2 ——玻璃砂芯坩埚的质量,单位为克(g);

m ——试样质量,单位为克(g)。

试验结果以平行测定结果的算术平均值为准。在重复性条件下获得的两次独立测定结果的绝对差值不大于算术平均值的 10%。

九、乳化剂

ICS 67.220.20
X 42

中华人民共和国国家标准

GB 1986—2007
代替 GB 1986—1989

食品添加剂 单、双硬脂酸甘油酯

Food additive—Glyceryl mono-and distearate

2007-10-29 发布
2008-06-01 实施

中华人民共和国国家质量监督检验检疫总局
中国国家标准化管理委员会 发布

前　言

本标准第 3 章技术要求为强制性，其余为推荐性。

本标准的技术要求参考采用美国《食品用化学品法典》(FCC，V)的技术规格。

本标准代替 GB 1986—1989《食品添加剂　单硬脂酸甘油酯(40 %)》。

本标准与 GB 1986—1989 相比主要变化如下：

——修改了标准的名称；

——感官要求代替了原外观要求；

——理化指标中取消了碘值、凝固点、游离酸、重金属和铁指标，增加了酸值、游离甘油、灼烧残渣和
铅指标；

——提供了单甘油酯含量、碘值、皂化值和熔点的试验方法，供标准使用者参考。

本标准的附录 A 为资料性附录。

本标准由中国轻工业联合会提出。

本标准由全国食品发酵标准化中心归口。

本标准起草单位：中国食品添加剂生产应用工业协会、杭州油脂化工有限公司、中国食品发酵工业
研究院。

本标准主要起草人：唐建光、靳英、李惠宜、蒋海刚、柴秋儿。

本标准所代替标准的历次版本发布情况为：

——GB 1986—1989。

食品添加剂　单、双硬脂酸甘油酯

1　范围

本标准规定了食品添加剂单、双硬脂酸甘油酯的技术要求、试验方法、检验规则、标志、包装、运输、贮存及保质期。

本标准适用于氢化棕榈油或硬脂酸与甘油反应生成的含有单、双硬脂酸甘油酯和少量三硬脂酸甘油酯的产品，在食品工业中作为乳化剂。

2　规范性引用文件

下列文件中的条款通过本标准的引用而成为本标准的条款。凡是注日期的引用文件，其随后所有的修改单（不包括勘误的内容）或修订版均不适用于本标准，然而，鼓励根据本标准达成协议的各方研究是否可使用这些文件的最新版本。凡是不注日期的引用文件，其最新版本适用于本标准。

GB/T 601　化学试剂　标准滴定溶液的制备

GB/T 603　化学试剂　试验方法中所用制剂及制品的制备（GB/T 603—2002，ISO 6353-1：1982，NEQ）

GB/T 617　化学试剂　熔点范围测定通用方法（GB/T 617—2006，ISO 6353-1：1982，NEQ）

GB/T 5009.11　食品中总砷及无机砷的测定

GB/T 5009.12　食品中铅的测定

GB/T 5534　动植物油脂皂化值的测定（GB/T 5534—1995，idt ISO 3657：1988）

GB/T 6682　分析实验室用水规格和试验方法（GB/T 6682—1992，neq ISO 3696：1987）

GB/T 9741　化学试剂　灼烧残渣测定通用方法（GB/T 9741—1988，eqv ISO 6353-1：1982）

GB/T 18953　橡胶配合剂　硬脂酸　定义及试验方法（GB/T 18953—2003，ISO 8312：1999，MOD）

定量包装商品计量监督管理办法　国家质量监督检验检疫总局第 75 号令

食品添加剂卫生管理办法　卫生部［2002］第 26 号令

3　技术要求

3.1　感官要求

乳白色或浅黄色蜡状固体，无杂质，无臭无味。

3.2　理化指标

应符合表 1 的规定。

表 1　理化指标

项　　目		指　　标
酸值（以 KOH 计）/(mg/g)	≤	5.0
游离甘油/%	≤	7.0
灼烧残渣/%	≤	0.5
砷（以 As 计）/(mg/kg)	≤	2.0
铅（以 Pb 计）/(mg/kg)	≤	2.0

4 试验方法

除非另有说明,在分析中仅使用确认为分析纯的试剂和 GB/T 6682 中规定的水。

4.1 感官检验

将样品置于清洁、干燥的白瓷盘中,在自然光线下,观察其色泽,嗅其味。

4.2 鉴别试验

取适量样品一份,加三等份水,加热到熔点以上 2℃~5℃,并保持此温度,应形成不可逆凝胶。

4.3 理化检验

4.3.1 酸值

4.3.1.1 试剂和材料

a) 乙醇:95%。

b) 氢氧化钾标准溶液:0.1 mol/L,按 GB/T 601 方法配制。

c) 酚酞指示液:1 %,按 GB/T 603 方法配制。

4.3.1.2 分析步骤

称取 10 g 样品(准确至 0.001 g),置于锥形瓶中,加 50 mL 中性热乙醇(在加热后的乙醇中加入 2 mL 酚酞指示液,用 0.1 mol/L 氢氧化钾标准溶液中和至微红色,并保持 30 s 不褪色)使样品溶解,用 0.1 mol/L 氢氧化钾标准溶液滴定至呈微红色,并维持 30 s 不褪色为终点。

4.3.1.3 结果计算

酸值按式(1)计算:

$$X_1 = \frac{V \times c \times 56.1}{m} \quad\cdots\cdots\cdots\cdots\cdots\cdots\cdots\cdots\cdots\cdots(1)$$

式中:

X_1——酸值(以 KOH 计),单位为毫克每克(mg/g);

V——滴定时消耗的氢氧化钾标准溶液体积,单位为毫升(mL);

c——氢氧化钾标准溶液的浓度,单位为摩尔每升(mol/L);

56.1——氢氧化钾的毫摩尔质量,单位为克每毫摩尔(g/mmol);

m——样品质量,单位为克(g)。

4.3.1.4 允许差

实验结果以两次平行测定结果的算术平均值为准(保留一位小数)。在重复性条件下获得的两次独立测定结果与算术平均值的绝对差值不得超过 0.2 mg/g。

4.3.2 游离甘油

4.3.2.1 试剂和材料

a) 乙酸:化学纯。

b) 三氯甲烷:化学纯,同时应符合以下条件。取三个 500 mL 锥形瓶,分别加入 20 mL 高碘酸溶液,在其中两只锥形瓶中加入 50 mL 三氯甲烷和 10 mL 水,另一只加 50 mL 水,再往每只锥形瓶中加入 20 mL 碘化钾溶液均匀混合,放置 1 min~5 min,按照 4.3.2.2 分析步骤用 0.1 mol/L 硫代硫酸钠标准溶液滴定,有三氯甲烷和无三氯甲烷的滴定量差不超过 0.5 mL。

c) 高碘酸溶液:溶解 2.7 g 高碘酸在 50 mL 水和 950 mL 乙酸的混合液中,避光保存在干净具塞玻璃瓶中。

d) 碘化钾溶液:质量分数为 15%。

e) 硫代硫酸钠标准溶液:0.1 mol/L,按 GB/T 601 方法配制和标定。

f) 淀粉指示液:0.5%,按 GB/T 603 方法配制。

4.3.2.2 分析步骤

将单甘油酯含量测定方法中萃取后的水相(见 A.1.2.2)集中到 500 mL 碘量瓶中,加 20.0 mL 高碘酸溶液,同时用 75 mL 水代替样品做两次空白试验,静置 30 min～90 min。在每一锥形瓶中各加 15 mL 15％碘化钾溶液,再放置 1 min～5 min,加 100 mL 水,用 0.1 mol/L 硫代硫酸钠标准溶液进行滴定,滴定时用一磁力搅拌器搅拌以保持溶液充分混合,至碘的棕色消褪后,加 2 mL 淀粉指示液,并继续滴至蓝色消褪为止。

4.3.2.3 结果计算

游离甘油的质量分数按式(2)计算:

$$X_2 = \frac{(V_0 - V_1) \times c \times 2.30}{m} \times 100 \qquad\cdots\cdots\cdots\cdots\cdots\cdots\cdots\cdots\cdots(2)$$

式中:

X_2——游离甘油的质量分数,％;

V_0——空白滴定消耗硫代硫酸钠标准溶液的体积,单位为毫升(mL);

V_1——样品滴定消耗硫代硫酸钠标准溶液的体积,单位为毫升(mL);

c——硫代硫酸钠标准溶液的浓度,单位为摩尔每升(mol/L);

2.30——甘油相对分子质量除以 40;

m——样品质量,单位为克(g)。

4.3.2.4 允许差

实验结果以两次平行测定结果的算术平均值为准(保留一位小数)。在重复性条件下获得的两次独立测定结果与算术平均值的绝对差值不得超过 0.2％。

4.3.3 灼烧残渣

按 GB/T 9741 规定的方法测定,样品称量约 5 g。

4.3.4 砷

按 GB/T 5009.11 规定的方法测定。

4.3.5 铅

按 GB/T 5009.12 规定的方法测定。

5 检验规则

5.1 批次的确定

由生产单位的质量检验部门按照其相应的规则确定产品的批号,经最后混合且有均一性质量的产品为一批。

5.2 取样方法和取样量

在每批产品中随机抽取样品,每批按包装件数的 3％抽取小样,每批不得少于三个包装,每个包装抽取样品不得少于 100 g,将抽取试样迅速混合均匀,分装入两个洁净、干燥的瓶中,瓶上注明生产厂、产品名称、批号、数量及取样日期,一瓶作检验,一瓶密封留存备查。

5.3 出厂检验

5.3.1 出厂检验项目包括感官、游离甘油、酸值三项。

5.3.2 每批产品应经生产厂检验部门按本标准规定的方法检验,并出具产品合格证后方可出厂。

5.4 型式检验

本标准技术要求中规定的所有项目均为型式检验项目。型式检验每半年进行一次,或当出现下列情况之一时进行检验:

——原料、工艺发生较大变化时;

——停产后重新恢复生产时;

——出厂检验结果与平常记录有较大差别时;

——国家质量监督检验机构或用户提出要求时。

5.5 判定规则

对全部技术要求进行检验,检验结果中若有一项指标不符合本标准要求时,应重新双倍取样进行复检。复检结果即使有一项不符合本标准,则整批产品判为不合格。

如供需双方对产品质量发生异议时,可由双方协商选定仲裁机构,按本标准规定的检验方法进行仲裁。

6 标志、包装、运输、贮存和保质期

6.1 标志

产品的标志应符合卫生部[2002]第 26 号令第四章的要求。

6.2 包装

产品的包装应采用国家批准的、并符合相应的食品包装用卫生标准的材料,包装净含量偏差应符合国家质量监督检验检疫总局第 75 号令。

6.3 运输

产品在运输过程中不得与有毒、有害及污染物质混合载运,避免雨淋日晒等。

6.4 贮存

产品应贮存在通风、清洁、干燥的地方,不得与有毒、有害及有腐蚀性等物质混存。

6.5 保质期

产品自生产之日起,在符合上述储运条件、原包装完好的情况下,保质期应不少于两年。

附 录 A
（资料性附录）
单甘油酯含量、熔点、碘值和皂化值的测定

A.1 单甘油酯含量

A.1.1 气相色谱法（仲裁法）

A.1.1.1 方法提要

由于单甘油酯的沸点很高，不能直接进入色谱柱，否则会堵塞色谱柱。在本方法中，通过单甘油酯和硅烷化试剂(BSTFA、TMCS)进行化学衍生化反应，形成挥发性硅烷衍生物，降低了沸点，就可以通过气相色谱进行分析。

A.1.1.2 试剂和材料

a) 吡啶：分析纯。

b) 十四烷：分析纯。

c) N,O-双三甲基硅三氟乙酰胺(BSTFA)：分析纯。

d) 三甲基氯硅烷(TMCS)：分析纯。

e) 甘油：分析纯。

f) 棕榈酸、硬脂酸、单肉豆蔻酸甘油酯、单棕榈酸甘油酯和单硬脂酸甘油酯标准品：纯度不低于99%。

A.1.1.3 仪器

a) 气相色谱仪。

b) 色谱柱：EC-5毛细管柱（相当于SE-54），柱长30 m，内径0.25 mm，涂抹厚度0.25 μm。

c) 氢火焰离子化检测器(FID)。

A.1.1.4 色谱参考条件

a) 柱箱温度：初温120℃，以15℃/min的速率升温至340℃并维持30 min。

b) 进样口温度：320℃。

c) 检测器温度：350℃。

d) 载气：氮气（毛细管内流速1 mL/min）。

e) 氢气：60 mL/min。

f) 空气：500 mL/min。

g) 分流比：1：10～1：50。

h) 进样量：1 μL～5 μL。

A.1.1.5 分析步骤

a) 准确称取十四烷和标准品各100 mg置于10 mL容量瓶中，以吡啶定容作为标样。标准品包括棕榈酸、硬脂酸、甘油、单肉豆蔻酸甘油酯、单棕榈酸甘油酯和单硬脂酸甘油酯6种含量最高的物质。

b) 准确称取100 mg十四烷和600 mg待测样品置于10 mL容量瓶中，以吡啶定容。精确量取0.10 mL样液到2.5 mL螺旋盖样品瓶，加0.1 mL TMCS和0.2 mL BSTFA后猛烈摇匀，置70℃烘箱反应20 min，得待测样液。

c) 待气相色谱仪达到指定条件后，进混合标液和待测样液进行测定。

A.1.1.6 结果计算

a) 进标样可以得反应因子R，结果按式(A.1)计算：

$$R = \left(\frac{A_s}{A_d}\right) \times \left(\frac{m_d}{m_s}\right) \quad \cdots\cdots\cdots\cdots\cdots\cdots\cdots\cdots（A.1）$$

式中：

R——反应因子；

A_s——标样峰面积；

A_d——内标物峰面积；

m_d——内标物称样量，单位为克(g)；

m_s——标样称样量，单位为克(g)。

b) 样品中单甘油酯的质量分数按式(A.2)计算：

$$X_4 = \frac{(m_d/m) \times (A_u/A_d)}{R} \quad \cdots\cdots\cdots\cdots\cdots\cdots\cdots（A.2）$$

式中：

X_4——样品单甘酯的质量分数，%；

m_d——内标物称样量，单位为克(g)；

m——样品称样量，单位为克(g)；

A_u——待测组分峰面积；

A_d——内标物峰面积；

R——反应因子。

c) 通过以上公式分别计算出棕榈酸、硬脂酸、甘油、单肉豆蔻酸甘油酯、单棕榈酸甘油酯和单硬脂酸甘油酯的含量。棕榈酸和硬脂酸含量之和为游离脂肪酸含量；甘油为游离甘油含量；单棕榈酸甘油酯和单硬脂酸甘油酯含量之和为总单甘油酯含量。

A.1.1.7 允许差

实验结果以两次平行测定结果的算术平均值为准(保留一位小数)。在重复性条件下获得的两次独立测定结果与算术平均值的绝对差值不超过 0.5%。

A.1.2 高碘酸法

A.1.2.1 试剂和材料

a) 高碘酸溶液：溶解 2.7 g 高碘酸在 50 mL 水和 950 mL 乙酸的混合液中，避光保存在干净带塞子的玻璃瓶中。

b) 碘化钾：化学纯，15%溶液。

c) 硫代硫酸钠标准溶液：0.1 mol/L，按 GB/T 601 方法配制和标定。

d) 乙酸：化学纯。

e) 淀粉指示液：0.5%，按 GB/T 603 方法配制。

f) 三氯甲烷：化学纯，同时应符合以下条件。取三个 500 mL 锥形瓶，分别加入 20 mL 高碘酸溶液，在其中两只烧瓶中加入 50 mL 三氯甲烷和 10 mL 水，另一只加 50 mL 水，再往每只烧瓶中加入 20 mL 碘化钾溶液均匀混合，放置 1 min～5 min，按照 A.1.2.2 分析步骤用 0.1 mol/L 硫代硫酸钠标准溶液滴定，有三氯甲烷和无三氯甲烷的滴定量之差不超过 0.5 mL。

A.1.2.2 分析步骤

先将样品熔融(不超过其熔点 10℃的温度)，并充分混合。精确称取试样 0.2 g(准确至 0.000 1 g)，放入 100 mL 烧杯中，加三氯甲烷 25 mL 使之溶解。将此溶液移入一分液漏斗，另用 25 mL 三氯甲烷淋洗烧杯，然后再用 25 mL 水清洗，所有洗液均加入分液漏斗中。加塞密闭，强烈振摇 30 s～60 s，然后静置使三氯甲烷与水相分层(如形成乳浊状，则可加冰乙酸 1 mL～2 mL 破乳)。将水溶液层转入 500 mL 碘量瓶中，再分别用 25 mL 水萃取三氯甲烷溶液两次。将萃取后的水溶液集中到同一碘量瓶中用于测定游离甘油的含量。把萃取后的三氯甲烷溶液放入 500 mL 碘量瓶中，同时用 50 mL 三氯甲烷和

10 mL水做两次空白试验。分别加 20 mL 高碘酸液并轻轻摇动,再静置 30 min～90 min。在每一烧瓶中各加 15 mL 15％碘化钾溶液,再放置 1 min～5 min,加 100 mL 水,用 0.1 mol/L 硫代硫酸钠标准溶液进行滴定,滴定时用一磁力搅拌器搅拌以保持溶液的充分混合,至碘的棕色消褪后,加 2 mL 淀粉指示液,并继续滴至蓝色消褪为止。

A.1.2.3　结果计算

样品中单甘油酯的质量分数按式(A.3)计算:

$$X_5 = \frac{(V_0 - V_1) \times c \times 17.927}{m} \times 100 \quad\cdots\cdots\cdots\cdots\cdots\cdots\cdots\cdots\cdots (A.3)$$

式中:

X_5——单硬脂酸甘油酯的质量分数,％;

V_0——空白滴定消耗硫代硫酸钠标准溶液的体积,单位为毫升(mL);

V_1——样品滴定消耗硫代硫酸钠标准溶液的体积,单位为毫升(mL);

c——硫代硫酸钠标准溶液的物质的量浓度,单位为摩尔每升(mol/L);

17.927——单硬脂酸甘油酯的相对分子质量除以 20;

m——样品的质量,单位为克(g)。

A.1.2.4　允许差

实验结果以两次平行测定结果的算术平均值为准(保留一位小数)。在重复性条件下获得的两次独立测定结果与算术平均值的绝对差值不超过 1.0％。

A.2　熔点

按 GB/T 617 规定的方法测定,样品称量约 4 g。

A.3　碘值

按 GB/T 18953 规定的方法测定。

A.4　皂化值

按 GB/T 5534 规定的方法测定。

————————

ICS 67.220.20
X 41

中华人民共和国国家标准

GB 8272—2009
代替 GB 8272—1987

食品添加剂　蔗糖脂肪酸酯

Food additive—Sucrose esters of fatty acid

2009-01-19 发布　　　　　　　　　　2009-08-01 实施

中华人民共和国国家质量监督检验检疫总局
中国国家标准化管理委员会　发布

前　言

本标准的第 4 章技术要求为强制性的,其余为推荐性的。

本标准代替 GB 8272—1987《食品添加剂　蔗糖脂肪酸酯》。

本标准与 GB 8272—1987 相比主要变化如下:

——在理化指标中,对酸值和灰分指标进行了修改;

——在理化指标中,取消了重金属指标,增加了铅指标。

本标准由全国食品添加剂标准化技术委员会提出。

本标准由全国食品添加剂标准化技术委员会归口。

本标准主要起草单位:杭州瑞霖化工有限公司、中国食品发酵工业研究院、柳州齐志达食品添加剂股份有限公司、浙江迪耳化工有限公司、柳州高通食品化工有限公司。

本标准主要起草人:袁长贵、李惠宜、吴国勇、姜国平、柴秋儿、覃仲尧。

本标准所代替标准的历次版本发布情况为:

——GB 8272—1987。

食品添加剂 蔗糖脂肪酸酯

1 范围

本标准规定了蔗糖脂肪酸酯的技术要求、试验方法、检验规则及标志、包装、运输、贮存、保质期。

本标准适用于以蔗糖和食用油脂或脂肪酸为主要原料经酯化并精制而成的蔗糖脂肪酸酯产品。

2 规范性引用文件

下列文件中的条款通过本标准的引用而成为本标准的条款。凡是注日期的引用文件,其随后所有的修改单(不包括勘误的内容)或修订版均不适用于本标准,然而,鼓励根据本标准达成协议的各方研究是否可使用这些文件的最新版本。凡是不注日期的引用文件,其最新版本适用于本标准。

GB/T 601 化学试剂 标准滴定溶液的制备

GB/T 602 化学试剂 杂质测定用标准溶液的制备(GB/T 602—2002,ISO 6353-1:1982,NEQ)

GB/T 603 化学试剂 试验方法中所用制剂及制品的制备(GB/T 603—2002,ISO 6353-1:1982,NEQ)

GB/T 5009.11 食品中总砷及无机砷的测定

GB/T 5009.12 食品中铅的测定

GB/T 6283 化工产品中水分含量的测定 卡尔·费休法(通用方法)(GB/T 6283—2008,ISO 760:1978,NEQ)

GB/T 6682 分析实验室用水规格和试验方法(GB/T 6682—2008,ISO 3696:1987,MOD)

GB/T 7531 有机化工产品灼烧残渣的测定(GB/T 7531—2008,ISO 6353-1:1982,NEQ)

3 分子式

$(RCOO)_n C_{12} H_{12} O_3 (OH)_{8-n}$

式中:

R——脂肪酸的烃基;

n——蔗糖的羟基酯化数。

4 技术要求

4.1 感官要求

白色至黄褐色粉末状、块状或无色至黄褐色的粘稠树脂状或油状物质,无味或略带油脂味。

4.2 理化指标

理化指标应符合表 1 的规定。

表 1

项　　目		指　　标
酸值(以 KOH 计)/(mg/g)	≤	6.0
游离糖(以蔗糖计)/%	≤	10.0
水分/%	≤	4.0
灰分/%	≤	4.0
砷(以 As 计)/(mg/kg)	≤	1.0
铅(以 Pb 计)/(mg/kg)	≤	2.0

5 试验方法

除非另有说明,在分析中仅使用确认为分析纯的试剂和 GB/T 6682 中规定的水。分析中所用标准滴定溶液、杂质测定用标准溶液、制剂及制品,在没有注明其他要求时,均按 GB/T 601、GB/T 602、GB/T 603 的规定制备。本标准所用溶液在未注明用何种溶剂配制时,均指水溶液。

5.1 感官检验

取适量样品置于清洁、干燥的白瓷盘中,在自然光线下,观察外观,并嗅其味。

5.2 鉴别试验

5.2.1 试剂

a) 乙醚;

b) 氯化钠;

c) 无水硫酸钠;

d) 盐酸溶液:盐酸:水 = 1:3(体积比);

e) 氢氧化钾-乙醇溶液;

f) 蒽酮硫酸溶液:2 g/L。

5.2.2 样品处理

称取 1 g 样品于 250 mL 锥形瓶中,加 25 mL 氢氧化钾-乙醇溶液,装上回流冷凝管,在水浴上加热微沸 1 h,取下稍冷后加 50 mL 水,加热浓缩至约 30 mL,加 10 mL 盐酸溶液,充分振摇,加入氯化钠使之成为饱和溶液,摇匀,移入分液漏斗中,每次用 30 mL 乙醚,萃取两次,将醚层与水层分离,待测。

5.2.3 分析步骤

醚层用 20 mL 氯化钠饱和溶液洗涤后,加 2 g 无水硫酸钠脱水,再将醚层置于通风橱内的热水浴上蒸干,得白色柔软晶片。

取 2 mL 水层于试管中,在水浴上加热赶尽乙醚,冷却后沿管壁加 1 mL 蒽酮硫酸溶液,应呈蓝-绿色,即证明为蔗糖酯。

5.3 酸值

5.3.1 方法提要

中和 1 g 试样中游离的脂肪酸所需要的氢氧化钾的质量(mg)。

5.3.2 试剂与溶液

a) 氢氧化钠标准滴定溶液:$c(NaOH) = 0.5$ mol/L;

b) 酚酞指示液:10 g/L;

c) 中性热乙醇:取适量乙醇(体积分数 95%),加热后加入 1 滴酚酞指示液,用 0.5 mol/L 氢氧化钠标准滴定溶液滴定至微红色,并保持 30 s 不褪色。

5.3.3 分析步骤

称取约 5 g 样品(准确至 0.001 g),置于 500 mL 锥形瓶中,加入 75 mL~100 mL 中性热乙醇使样品溶解,加 0.5 mL 酚酞指示液,趁热边摇晃边用 0.5 mol/L 氢氧化钠标准滴定溶液滴定至呈微红色,并维持 30 s 不褪色为终点。

5.3.4 结果计算

酸值按式(1)计算:

$$X_1 = \frac{V_1 \times c_1 \times 56.1}{m_1} \quad \cdots\cdots\cdots\cdots\cdots\cdots\cdots\cdots (1)$$

式中:

X_1——酸值(以氢氧化钾计),单位为毫克每克(mg/g);

V_1——滴定时消耗的氢氧化钠标准滴定溶液体积,单位为毫升(mL);

c_1——氢氧化钠标准滴定溶液的浓度,单位为摩尔每升(mol/L);

56.1——氢氧化钾的摩尔质量,单位为克每摩尔(g/mol);

m_1——样品质量,单位为克(g)。

5.3.5 允许差

实验结果以两次平行测定结果的算术平均值为准(保留一位小数)。在重复性条件下获得的两次独立测定结果的绝对差值不得超过算术平均值的5%。

5.4 游离糖(以蔗糖计)

5.4.1 试剂与溶液

a) 正丁醇;

b) 氯化钠溶液:质量分数5%;

c) 盐酸溶液:6 mol/L;

d) 斐林试液甲液:称取34.639 g硫酸铜,加适量水溶解,再加0.5 mL浓硫酸,然后加水稀释至500 mL,静置两天后过滤备用;

e) 斐林试液乙液:称取173 g酒石酸钾钠与50 g氢氧化钠,加适量水溶解,并稀释至500 mL,静置两天后过滤,贮存于具橡胶塞玻璃瓶内备用;

f) 葡萄糖标准溶液:精密称取1.000 g经在98 ℃~100 ℃干燥至恒重的纯葡萄糖,加水溶解后,加入5 mL盐酸,用水稀释至200 mL;

g) 氢氧化钠溶液:质量分数20%;

h) 甲基红指示液:0.1%乙醇溶液。

5.4.2 分析步骤

5.4.2.1 样品处理

准确称取约2 g样品(精确至0.01 g),置于三角瓶中,加入40 mL正丁醇,在水浴上加热溶解。转入125 mL分液漏斗中,然后以60 ℃~70 ℃的氯化钠溶液每次10 mL萃取两次,分离(必要时离心),合并萃取液。加6 mol/L盐酸溶液2.0 mL,在68 ℃~70 ℃水浴中加热15 min,冷却后滴加甲基红指示液,用20%氢氧化钠溶液中和至中性,加水定容至50 mL,用干燥滤纸过滤,收集滤液供测定。

5.4.2.2 斐林试液的标定

精密吸取斐林试液甲、乙液各5 mL,加10 mL水,置于250 mL三角瓶中,从滴定管中滴加葡萄糖标准溶液约9.5 mL,煮沸2 min,加亚甲基蓝指示液两滴,继续滴加葡萄糖标准溶液至蓝色完全消失为终点。根据葡萄糖溶液消耗量计算斐林试液10 mL相当的葡萄糖质量(m)。

5.4.2.3 测定

精确吸取斐林试液甲、乙液各5 mL,准确加入样品滤液(含糖量应在0.2%~0.5%)15 mL,煮沸2 min,加亚甲基蓝指示液,用葡萄糖标准溶液滴定至终点。用量为V(不得超过0.5 mL~1.0 mL,超过量应先在煮沸前加入)。

5.4.3 结果计算

游离糖(以蔗糖计)含量的质量分数按式(2)计算:

$$X_2 = \frac{m - V_2 \times c_2}{m_2 \times 15/50} \times 0.95 \times 100 \quad \cdots\cdots (2)$$

式中:

X_2——样品中游离糖(以蔗糖计)含量的质量分数,%;

m——斐林试液10 mL相当的还原糖(以葡萄糖计)质量,单位为克(g);

V_2——滴定用葡萄糖溶液的体积,单位为毫升(mL);

c_2——每毫升葡萄糖标准溶液含葡萄糖的质量;

m_2——样品质量,单位为克(g);

0.95——还原糖(以葡萄糖计)换算为蔗糖的系数。

5.4.4 允许差

试验结果以两次平行测定结果的算术平均值为准(保留一位小数)。在重复性条件下获得的两次独立测定结果的绝对差值不得超过算术平均值的 5%。

5.5 水分

按 GB/T 6283 规定的方法测定。

5.6 灰分

按 GB/T 7531 规定的方法测定,称取约 2 g 样品,精确至 0.000 1 g,灼烧温度为 850 ℃±25 ℃。

5.7 砷

按 GB/T 5009.11 规定的方法测定。

5.8 铅

按 GB/T 5009.12 规定的方法测定。

6 检验规则

6.1 批次的确定

由生产单位的质量检验部门按照其相应的规则确定产品的批号,经最后混合且有均一性质量的产品为一批。

6.2 取样方法和取样量

在每批产品中随机抽取样品,每批按包装件数的 3% 抽取小样,每批不得少于三个包装,每个包装抽取样品不得少于 100 g,将抽取试样迅速混合均匀,分装入两个洁净、干燥的容器或包装袋中,注明生产厂、产品名称、批号、数量及取样日期,一份作检验,一份密封留存备查。

6.3 出厂检验

6.3.1 出厂检验项目包括酸值、游离糖、水分和灰分。

6.3.2 每批产品须经生产厂检验部门按本标准规定的方法检验,并出具产品合格证后方可出厂。

6.4 型式检验

第 4 章中规定的所有项目均为型式检验项目。型式检验每一年进行一次,或当出现下列情况之一时进行检验:

——原料、工艺发生较大变化时;

——停产后重新恢复生产时;

——出厂检验结果与正常生产有较大差别时;

——国家质量监管检验机构提出要求时。

6.5 判定规则

对全部技术要求进行检验,检验结果中若有一项指标不符合本标准要求时,应重新双倍取样进行复检。复检结果即使有一项不符合本标准,则整批产品判为不合格。

如供需双方对产品质量发生异议时,可由双方协商选定仲裁机构,按本标准规定的检验方法进行仲裁。

7 标志、包装、运输、贮存、保质期

7.1 标志

食品添加剂必须有包装标志和产品说明书,标志内容可包括:品名、产地、厂名、卫生许可证号、生产许可证号、规格、生产日期、批号或者代号、保质期限等,并在标志上明确标示"食品添加剂"字样。

7.2 包装

产品包装应采用国家批准并符合相应的食品包装用卫生标准的材料。

7.3 运输

产品在运输过程中不得与有毒、有害及污染物质混合载运,避免雨淋日晒等。

7.4 贮存

产品应贮存在通风、清洁、干燥的地方,不得与有毒、有害及有腐蚀性等物质混存。

7.5 保质期

产品自生产之日起,在符合上述储运条件、原包装完好的情况下,保质期应不少于12个月。

中华人民共和国国家标准

GB 10287—2012

食品安全国家标准

食品添加剂 松香甘油酯和氢化松香甘油酯

2012-12-25 发布

2013-01-25 实施

中华人民共和国卫生部 发 布

前　言

本标准代替 GB 10287—1988《食品添加剂　松香甘油酯和氢化松香甘油酯》。

本标准与 GB 10287—1988 相比，主要变化如下：

——修改了产品主要成分及命名，增加了主要成分的结构式（见第 3 章）；

——增加了感官要求（见表 1）；

——修改了理化指标中"溶解度"改为"溶解性"（见表 2）；

——修改了酸值，由 3.0～9.0 mgKOH/g 改为≤9.0 mg/g；

——修改了氢化松香甘油酯软化点，由 78.0～88.0 改为 78.0～90.0（见表 2）；

——修改了松香甘油酯相对密度，由 1.080～1.090 改为 1.060～1.090（见表 2）；

——修改了氢化松香甘油酯相对密度，由 1.060～1.070 改为 1.060～1.090（见表 2）；

——修改了总砷（As）限量指标，由 0.000 2% 改为 1.0 mg/kg，测试方法改为引用 GB/T 5009.11（见表 2）；

——修改了重金属（Pb）限量指标，由 0.002% 改为 10.0 mg/kg，测试方法改为引用 GB/T 5009.74（见表 2）；

——修改了比重，改为相对密度并修改了计算公式（见表 2、附录 A.4）；

——修改了酸值、灰分的测定方法，改为直接引用（见表 2）。

食品安全国家标准

食品添加剂　松香甘油酯和
氢化松香甘油酯

1 范围

本标准适用于以特级、一级脂松香、氢化松香为原料，与甘油酯化反应而制得的食品添加剂松香甘油酯；及以氢化松香为原料，与甘油酯化反应制得的食品添加剂氢化松香甘油酯。

2 术语和定义

下列术语和定义适用于本文件。

2.1 氢化松香甘油酯

以普通氢化松香（主要成分为二氢枞酸）或高度氢化松香（主要成分为四氢枞酸和二氢枞酸）为原料，与甘油酯化反应，经水蒸气吹蒸处理而制得。

3 主成分的化学名称和结构式

松香甘油酯主成分的结构式：

$$CH_2—O—OC—R_1$$
$$|$$
$$CH—OH$$
$$|$$
$$CH_2—O—OC—R_1$$

二枞酸甘油酯

$$CH_2—O—OC—R_1$$
$$|$$
$$CH—O—OC—R_1$$
$$|$$
$$CH_2—O—OC—R_1$$

三枞酸甘油酯

氢化松香甘油酯主成分的结构式：

$$CH_2—O—OC—R_2$$
$$|$$
$$CH—OH$$
$$|$$
$$CH_2—O—OC—R_2$$

二(二氢枞酸)甘油酯

$$CH_2—O—OC—R_2$$
$$|$$
$$CH—O—OC—R_2$$
$$|$$
$$CH_2—O—OC—R_2$$

三(二氢枞酸)甘油酯

$$CH_2—O—OC—R_3$$
$$|$$
$$CH—OH$$
$$|$$
$$CH_2—O—OC—R_3$$

二(四氢枞酸)甘油酯

$$CH_2—O—OC—R_3$$
$$|$$
$$CH—O—OC—R_3$$
$$|$$
$$CH_2—O—OC—R_3$$

三(四氢枞酸)甘油酯

其中，

枞酸　　　　　　　　二氢枞酸　　　　　　　四氢枞酸

4 技术要求

4.1 感官要求

应符合表 1 的规定。

表 1　感官要求

项　目	要　　求	检 验 方 法
外观	黄色透明、无明显肉眼可见杂质	GB/T 8146—2003 的 3.3
状态	常温下固体	取适量试样，置于清洁、干燥的白瓷盘中，在自然光线下目视观察状态

4.2 理化指标

应符合表 2 的规定。

表 2　理化指标

项　目		指　标		检 验 方 法
		松香甘油酯	氢化松香甘油酯	
溶解性		通过试验		附录 A 中 A.3
酸值/(mg/g)	≤	9.0		GB/T 8146—2003 第 5 章[a]
软化点(环球法)/℃		80.0~90.0	78.0~90.0	GB/T 8146—2003 第 4 章
总砷(以 As 计)/(mg/kg)	≤	1.0		GB/T 5009.11
重金属(以 Pb 计)/(mg/kg)	≤	10.0		GB/T 5009.74
灰分/(g/100 g)	≤	0.10		GB/T 8146—2003 第 8 章
相对密度 d_{25}^{25}		1.060~1.090		附录 A 中 A.4
色泽(铁钴法)，加纳色号		8		GB/T 1722—1992 第 3 章[b]
[a]　溶解试样的中性乙醇改为中性苯-乙醇(1:1)溶液，将 0.5 mol/L 标准溶液氢氧化钾水溶液改为 0.05 mol/L 氢氧化钾乙醇溶液。				
[b]　除去外表部分并粉碎好的试样与甲苯按 1:1(质量比)溶解，注入洁净干燥的加氏比色管中。				

附 录 A
检验方法

A.1 一般规定

除非另有说明,在分析中仅使用确认为分析纯的试剂和 GB/T 6682—2008 中规定的三级水。

试验方法中所用标准滴定溶液、杂质测定用标准溶液、制剂及制品,在没有注明其他要求时,均按 GB/T 601、GB/T 602 和 GB/T 603 之规定制备。试验方法中所用溶液在未指明溶剂时,均指水溶液。

A.2 鉴别试验 红外光谱法

A.2.1 仪器和设备

红外光谱仪。

A.2.2 试样制备

溴化钾压片法。将试样研成粉末,加入适量溴化钾中,混合研磨均匀,用压片机压成均匀透明薄膜。

A.2.3 鉴别试验

将试样放于红外光谱仪中测试,得到的红外光谱图与附录 B 中松香甘油酯的红外光谱图(见图 B.1)和氢化松香甘油酯的红外光谱图(见图 B.2)应一致。

A.3 溶解性的测定

将试样与甲苯按 1∶1(质量比)溶解,注入清洁、干燥、透明的玻璃试管中,在漫射光下以横向目视的方式进行观察。液体应清澈透明、无杂质、无悬浮物。

A.4 相对密度的测定

A.4.1 分析步骤

A.4.1.1 取约 10 g 块状试样,除去表面碎屑,检查应无裂纹及气泡,表面光洁。

A.4.1.2 取一根直径小于 0.15 mm 金属丝称,精确至 0.001 g。将金属丝在酒精灯上加热,趁热插入块状试样深度约 2 mm～3 mm,冷却,用该金属丝将试样挂在天平一端,称量,精确至 0.001 g。

A.4.1.3 将悬挂着的试样浸入 25 ℃±0.5 ℃的水中恒温 0.5 h～1 h 后,取出。随即浸入盛有 25 ℃± 2 ℃水的烧杯中(烧杯支于三角架上,不与称盘接触)。试样上端距液面不少于 1 cm,试样表面不应附有气泡。迅速称量,精确至 0.001 g。

A.4.2 结果计算

相对密度以 d_{25}^{25} 表示,按式(A.1)计算:

$$d_{25}^{25} = \frac{\rho_{25}(m - m_2)}{(m - m_1)} \qquad \cdots\cdots\cdots\cdots\cdots\cdots\cdots\cdots (\text{A.1})$$

式中：

m ——试样和金属丝在空气中的质量,单位为克(g);

m_1 ——试样和金属丝在水中的质量,单位为克(g);

m_2 ——金属丝在空气中的质量,单位为克(g);

ρ_{25} ——水在 25 ℃时的相对密度。

两次平行测定的绝对差值应不大于 0.005,取其算术平均值为报告值。

附　录　B

松香甘油酯和氢化松香甘油酯红外光谱图

B.1 松香甘油酯红外光谱图见图 B.1。

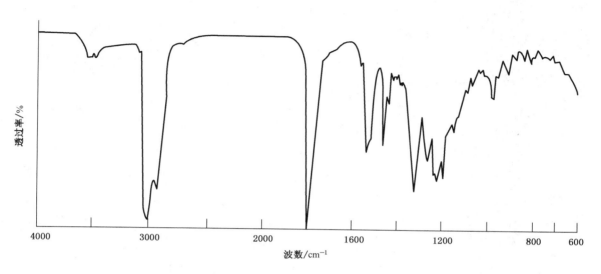

图 B.1　松香甘油酯红外光谱图

B.2 氢化松香甘油酯的红外光谱图见图 B.2。

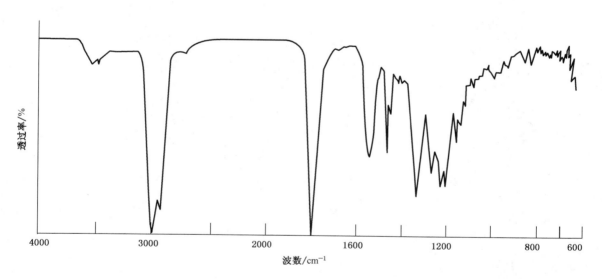

图 B.2　氢化松香甘油酯的红外光谱图

ICS 67.220.20
X 42

中华人民共和国国家标准

GB 10617—2005
代替 GB 10617—1989

食品添加剂
蔗糖脂肪酸酯(丙二醇法)

Food additive—
Sucrose fatty acid ester (method of propylene glycol)

2005-06-30 发布

2005-12-01 实施

中华人民共和国国家质量监督检验检疫总局
中国国家标准化管理委员会 发布

前　言

本标准表 1 中的部分指标为强制性的，其余为推荐性的。

本标准非等效采用《日本食品添加物公定书》第七版（1999）中"蔗糖脂肪酸酯"（日文版）。

本标准根据《日本食品添加物公定书》第七版（1999）"蔗糖脂肪酸酯"（以下简称日本标准）重新起草。

考虑到我国国情，在采用日本标准时，本标准做了一些修改。本标准与日本标准的主要差异如下：

——产品外观的描述用白色或淡黄色粉末代替了白色至黄褐色粉末或块状物，无色至红褐色粘稠树脂状物质，无臭或微有特异气味的描述（本标准的 3.1）。这是为了符合国内产品实际状况；

——将日本标准的砷（以 As_2O_3 计）$\leqslant$ 4.0 $\mu g/g$ 修改为砷（As）含量 $\leqslant$ 2 mg/kg（本标准的 3.2）；

——用加热减量项目代替了水分（本标准的 3.2），相应的试验方法用 105℃烘 2 h 代替了卡尔·费休反滴定法（本标准的 4.4），这是为了试验方法操作简便，降低检验成本；

——取消二甲基甲酰胺检验项目，因丙二醇法工艺路线生产的蔗糖脂肪酸酯不会引入该物质。

本标准代替 GB 10617—1989《食品添加剂　蔗糖脂肪酸酯（丙二醇法）》。

本标准与 GB 10617—1989 相比主要变化为：

——酸值的指标由 $\leqslant$ 6 mg/g[中和 1 g 试样中游离的脂肪酸所需要的氢氧化钾的质量（毫克数）]修改为 $\leqslant$ 6.0 mg/g，游离蔗糖的指标由 $\leqslant$ 5% 修改为 $\leqslant$ 5.0%，灰分的指标由 $\leqslant$ 2% 修改为 $\leqslant$ 2.0%，干燥减量的指标由 $\leqslant$ 4% 修改为 $\leqslant$ 4.0%（1989 年版的 3.2，本版的 3.2）。

——取消二甲基甲酰胺检验项目（1989 年版的 5.7）。

本标准由中国石油和化学工业协会提出。

本标准由全国化学标准化技术委员会有机化工分会（SAC/TC47/SC2）和中国疾病预防控制中心营养与食品安全所归口。

本标准起草单位：中国石油化工股份有限公司北京化工研究院。

本标准主要起草人：胡延风。

本标准于 1989 年首次发布。

食品添加剂
蔗糖脂肪酸酯（丙二醇法）

1 范围

本标准规定了食品添加剂蔗糖脂肪酸酯（丙二醇法）的要求、试验方法、检验规则及标志、包装、运输和贮存。

本标准适用于蔗糖与脂肪酸乙酯在丙二醇为溶剂条件下反应合成的食品添加剂蔗糖脂肪酸酯。该产品在食品加工工业中主要用作乳化剂、水果保鲜剂、煮糖助剂等。

分子式：$C_{30}O_{12}H_{56}$（以蔗糖单硬脂酸计）

结构式：

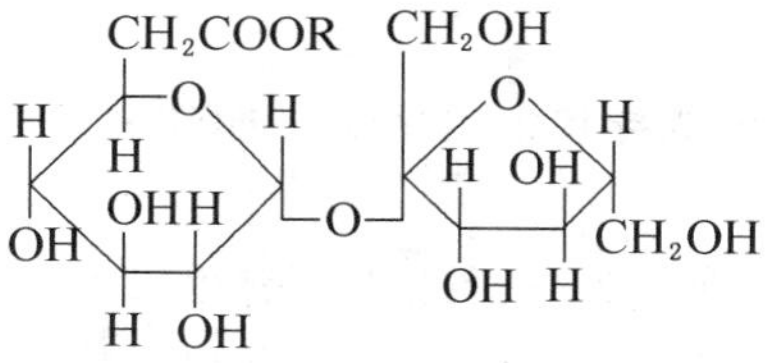

$R=C_{17}H_{35}$

相对分子质量：608.76（按 2001 年国际相对原子质量）

2 规范性引用文件

下列文件中的条款通过本标准的引用而成为本标准的条款。凡是注日期的引用文件，其随后所有的修改单（不包括勘误的内容）或修订版均不适用于本标准，然而，鼓励根据本标准达成协议的各方研究是否可使用这些文件的最新版本。凡是不注日期的引用文件，其最新版本适用于本标准。

GB/T 601　化学试剂　标准滴定溶液的制备

GB/T 602　化学试剂　杂质测定用标准溶液的制备（GB/T 602—2002,ISO 6353-1:1982,NEQ）

GB/T 603　化学试剂　试验方法中所用制剂及制品的制备（GB/T 603—2002,ISO 6353-1:1982,NEQ）

GB/T 1250　极限数值的表示方法和判定方法

GB/T 5009.74　食品添加剂中重金属限量试验

GB/T 5009.76　食品添加剂中砷的测定

GB/T 6284　化工产品中水分含量测定的通用方法　重量法

GB/T 6678—2003　化工产品采样总则

GB/T 6682　分析实验室用水规格和试验方法（GB/T 6682—1992,eqv ISO 3696:1987）

GB/T 7531　有机化工产品灰分的测定

3 要求

3.1　外观：白色或淡黄色粉末。

3.2　食品添加剂蔗糖脂肪酸酯的质量应符合表 1 所示的技术要求。

表 1 技术要求

项　　　目		指　　　标
酸值[a]/(mg/g)	≤	6.0
游离蔗糖的质量分数/%	≤	5.0
干燥减量的质量分数/%	≤	4.0
灰分的质量分数/%	≤	2.0
砷(As)的质量分数/(mg/kg)	≤	2
重金属(以 Pb 计)的质量分数/%	≤	0.002 0

注：砷(As)和重金属(以 Pb 计)的质量分数为强制性要求。

　　a　中和 1 g 样品中游离的脂肪酸所需要的氢氧化钾的质量(mg)。

4 试验方法

4.1 警示

试验方法规定的一些试验过程可能导致危险情况。操作者应采取适当的安全和健康措施。

4.2 一般规定

除非另有说明,在分析中仅使用确认为分析纯的试剂和 GB/T 6682 中规定的三级水。分析中所用标准滴定溶液、杂质测定用标准溶液、制剂及制品,在没有注明其他要求时,均按 GB/T 601、GB/T 602、GB/T 603 之规定制备。

4.3 鉴别试验

4.3.1 试剂

4.3.1.1 乙醚;

4.3.1.2 氯化钠;

4.3.1.3 无水硫酸钠;

4.3.1.4 盐酸溶液:1+3;

4.3.1.5 氢氧化钾-乙醇溶液;

4.3.1.6 蒽酮硫酸溶液:2 g/L。

4.3.2 样品处理

称取 1 g 实验室样品于 250 mL 锥形瓶中,加 25 mL 氢氧化钾-乙醇溶液,装上回流冷凝管,在水浴上加热微沸 1 h,取下稍冷后加 50 mL 水,加热浓缩至约 30 mL,加 10 mL 盐酸溶液,充分振摇,加入氯化钠使之成为饱和溶液,摇匀,移入分液漏斗中,每次用 30 mL 乙醚,萃取两次,将醚层与水层分离,待测。

4.3.3 分析步骤

醚层用 20 mL 氯化钠饱和溶液洗涤后,加 2 g 无水硫酸钠脱水,再将醚层置于通风橱内的热水浴上蒸干,得白色柔软晶片。

取 2 mL 水层于试管中,在水浴上加热赶尽乙醚,冷却后沿管壁加 1 mL 蒽酮硫酸溶液,应呈蓝-绿色,即证明为蔗糖脂。

4.4 酸值的测定

4.4.1 方法提要

中和 1 g 试样中游离的脂肪酸所需要的氢氧化钾的质量(mg)。

4.4.2 试剂

4.4.2.1 中性乙醇:取适量乙醇(体积分数 95%),加 1 滴酚酞指示液,用氢氧化钾-乙醇标准滴定溶液滴定至微红色；

4.4.2.2 氢氧化钾-乙醇标准滴定溶液：$c(KOH)=0.05 \text{ mol/L}$；

4.4.2.3 酚酞指示液：10 g/L。

4.4.3 分析步骤

称取 3 g 实验室样品，精确至 0.000 2 g，置于锥形瓶中，加 50 mL 中性乙醇，在水浴上加热溶解，冷却至室温，加 1 滴酚酞指示液，用氢氧化钾-乙醇标准滴定溶液滴定至微红色，保持 10 s 不褪色为终点。

4.4.4 结果计算

酸值以中和 1 g 试样所需氢氧化钾的质量（毫克数）w_1 计，数值以毫克每克（mg/g）表示，按式（1）计算：

$$w_1 = \frac{VcM}{m} \qquad \cdots\cdots\cdots\cdots\cdots\cdots\cdots\cdots\cdots\cdots (1)$$

式中：

V——试料消耗氢氧化钾-乙醇标准滴定溶液（4.2.2.2）体积的数值，单位为毫升（mL）；

c——氢氧化钾-乙醇标准滴定溶液浓度的准确数值，单位为摩尔每升（mol/L）；

m——试料的质量的数值，单位为克（g）；

M——氢氧化钾的摩尔质量的数值，单位为克每摩尔（g/mol）（$M=56.1$）。

取两次平行测定结果的算术平均值为测定结果，两次平行测定结果的相对偏差不大于 10%。

4.5 游离蔗糖含量的测定

4.5.1 方法提要

样品中的游离蔗糖用正丁醇萃取出来后，经水解成还原糖。在加热条件下，将一定量试样溶液加到碱性酒石酸铜溶液中，以次甲基蓝为指示剂，根据加入试样前后消耗葡萄糖标准溶液的体积之差，计算还原糖的量，并乘以相应系数换算成蔗糖含量。

4.5.2 试剂

4.5.2.1 正丁醇；

4.5.2.2 氯化钠溶液：50 g/L；

4.5.2.3 氢氧化钠溶液：200 g/L；

4.5.2.4 盐酸溶液：$1+1$；

4.5.2.5 甲基红指示液：1 g/L；

4.5.2.6 碱性酒石酸铜甲溶液：称取 15 g 硫酸铜（$CuSO_4 \cdot 5H_2O$）和 0.05 g 次甲基蓝，溶于水并稀释至 1 000 mL；

4.5.2.7 碱性酒石酸铜乙溶液：称取 50 g 酒石酸钾钠和 75 g 氢氧化钠溶于水，加 4 g 亚铁氰化钾，完全溶解后，用水稀释至 1 000 mL，贮存在带橡胶塞的玻璃瓶内；

4.5.2.8 葡萄糖（$C_6H_{12}O_6 \cdot H_2O$）标准溶液：1 mg/mL。

4.5.3 试验溶液的制备

称取 2 g 实验室样品，精确至 0.000 2 g，置于锥形瓶中，加 40 mL 正丁醇，水浴上加热溶解，转移入 125 mL 分液漏斗中，每次用 20 mL 已加热至 60℃～70℃的氯化钠溶液，萃取两次，分离时两相界面如有悬浮物可离心分离。合并萃取液于 100 mL 容量瓶中，加 2 mL 盐酸溶液，水浴加热 30 min，冷却，加 2 滴甲基红指示液，用氢氧化钠溶液中和至黄色，加水稀释至刻度，摇匀过滤，滤液作为试验溶液。

4.5.4 分析步骤

4.5.4.1 标定碱性酒石酸铜溶液

吸取碱性酒石酸铜甲、乙溶液各 5.0 mL 于 150 mL 锥形瓶中，加 10 mL 水，2 粒玻璃珠，用滴定管滴加 9 mL 葡萄糖标准溶液，在 2 min 内将溶液加热至沸，趁沸以每秒 1 滴的速度继续滴加葡萄糖标准溶液至溶液蓝色刚好褪去为终点，记录消耗葡萄糖标准溶液的总体积，平行测定三次，取三次测定的平均值为测定结果,即为每 10 mL 碱性酒石酸铜溶液(甲、乙溶液各 5mL)消耗葡萄糖标准溶液的体积 V_1,单位为毫升(mL)。

4.5.4.2 试样的预测定

吸取碱性酒石酸铜甲、乙溶液各 5.0 mL 于 150 mL 锥形瓶中,加入试验溶液 5.0 mL,加 10 mL 水,2 粒玻璃珠,在 2 min 内将溶液加热至沸,趁沸用滴定管以先快后慢的速度滴加葡萄糖标准溶液,保持沸腾状态,待溶液颜色变浅时,以每 2 s 1 滴的速度继续滴加,至溶液蓝色刚好褪去为终点,记录消耗葡萄糖标准溶液的体积。

4.5.4.3 试样的测定

吸取碱性酒石酸铜甲、乙溶液和试验溶液各 5.0 mL 于 150 mL 锥形瓶中,加 10 mL 水,2 粒玻璃珠,用滴定管滴加比预测定消耗的葡萄糖标准溶液体积少 1 mL 的葡萄糖标准溶液,在 2 min 内将溶液加热至沸,趁沸以每 2 s 1 滴的速度继续滴定至溶液蓝色刚好褪去为终点,记录消耗葡萄糖标准溶液的体积。平行测定三次,取三次测定的平均值为测定结果,即为加入试验溶液后,每 10 mL 碱性酒石酸铜溶液(甲、乙溶液各 5 mL)消耗葡萄糖标准溶液的体积 V_2,单位为毫升(mL)。

4.5.5 结果计算

游离蔗糖的质量分数 w_2,数值以%表示,按公式(2)计算:

$$w_2 = \frac{(V_1 - V_2) \times c_1}{m \times 5/100 \times 1\,000} \times 0.95 \times 100 \quad\cdots\cdots\cdots\cdots\cdots\cdots (2)$$

式中:

V_1——每 10 mL 碱性酒石酸铜溶液(甲、乙溶液各 5 mL)消耗的葡萄糖标准溶液体积的数值,单位为毫升(mL);

V_2——加试验溶液后,每 10 mL 碱性酒石酸铜溶液(甲、乙溶液各 5 mL)消耗的葡萄糖标准溶液体积的数值,单位为毫升(mL);

c_1——葡萄糖标准溶液(4.5.2.8)浓度的准确数值,单位为毫克每毫升(mg/mL);

m——试料质量的数值,单位为克(g);

0.95——还原糖(以葡萄糖计)换算为蔗糖的系数。

取两次平行测定结果的算术平均值为测定结果,两次平行测定结果的绝对差值不大于 0.25%。

4.6 干燥减量的测定

按 GB/T 6284 的规定进行。称取约 2 g 实验室样品,精确至 0.001 g。

4.7 灰分的测定

按 GB/T 7531 的规定进行。称取约 1 g 实验室样品,精确至 0.001 g,灼烧温度为(850±25)℃。

4.8 砷(As)含量的测定

实验室样品按 GB/T 5009.76 中规定的"湿法消解"处理,按"砷斑法"的规定进行测定。测定时量取 10.0 mL 试样液(相当于 1.0 g 实验室样品),量取 2.0 mL 砷(As)标准溶液(相当于 0.002 mg As)制备限量标准液。

4.9 重金属(以 Pb 计)含量的测定

实验室样品按 GB 5009.74 中规定的"湿法消解"处理。测定时量取 10 mL 试样溶液(相当于 1.0 g 实验室样品),量取 2.0 mL 铅(Pb)标准溶液(相当于 0.02 mg Pb)制备限量标准液。

5 检验规则

5.1 本标准表 1 技术要求中规定的所有项目均为出厂检验项目。

5.2 食品添加剂蔗糖脂肪酸酯应成批验收。每个检验批可由一个生产批构成,或是在基本相同的原料、工艺和设备条件下生产出来的几个生产批构成。

5.3 食品添加剂蔗糖脂肪酸酯每批量不超过生产厂每班的产量,或根据顾客期望适当调整批量。

5.4 食品添加剂蔗糖脂肪酸酯检验批的采样单元数按 GB/T 6678—2003 中的 7.6 确定。采样时将采样器自包装的上方斜插入至料层的 3/4 处,分上、中、下三部分采样,每单元采样量不少于 20 g。将所采样品充分混合,以四分法缩分至不少于 200 g,分别装入两个清洁、干燥的带磨口塞的广口玻璃瓶中。粘贴标签并注明生产厂名称、产品名称、生产批号、采样日期和采样人姓名。一瓶作为实验室样品供检验用,另一瓶作为样品保留备查。

5.5 食品添加剂蔗糖脂肪酸酯由生产厂的质量监督检验部门按本标准规定进行检验,生产厂应保证每批出厂产品均符合本标准要求。如果检验结果中有一项指标不符合标准要求时,应重新自两倍量的包装中取样进行复验,复验结果即使只有一项指标不符合本标准要求,则整批产品为不合格。

6 标志、包装、运输和贮存

6.1 标志

6.1.1 包装容器上应有牢固明显的标志,内容包括生产厂家名称、厂址、产品名称、商标、"食品添加剂"字样、产品标准编号、卫生许可证号、生产批号或生产日期和净质量。

6.1.2 每批出厂的食品添加剂蔗糖脂肪酸酯都应附有质量证明书,内容包括:生产厂名称、厂址、产品名称、商标、"食品添加剂"字样、净质量、生产批号或生产日期、保质期,产品质量符合本标准的证明和本标准编号。

6.2 包装

食品添加剂蔗糖脂肪酸酯应使用食品用聚乙烯薄膜袋为内包装,袋口密封严实,外用瓦楞纸箱包装。每袋净质量 1 kg,每箱 20 袋;或根据用户要求包装。

6.3 运输和贮存

食品添加剂蔗糖脂肪酸酯应贮存在干燥通风的专用室内仓库,堆码单放,避开有毒、易腐、易污染等物品。在运输过程中,需轻卸轻放,避免与有毒物品混装运输,严防雨淋、暴晒。

6.4 保质期

在符合本标准包装、运输和贮存的条件下,食品添加剂蔗糖脂肪酸酯自生产之日起保质期为一年。逾期可重新检验,检验结果符合本标准要求时仍可使用。

中华人民共和国国家标准

GB 13481—2011

食品安全国家标准
食品添加剂　山梨醇酐单硬脂酸酯
（司盘 60）

2011-11-21 发布

2011-12-21 实施

中华人民共和国卫生部 发布

前　言

本标准代替 GB 13481—2010《食品安全国家标准　食品添加剂　山梨醇酐单硬脂酸酯（司盘60）》。

本标准与 GB 13481—2010 相比，主要变化如下：

——修改了 A.8.2 分析步骤。

本标准所代替标准的历次版本发布情况为：

——GB 13481—1992、GB 13481—2010。

食品安全国家标准

食品添加剂　山梨醇酐单硬脂酸酯
（司盘60）

1　范围

本标准适用于以硬脂酸与失水山梨醇为原料，经酯化反应制得的食品添加剂山梨醇酐单硬脂酸酯（司盘60）。

2　技术要求

2.1　感官要求：应符合表1的规定。

表1　感官要求

项　目	要　求	检验方法
色泽	淡黄色	取适量实验室样品，置于清洁、干燥的白瓷盘中，在自然光线下，目视观察
组织状态	粉状或块状固体	

2.2　理化指标：应符合表2的规定。

表2　理化指标

项　目		指　标	检验方法
脂肪酸，w/%		71～75	附录A中A.4
多元醇，w/%		29.5～33.5	附录A中A.5
酸值（以KOH计）/(mg/g)	≤	10	附录A中A.6
皂化值（以KOH计）/(mg/g)		147～157	附录A中A.7
羟值（以KOH计）/(mg/g)		235～260	附录A中A.8
水分，w/%	≤	1.5	附录A中A.9
砷(As)/(mg/kg)	≤	3	附录A中A.10
铅(Pb)/(mg/kg)	≤	2	附录A中A.11

附 录 A
检 验 方 法

A.1 警示

试验方法规定的一些试验过程可能导致危险情况。操作者应采取适当的安全和防护措施。

A.2 一般规定

除非另有说明,在分析中仅使用确认为分析纯的试剂和 GB/T 6682—2008 中规定的三级水。

试验方法中所用标准滴定溶液、杂质测定用标准溶液、制剂及制品,在没有注明其他要求时,均按 GB/T 601、GB/T 602 和 GB/T 603 之规定制备。

A.3 鉴别试验

A.3.1 脂肪酸酸值的测定
A.3.1.1 试剂和材料
A.3.1.1.1 无水乙醇。
A.3.1.1.2 氢氧化钠标准滴定溶液:$c(NaOH)=0.5\ mol/L$。
A.3.1.1.3 酚酞指示液:$10\ g/L$。
A.3.1.2 分析步骤

称取约 3 g A.4.3.2 中的凝固物 D,精确至 0.001 g,置于锥形瓶中,加入 50 mL 无水乙醇溶解,必要时加热。加入 5 滴酚酞指示液,用氢氧化钠标准滴定溶液滴定至溶液呈粉红色,保持 30 s 不褪色为终点。

A.3.1.3 结果计算

脂肪酸酸值 w_1,以氢氧化钾(KOH)计,数值以毫克每克(mg/g)表示,按式(A.1)计算:

$$w_1 = \frac{VcM}{m} \qquad\qquad\qquad (A.1)$$

式中:

V——氢氧化钠标准滴定溶液(A.3.1.1.2)的体积的数值,单位为毫升(mL);

c——氢氧化钠标准滴定溶液浓度的准确数值,单位为摩尔每升(mol/L);

m——试料质量的数值,单位为克(g);

M——氢氧化钾的摩尔质量的数值,单位为克每摩尔(g/mol)($M=56.109$)。

取两次平行测定结果的算术平均值为报告结果。两次平行测定结果的绝对差值不大于 0.5 mg/g。

A.3.1.4 结果判断

回收的脂肪酸酸值应为 190 mg/g~220 mg/g。

A.3.2 脂肪酸结晶点的测定

按 GB/T 7533 进行。取约 3 g A.4.3.2 中的凝固物 D 为试料。回收的脂肪酸的结晶点应≥53 ℃。

A.3.3 多元醇显色试验

取约 2 g A.5.2 中的黏稠物 E,加入 2 mL 邻苯二酚溶液(100 g/L)(现用现配),混匀,再加 5 mL 硫酸混匀,应显红色或红褐色。

A.4 脂肪酸的测定

A.4.1 方法提要

样品通过皂化水解,经酸化后生成的脂肪酸和多元醇,通过反复萃取分离及浓缩干燥,得到回收的脂肪酸的质量,称量计算脂肪酸的质量分数。

A.4.2 试剂和材料

A.4.2.1 氢氧化钾。

A.4.2.2 乙醇(95%)。

A.4.2.3 石油醚。

A.4.2.4 硫酸溶液:1+2。

A.4.3 分析步骤

A.4.3.1 皂化:称取约 25 g 实验室样品,精确至 0.01 g。置于 500 mL 烧瓶中,加入 250 mL 乙醇(95%)和 7.5 g 氢氧化钾。连接冷凝器,置于水浴中加热回流 2 h。将皂化物转移至 800 mL 烧杯中,用约 200 mL 水洗涤烧瓶并转移至该烧杯中。将烧杯置于水浴中,蒸发直至乙醇挥发逸尽。用热水调节溶液的体积至约 250 mL,为溶液 A。

A.4.3.2 酸化、萃取分离:在加热搅拌下向溶液 A 中加硫酸溶液,使其析出凝固物,再加入过量约 10% 的硫酸溶液,冷却分层。将上层凝固物转移至预先在 80 ℃ 质量恒定的 250 mL 烧杯中,用 20 mL 热水洗涤 3 次,冷却后将洗液与下层溶液合并于 500 mL 分液漏斗中,用 100 mL 石油醚提取 3 次,静置分层。将下层溶液 B 转移至 800 mL 烧杯中;合并石油醚提取液于第二个 500 mL 分液漏斗中,3 次用 100 mL 水洗涤。下层水洗液与溶液 B 合并为溶液 C,留作测定多元醇含量用;转移上层石油醚提取液于盛凝固物的烧杯中,置于水浴中浓缩至 100 mL,于 80 ℃ 干燥至质量恒定,得到回收的凝固物 D 作为脂肪酸的质量。称量后的凝固物 D 用于脂肪酸酸值的测定。

A.4.4 结果计算

脂肪酸的质量分数 w_2,数值以 % 表示,按式(A.2)计算:

$$w_2 = \frac{m_2 - m_1}{m} \times 100\%$$ ....(A.2)

式中:

m_1——250 mL 烧杯质量的数值,单位为克(g);

m_2——250 mL 烧杯加凝固物 D 质量的数值,单位为克(g);

m ——试料质量的数值,单位为克(g)。

取两次平行测定结果的算术平均值为报告结果。两次平行测定结果的绝对差值不大于 1%。

A.5 多元醇的测定

A.5.1 试剂和材料

A.5.1.1 无水乙醇。

A.5.1.2 氢氧化钾溶液:100 g/L。

A.5.2 分析步骤

用氢氧化钾溶液中和 A.4.3.2 中得到的溶液 C 至 pH 为 7(用 pH 试纸检验)。将此溶液置于水浴中蒸发至白色结晶析出。然后 4 次用 150 mL 热无水乙醇提取残留物中的多元醇,合并提取液,用 G4 玻璃漏斗过滤,无水乙醇洗涤。滤液转移至另一个 800 mL 烧杯中,置于水浴中浓缩至约 100 mL。再转移至预先在 80 ℃ 质量恒定的 250 mL 烧杯中,继续蒸发至黏稠状。在 80 ℃ 干燥至质量恒定,得到黏稠物 E 作为回收多元醇的质量。称量后的黏稠物 E 用于多元醇显色试验。

A.5.3 结果计算

多元醇质量分数 w_3,数值以 % 表示,按式(A.3)计算:

$$w_3 = \frac{m_2 - m_1}{m} \times 100\%$$ ....(A.3)

式中：

m_1——250 mL 烧杯的质量，单位为克(g)；

m_2——250 mL 烧杯加黏稠物 E 的质量，单位为克(g)；

m ——A.4.4 中试料质量的数值，单位为克(g)。

取两次平行测定结果的算术平均值为报告结果。两次平行测定结果的绝对差值不大于 1%。

A.6 酸值的测定

A.6.1 试剂和材料

A.6.1.1 异丙醇。

A.6.1.2 甲苯。

A.6.1.3 氢氧化钠标准滴定溶液：$c(\text{NaOH})=0.1$ mol/L。

A.6.1.4 酚酞指示液：10 g/L。

A.6.2 分析步骤

称取约 2.5 g 实验室样品，精确至 0.000 1 g，置于锥形瓶中，加入异丙醇和甲苯各 40 mL，加热使其溶解。加入 5 滴酚酞指示液，用氢氧化钠标准滴定溶液滴定至溶液呈粉红色，保持 30 s 不褪色为终点。

A.6.3 结果计算

酸值 w_4，以氢氧化钾(KOH)计，数值以毫克每克(mg/g)表示，按式(A.4)计算：

$$w_4 = \frac{V_1 cM}{m_1} \qquad\cdots\cdots\cdots\cdots\cdots\cdots\cdots\cdots\cdots\cdots\cdots\text{(A.4)}$$

式中：

V_1——氢氧化钠标准滴定溶液(A.6.1.3)的体积的数值，单位为毫升(mL)；

c ——氢氧化钠标准滴定溶液浓度的准确数值，单位为摩尔每升(mol/L)；

m_1——试料质量的数值，单位为克(g)；

M ——氢氧化钾的摩尔质量的数值，单位为克每摩尔(g/mol)($M=56.109$)。

取两次平行测定结果的算术平均值为报告结果。两次平行测定结果的绝对差值不大于 0.2 mg/g。

A.7 皂化值的测定

A.7.1 试剂和材料

A.7.1.1 无水乙醇。

A.7.1.2 氢氧化钾乙醇溶液：40 g/L。

A.7.1.3 盐酸标准滴定溶液：$c(\text{HCl})=0.5$ mol/L。

A.7.1.4 酚酞指示液：10 g/L。

A.7.2 分析步骤

称取约 2 g 实验室样品，精确至 0.000 1 g，置于 250 mL 磨口锥形瓶中，加入(25 ± 0.02)mL 氢氧化钾乙醇溶液，连接冷凝管，置于水浴中加热回流 1 h，稍冷后用 10 mL 无水乙醇淋洗冷凝管，取下锥形瓶，加入 5 滴酚酞指示液，用盐酸标准滴定溶液滴定至溶液的红色刚刚消失，加热试液至沸腾，若出现粉红色，继续滴定至红色消失即为终点。

在测定的同时，按与测定相同的步骤，对不加试料而使用相同数量的试剂溶液做空白试验。

A.7.3 结果计算

皂化值 w_5，以氢氧化钾(KOH)计，数值以毫克每克(mg/g)表示，按式(A.5)计算：

$$w_5 = \frac{(V_0 - V_2)cM}{m_2} \qquad\cdots\cdots\cdots\cdots\cdots\cdots\cdots\cdots\cdots\text{(A.5)}$$

式中：

V_2——试料消耗盐酸标准滴定溶液(A.7.1.3)体积的数值，单位为毫升(mL)；

V_0——空白试验消耗盐酸标准滴定溶液(A.7.1.3)体积的数值，单位为毫升(mL)；

c——盐酸标准滴定溶液浓度的准确数值，单位为摩尔每升(mol/L)；

m_2——试料质量的数值，单位为克(g)；

M——氢氧化钾的摩尔质量的数值，单位为克每摩尔(g/mol)($M=56.109$)。

取两次平行测定结果的算术平均值为报告结果。两次平行测定结果的绝对差值不大于 1 mg/g。

A.8 羟值的测定

A.8.1 试剂和材料

A.8.1.1 吡啶：以酚酞为指示剂，用盐酸溶液(1+110)中和。

A.8.1.2 正丁醇：以酚酞为指示剂，用氢氧化钾乙醇标准滴定溶液中和。

A.8.1.3 乙酰化剂：乙酸酐与吡啶按 1+3 混匀，贮存于棕色瓶中。

A.8.1.4 氢氧化钾乙醇标准滴定溶液：$c(KOH)=0.5$ mol/L。

A.8.1.5 酚酞指示液：10 g/L。

A.8.2 分析步骤

称取约 1.2 g 实验室样品，精确至 0.000 1 g，置于 250 mL 磨口锥形瓶中，加入(5 ± 0.02)mL 乙酰化剂，连接冷凝管，置于水浴中加热回流 1 h。从冷凝管上端加入 10 mL 水于锥形瓶中，继续加热 10 min后，冷却至室温。用 15 mL 正丁醇冲洗冷凝管，拆下冷凝管，再用 10 mL 正丁醇冲洗瓶壁。加入 8 滴酚酞指示液，用氢氧化钾乙醇标准滴定溶液滴定至溶液呈粉红色即为终点。

在测定的同时，按与测定相同的步骤，对不加试料而使用相同数量的试剂溶液做空白试验。

为校正游离酸，称取约 10 g 实验室样品，精确至 0.01 g。置于锥形瓶中，加入 30 mL 吡啶，加入 5 滴酚酞指示液，用氢氧化钾乙醇标准滴定溶液滴定至溶液呈粉红色。

A.8.3 结果计算

羟值 w_6，以氢氧化钾(KOH)计，数值以毫克每克(mg/g)表示，按式(A.6)计算：

$$w_6 = \frac{(V_0-V_3)cM}{m_3} + \frac{V_4cM}{m_0} \quad\cdots\cdots(A.6)$$

式中：

V_3——试料消耗氢氧化钾乙醇标准滴定溶液(A.8.1.4)体积的数值，单位为毫升(mL)；

V_0——空白试验消耗氢氧化钾乙醇标准滴定溶液(A.8.1.4)体积的数值，单位为毫升(mL)；

V_4——校正游离酸消耗氢氧化钾乙醇标准滴定溶液(A.8.1.4)体积的数值，单位为毫升(mL)；

c——氢氧化钾乙醇标准滴定溶液浓度的准确数值，单位为摩尔每升(mol/L)；

m_3——羟值测定时试料质量的数值，单位为克(g)；

m_0——校正游离酸测定时试料质量的数值，单位为克(g)；

M——氢氧化钾的摩尔质量的数值，单位为克每摩尔(g/mol)($M=56.109$)。

取两次平行测定结果的算术平均值为报告结果。两次平行测定结果的绝对差值不大于 4 mg/g。

A.9 水分的测定

称取约 0.6 g 实验室样品，精确至 0.000 2 g。置于 25 mL 烧杯中，加入少量三氯甲烷加热溶解并转移至 25 mL 容量瓶中，用三氯甲烷冲洗烧杯数次，一并转入容量瓶中，稀释至刻度。量取(5 ± 0.02)mL 该试样溶液，按 GB/T 6283 直接电量法测定。

取两次平行测定结果的算术平均值为报告结果。两次平行测定结果的绝对差值不大于 0.05%。

A.10 砷的测定

按 GB/T 5009.76 砷斑法进行。按"湿法消解"处理样品,测定时量取(10±0.02)mL 试样溶液(相当于 1.0 g 实验室样品)。限量标准液的配制:用移液管移取(3±0.02)mL 砷(As)标准溶液(相当于 3 μg As),与试样同时同样处理。

A.11 铅的测定

A.11.1 比色法(仲裁法)

按 GB/T 5009.75 进行。样品的处理:称取约 2.5 g 实验室样品,精确至 0.000 1 g,置于 50 mL 坩埚中,先在低温下炭化,然后在 500 ℃～550 ℃灰化,冷却后,加入 5 mL 硝酸溶液(1+1),搅拌使之溶解,加水 10 mL 转移至 25 mL 容量瓶中,用水稀释至刻度,摇匀。

A.11.2 原子吸收光谱法

按 GB 5009.12 进行。按 GB/T 5009.75"干法消解"处理样品。采用石墨炉原子吸收光谱法时,可视样品情况将试样溶液进行适当的稀释。

中华人民共和国国家标准

GB 13482—2011

食品安全国家标准
食品添加剂　山梨醇酐单油酸酯（司盘80）

2011-11-21 发布

2011-12-21 实施

中华人民共和国卫生部 发布

前　言

本标准代替 GB 13482—2010《食品安全国家标准　食品添加剂　山梨醇酐单油酸酯(司盘80)》。

本标准与 GB 13482—2010 相比主要变化如下：

——修改了 A.4.3.2"酸化、萃取分离"的分析步骤。

本标准所代替标准的历次版本发布情况为：

——GB 13482—1992、GB 13482—2010。

食品安全国家标准

食品添加剂　山梨醇酐单油酸酯（司盘80）

1　范围

本标准适用于以油酸与失水山梨醇为原料，经酯化反应制得的食品添加剂山梨醇酐单油酸酯（司盘80）。

2　技术要求

2.1　感官要求：应符合表1的规定。

表 1　感官要求

项　目	要　求	检 验 方 法
色泽	琥珀色至棕色	取适量实验室样品，置于清洁、干燥的玻璃管中，在自然光线下，目视观察
组织性状	黏稠油状液体	

2.2　理化指标：应符合表2的规定。

表 2　理化指标

项　目		指　标	检 验 方 法
脂肪酸，$w/\%$		73～77	附录 A 中 A.4
多元醇，$w/\%$		28～32	附录 A 中 A.5
酸值（以 KOH 计）/(mg/g)	$\leqslant$	8	附录 A 中 A.6
皂化值（以 KOH 计）/(mg/g)		145～160	附录 A 中 A.7
羟值（以 KOH 计）/(mg/g)		193～210	附录 A 中 A.8
水分，$w/\%$	$\leqslant$	2.0	附录 A 中 A.9
砷（As）/(mg/kg)	$\leqslant$	3	附录 A 中 A.10
铅（Pb）/(mg/kg)	$\leqslant$	2	附录 A 中 A.11

附 录 A

检 验 方 法

A.1 警示

试验方法规定的一些试验过程可能导致危险情况。操作者应采取适当的安全和防护措施。

A.2 一般规定

除非另有说明,在分析中仅使用确认为分析纯的试剂和 GB/T 6682—2008 中规定的三级水。

试验方法中所用标准滴定溶液、杂质测定用标准溶液、制剂及制品,在没有注明其他要求时,均按 GB/T 601、GB/T 602 和 GB/T 603 之规定制备。

A.3 鉴别试验

A.3.1 脂肪酸碘值的测定

A.3.1.1 试剂和材料

A.3.1.1.1 四氯化碳。

A.3.1.1.2 碘化钾溶液:100 g/L。

A.3.1.1.3 韦氏液:配制方法见附录 B。

A.3.1.1.4 硫代硫酸钠标准滴定溶液:$c(Na_2S_2O_3)=0.1$ mol/L。

A.3.1.1.5 淀粉指示液:10 g/L。

A.3.1.2 鉴别步骤

称取约 0.27 g A.4.3.2 中的黏稠物 D,精确至 0.000 1 g,置于干燥的 500 mL 碘量瓶中,加入 10 mL 四氯化碳溶解。加入 25 mL±0.02 mL 韦氏液,塞紧瓶盖,用碘化钾溶液封口,置于暗处 30 min。加入 15 mL 碘化钾溶液和 100 mL 水,用硫代硫酸钠标准滴定溶液滴定至溶液呈淡黄色,加入 1 mL 淀粉指示液,用力振荡继续滴定至蓝色刚刚消失即为终点。

在测定的同时,按与测定相同的步骤,对不加试料而使用相同数量的试剂溶液做空白试验。

A.3.1.3 结果计算

脂肪酸碘值 w_1,以碘计,数值以克每百克(g/100 g)表示,按式(A.1)计算:

$$w_1 = \frac{(V_0 - V)cM/1\,000}{m} \times 100 \qquad\cdots\cdots\cdots\cdots\cdots\cdots(A.1)$$

式中:

V_0——空白消耗硫代硫酸钠标准滴定溶液(A.3.1.1.4)的体积的数值,单位为毫升(mL);

V ——试料消耗硫代硫酸钠标准滴定溶液(A.3.1.1.4)的体积的数值,单位为毫升(mL);

c ——硫代硫酸钠标准滴定溶液浓度的准确数值,单位为摩尔每升(mol/L);

m ——试料质量的数值,单位为克(g);

M ——碘的摩尔质量的数值,单位为克每摩尔(g/mol)($M=126.9$)。

取两次平行测定结果的算术平均值为报告结果。两次平行测定结果的绝对差值不大于 0.5 g/100 g (以碘计)。

A.3.1.4 结果判断

脂肪酸碘值应在 80 g/100 g～135 g/100 g(以碘计)。

A.3.2 多元醇显色试验

取约 2 g A.5.2 中的黏稠物 E,加入 2 mL 邻苯二酚溶液(100 g/L)(现用现配),混匀,再加 5 mL 硫酸混匀,应显红色或红褐色。

A.4 脂肪酸的测定

A.4.1 方法提要

样品通过皂化水解,经酸化后生成的脂肪酸和多元醇,通过反复萃取分离及浓缩干燥,得到回收脂肪酸的质量,称量计算脂肪酸的质量分数。

A.4.2 试剂和材料

A.4.2.1 氢氧化钾。

A.4.2.2 乙醇(95%)。

A.4.2.3 石油醚。

A.4.2.4 硫酸溶液:1+2。

A.4.3 分析步骤

A.4.3.1 皂化:称取约 25 g 实验室样品,精确至 0.01 g。置于 500 mL 烧瓶中,加入 250 mL 乙醇(95%)和 7.5 g 氢氧化钾。连接冷凝器,置于水浴中加热回流 2 h。将皂化物转移至 800 mL 烧杯中,用约 200 mL 水洗涤烧瓶并转移至该烧杯中。将烧杯置于水浴中,蒸发直至乙醇挥发逸尽。用热水调节溶液的体积至约 250 mL,为溶液 A。

A.4.3.2 酸化、萃取分离:在加热搅拌下向溶液 A 中加硫酸溶液,使其析出凝固物,再加入过量约10% 的硫酸溶液,加热搅拌使其析出油状物。将此混合液移入 500 mL 分液漏斗中,静置分层。将下层溶液移至第二个 500 mL 分液漏斗中,3 次用 100 mL 石油醚提取,静置分层。下层溶液 B 转移至800 mL 烧杯中;合并石油醚提取液与上层油状物于第一个 500 mL 分液漏斗中,3 次用 100 mL 水洗涤。下层水洗液与溶液 B 合并为溶液 C,留作测定多元醇含量用;转移上层石油醚合并液于另一个 800 mL烧杯中,置于水浴上浓缩至约 100 mL,再移至预先在 80 ℃质量恒定的 250 mL 烧杯中蒸发至黏稠状,在80 ℃干燥至质量恒定,得到黏稠物 D 作为回收脂肪酸的质量。称量后的黏稠物 D 用作脂肪酸碘值的测定。

A.4.4 结果计算

脂肪酸的质量分数 w_2,数值以%表示,按式(A.2)计算:

$$w_2 = \frac{m_2 - m_1}{m} \times 100\% \quad \cdots\cdots\cdots\cdots\cdots\cdots\cdots (A.2)$$

式中:

m_1——250 mL 烧杯质量的数值,单位为克(g);

m_2——250 mL 烧杯加黏稠物 D 质量的数值,单位为克(g);

m ——试料质量的数值,单位为克(g)。

取两次平行测定结果的算术平均值为报告结果。两次平行测定结果的绝对差值不大于1%。

A.5 多元醇的测定

A.5.1 试剂和材料

A.5.1.1 无水乙醇。

A.5.1.2 氢氧化钾溶液:100 g/L。

A.5.2 分析步骤

用氢氧化钾溶液中和 A.4.3.2 中得到的溶液 C 至 pH 为 7(用 pH 试纸检验)。将此溶液置于水浴中蒸发至白色结晶析出。然后 4 次用 150 mL 热无水乙醇提取残留物中的多元醇,合并提取液,用 G4玻璃漏斗过滤,无水乙醇洗涤。滤液转移至另一个 800 mL 烧杯中,置于水浴中浓缩至约 100 mL。再转移至预先在 80 ℃质量恒定的 250 mL 烧杯中,继续蒸发至黏稠状。在 80 ℃干燥至质量恒定,得到黏稠物 E 作为回收多元醇的质量。称量后的黏稠物 E 用作多元醇显色试验。

A.5.3 结果计算

多元醇质量分数 w_3，数值以％表示，按式（A.3）计算：

$$w_3 = \frac{m_2 - m_1}{m} \times 100\%$$ ....（A.3）

式中：

m_1——250 mL 烧杯的质量，单位为克（g）；

m_2——250 mL 烧杯加黏稠物 E 的质量，单位为克（g）；

m——A.4.4 中试料质量的数值，单位为克（g）。

取两次平行测定结果的算术平均值为报告结果。两次平行测定结果的绝对差值不大于 1％。

A.6 酸值的测定

A.6.1 试剂和材料

A.6.1.1 异丙醇。

A.6.1.2 甲苯。

A.6.1.3 氢氧化钠标准滴定溶液：$c(\text{NaOH}) = 0.1 \text{ mol/L}$。

A.6.1.4 酚酞指示液：10 g/L。

A.6.2 分析步骤

称取约 2.5 g 实验室样品，精确至 0.000 1 g，置于锥形瓶中，加入异丙醇和甲苯各 40 mL，加热使其溶解。加入 5 滴酚酞指示液，用氢氧化钠标准滴定溶液滴定至溶液呈粉红色，保持 30 s 不褪色为终点。

A.6.3 结果计算

酸值 w_4，以氢氧化钾（KOH）计，数值以毫克每克（mg/g）表示，按式（A.4）计算：

$$w_4 = \frac{V_1 c M}{m_1}$$ ....（A.4）

式中：

V_1——氢氧化钠标准滴定溶液（A.6.1.3）的体积的数值，单位为毫升（mL）；

c——氢氧化钠标准滴定溶液浓度的准确数值，单位为摩尔每升（mol/L）；

m_1——试料质量的数值，单位为克（g）；

M——氢氧化钾的摩尔质量的数值，单位为克每摩尔（g/mol）（$M = 56.109$）。

取两次平行测定结果的算术平均值为报告结果。两次平行测定结果的绝对差值不大于 0.2 mg/g。

A.7 皂化值的测定

A.7.1 试剂和材料

A.7.1.1 无水乙醇。

A.7.1.2 氢氧化钾乙醇溶液：40 g/L。

A.7.1.3 盐酸标准滴定溶液：$c(\text{HCl}) = 0.5 \text{ mol/L}$。

A.7.1.4 酚酞指示液：10 g/L。

A.7.2 分析步骤

称取约 2 g 实验室样品，精确至 0.000 1 g，置于 250 mL 磨口锥形瓶中，加入 25 mL±0.02 mL 氢氧化钾乙醇溶液，连接冷凝管，置于水浴中加热回流 1 h，稍冷后用 10 mL 无水乙醇淋洗冷凝管，取下锥形瓶，加入 5 滴酚酞指示液，用盐酸标准滴定溶液滴定至溶液的红色刚刚消失，加热试液至沸。若出现粉红色，继续滴定至红色消失即为终点。

在测定的同时，按与测定相同的步骤，对不加试料而使用相同数量的试剂溶液做空白试验。

A.7.3 结果计算

皂化值 w_5，以氢氧化钾（KOH）计，数值以毫克每克（mg/g）表示，按式（A.5）计算：

$$w_5 = \frac{(V_0 - V_2)cM}{m_2} \qquad \cdots\cdots\cdots\cdots\cdots\cdots\cdots\cdots（A.5）$$

式中：

V_2——试料消耗盐酸标准滴定溶液（A.7.1.3）体积的数值，单位为毫升（mL）；

V_0——空白试验消耗盐酸标准滴定溶液（A.7.1.3）体积的数值，单位为毫升（mL）；

c——盐酸标准滴定溶液浓度的准确数值，单位为摩尔每升（mol/L）；

m_2——试料质量的数值，单位为克（g）；

M——氢氧化钾的摩尔质量的数值，单位为克每摩尔（g/mol）（$M=56.109$）。

取两次平行测定结果的算术平均值为报告结果。两次平行测定结果的绝对差值不大于 1 mg/g。

A.8 羟值的测定

A.8.1 试剂和材料

A.8.1.1 吡啶：以酚酞为指示剂，用盐酸溶液（1+110）中和。

A.8.1.2 正丁醇：以酚酞为指示剂，用氢氧化钾乙醇标准滴定溶液中和。

A.8.1.3 乙酰化剂：乙酸酐与吡啶按 1+3 混匀，贮存于棕色瓶中。

A.8.1.4 氢氧化钾乙醇标准滴定溶液：$c(KOH)=0.5$ mol/L。

A.8.1.5 酚酞指示液：10 g/L。

A.8.2 分析步骤

称取约 1.2 g 实验室样品，精确至 0.000 1 g，置于 250 mL 磨口锥形瓶中，加入 5 mL±0.02 mL 乙酰化剂，连接冷凝管，置于水浴中加热回流 1 h。从冷凝管上端加入 10 mL 水于锥形瓶中，继续加热 10 min 后，冷却至室温。用 15 mL 正丁醇冲洗冷凝管，拆下冷凝管，再用 10 mL 正丁醇冲洗瓶壁。加入 8 滴酚酞指示液，用氢氧化钾乙醇标准滴定溶液滴定至溶液呈粉红色即为终点。

在测定的同时，按与测定相同的步骤，对不加试料而使用相同数量的试剂溶液做空白试验。

为校正游离酸，称取约 10 g 实验室样品，精确至 0.01 g。置于锥形瓶中，加入 30 mL 吡啶，加入 5 滴酚酞指示液，用氢氧化钾乙醇标准滴定溶液滴定至溶液呈粉红色。

A.8.3 结果计算

羟值 w_6，以氢氧化钾（KOH）计，数值以毫克每克（mg/g）表示，按式（A.6）计算：

$$w_6 = \frac{(V_0 - V_3)cM}{m_3} + \frac{V_4cM}{m_0} \qquad \cdots\cdots\cdots\cdots\cdots\cdots\cdots（A.6）$$

式中：

V_3——试料消耗氢氧化钾乙醇标准滴定溶液（A.8.1.4）体积的数值，单位为毫升（mL）；

V_0——空白试验消耗氢氧化钾乙醇标准滴定溶液（A.8.1.4）体积的数值，单位为毫升（mL）；

V_4——校正游离酸消耗氢氧化钾乙醇标准滴定溶液（A.8.1.4）体积的数值，单位为毫升（mL）；

c——氢氧化钾乙醇标准滴定溶液浓度的准确数值，单位为摩尔每升（mol/L）；

m_3——羟值测定时试料质量的数值，单位为克（g）；

m_0——校正游离酸测定时试料质量的数值，单位为克（g）；

M——氢氧化钾的摩尔质量的数值，单位为克每摩尔（g/mol）（$M=56.109$）。

取两次平行测定结果的算术平均值为报告结果。两次平行测定结果的绝对差值不大于 4 mg/g。

A.9 水分的测定

称取约 0.6 g 实验室样品，精确至 0.000 2 g，置于 25 mL 烧杯中，加入少量三氯甲烷加热溶解并转移至 25 mL 容量瓶中,用三氯甲烷冲洗烧杯数次,一并转入容量瓶中,稀释至刻度。量取(5±0.02)mL该试样溶液,按 GB/T 6283 中直接电量法测定。

取两次平行测定结果的算术平均值为报告结果。两次平行测定结果的绝对差值不大于 0.05%。

A.10　砷的测定

按 GB/T 5009.76 砷斑法的规定进行。按"湿法消解"处理样品,测定时量取 10 mL±0.02 mL 试样溶液(相当于 1.0 g 实验室样品)。

限量标准液的配制:用移液管移取 3 mL±0.02 mL 砷(As)标准溶液(相当于 3 μg As),与试样同时同样处理。

A.11　铅的测定

A.11.1　比色法(仲裁法)

按 GB/T 5009.75 进行。样品的处理:称取约 2.5 g 实验室样品,精确至 0.000 1 g,置于 50 mL 坩埚中,先在低温下炭化,然后在 500 ℃～550 ℃灰化,冷却后,加入 5 mL 硝酸溶液(1+1),搅拌使之溶解,加水 10 mL 转移至 25 mL 容量瓶中,用水稀释至刻度,摇匀。

A.11.2　原子吸收光谱法

按 GB 5009.12 进行。按 GB/T 5009.75"干法消解"处理样品。采用石墨炉原子吸收光谱法时,可视样品情况将试样溶液进行适当的稀释。

附 录 B
脂肪酸碘值测定中韦氏液的配制

B.1 试剂和材料

B.1.1 三氯化碘。

B.1.2 四氯化碳。

B.1.3 冰乙酸。

B.1.4 碘片。

B.1.5 碘化钾溶液:100 g/L。

B.1.6 硫代硫酸钠标准滴定溶液:$c(Na_2S_2O_3)=0.1$ mol/L。

B.1.7 淀粉指示液:10 g/L。

B.2 韦氏液配制方法

称取 10 g 三氯化碘(ICl_3),溶于 300 mL 四氯化碳和 700 mL 冰乙酸中,配制成三氯化碘溶液,用韦氏液校正方法(B.3)校正。

B.3 韦氏液校正方法

B.3.1 量取 25 mL±0.02 mL 三氯化碘溶液于 500 mL 碘量瓶中,加入 15 mL 碘化钾溶液和 100 mL 水,用硫代硫酸钠标准滴定溶液滴定至溶液呈淡黄色,加入 1 mL 淀粉指示液,用力振荡,继续滴定至蓝色刚刚消失,即为终点。消耗硫代硫酸钠标准溶液的体积应在 34 mL~37 mL 范围内,否则需加入四氯化碳和冰乙酸的混合溶液($V_1:V_2=3:7$)或三氯化碘溶液来调整。溶液中碘的质量 E 按式(B.1)计算。

$$E=\frac{V_1V_2cM/1\,000}{25.00} \quad\quad\cdots\cdots\cdots\cdots\cdots\cdots\cdots\cdots(\,B.1\,)$$

式中:

V_1——配制三氯化碘溶液的总体积,单位为毫升(mL);

V_2——消耗硫代硫酸钠标准滴定溶液(B.1.6)的体积数值,单位为毫升(mL);

c ——硫代硫酸钠标准滴定溶液浓度的准确数值,单位为摩尔每升(mol/L);

25.00——试料的体积的数值,单位为毫升(mL);

M ——碘的摩尔质量的数值,单位为克每摩尔(g/mol)($M=126.9$)。

B.3.2 在三氯化碘溶液中加入($0.55\times E$)g 碘片,待碘完全溶解后,吸取 25.00 mL 溶液按上述方法用硫代硫酸钠标准滴定溶液滴定。消耗硫代硫酸钠标准滴定溶液的体积应在 $1.505V_2$~$1.510V_2$ 之间。若少于 $1.505V_2$ 时,再加碘片调节;若高于 $1.510V_2$ 时,则加入预先留出的 100 mL 三氯化碘溶液调节。

B.3.3 韦氏液配制后于暗处三天后方可使用。

中华人民共和国国家标准

食 品 添 加 剂
三 聚 甘 油 单 硬 脂 酸 酯

GB 13510—92

Food additive
Tripolyglycerol monostearates

---

1 主题内容与适用范围

本标准规定了食品添加剂三聚甘油单硬脂酸酯的技术要求、试验方法、检验规则及标志、包装、运输、贮存条件。

本标准适用于由甘油控制缩合后与硬脂酸酯化反应而成的,主组分平均为三聚甘油单硬脂酸酯产品。该产品可用作食品乳化剂、消泡剂等。

结构式:CH₂—CH—CH₂ CH₂—CH—CH₂ CH₂—CH—CH₂O—C—(CH₂)₁₆CH₃
          | | | | | | ‖
          OH OH   O   OH   O   OH   O

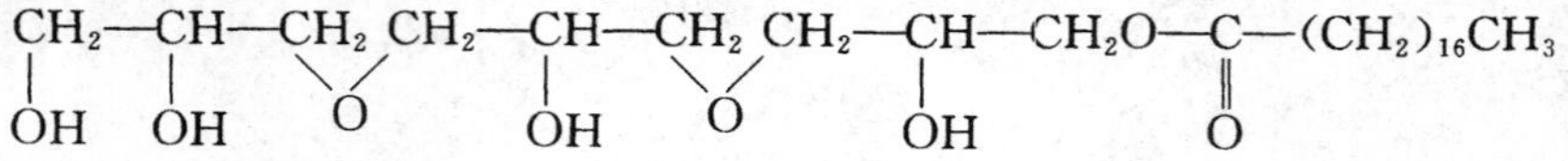

分子式:$C_{27}H_{54}O_8$

相对分子量:506.71(按 1987 年国际原子量)

2 引用标准

GB 1986 食品添加剂 单硬脂酸甘油酯(40%)

GB 8044 食品添加剂 聚氧乙烯木糖醇单硬脂酸酯

GB 8450 食品添加剂中砷的测定方法

GB 8451 食品添加剂中重金属限量试验法

3 技术要求

3.1 外观:浅黄色蜡状固体。

3.2 物理化学性能

物理化学性能应符合表 1 规定。

表 1

项 目	指 标
酸值,mgKOH/g	≤5.0
皂化值,mgKOH/g	120~135
碘值,g/100 g	≤3.0
硫酸灰分,%	≤1.0

国家技术监督局 1992-06-12 批准　　　　　　　　　　　　　　　　　　　1993-03-01 实施

续表 1

项　目	指　标
砷(以 As 计),%	＜0.000 3
重金属(以 Pb 计),%	＜0.001
熔点,℃	53～58

4　试验方法

分析中除特殊规定外,只能使用分析纯试剂和蒸馏水或同等纯度的水。

4.1　定性鉴别方法

将试样的 1% 水溶液 40 mL 倒入具塞锥形瓶中,加入 40 mL 化妆品白色油(GB 1791),剧烈摇动 1 min,30 min 不分层。

4.2　酸值的测定

酸值是中和 1 g 试样所需氢氧化钾的毫克数。

4.2.1　试剂

　a. 氢氧化钾(GB 2306):$c(KOH)=0.1$ mol/L 标准乙醇溶液。

　b. 酚酞(GB 10729):10 g/L 乙醇(95%)溶液。

　c. 无水乙醇(GB 678)。

　d. 乙醚(HG 3-1002)。

4.2.2　仪器

　a. 锥形烧瓶:150 mL。

　b. 碱式滴定管:10 mL。

4.2.3　试验程序

称取 10 g 试样(称准至 0.1 g),置于锥形瓶中,加入 50 mL 1:1 乙醇-乙醚混合液,微热溶解。速冷至室温,加入 2 滴酚酞溶液(4.2.1b),用氢氧化钾标准乙醇溶液(4.2.1a)滴定至粉红色并持续 30 s。所使用的乙醇-乙醚混合液应预先用氢氧化钾乙醇溶液中和至对酚酞指示剂呈中性。

4.2.4　试验结果计算

样品的酸值按式(1)计算:

$$酸值(mgKOH/g) = \frac{V \times c \times 56.1}{m} \quad\cdots\cdots\cdots\cdots\cdots\cdots\cdots (1)$$

式中:V——滴定试样消耗氢氧化钾标准乙醇溶液的体积,mL;

　　　c——氢氧化钾标准乙醇溶液的浓度,mol/L;

　56.1——氢氧化钾毫摩尔质量,mg/mmol;

　　　m——试样的质量,g。

平行测定结果允许误差为 0.05,以两次平行测定结果的平均值作为试验结果。

4.3　皂化值的测定

按 GB 8044 中 2.3 条规定进行。

4.4　碘值的测定

按 GB 1986 中碘值测定方法进行。

4.5　熔点的测定

在开口毛细管中试样受热熔融后,因浮力而上升的温度即为上升熔点。

4.5.1 仪器

a. 磁力加热搅拌器。

b. 高型烧杯:600 mL。

c. 熔点用温度计(GB 514):30～100℃,最小分度 0.2℃。

d. 毛细管:用中型硬质玻璃制成,两端开口,内径约 1 mm,管壁厚度约 0.15 mm,长约 80 mm。

4.5.2 安装

在高型烧杯中,加入约四分之三体积的蒸馏水,用夹子固定温度计,使水银球浸入蒸馏水的二分之一处,放一电磁搅拌棒于烧杯底部。置烧杯于磁力加热搅拌器上,见图1。

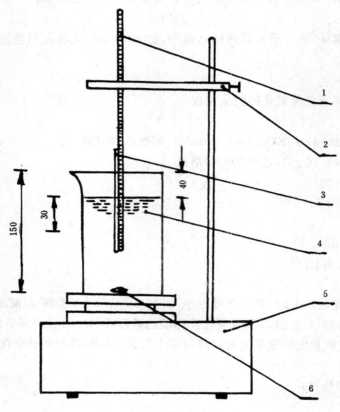

图 1 熔点测定装置

1—温度计;2—固定夹;3—毛细管;4—烧杯;

5—磁力加热搅拌器;6—搅拌棒

4.5.3 试验程序

将试样在尽可能低的温度下熔融后吸入毛细管(4.5.1.d)中,使吸入高度达 10 mm。置冰上冷却 1 h以上,凝固后将装有试样的毛细管附于温度计上,使样品与温度计水银球在同一高度。将温度计浸入蒸馏水浴中,使试样上端处于液面下约 30 mm 处。加热,当温度上升至熔点前 10℃时调节热源,使温度每分钟上升 0.5℃左右,直至试样在毛细管中熔融。试样开始上升的温度即为该试样的熔点。试验时应注意搅拌速度,以不产生涡流为宜。

4.5.4 试验结果表示

以两次平行测定结果的算术平均值作为试样的熔点,以摄氏度(℃)表示。

4.5.5 精密度

平行试验结果与其算术平均之差应不超过 0.2℃。

4.6 硫酸化灰分的测定

4.6.1 试剂

硫酸(GB 625):100 g/L 水溶液。

4.6.2 仪器

瓷坩埚:50 mL。

4.6.3 试验程序

称取试样 5 g(称准至 1 mg)至已灼烧恒重的瓷坩埚(4.6.2)中,加入 7～10 mL 硫酸溶液(4.6.1),置电热板上缓缓加热,使试样完全融解直至干燥并完全炭化。继续加热,直至所有样品挥发或所有的碳几乎都被氧化。然后冷却,用 5 滴硫酸溶液(4.6.1)润湿残渣。再用同样方法加热,直至残余物和过量的硫酸挥发。最后在 800±15℃ 高温炉中灼烧 15 min。如需要可延长时间,以保证灼烧完全。将坩埚移入干燥器中,冷却后称量。

4.6.4 试验结果计算

样品硫酸化灰分按式(2)计算:

$$硫酸化灰分(\%) = \frac{m}{m_0} \times 100 \quad\quad\quad\quad\quad\quad (2)$$

式中:m——样品加硫酸灼烧后残余物的质量,g;

m_0——试样的质量,g。

平行测定结果的允许误差为 0.05。以两次平行测定结果的平均值作为试验结果。

4.7 砷的测定

按 GB 8450 中干灰化法处理样品和砷斑法进行测定。

4.8 重金属的限量试验

按 GB 8451 用干灰化法处理样品进行测定。

5 检验规则

5.1 产品应由生产厂的质量检验部门按本标准规定方法检验合格,并出具合格证,附各项指标检测结果报告单,方可出厂。

5.2 产品按批交付,使用单位可凭合格证,按照本标准规定抽样验收。在一个月内完成对所收到产品的质量检验验收。

5.3 取样

根据批量大小(总箱数)按表 2 确定箱样本数,从批中随机抽取箱样本。

表 2

批量(箱数)	样本(箱)数
2～15	2
16～25	3
26～90	5
91～150	8
151～280	13

从每个样箱中部等量采取样品,得到样品总量不少于 500 g,迅速粉碎并混合均匀,分成三份,分别贮存于具塞样品瓶内,签封。标签上注明样品名称、批号、取样人。交收双方各持一份检验,第三份由交货方保管,备用于仲裁检验。样品保存二个月。

5.4 如验收结果中有一项指标不符合本标准要求时,可会同生产厂按表2抽取两倍量的样本取样复验,如复验结果仍有指标不合格,则应判该批产品不合格。

5.5 如交收双方对检验结果有异议,可商请仲裁机构检验,仲裁检验结果为最终结论。

6 标志、包装、运输、贮存

6.1 产品的包装箱上必须印刷如下标志:

    a. 产品名称和标准号:食品添加剂三聚甘油单硬脂酸酯 GB 13510—92;

    b. 生产批号和日期;

    c. 保质期;

    d. 每箱内产品净重及箱尺寸;

    e. 商标;

    f. 生产厂名和地址。

6.2 产品包装应使用内衬洁净食品用聚乙烯膜(袋)或牛皮纸的纸板箱,封口后外加加固带。

6.3 运输时必须有遮盖物,避免日晒雨淋、受热及撞击。搬运装卸应小心轻放。

6.4 产品应保存在干燥的仓库中避免日晒及雨淋、受热,室温不能超过 40℃,地面应垫离 10 cm 以上,避免受潮。

6.5 本品在贮运中不能与酸、碱及有毒物质混放、混运。

6.6 在规定的贮运条件下,产品自生产日起保质期为一年。

附加说明:

本标准由中华人民共和国轻工业部提出。

本标准由轻工业部日用化学工业科学研究所、卫生部食品卫生监督检验所技术归口。

本标准由轻工业部日用化学工业科学研究所负责起草。

本标准主要起草人宋美娟、胡征宇、柴恩霞。

本标准参照采用美国食品化学法典(FCC)1981年,第三版。

食品添加剂
蒸馏单硬脂酸甘油酯

GB 15612—1995

Food additive
Distilled glycerin monostearate

1 主题内容与适用范围

本标准规定了食品添加剂蒸馏单硬脂酸甘油酯的技术要求、试验方法、检验规则和标志、包装、运输、贮存等。

本标准适用于氢化棕榈油与甘油反应,经分子蒸馏装置提纯而成的蒸馏单硬脂酸甘油酯,在食品工业中作为乳化剂。

2 引用标准

GB 601 化学试剂 滴定分析(容量分析)用标准溶液的制备

GB 603 化学试剂 试验方法中所用制剂及制品的制备

GB 618 化学试剂 结晶点测定方法

GB 1986 食品添加剂 单硬脂酸甘油酯(40%)

GB 8450 食品添加剂中砷的测定方法

GB 8451 食品添加剂中重金属限量试验法

3 技术要求

3.1 感官指标:乳白色或浅黄色蜡状或粉状固体,无臭无味。

3.2 理化指标:见下表。

项 目		指 标
单硬脂酸甘油酯含量,%	≥	90.0
碘 值	≤	4.0
凝固点,℃		60.0~70.0
游离酸(以硬脂酸计),%	≤	2.5
砷(As),%	≤	0.0001
重金属(以 Pb 计),%	≤	0.0005

国家技术监督局1995-07-06批准　　　　　　　　　　　　　　　1996-04-01实施

4 试验方法

4.1 感官指标检验

4.1.1 外观检查：以正常视力在自然光下目测。

4.1.2 气味检验：以正常嗅觉闻不到臭味或油脂的哈败气味。

4.2 理化指标检验

4.2.1 单硬脂酸甘油酯含量

4.2.1.1 试剂和溶液

　　a. 甘油(GB 687)：分析纯。

　　b. 高碘酸(HG/T 3-1086)，分析纯：2.7 g 高碘酸溶于 50 mL 蒸馏水中，然后再加 950 mL 冰乙酸，将溶液避光保存。

　　c. 冰乙酸(GB 676)：分析纯。

　　d. 三氯甲烷(GB 682)：分析纯。

　　e. 高氯酸(GB 623)，分析纯，56％溶液：10 mL 高氯酸(约 70％浓度)，加 4.4 mL 冰乙酸，摇匀即成(即配即用)。

　　f. 碘化钾(GB 1272)，分析纯，15％溶液：15 g 碘化钾用水定容于 100 mL 容量瓶，贮存于棕色瓶中。

　　g. 1％淀粉指示液：按 GB 603 方法配制。

　　h. 0.1 mol/L 硫代硫酸钠标准溶液：按 GB 601 方法配制和标定。

4.2.1.2 试剂的适用性鉴别

4.2.1.2.1 高碘酸的测定：将 0.5～0.6 g 甘油溶于 50 mL 蒸馏水中，加入 50 mL 高碘酸溶液，另加 50 mL 高碘酸溶液于 50 mL 蒸馏水中作一空白对照。将制备的溶液和空白试剂放置 30 min，然后按照 4.2.1.4 的操作步骤分别进行滴定。用空白滴定校正后，高碘酸溶液的滴定比值应在 0.75～0.76 之间，否则此高碘酸试剂不符合本实验要求。

4.2.1.2.2 三氯甲烷的测定：取两份 50 mL 高碘酸溶液(经以上检测符合要求的)，分别加入 50 mL 三氯甲烷和 50 mL 蒸馏水，然后按 4.2.1.4 方法滴定。两者的滴定值之差应不高于 0.5 mL，否则此三氯甲烷试剂不符合本实验要求。

4.2.1.3 样品的制备

　　样品必须是均质的，如果需要熔化，熔化的温度不应超过其凝固点 10℃，过分加热会导致样品的单硬脂酸甘油酯含量减少。若样品含有游离甘油，这类样品应在激烈搅拌下完全熔化均一后才取样称量并测定。

4.2.1.4 操作步骤

　　称取样品 0.15～0.17 g(准确至 0.000 2 g)，将样品溶解在三氯甲烷中，移入 50 mL 容量瓶内，以三氯甲烷定容，充分摇匀，然后全部倒入 250 mL 分液漏斗，并加 50 mL 蒸馏水，分四次冲洗干净器皿，一起并入分液漏斗，加塞塞紧，激烈摇动内容物 1 min(中间倒置排气两次)，然后静置到混合物水相和三氯甲烷层分开，约需 1～3 h(如形成乳化液，不能分离时，可用 50 mL 5％乙酸溶液代替蒸馏水重做)，分离后，三氯甲烷层必须是澄清的，或稍有混浊。

　　用移液管吸 25.00 mL 高碘酸试液于 500 mL 碘量瓶中，加入 25.00 mL 三氯甲烷样品溶液，另加入 0.04 mL 56％的高氯酸溶液，振摇碘量瓶，使轻轻地混合。空白对照与样品测定相同，不同的只是用 25 mL 三氯甲烷代替样品溶液。暗处放置 30 min，使充分作用[注意：此时温度(即液温)绝不许超过 20℃，若气温过高，可用冰水隔层冷却]。加入 15％碘化钾溶液 10 mL，振摇混合，放置 1～5 min，避免强烈阳光。加入 100 mL 冷蒸馏水，电磁搅拌混合，并以 0.1 mol/L 标准硫代硫酸钠溶液进行滴定。滴至水层中碘由棕色至浅黄，加入 1％淀粉指示液 2 mL，继续滴定至蓝色完全消失(注意：应激烈搅拌，必须使三氯甲烷层内碘完全转入水层)为止,记录消耗硫代硫酸钠标准溶液毫升数,同样做空白试验.样品所消耗的硫代硫酸钠标准溶液的量与空白滴定消耗硫代硫酸钠标准溶液的量之比,其值应为 0.8 或稍大些;否则可用一个量小些的样品重新测定。若空白滴定数减去样品滴定数少于 2 mL 时,则用一个稍大些的样品,重新测定。

4.2.1.5 结果计算

$$X = \frac{1.15(V_0 - V_1) \times c \times 0.344\,5}{m} \times 100 \qquad\cdots\cdots\cdots\cdots\cdots\cdots (1)$$

式中：X——单硬脂酸甘油酯含量,%；

　　1.15——校正系数；

　　V_0——空白滴定消耗硫代硫酸钠标准溶液体积,mL；

　　V_1——样品滴定消耗硫代硫酸钠标准溶液体积,mL；

　　c——硫代硫酸钠标准溶液的实际浓度,mol/L；

　　m——样品质量,g；

　0.344 5——与 1.00 mL 硫代硫酸钠标准滴定溶液[$c(2Na_2S_2O_3)=1.000\ \text{mol/L}$]相当的以克表示的单硬脂酸甘油酯的平均质量。

4.2.1.6 允许差

实验结果以两次平行测定结果的算术平均值为准(保留两位小数)。两次平行测定结果允许差为 1.00%。

4.2.2 碘值

4.2.2.1 试剂和溶液

　a. 盐酸(GB 622):化学纯,密度 1.19 kg/L。

　b. 高锰酸钾(GB 643):化学纯。

　c. 碘(GB 675):化学纯。

　d. 冰乙酸(GB 676):化学纯。

　e. 三氯甲烷(GB 682):化学纯。

　f. 碘化钾(GB 1272):化学纯,15%溶液。

　g. 0.5%淀粉指示液:按 GB 603 方法配制。

　h. 0.1 mol/L 硫代硫酸钠标准溶液:按 GB 601 方法配制和标定。

　i. 氯气:用盐酸滴加于高锰酸钾中,使产生的氯气先通入盛有密度 1.84 kg/L 硫酸洗气瓶干燥后,再通入碘溶液中。

　j. 韦氏液:先溶 13 g 碘于 1 000 mL 冰乙酸中,溶解时可略加热,溶液盛于 1 000 mL 棕色瓶里,冷却后作为碘溶液。从中倒出 100~200 mL 于另一棕色瓶中,置阴暗处供调整韦氏溶液之用。再通氯气于所剩碘溶液内,待其色由深色渐渐变淡直至橘红色透明为止。氯气通入量应使滴定所耗用硫代硫酸钠溶液量接近未通氯气前耗用硫代硫酸钠溶液量的一倍。通氯气也可适当过量,然后用预先留存之碘液加以调整。其校正方法为:各取 25 mL 碘液及新配制的韦氏溶液,加入 15%碘化钾溶液 20 mL,再各加 100 mL 蒸馏水,用 0.1 mol/L 硫代硫酸钠溶液滴定至溶液呈淡黄色时,加 1~2 mL 淀粉指示液,继续滴定至蓝色消失为止。新配制的韦氏溶液所消耗的硫代硫酸钠溶液量应将近一倍于碘溶液。

4.2.2.2 操作步骤

称取样品 2 g(准确至 0.000 2 g)于碘量瓶中,加入 20 mL 三氯甲烷,待样品溶解后由滴定管加入 10 mL 韦氏溶液,摇匀,以少量 15%碘化钾溶液湿润瓶塞,在 15~20℃放置暗处 30 min 后取出,再加入 15%碘化钾溶液 20 mL 及 100 mL 蒸馏水,用 0.1 mol/L 硫代硫酸钠溶液滴定,至溶液呈淡黄色时,加入 1~2 mL0.5%淀粉指示液,再继续滴定至溶液蓝色消失为止。同时在相同条件下做空白试验。

4.2.2.3 结果计算

$$X_1 = \frac{(V_0 - V_1) \times c \times 0.253\,8}{m} \times 100 \quad\cdots\cdots\cdots\cdots\cdots\cdots\cdots\cdots (2)$$

式中:X_1——碘值;

V_0——空白试验所用硫代硫酸钠标准溶液体积,mL;

V_1——试样所用硫代硫酸钠标准溶液体积,mL;

c——硫代硫酸钠标准溶液的实际浓度,mol/L;

m——样品质量,g;

0.253 8——与 1.00 mL 硫代硫酸钠标准滴定溶液[$c(Na_2S_2O_3)$=1.000 mol/L]相当的以克表示的碘的质量。

4.2.2.4 允许差

实验结果以两次平行测定结果的算术平均值为准(保留两位小数)。两次平行测定结果允许差为 0.20%。

4.2.3 凝固点的测定

按 GB 618 之规定进行。

4.2.4 游离酸的测定

4.2.4.1 试剂和溶液

  a. 95%乙醇(GB 679):分析纯。

  b. 0.1 mol/L 氢氧化钠标准溶液:按 GB 601 方法配制。

  c. 1%酚酞指示液:按 GB 603 方法配制。

4.2.4.2 操作步骤

称取样品 4 g(准确至 0.001 g),置于锥形瓶中,加 80~90 mL 中性乙醇,加热使其溶解后滴入 5~6 滴酚酞指示液,立即以 0.1 mol/L 氢氧化钠标准溶液滴定至呈微红色,并维持 30 s 不褪色为终点。

4.2.4.3 结果计算

$$X_2 = \frac{V \times c \times 0.284\,5}{m} \times 100 \quad\cdots\cdots\cdots\cdots\cdots\cdots\cdots\cdots (3)$$

式中:X_2——游离酸含量,%;

V——滴定消耗氢氧化钠标准溶液体积,mL;

c——氢氧化钠标准溶液的实际浓度,mol/L;

0.284 5——与 1.00 mL 氢氧化钠标准滴定溶液[$c(NaOH)$=1.000 mol/L]相当的以克表示的硬脂酸的质量;

m——样品质量,g。

4.2.4.4 允许差

实验结果以两次平行测定结果的算术平均值为准(保留两位小数)。两次平行测定结果允许差为 0.02%。

4.2.5 砷的测定

称取样品 5 g(称准至 0.1 g),按 GB 8450 中经干法消化之砷斑法进行。

4.2.6 重金属的测定

称取样品 5 g(称准至 0.1 g),按 GB 8451 中经干法消化之规定进行。

5 检验规则

5.1 本产品由生产厂的质量检验部门进行检验,生产厂应保证所有出厂的产品均符合本标准的要求。

5.2 每批产品出厂检验项目为感官、含量、凝固点、游离酸等四项。型式检验项目有碘值、砷、重金属三项,正常生产时每三个月进行一次。

5.3 本产品经最后混合具有质量均匀性的产品为一批。

5.4 抽样时应从每批箱数(n)中取数量为 $\sqrt{n}+1$ 的样箱,小批时不得少于 3 箱。从样箱中均匀取样,取样质量不得少于 100 g。将所取的试样混匀,分装两个清洁干燥样瓶中,一瓶作分析用,另一瓶作留样,并在样瓶上标明生产日期、产品名称及批号。

5.5 如果检验结果中有任何一项指标不符合本标准要求时,应重新自两倍量的包装中抽样进行复验,复验结果不合格者,则整批产品作不合格处理。

5.6 如果供需双方对产品质量发生异议时,由法定仲裁单位进行仲裁。

6 标志、包装、运输、贮存

6.1 包装上应涂有牢固的标志,标有"食品添加剂"字样,并标明生产厂名称、厂址、商标、产品名称、生产日期、批号、净重、保质期和产品标准代号、顺序号及生产许可证号。包装内应有质量检验合格证。

6.2 本产品包装内衬为食品用聚乙烯袋或洁净牛皮纸,装入木箱或纸箱中,再用塑料带加固,每箱净重 10 kg 或 20 kg。

6.3 本产品在运输中应注意防雨、防潮、防晒。搬运装卸应小心轻放,避免破损污染。

6.4 本产品应贮存在阴凉、干燥库房中,室温不得超过 40℃,应垫离地面 10 cm 以上,防止受潮。本产品从生产日期起,在原包装条件下保质期为两年。

6.5 本产品在贮运中不得与有毒物质混装、混运、混放。

附 录 A

蒸馏单硬脂酸甘油酯名称说明、化学式及相对分子质量

（参考件）

A1 名称说明

本标准中蒸馏单硬脂肪酸甘油酯是单硬脂酸和棕榈酸混合酸甘油酯，其含量大于或等于 90%。

A2 化学式

A2.1 结构式

$$CH_2OOC(CH_2)_nCH_3 \qquad n=14,16$$
$$|$$
$$CHOH$$
$$|$$
$$CH_2OH$$

A2.2 实验式

$$C_nH_{2n}O_4 \qquad n=19,21$$

A3 相对分子质量

A3.1 实验式中 $n=19$ 时，按 1987 年国际相对原子质量计：330.50。

实验式中 $n=21$ 时，按 1987 年国际相对原子质量计：358.56。

A3.2 本产品按平均相对分子质量计：344.53

附加说明：

本标准由中国轻工总会提出。

本标准由全国食品发酵标准化中心、卫生部食品卫生监督检验所归口。

本标准由广州食品添加剂技术开发公司负责起草，由广东省食品卫生监督检验所协助起草。

本标准主要起草人谢国强、陈志伟、梁颖涛、黄庆瑞、戴滢。

中华人民共和国国家标准

GB 25539—2010

食品安全国家标准
食品添加剂　双乙酰酒石酸单双甘油酯

2010-12-21 发布

2011-02-21 实施

中华人民共和国卫生部 发布

前　言

本标准的附录 A 为规范性附录。

食品安全国家标准
食品添加剂 双乙酰酒石酸单双甘油酯

1 范围

本标准适用于由双乙酰酒石酸与单、双脂肪酸甘油酯反应制得的食品添加剂双乙酰酒石酸单双甘油酯。

2 规范性引用文件

本标准中引用的文件对于本标准的应用是必不可少的。凡是注日期的引用文件,仅所注日期的版本适用于本标准。凡是不注日期的引用文件,其最新版本(包括所有的修改单)适用于本标准。

3 技术要求

3.1 感官要求:应符合表1的规定。

表 1 感官要求

项 目	要 求	检 验 方 法
色泽	浅黄或乳白色	取适量样品置于清洁、干燥的白瓷盘或烧杯中,在自然光线下,观察其色泽和组织状态,并嗅其味
气味	有乙酸味	
组织状态	室温下,液态、膏状或蜡状固体(片状或粉状)	

3.2 理化指标:应符合表2的规定。

表 2 理化指标

项 目	指 标	检验方法
总酒石酸,$w/\%$	10～40	附录A中A.3
总甘油,$w/\%$	11～28	附录A中A.4
总乙酸,$w/\%$	8～32	附录A中A.5
游离甘油,$w/\%$ ≤	2.0	附录A中A.6
灼烧残渣,$w/\%$ ≤	0.5	GB/T 9741[a]
铅(Pb)/(mg/kg) ≤	2	GB 5009.12
酸值(以 KOH 计)/(mg/g)	符合声称	附录A中A.7
皂化值(以 KOH 计)/(mg/g)	符合声称	附录A中A.8
[a] 样品称样量约 5 g。		

附　录　A
（规范性附录）
检　验　方　法

A.1　一般规定

除非另有说明，在分析中仅使用确认为分析纯的试剂和 GB/T 6682—2008 中规定的水。分析中所用标准滴定溶液、杂质测定用标准溶液、制剂及制品，在没有注明其他要求时，均按 GB/T 601、GB/T 602、GB/T 603 的规定制备。本试验所用溶液在未注明用何种溶剂配制时，均指水溶液。

A.2　鉴别试验

A.2.1　试剂和材料

  a)　乙醇。

  b)　乙酸铅试液：称取 9.5 g 乙酸铅结晶[$Pb(C_2H_3O_2)_2 \cdot 3H_2O$]，溶于刚煮沸后冷却的水中，并定容至 100 mL。

A.2.2　测定

称取 0.5 g 样品，溶于 10 mL 乙醇中，滴加乙酸铅试液，应生成白色絮状几乎不溶于水的沉淀。

A.3　总酒石酸的测定

A.3.1　试剂和材料

  a)　三氯甲烷（氯仿）。

  b)　酒石酸。

  c)　乙酸。

  d)　偏钒酸钠溶液：50 g/L。

  e)　氢氧化钾溶液：0.5 mol/L。

  f)　磷酸溶液：1+9。

  g)　酚酞指示液：10 g/L。

A.3.2　仪器和设备

  a)　分光光度计或装有 520 nm 过滤器的光电比色计。

  b)　长度为 65 cm 以上的空气冷凝器。

A.3.3　分析步骤

A.3.3.1　标准曲线的绘制

称取约 0.1 g 酒石酸（精确至 0.001 g），用水溶解并定容至 100 mL，混匀。准确吸取 0 mL、3.0 mL、4.0 mL、5.0 mL、6.0 mL 该溶液，分别置于 25 mL 比色管中，然后分别加水定容至 10 mL。向每个比色管中加入 4.0 mL 新鲜配制的偏钒酸钠溶液和 1.0 mL 乙酸。将空白样的吸光度设置为零，测定上述酒石酸溶液在 520 nm 波长处的吸光度(注:在显色后 10 min 内测定这些溶液)。

将获得的数据,以吸光度为纵坐标,对应酒石酸的质量(单位为 mg)为横坐标,绘制标准曲线。

A.3.3.2 试样液的制备

称取约 4 g 试样(精确至 0.001 g),转移至一个 250 mL 的锥形瓶中,加入 80 mL 浓度为 0.5 mol/L 的氢氧化钾溶液和 0.5 mL 酚酞指示液。将一个长度为 65 cm 以上的空气冷凝器连接到锥形瓶上,然后将混合物置于加热板上加热大约 2.5 h。趁热加入磷酸溶液直到刚果红试纸呈明显酸性。重新连接空气冷凝器并加热到脂肪酸液化并变得澄清。待混合物冷却后,加入少量水和氯仿,将混合物转移到一个 250 mL 的分液漏斗-1 中,用氯仿提取游离的脂肪酸,每次用 25 mL,连续 3 次。将萃出液集中于另一个分液漏斗-2 中,用水洗涤分液漏斗-2 中的萃出液,每次用 25 mL,连续 3 次,将洗液并入含有水相层的分液漏斗-1 中。转移分液漏斗-1 中所有水相层到一个 250 mL 的烧杯中,在蒸汽浴槽上加热以去除微量氯仿,然后经一张酸洗过的精密滤纸滤入一个 500 mL 的容量瓶中,加水稀释并定容至刻度(此为溶液 1)。准确吸取 25 mL 溶液 1,置于一个 100 mL 的容量瓶中,加水稀释并定容至刻度(此为溶液 2)。保留剩余的溶液 1,用来测定总甘油含量。

A.3.3.3 测定

准确吸取 10 mL 在 A.3.3.2 分析步骤中制备的溶液 2,置于一个 25 mL 的比色管中,然后按照 A.3.3.1"标准曲线的绘制"的分析步骤,从"向每个比色管中加入 4.0 mL……"开始继续操作,得到试样液的吸光度。根据标准曲线求得溶液 2 中酒石酸的质量。

A.3.4 结果计算

总酒石酸的含量 X_1 按公式(A.1)计算:

$$X_1 = \frac{m \times 20}{m_1} \times 100\% \qquad\qquad\qquad (A.1)$$

式中:

X_1——总酒石酸的含量,%;

m ——根据试样液的吸光度和标准曲线,求得的溶液 2 中酒石酸的质量,单位为毫克(mg);

20 ——稀释倍数;

m_1——试样的质量,单位为毫克(mg)。

实验结果以平行测定结果的算术平均值为准。在重复性条件下获得的两次独立测定结果之差不大于 1%。

A.4 总甘油的测定

A.4.1 试剂和材料

a) 冰乙酸。

b) 高碘酸溶液:将 2.7 g 高碘酸(H_5IO_6)溶于 50 mL 水中,加入 950 mL 冰乙酸,充分混合,此溶液需避光保存。

c) 碘化钾溶液:150 g/L。

d) 硫代硫酸钠标准滴定溶液:$c(Na_2S_2O_3) = 0.1$ mol/L。

e) 淀粉指示液:10 g/L。

A.4.2 分析步骤

准确吸取 5 mL 总酒石酸含量测定的 A.3.3.2 分析步骤中制备的溶液 1,此 5 mL 溶液 1 即为试样液,将试样液移入一个 250 mL 的玻璃塞锥形瓶或碘瓶中。向瓶中加入 15 mL 冰乙酸和 25 mL 高碘酸溶液,将该混合液振摇 1 min~2 min,静置 15 min,然后加入 15 mL 碘化钾溶液和 15 mL 水,摇匀后静置 1 min,用硫代硫酸钠标准滴定溶液滴定游离的碘,用淀粉指示液作为指示剂。用水代替试样液进行空白样滴定。经空白校正后的体积就是滴定 5 mL 溶液 1 中样品所含甘油和酒石酸所需消耗的硫代硫酸钠标准滴定溶液的毫升数$(V_0 - V_2)$。根据总酒石酸含量试验(A.3)中确定的酒石酸含量计算出滴定试样液中酒石酸所需消耗的硫代硫酸钠标准滴定溶液的毫升数(V_1)。

经空白校正后的体积与计算所得试样液中酒石酸所需消耗硫代硫酸钠标准滴定溶液的毫升数之差,即为试样液中甘油所需消耗硫代硫酸钠标准滴定溶液的毫升数。将得到的甘油质量除以试样液所对应试样的质量,即可求得总甘油的含量。

A.4.3 结果计算

总甘油的含量 X_2 按公式(A.2)计算:

$$X_2 = \frac{(V_0 - V_2 - V_1) \times c_2 \times M}{m_2} \times 100\% \quad \cdots\cdots\cdots\cdots\cdots\cdots (A.2)$$

式中:

X_2——总甘油的含量,%;

V_0——空白样滴定消耗硫代硫酸钠标准滴定溶液的体积,单位为毫升(mL);

V_2——试样液滴定消耗硫代硫酸钠标准滴定溶液的体积,单位为毫升(mL);

V_1——计算得到的试样液中酒石酸所需消耗的硫代硫酸钠标准滴定溶液的体积,单位为毫升(mL);

c_2——硫代硫酸钠标准滴定溶液的实际浓度,单位为摩尔每升(mol/L);

M——甘油($1/4\ C_3H_8O_3$)的摩尔质量的数值,单位为克每摩尔(g/mol)($M = 23.03$);

m_2——试样液(5 mL 溶液 1)所对应试样的质量,单位为毫克(mg)。

实验结果以平行测定结果的算术平均值为准。在重复性条件下获得的两次独立测定结果之差不大于 1%。

A.5 总乙酸的测定

A.5.1 试剂和材料

a) 高氯酸溶液:约 4 mol/L。

b) 酚酞指示液:10 g/L。

c) 氢氧化钠标准溶液:$c(\text{NaOH}) = 0.5$ mol/L。

A.5.2 仪器和设备

按照图 A.1 所示组装好一套改良的 Hortvet-Sellier 蒸馏仪器,使用足够大(大约 38 mm×203 mm)的 Sellier 内管和大型蒸馏阱。

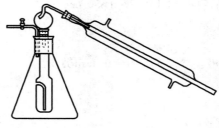

图 A.1 改良的 Hortvet-Sellier 蒸馏仪器

A.5.3 分析步骤

称取约 4 g 试样(精确至 0.001 g),转移至蒸馏仪器的内管中,并将内管插入一个外瓶中,外瓶中有约 300 mL 刚刚加热至沸腾的热水。往试样中加入 10 mL 浓度约为 4 mol/L 的高氯酸溶液。将内管通过蒸馏阱连接至一个水冷冷凝器,通过加热外瓶进行蒸馏,在 20 min～25 min 内收集 100 mL 蒸馏物。收集几份 100 mL 的蒸馏物,在每份试液(100 mL 蒸馏物)中加入酚酞指示液,用氢氧化钠标准溶液滴定。继续进行蒸馏,直到收集的 100 mL 蒸馏物只需不到 0.5 mL 的氢氧化钠标准溶液即可中和为止。(注意:切勿蒸干。)

A.5.4 结果结算

总乙酸含量 X_3 按公式(A.3)计算:

$$X_3 = \frac{V_3 \times c_3 \times M_1}{m_3} \times 100\% \qquad\qquad\qquad (A.3)$$

式中:

X_3——总乙酸的含量,%;

V_3——连续滴定消耗氢氧化钠标准溶液的总体积,单位为毫升(mL);

c_3——氢氧化钠标准溶液的实际浓度,单位为摩尔每升(mol/L);

M_1——乙酸($C_2H_4O_2$)的摩尔质量的数值,单位为克每摩尔(g/mol)($M_1 = 60.06$);

m_3——试样的质量,单位为毫克(mg)。

实验结果以平行测定结果的算术平均值为准。在重复性条件下获得的两次独立测定结果之差不大于 2%。

A.6 游离甘油的测定

A.6.1 试剂和材料

a) 冰乙酸。

b) 三氯甲烷(氯仿)。

c) 高碘酸溶液:溶解 2.7 g 高碘酸在 50 mL 水和 950 mL 乙酸的混合液中,避光保存在干净具塞玻璃瓶中。

d) 碘化钾溶液:150 g/L。

e) 硫代硫酸钠标准滴定溶液:$c(Na_2S_2O_3) = 0.1$ mol/L。

f) 淀粉指示液:10 g/L。

A.6.2 分析步骤

A.6.2.1 样品预处理

先将样品熔融(不超过其熔点 10 ℃的温度),并充分混合。称取 0.2 g～1.0 g 试样(精确至 0.000 1 g),放入 100 mL 烧杯中,加 25 mL 氯仿使之溶解。将此溶液移入一分液漏斗,另用 25 mL 氯仿淋洗烧杯,然后再用 25 mL 水清洗,所有洗液均移入分液漏斗中。加塞密闭,强烈震摇 30 s～60 s,然后静置使氯仿与水相分层(如形成乳浊状,则可加冰乙酸 1 mL～2 mL 破乳)。将水溶液层转入 500 mL 碘量瓶中,再分别用 25 mL 水萃取氯仿溶液两次。将萃取后的水溶液集中到同一碘量瓶中用于测定游离甘油的含量。

A.6.2.2 测定

样品预处理后,500 mL碘量瓶中装有萃取后的水相,加20.0 mL高碘酸溶液,同时用75 mL水代替样品做两只空白试验,静置30 min~90 min。在每一碘量瓶中各加15 mL碘化钾溶液,再放置1 min~5 min,加100 mL水,用硫代硫酸钠标准滴定溶液进行滴定,滴定时用一磁力搅拌器搅拌以保持溶液充分混合,至碘的棕色消褪后,加2 mL淀粉指示液,并继续滴至蓝色消褪为止。

A.6.3 结果计算

游离甘油含量X_4按公式(A.4)计算:

$$X_4 = \frac{(V_0 - V_4) \times c_4 \times M_2}{m_4 \times 1\,000} \times 100\% \quad\quad\quad\quad\quad\quad (A.4)$$

式中:

X_4——游离甘油的含量,%;

V_0——空白滴定消耗硫代硫酸钠标准滴定溶液的体积,单位为毫升(mL);

V_4——样品滴定消耗硫代硫酸钠标准滴定溶液的体积,单位为毫升(mL);

c_4——硫代硫酸钠标准滴定溶液的实际浓度,单位为摩尔每升(mol/L);

M_2——甘油(1/4 $C_3H_8O_3$)的摩尔质量的数值,单位为克每摩尔(g/mol)($M_2 = 23.03$);

m_4——试样的质量,单位为克(g)。

实验结果以平行测定结果的算术平均值为准。在重复性条件下获得的两次独立测定结果之差不大于0.2%。

A.7 酸值的测定

A.7.1 试剂和材料

a) 95%乙醇。

b) 氢氧化钾-乙醇标准滴定溶液:$c(KOH) = 0.1$ mol/L。

c) 酚酞指示液:10 g/L。

A.7.2 分析步骤

称取约0.6 g试样(精确至0.001 g),置于锥形瓶中,加入50 mL中性乙醇,加热使试样溶解,冷却后,加入2~3滴酚酞指示液,用0.1 mol/L氢氧化钾-乙醇标准滴定溶液滴定至呈微红色,并维持30 s不褪色为终点。

A.7.3 结果计算

酸值X_5按公式(A.5)计算:

$$X_5 = \frac{V_5 \times c_5 \times M_3}{m_5} \qu\quad\quad\quad\quad\quad\quad (A.5)$$

式中:

X_5——酸值,单位为毫克每克(mg/g)(以KOH计);

V_5——滴定时消耗的氢氧化钾-乙醇标准滴定溶液体积,单位为毫升(mL);

c_5——氢氧化钾-乙醇标准滴定溶液的浓度,单位为摩尔每升(mol/L);

M_3——氢氧化钾(KOH)的摩尔质量的数值,单位为克每摩尔(g/mol)($M_3 = 56.1$);

m_5——试样的质量,单位为克(g)。

实验结果以平行测定结果的算术平均值为准(保留一位小数)。在重复性条件下获得的两次独立测定结果之差不大于 2 mg/g。

A.8 皂化值的测定

A.8.1 试剂和材料

a) 95％乙醇。

b) 氢氧化钾-乙醇标准滴定溶液:$c(KOH)＝0.5$ mol/L。

c) 盐酸标准滴定溶液:$c(HCl)＝0.5$ mol/L。

d) 酚酞指示液:10 g/L。

A.8.2 分析步骤

称取约 0.7 g 试样(精确至 0.001 g),置于 250 mL 磨口锥形瓶中,加入 25 mL 氢氧化钾-乙醇标准滴定溶液,连接冷凝管,在 85 ℃±2 ℃ 恒温水浴上加热回流 1 h。稍冷后用 5 mL 乙醇淋洗冷凝管。取下锥形瓶,加入 3 滴酚酞指示液,用 0.5 mol/L 盐酸标准滴定溶液滴定至溶液的红色刚刚消失即为终点。同时做一空白试验。

A.8.3 结果计算

皂化值 X_6 按公式(A.6)计算:

$$X_6 = \frac{(V_0 - V_6) \times c_6 \times M_4}{m_6} \quad\quad\quad\quad\quad\quad (A.6)$$

式中:

X_6——皂化值,单位为毫克每克(mg/g)(以 KOH 计);

V_0——空白所消耗的盐酸标准滴定溶液体积,单位为毫升(mL);

V_6——试样所消耗的盐酸标准滴定溶液体积,单位为毫升(mL);

c_6——盐酸标准滴定溶液的实际浓度,单位为摩尔每升(mol/L);

M_4——氢氧化钾(KOH)的摩尔质量的数值,单位为克每摩尔(g/mol)($M_4＝56.1$);

m_6——试样的质量,单位为克(g)。

实验结果以平行测定结果的算术平均值为准(保留一位小数)。在重复性条件下获得的两次独立测定结果之差不大于 1 mg/g。

中华人民共和国国家标准

GB 25551—2010

食品安全国家标准

食品添加剂

山梨醇酐单月桂酸酯(司盘20)

2010-12-21 发布

2011-02-21 实施

中华人民共和国卫生部 发布

前　言

本标准的附录 A 为规范性附录。

食品安全国家标准

食品添加剂
山梨醇酐单月桂酸酯（司盘20）

1 范围

本标准适用于以月桂酸与失水山梨醇为原料，经酯化反应制得的食品添加剂山梨醇酐单月桂酸酯（司盘20）。

2 规范性引用文件

本标准中引用的文件对于本标准的应用是必不可少的。凡是注日期的引用文件，仅所注日期的版本适用于本标准。凡是不注日期的引用文件，其最新版本（包括所有的修改单）适用于本标准。

3 技术要求

3.1 感官要求：应符合表1的规定。

表 1 感官要求

项 目	要 求	检 验 方 法
色泽	常温下为琥珀色	取适量实验室样品，置于清洁、干燥的玻璃管中，在自然光线下，目视观察
组织性状	常温下为黏稠液体	

3.2 理化指标：应符合表2的规定。

表 2 理化指标

项 目		指 标	检 验 方 法
脂肪酸，w/%		56～68	附录 A 中 A.4
多元醇，w/%		36～49	附录 A 中 A.5
酸值（以 KOH 计）/(mg/g)	≤	7	附录 A 中 A.6
皂化值（以 KOH 计）/(mg/g)		155～170	附录 A 中 A.7
羟值（以 KOH 计）/(mg/g)		330～360	附录 A 中 A.8
水分，w/%	≤	1.5	附录 A 中 A.9
灼烧残渣，w/%	≤	0.50	附录 A 中 A.10
砷（As）/(mg/kg)	≤	3	附录 A 中 A.11
铅（Pb）/(mg/kg)	≤	2	附录 A 中 A.12

附 录 A
（规范性附录）
检 验 方 法

A.1 警示

试验方法规定的一些试验过程可能导致危险情况。操作者应采取适当的安全和防护措施。

A.2 一般规定

除非另有说明,在分析中仅使用确认为分析纯的试剂和 GB/T 6682—2008 中规定的三级水。

试验方法中所用标准滴定溶液、杂质测定用标准溶液、制剂及制品,在没有注明其他要求时,均按 GB/T 601、GB/T 602 和 GB/T 603 之规定制备。

A.3 鉴别试验

A.3.1 脂肪酸酸值的测定

A.3.1.1 试剂和材料

A.3.1.1.1 无水乙醇。

A.3.1.1.2 氢氧化钠标准滴定溶液:$c(NaOH)=0.5\ mol/L$。

A.3.1.1.3 酚酞指示液:10 g/L。

A.3.1.2 分析步骤

称取约 3 g A.4.3.2 中的凝固物 D,精确至 0.001 g,置于锥形瓶中,加入 50 mL 无水乙醇溶解,必要时加热。加入 5 滴酚酞指示液,用氢氧化钠标准滴定溶液滴定至溶液呈粉红色,保持 30 s 不褪色为终点。

A.3.1.3 结果计算

脂肪酸酸值 w_1,以氢氧化钾(KOH)计,数值以毫克每克(mg/g)表示,按公式(A.1)计算:

$$w_1 = \frac{VcM}{m} \quad\quad\quad\quad\quad\quad\quad\quad\cdots\cdots\cdots\cdots\cdots\cdots\cdots\cdots\cdots\ (A.1)$$

式中:

V ——氢氧化钠标准滴定溶液(A.3.1.1.2)的体积的数值,单位为毫升(mL);

c ——氢氧化钠标准滴定溶液浓度的准确数值,单位为摩尔每升(mol/L);

m ——试料质量的数值,单位为克(g);

M ——氢氧化钾的摩尔质量的数值,单位为克每摩尔(g/mol)[$M=56.109$]。

取两次平行测定结果的算术平均值为报告结果。两次平行测定结果的绝对差值不大于 0.5 mg/g。

A.3.1.4 结果判断

回收的脂肪酸酸值应为 270 mg/g～290 mg/g。

A.3.2 多元醇显色试验

取约 2 g A.5.2 中的黏稠物 E，加入 2 mL 邻苯二酚溶液（100 g/L）（现用现配），混匀，再加 5 mL 硫酸混匀，应显红色或红褐色。

A.4 脂肪酸的测定

A.4.1 方法提要

样品通过皂化水解，经酸化后生成的脂肪酸和多元醇，通过反复萃取分离及浓缩干燥，得到回收脂肪酸的质量，称量计算脂肪酸的质量分数。

A.4.2 试剂和材料

A.4.2.1 氢氧化钾。

A.4.2.2 乙醇（95%）。

A.4.2.3 石油醚。

A.4.2.4 硫酸溶液：1+2。

A.4.3 分析步骤

A.4.3.1 皂化：称取约 25 g 实验室样品，精确至 0.01 g。置于 500 mL 烧瓶中，加入 250 mL 乙醇（95%）和 7.5 g 氢氧化钾。连接冷凝器，置于水浴中加热回流 2 h。将皂化物转移至 800 mL 烧杯中，用约 200 mL 水洗涤烧瓶并转移至该烧杯中。将烧杯置于水浴中，蒸发直至乙醇挥发逸尽。用热水调节溶液的体积至约 250 mL，为溶液 A。

A.4.3.2 酸化、萃取分离：在加热搅拌下溶液 A 中加硫酸溶液，使其析出凝固物，再加入过量约 10% 的硫酸溶液，冷却分层。将上层凝固物转移至预先在 80 ℃ 质量恒定的 250 mL 烧杯中，3 次用 20 mL 热水洗涤，冷却后将洗液与下层溶液合并于 500 mL 分液漏斗中，3 次用 100 mL 石油醚提取，静置分层。将下层溶液 B 转移至 800 mL 烧杯中；合并石油醚提取液于第二个 500 mL 分液漏斗中，3 次用 100 mL 水洗涤。下层水洗液与溶液 B 合并为溶液 C，留作测定多元醇含量用；转移上层石油醚提取液于盛凝固物的烧杯中，置于水浴中浓缩至 100 mL，于 80 ℃ 干燥至质量恒定，得到回收的凝固物 D 作为脂肪酸的质量。称量后的凝固物 D 用于脂肪酸酸值的测定。

A.4.4 结果计算

脂肪酸的质量分数 w_2，数值以 % 表示，按公式（A.2）计算：

$$w_2 = \frac{m_2 - m_1}{m} \times 100\% \quad\quad\quad\quad\quad\quad\cdots\cdots\cdots\cdots\cdots\cdots（A.2）$$

式中：

m_1——250 mL 烧杯质量的数值，单位为克（g）；

m_2——250 mL 烧杯加凝固物 D 质量的数值，单位为克（g）；

m ——试料质量的数值，单位为克（g）。

取两次平行测定结果的算术平均值为报告结果。两次平行测定结果的绝对差值不大于 1%。

A.5 多元醇的测定

A.5.1 试剂和材料

A.5.1.1 无水乙醇。

A.5.1.2 氢氧化钾溶液:100 g/L。

A.5.2 分析步骤

用氢氧化钾溶液中和 A.4.3.2 中得到的溶液 C 至 pH 为 7(用 pH 试纸检验)。将此溶液置于水浴中蒸发至白色结晶析出。然后 4 次用 150 mL 热无水乙醇提取残留物中的多元醇,合并提取液,用 G4 玻璃漏斗过滤,无水乙醇洗涤。滤液转移至另一个 800 mL 烧杯中,置于水浴中浓缩至约 100 mL。再转移至预先在 80 ℃质量恒定的 250 mL 烧杯中,继续蒸发至黏稠状。在 80 ℃干燥至质量恒定,得到黏稠物 E 作为回收多元醇的质量。称量后的黏稠物 E 用于多元醇显色试验。

A.5.3 结果计算

多元醇质量分数 w_3 数值以%表示,按公式(A.3)计算:

$$w_3 = \frac{m_2 - m_1}{m} \times 100\% \qquad\cdots\cdots\cdots\cdots\cdots\cdots\cdots\cdots\cdots (A.3)$$

式中:

m_1——250 mL 烧杯的质量,单位为克(g);

m_2——250 mL 烧杯加黏稠物 E 的质量,单位为克(g);

m ——A.4.4 中试料质量,单位为克(g)。

取两次平行测定结果的算术平均值为报告结果。两次平行测定结果的绝对差值不大于 1%。

A.6 酸值的测定

A.6.1 试剂和材料

A.6.1.1 异丙醇。

A.6.1.2 甲苯。

A.6.1.3 氢氧化钠标准滴定溶液:$c(NaOH) = 0.1$ mol/L。

A.6.1.4 酚酞指示液:10 g/L。

A.6.2 分析步骤

称取约 2.5 g 实验室样品,精确至 0.000 1 g,置于锥形瓶中,加入异丙醇和甲苯各 40 mL,加热使其溶解。加入 5 滴酚酞指示液,用氢氧化钠标准滴定溶液滴定至溶液呈粉红色,保持 30 s 不褪色为终点。

A.6.3 结果计算

酸值 w_4,以氢氧化钾(KOH)计,数值以毫克每克(mg/g)表示,按公式(A.4)计算:

$$w_4 = \frac{V_1 c M}{m_1} \qquad\cdots\cdots\cdots\cdots\cdots\cdots\cdots\cdots\cdots (A.4)$$

式中：

V_1——氢氧化钠标准滴定溶液(A.6.1.3)的体积的数值，单位为毫升(mL)；

c ——氢氧化钠标准滴定溶液浓度的准确数值，单位为摩尔每升(mol/L)；

m_1——试料质量的数值，单位为克(g)；

M ——氢氧化钾的摩尔质量的数值，单位为克每摩尔(g/mol)[$M=56.109$]。

取两次平行测定结果的算术平均值为报告结果。两次平行测定结果的绝对差值不大于 0.2 mg/g。

A.7 皂化值的测定

A.7.1 试剂和材料

A.7.1.1 无水乙醇。

A.7.1.2 氢氧化钾乙醇溶液：40 g/L。

A.7.1.3 盐酸标准滴定溶液：$c(HCl)=0.5$ mol/L。

A.7.1.4 酚酞指示液：10 g/L。

A.7.2 分析步骤

称取约 2 g 实验室样品，精确至 0.000 1 g，置于 250 mL 磨口锥形瓶中，加入 25 mL±0.02 mL 氢氧化钾乙醇溶液，连接冷凝管，置于水浴中加热回流 1 h，稍冷后用 10 mL 无水乙醇淋洗冷凝管，取下锥形瓶，加入 5 滴酚酞指示液，用盐酸标准滴定溶液滴定至溶液的红色刚刚消失，加热试液至沸。若出现粉红色，继续滴定至红色消失即为终点。

在测定的同时，按与测定相同的步骤，对不加试料而使用相同数量的试剂溶液做空白试验。

A.7.3 结果计算

皂化值 w_5，以氢氧化钾(KOH)计，数值以毫克每克(mg/g)表示，按公式(A.5)计算：

$$w_5 = \frac{(V_0 - V_2)cM}{m_2} \quad\cdots\cdots\cdots\cdots\cdots\cdots\cdots\cdots(A.5)$$

式中：

V_2——试料消耗盐酸标准滴定溶液(A.7.1.3)体积的数值，单位为毫升(mL)；

V_0——空白试验消耗盐酸标准滴定溶液(A.7.1.3)体积的数值，单位为毫升(mL)；

c ——盐酸标准滴定溶液浓度的准确数值，单位为摩尔每升(mol/L)；

m_2——试料质量的数值，单位为克(g)；

M ——氢氧化钾的摩尔质量的数值，单位为克每摩尔(g/mol)[$M=56.109$]。

取两次平行测定结果的算术平均值为报告结果。两次平行测定结果的绝对差值不大于 1 mg/g。

A.8 羟值的测定

A.8.1 试剂和材料

A.8.1.1 吡啶：以酚酞为指示剂，用盐酸溶液(1+110)中和。

A.8.1.2 正丁醇：以酚酞为指示剂，用氢氧化钾乙醇标准滴定溶液中和。

A.8.1.3 乙酰化剂：乙酸酐与吡啶按 1+3 混匀，贮存于棕色瓶中。

A.8.1.4 氢氧化钾乙醇标准滴定溶液：$c(KOH)=0.5$ mol/L。

A.8.1.5 酚酞指示液:10 g/L。

A.8.2 分析步骤

称取约 0.6 g 实验室样品,精确至 0.000 1 g,置于 250 mL 磨口锥形瓶中,加入 5 mL±0.02 mL 乙酰化剂,连接冷凝管,置于水浴中加热回流 1 h。从冷凝管上端加入 10 mL 水于锥形瓶中,继续加热 10 min 后,冷却至室温。用 15 mL 正丁醇冲洗冷凝管,拆下冷凝管,再用 10 mL 正丁醇冲洗瓶壁。加入 8 滴酚酞指示液,用氢氧化钾乙醇标准滴定溶液滴定至溶液呈粉红色即为终点。

在测定的同时,按与测定相同的步骤,对不加试料而使用相同数量的试剂溶液做空白试验。

为校正游离酸,称取约 10 g 实验室样品,精确至 0.01 g。置于锥形瓶中,加入 30 mL 吡啶,加入 5 滴酚酞指示液,用氢氧化钾乙醇标准滴定溶液滴定至溶液呈粉红色。

A.8.3 结果计算

羟值 w_6,以氢氧化钾(KOH)计,数值以毫克每克(mg/g)表示,按公式(A.6)计算:

$$w_6 = \frac{(V_0 - V_3)cM}{m_3} + \frac{V_4 cM}{m_0} \quad\cdots\cdots\cdots\cdots\cdots\cdots\cdots\cdots\cdots (A.6)$$

式中:

V_3——试料消耗氢氧化钾乙醇标准滴定溶液(A.8.1.4)体积的数值,单位为毫升(mL);

V_0——空白试验消耗氢氧化钾乙醇标准滴定溶液(A.8.1.4)体积的数值,单位为毫升(mL);

V_4——校正游离酸消耗氢氧化钾乙醇标准滴定溶液(A.8.1.4)体积的数值,单位为毫升(mL);

c ——氢氧化钾乙醇标准滴定溶液浓度的准确数值,单位为摩尔每升(mol/L);

m_3——羟值测定时试料质量的数值,单位为克(g);

m_0——校正游离酸测定时试料质量的数值,单位为克(g);

M ——氢氧化钾的摩尔质量的数值,单位为克每摩尔(g/mol)[M=56.109]。

取两次平行测定结果的算术平均值为报告结果。两次平行测定结果的绝对差值不大于 4 mg/g。

A.9 水分的测定

称取约 0.6 g 实验室样品,精确至 0.000 2 g。置于 25 mL 烧杯中,加入少量三氯甲烷加热溶解并转移至 25 mL 容量瓶中,用三氯甲烷冲洗烧杯数次,一并转入容量瓶中,稀释至刻度。量取 5 mL±0.02 mL 该试样溶液,按 GB/T 6283 中直接电量法测定。

取两次平行测定结果的算术平均值为报告结果。两次平行测定结果的绝对差值不大于 0.05%。

A.10 灼烧残渣的测定

按 GB/T 7531 进行。灼烧温度为 850 ℃±25 ℃。

A.11 砷的测定

按 GB/T 5009.76 砷斑法进行。按"湿法消解"处理样品,测定时量取 10 mL±0.02 mL 试样溶液(相当于 1.0 g 实验室样品)。

限量标准液的配制:用移液管移取 3 mL±0.02 mL 砷(As)标准溶液(相当于 3 μg As),与试样同时同样处理。

A.12　铅的测定

A.12.1　比色法（仲裁法）

按 GB/T 5009.75 进行。样品的处理：称取约 2.5 g 实验室样品，精确至 0.000 1 g，置于 50 mL 坩埚中，先在低温下炭化，然后在 500 ℃～550 ℃灰化，冷却后，加入 5 mL 硝酸溶液（1+1），搅拌使之溶解，加水 10 mL 转移至 25 mL 容量瓶中，用水稀释至刻度，摇匀。

A.12.2　原子吸收光谱法

按 GB 5009.12 进行。按 GB/T 5009.75"干法消解"处理样品。采用石墨炉原子吸收光谱法时，可视样品情况将试样溶液进行适当的稀释。

中华人民共和国国家标准

GB 25552—2010

食品安全国家标准
食品添加剂　山梨醇酐单棕榈酸酯
（司盘 40）

2010-12-21 发布

2011-02-21 实施

中华人民共和国卫生部 发布

前　言

本标准的附录 A 为规范性附录。

食品安全国家标准

食品添加剂　山梨醇酐单棕榈酸酯（司盘 40）

1　范围

本标准适用于棕榈酸与失水山梨醇酯化反应制得的食品添加剂山梨醇酐单棕榈酸酯（司盘 40）。

2　规范性引用文件

本标准中引用的文件对于本标准的应用是必不可少的。凡是注日期的引用文件，仅所注日期的版本适用于本标准。凡是不注日期的引用文件，其最新版本（包括所有的修改单）适用于本标准。

3　技术要求

3.1　感官要求：应符合表 1 的规定。

表 1　感官要求

项　　目	要　　求	检验方法
色泽	淡黄色	取适量实验室样品，置于清洁、干燥的白瓷盘中，在自然光线下，目视观察
组织状态	蜡状物	

3.2　理化指标：应符合表 2 的规定。

表 2　理化指标

项　　目		指　标	检验方法
脂肪酸，$w/\%$		63～71	附录 A 中 A.4
多元醇，$w/\%$		33～38	附录 A 中 A.5
酸值（以 KOH 计）/(mg/g)	≤	7	附录 A 中 A.6
皂化值（以 KOH 计）/(mg/g)		140～155	附录 A 中 A.7
羟值（以 KOH 计）/(mg/g)		270～305	附录 A 中 A.8
水分，$w/\%$	≤	1.5	附录 A 中 A.9
灼烧残渣，$w/\%$	≤	0.50	附录 A 中 A.10
砷（As）/(mg/kg)	≤	3	附录 A 中 A.11
铅（Pb）/(mg/kg)	≤	2	附录 A 中 A.12

附 录 A

（规范性附录）

检 验 方 法

A.1 警示

试验方法规定的一些试验过程可能导致危险情况。操作者应采取适当的安全和防护措施。

A.2 一般规定

除非另有说明,在分析中仅使用确认为分析纯的试剂和 GB/T 6682—2008 中规定的三级水。

试验方法中所用标准滴定溶液、杂质测定用标准溶液、制剂及制品,在没有注明其他要求时,均按 GB/T 601、GB/T 602 和 GB/T 603 之规定制备。

A.3 鉴别试验

A.3.1 脂肪酸酸值的测定

A.3.1.1 试剂和材料

A.3.1.1.1 无水乙醇。

A.3.1.1.2 氢氧化钠标准滴定溶液:$c(NaOH)=0.5 \text{ mol/L}$。

A.3.1.1.3 酚酞指示液:10 g/L。

A.3.1.2 分析步骤

称取约 3 g A.4.3.2 中的凝固物 D,精确至 0.001 g,置于锥形瓶中,加入 50 mL 无水乙醇溶解,必要时加热。加入 5 滴酚酞指示液,用氢氧化钠标准滴定溶液滴定至溶液呈粉红色,保持 30 s 不褪色为终点。

A.3.1.3 结果计算

脂肪酸酸值 w_1,以氢氧化钾(KOH)计,数值以毫克每克(mg/g)表示,按公式(A.1)计算:

$$w_1 = \frac{VcM}{m} \quad\quad\quad\quad\quad\quad\quad\quad\quad (A.1)$$

式中:

V ——氢氧化钠标准滴定溶液(A.3.1.1.2)的体积的数值,单位为毫升(mL);

c ——氢氧化钠标准滴定溶液浓度的准确数值,单位为摩尔每升(mol/L);

m ——试料质量的数值,单位为克(g);

M ——氢氧化钾的摩尔质量的数值,单位为克每摩尔(g/mol)[$M=56.109$]。

取两次平行测定结果的算术平均值为报告结果。两次平行测定结果的绝对差值不大于 0.5 mg/g。

A.3.1.4 结果判断

回收的脂肪酸酸值应为 210 mg/g～ 225 mg/g(以 KOH 计)。

A.3.2　多元醇显色试验

取约 2 g A.5.2 中的黏稠物 E,加入 2 mL 邻苯二酚溶液(100 g/L)(现用现配),混匀,再加 5 mL 硫酸混匀,应显红色或红褐色。

A.4　脂肪酸的测定

A.4.1　方法提要

样品通过皂化水解,经酸化后生成的脂肪酸和多元醇,通过反复萃取分离及浓缩干燥,得到回收脂肪酸的质量,称量计算脂肪酸的质量分数。

A.4.2　试剂和材料

A.4.2.1　氢氧化钾。

A.4.2.2　乙醇(95%)。

A.4.2.3　石油醚。

A.4.2.4　硫酸溶液:1+2。

A.4.3　分析步骤

A.4.3.1　皂化:称取约 25 g 实验室样品,精确至 0.01 g。置于 500 mL 烧瓶中,加入 250 mL 乙醇 (95%)和 7.5 g 氢氧化钾。连接冷凝器,置于水浴中加热回流 2 h。将皂化物转移至 800 mL 烧杯中,用约 200 mL 水洗涤烧瓶并转移至该烧杯中。将烧杯置于水浴中,蒸发直至乙醇挥发逸尽。用热水调节溶液的体积至约 250 mL,为溶液 A。

A.4.3.2　酸化、萃取分离:在加热搅拌下溶液 A 中加硫酸溶液,使其析出凝固物,再加入过量约 10% 的硫酸溶液,冷却分层。将上层凝固物转移至预先在 80 ℃ 质量恒定的 250 mL 烧杯中,3 次用 20 mL 热水洗涤,冷却后将洗液与下层溶液合并于 500 mL 分液漏斗中,3 次用 100 mL 石油醚提取,静置分层。将下层溶液 B 转移至 800 mL 烧杯中;合并石油醚提取液于第二个 500 mL 分液漏斗中,3 次用 100 mL 水洗涤。下层水洗液与溶液 B 合并为溶液 C,留作测定多元醇含量用;转移上层石油醚提取液于盛凝固物的烧杯中,置于水浴中浓缩至 100 mL,于 80 ℃ 干燥至质量恒定,得到回收的凝固物 D 作为脂肪酸的质量。称量后的凝固物 D 用于脂肪酸酸值的测定。

A.4.4　结果计算

脂肪酸的质量分数 w_2,数值以% 表示,按公式(A.2)计算:

$$w_2 = \frac{m_2 - m_1}{m} \times 100\% \qquad\qquad\cdots\cdots\cdots\cdots\cdots\cdots\cdots(A.2)$$

式中:

m_1——250 mL 烧杯质量的数值,单位为克(g);

m_2——250 mL 烧杯加凝固物 D 质量的数值,单位为克(g);

m——试料质量的数值,单位为克(g)。

取两次平行测定结果的算术平均值为报告结果。两次平行测定结果的绝对差值不大于 1%。

A.5　多元醇的测定

A.5.1　试剂和材料

A.5.1.1　无水乙醇。

A.5.1.2 氢氧化钾溶液:100 g/L。

A.5.2 分析步骤

用氢氧化钾溶液中和 A.4.3.2 中得到的溶液 C 至 pH 为 7(用 pH 试纸检验)。将此溶液置于水浴中蒸发至白色结晶析出。然后 4 次用 150 mL 热无水乙醇提取残留物中的多元醇,合并提取液,用 G4 玻璃漏斗过滤,无水乙醇洗涤。滤液转移至另一个 800 mL 烧杯中,置于水浴中浓缩至约 100 mL。再转移至预先在 80 ℃质量恒定的 250 mL 烧杯中,继续蒸发至黏稠状。在 80 ℃干燥至质量恒定,得到黏稠物 E 作为回收多元醇的质量。称量后的黏稠物 E 用于多元醇显色试验。

A.5.3 结果计算

多元醇质量分数 w_3,数值以%表示,按公式(A.3)计算:

$$w_3 = \frac{m_2 - m_1}{m} \times 100\% \qquad\qquad\cdots\cdots\cdots\cdots\cdots\cdots\cdots\cdots\cdots (A.3)$$

式中:

m_1——250 mL 烧杯的质量,单位为克(g);

m_2——250 mL 烧杯加黏稠物 E 的质量,单位为克(g);

m ——A.4.4 中试料质量的数值,单位为克(g)。

取两次平行测定结果的算术平均值为报告结果。两次平行测定结果的绝对差值不大于 1%。

A.6 酸值的测定

A.6.1 试剂和材料

A.6.1.1 异丙醇。

A.6.1.2 甲苯。

A.6.1.3 氢氧化钠标准滴定溶液:$c(\text{NaOH}) = 0.1$ mol/L。

A.6.1.4 酚酞指示液:10 g/L。

A.6.2 分析步骤

称取约 2.5 g 实验室样品,精确至 0.000 1 g,置于锥形瓶中,加入异丙醇和甲苯各 40 mL,加热使其溶解。加入 5 滴酚酞指示液,用氢氧化钠标准滴定溶液滴定至溶液呈粉红色,保持 30 s 不褪色为终点。

A.6.3 结果计算

酸值 w_4,以氢氧化钾(KOH)计,数值以毫克每克(mg/g)表示,按公式(A.4)计算:

$$w_4 = \frac{V_1 c M}{m_1} \qquad\qquad\cdots\cdots\cdots\cdots\cdots\cdots\cdots\cdots\cdots (A.4)$$

式中:

V_1——氢氧化钠标准滴定溶液(A.6.1.3)的体积的数值,单位为毫升(mL);

c ——氢氧化钠标准滴定溶液浓度的准确数值,单位为摩尔每升(mol/L);

m_1——试料质量的数值,单位为克(g);

M ——氢氧化钾的摩尔质量的数值,单位为克每摩尔(g/mol)[$M = 56.109$]。

取两次平行测定结果的算术平均值为报告结果。两次平行测定结果的绝对差值不大于 0.2 mg/g。

A.7 皂化值的测定

A.7.1 试剂和材料

A.7.1.1 无水乙醇。

A.7.1.2 氢氧化钾乙醇溶液:40 g/L。

A.7.1.3 盐酸标准滴定溶液:$c(HCl)=0.5$ mol/L。

A.7.1.4 酚酞指示液:10 g/L。

A.7.2 分析步骤

称取约 2 g 实验室样品,精确至 0.000 1 g,置于 250 mL 磨口锥形瓶中,加入(25±0.02)mL 氢氧化钾乙醇溶液,连接冷凝管,置于水浴中加热回流 1 h,稍冷后用 10 mL 无水乙醇淋洗冷凝管,取下锥形瓶,加入 5 滴酚酞指示液,用盐酸标准滴定溶液滴定至溶液的红色刚刚消失,加热试液至沸。若出现粉红色,继续滴定至红色消失即为终点。

在测定的同时,按与测定相同的步骤,对不加试料而使用相同数量的试剂溶液做空白试验。

A.7.3 结果计算

皂化值 w_5,以氢氧化钾(KOH)计,数值以毫克每克(mg/g)表示,按公式(A.5)计算:

$$w_5 = \frac{(V_0 - V_2)cM}{m_2} \quad\cdots\cdots\cdots\cdots\cdots\cdots\cdots\cdots(A.5)$$

式中:

V_2——试料消耗盐酸标准滴定溶液(A.7.1.3)体积的数值,单位为毫升(mL);

V_0——空白试验消耗盐酸标准滴定溶液(A.7.1.3)体积的数值,单位为毫升(mL);

c ——盐酸标准滴定溶液浓度的准确数值,单位为摩尔每升(mol/L);

m_2——试料质量的数值,单位为克(g);

M ——氢氧化钾的摩尔质量的数值,单位为克每摩尔(g/mol)[$M=56.109$]。

取两次平行测定结果的算术平均值为报告结果。两次平行测定结果的绝对差值不大于 1 mg/g。

A.8 羟值的测定

A.8.1 试剂和材料

A.8.1.1 吡啶:以酚酞为指示剂,用盐酸溶液(1+110)中和。

A.8.1.2 正丁醇:以酚酞为指示剂,用氢氧化钾乙醇标准滴定溶液中和。

A.8.1.3 乙酰化剂:乙酸酐与吡啶按 1+3 混匀,贮存于棕色瓶中。

A.8.1.4 氢氧化钾乙醇标准滴定溶液:$c(KOH)=0.5$ mol/L。

A.8.1.5 酚酞指示液:10 g/L。

A.8.2 分析步骤

称取约 1 g 实验室样品,精确至 0.000 1 g,置于 250 mL 磨口锥形瓶中,加入(5±0.02)mL 乙酰化剂,连接冷凝管,置于水浴中加热回流 1 h。从冷凝管上端加入 10 mL 水于锥形瓶中,继续加热 10 min 后,冷却至室温。用 15 mL 正丁醇冲洗冷凝管,拆下冷凝管,再用 10 mL 正丁醇冲洗瓶壁。加入 8 滴酚酞指示液,用氢氧化钾乙醇标准滴定溶液滴定至溶液呈粉红色即为终点。

在测定的同时,按与测定相同的步骤,对不加试料而使用相同数量的试剂溶液做空白试验。

为校正游离酸,称取约 10 g 实验室样品,精确至 0.01 g。置于锥形瓶中,加入 30 mL 吡啶,加入 5 滴酚酞指示液,用氢氧化钾乙醇标准滴定溶液滴定至溶液呈粉红色。

A.8.3 结果计算

羟值 w_6,以氢氧化钾(KOH)计,数值以毫克每克(mg/g)表示,按公式(A.6)计算:

$$w_6 = \frac{(V_0 - V_3)cM}{m_3} + \frac{V_4 cM}{m_0} \quad\cdots\cdots\cdots\cdots\cdots\cdots\cdots\cdots\cdots (\text{A.6})$$

式中:

V_3——试料消耗氢氧化钾乙醇标准滴定溶液(A.8.1.4)体积的数值,单位为毫升(mL);

V_0——空白试验消耗氢氧化钾乙醇标准滴定溶液(A.8.1.4)体积的数值,单位为毫升(mL);

V_4——校正游离酸消耗氢氧化钾乙醇标准滴定溶液(A.8.1.4)体积的数值,单位为毫升(mL);

c ——氢氧化钾乙醇标准滴定溶液浓度的准确数值,单位为摩尔每升(mol/L);

m_3——羟值测定时试料质量的数值,单位为克(g);

m_0——校正游离酸测定时试料质量的数值,单位为克(g);

M ——氢氧化钾的摩尔质量的数值,单位为克每摩尔(g/mol)[$M=56.109$]。

取两次平行测定结果的算术平均值为报告结果。两次平行测定结果的绝对差值不大于 4 mg/g。

A.9　水分的测定

称取约 0.6 g 实验室样品,精确至 0.000 2 g。置于 25 mL 烧杯中,加入少量三氯甲烷加热溶解并转移至 25 mL 容量瓶中,用三氯甲烷冲洗烧杯数次,一并转入容量瓶中,稀释至刻度。量取(5±0.02)mL 该试样溶液,按 GB/T 6283 中直接电量法测定。

取两次平行测定结果的算术平均值为报告结果。两次平行测定结果的绝对差值不大于 0.05%。

A.10　灼烧残渣的测定

按 GB/T 7531 进行。灼烧温度为(850±25)℃。

A.11　砷的测定

按 GB/T 5009.76 砷斑法进行。按"湿法消解"法处理样品,测定时量取(10±0.02)mL 试样溶液(相当于 1.0 g 实验室样品)。

限量标准液的配制:用移液管移取(3±0.02)mL 砷(As)标准溶液(相当于 3 μg As),与试样同时同样处理。

A.12　铅(Pb)的测定

A.12.1　比色法(仲裁法)

按 GB/T 5009.75 进行。样品的处理:称取约 2.5 g 实验室样品,精确至 0.000 1 g,置于 50 mL 坩埚中,先在低温下炭化,然后在 500 ℃～550 ℃灰化,冷却后,加入 5 mL 硝酸溶液(1+1),搅拌使之溶解,加水 10 mL 转移至 25 mL 容量瓶中,用水稀释至刻度,摇匀。

A.12.2　原子吸收光谱法

按 GB 5009.12 进行。按 GB/T 5009.75"干法消解"处理样品。采用石墨炉原子吸收光谱法时,可视样品情况将试样溶液进行适当的稀释。

中华人民共和国国家标准

GB 28302—2012

食品安全国家标准

食品添加剂 辛,癸酸甘油酯

2012-04-25 发布
2012-06-25 实施

中华人民共和国卫生部 发布

食品安全国家标准

食品添加剂 辛,癸酸甘油酯

1 范围

本标准适用于由辛酸、癸酸与甘油反应制得的食品添加剂辛,癸酸甘油酯。

2 结构式

$$H_2C—OCOR$$
$$|$$
$$HC—OCOR$$
$$|$$
$$H_2C—OCOR$$

其中:

R 可为 R_1 或 R_2

$R_1:C_8H_{17}$

$R_2:C_{10}H_{21}$

3 技术要求

3.1 感官要求:应符合表 1 的规定。

表 1 感官要求

项 目	要 求	检验方法
色泽	无色	取适量样品置于清洁、干燥的白瓷盘中,在自然光线下,观察其色泽和状态,并嗅其味
气味	无味	
状态	液态	

3.2 理化指标:应符合表 2 的规定。

表 2 理化指标

项 目		指 标	检验方法
过氧化值/(mmol/kg)	≤	1.0	GB/T 5538
碘值/(g/100 g)	≤	1.0	附录 A 中 A.2
酸值(以 KOH 计)/(mg/g)	≤	0.1	附录 A 中 A.3
皂化值(以 KOH 计)/(mg/g)		325~360	GB/T 5534
相对密度(20 ℃/4 ℃)		0.940~0.955	GB/T 5009.2
重金属(以 Pb 计)/(mg/kg)	≤	10	GB/T 5009.74
总砷(以 As 计)/(mg/kg)	≤	2	GB/T 5009.11

附 录 A

检 验 方 法

A.1 一般规定

本标准所用试剂和水,在没有注明其他要求时,均指分析纯试剂和 GB/T 6682—2008 中规定的三级水。分析中所用标准滴定溶液、杂质测定用标准溶液、制剂及制品,在没有注明其他要求时,均按 GB/T 601、GB/T 602、GB/T 603 的规定制备。分析中所用溶液在未注明用何种溶剂配制时,均指水溶液。

A.2 碘值的测定

A.2.1 试剂和材料

A.2.1.1 乙酸。

A.2.1.2 碘。

A.2.1.3 氯气。

A.2.1.4 环己烷-乙酸混合液:1+1。

A.2.1.5 碘化钾溶液:150 g/L。

A.2.1.6 淀粉指示液:10 g/L。

A.2.1.7 硫代硫酸钠标准滴定溶液:$c(Na_2S_2O_3)=0.1$ mol/L。

A.2.1.8 氯化碘溶液(韦氏溶液):

溶解 13 g 碘于 1 000 mL 乙酸中(溶解时略加热),然后置于 1 000 mL 棕色瓶中,冷却,此为碘溶液。量取 100 mL～200 mL 于另一棕色瓶中,置阴暗处供调整用。通入氯气至剩余的 800 mL～900 mL 碘溶液中,至溶液由深色渐渐变淡直至呈桔红色透明为止。氯气通入量按校正方法校正后,用预先留存的碘溶液予以调整。

校正方法:分别取碘溶液及新配制的氯化碘溶液(韦氏溶液)20.0 mL,分别加入碘化钾溶液 20 mL,再各加入 100 mL 水,用 0.1 mol/L 硫代硫酸钠标准滴定溶液滴定至溶液呈淡黄色时,加淀粉指示液 1 mL,继续滴定至蓝色消失为止。新配制的韦氏溶液所消耗的硫代硫酸钠标准滴定溶液的体积应接近于碘溶液的 2 倍。

A.2.2 分析步骤

称取 2 g～3 g 试样,精确至 0.001 g,置于碘量瓶中,加入环己烷-乙酸混合液 20 mL。待试样溶解后,用移液管加入韦氏溶液 25.0 mL,充分摇匀后置于 25 ℃左右的暗处保存 30 min。然后将碘量瓶从暗处取出,加入碘化钾溶液 20 mL,再加入水 100 mL,用硫代硫酸钠标准滴定溶液滴定,边摇边滴定至溶液呈淡黄色时,加淀粉指示液 1 mL,继续滴定至蓝色消失为止。同时做空白试验。

A.2.3 结果计算

碘值以质量分数 w_1 计,数值以克每百克(g/100 g)表示,按公式(A.1)计算:

$$w_1 = \frac{(V_1 - V_2) \times c_1 \times 0.126\,9}{m_1} \times 100 \quad\cdots\cdots\cdots\cdots\cdots\cdots\cdots\cdots (\text{A.1})$$

式中：

V_1 ——空白试验所消耗硫代硫酸钠标准滴定溶液体积的数值,单位为毫升(mL);

V_2 ——试样所消耗硫代硫酸钠标准滴定溶液体积的数值,单位为毫升(mL);

c_1 ——硫代硫酸钠标准滴定溶液浓度的准确数值,单位为摩尔每升(mol/L);

0.126 9——碘原子毫摩尔质量的数值,单位为克每毫摩尔(g/mmol)[$M(\text{I}) = 126.9$];

m_1 ——试样质量的数值,单位为克(g);

100 ——质量换算系数。

实验结果以平行测定结果的算术平均值为准。在重复性条件下获得的两次独立测试结果的绝对差值不大于 0.05 g/100 g,以大于 0.05 g/100 g 的情况不超过 5% 为前提。

A.3 酸值的测定

A.3.1 试剂和材料

A.3.1.1 氢氧化钾-乙醇标准滴定溶液:$c(\text{KOH}) = 0.1$ mol/L。

A.3.1.2 95%乙醇:以酚酞做指示剂,用氢氧化钾溶液中和至淡粉色。

A.3.1.3 酚酞指示液:10 g/L。

A.3.2 分析步骤

称取 15 g 试样,精确至 0.000 1 g,置于锥形瓶中,加入95%乙醇约 100 mL,加热使其溶解。加入酚酞指示液约 6 滴,立即以氢氧化钾-乙醇标准滴定溶液滴定至呈淡粉色,维持 30 s 不褪色为终点。

A.3.3 结果计算

酸值以氢氧化钾(KOH)的质量分数 w_2 计,数值以毫克每克(mg/g)表示,按公式(A.2)计算:

$$w_2 = \frac{V_3 \times c_2 \times 56.1}{m_2} \quad\cdots\cdots\cdots\cdots\cdots\cdots\cdots\cdots (\text{A.2})$$

式中：

V_3 ——试样所消耗氢氧化钾-乙醇标准滴定溶液体积的数值,单位为毫升(mL);

c_2 ——氢氧化钾-乙醇标准滴定溶液浓度的准确数值,单位为摩尔每升(mol/L);

56.1——氢氧化钾的摩尔质量的数值,单位为毫克每毫摩尔(mg/mmol);

m_2 ——试样质量的数值,单位为克(g)。

实验结果以平行测定结果的算术平均值为准。在重复性条件下获得的两次独立测试结果的绝对差值不大于 0.01 mg/g。

中华人民共和国国家标准

GB 28303—2012

食品安全国家标准

食品添加剂 辛烯基琥珀酸淀粉钠

2012-04-25 发布

2012-06-25 实施

中华人民共和国卫生部 发布

食品安全国家标准

食品添加剂 辛烯基琥珀酸淀粉钠

1 范围

本标准适用于以淀粉与辛烯基琥珀酸酐经酯化,同时可能经过酶处理、糊精化、酸处理、漂白处理而得的蒸煮或预糊化食品添加剂辛烯基琥珀酸淀粉钠。

2 技术要求

2.1 感官要求:应符合表 1 的规定。

表 1 感官要求

项 目	要 求	检验方法
色泽	白色至微黄色	取适量样品置于清洁、干燥的白瓷盘中,在自然光线下,观察其色泽和状态
状态	粉末、薄片或颗粒	

2.2 理化指标:应符合表 2 的规定。

表 2 理化指标

项 目		指 标	检验方法
二氧化硫残留量/(mg/kg)	≤	50(谷物) 10(其他)	附录 A 中 A.3
总砷(以 As 计)/(mg/kg)	≤	1.0	GB/T 5009.11
铅(Pb)/(mg/kg)	≤	2.0	GB 5009.12
辛烯基琥珀酸基团,w/%	≤	3.0	附录 A 中 A.4

附　录　A
检　验　方　法

A.1　一般规定

除非另有说明,在分析中仅使用确认为分析纯的试剂和 GB/T 6682 中规定的水。分析中所用标准滴定溶液、杂质测定用标准溶液、制剂及制品,在没有注明其他要求时,均按 GB/T 601、GB/T 602、GB/T 603 的规定制备。本试验所用溶液在未注明用何种溶剂配制时,均指水溶液。

A.2　鉴别试验

A.2.1　碘染色

将 1 g 样品加入到 20 mL 水中,配成悬浮液,滴入几滴碘液,颜色为深蓝色到棕红色。

A.2.2　铜还原

称取 2.5 g 样品,置于一长颈烧瓶里,加入 10 mL 稀盐酸(0.82 mol/L)和 70 mL 水,混合均匀,回流 3 h,冷却。取 0.5 mL 冷却溶液,加入 5 mL 热碱性酒石酸铜试液,产生大量红色沉淀物。

碱性酒石酸铜试液的配制,按如下步骤操作:

a)　溶液 A:取硫酸铜晶体($CuSO_4 \cdot 5H_2O$)34.66 g,晶体应无风化或吸潮迹象,加水溶解定容到500 mL。将此溶液保存在小型密封的容器中;

b)　溶液 B:取酒石酸钾钠晶体($KNaC_4H_4O_6 \cdot 4H_2O$)173 g 与氢氧化钠(NaOH)50 g,加水溶解定容到 500 mL。将此溶液保存在小型耐碱腐蚀的容器中;

c)　溶液 A 和溶液 B 等体积混合,即得碱性酒石酸铜试液。

A.3　二氧化硫残留量的测定

A.3.1　方法一(仲裁法)

A.3.1.1　试剂和材料

A.3.1.1.1　3%过氧化氢溶液:将 30%的过氧化氢溶液用水稀释到 3%。在使用之前,滴加 3 滴甲基红指示剂并用 0.01 mol/L 氢氧化钠溶液滴定至溶液呈黄色。如果滴定过了终点,则须另行配制。

A.3.1.1.2　0.01 mol/L 氢氧化钠标准溶液。

A.3.1.1.3　氮气:推荐使用高纯度氮气,并配有流量调节,使流量保持在 200 mL/min±10 mL/min。为了防止氧气混入氮气之中,可用氧气净化溶液如碱性焦酚收集阱。碱性焦酚收集阱的准备方法如下:在收集阱中放入 4.5 g 焦酚,通氮气 2 min~3 min,在收集阱内氮气保持一个大气压的条件下,加入氢氧化钾溶液(将 65 g 氢氧化钾溶于 85 mL 水中)。

注:为放热反应。

A.3.1.2 仪器和设备

A.3.1.2.1 反应装置

见图 A.1。

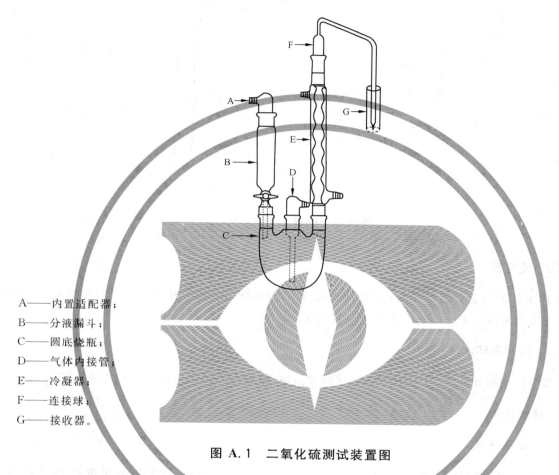

A——内置适配器;

B——分液漏斗;

C——圆底烧瓶;

D——气体内接管;

E——冷凝器;

F——连接球;

G——接收器。

图 A.1 二氧化硫测试装置图

图 A.1 中的装置用于在沸腾的盐酸水溶液中,选择性地将二氧化硫从样品中转移至3%过氧化氢溶液中。该装置比常规的装置更易于连接。由于3%过氧化氢溶液高度在球尖部以上,装置内的反压力是难以避免的,而部件 F 可以将反压力降低到尽可能低的程度,从而减少了由于泄漏造成二氧化硫损失的可能。

注:图 A.1 中,部件 D 需要配备软管连接,如果使用聚乙烯和石英管,在本程序使用前应经过预蒸煮。

应按图 A.1 要求连接整个装置,除分液漏斗和烧瓶间的连接外,其他所有连接件的密封面应涂上一薄层活塞润滑油。所有连接件应夹合紧密,以确保分析过程中的密封性。分液漏斗 B,体积应大于或等于 100 mL。应配备带有配备软管连接件的内置适配器 A,以确保内部溶液上方保持一定的压力。(不建议使用恒压滴定漏斗,因为冷凝水可能溶有二氧化硫,会附着在漏斗内壁或管壁)。圆底烧瓶 C,体积 1 000 mL,带有 3 个 24/40 mm 的锥形接口。气体内接管 D 应具有足够的长度,以确保引进的氮气可以达到烧瓶底部 2.5 cm 处。冷凝器 E 夹套长度应为 300 mm。连接球 F,是按图 A.2 要求订做的玻璃件,与 50 mL 量桶尺寸相同。3%过氧化氢溶液放置在接收器 G 中,其内径为 2.5 cm,长度为 18 cm。

长度单位为毫米

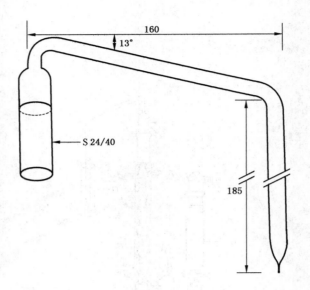

图 A.2　部件 F 结构图

A.3.1.2.2　滴定管

使用 10 mL 滴定管,配有溢流管和联有烧碱石棉管的软管连接,或相当的空气洗涤器装置。这样可以保证标准滴定液上方的空气中不含有二氧化碳。

A.3.1.2.3　冷却循环水浴

冷凝器应使用冷却液进行冷却,如 20％甲醇水溶液,流速应确保冷却器出口温度保持在 5 ℃。

A.3.1.3　分析步骤

A.3.1.3.1　样品处理

A.3.1.3.1.1　固体样品:在食品加工器或搅拌器中加入 50 g 样品,或相当数量的已知二氧化硫(500 μg～1 500 μg)含量的样品,加入 50 mL 5％的乙醇溶液,将混合物粗粉碎,用 50 mL 5％的乙醇溶液冲洗搅拌器,不断粉碎或搅拌,直到样品可以通过接口口径为 24/40 mm 的玻璃接口进入烧瓶(见图 A.1)。

A.3.1.3.1.2　液体样品:将 50 g,或相当数量的已知二氧化硫(500 μg～1 500 μg)含量的样品,与 100 mL 5％的乙醇溶液混合均匀。

A.3.1.3.2　测定准备

按照图 A.1 要求连接装置,烧瓶应连接功率可调的加热器。在烧瓶中加入 400 mL 蒸馏水。关闭分液漏斗的阀门,在漏斗中加入 90 mL 4 mol/L 盐酸。以 200 mL/min±10 mL/min 速度通入氮气。应同时启动冷凝器内冷却液。加入 30 mL 经标准液标定过的 3％过氧化氢溶液到接收器 G 中。15 min后,装置和水将被彻底脱氧,装置可以进行样品测试了。

A.3.1.3.3　蒸馏

取下分液漏斗,将样品的乙醇溶液定量加入到烧瓶中。用实验室纸巾将锥形连接处擦拭干净。在分液漏斗外部连接处涂上活塞润滑油。将分液漏斗重新安装。连接好以后,应立即恢复通过3%过氧化氢溶液的氮气流,检查连接处确保密封。

分液漏斗上方的橡胶球配有阀门,应保证盐酸溶液上方有足够的压力。打开分液漏斗阀门,使盐酸溶液流入烧瓶。持续保证溶液上方有足够的压力。必要时,可暂时关闭阀门以补充压力。为防止二氧化硫流失到分液漏斗,在最后几毫升从分液漏斗中流出之前,应关闭阀门。

连接电源进行加热,控制加热速度使每分钟的回流液为80滴~90滴。蒸馏1.75 h后,在上述回流速度下,冷却1 000 mL烧瓶中的内容物。并转移接收器G中的内容物。

A.3.1.3.4 滴定

加入3滴甲基红指示剂,用标准滴定液滴定上述溶液,直到黄色终点,并保证20 s内不褪色。

A.3.1.4 结果计算

二氧化硫残留量以二氧化硫的质量分数 w_1 计,数值以毫克每千克(mg/kg)表示,按公式(A.1)计算:

$$w_1 = \frac{64.06 \times V_1 \times c_1 \times 1\ 000}{2m_1} \quad\cdots\cdots\cdots\cdots\cdots\cdots\cdots\cdots(\text{A.1})$$

式中:

64.06——二氧化硫的摩尔质量,单位为克每摩尔(g/mol)[$M(SO_2)=64.06$];

V_1 ——滴定消耗的氢氧化钠标准溶液的体积,单位为毫升(mL);

c_1 ——氢氧化钠标准溶液的浓度,单位为摩尔每升(mol/L);

1 000——换算因子,将毫克换算为微克;

m_1 ——加到1 000 mL烧瓶中的样品质量,单位为克(g)。

A.3.2 方法二

按GB/T 5009.34规定的方法测定。

A.4 辛烯基琥珀酸基团的测定

A.4.1 试剂和材料

A.4.1.1 异丙醇。

A.4.1.2 异丙醇溶液:质量分数为90%。

A.4.1.3 盐酸-异丙醇溶液:量取21 mL盐酸,置于100 mL容量瓶中,小心用异丙醇稀释并定容至刻度,摇匀。

A.4.1.4 0.1 mol/L硝酸银溶液。

A.4.2 测定

称取5 g试样,精确到0.000 1 g,置于150 mL烧杯中,用约5 mL异丙醇润湿。加入盐酸-异丙醇溶液25 mL,淋洗烧杯壁上的试样,磁力搅拌30 min。再加入100 mL 90%异丙醇溶液,搅拌10 min,经布氏漏斗过滤试样液,用90%异丙醇溶液淋洗滤渣至洗出液无氯离子(用0.1 mol/L硝酸银溶液检验)。

将滤渣移入600 mL烧杯,用90%异丙醇溶液仔细淋洗布氏漏斗,洗液并入烧杯,加水至300 mL,

置于沸水浴中加热搅拌 10 min,趁热用 0.1 mol/L 氢氧化钠溶液滴定至酚酞终点。对原料淀粉做空白试验。

A.4.3 结果计算

辛烯基琥珀酸基团的含量以质量分数 w_2 计,数值以%表示,按公式(A.2)计算:

$$w_2 = \frac{(V_2 - V_0) \times c_2 \times 0.210}{m_2 \times (1 - w_0)} \times 100\% \quad\cdots\cdots\cdots\cdots\cdots\cdots\cdots\cdots (A.2)$$

式中:

V_2 ——滴定试样消耗的氢氧化钠溶液的体积,单位为毫升(mL);

V_0 ——滴定空白消耗的氢氧化钠溶液的体积,单位为毫升(mL);

c_2 ——氢氧化钠溶液的浓度,单位为摩尔每升(mol/L);

0.210——辛烯基琥珀酸基团的毫摩尔质量,单位为克每毫摩尔(g/mmol)[$M(C_{12}H_{18}O_3)=210$];

m_2 ——待测样品的质量,单位为克(g);

w_0 ——待测样品实际测得的干燥减量,%。

实验结果以平行测定结果的算术平均值为准。在重复性条件下获得的两次独立测试结果的绝对差值不大于 5%。

中华人民共和国国家标准

GB 29216—2012

食品安全国家标准
食品添加剂　丙二醇

2012-12-25 发布

2013-01-25 实施

中华人民共和国卫生部 发布

食品安全国家标准
食品添加剂　丙二醇

1　范围

本标准适用于以环氧丙烷和水为原料，直接水合法制得的食品添加剂丙二醇。

2　分子式、结构式和相对分子质量

2.1　分子式

$C_3H_8O_2$

2.2　结构式

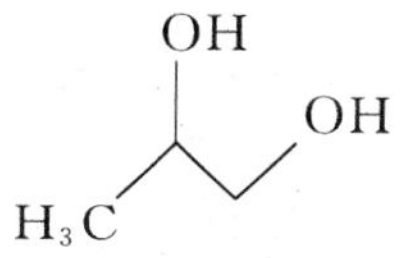

2.3　相对分子质量

76.10（按 2007 年国际相对原子质量）

3　技术要求

3.1　感官要求

应符合表 1 的规定。

表 1　感官要求

项目	要　　求	检验方法
色泽	无色	取适量样品，置于清洁、干燥的比色管中，在自然光线下，观察色泽和状态
状态	透明、无沉淀物和悬浮物的黏稠液体	

3.2　理化指标

应符合表 2 的规定。

表 2　理化指标

项　　目		指　标	检验方法
丙二醇含量，$w/\%$　　　　　　≥		99.5	附录 A 中 A.4
沸程	初馏点/℃　　　≥	185	GB/T 7534
	干点/℃　　　　≤	189	
相对密度(25 ℃/25 ℃)		1.035～1.037	GB/T 4472
水分，$w/\%$　　　　　　　　　≤		0.2	GB/T 6283
酸度		通过试验	附录 A 中 A.5
烧灼残渣，$w/\%$　　　　　　　≤		0.007	附录 A 中 A.6
铅(Pb)/(mg/kg)　　　　　　　≤		1	附录 A 中 A.7

附　录　A

检　验　方　法

A.1　警示

试验方法规定的一些试验过程可能导致危险情况,操作者应采取适当的安全和防护措施。

A.2　一般规定

除非另有说明,在分析中仅使用确认为分析纯的试剂和 GB/T 6682—2008 中规定的三级水。

试验方法中所用标准滴定溶液、杂质测定用标准溶液、制剂及制品,在没有注明其他要求时,均按 GB/T 601、GB/T 602 和 GB/T 603 之规定制备。所用溶液,没有指明时均指水溶液。

A.3　鉴别试验

采用红外吸收光谱法。样品的红外谱图与标准谱图比较,在波长 3 800 cm^{-1} 到 650 cm^{-1} 范围内的特征吸收峰应一致。

A.4　丙二醇含量的测定

A.4.1　方法提要

采用气相色谱法。在选定的色谱操作条件下,使样品汽化后经色谱柱分离,用热导检测器(TCD)检测,面积归一化法定量。

A.4.2　试剂和材料

氦气:体积分数≥99.9%。

A.4.3　仪器和设备

A.4.3.1　气相色谱仪:配有热导检测器(TCD),整机灵敏度和稳定性符合 GB/T 9722 的规定,线性范围满足分析要求。

A.4.3.2　色谱数据处理机或积分仪。

A.4.3.3　注射器:1 mL。

A.4.4　色谱操作条件

本标准推荐的色谱柱和色谱操作条件见表 A.1。其他能达到同等分离程度的色谱柱及色谱操作条件也可使用。

表 A.1　推荐的色谱柱和典型色谱操作条件

固定相	聚乙二醇-20M 涂敷在 0.25 mm～0.38 mm 的红色硅藻土担体上或适当的物料。固定液与担体质量分数比为 1∶25
填充色谱柱	不锈钢柱,1 m×8 mm(柱长×柱内径)
柱箱温度	初始温度 120 ℃,以 5 ℃/min 的速度升温到 200 ℃
汽化室温度/℃	240
检测器温度/℃	250
载气(He)流量/(mL/min)	75
进样量/μL	10

A.4.5　分析步骤

根据仪器说明书,调节仪器至表 A.1 所示的操作条件,待仪器稳定后即可进样测定。用校正面积归一化法定量。

色谱图中三个二丙二醇异构体的保留时间分别为 8.2 min、9.0 min 和 10.2 min。

A.4.6　结果计算

丙二醇的质量分数 w_1,按式(A.1)计算:

$$w_1 = \frac{A}{\sum A_i} \times (1 - w_3) \times 100\% \quad\cdots\cdots\cdots\cdots\cdots\cdots\cdots\cdots\cdots (A.1)$$

式中:

A ——丙二醇的峰面积;

A_i ——组分 i 的峰面积;

w_3 ——测定的试样中水的质量分数的数值。

取两次平行测定结果的算术平均值为测定结果。两次平行测定结果的绝对差值不大于 0.1%。

A.5　酸度的测定

A.5.1　试剂和材料

A.5.1.1　氢氧化钠标准滴定溶液:$c(\text{NaOH})=0.01$ mol/L。

A.5.1.2　酚酞指示液:10 g/L。

A.5.2　分析步骤

在 250 mL 锥形瓶中加入约 50 mL 水,加入 3～6 滴酚酞指示液,用氢氧化钠标准滴定溶液滴定至溶液呈粉红色并保持 30 s。称取约 50 g 试样,精确至 0.01 g,加入该锥形瓶中,用氢氧化钠标准滴定溶液滴定至溶液呈粉红色并保持 15 s,消耗氢氧化钠标准滴定溶液体积应不超过 1.67 mL。

A.6　灼烧残渣的测定

A.6.1　试剂和材料

硫酸。

A.6.2 仪器和设备

A.6.2.1 坩埚:100 mL。

A.6.2.2 高温炉:能控温度 800 ℃±25 ℃。

A.6.3 分析步骤

称取约 50 g 试样,精确至 0.01 g,置于坩埚中,加热至试样点燃,停止加热,待试样燃尽,冷却坩埚,加入 5 mL 硫酸润湿残渣并加热至白烟消失。将坩埚放入高温炉中,于 800 ℃±25 ℃灼烧 15 min,取出坩埚放至干燥器中冷却,称量。

A.6.4 结果计算

灼烧残渣的质量分数 w_2,按式(A.2)计算:

$$w_2 = \frac{(m_2 - m_1)}{m} \times 100\% \quad\cdots\cdots\cdots\cdots\cdots\cdots\cdots\cdots\cdots\cdots\cdots\cdots\cdots(A.2)$$

式中:

m_1——空坩埚质量的数值,单位为克(g);

m_2——坩埚加残渣质量的数值,单位为克(g);

m ——试样质量的数值,单位为克(g)。

A.7 铅(Pb)的测定

按 GB 5009.12 规定的方法进行测定,试样的处理按 GB/T 5009.75 进行。采用石墨炉原子吸收光谱法时,可视试样情况将试样溶液进行适当的稀释。

————————————

中华人民共和国国家标准

GB 29220—2012

食品安全国家标准

食品添加剂　山梨醇酐三硬脂酸酯（司盘65）

2012-12-25 发布　　　　　　　　　　2013-01-25 实施

中华人民共和国卫生部 发布

食品安全国家标准

食品添加剂　山梨醇酐三硬脂酸酯
（司盘65）

1　范围

本标准适用于以硬脂酸与失水山梨醇为原料，经酯化反应制得的食品添加剂山梨醇酐三硬脂酸酯（司盘65）。

2　化学名称

山梨醇酐三硬脂酸酯

3　技术要求

3.1　感官要求

应符合表1的规定。

表1　感官要求

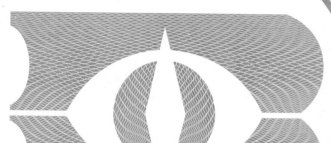

项　目	要　求	检验方法
色泽	常温下为黄色至白色	取适量试样，置于清洁、干燥的白瓷盘中，在自
状态	常温下为蜡状固体	然光线下目视观察色泽和状态

3.2　理化指标

应符合表2的规定。

表2　理化指标

项　目		指　标	检验方法
脂肪酸，$w/\%$		85～92	附录 A 中 A.4
多元醇，$w/\%$		14～21	附录 A 中 A.5
酸值（以 KOH 计）/(mg/g)	≤	15	附录 A 中 A.6
皂化值（以 KOH 计）/(mg/g)		176～188	附录 A 中 A.7
羟值（以 KOH 计）/(mg/g)		66～80	附录 A 中 A.8
水分，$w/\%$	≤	1.5	附录 A 中 A.9
灼烧残渣，$w/\%$	≤	0.50	GB/T 7531[a]

表 2（续）

项　目		指　标	检验方法
铅(Pb)/(mg/kg)	≤	2	GB 5009.12
凝固点/℃		47～50	附录 A 中 A.10
ᵃ 灼烧温度为 850 ℃±25 ℃。			

附　录　A
检　验　方　法

A.1　警示

试验方法规定的一些试验过程可能导致危险情况,操作者应采取适当的安全和防护措施。

A.2　一般规定

除非另有说明,在分析中仅使用确认为分析纯的试剂和 GB/T 6682—2008 中规定的三级水。

试验方法中所用标准滴定溶液、杂质测定用标准溶液、制剂及制品,在没有注明其他要求时,均按 GB/T 601、GB/T 602 和 GB/T 603 之规定制备。试验方法中所用溶液在未指明溶剂时,均指水溶液。

A.3　鉴别试验

A.3.1　脂肪酸酸值的测定

A.3.1.1　试剂和材料

A.3.1.1.1　无水乙醇。

A.3.1.1.2　氢氧化钠标准滴定溶液:$c(NaOH)＝0.5\ mol/L$。

A.3.1.1.3　酚酞指示液:10 g/L。

A.3.1.2　分析步骤

称取约 3 g A.4.3.2 中的凝固物 D,精确至 0.001 g,置于锥形瓶中,加入 50 mL 无水乙醇溶解,必要时加热。加入 5 滴酚酞指示液,用氢氧化钠标准滴定溶液滴定至溶液呈粉红色,保持 30 s 不褪色为终点。

A.3.1.3　结果计算

脂肪酸酸值 w_1,以氢氧化钾(KOH)计,数值以毫克每克(mg/g)表示,按式(A.1)计算:

$$w_1＝\frac{V_1 \times c \times M}{m} \qquad\cdots\cdots\cdots\cdots\cdots\cdots\cdots\cdots\cdots(A.1)$$

式中:

V_1——氢氧化钠标准滴定溶液的体积的数值,单位为毫升(mL);

c　——氢氧化钠标准滴定溶液浓度的准确数值,单位为摩尔每升(mol/L);

m　——试样质量的数值,单位为克(g);

M　——氢氧化钾的摩尔质量的数值,单位为克每摩尔(g/mol)[$M＝56.109$]。

取两次平行测定结果的算术平均值为报告结果。两次平行测定结果的绝对差值不大于 0.5(mg/g)。

A.3.1.4　结果判断

回收的脂肪酸酸值应为 190 mg/g～220 mg/g。

A.3.2 多元醇显色试验

A.3.2.1 试剂和材料

A.3.2.1.1 硫酸。

A.3.2.1.2 邻苯二酚溶液:100 g/L,现用现配。

A.3.2.2 分析步骤

取 A.5.2 中的黏稠物 E 约 2 g,加入 2 mL 邻苯二酚溶液,混匀;再加 5 mL 硫酸混匀,应显红或红褐色。

A.4 脂肪酸的测定

A.4.1 方法提要

样品通过皂化水解,经酸化后生成的脂肪酸和多元醇,通过反复萃取分离及浓缩干燥,得到回收脂肪酸的质量,称量计算脂肪酸的质量分数。

A.4.2 试剂和材料

A.4.2.1 氢氧化钾。

A.4.2.2 乙醇(95%)。

A.4.2.3 石油醚。

A.4.2.4 硫酸溶液:1+2。

A.4.3 分析步骤

A.4.3.1 皂化:称取约 25 g 试样,精确至 0.01 g。置于 500 mL 烧瓶中,加入 250 mL 乙醇(95%)和 7.5 g 氢氧化钾。连接冷凝器,置于水浴中加热回流 2 h。将皂化物转移至 800 mL 烧杯中,用约 200 mL 水洗涤烧瓶并转移至该烧杯中。将烧杯置于水浴上,蒸发直至乙醇挥发逸尽。用热水调节溶液的体积至约 250 mL,为溶液 A。

A.4.3.2 酸化、萃取分离:在加热搅拌下溶液 A 中加硫酸溶液,使其析出凝固物,再加入过量约 10% 的硫酸溶液,冷却分层。将上层凝固物转移至预先在 80 ℃质量恒定的 250 mL 烧杯中,3 次用 20 mL 热水洗涤,冷却后将洗液与下层溶液合并于 500 mL 分液漏斗中,3 次用 100 mL 石油醚提取,静置分层。将下层溶液 B 转移至 800 mL 烧杯中;合并石油醚提取液于第二个 500 mL 分液漏斗中,3 次用100 mL 水洗涤。下层水洗液与溶液 B 合并为溶液 C,留作测定多元醇含量用;转移上层石油醚提取液于盛凝固物的烧杯中,在水浴上浓缩至 100 mL,于 80 ℃干燥至质量恒定,得到回收的凝固物 D 作为脂肪酸的质量。称量后的凝固物 D 用作脂肪酸酸值的测定。

A.4.4 结果计算

脂肪酸的质量分数 w_2,按式(A.2)计算:

$$w_2 = \frac{m_2 - m_1}{m} \times 100\% \quad \cdots\cdots\cdots\cdots\cdots\cdots (A.2)$$

式中:

m_1——250 mL 烧杯质量的数值,单位为克(g);

m_2——250 mL 烧杯加凝固物 D 的质量的数值,单位为克(g);

m ——试样质量的数值,单位为克(g)。

取两次平行测定结果的算术平均值为报告结果。两次平行测定结果的绝对差值不应大于1%。

A.5 多元醇的测定

A.5.1 试剂和材料

A.5.1.1 无水乙醇。

A.5.1.2 氢氧化钾溶液:100 g/L。

A.5.2 分析步骤

用氢氧化钾溶液中和 A.4.3.2 中得到的溶液 C 至 pH 为7(用 pH 试纸检验)。将此溶液置于水浴上蒸发至白色结晶析出。然后4次用150 mL 热无水乙醇提取残留物中的多元醇,合并提取液,用 G4 玻璃漏斗(滤板孔径5 μm～15 μm)过滤,无水乙醇洗涤。滤液转移至另一个800 mL 烧杯中,在水浴上浓缩至约100 mL。再转移至预先在80 ℃干燥至质量恒定的250 mL 烧杯中,继续蒸发至黏稠状。在80 ℃干燥至质量恒定,得到黏稠物 E 作为回收多元醇的质量。称量后的黏稠物 E 用作多元醇显色试验。

A.5.3 结果计算

多元醇的质量分数 w_3,按式(A.3)计算:

$$w_3 = \frac{m_4 - m_3}{m} \times 100\% \quad\quad\quad\quad (A.3)$$

式中:

m_3 ——250 mL 烧杯的质量,单位为克(g);

m_4 ——250 mL 烧杯加黏稠物 E 的质量,单位为克(g);

m ——A.4.4 中试样质量的数值,单位为克(g)。

取两次平行测定结果的算术平均值为报告结果。两次平行测定结果的绝对差值不应大于1%。

A.6 酸值(以 KOH 计)的测定

A.6.1 试剂和材料

A.6.1.1 异丙醇。

A.6.1.2 甲苯。

A.6.1.3 氢氧化钠标准滴定溶液:$c(NaOH)=0.1$ mol/L。

A.6.1.4 酚酞指示液:10 g/L。

A.6.2 分析步骤

称取约2.5 g 试样,精确至0.000 2 g,置于锥形瓶中,加入异丙醇和甲苯各40 mL,加热使其溶解。加入5滴酚酞指示液,用氢氧化钠标准滴定溶液滴定至溶液呈粉红色,保持30 s 不褪色为终点。

A.6.3 结果计算

酸值 w_4,以氢氧化钾(KOH)计,数值以毫克每克(mg/g)表示,按式(A.4)计算:

$$w_4 = \frac{V_2 \times c \times M}{m} \quad\quad\quad\quad (A.4)$$

式中：

V_2——氢氧化钠标准滴定溶液的体积的数值，单位为毫升（mL）；

c ——氢氧化钠标准滴定溶液浓度的准确数值，单位为摩尔每升（mol/L）；

m ——试样质量的数值，单位为克（g）；

M——氢氧化钾的摩尔质量的数值，单位为克每摩尔（g/mol）[$M=56.109$]。

取两次平行测定结果的算术平均值为报告结果。两次平行测定结果的绝对差值不应大于 0.2 mg/g。

A.7 皂化值（以 KOH 计）的测定

A.7.1 试剂和材料

A.7.1.1 无水乙醇。

A.7.1.2 氢氧化钾乙醇溶液：40 g/L。

A.7.1.3 盐酸标准滴定溶液：$c(HCl)=0.5$ mol/L。

A.7.1.4 酚酞指示液：10 g/L。

A.7.2 分析步骤

称取约 2 g 试样，精确至 0.000 2 g，置于 250 mL 磨口锥形瓶中，加入 25 mL±0.02 mL 氢氧化钾乙醇溶液，连接冷凝管，于沸水浴中回流 1 h，稍冷后用 10 mL 无水乙醇淋洗冷凝管，取下锥形瓶，加入 5 滴酚酞指示液，用盐酸标准滴定溶液滴定至溶液的红色刚刚消失，加热试液至沸。若出现粉红色，继续滴定至红色消失即为终点。

在测定的同时，按与测定相同的步骤，对不加试样而使用相同数量的试剂溶液做空白试验。

A.7.3 结果计算

皂化值 w_5，以氢氧化钾（KOH）计，数值以毫克每克（mg/g）表示，按式（A.5）计算：

$$w_5 = \frac{(V_0 - V_3) \times c \times M}{m} \quad\quad\quad\quad\quad\quad\quad\quad (A.5)$$

式中：

V_0——试样消耗盐酸标准滴定溶液体积的数值，单位为毫升（mL）；

V_3——空白试验消耗盐酸标准滴定溶液体积的数值，单位为毫升（mL）；

c ——盐酸标准滴定溶液浓度的准确数值，单位为摩尔每升（mol/L）；

m ——试样质量的数值，单位为克（g）；

M——氢氧化钾的摩尔质量的数值，单位为克每摩尔（g/mol）[$M=56.109$]。

取两次平行测定结果的算术平均值为报告结果。两次平行测定结果的绝对差值不应大于 1 mg/g。

A.8 羟值（以 KOH 计）的测定

A.8.1 试剂和材料

A.8.1.1 吡啶：以酚酞为指示剂，用盐酸溶液（1+110）中和。

A.8.1.2 正丁醇：以酚酞为指示剂，用氢氧化钾乙醇标准滴定溶液中和。

A.8.1.3 乙酰化剂：乙酸酐与吡啶按 1+3 混匀，贮存于棕色瓶中。

A.8.1.4 氢氧化钾乙醇标准滴定溶液：$c(KOH)=0.5$ mol/L。

A.8.1.5 酚酞指示液：10 g/L。

A.8.2 分析步骤

称取约 1.2 g 试样,精确至 0.000 2 g,置于 250 mL 磨口锥形瓶中,加入 5 mL±0.02 mL 乙酰化剂,连接冷凝管,在水浴上加热回流 1 h。从冷凝管上端加入 10 mL 水于锥形瓶中,继续加热 10 min后,冷却至室温。用 15 mL 正丁醇冲洗冷凝管,拆下冷凝管,再用 10 mL 正丁醇冲洗瓶壁。加入 8 滴酚酞指示液,用氢氧化钾乙醇标准滴定溶液滴定至溶液呈粉红色即为终点。

在测定的同时,按与测定相同的步骤,对不加试样而使用相同数量的试剂溶液做空白试验。

为校正游离酸,称取约 10 g 试样,精确至 0.01 g。置于锥形瓶中,加入 30 mL 吡啶,加入 5 滴酚酞指示液,用氢氧化钾乙醇标准滴定溶液滴定至溶液呈粉红色。

A.8.3 结果计算

羟值 w_6,以氢氧化钾(KOH)计,数值以毫克每克(mg/g)表示,按式(A.6)计算:

$$w_6 = \frac{(V_0 - V_4) \times c \times M}{m} + \frac{V_5 \times c \times M}{m_5} \quad\cdots\cdots\cdots\cdots\cdots\cdots\cdots (A.6)$$

式中:

V_4——试样消耗氢氧化钾乙醇标准滴定溶液体积的数值,单位为毫升(mL);

V_0——空白试验消耗氢氧化钾乙醇标准滴定溶液体积的数值,单位为毫升(mL);

V_5——校正游离酸消耗氢氧化钾乙醇标准滴定溶液体积的数值,单位为毫升(mL);

c ——氢氧化钾乙醇标准滴定溶液浓度的准确数值,单位为摩尔每升(mol/L);

m ——羟值测定时试样质量的数值,单位为克(g);

m_5——校正游离酸测定时试样质量的数值,单位为克(g);

M ——氢氧化钾的摩尔质量的数值,单位为克每摩尔(g/mol)[$M=56.109$]。

取两次平行测定结果的算术平均值为报告结果。两次平行测定结果的绝对差值不应大于 4 mg/g。

A.9 水分的测定

称取约 0.6 g 试样,精确至 0.000 2 g。置于 25 mL 烧杯中,加入少量三氯甲烷加热溶解并转移至25 mL 容量瓶中,用三氯甲烷冲洗烧杯数次,一并转入容量瓶中,稀释至刻度。量取 5 mL±0.02 mL 该试样溶液,按 GB/T 6283 中直接电量法测定。

取两次平行测定结果的算术平均值为报告结果。两次平行测定结果的绝对差值不应大于 0.05%。

A.10 凝固点的测定

A.10.1 仪器和设备

玻璃管:长 100 mm,直径 25 mm,壁厚 1 mm。

A.10.2 分析步骤

在玻璃管中加入约 5 g 试样,缓慢加热至试样溶解,并使温度略高于凝固点 15 ℃~20 ℃,将玻璃管置于透明玻璃瓶(长 150 mm,直径 70 mm)中,用带孔的盖子盖住玻璃瓶,将标准温度计置于熔解的试样中,搅拌。如需要冷却,缓慢搅拌直到温度计水银柱上升状态 30 s 不变,停止搅拌使温度计在试样中间,观察水银柱上升,读取水银柱上升的最大温度值为凝固点。

中华人民共和国国家标准

GB 29951—2013

食品安全国家标准
食品添加剂 柠檬酸脂肪酸甘油酯

2013-11-29 发布　　　　　　　　　　　　2014-06-01 实施

中 华 人 民 共 和 国
国家卫生和计划生育委员会 发布

食品安全国家标准
食品添加剂　柠檬酸脂肪酸甘油酯

1　范围

本标准适用于由甘油与柠檬酸和可食用脂肪酸酯化制得或由可食用脂肪酸的单双甘油酯混合物与柠檬酸反应制得的食品添加剂柠檬酸脂肪酸甘油酯。它由柠檬酸和可食用脂肪酸与甘油的混合酯组成,可含有少量游离脂肪酸、游离甘油、游离柠檬酸和单双甘油酯,可全部或部分被氢氧化钠或氢氧化钾中和。

2　结构式

$$CH_2-OR_1$$
$$CH-OR_2$$
$$CH_2-OR_3$$

其中,R_1、R_2 和 R_3 中至少有一个为柠檬酸基团,一个为脂肪酸基团,其他可以是柠檬酸、脂肪酸或氢。

3　技术要求

3.1　感官要求

感官要求应符合表1的规定。

表 1　感官要求

项　目	要　求	检验方法
色泽	白色至浅棕色	取适量试样置于白瓷盘内,在自然光线下观察其色泽和状态
状态	油状至蜡状	

3.2　理化指标

理化指标应符合表2的规定。

表 2　理化指标

项　目		指　标	检验方法
硫酸灰分(w)/%	≤	0.5(未中和产品)	附录 A 中 A.3
		10(部分或完全中和的产品)	

表 2（续）

项　　目		指　　标	检验方法
游离甘油(w)/%	≤	4	A.4
总甘油(w)/%		8～33	A.5
总柠檬酸(w)/%		13～50	A.6
总脂肪酸(w)/%		37～81	A.7
铅(Pb)/(mg/kg)	≤	2	GB 5009.12

附　录　A

检　验　方　法

A.1　一般规定

本标准除另有规定外,所用试剂的纯度应在分析纯以上,所用标准滴定溶液、杂质测定用标准溶液、制剂及制品,应按 GB/T 601、GB/T 602、GB/T 603 的规定制备,实验用水应符合 GB/T 6682—2008 中三级水的规定。试验中所用溶液在未注明用何种溶剂配制时,均指水溶液。

A.2　鉴别试验

不溶于冷水,可分散于热水,可溶于油脂,不溶于冷乙醇。

A.3　硫酸灰分的测定

A.3.1　分析步骤

称取 2 g 试样,精确至 0.000 1 g,置于已在 800 ℃±25 ℃下灼烧至恒重的坩埚中,加入少量硫酸,缓缓加热,直至试样完全挥发或炭化。继续加热至硫酸蒸气逸尽,在 800 ℃±25 ℃的高温炉中灼烧至恒重。

A.3.2　结果计算

硫酸灰分的质量分数 w_1 按式(A.1)计算:

$$w_1 = \frac{m_1 - m_0}{m} \times 100\% \qquad\cdots\cdots\cdots\cdots(A.1)$$

式中:

m_1——灼烧后坩埚和残渣的质量,单位为克(g);

m_0——坩埚的质量,单位为克(g);

m ——试样的质量,单位为克(g)。

A.4　游离甘油的测定

A.4.1　试剂和溶液

A.4.1.1　冰乙酸。

A.4.1.2　三氯甲烷。

A.4.1.3　高碘酸溶液:将 5.4 g 高碘酸溶解在 100 mL 水和 1 900 mL 冰乙酸的混合液中,混匀,避光保存在具塞玻璃瓶中。

A.4.1.4　碘化钾溶液:150 g/L。

A.4.1.5　硫代硫酸钠标准滴定溶液:$c(Na_2S_2O_3)=0.1$ mol/L。

A.4.1.6　淀粉指示液:10 g/L。

A.4.2 分析步骤

A.4.2.1 试样溶液的制备

先将试样熔融(温度不超过其熔点10 ℃),并充分混匀。准确称取1 g混匀后的试样,精确至0.001 g,置于100 mL容量瓶中,加入50 mL三氯甲烷使之溶解,再加入25 mL水,加塞密闭,强烈振摇30 s~60 s,然后静置使三氯甲烷与水相分层(如形成乳浊状,则可加冰乙酸3 mL或4 mL破乳)。使用玻璃虹吸管,将水相转移至另一个100 mL容量瓶中。再分别用25 mL、25 mL和20 mL水萃取三氯甲烷溶液3次。将萃取后的水相集中到同一个容量瓶中,加水定容至100 mL,混匀,此为试样溶液。

A.4.2.2 测定

准备两个500 mL的碘量瓶,分别加入50 mL高碘酸溶液。移取50 mL试样溶液(A.4.2.1),置于其中一个碘量瓶中。移取50 mL水,置于另一个碘量瓶中,做空白试验。分别摇匀后,静置30 min~90 min。在每个碘量瓶中分别加入20 mL碘化钾溶液,小心摇匀后,在暗处静置1 min~5 min。再分别加入100 mL水,用硫代硫酸钠标准滴定溶液分别进行滴定,滴定时用磁力搅拌器搅拌以保持溶液充分混匀。滴定至碘的棕色消退后,分别加入2 mL淀粉指示液,继续滴定,至溶液蓝色消退即为滴定终点。

A.4.3 结果计算

游离甘油的质量分数 w_2 按式(A.2)计算:

$$w_2 = \frac{(V_0 - V_1) \times c \times M}{m \times (50/100) \times 1\,000 \times 4} \times 100\% \quad \cdots\cdots\cdots\cdots\cdots\cdots\cdots (A.2)$$

式中:

V_0 ——空白滴定消耗硫代硫酸钠标准滴定溶液的体积,单位为毫升(mL);

V_1 ——试样水溶液滴定消耗硫代硫酸钠标准滴定溶液的体积,单位为毫升(mL);

c ——硫代硫酸钠标准滴定溶液的实际浓度,单位为摩尔每升(mol/L);

M ——甘油的摩尔质量,单位为克每摩尔(g/mol)[$M(C_3H_8O_3)=92$];

m ——试样的质量,单位为克(g);

50/100——试样溶液的体积比;

1 000 ——体积换算因子;

4 ——换算因子。

A.5 总甘油的测定

A.5.1 试剂和溶液

A.5.1.1 冰乙酸。

A.5.1.2 三氯甲烷。

A.5.1.3 氢氧化钾-乙醇溶液:0.5 mol/L。

A.5.1.4 高碘酸溶液:溶解5.4 g高碘酸在100 mL水和1 900 mL冰乙酸的混合液中,避光保存在具塞玻璃瓶中。

A.5.1.5 碘化钾溶液:150 g/L。

A.5.1.6 硫代硫酸钠标准滴定溶液:$c(Na_2S_2O_3)=0.1$ mol/L。

A.5.1.7 淀粉指示液:10 g/L。

A.5.2 仪器和设备

A.5.2.1 圆底烧瓶:250 mL。

A.5.2.2 回流冷凝器。

A.5.3 分析步骤

A.5.3.1 试样溶液的制备

称取约 2 g 试样,精确至 0.001 g,置于圆底烧瓶中,加入 50 mL 氢氧化钾-乙醇溶液。将装有混合液的烧瓶与回流冷凝器相连,加热回流 30 min。用 3 份每份为 25 mL 的水将圆底烧瓶中的混合液转移至 1 L 容量瓶中,准确加入 99 mL 三氯甲烷和 25 mL 冰乙酸,再加入约 500 mL 水,剧烈振摇约 1 min。用水稀释至刻度,充分混匀,静置让其分层。分层后得到的水相为试样溶液。

A.5.3.2 测定

准备两个 400 mL 的烧杯,分别加入 50 mL 高碘酸溶液。移取 50 mL 试样溶液(A.5.3.1),置于其中一个烧杯中。移取 50 mL 水,置于另一个烧杯中,做空白试验。小心摇匀后,盖上玻璃皿,暗处静置 30 min~90 min。在每一个烧杯中分别加入 20 mL 碘化钾溶液,小心摇匀后,静置 1 min~5 min。再分别加入 100 mL 水,用硫代硫酸钠标准滴定溶液分别进行滴定,滴定时用磁力搅拌器搅拌以保持溶液充分混匀。滴定至碘的棕色消退后,分别加入 2 mL 淀粉指示液,继续滴定,至溶液蓝色消退即为滴定终点。

A.5.4 结果计算

总甘油含量的质量分数 w_3 按式(A.3)计算:

$$w_3 = \frac{(V_0 - V_1) \times c \times M}{m \times (50/900) \times 1\,000 \times 4} \times 100\% \quad\cdots\cdots\cdots\cdots\cdots\cdots\cdots\cdots\text{(A.3)}$$

式中:

V_0 ——空白滴定消耗硫代硫酸钠标准滴定溶液的体积,单位为毫升(mL);

V_1 ——试样水溶液滴定消耗硫代硫酸钠标准滴定溶液的体积,单位为毫升(mL);

c ——硫代硫酸钠标准滴定溶液的实际浓度,单位为摩尔每升(mol/L);

M ——甘油的摩尔质量,单位为克每摩尔(g/mol)[$M_1(C_3H_8O_3) = 92$];

m ——试样的质量,单位为克(g);

$50/900$ ——试样溶液的体积比;

$1\,000$ ——体积换算因子;

4 ——换算因子。

A.6 总柠檬酸的测定

A.6.1 原理

用氢氧化钾-乙醇溶液对试样进行皂化,通过萃取去除脂肪酸,试样中的柠檬酸转化成三甲硅烷(TMS)衍生物,采用气相色谱法进行分析。

A.6.2 试剂和材料

A.6.2.1 庚烷。

A.6.2.2 盐酸。

A.6.2.3 吡啶。

A.6.2.4 三甲基氯硅烷(TMCS)。

A.6.2.5 六甲基二硅烷(HMDS)。

A.6.2.6 N-甲基-N-三甲硅烷基-三氟乙酰胺(MSTFA)。

A.6.2.7 氢氧化钾-乙醇溶液:0.5 mol/L。

A.6.2.8 酒石酸溶液:1 mg/mL。

A.6.2.9 柠檬酸对照溶液:3 mg/mL。

A.6.3 仪器和设备

A.6.3.1 回流冷凝器。

A.6.3.2 旋转蒸发器。

A.6.3.3 分液漏斗。

A.6.3.4 气相色谱仪:配备火焰离子化检测器。

A.6.4 分析步骤

A.6.4.1 皂化反应

称取约 1 g 试样,精确至 0.001 g,置于一圆底烧瓶中,加入 25 mL 氢氧化钾-乙醇溶液,将装有混合液的烧瓶与回流冷凝器相连,回流 30 min。用盐酸对混合液进行酸化,然后在旋转蒸发器中对其进行蒸发。

A.6.4.2 萃取

用不超过 50 mL 的水将烧瓶中的蒸发浓缩物(A.6.4.1)定量转移到一个分液漏斗中,用 3 份每份为 50 mL 的庚烷进行萃取,弃去萃取物,将水相层转移至一个 100 mL 的容量瓶中,中和后加水稀释至刻度,混匀后备用。

A.6.4.3 衍生反应

吸取 1 mL 经 A.6.4.2 步骤得到的溶液以及 1 mL 酒石酸溶液,加入到一个 10 mL 带盖的圆底烧瓶中,蒸发至干。加入 1 mL 吡啶、0.2 mL 三甲基氯硅烷(TMCS)、0.4 mL 六甲基二硅烷(HMDS)和 0.1 mL N-甲基-N-三甲硅烷基-三氟乙酰胺(MSTFA)。将烧瓶的盖子盖紧并小心旋转直至溶质全部溶解。将烧瓶置入烘箱中,在 60 ℃下加热 1 h,得到三甲硅烷(TMS)衍生化的试样溶液。

A.6.4.4 气相色谱分析

A.6.4.4.1 参考气相色谱条件

A.6.4.4.1.1 色谱柱:玻璃柱,1.8 m×2 mm(内径),填充料为 10% 的聚二甲基硅氧烷(DC-200),载体为红硅藻土(Q)(180 μm/150 μm);或其他等同分离效果的色谱柱和色谱条件。

A.6.4.4.1.2 柱温:165 ℃。

A.6.4.4.1.3 进样口温度:240 ℃。

A.6.4.4.1.4 检测器温度:240 ℃。

A.6.4.4.1.5 载气:氮气。

A.6.4.4.1.6 载体流速:24 mL/min。

A.6.4.4.1.7 进样量:5 μL。

A.6.4.4.2 测定

在 A.6.4.4.1 参考气相色谱条件下,对试样溶液(A.6.4.3)进行色谱分析,记录色谱图。用 1 mL 柠檬酸对照溶液代替 1 mL 的试样溶液,重复上述的衍生反应(A.6.4.3)和气相色谱分析。

A.6.5 结果计算

总柠檬酸的质量分数 w_4 按式(A.4)计算:

$$w_4 = \frac{A_{CS} \times A_{TR} \times m_{CR} \times 100}{A_{TS} \times A_{CR} \times m} \times 100\% \quad\cdots\cdots\cdots\cdots\cdots\cdots(A.4)$$

式中:

A_{CS}——试样溶液色谱图中柠檬酸的峰面积值;

A_{TR}——柠檬酸对照溶液色谱图中酒石酸的峰面积值;

m_{CR}——1 mL 柠檬酸对照溶液中柠檬酸的质量,单位为克(g);

100——稀释倍数;

A_{TS}——试样溶液色谱图中酒石酸的峰面积值;

A_{CR}——柠檬酸对照溶液色谱图中柠檬酸的峰面积值;

m ——试样的质量,单位为克(g)。

A.7 总脂肪酸的测定

A.7.1 试剂和材料

A.7.1.1 无水硫酸钠。

A.7.1.2 盐酸。

A.7.1.3 乙醚。

A.7.1.4 氯化钠溶液:100 g/L。

A.7.1.5 氢氧化钾-乙醇溶液:1 mol/L。

A.7.1.6 甲基橙指示液:1 g/L。

A.7.2 仪器和设备

A.7.2.1 分液漏斗。

A.7.2.2 回流冷凝器。

A.7.3 分析步骤

称取约 5 g 试样,精确至 0.001 g,置于一个 250 mL 的圆底烧瓶中,加入 50 mL 氢氧化钾-乙醇溶液,在水浴上回流 1 h。用 3 份每份为 25 mL 水将烧瓶中皂化反应后的混合液转移到一个 1 L 的分液漏斗中,加入 5 滴甲基橙指示液。小心加入盐酸直至溶液颜色变成鲜红色,然后摇匀,以分离出脂肪酸。用三份每份为 100 mL 乙醚萃取分离出来的脂肪酸。合并萃取液,用 50 mL 氯化钠溶液进行洗脱,直至洗出的氯化钠溶液为中性。用无水硫酸钠干燥试样溶液,过滤。然后在蒸气浴上将滤液中的乙醚蒸发掉,再放置 10 min,称量残留物。

A.7.4 结果计算

总脂肪酸的质量分数 w_5 按式(A.5)计算:

$$w_5 = \frac{m_1}{m} \times 100\% \qquad \cdots\cdots\cdots\cdots\cdots\cdots\cdots\cdots\cdots (A.5)$$

式中：

m_1——蒸发后残留物的质量，单位为克（g）；

m ——试样的质量，单位为克（g）。

中华人民共和国国家标准

GB 30607—2014

食品安全国家标准
食品添加剂　酶解大豆磷脂

2014-04-29 发布

2014-11-01 实施

中华人民共和国
国家卫生和计划生育委员会 发布

食品安全国家标准

食品添加剂 酶解大豆磷脂

1 范围

本标准适用于食用大豆油精炼过程中分离出来的油脚或食用大豆磷脂经过脂肪酶或磷脂酶降解、精制等工艺制取的食品添加剂酶解大豆磷脂。

2 技术要求

2.1 感官要求

感官要求应符合表 1 的规定。

表 1 感官要求

项 目	要 求	检验方法
色泽	白色或淡黄色至褐色	取适量试样置于洁净透明的玻璃器皿中,
气味	具有大豆磷脂特有的气味,无异味	在自然光线下,观察其色泽和状态,并嗅
状态	黏稠状流体至半固态、粉状或粒状	其味

2.2 理化指标

理化指标应符合表 2 的规定。

表 2 理化指标

项 目		指 标	检验方法
酸值(以 KOH 计)/(mg/g)	≤	65	GB 28401—2012 附录 A 中 A.4
丙酮不溶物(质量分数)/%	≥	50	SN/T 0802.2[a]
1-和 2-溶血磷脂酰胆碱含量,(质量分数)/%	≥	3.0	GB/T 22506
干燥减量,(质量分数)/%	≤	2.0	GB 5009.3 直接干燥法[b]
铅(Pb)/(mg/kg)	≤	2	GB 5009.12
总砷(以 As 计)/(mg/kg)	≤	3.0	GB/T 5009.11 或 GB/T 5009.76
过氧化值/(meq/kg)	≤	10	GB 28401—2012 附录 A 中 A.5
[a]　结果计算中"乙醚不溶物含量"用"正己烷不溶物含量"替代计算,方法参考 GB 28401—2012 附录 A 中 A.3。			
[b]　105 ℃,1 h。			

附　录　A

检验方法

A.1　一般规定

本标准所用试剂和水,在没有注明其他要求时,均指分析纯试剂和 GB/T 6682—2008 中规定的三级水。

A.2　鉴别试验

量取 500 mL(30 ℃～35 ℃)水于烧杯中,在缓慢连续搅拌下加入 50 g 试样,应形成乳浊液,无团状物。

中华人民共和国国家标准

GB 31623—2014

食品安全国家标准

食品添加剂 硬脂酸钾

2014-12-01 发布

2015-05-01 实施

中华人民共和国
国家卫生和计划生育委员会 发布

食品安全国家标准

食品添加剂 硬脂酸钾

1 范围

本标准适用于以硬脂酸和氢氧化钾为原料,经加工制得的食品添加剂硬脂酸钾。

2 技术要求

2.1 感官要求

应符合表1的规定。

表 1 感官要求

项　　目	要　　求	检 验 方 法
色泽	白色至淡黄色	取适量试样置于清洁、干燥的白瓷盘内,在自然光线下观察其色泽和状态
状态	粉末、颗粒、片型等固体	

2.2 理化指标

应符合表2的规定。

表 2 理化指标

项　　目		指　标	检 验 方 法
硬脂酸钾含量(w)/%	≥	95	附录 A 中 A.3
游离脂肪酸(w)/%	≤	3	A.4
不皂化物(w)/%	≤	2	GB/T 5535.1 乙醚提取法
铅(Pb)/(mg/kg)	≤	2	GB 5009.12

附　录　A

检　验　方　法

A.1　一般规定

本标准除另有规定外,所用试剂的纯度应在分析纯以上,所用标准滴定溶液、杂质测定用标准溶液、制剂及制品,应按 GB/T 601、GB/T 602、GB/T 603 的规定制备,试验用水应符合 GB/T 6682 中三级水的规定。试验中所用溶液在未注明用何种溶剂配制时,均指水溶液。

A.2　鉴别试验

A.2.1　溶解性试验

试样可溶于水和乙醇。

A.2.2　钾离子的鉴别

取 1 g 试样,加入由 25 mL 水和 5 mL 盐酸组成的混合溶液,加热。脂肪酸被释放,浮在液面上,可溶于正己烷。冷却后,将液相层倒入烧瓶中,蒸发至干。将残渣溶于水中。取铂丝,用盐酸溶液湿润后,蘸取试样,在无色火焰中燃烧,火焰即显紫色;但有少量的钠盐混存时,应隔蓝色玻璃透视才能辨认。

A.3　硬脂酸钾含量的测定

A.3.1　分析步骤

A.3.1.1　硬脂酸甲酯的制备

试样预先在 105 ℃±2 ℃下干燥至恒重。精确称取干燥后的试样约 350 mg,按 GB/T 17376 规定的方法进行甲酯化,得到硬脂酸甲酯。

A.3.1.2　气相色谱分析

按 GB/T 17377 规定的方法对硬脂酸甲酯(A.3.1.1)进行气相色谱分析,计算得到硬脂酸钾的质量分数。

A.4　游离脂肪酸的测定

A.4.1　试剂和溶液

A.4.1.1　氢氧化钠标准滴定溶液:$c(NaOH)=0.1$ mol/L。

A.4.1.2　95%乙醇:以酚酞做指示液,用氢氧化钠溶液中和至淡粉色。

A.4.1.3　酚酞指示液:10 g/L。

A.4.2　分析步骤

称取 7 g～28 g 试样,精确至 0.001 g,置于锥形瓶中,加入 95%乙醇 50 mL,加热使其溶解。加入几滴酚酞指示液,立即用氢氧化钠标准滴定溶液滴定至呈淡粉色,维持 30 s 不褪色为终点。

A.4.3 结果计算

游离脂肪酸的质量分数 w_1 按式(A.1)计算:

$$w_1 = \frac{V \times c \times 32.2}{m} \times 100\%$$

··················(A.1)

式中:

V ——所用氢氧化钠标准滴定溶液的体积,单位为毫升(mL);

c ——所用氢氧化钠标准滴定溶液的实际浓度,单位为摩尔每升(mol/L);

32.2 ——换算因子;

m ——试样的质量,单位为克(g)。

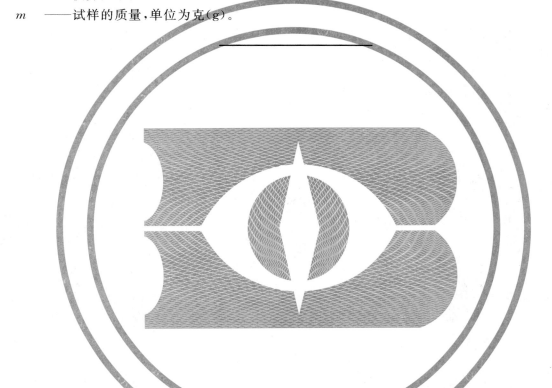

十、酶制剂

ICS 67.220.20
X 41

中华人民共和国国家标准

GB 8275—2009
代替 GB 8275—1987

食品添加剂 α-淀粉酶制剂

Food additive—Alpha-amylase preparation

2009-01-19 发布　　　　　　　　　　2009-08-01 实施

中华人民共和国国家质量监督检验检疫总局
中国国家标准化管理委员会　发布

前　言

本标准的 5.2、5.3 为强制性的,其余条款为推荐性的。

本标准中 A 类产品卫生要求参考了联合国粮农组织/世界卫生组织食品添加剂联合专家委员会的《食品添加剂标准纲要》第一卷[Compendium of Food Additive Specifications,Volume 1,Joint FAO/WHO Expert Committee on Food Additive(JECFA)]中《食品工业用酶制剂通则》中的"卫生指标"和美国《食品化学品法典》第五版(FOOD CHEMICALS CODEX FCC Ⅴ)酶制剂"附加要求"部分(additional requirements)。

本标准代替 GB 8275—1987《食品添加剂　α-淀粉酶制剂》。

本标准与 GB 8275—1987 相比主要变化如下:

——增加液体产品类型和耐高温产品类型并规定相应指标;

——取消细度、酶活力保存率、重金属、黄曲霉毒素 B_1 指标;

——增加菌落总数、致泻大肠埃希氏菌指标要求。

本标准的附录 A 为规范性附录,附录 B、附录 C 为资料性附录。

本标准由全国食品添加剂标准化技术委员会提出。

本标准由全国食品添加剂标准化技术委员会归口。

本标准起草单位:中国食品发酵工业研究院、山东隆大生物工程有限公司、无锡赛德生物工程有限公司、诺维信(中国)生物技术有限公司、邢台新欣翔宇生物工程有限责任公司、江阴市百圣龙生物工程有限公司、丹尼斯克(中国)有限公司负责起草。

本标准主要起草人:张蔚、郭庆文、吴炳炎、翟文景、余波、顾建龙、文焱、郭新光、杨西江、胡洪清、康忆隆、魏坤、陆志冲、李德强。

本标准所代替标准的历次版本发布情况为:

——GB 8275—1987。

食品添加剂　α-淀粉酶制剂

1　范围

本标准规定了α-淀粉酶制剂的术语和定义、产品分类、要求、试验方法、检验规则及标志、包装、运输、贮存、保质期。

本标准适用于以符合 GB 2760—2007 中表 C.2 批准的菌种,经淀粉质(或糖质)原料发酵、提纯制得的 α-淀粉酶制剂产品。

2　规范性引用文件

下列文件中的条款通过本标准的引用而成为本标准的条款。凡是注日期的引用文件,其随后所有的修改单(不包括勘误的内容)或修订版均不适用于本标准,然而,鼓励根据本标准达成协议的各方研究是否可使用这些文件的最新版本。凡是不注日期的引用文件,其最新版本适用于本标准。

GB 2760—2007　食品添加剂使用卫生标准

GB/T 4789.2　食品卫生微生物学检验　菌落总数测定

GB/T 4789.3　食品卫生微生物学检验　大肠菌群测定

GB/T 4789.4　食品卫生微生物学检验　沙门氏菌检验

GB/T 4789.6　食品卫生微生物学检验　致泻大肠埃希氏菌检验

GB/T 5009.11　食品中总砷及无机砷的测定

GB/T 5009.12　食品中铅的测定

GB/T 6682　分析实验室用水规格和试验方法(GB/T 6682—2008,ISO 3696:1987,MOD)

QB/T 1803—1993　工业酶制剂通用试验方法

3　术语和定义

下列术语和定义适用于本标准。

3.1

α-淀粉酶　alpha-amylase

能水解淀粉分子链中的 α-1,4-葡萄糖苷键,将淀粉链切断成为短链糊精和少量麦芽糖和葡萄糖,使淀粉粘度迅速下降的酶制剂。

3.2

中温 α-淀粉酶活力　activity of medium temperature alpha-amylase

1 g 固体酶粉(或 1 mL 液体酶),于 60 ℃、pH=6.0 条件下,1 h 液化 1 g 可溶性淀粉,即为 1 个酶活力单位,以 u/g(u/mL)表示。

3.3

耐高温 α-淀粉酶活力　activity of heat-tolerant alpha-amylase

1 g 固体酶粉(或 1 mL 液体酶),于 70 ℃、pH=6.0 条件下,1 min 液化 1 mg 可溶性淀粉所需的酶量,即为 1 个酶活力单位,以 u/g(u/mL)表示。

4　产品分类

4.1　按产品的适用温度分为:中温 α-淀粉酶制剂和耐高温 α-淀粉酶制剂。

4.2　按产品形态分为:液体剂型酶制剂和固体剂型酶制剂。

5 要求

5.1 外观

固体剂型:白色至黄褐色固体粉末。无霉变、潮解、结块现象,无异味。易溶于水。

液体剂型:黄褐色至深褐色液体,无异味,允许有少量凝聚物。

5.2 理化要求

应符合表 1 的规定。

表 1 α-淀粉酶制剂的理化要求

项 目	液体剂型		固体剂型	
	中温 α-淀粉酶制剂	耐高温 α-淀粉酶制剂	中温 α-淀粉酶制剂	耐高温 α-淀粉酶制剂
酶活力[a]/(u/mL 或 u/g) ≥	2 000	20 000	2 000	20 000
pH(25 ℃)	5.5~7.0	5.8~6.8	—	
容重/(g/mL)	1.10~1.25	1.10~1.25	—	
干燥失重/% ≤	—		8.0	
耐热性存活率/% ≥	—	90	—	90
[a] 具体规格可按供需双方合同规定的酶活力规格执行。				

5.3 卫生要求

应符合表 2 的规定。

表 2 α-淀粉酶制剂的卫生要求

项 目	指 标
铅/(mg/kg) ≤	5
砷/(mg/kg) ≤	3
菌落总数/(CFU/g) ≤	$5×10^4$
大肠菌群/(MPN/100 g) ≤	$3×10^3$
沙门氏菌(25 g 样)	不得检出
致泻大肠埃希氏菌(25 g 样)	不得检出
注:使用于蒸馏酒类的产品可不执行表 2 的规定。	

6 试验方法

本标准中所用的水,在未注明其他要求时,均指符合 GB/T 6682 中要求的水。

本标准中所用的试剂,在未注明规格时,均指分析纯(AR)。若有特殊要求另作明确规定。

本标准中所用溶液在未注明用何种溶剂配制时,均指水溶液。

6.1 外观

称取样品 10 g(mL),观察、嗅闻作出判断。

6.2 酶活力

6.2.1 原理

α-淀粉酶制剂能将淀粉分子链中的 α-1,4-葡萄糖苷键随机切断成长短不一的短链糊精、少量麦芽糖和葡萄糖,而使淀粉对碘呈篮紫色的特性反应逐渐消失,呈现棕红色,其颜色消失的速度与酶活性有关,据此可通过反应后的吸光度计算酶活力。

6.2.2 试剂和溶液

6.2.2.1 碘。

6.2.2.2 碘化钾。

6.2.2.3 原碘液:称取 11.0 g 碘和 22.0 g 碘化钾,用少量水使碘完全溶解,定容至 500 mL,贮存于棕色瓶中。

6.2.2.4 稀碘液:吸取原碘液 2.00 mL,加 20.0 g 碘化钾用水溶解并定容至 500 mL,贮存于棕色瓶中。

6.2.2.5 可溶性淀粉溶液(20 g/L):称取 2.000 g(精确至 0.001 g)可溶性淀粉(以绝干计)于烧杯中,用少量水调成浆状物,边搅拌边缓缓加入 70 mL 沸水中,然后用水分次冲洗装淀粉的烧杯,洗液倒入其中,搅拌加热至完全透明,冷却定容至 100 mL。溶液现配现用。

> 注:可溶性淀粉应采用湖州展望化学药业有限公司生产的酶制剂专用可溶性淀粉。

6.2.2.6 磷酸缓冲液(pH=6.0):称取 45.23 g 磷酸氢二钠($Na_2HPO_4 \cdot 12H_2O$)和 8.07 g 柠檬酸($C_6H_8O_7 \cdot H_2O$),用水溶解并定容至 1 000 mL。用 pH 计校正后使用。

6.2.2.7 盐酸溶液[$c(HCl)=0.1$ mol/L]:按 GB/T 601 配制。

6.2.3 仪器

6.2.3.1 分光光度计。

6.2.3.2 恒温水浴:控温精度±0.1 ℃。

6.2.3.3 自动移液器。

6.2.3.4 试管:25 mm×200 mm。

6.2.3.5 秒表。

6.2.4 分析步骤

6.2.4.1 待测酶液的制备

称取 1 g～2 g 酶粉(精确至 0.000 1 g)或准确吸取酶液 1.00 mL,用少量磷酸缓冲液(6.2.2.6)充分溶解,将上清液小心倾入容量瓶中,若有剩余残渣,再加少量磷酸缓冲液(6.2.2.6)充分研磨,最终样品全部移入容量瓶中,用磷酸缓冲液(6.2.2.6)定容至刻度,摇匀。用四层纱布过滤,滤液待用。

> 注:待测中温 α-淀粉酶酶液酶活力控制酶浓度在 3.4 u/mL～4.5 u/mL 范围内,待测耐高温 α-淀粉酶活力控制酶浓度在 60 u/mL～65 u/mL 范围内。

6.2.4.2 测定

——吸取 20.0 mL 可溶性淀粉溶液(6.2.2.5)于试管中,加入磷酸缓冲液(6.2.2.6)5.00 mL,摇匀后,置于 60 ℃±0.2 ℃(耐高温 α-淀粉酶制剂置于 70 ℃±0.2 ℃)恒温水浴中预热 8 min;

——加入 1.00 mL 稀释好的待测酶液(6.2.4.1),立即计时,摇匀,准确反应 5 min;

——立即用自动移液器吸取 1.00 mL 反应液,加到预先盛有 0.5 mL 盐酸溶液(6.2.2.7)和 5.00 mL 稀碘液(6.2.2.4)的试管中,摇匀,并以 0.5 mL 盐酸溶液和 5.00 mL 稀碘液为空白,于 660 nm 波长下,用 10 mm 比色皿迅速测定其吸光度(A)。根据吸光度查表 A.1,求得测试酶液的浓度。

6.2.4.3 计算

6.2.4.3.1 中温 α-淀粉酶制剂的酶活力按式(1)计算:

$$X_1 = c \times n \qquad \cdots\cdots\cdots\cdots\cdots\cdots\cdots\cdots (1)$$

式中:

X_1——样品的酶活力,u/mL 或 u/g;

c——测试酶样浓度,u/mL 或 u/g;

n——样品的稀释倍数。

所得结果表示至整数。

6.2.4.3.2 耐高温 α-淀粉酶制剂的酶活力按式(2)计算：

$$X_2 = c \times n \times 16.67 \quad \cdots\cdots\cdots\cdots\cdots\cdots\cdots\cdots\cdots\cdots (2)$$

式中：

X_2——样品的酶活力，u/mL 或 u/g；

c——测试酶样的浓度，u/mL 或 u/g；

n——样品的稀释倍数；

16.67——根据酶活力定义计算的换算系数。

所得结果表示至整数。

6.2.5 允许差

平行试验相对误差不得超过 5%。

6.3 pH

按 QB/T 1803—1993 中第 9 章执行。

6.4 耐高温 α-淀粉酶制剂耐热性存活率

6.4.1 试剂和溶液

6.4.1.1 氢氧化钠溶液[c(NaOH)＝0.1 mol/L]

按 GB/T 601 配制。

6.4.1.2 糊精溶液

称取糊精 100.0 g 于烧杯中，加水 300 mL，搅匀，加入耐高温 α-淀粉酶制剂(按每克糊精 13 u 酶活力加入)，置于电炉上加热至沸腾，冷却，用氢氧化钠溶液(6.4.1.1)调 pH 至 6.0~7.0，移入 500 mL 容量瓶，稀释，定容，摇匀备用。

6.4.2 仪器

恒温水浴：控温精度±0.1 ℃。

6.4.3 分析步骤

6.4.3.1 待测酶液的制备

除用糊精溶液(6.4.1.2)代替磷酸缓冲溶液(6.2.2.6)外，其余同 6.2.4.1。

6.4.3.2 热处理

吸取 25 mL 待测酶液于 50 mL 比色管中，置于 95 ℃恒温水浴中热处理 60 min，冷却，补水至原酶液体积，摇匀，备用。

6.4.3.3 酶活力测定

a) 按 6.2.4.2 测定制备 6.4.3.1 时所用酶制剂的酶活力；

b) 按 6.2.4.2 测定热处理后的待测酶液(6.4.3.2)的酶活力。

6.4.4 计算

耐热性存活率按式(3)计算：

$$X_3 = E_1/E \times 100 \quad \cdots\cdots\cdots\cdots\cdots\cdots\cdots\cdots\cdots\cdots (3)$$

式中：

X_3——样品酶耐热性存活率，%；

E_1——样品热处理后实测的酶活力，u/mL 或 u/g；

E——样品热处理前实测的酶活力，u/mL 或 u/g。

所得结果表示至整数。

6.5 容重

按 QB/T 1803—1993 中第 8 章的方法检验。

6.6 干燥失重

按 QB/T 1803—1993 中第 6 章的方法检验。

6.7 铅

按 GB/T 5009.12 的方法检验。

6.8 砷

按 GB/T 5009.11 的方法检验。

6.9 菌落总数

按 GB/T 4789.2 的方法检验。

6.10 大肠菌群

按 GB/T 4789.3 的方法检验。

6.11 沙门氏菌

按 GB/T 4789.4 的方法检验。

6.12 致泻大肠埃希氏菌

按 GB/T 4789.6 的方法检验。

7 检验规则

7.1 批次的确定

由生产单位按照其相应的规则负责确定产品的批号,批内产品的品质应均一。

7.2 取样规则和样本量

取样应均匀分布在整个灌装过程中,或均匀分布于灌装后的成品中。

取样时应采用适宜的方法保证取样具有代表性,保证取样部位和取样瓶的清洁。对用于微生物检验的取样,应使用无菌操作。

成品抽样的样本量见表3。取样的样本量可按照估计的批量参照表3执行,或由生产企业和(或)相关方确定。批量是指批中所包含的单位商品数,单位为桶或箱。样本量是指样本中所包含的样本单位数,单位为桶或袋。批取样量不得少于300 mL(或300 g),不足者应按比例适当加取。

表 3 成品抽样的样本量

批量/桶(或箱)	样本量/桶(或袋)
<50	2
51~500	3
>500	4

7.3 出厂检验

每批产品出厂时,应对外观、酶活力、pH、容重、干燥失重(固体)、菌落总数及包装、标签等逐项进行检验。

7.4 型式检验

产品遇有下列情况之一时按本标准全部要求进行检验:

——正常生产时,至少每年对产品检验一次;

——正常生产时,如原料、配方或工艺有较大改变,可能影响产品质量时;

——更换设备,或产品长期停产又恢复生产时;

——出厂检验结果与正常生产有较大差别时;

——国家质量监督检验机构提出要求时。

7.5 判定规则

出厂检验和(或)型式检验合格时,由质量检验部门出具产品合格证。

出厂检验和(或)型式检验不合格时,在原批次基础上加倍取样分析。如仍不合格,判定该产品为不合格品,不得出厂。

8 标志、包装、运输、贮存、保质期

8.1 标志

食品添加剂应有包装标志和产品说明书,标志内容可包括:品名、产地、厂名、卫生许可证号、生产许可证号、规格、生产日期、批号或者代号、保质期限等,并在标志上明确标示"食品添加剂"字样。

8.2 包装

产品的包装应采用国家批准的、并符合相应的食品包装用卫生标准的材料。

8.3 运输

产品在运输过程中应轻拿轻放,严防雨淋和曝晒。运输工具应清洁、无毒、无污染。严禁与有毒、有害、有腐蚀性的物质混装混运。

8.4 贮存

产品应贮存在阴凉干燥的环境下。严禁与有毒、有害、有腐蚀性的物质混存。

8.5 保质期

8.5.1 在25 ℃以下,液体酶制剂保质期不少于90天;固体酶制剂保质期不少于180天,企业应按上述要求具体标示。

8.5.2 在保质期内,实测酶活力不应低于标示酶活力。

附　录　A
（规范性附录）
吸光度与测试 α-淀粉酶酶浓度对照表

表 A.1　吸光度与测试 α-淀粉酶酶浓度对照表

吸光度(A)	酶浓度(c)/(u/mL)	吸光度(A)	酶浓度(c)/(u/mL)	吸光度(A)	酶浓度(c)/(u/mL)
0.100	4.694	0.131	4.539	0.162	4.385
0.101	4.689	0.132	4.534	0.163	4.380
0.102	4.684	0.133	4.529	0.164	4.375
0.103	4.679	0.134	4.524	0.165	4.370
0.104	4.674	0.135	4.518	0.166	4.366
0.105	4.669	0.136	4.513	0.167	4.361
0.106	4.664	0.137	4.507	0.168	4.356
0.107	4.659	0.138	4.502	0.169	4.352
0.108	4.654	0.139	4.497	0.170	4.347
0.109	4.649	0.140	4.492	0.171	4.342
0.110	4.644	0.141	4.487	0.172	4.338
0.111	4.639	0.142	4.482	0.173	4.333
0.112	4.634	0.143	4.477	0.174	4.329
0.113	4.629	0.144	4.472	0.175	4.324
0.114	4.624	0.145	4.467	0.176	4.319
0.115	4.619	0.146	4.462	0.177	4.315
0.116	4.614	0.147	4.457	0.178	4.310
0.117	4.609	0.148	4.452	0.179	4.306
0.118	4.604	0.149	4.447	0.180	4.301
0.119	4.599	0.150	4.442	0.181	4.297
0.120	4.594	0.151	4.438	0.182	4.292
0.121	4.589	0.152	4.433	0.183	4.288
0.122	4.584	0.153	4.428	0.184	4.283
0.123	4.579	0.154	4.423	0.185	4.279
0.124	4.574	0.155	4.418	0.186	4.275
0.125	4.569	0.156	4.413	0.187	4.270
0.126	4.564	0.157	4.408	0.188	4.266
0.127	4.559	0.158	4.404	0.189	4.261
0.128	4.554	0.159	4.399	0.190	4.257
0.129	4.549	0.160	4.394	0.191	4.253
0.130	4.544	0.161	4.389	0.192	4.248

表 A.1（续）

吸光度(A)	酶浓度(c)/(u/mL)	吸光度(A)	酶浓度(c)/(u/mL)	吸光度(A)	酶浓度(c)/(u/mL)
0.193	4.244	0.228	4.101	0.263	3.974
0.194	4.240	0.229	4.097	0.264	3.971
0.195	4.235	0.230	4.093	0.265	3.968
0.196	4.231	0.231	4.089	0.266	3.964
0.197	4.227	0.232	4.085	0.267	3.961
0.198	4.222	0.233	4.082	0.268	3.958
0.199	4.218	0.234	4.078	0.269	3.954
0.200	4.214	0.235	4.074	0.270	3.951
0.201	4.210	0.236	4.070	0.271	3.948
0.202	4.205	0.237	4.067	0.272	3.944
0.203	4.201	0.238	4.063	0.273	3.941
0.204	4.197	0.239	4.059	0.274	3.938
0.205	4.193	0.240	4.056	0.275	3.935
0.206	4.189	0.241	4.052	0.276	3.932
0.207	4.185	0.242	4.048	0.277	3.928
0.208	4.181	0.243	4.045	0.278	3.925
0.209	4.176	0.244	4.041	0.279	3.922
0.210	4.172	0.245	4.037	0.280	3.919
0.211	4.168	0.246	4.034	0.281	3.916
0.212	4.164	0.247	4.03	0.282	3.913
0.213	4.160	0.248	4.026	0.283	3.922
0.214	4.156	0.249	4.023	0.284	3.919
0.215	4.152	0.250	4.019	0.285	3.915
0.216	4.148	0.251	4.016	0.286	3.912
0.217	4.144	0.252	4.012	0.287	3.909
0.218	4.140	0.253	4.009	0.288	3.906
0.219	4.136	0.254	4.005	0.289	3.903
0.220	4.132	0.255	4.002	0.290	3.900
0.221	4.128	0.256	3.998	0.291	3.897
0.222	4.124	0.257	3.995	0.292	3.894
0.223	4.120	0.258	3.991	0.293	3.891
0.224	4.116	0.259	3.988	0.294	3.888
0.225	4.112	0.260	3.984	0.295	3.885
0.226	4.108	0.261	3.981	0.296	3.881
0.227	4.105	0.262	3.978	0.297	3.878

表 A.1（续）

吸光度（A）	酶浓度（c）/（u/mL）	吸光度（A）	酶浓度（c）/（u/mL）	吸光度（A）	酶浓度（c）/（u/mL）
0.298	3.875	0.333	3.771	0.368	3.670
0.299	3.872	0.334	3.768	0.369	3.668
0.300	3.869	0.335	3.765	0.370	3.665
0.301	3.866	0.336	3.762	0.371	3.662
0.302	3.863	0.337	3.759	0.372	3.659
0.303	3.860	0.338	3.756	0.373	3.656
0.304	3.857	0.339	3.753	0.374	3.654
0.305	3.854	0.340	3.750	0.375	3.651
0.306	3.851	0.341	3.747	0.376	3.648
0.307	3.848	0.342	3.744	0.377	3.645
0.308	3.845	0.343	3.741	0.378	3.643
0.309	3.842	0.344	3.739	0.379	3.640
0.310	3.839	0.345	3.736	0.380	3.637
0.311	3.836	0.346	3.733	0.381	3.634
0.312	3.833	0.347	3.730	0.382	3.632
0.313	3.830	0.348	3.727	0.383	3.629
0.314	3.827	0.349	3.724	0.384	3.626
0.315	3.824	0.350	3.721	0.385	3.623
0.316	3.821	0.351	3.718	0.386	3.621
0.317	3.818	0.352	3.716	0.387	3.618
0.318	3.815	0.353	3.713	0.388	3.615
0.319	3.812	0.354	3.710	0.389	3.612
0.320	3.809	0.355	3.707	0.390	3.610
0.321	3.806	0.356	3.704	0.391	3.607
0.322	3.803	0.357	3.701	0.392	3.604
0.323	3.800	0.358	3.699	0.393	3.602
0.324	3.797	0.359	3.696	0.394	3.599
0.325	3.794	0.360	3.693	0.395	3.596
0.326	3.791	0.361	3.690	0.396	3.594
0.327	3.788	0.362	3.687	0.397	3.591
0.328	3.785	0.363	3.684	0.398	3.588
0.329	3.782	0.364	3.682	0.399	3.585
0.330	3.779	0.365	3.679	0.400	3.583
0.331	3.776	0.366	3.676	0.401	3.580
0.332	3.774	0.367	3.673	0.402	3.577

表 A.1（续）

吸光度(A)	酶浓度(c)/(u/mL)	吸光度(A)	酶浓度(c)/(u/mL)	吸光度(A)	酶浓度(c)/(u/mL)
0.403	3.575	0.438	3.482	0.473	3.397
0.404	3.572	0.439	3.479	0.474	3.394
0.405	3.569	0.440	3.477	0.475	3.392
0.406	3.567	0.441	3.474	0.476	3.389
0.407	3.564	0.442	3.472	0.477	3.387
0.408	3.559	0.443	3.469	0.478	3.385
0.409	3.556	0.444	3.467	0.479	3.383
0.410	3.554	0.445	3.464	0.480	3.380
0.411	3.551	0.446	3.462	0.481	3.378
0.412	3.548	0.447	3.459	0.482	3.376
0.413	3.546	0.448	3.457	0.483	3.373
0.414	3.543	0.449	3.454	0.484	3.371
0.415	3.541	0.450	3.452	0.485	3.369
0.416	3.538	0.451	3.449	0.486	3.366
0.417	3.535	0.452	3.447	0.487	3.364
0.418	3.533	0.453	3.444	0.488	3.362
0.419	3.530	0.454	3.442	0.489	3.359
0.420	3.528	0.455	3.440	0.490	3.357
0.421	3.525	0.456	3.437	0.491	3.355
0.422	3.522	0.457	3.435	0.492	3.353
0.423	3.520	0.458	3.432	0.493	3.350
0.424	3.517	0.459	3.430	0.494	3.348
0.425	3.515	0.460	3.427	0.495	3.346
0.426	3.512	0.461	3.425	0.496	3.344
0.427	3.509	0.462	3.423	0.497	3.341
0.428	3.507	0.463	3.420	0.498	3.339
0.429	3.504	0.464	3.418	0.499	3.337
0.430	3.502	0.465	3.415	0.500	3.335
0.431	3.499	0.466	3.413	0.501	3.333
0.432	3.497	0.467	3.411	0.502	3.330
0.433	3.494	0.468	3.408	0.503	3.328
0.434	3.492	0.469	3.406	0.504	3.326
0.435	3.489	0.470	3.404	0.505	3.324
0.436	3.487	0.471	3.401	0.506	3.321
0.437	3.484	0.472	3.399	0.507	3.319

表 A. 1（续）

吸光度（A）	酶浓度（c）/（u/mL）	吸光度（A）	酶浓度（c）/（u/mL）	吸光度（A）	酶浓度（c）/（u/mL）
0.508	3.317	0.543	3.243	0.578	3.175
0.509	3.315	0.544	3.241	0.579	3.173
0.510	3.313	0.545	3.239	0.580	3.171
0.511	3.311	0.546	3.237	0.581	3.169
0.512	3.308	0.547	3.235	0.582	3.168
0.513	3.306	0.548	3.233	0.583	3.166
0.514	3.304	0.549	3.231	0.584	3.164
0.515	3.302	0.550	3.229	0.585	3.162
0.516	3.300	0.551	3.227	0.586	3.160
0.517	3.298	0.552	3.225	0.587	3.158
0.518	3.295	0.553	3.223	0.588	3.157
0.519	3.293	0.554	3.221	0.589	3.155
0.520	3.291	0.555	3.219	0.590	3.153
0.521	3.289	0.556	3.217	0.591	3.151
0.522	3.287	0.557	3.215	0.592	3.149
0.523	3.285	0.558	3.213	0.593	3.147
0.524	3.283	0.559	3.211	0.594	3.146
0.525	3.280	0.560	3.209	0.595	3.144
0.526	3.278	0.561	3.207	0.596	3.142
0.527	3.276	0.562	3.205	0.597	3.140
0.528	3.274	0.563	3.204	0.598	3.139
0.529	3.272	0.564	3.202	0.599	3.137
0.530	3.270	0.565	3.200	0.600	3.135
0.531	3.268	0.566	3.198	0.601	3.133
0.532	3.266	0.567	3.196	0.602	3.131
0.533	3.264	0.568	3.194	0.603	3.130
0.534	3.262	0.569	3.192	0.604	3.128
0.535	3.260	0.570	3.190	0.605	3.126
0.536	3.258	0.571	3.188	0.606	3.124
0.537	3.255	0.572	3.186	0.607	3.123
0.538	3.253	0.573	3.184	0.608	3.121
0.539	3.251	0.574	3.183	0.609	3.119
0.540	3.249	0.575	3.181	0.610	3.118
0.541	3.247	0.576	3.179	0.611	3.116
0.542	3.245	0.577	3.177	0.612	3.114

表 A.1（续）

吸光度（A）	酶浓度（c）/(u/mL)	吸光度（A）	酶浓度（c）/(u/mL)	吸光度（A）	酶浓度（c）/(u/mL)
0.613	3.112	0.648	3.055	0.683	3.004
0.614	3.111	0.649	3.054	0.684	3.003
0.615	3.109	0.650	3.052	0.685	3.001
0.616	3.107	0.651	3.051	0.686	3.000
0.617	3.106	0.652	3.049	0.687	2.998
0.618	3.104	0.653	3.048	0.688	2.997
0.619	3.102	0.654	3.046	0.689	2.996
0.620	3.101	0.655	3.045	0.690	2.994
0.621	3.099	0.656	3.043	0.691	2.993
0.622	3.097	0.657	3.042	0.692	2.992
0.623	3.096	0.658	3.040	0.693	2.990
0.624	3.095	0.659	3.039	0.694	2.989
0.625	3.094	0.660	3.037	0.695	2.988
0.626	3.092	0.661	3.036	0.696	2.986
0.627	3.089	0.662	3.034	0.697	2.985
0.628	3.087	0.663	3.033	0.698	2.984
0.629	3.086	0.664	3.031	0.699	2.982
0.630	3.084	0.665	3.030	0.700	2.981
0.631	3.082	0.666	3.028	0.701	2.980
0.632	3.081	0.667	3.027	0.702	2.978
0.633	3.079	0.668	3.025	0.703	2.977
0.634	3.078	0.669	3.024	0.704	2.976
0.635	3.076	0.670	3.022	0.705	2.975
0.636	3.074	0.671	3.021	0.706	2.973
0.637	3.073	0.672	3.020	0.707	2.972
0.638	3.071	0.673	3.018	0.708	2.971
0.639	3.070	0.674	3.017	0.709	2.969
0.640	3.068	0.675	3.015	0.710	2.968
0.641	3.066	0.676	3.014	0.711	2.967
0.642	3.065	0.677	3.012	0.712	2.966
0.643	3.063	0.678	3.011	0.713	2.964
0.644	3.062	0.679	3.010	0.714	2.963
0.645	3.060	0.680	3.008	0.715	2.962
0.646	3.058	0.681	3.007	0.716	2.961
0.647	3.057	0.682	3.005	0.717	2.959

表 A.1（续）

吸光度(A)	酶浓度(c)/(u/mL)	吸光度(A)	酶浓度(c)/(u/mL)	吸光度(A)	酶浓度(c)/(u/mL)
0.718	2.958	0.735	2.938	0.752	2.919
0.719	2.957	0.736	2.937	0.753	2.918
0.720	2.956	0.737	2.936	0.754	2.917
0.721	2.955	0.738	2.935	0.755	2.916
0.722	2.953	0.739	2.933	0.756	2.915
0.723	2.952	0.740	2.932	0.757	2.914
0.724	2.951	0.741	2.931	0.758	2.913
0.725	2.950	0.742	2.930	0.759	2.912
0.726	2.949	0.743	2.929	0.760	2.911
0.727	2.947	0.744	2.928	0.761	2.910
0.728	2.946	0.745	2.927	0.762	2.909
0.729	2.945	0.746	2.926	0.763	2.908
0.730	2.944	0.747	2.925	0.764	2.907
0.731	2.943	0.748	2.923	0.765	2.906
0.732	2.941	0.749	2.922	0.766	2.905
0.733	2.940	0.750	2.921	—	—
0.734	2.939	0.751	2.920	—	—

附 录 B

（资料性附录）

中温 α-淀粉酶活力的测定　目视比色法

B.1　术语和定义

B.1.1

α-淀粉酶活力　activity of alpha-amylase

1 g 固体酶粉（或 1 mL 液体酶），于 60 ℃、pH6.0 条件下，1 h 液化可溶性淀粉的克数来表示 [g 可溶性淀粉/(g·h)或 g 可溶性淀粉/(mL·h)]。

B.2　原理

α-淀粉酶制剂能将淀粉分子链中的 α-1,4-葡萄糖苷键随机切断成长短不一的短链糊精、少量麦芽糖和葡萄糖，而使淀粉对碘呈蓝紫色的特性反应逐渐消失，呈现棕红色，其颜色消失的速度与酶活性有关，据此计算酶活力。

B.3　试剂

本附录中所用的水，在未注明其他要求时，均指符合 GB/T 6682 中要求的水。

本附录中所用的试剂，在未注明规格时，均指分析纯（AR）。若有特殊要求另作明确规定。

本附录中所用溶液在未注明用何种溶剂配制时，均指水溶液。

B.3.1　原碘液

称取结晶碘 11.0 g，碘化钾 22.0 g，先用少量蒸馏水使碘完全溶解后，再加蒸馏水定容至 500 mL，贮于棕色瓶内。

本溶液在冷藏（4 ℃～8 ℃）条件下的保存期为 2 个月。

B.3.2　稀碘液

取原碘液 2.00 mL，加碘化钾 20.0 g，加蒸馏水溶解定容至 500 mL，贮于棕色瓶内。

B.3.3　2%可溶性淀粉（HG-3-3095，质量浓度2%）

称取 2.00 g 可溶性淀粉（以绝干计），用少量水调成浆状物，边搅拌边缓缓加入 70 mL 沸水中，然后用水分次冲洗装淀粉的烧杯，洗液倒入其中，搅拌加热至完全透明，冷却定容至 100 mL。此溶液当天配制当天使用。

B.3.4　0.02 mol/L 磷酸氢二钠-柠檬酸缓冲溶液（pH＝6.0）

称取磷酸氢二钠（$Na_2HPO_4 \cdot 12H_2O$）45.23 g 和柠檬酸（$C_6H_8O_7 \cdot H_2O$）8.07 g，用蒸馏水溶解定容至 1 000 mL，配好后应以酸度计校正 pH 值为 6.0。

B.4　待测酶液的制备

称取酶粉 1 g～2 g（精确至 0.1 mg）或量取酶液 1.00 mL，先用少量 40 ℃，磷酸氢二钠-柠檬酸缓冲溶液（B.3.4）溶解，并用玻璃棒捣碎，将上层清液小心倾入适当的容量瓶中，沉渣部分再加入少量上述缓冲溶液，如此反复研捣 3 次～4 次，最后全部移入容量瓶中，用缓冲溶液定容至刻度，摇匀，通过四层纱布过滤，再用滤纸滤清，滤液供测定用。

B.5　分析步骤

于白瓷板空穴内滴入 1.5 mL 稀碘液（B.3.2）。取 2%可溶性淀粉 20 mL（B.3.3）和磷酸氢二钠-柠檬酸缓冲溶液(B.3.4)5 mL 于 25 mm×200 mm 试管中,于 60 ℃恒温水浴中预热 4 min～5 min。随后加入预先稀释好的酶液(B.4)0.5 mL,立即计时,充分摇匀,定时用吸管取出反应液 0.5 mL,滴于预先滴有稀碘液的瓷板穴内,当穴内颜色由紫色逐渐变为红棕色,即为反应终点,记录时间。

注1:酶反应全部时间控制在 2 min～2.5 min 内。

注2:测定时照明采用日光灯。

B.6 结果计算

酶活力按(B.1)式计算:

$$X = \left(\frac{60}{t} \times 20 \times 2\% \times n \right)/0.5 \qquad\cdots\cdots\cdots\cdots\cdots\cdots\cdots (B.1)$$

式中:

X——酶活力单位,u/g 或 u/mL;

60——分钟数;

t——测定时间,min;

20——吸取可溶性淀粉的毫升数,mL;

2%——可溶性淀粉溶液浓度;

n——稀释倍数;

0.5——测定时稀酶液吸取量,mL。

结果保留至整数位。

B.7 允许差

平行试验相对误差不得超过 5%。

附　录　C

（资料性附录）

α-淀粉酶活力的测定　全自动生化分析仪法

C.1　范围

本附录规定了 α-淀粉酶活力的测定方法。

本附录适用于用全自动生化分析仪测定 α-淀粉酶制剂中 α-淀粉酶的活力。本附录不适用于洗涤剂等产品中 α-淀粉酶活力的测定。

样品中所有能够分解底物的淀粉酶在本试验中均会被测定，导致结果偏大。

试样中蛋白酶的存在会使试验结果偏小。但若遵循配置步骤中所述的措施去预防，本附录仍可使用。

C.2　原理

样品中的 α-淀粉酶和反应试剂中的 α-葡糖苷酶能水解底物［4,6-亚乙基（G_7）-p-硝基苯基（G_1）-α，D-麦芽庚糖苷（亚乙基- G_7PNP）］形成葡萄糖，并同时产生黄色的 p-硝基苯酚。

p-硝基苯酚的生成速度可以通过全自动生化分析仪进行检测。反应速度和酶活力成比例。反应过程见图 C.1。

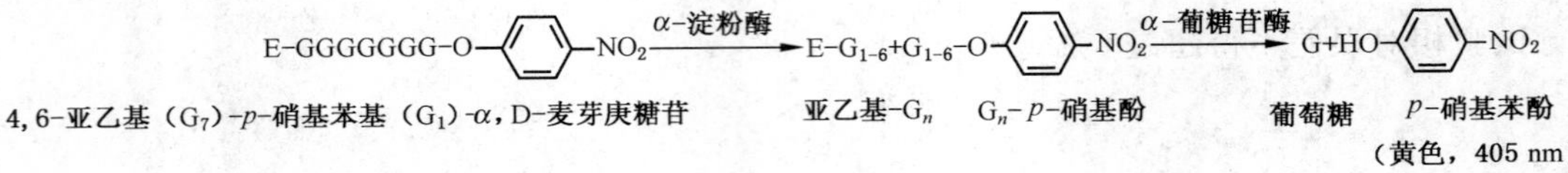

$$E\text{-GGGGGGG-O}\text{---}\!\!\left\langle \text{---} \right\rangle\!\!\text{---NO}_2 \xrightarrow{\alpha\text{-淀粉酶}} E\text{-}G_{1-6}\text{+}G_{1-6}\text{-O}\text{---}\!\!\left\langle \text{---} \right\rangle\!\!\text{---NO}_2 \xrightarrow{\alpha\text{-葡糖苷酶}} G\text{+HO}\text{---}\!\!\left\langle \text{---} \right\rangle\!\!\text{---NO}_2$$

4,6-亚乙基（G_7）-p-硝基苯基（G_1）-α,D-麦芽庚糖苷　　　　亚乙基-G_n　　G_n-p-硝基酚　　　　葡萄糖　　　p-硝基苯酚

（黄色，405 nm）

图 C.1　反应过程

C.3　试剂

本附录中所用的水，在未注明其他要求时，均指符合 GB/T 6682 中要求的水。

本附录中所用的试剂，在未注明规格时，均指分析纯（AR）。若有特殊要求另作明确规定。

本附录中所用溶液在未注明用何种溶剂配制时，均指水溶液。

C.3.1　氯化钙溶液

称取 441.0 g 二水合氯化钙到烧杯中。用一定量的水溶解后加入质量分数为 15% 的聚氧化乙烯十二烷基醚溶液 16.5 mL，搅拌均匀。最后用水定容至 1 000 mL。

本溶液在冷藏（4 ℃ ～8 ℃）条件下的保存期为 2 个月。

C.3.2　稳定剂

取上述配制好的氯化钙溶液 2.5 mL，用水定容至 250 mL。

本溶液使用前配制。

C.3.3　苯基甲基黄酰氟（PMSF）溶液

称取 5.0 g 的苯基甲基黄酰氟，用无水乙醇溶解并定容到 250 mL。

本溶液在冷藏（4 ℃ ～8 ℃）条件下的保质期为 1 年。

C.3.4　α-葡糖苷酶试剂和底物

α-葡糖苷酶试剂（R-1）和底物（R-2）为市售试剂，如 AMYL Roche/Hitachi,118-76473 Roche Diagnostics[1]。使用时参照生产厂家的说明。

C.4 仪器

C.4.1 全自动生化分析仪:要求带有进样/搅拌系统、温度控制系统(37 ℃±0.3 ℃)和检测系统。检测系统要求在405 nm下连续检测吸光度的变化。

C.4.2 分析天平:精度为0.000 1 g。

C.4.3 酸度计:精度为0.01pH 单位。

C.5 分析

C.5.1 标准曲线的制备

称取一定量的已知活力α-淀粉酶标准品,精确到0.000 5 g。用稳定剂(C.3.2)溶解并定容在100 mL的容量瓶中得到标准储备液。标准品称取的量要使标准储备液中α-淀粉酶的活力为60.345 u/mL。

标准曲线的范围宜在2.01 u/mL~6.03 u/mL。在此范围之内方法的使用者可以选择5个不同的浓度配制标准曲线工作溶液。标准曲线的线性相关系数需≥0.995。

根据产品特性的不同,方法的使用者可以选择其他的标准曲线范围,但必须满足以上的标准曲线线性相关系数的要求。

标准储备液和标准曲线使用前配制。

C.5.2 标准对照品的制备

如可能称取另一个批次已知活力的α-淀粉酶作为标准对照。

标准对照溶液的配制方法同标准储备液。稀释液中的酶活力约为25.0 mu/mL。

标准对照溶液使用前配制。

C.5.3 空白

使用稳定剂(C.3.2)为空白。

C.5.4 样品溶液的制备

C.5.4.1 α-淀粉酶试样

称取一定量的酶样品,用稳定剂(C.3.2)溶解和稀释。稀释的倍数要使得最终稀释液的酶活力在标准曲线的范围之内。

样品的最小稀释倍数为20。

C.5.4.2 含有蛋白酶的α-淀粉酶试样

对于含有蛋白酶的样品,分析中应加入苯基甲基黄酰氟溶液(C.3.3),以避免蛋白酶的干扰。

在制备含有蛋白酶的α-淀粉酶试样时,应按照所使用的容量瓶体积的0.1%体积分数加入苯基甲基黄酰氟溶液。其他配制过程同C.5.4.1。

C.5.5 自动分析步骤和参数

C.5.5.1 步骤

——将200 μL的α-葡糖苷酶 R-1(C.3.4)转移到比色皿中;

——分别将16 μL的空白、标准、标准对照或样品转移到比色皿中;

——上述两种溶液的混合物在37 ℃ 保温300 s;

——分别在每个比色皿中加入20 μL的底物-R2(C.3.4),混合保温180 s后开始测定;

——每隔18 s测定一次吸光度,每个样品共测7次。

---

1) 给出这一信息是为了方便本标准的使用者,并不是表示对该产品的认可。如果其他等效产品具有相同的效果,则可使用这些等效产品。

C.5.5.2　参数

C.5.5.2.1　保温周期

温度:37 ℃;

时间:300 s;

α-葡糖苷酶 R-1 和试样:200 μL＋16 μL;

C.5.5.2.2　酶反应周期

温度:37 ℃;

时间:180 s;

底物-R2:20 μL;

C.5.5.2.3　测定周期

测定模式:动力学法;

波长:405 nm;

曲线类型:非线性;

时间:120 s;

读数:7 次;

间隔:18 s。

C.6　结果的计算和表示

C.6.1　标准曲线的计算

标准曲线应为直线。其中 Y 轴单位为 OD/min, X 轴单位为标准点的酶活力 mu/mL。

C.6.2　样品酶活力的计算

从标准曲线上读出样品最终稀释液的酶活力,单位为 mu/mL。

然后,按照式(C.1)计算样品的酶活力:

$$u = \frac{u_1 \times V \times D}{m \times 1\,000} \quad\quad\quad\quad\cdots\cdots\cdots\cdots\cdots\cdots\cdots\cdots\cdots\cdots\cdots\cdots\cdots\cdots\cdots\cdots(\text{C.1})$$

式中:

u——样品的酶活力,u/g;

u_1——由标准曲线得出的样品最终稀释液的酶活力,mu/mL;

V——溶解样品用的容量瓶体积,mL;

D——稀释倍数;

m——试料的质量的数值,g;

1 000——mu 到 u 的单位转换因子。

C.6.3　结果的确认

当标准对照的试验值在可接受的范围之内,且标准曲线为稳定上升的直线时,样品的试验结果有效,可计算平均值。

C.6.4　结果的表示

样品的测定结果用算术平均值表示。

C.7　准确度和精密度

本方法的准确度为 99.1%,中间精密度为 1.9%(对于最终产品)。

————————

ICS 67.220.20
X 41

中华人民共和国国家标准

GB 8276—2006
代替 GB 8276—1987

食品添加剂 糖化酶制剂

Food additive—Glucoamylase preperation

2006-07-18 发布

2007-05-01 实施

中华人民共和国国家质量监督检验检疫总局
中国国家标准化管理委员会 发布

前　言

本标准的 5.3 是强制性条款，其余为推荐性条款。

本标准是对 GB 8276—1987《食品添加剂　糖化酶制剂》的修订。

本标准代替 GB 8276—1987。

本标准由中国轻工业联合会提出。

本标准由全国食品发酵标准化中心归口。

本标准起草单位：山东沂水隆大生物工程有限责任公司、江阴市星达生化工程有限公司、湖南鸿鹰祥生物工程股份有限公司、中国食品发酵工业研究院。

本标准主要起草人：张蔚、郭庆文、王衍敏、李海清、吴炳炎、侯炳炎、田栖静。

本标准所代替标准的历次版本的发布情况为：

——GB 8276—1987。

引　言

　　本标准参考了联合国粮农组织/世界卫生组织食品添加剂联合专家委员会(JECFA)的《食品添加剂标准纲要》第一卷中关于"食品加工用酶制剂通用规范"的"卫生指标"以及美国《食品化学法典》第4版(FCC-Ⅳ)中的有关要求,同时根据我国国情增加了对菌落总数、重金属和砷的要求。

　　近年来,我国食品加工用糖化酶制剂得到了长足发展,特别是由于发酵水平和提纯技术的科技进步,促进了液体剂型糖化酶的快速增长与出口,所以,本标准以液体酶制剂为重点,将其放在固体剂型酶的前面加以要求。

食品添加剂 糖化酶制剂

1 范围

本标准规定了食品加工用糖化酶制剂的术语和定义、产品分类、要求、分析方法、检验规则和标志、包装、运输、贮存。

本标准适用于经鉴定过的黑曲霉(A. niger)及其变异株,通过深层培养、提纯精制,专门供食品加工生产过程中用的糖化酶制剂。

2 规范性引用文件

下列文件中的条款通过本标准的引用而成为本标准的条款。凡是注日期的引用文件,其随后所有的修改单(不包括勘误的内容)或修订版均不适用于本标准,然而,鼓励根据本标准达成协议的各方研究是否可使用这些文件的最新版本。凡是不注日期的引用文件,其最新版本适用于本标准。

GB/T 191 包装储运图示标志

GB/T 601 标准滴定溶液的制备

GB/T 4789.2 食品卫生微生物学检验 菌落总数测定

GB/T 4789.3 食品卫生微生物学检验 大肠菌群测定

GB/T 4789.4 食品卫生微生物学检验 沙门氏菌检测

GB/T 4789.6 食品卫生微生物学检验 致泻大肠埃希氏菌检验

GB/T 5009.74 食品添加剂中重金属限量试验

GB/T 5009.75 食品添加剂中铅的测定

GB/T 5009.76 食品添加剂中砷的测定

HG/T 2759 化学试剂可溶性淀粉

QB/T 1803 工业用酶制剂通用试验方法

JJF 1070 定量包装商品净含量计量检验规则

国家质量监督检验检疫总局[2005]第 75 号令 定量包装商品计量监督管理办法

3 术语和定义

下列术语和定义适用于本标准。

3.1

糖化酶 glucoamylase preperation

以淀粉为底物,在一定条件下从淀粉的非还原性末端开始依次水解 α-1,4 葡萄糖苷键产生葡萄糖的淀粉葡萄糖苷酶。

3.2

糖化酶活力单位 glucoamylase activity unit(GAU)

1 mL 酶液或 1 g 酶粉在 40℃、pH 4.6 的条件下,1 h 水解可溶性淀粉产生 1 mg 葡萄糖,即为一个酶活力单位,符号为:U/mL(或 U/g)。

4 产品分类

产品按形态,分为液体酶和固体酶两种剂型。

5 要求

5.1 感官要求

液体剂型：棕色至褐色液体，无异味，允许有少量凝聚物。

固体剂型：浅灰色、浅黄色粉状或颗粒。无结块，无异味。易溶于水，溶解时允许有少量沉淀物。

5.2 理化要求

应符合表 1 的要求。

表 1 理化要求

项 目		液体剂型	固体剂型
酶活力/[U/mL(或 U/g)]	≥	100×10^3	150×10^3
pH 值(25℃)		3.0～5.0	—
干燥失重/(%)	≤	—	8.0
细度(0.4 mm 标准筛的通过率)/(%)	≥	—	80
容重/(g/mL)	≤	1.20	—

5.3 卫生要求

应符合表 3 的要求。

表 2 卫生要求

项 目		液体剂型	固体剂型
重金属[以铅(Pb)计]/(mg/kg)	≤	30	
铅/(mg/kg)	≤	5	
砷/(mg/kg)	≤	3	
菌落总数/[CFU/mL(或 CFU/g)]	≤	50×10^3	
大肠菌群/[MPN/100 mL(或 MPN/100 g)]	≤	3×10^3	
沙门氏菌(25 g 样)		不得检出	
致泻大肠埃希氏菌(25 g 样)		不得检出	

5.4 净含量

按国家质量监督检验检疫总局[2005]第 75 号令执行。

6 分析方法

除非另有说明，本方法中所用试剂均为分析纯；所用水均为蒸馏水或去离子水或相当纯度的水。

6.1 外观

按 QB/T 1803 执行。

6.2 酶活力测定

6.2.1 试剂和溶液

6.2.1.1 0.05 mol/L 乙酸-乙酸钠缓冲溶液(pH 4.6)

称取乙酸钠($CH_3COONa \cdot 3H_2O$) 6.7 g，吸取冰乙酸 2.6 mL，用水溶解并定容至 1 000 mL。上述缓冲溶液的 pH 值，应使用酸度计加以校正。

6.2.1.2 0.05 mol/L 硫代硫酸钠标准滴定溶液

按 GB/T 601 配制与标定。

6.2.1.3 0.1 mol/L 碘标准溶液

按 GB/T 601 配制与标定。

6.2.1.4 0.1 mol/L 氢氧化钠溶液

按 GB/T 601 配制。

6.2.1.5 2 mol/L 硫酸溶液

吸取分析纯浓硫酸(相对密度 1.84)5.6 mL 缓缓加入适量水中,冷却后,用水定容至 100 mL,摇匀。

6.2.1.6 200 g/L 氢氧化钠溶液

称取氢氧化钠 20 g,用水溶解,并定容至 100 mL。

6.2.1.7 20 g/L 可溶性淀粉[1] 溶液

称取可溶性淀粉(2±0.001)g,然后用少量水调匀,缓缓倾入已沸腾的水中,煮沸、搅拌直至透明,冷却,用水定容至 100 mL。此溶液需当天配制。

6.2.2 仪器

6.2.2.1 分析天平:精度 0.2 mg。

6.2.2.2 酸度计:精度 0.01 pH。

6.2.2.3 分析天平:精度 0.2 mg。

6.2.2.4 恒温水浴:(40±0.1)℃。

6.2.2.5 连续多档分配器(移液枪)。

6.2.2.6 磁力搅拌器。

6.2.3 测定程序

6.2.3.1 待测酶液的制备

a) 液体酶:使用连续多档分配器准确吸取适量酶样,移入容量瓶中,用缓冲溶液稀释至刻度,充分摇匀,待测。

b) 固体酶:用 50 mL 小烧杯准确称取适量酶样,精确至 1 mg,用少量乙酸-乙酸钠缓冲溶液(6.2.1.1)溶解,并用玻璃棒仔细捣研,将上层清液小心倾入适当的容量瓶中,在沉渣中再加入少量乙酸-乙酸钠缓冲溶液(6.2.1.1),如此反复捣研 3 次~4 次,取上清液,最后全部移入容量瓶中,用乙酸-乙酸钠缓冲溶液(6.2.1.1)定容,磁力搅拌 30 min 以充分混匀,取上清液测定。

注:制备待测酶液时,样液浓度应控制在滴定空白和样品时消耗 0.05 mol/L 硫代硫酸钠标准滴定溶液(6.2.1.2)的差值在 4.5 mL~5.5 mL 范围内(酶活力约为 120 U/mL~150 U/mL)。

6.2.3.2 酶活力测定

取 A、B 两支 50 mL 比色管,分别加入可溶性淀粉溶液(6.2.1.7)25 mL 和乙酸-乙酸钠缓冲溶液(6.2.1.1)5 mL,摇匀。于(40±0.2)℃的恒温水浴中预热 5 min~10 min。在 B 管中加入待测酶液(6.3.3.1)2.0 mL,立即记时,摇匀。在此温度下准确反应 30 min 后,立即向 A、B 两管中各加氢氧化钠溶液(6.2.1.6)0.2 mL,摇匀,同时将两管取出,迅速用水冷却,并于 A 管中补加待测酶液 2.0 mL(作为空白对照)。

吸取上述 A、B 两管中的反应液各 5.0 mL,分别于两个碘量瓶中,准确加入碘标准溶液(6.2.1.3)10.0 mL,再加氢氧化钠溶液(6.2.1.4)15 mL,边加边摇匀,并于暗处放置 15 min,取出。用水淋洗瓶盖,加入硫酸溶液(6.2.1.5)2 mL,用硫代硫酸钠标准滴定溶液(6.2.1.2)滴定蓝紫色溶液,直至刚好无色为其终点,分别记录空白和样品消耗硫代硫酸钠标准滴定溶液的体积(V_A、V_B)。

6.2.3.3 结果计算

酶活力单位按式(1)计算:

$$X = (V_A - V_B) \times c \times 90.05 \times 32.2/5 \times 1/2 \times n \times 2 = 579.9 \times (V_A - V_B)c \times n \quad \cdots\cdots(1)$$

---

[1] 可溶性淀粉应符合 HG/T 2759 的要求。

式中：

X——样品的酶活力单位，单位为酶活力单位每毫升(U/mL)或酶活力单位每克(U/g)；

V_A——滴定空白时，消耗硫代硫酸钠标准滴定溶液的体积，单位为毫升(mL)；

V_B——滴定样品时，消耗硫代硫酸钠标准滴定溶液的体积，单位为毫升(mL)；

c——硫代硫酸钠标准滴定溶液的准确浓度，单位为摩尔每升(mol/L)；

90.05——葡萄糖的摩尔质量，单位为克每摩尔(g/mol)；

32.2——反应液的总体积，单位为毫升(mL)；

5——吸取反应液的体积，单位为毫升(mL)；

1/2——折算成 1 mL 酶液的量；

n——稀释倍数；

2——反应 30 min，换算成 1 h 的酶活力系数。

以样品测定结果的算术平均值表示，修约至三位有效数字。

6.2.3.4 结果的允许差

在重复性条件下获得的两次独立测试结果的绝对差值不大于这两个测定值的算术平均值的 10%，以大于这两个测定值的算术平均值 10%的情况下不超过 5%为前提。

6.3 pH 值

按 QB/T 1803 执行。

6.4 干燥失重

按 QB/T 1803 执行。

6.5 细度

按 QB/T 1803 执行。

6.6 容重

按 QB/T 1803 执行。

6.7 重金属

按 GB/T 5009.74 执行。

6.8 铅

按 GB/T 5009.75 执行。

6.9 砷

按 GB/T 5009.76 执行。

6.10 菌落总数

按 GB/T 4789.2 执行。

6.11 大肠菌群

按 GB/T 4789.3 执行。

6.12 沙门氏菌

按 GB/T 4789.4 执行。

6.13 致泻大肠埃希氏菌

按 GB/T 4789.6 执行。

6.14 净含量的检验

按 JJF 1070 执行。

7 检验规则

7.1 组批

以每一个罐次生产且经包装出厂(或入库)的，具有同一产品名称、规格和同样质量证明书的产品为一批。

7.2 抽样

7.2.1 按表3抽取样本。批取样量不少于500 mL(或500 g),不足者应按比例适当加取。

表 3 抽样

批量/桶(或箱)	样本大小/桶(或袋)
<50	2
51~500	3
>500	5

7.2.2 取样时,应采用适宜的方法以确保取样的代表性和取样器具的洁净。对用于微生物检验的取样,应采用无菌操作、器具及取样瓶。

7.2.3 取样后应立即贴上标签,注明:样品名称、规格、数量、生产厂厂名称、取样时间及地点、采样人。将样品分为两份,1/4样品封存,保留半个月备查;3/4样品立即送化验室,进行外观、理化和卫生等指标的检验。

7.3 出厂检验

7.3.1 产品出厂前,应由生产厂的质量监督检验部门按本标准规定逐批进行检验,检验合格并出具合格证明的产品方可出厂。

7.3.2 出厂检验项目包括外观、理化指标、菌落总数、净含量及包装标签。

7.4 型式检验

7.4.1 正常生产时,每半年进行一次。如有下列情况之一者,亦应进行型式检验:
——当原辅材料、配方或工艺有较大改变时;
——更换设备,或长期停产再恢复生产时;
——出厂检验结果与平常记录有较大差异时;
——国家质量监督机构提出抽检要求时。

7.4.2 型式检验项目为本标准技术要求的全部项目。

7.5 判定规则

7.5.1 出厂检验和(或)型式检验合格时,由质量检验部门出具产品合格证。

7.5.2 出厂检验和(或)型式检验不合格时,在原批次基础上加倍抽取样品进行复验。如复验仍不合格,则判该批产品为不合格。

8 标志、包装、运输、贮存

8.1 标志

8.1.1 产品的外包装应使用符合GB/T 191要求的标志。

8.1.2 产品的内包装上应贴有牢固的标签。标示内容应包括:产品名称、生产厂厂名、厂址、规格、净含量(及单位包装总数量)、批号、生产日期、保质期、执行标准号和卫生许可证号等,并在标志上明确标示"食品添加剂"字样。

8.2 包装

产品的内包装应使用国家批准的、并符合相应食品包装用标准的材料。包装容器及内涂料应使用国家批准的、并符合相应食品包装用标准的材料。

8.3 运输

本产品含有生物活性物质,在运输过程中应严防雨淋和曝晒。运输工具应清洁、无毒、无污染。严禁与有毒、有害、有腐蚀性的物质混装混运。

8.4 贮存

产品应贮存于阴凉、干燥的环境中。严禁与有毒、有害、有腐蚀性的物质混合贮存。

8.5 保质期

8.5.1 在25℃以下,液体酶制剂保质期不少于90天;固体酶制剂保质期不少于180天,企业应按上述要求具体标示。

8.5.2 在保质期内,实测酶活力不应低于标示酶活。

_____

ICS 67.220.20
X 41

中华人民共和国国家标准

GB 20713—2006

食品添加剂　α-乙酰乳酸脱羧酶制剂

Food additive—α-acetolactate decarboxylase preparation

2006-07-18 发布

2007-05-01 实施

中华人民共和国国家质量监督检验检疫总局
中国国家标准化管理委员会　发 布

前　言

本标准的 4.3 为强制性条款，其余为推荐性条款。

本标准的附录 A 和附录 B 为规范性附录。

本标准由中华人民共和国国家食品药品监督管理局提出。

本标准由全国食品发酵标准化中心和中国疾病预防控制中心营养与食品安全所归口。

本标准起草单位：诺维信（中国）生物技术有限公司、南宁邦尔克生物技术有限责任公司。

本标准主要起草人：翟文景、黄日波、田惠光、侯炳炎、田栖静、信力行、蔺继尚、赵力、蒙健宗。

引　言

　　α-乙酰乳酸脱羧酶是目前广泛用于啤酒生产的食品添加剂。在 GB 2760—1996《食品添加剂使用卫生标准》1997 年增补品种中,已批准了 α-乙酰乳酸脱羧酶可以在啤酒工艺中按照正常生产需要适量使用。

　　本标准参考了联合国粮农组织/世界卫生组织食品添加剂联合专家委员会(JECFA)《食品加工用酶制剂的通用规范和说明》(食品添加剂标准纲要,附件 9)以及美国《食品化学品法典》第 4 版(FCC-Ⅳ)第 3 增刊中的有关要求,同时根据我国国情增加了菌落总数、重金属和砷的要求。生产商在使用该标准的同时,建议同时参照相应法律、法规和规范(如采用良好操作规范等),进一步提高产品的安全性。

　　本标准附录 A 的方法修改采用 JECFA 方法,附录 B 的方法参考了诺维信生物技术有限公司的全自动生化分析仪法。

食品添加剂 α-乙酰乳酸脱羧酶制剂

1 范围

本标准规定了 α-乙酰乳酸脱羧酶制剂的术语和定义、要求、试验方法、检验规则、标志、包装、运输和贮存。

本标准适用于符合 GB 2760 要求的用于啤酒生产的 α-乙酰乳酸脱羧酶制剂。

2 规范性引用文件

下列文件中的条款通过本标准的引用而成为本标准的条款。凡是注日期的引用文件,其随后所有的修改单(不包括勘误的内容)或修订版均不适用于本标准,然而,鼓励根据本标准达成协议的各方研究是否可使用这些文件的最新版本。凡是不注日期的引用文件,其最新版本适用于本标准。

GB/T 191 包装储运图示标志

GB 2760 食品添加剂使用卫生标准

GB/T 4789.2 食品卫生微生物学检验 菌落总数测定

GB/T 4789.3 食品卫生微生物学检验 大肠菌群测定

GB/T 4789.4 食品卫生微生物学检验 沙门氏菌检测

GB/T 4789.6 食品卫生微生物学检验 致泻大肠埃希氏菌检验

GB/T 5009.74 食品添加剂中重金属限量试验

GB/T 5009.75 食品添加剂中铅的测定

GB/T 5009.76 食品添加剂中砷的测定

JJF 1070 定量包装商品净含量计量检验规则

国家质量监督检验检疫总局[2005]第 75 号令 定量包装商品计量监督管理办法

卫生部[2002]第 26 号令 食品添加剂卫生管理办法

3 术语和定义

下列术语和定义适用于本标准。

3.1

α-乙酰乳酸脱羧酶酶活力单位   α-acetolactate decarboxylase(ADU)

在 30℃、pH 6.0 的条件下,1 g 或 1 mL 酶样品与底物 α-乙酰乳酸起反应,每分钟生成 1 μmol 的 3-羟基-2-丁酮(乙偶姻),即为 1 个酶活力单位,以 U/g(或 U/mL)表示。

注:1 U = 1 000 mU。

4 要求

4.1 外观

液体剂型:淡黄色、棕色至褐色液体。无异味。无明显沉淀和分层。

4.2 理化要求

应符合表 1 的规定。

表 1 理化要求

项　　目		指　　标
酶活力/(U/g)	≥	1 500

4.3　卫生要求

应符合表 2 的规定。

表 2 卫生要求

项　　目		指　　标
重金属[以铅(Pb)计]/(mg/kg)	≤	30
铅/(mg/kg)	≤	5
砷/(mg/kg)	≤	3
菌落总数/[CFU/mL(或 CFU/g)]	≤	50×10^3
大肠菌群/[MPN/100 mL(或 MPN/100 g)]	≤	3×10^3
沙门氏菌/(个/25 g)		不得检出
致泻大肠埃希氏菌/(个/25 g)		不得检出

4.4　净含量

见标签标注，允许差按国家质量监督检验检疫总局[2005]第 75 号令执行。

5　试验方法

5.1　外观

取样品 10 mL(或 10 g)倒入 25 mL 的小烧杯中嗅闻其气味；再目视检查其外观，作出判断并做好记录。

5.2　酶活力

按附录 A 或附录 B 方法测定。以附录 A 所述方法为仲裁法。

5.3　重金属

按 GB/T 5009.74 测定。

5.4　铅

按 GB/T 5009.75 测定。

5.5　砷

按 GB/T 5009.76 测定。

5.6　菌落总数

按 GB/T 4789.2 检验。

5.7　大肠菌群

按 GB/T 4789.3 检验。

5.8　沙门氏菌

按 GB/T 4789.4 检验。

5.9　致泻大肠埃希氏菌

按 GB/T 4789.6 检验。

5.10　净含量

按 JJF 1070 检验。

6 检验规则

6.1 组批

以每一个发酵批次生产或最终同处于一个加工贮罐、品质均一且经包装出厂（或入库）的产品为一批。

6.2 抽样

抽样时，应采用适宜的方法以保证具有代表性，保证取样部位和取样瓶的清洁。对用于微生物检验的取样，应使用无菌操作。

成品抽样的样本量见表3。灌装过程中取样的样本量可按照估计的批量参照表3执行，或由生产企业和（或）相关方确定。

表3 抽 样 量

批量/瓶（或件）	样本量/瓶（或件）
＜150	3
151～1 200	5
1 201～35 000	8
＞35 000	13

6.3 出厂检验

每批产品出厂时，应对其外观、酶活力、微生物指标、净含量及包装标签等进行逐项检验。

6.4 型式检验

正常生产时，至少每年对产品检验一次。如有下列情况之一者，亦应按本标准全部要求进行检验：
——正常生产时，如原料、配方或工艺有较大改变，可能影响产品质量时；
——更换设备，或产品长期停产又恢复生产时；
——出厂检验结果与平常记录有较大差别时；
——国家质量监督部门提出要求时。

6.5 判定规则

出厂检验和（或）型式检验合格时，由质量检验部门出具产品合格证。

出厂检验和（或）型式检验不合格时，在原批次基础上加倍抽取样品进行复验。如复验仍不合格，则判该批产品为不合格。

7 标志、包装、运输和贮存

7.1 标志

产品的外包装宜使用符合GB/T 191要求的标志。

产品的内包装上应贴有牢固的标签。产品的标签的内容应符合卫生部[2002]第26号令第四章的要求。标识内容应包括产品名称、厂名、厂址、规格、配方或主要成分、生产日期、批号或代号、保质期限、执行标准号和卫生许可证号等，并在标识上明确标示"食品添加剂"字样。

7.2 包装

产品的内包装应采用国家批准的、并符合相应食品包装用标准的材料。包装容器及内涂料应采用国家批准的、并符合相应食品包装用标准的材料。

7.3 运输

产品在运输过程中应轻拿轻放，严防雨淋和曝晒。运输工具应清洁、无毒、无污染。严禁与有毒、有害、有腐蚀性的物质混装混运。

7.4 贮存

产品应贮存在阴凉干燥的环境下。严禁与有毒、有害、有腐蚀性的物质同存。

7.5 保质期

产品的保质期具体见标签标注。产品在10℃下的保质期应大于三个月。

附　录　A

（规范性附录）

α-乙酰乳酸脱羧酶酶活力的测定　分光光度法

A.1　范围

本方法规定了 α-乙酰乳酸脱羧酶酶活力的测定方法。

本方法适用于用分光光度计测定 α-乙酰乳酸脱羧酶制剂中 α-乙酰乳酸脱羧酶的酶活力。本方法不适用于啤酒和其他含醇产品中 α-乙酰乳酸脱羧酶的酶活力的测定。

试样中 3-羟基-2-丁酮（乙偶姻）和（或）双乙酰的存在会使试验结果偏大。

乙偶姻在贮存时易形成二聚体，从而影响试验结果。但若遵循配制步骤中所述的措施去预防，本方法仍可使用。

A.2　原理

α-乙酰乳酸脱羧酶与底物 α-乙酰乳酸反应脱羧生成乙偶姻。乙偶姻在碱性条件下与萘酚和肌酸的混合物反应生成红色产物。通过在 522 nm 下测定溶液的吸光度，可以从乙偶姻标准曲线上得出反应生成的乙偶姻的量，进而计算出 α-乙酰乳酸脱羧酶的酶活力。

A.3　试剂

除非另有说明，在分析中仅使用分析纯试剂和蒸馏水或去离子水或相当纯度的水。

A.3.1　MES（9.76 g/L）-氯化钠（35.064 g/L）-聚氧化乙烯十二烷基醚[1]（1.52 mL/L）缓冲液

　　a)　分别称取 2-[N-吗啉代]乙基磺酸（2-[N-morpholino]ethanesulfonic acid，MES）48.80 g 和氯化钠 175.32 g 于烧杯中，用约 4.5 L 水溶解，然后加入 15% 的聚氧化乙烯十二烷基醚溶液 7.60 mL，搅拌均匀。

　　b)　用约 1 mol/L 氢氧化钠溶液调节 pH 到 6.00±0.05。然后移入 5 000 mL 容量瓶中，用水定容，搅拌均匀。

该溶液在常温（15℃～20℃）下的保存期为一周。

A.3.2　α-乙酰乳酸底物（2.00 mL/L）

　　a)　吸取乙基-2-乙酸基-2-甲基乙酰乙酸（ethyl-2-acetoxy-2-methylactoacetate）100 μL 于 50 mL 容量瓶中，加入约 0.50 mol/L 的氢氧化钠溶液 6.0 mL，搅拌 20 min 后，加入缓冲液（A.3.1）到约 40.0 mL。

　　b)　用约 1 mol/L 盐酸调节溶液的 pH 到 6.00±0.05。然后，再用缓冲液（A.3.1）定容。

该溶液使用前配制。

A.3.3　萘酚（10.0 g/L）/肌酸（1.0 g/L）显色剂

分别称取 1-萘酚 5.0 g 和肌酸 0.5 g 移入 500 mL 容量瓶中，用约 1 mol/L 的氢氧化钠溶液溶解并定容。

该溶液使用前配制。配制时需避光，并且冰浴。

注意：1-萘酚可燃，有毒。对眼和粘膜有刺激性。吞咽或经皮肤吸收都能引起中毒。

A.3.4　乙偶姻（3-羟基-2-丁酮）储备液（1.000 g/L）

　　a)　取一定量的乙偶姻于试管中，在 37℃恒温箱中溶解。然后将试管置于冰水中使乙偶姻重结

---

[1] Brij® 35 是适合的市售产品的实例。给出这一信息是为了方便本标准的使用者，并不表示对这一产品的认可。

晶。重结晶后,乙偶姻不含有影响试验结果的乙偶姻二聚体,可用于储备液的配制。

b) 称取重结晶后的乙偶姻0.100 g,精确至0.000 1 g,移入100 mL 容量瓶中,用水溶解并定容。

乙偶姻对热不稳定,且容易吸潮,因此应放置在干燥器中冷藏(2℃～6℃)保存。如发现物质有明显的吸潮现象,建议放弃不用。

该溶液在冷藏条件下的保存期为一周。

A.3.5 乙偶姻标准溶液

乙偶姻标准溶液,用乙偶姻储备液(A.3.4)和水按照表 A.1 稀释而成,该溶液应每天配制。

表 A.1 乙偶姻标准溶液

标准点	乙偶姻储备液/ mL	水/ mL	稀释倍数	乙偶姻/ (mg/L)
1	—	100.0	—	0[a]
2	1.0	99.0	100.0	10.0
3	2.0	98.0	50.0	20.0
4	4.0	96.0	25.0	40.0
5	6.0	94.0	16.7	60.0
6	8.0	92.0	12.5	80.0
a 用水做第一个标准点。				

A.4 仪器

A.4.1 分析天平:精度为0.000 1 g。

A.4.2 酸度计:精度为0.01pH 单位。

A.4.3 恒温水浴锅:30℃±0.1℃。

A.4.4 分光光度计:可在522 nm 下测定吸光度。

A.4.5 计时器。

A.4.6 漩涡震荡器。

A.5 分析步骤

A.5.1 乙偶姻标准曲线的制备

分别吸取配制好的乙偶姻标准溶液400 μL(见表 A.1)到10 mL 的试管中。然后,依次在每个试管中加入显色剂(A.3.3)4.60 mL,用漩涡震荡器充分混合均匀。置于室温,并开始计时。

反应40.0 min 后,使用分光光度计,在522 nm 下测定各管溶液的吸光度。

A.5.2 标准对照品的制备

建议使用一个有代表性的、稳定的样品作为标准对照品。

在每次分析中,将该标准对照品与样品一同进行检测,以判断试验的重复性。

A.5.3 样品溶液的制备

从样品中称取一定量的试料,精确至0.000 5 g,用溶液(A.3.1)稀释。其稀释的倍数要使得样品的最终吸光度 H_1 落在乙偶姻标准曲线的范围内。

A.5.4 酶样品的反应

将试料溶液和底物先置于30℃水浴中预热约10 min,然后,按下述方法处理每一个试料溶液:

a) 样品值 H_1:吸取酶样品溶液200.0 μL 于30℃±0.1℃水浴中的10 mL 试管里,然后加入预热好的底物200.0 μL,用漩涡震荡器充分混匀,迅速放回到水浴中,并开始计时。

b) 空白值 H_2：用缓冲液（A.3.1）代替试料溶液，依上述步骤进行操作。

反应 20.0 min 后，依次向每支试管中加入显色剂 4.60 mL（A.3.3），用漩涡震荡器充分混匀。置于室温，重新开始计时。

反应 40.0 min 后，使用分光光度计，在 522 nm 波长下测定各管溶液的吸光度。

A.6 结果的计算和表示

A.6.1 标准曲线

以 522 nm 波长下的吸光度为 Y 轴，乙偶姻的浓度（mg/L）为 X 轴，绘制标准曲线，计算出标准曲线的斜率 h（或用回归方程计算）。

A.6.2 样品酶活力的计算

样品的酶活力按式（A.1）计算：

$$U = \frac{(H_1 - H_2) \times 0.001\,135\,1 \times F}{m \times h} \quad\quad\quad\quad\quad (A.1)$$

式中：

U——样品的酶活力，单位为酶活力单位每克（U/g）；

H_1——样品的吸光度；

H_2——空白的吸光度；

0.001 135 1——0.1 g 的乙偶姻所对应的摩尔数；

F——样品溶液反应前的总稀释倍数；

m——试料的质量，单位为克（g）；

h——标准曲线的斜率。

A.6.3 结果的表示

样品的测定结果用算术平均值表示。

当结果小于 1 U/g（或 1 U/mL）时给出一位有效数字；当结果大于等于 1 U/g（或 1 U/mL）且小于 100 U/g（或 100 U/mL）时给出两位有效数字；当结果大于等于 100 U/g（或 100 U/mL）时给出三位有效数字。

A.6.4 重复性

在重复性条件下获得的两次单独测试结果的绝对差值不大于这两个测定值的算术平均值的 10%，以大于这两个测定值的算术平均值的 10% 的情况不超过 5% 为前提。

附　录　B

（规范性附录）

α-乙酰乳酸脱羧酶酶活力的测定　全自动生化分析仪法

B.1　范围

本方法规定了 α-乙酰乳酸脱羧酶活力的测定方法。

本方法适用于用全自动生化分析仪测定 α-乙酰乳酸脱羧酶制剂中 α-乙酰乳酸脱羧酶的酶活力。本方法不适用于啤酒和其他含醇产品中 α-乙酰乳酸脱羧酶酶活力的测定。

本方法的检测限为 0.6 U/g 或 0.6 U/mL。

试样中 3-羟基-2-丁酮（乙偶姻）和（或）双乙酰的存在会使试验结果偏大。

乙偶姻在贮存时易形成二聚体，从而影响试验结果。但若遵循配制步骤中所述的措施去预防，本方法仍可使用。

B.2　原理

α-乙酰乳酸脱羧酶与底物 α-乙酰乳酸反应脱羧生成乙偶姻。乙偶姻在碱性条件下与萘酚和肌酸的混合物反应生成红色产物。通过在 510 nm 波长下测定标准溶液的吸光度绘制出标准曲线，对照标准曲线进一步计算出酶样品的活力。

B.3　试剂

除非另有说明，在分析中仅使用分析纯试剂和蒸馏水或去离子水或相当纯度的水。

B.3.1　MES(9.76 g/L)-氯化钠(35.064 g/L)-聚氧化乙烯十二烷基醚(1.52 mL/L)缓冲液

见 A.3.1。

B.3.2　α-乙酰乳酸底物(2.00 mL/L)

见 A.3.2。

B.3.3　萘酚(10.0 g/L)/肌酸(1.0 g/L)显色剂

见 A.3.3。

B.4　仪器

B.4.1　全自动生化分析仪：要求带有进样系统、搅拌系统、温度控制系统(30℃±0.2℃)和检测系统。检测系统要求可在 510 nm 波长处，用动力学法检测吸光度变化，时间间隔最少 18 s。

如：Konelab 30 或同等分析效果的仪器。

B.4.2　分析天平：精度为 0.000 1 g。

B.4.3　酸度计：精度为 0.01pH 单位。

B.5　分析步骤

B.5.1　标准曲线的制备

称取一定量的 α-乙酰乳酸脱羧酶标准品，精确到 0.000 5 g。用缓冲液(B.3.1)溶解并定容至 100 mL，得到标准储备液。标准品称取的量要使标准储备液中 α-乙酰乳酸脱羧酶的酶活力约为 0.75 U/mL。

然后，按照表 B.1 配制标准曲线。

表 B.1 α-乙酰乳酸脱羧酶标准曲线

标准点	标准储备液/ μL	缓冲液(B.3.1)/ μL	稀释倍数	稀释后活性/ (mU/mL)
1	—	600.0	—	0.0[a]
2	20.0	580.0	30.0	25.0
3	30.0	570.0	20.0	37.5
4	40.0	560.0	15.0	50.0
5	50.0	550.0	12.0	62.5
6	60.0	540.0	10.0	75.0
[a] 用缓冲液 B.4.1 做标准点 1。				

标准储备液和标准曲线应每日配制。

B.5.2 标准对照品的制备

a) 取一定量的乙偶姻于试管中,在 37℃ 的恒温箱中溶解。然后将试管置于冰水中使乙偶姻重结晶。

b) 称取 0.197 g 重结晶后的乙偶姻,精确到 0.000 1 g,用缓冲液(B.3.1)溶解并定容至 200 mL,得到标准对照品储备液。然后再用相同的缓冲液稀释 20 倍备用。

二次稀释后的乙偶姻溶液的浓度相当于 50 mU/mL。

标准对照品储备液在 4℃～8℃ 并且避光的条件下的保存期为一周。

B.5.3 样品溶液的制备

从样品中称取一定量的试料,用缓冲液(B.3.1)溶解稀释。稀释的倍数要使得最终稀释液的酶活力在 27.5 mU/mL～62.5 mU/mL 范围内。

B.5.4 酶活力自动分析参考条件

B.5.4.1 底物保温周期

温度:30℃;

时间:480 s;

底物(B.3.2):40 μL;

水:20 μL。

B.5.4.2 酶反应周期

温度:30℃;

时间:650 s;

样品稀释液:40 μL;

水:20μL。

B.5.4.3 显色反应周期

温度:30℃;

时间:240 s;

显色试剂(B.3.3):80 μL;

水:15 μL。

B.5.4.4 测定周期

测定模式:动力学法;

波长:510 nm;

曲线类型:非线性;

时间:145 s;

读数:9 次;

间隔:18 s。

B.6 结果的计算和表示

B.6.1 标准曲线的计算

用参数 Logit-Log 法计算出标准曲线。其中 Y 轴单位为 OD/min，X 轴单位为标准点的酶活力 mU/mL。

B.6.2 样品酶活力的计算

从标准曲线上读出样品最终稀释液的酶活力，单位为 mU/mL。

然后，按照式(B.1)计算样品的酶活力：

$$U = \frac{A \times F \times D}{m \times 1\,000} \qquad\qquad\qquad\cdots\cdots\cdots\cdots\cdots\cdots (\text{B.1})$$

式中：

U——样品的酶活力，单位为酶活力单位每克(U/g)或酶活力单位每毫升(U/mL)；

A——由标准曲线得出的样品最终稀释液的活性力，单位为毫酶活力单位每毫升(mU/mL)；

F——溶解样品用的容量瓶的体积，单位为毫升(mL)；

D——稀释倍数；

m——试料的质量的数值，单位为克(g)；

$1\,000$——mU 到 U 的单位转换因子。

B.6.3 结果的表示

当标准对照品稀释液的实验值在 0.48 mU/mL～0.52 mU/mL 时，样品的实验结果有效，可计算平均值。否则，应重新进行试验。

B.6.4 结果的表示

样品的测定结果用算术平均值表示。

当结果小于 1 U/g(或 1 U/mL)时给出一位有效数字；当结果大于等于 1 U/g(或 1 U/mL)且小于 100 U/g(或 100 U/mL)时给出两位有效数字；当结果大于等于 100 U/g(或 100 U/mL)时给出三位有效数字。当结果小于 0.6 U/g(或 0.6 U/mL)时，表示为＜0.6 U/g(或 0.6 U/mL)。

B.6.5 重复性

在重复性条件下获得的两次单独测试结果的绝对差值不大于这两个测定值的算术平均值的 4%，以大于这两个测定值的算术平均值的 4% 的情况不超过 5% 为前提。

十一、增味剂

ICS 67.220.10
X 66

中华人民共和国国家标准

GB/T 8967—2007
代替 GB/T 8967—2000

谷 氨 酸 钠（味 精）

Monosodium L-glutamate

2007-02-02 发布

2007-12-01 实施

中华人民共和国国家质量监督检验检疫总局
中国国家标准化管理委员会 发布

前　言

　　本标准非等效于日本《食品添加物公定书》第七版中的"谷氨酸钠"标准。本标准整合了 QB 1500—1992《味精》的有关内容，是对 GB/T 8967—2000《谷氨酸钠（99％味精）》的修订。

　　本标准自实施之日起，代替 GB/T 8967—2000，QB 1500—1992 自行废止。

　　本标准与 GB/T 8967—2000 相比主要变化如下：

　　——标准名称改为谷氨酸钠（味精）；

　　——对谷氨酸钠（味精）、加盐味精和增鲜味精进行了定义；

　　——对谷氨酸钠（味精）进行了产品分类；

　　——卫生要求执行相应的味精卫生标准，在本标准中不再作要求；

　　——氯化物分析方法：增加铬酸钾指示剂法（适用于添加食用盐的氯化物）；

　　——硫酸盐目视比浊法，味精、增鲜味精与加盐味精在细节上有不同；

　　——增加增鲜味精中三种增鲜剂的测定方法。

　　本标准的附录 A 为规范性附录，附录 B 为资料性附录。

　　本标准由全国食品工业标准化技术委员会工业发酵分技术委员会提出并归口。

　　本标准起草单位：中国食品发酵工业研究院、丰原股份生化有限公司、杭州西湖味精集团有限公司、浙江蜜蜂集团有限公司、沈阳红梅企业集团有限责任公司、河北梅花味精集团有限公司。

　　本标准主要起草人：张蔚、常珠侠、程长平、龚旭明、石中科、刘森芝。

　　本标准所代替标准的历次版本发布情况为：

　　——GB 8967—1988，GB/T 8967—2000。

谷 氨 酸 钠（味 精）

1 范围

本标准规定了谷氨酸钠（味精）的术语和定义、产品分类、要求、分析方法、检验规则和标志、包装、运输、贮存。

本标准适用于谷氨酸钠（味精）。

2 规范性引用文件

下列文件中的条款通过本标准的引用而成为本标准的条款。凡是注日期的引用文件，其随后所有的修改单（不包括勘误的内容）或修订版均不适用于本标准，然而，鼓励根据本标准达成协议的各方研究是否可使用这些文件的最新版本。凡是不注日期的引用文件，其最新版本适用于本标准。

GB/T 191 包装储运图示标志（GB/T 191—2000，eqv ISO 780：1997）

GB/T 601 标准滴定溶液的制备

GB/T 602—2002 化学试剂 杂质测定用标准溶液的制备（ISO 6353-1：1982，NEQ）

GB 2720 味精卫生标准

GB/T 5009.43 味精卫生标准的分析方法

GB/T 6682—1992 分析实验室用水规格和试验方法（neq ISO 3696：1987）

GB 7718 预包装食品标签通则

JJF 1070 定量包装商品净含量计量检验规则

QB/T 3798 食品添加剂 呈味核苷酸二钠

QB/T 3799 食品添加剂 5'-鸟苷酸二钠

国家质量监督检验检疫总局令[2005]第75号 定量包装商品计量监督管理办法

3 化学名称、分子式、结构式、相对分子质量

3.1 化学名称：L-谷氨酸一钠一水化物（L-α-氨基戊二酸一钠一水化物）。

3.2 分子式：$C_5H_8NNaO_4 \cdot H_2O$。

3.3 相对分子质量：187.13。

3.4 结构式：

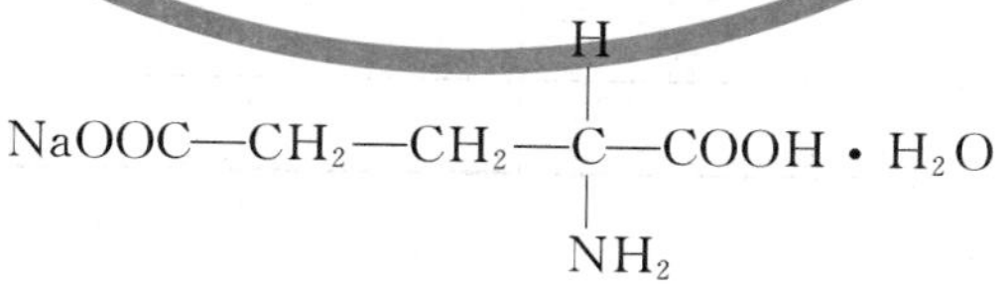

$$\text{NaOOC—CH}_2\text{—CH}_2\text{—}\overset{\displaystyle H}{\underset{\displaystyle NH_2}{C}}\text{—COOH} \cdot H_2O$$

4 术语和定义

下列术语和定义适用于本标准。

4.1

谷氨酸钠 monosodium L-glutamate（MSG）

味精

以淀粉质、糖质为原料，经微生物（谷氨酸棒杆菌等）发酵，提取、中和、结晶精制而成的谷氨酸钠含量等于或大于99.0%、具有特殊鲜味的白色结晶或粉末。

4.2

加盐味精　salted monosodium L-glutamate

在谷氨酸钠(味精)中,定量添加了精制盐的均匀混合物。

4.3

增鲜味精　special delicious monosodium L-glutamate

在谷氨酸钠(味精)中,定量添加了核苷酸二钠[5'-鸟苷酸二钠(GMP)、5'-肌苷酸二钠(IMP)或呈味核苷酸二钠(IMP+GMP)]等增鲜剂,其鲜味度超过混合前的谷氨酸钠(味精)。

5　产品分类

按加入成分分为三类。

5.1　味精。

5.2　加盐味精。

5.3　增鲜味精。

6　要求

6.1　原辅料要求

应符合相应产品标准、卫生标准的要求。对大米"不完整粒"和"碎米"不作要求。

6.2　感官要求

无色至白色结晶状颗粒或粉末,易溶于水,无肉眼可见杂质。具有特殊鲜味,无异味。

6.3　理化要求

6.3.1　谷氨酸钠(味精)

谷氨酸钠(味精)应符合表1的要求。

表 1　谷氨酸钠(味精)理化要求

项　目		指　标
谷氨酸钠/(%)	≥	99.0
透光率/(%)	≥	98
比旋光度$[\alpha]_D^{20}$/(°)		+24.9～+25.3
氯化物(以 Cl⁻ 计)/(%)	≤	0.1
pH		6.7～7.5
干燥失重/(%)	≤	0.5
铁/(mg/kg)	≤	5
硫酸盐(以 SO_4^{2-} 计)/(%)	≤	0.05

6.3.2　加盐味精

加盐味精应符合表2的要求。

表 2　加盐味精理化要求

项　目		指　标
谷氨酸钠/(%)	≥	80.0
透光率/(%)	≥	89
食用盐(以 NaCl 计)/(%)	<	20
干燥失重/(%)	≤	1.0

表 2（续）

项　目		指　标
铁/(mg/kg)	≤	10
硫酸盐(以 SO_4^{2-} 计)/(%)	≤	0.5
注：加盐味精需用99%的味精加盐。		

6.3.3　增鲜味精

增鲜味精应符合表3的要求。

表 3　增鲜味精理化要求

项　目		指　标		
		添加5'-鸟苷酸二钠(GMP)	添加呈味核苷酸二钠	添加5'-肌苷酸二钠(IMP)
谷氨酸钠/(%)	≥	97.0		
呈味核苷酸二钠/(%)	≥	1.08	1.5	2.5
透光率/(%)	≥	98		
干燥失重/(%)	≤	0.5		
铁/(mg/kg)	≤	5		
硫酸盐(以 SO_4^{2-} 计)/(%)	≤	0.05		
注：增鲜味精需用99%的味精增鲜。				

6.4　卫生要求

卫生要求应符合 GB 2720 要求。

6.5　净含量

净含量按国家质量监督检验检疫总局令[2005]第75号执行。

7　分析方法

本标准中所用的水,在未注明其他要求时,均指符合 GB/T 6682—1992 中要求的水。

本标准中所用的试剂,在未注明规格时,均指分析纯(AR)。若有特殊要求应另作明确规定。

本标准所用溶液在未注明用何种溶剂配制时,均指水溶液。

7.1　外观

称取试样约 10 g,肉眼观察、嗅闻并品尝其滋味,作出判断,做好记录。

7.2　鉴别试验

按附录 B 进行。

7.3　谷氨酸钠含量

7.3.1　高氯酸非水溶液滴定法

7.3.1.1　原理

在乙酸存在下,用高氯酸标准溶液滴定样品中的谷氨酸钠,以电位滴定法确定其终点,或以 α-萘酚苯基甲醇为指示剂,滴定溶液至绿色为其终点。

7.3.1.2　仪器

7.3.1.2.1　自动电位滴定仪(精度±5 mV)。

7.3.1.2.2　酸度计。

7.3.1.2.3　磁力搅拌器。

7.3.1.3　试剂和溶液

7.3.1.3.1　高氯酸标准滴定溶液[$c(HClO_4)=0.1$ mol/L]:按 GB/T 601 配制与标定。

7.3.1.3.2 乙酸。

7.3.1.3.3 甲酸。

7.3.1.3.4 α-萘酚苯基甲醇-乙酸指示液(2g/L):称取 0.1 g α-萘酚苯基甲醇,用乙酸(7.3.1.3.2)溶解并稀释至 50 mL。

7.3.1.4 分析步骤

7.3.1.4.1 电位滴定法

按仪器使用说明书处理电极和校正电位滴定仪。用小烧杯称取试样 0.15 g,精确至 0.000 1 g,加甲酸(7.3.1.3.3)3 mL,搅拌,直至完全溶解,再加乙酸(7.3.1.3.2)30 mL,摇匀。将盛有试液的小烧杯置于电磁搅拌器上,插入电极,搅拌,从滴定管中陆续滴加高氯酸标准滴定溶液(7.3.1.3.1),分别记录电位(或 pH)和消耗高氯酸标准滴定溶液的体积;滴定至终点前,每次滴加 0.05 mL 高氯酸标准滴定溶液并记录电位(或 pH)和消耗高氯酸标准滴定溶液的体积,超过突跃点后,继续滴加高氯酸标准滴定溶液至电位(或 pH)无明显变化为止。以电位 E(或 pH)为纵坐标,以滴定时消耗高氯酸标准滴定溶液的体积 v 为横坐标,绘制 E-v 滴定曲线,以该曲线的转折点(突跃点)为其滴定终点。

7.3.1.4.2 指示剂法

称取试样 0.15 g(精确至 0.000 1 g)于三角瓶内,加甲酸(7.3.1.3.3)3 mL,搅拌,直至完全溶解,再加乙酸(7.3.1.3.2)30 mL、α-萘酚苯基甲醇-乙酸指示液(7.3.1.3.4)10 滴,用高氯酸标准滴定溶液(7.3.1.3.1)滴定试样液,当颜色变绿即为滴定终点,记录消耗高氯酸标准滴定溶液的体积(V_1)。同时做空白试验,记录消耗高氯酸标准滴定溶液的体积(V_0)。

7.3.1.4.3 高氯酸溶液浓度的校正

若滴定试样与标定高氯酸标准溶液时温度之差超过 10℃ 时,则应重新标定高氯酸标准溶液的浓度;若不超过 10℃,则按式(1)加以校正。

$$c_1 = \frac{c_0}{1 + 0.001\ 1 \times (t_1 - t_0)} \quad \cdots\cdots\cdots\cdots\cdots\cdots\cdots\cdots\cdots\cdots (1)$$

式中:

c_1——滴定试样时高氯酸溶液的浓度,单位为摩尔每升(mol/L);

c_0——标定时高氯酸溶液的浓度,单位为摩尔每升(mol/L);

0.001 1——乙酸的膨胀系数;

t_1——滴定试样时高氯酸溶液的温度,单位为摄氏度(℃);

t_0——标定时高氯酸溶液的温度,单位为摄氏度(℃)。

7.3.1.5 计算

样品中谷氨酸钠含量按式(2)计算:

$$X_1 = \frac{0.093\ 57 \times (V_1 - V_0) \times c}{m} \times 100 \quad \cdots\cdots\cdots\cdots\cdots\cdots\cdots (2)$$

式中:

X_1——样品中谷氨酸钠含量,单位为%;

0.093 57——1.00 mL 高氯酸标准溶液[c(HClO$_4$)=1.000 mol/L]相当于谷氨酸钠($C_5H_8NNaO_4$ · H_2O)的质量,单位为克(g);

V_1——试样消耗高氯酸标准滴定溶液的体积,单位为毫升(mL);

V_0——空白消耗高氯酸标准滴定溶液的体积,单位为毫升(mL);

c——高氯酸标准滴定溶液的浓度,单位为摩尔每升(mol/L);

m——试样质量,单位为克(g)。

计算结果保留至小数点后第一位。

7.3.1.6 允许差

同一试样测试结果,相对平均偏差不得超过 0.3%。

7.3.2 旋光法

7.3.2.1 原理

谷氨酸钠分子结构中含有一个不对称碳原子,具有光学活性,能使偏振光面旋转一定角度,因此可用旋光仪测定旋光度,根据旋光度换算谷氨酸钠的含量。

7.3.2.2 仪器

旋光仪(精度±0.01°)备有钠光灯(钠光谱 D 线 589.3 nm)。

7.3.2.3 试剂

盐酸。

7.3.2.4 分析步骤

称取试样 10 g(精确至 0.000 1 g),加少量水溶解并转移至 100 mL 容量瓶中,加盐酸 20 mL,混匀并冷却至 20℃,定容并摇匀。

于 20℃,用标准旋光角校正仪器;将上述试液置于旋光管中(不得有气泡),观测其旋光度,同时记录旋光管中试样液的温度。

7.3.2.5 计算

样品中谷氨酸钠含量按式(3)计算,其数值以%表示。

$$X_2 = \frac{\dfrac{\alpha}{L \times c}}{25.16 + 0.047(20 - t)} \times 100 \quad \cdots\cdots\cdots\cdots (3)$$

式中:

X_2——样品中谷氨酸钠含量,%;

α——实测试样液的旋光度,单位为度(°);

L——旋光管长度(液层厚度),单位为分米(dm);

c——1 mL 试样液中含谷氨酸钠的质量,单位为克每毫升(g/mL);

25.16——谷氨酸钠的比旋光度$[\alpha]_D^{20}$,单位为度(°);

0.047——温度校正系数;

t——测定时试液的温度,单位为摄氏度(℃)。

计算结果保留至小数点后第一位。

7.3.2.6 允许差

同一样品测定结果,相对平均偏差不得超过 0.3%。

7.4 透光率

7.4.1 仪器

721 型分光光度计。

7.4.2 分析步骤

称取试样 10 g(精确至 0.1 g),加水溶解,定容至 100 mL,摇匀;用 1 cm 比色皿,以水为空白对照,在波长 430 nm 下测定试样液的透光率,记录读数。

7.4.3 允许差

同一样品两次测试结果的绝对差值,不得超过算术平均值的 0.2%。

7.5 比旋光度

7.5.1 原理

同 7.3.2.1。

7.5.2 仪器

同 7.3.2.2。

7.5.3 试剂

同 7.3.2.3。

7.5.4 分析步骤

同 7.3.2.4。

7.5.5 计算

7.5.5.1 若采用钠光谱 D 线,1 dm 旋光管,在样液温度 20℃ 测定时,可直接读数。

7.5.5.2 在样液温度 t℃ 测定时,样品的比旋光度按式(4)计算:

$$X_3 = [\alpha]_D^t - 0.047(20 - t) \quad\cdots\cdots\cdots\cdots\cdots\cdots\cdots\cdots (4)$$

式中:

X_3——样品的比旋光度,单位为度(°);

$[\alpha]_D^t$——在 t℃ 时试样液的比旋光度,单位为度(°);

t——测定样液的温度,单位为摄氏度(℃);

0.047——温度校正系数。

计算结果保留至小数点后第一位。

7.5.6 允许差

同一样品两次测定,绝对值之差不得超过 0.02%。

7.6 氯化物

7.6.1 比浊法(适于微量氯化物)

7.6.1.1 原理

试样溶液中含有的微量氯离子与硝酸银生成氯化银沉淀,其浊度与标准氯离子产生的氯化银比较,进行目视比浊。

7.6.1.2 试剂和溶液

7.6.1.2.1 硝酸

7.6.1.2.2 氯化物标准溶液(1 mL 溶液含有 0.1 mg 氯)

按 GB/T 602 配制。

7.6.1.2.3 10%(体积分数)硝酸溶液

量取 1 体积硝酸(7.6.1.2.1),注入 9 体积水中。

7.6.1.2.4 硝酸银标准溶液[$c(AgNO_3) = 0.1$ mol/L]

按 GB/T 601 配制与标定。

7.6.1.3 分析步骤

称取试样 10 g,精确至 0.1 g,加水溶解并定容至 100 mL,摇匀。

吸取试样液 10.00 mL 于一支 50 mL 钠氏比色管中,加水 13 mL,摇匀;准确吸取氯化物标准溶液(7.6.1.2.2)10.00 mL 于另一支 50 mL 钠氏比色管中,加水 13 mL,摇匀,同时向上述两管各加硝酸溶液(7.6.1.2.3)和硝酸银标准溶液(7.6.1.2.4)各 1 mL,立即摇匀,于暗处放置 5 min 后,取出,立即进行目视比浊。

若样品管浊度不高于标准管浊度,则氯化物含量≤0.1%。

7.6.2 铬酸钾指示剂法(适于添加食用盐的氯化钠)

7.6.2.1 原理

以铬酸钾作指示剂,用硝酸银标准滴定溶液滴定试样液中的氯化钠,根据硝酸银标准滴定溶液的消耗量,计算出样品中氯化钠的含量。

7.6.2.2 试剂和溶液

7.6.2.2.1 硝酸银标准溶液[$c(AgNO_3) = 0.1$ mol/L]

同 7.6.1.2.4。

7.6.2.2.2 铬酸钾指示液:称取铬酸钾 5g,加 95mL 水溶解,滴加硝酸银标准溶液(7.6.2.2.1)直至生成红色沉淀为止,放置过夜。过滤,收集滤液备用。

7.6.2.3 分析步骤

称取试样 10 g,精确至 0.000 1 g,加水溶解并定容至 100 mL,摇匀。

吸取上述制备的试样液 5.00 mL 于锥形瓶中,加水 40 mL、铬酸钾指示液(7.6.2.2.2)1 mL,以 0.1 mol/L 硝酸银标准滴定溶液滴定试样液,直至砖红色为其终点.同时做空白试验。

7.6.2.4 计算

样品的氯化钠的含量按式(5)计算,其数值以%表示。

$$X_4 = \frac{(V - V_0) \times c \times 0.058\ 44 \times 100}{m \times 5} \times 100 \quad\cdots\cdots\cdots\cdots\cdots\cdots(5)$$

式中:

X_4——样品中氯化钠的含量,%;

V——试样消耗硝酸银标准滴定溶液的体积,单位为毫升(mL);

V_0——空白消耗硝酸银标准滴定溶液的体积,单位为毫升(mL);

c——硝酸银标准滴定溶液的浓度,单位为摩尔每升(mol/L);

0.058 44——1.00 mL 硝酸银标准滴定溶液[$c(AgNO_3)_4 = 1.000$ mol/L]相当于以克表示的氯化钠的质量,单位为克(g);

100——试样定容的总体积,单位为毫升(mL);

m——样品质量,单位为克(g);

5——测定时,吸取试样液的体积。

计算结果保留至小数点后第一位。

7.6.2.5 允许差

同一试样测试结果,相对平均偏差不得超过 2%。

7.7 pH 值

7.7.1 原理

将指示电极和参比电极浸入被测溶液构成原电极,在一定温度下,原电池的电动势与溶液的 pH 呈直线关系,通过测量原电池的电动势即可得出溶液的 pH。

7.7.2 仪器

pH 计(酸度计):精度±0.02 pH。

7.7.3 试剂和溶液

磷酸盐标准缓冲溶液(pH 值 6.86):称取预先于 120℃烘干 2 h 的磷酸二氢钾(KH_2PO_4)3.40 g 和磷酸氢二钠(Na_2HPO_4)3.55 g,加入不含二氧化碳的水溶解并定容至 1 000 mL,摇匀。

7.7.4 分析步骤

用磷酸盐标准缓冲液,在 25℃下,校正 pH 计的 pH 为 6.86,定位,用水冲洗电极。

称取试样 5 g,精确至 0.1 g,加入不含二氧化碳的水溶解并定容至 50 mL,摇匀,作为试样液。用试样液洗涤电极,然后将电极插入试样液中,调整 pH 计温度补偿旋钮至 25℃,测定试样液的 pH。重复操作,直至 pH 读数稳定 1 min,记录结果。

测定结果准确至小数点后第一位。

7.7.5 允许差

同一样品两次测定,绝对值之差不得超过 0.05 pH。

7.8 干燥失重

7.8.1 原理

用干燥法测定失去的易挥发性物质的质量,以百分含量表示。

7.8.2 第一法 常规法

7.8.2.1 仪器

7.8.2.1.1 电热干燥箱:温控 98℃±1℃。

7.8.2.1.2　称量瓶:50 mm×30 mm。

7.8.2.1.3　干燥器:变色硅胶。

7.8.2.1.4　分析天平:感量 0.1 mg。

7.8.2.2　分析步骤

用烘至恒重的称量瓶称取试样 5 g,精确至 0.000 1 g,置于 98℃±1℃电热干燥箱中,烘干 5 h,取出,加盖,放入干燥器中,冷却至室温(30 min),称量。

7.8.2.3　计算

样品的干燥失重按式(6)计算,其数值以%表示。

$$X_5 = \frac{m_1 - m_2}{m_1 - m} \times 100 \qquad\qquad\cdots\cdots\cdots\cdots\cdots\cdots\cdots\cdots\cdots\cdots\cdots\cdots (6)$$

式中:

X_5——样品的干燥失重,%;

　m——称量瓶的质量,单位为克(g);

m_1——干燥前称量瓶和试样的质量,单位为克(g);

m_2——干燥后称量瓶和试样的质量,单位为克(g)。

计算结果保留至小数点后第一位。

7.8.2.4　允许差

同一样品测定结果,相对平均偏差不得超过 10%。

7.8.3　第二法　快速法

7.8.3.1　仪器

7.8.3.1.1　电热干燥箱

温控 103℃±2℃。

7.8.3.1.2　称量瓶、干燥器、分析天平

同 7.8.2.1.2～7.8.2.1.4。

7.8.3.2　分析步骤

用烘至恒重的称量瓶称取试样 5 g,精确至 0.000 1 g,置于 103℃±2℃电热干燥箱中,烘干 2 h,取出,加盖,放入干燥器中,冷却至室温(30 min),称量。

7.8.3.3　计算

同 7.8.2.3。

7.8.3.4　允许差

同 7.8.2.4。

7.9　铁

7.9.1　原理

在酸性条件下,样液中的铁离子与硫氰酸铵作用,其颜色深浅与铁离子的浓度成正比,可以进行比色测定。

7.9.2　仪器

具塞比色管:50 mL。

7.9.3　试剂和溶液

7.9.3.1　硝酸

7.9.3.2　1+1 硝酸溶液:量取 1 体积硝酸(7.9.3.1),注入 1 体积水中。

7.9.3.3　硫氰酸铵

7.9.3.4　硫氰酸铵溶液(150 g/L):称取硫氰酸铵(7.9.3.3)15.0 g,用水溶解并定容至 100 mL。

7.9.3.5　铁标准溶液 Ⅰ(含铁 0.1 g/L):按 GB/T 602 配制。

7.9.3.6　铁标准溶液Ⅱ(含铁 0.01 g/L):吸取铁标准溶液Ⅰ(7.9.3.5)10 mL,加水稀释至 100 mL。

7.9.4　分析步骤

称取试样 1 g 于比色管中,精确至 0.1 g,加水 10 mL 溶解,再加硝酸溶液(7.9.3.2)2 mL,摇匀。准确吸取铁标准溶液Ⅱ(7.9.3.6)0.5 mL 于另一支比色管中,加水 9.5 mL 及硝酸溶液(7.9.3.2)2 mL,摇匀。将上述两管同时置于沸水浴中煮沸 20 min,取出,冷却至室温,同时向各管加入硫氰酸铵溶液(7.9.3.4)10.00 mL,补加水至 25 mL 刻度,摇匀,进行目视比色。

若试样管溶液颜色不高于标准管溶液的颜色,则含铁量≤5 mg/kg。

7.10　硫酸盐

7.10.1　原理

样液中微量的硫酸根与氯化钡作用,生成白色硫酸钡沉淀,与标准浊度比较定量。

7.10.2　仪器

7.10.2.1　具塞比色管:50 mL。

7.10.2.2　烧杯:50 mL。

7.10.3　试剂和溶液

7.10.3.1　10%盐酸溶液(体积分数):量取 1 体积盐酸,注入 9 体积水中。

7.10.3.2　50 g/L 氯化钡溶液:称取 5.0 g 氯化钡,用水溶解并稀释至定容至 100 mL。

7.10.3.3　1.0 g/L 硫酸盐标准溶液Ⅰ:称取无水硫酸钠 1.480 g,按 GB/T 602—2002 中 4.28 配制。

7.10.3.4　0.1 g/L 硫酸盐标准溶液Ⅱ:按 GB/T 602—2002 中 4.28 配制。

7.10.4　分析步骤

7.10.4.1　味精、增鲜味精

称取试样 0.5 g 于 50 mL 具塞比色管中,精确至 0.01 g。加水 18 mL 溶解,再加盐酸溶液(7.10.3.1)2 mL,摇动混匀;准确吸取硫酸盐标准溶液Ⅱ(7.10.3.4)2.50 mL,置于另一支 50 mL 具塞比色管中,加水 15.5 mL、盐酸溶液(7.10.3.1)2 mL,摇动混匀。同时向上述两管各加氯化钡(7.10.3.2)5.00 mL,摇匀,于暗处放置 10 min 后,取出,进行目视比浊。

若试样管溶液的浊度不高于标准管溶液的浊度,则硫酸盐含量≤0.05%。

7.10.4.2　加盐味精

称取试样 0.5 g 于 50 mL 具塞比色管中,精确至 0.01 g。加水 18 mL 溶解,再加盐酸溶液(7.10.3.1)2 mL,摇动混匀;准确吸取硫酸盐标准溶液Ⅰ(7.10.3.3)2.50 mL,置于另一支 50 mL 具塞比色管中,加水 15.5 mL、盐酸溶液(7.10.3.1)2 mL,摇动混匀。同时向上述两管各加氯化钡(7.10.3.2)5.00 mL,摇匀,于暗处放置 10 min 后,取出,进行目视比浊。

若试样管溶液的浊度不高于标准管溶液的浊度,则硫酸盐含量≤0.5%。

7.11　5'-鸟苷酸二钠

按 QB/T 3799 的方法测定。

7.12　呈味核苷酸二钠

按 QB/T 3798 的方法测定。

7.13　5'-肌苷酸二钠

7.13.1　仪器

紫外分光光度计。

7.13.2　试剂

盐酸(0.01 mol/L)。

7.13.3　分析步骤

精确称取试样 0.5 g(准确至 0.000 1 g),用水溶解并稀释定容至 500 mL,吸取 5 mL,用 0.01 mol/L(7.13.2)盐酸溶液稀释并定容至 250 mL,作为试液备用。

将试液注入 10 mm 石英比色杯中,以 0.01 mol/L(7.13.2)盐酸溶液作空白,于紫外分光光度计250 nm 处测定吸光度。

7.13.4　计算

5'-肌苷酸二钠(IMP)的含量按式(7)计算,其数值以%表示。

$$X_6 = \frac{A \times 25\,000}{310 \times m_3 \times (1 - m_4)} \times 100 \quad\cdots\cdots\cdots\cdots\cdots\cdots\cdots\cdots\cdots\cdots\cdots\cdots\cdots\cdots (7)$$

式中:

X_6——5'-肌苷酸二钠的含量,%;

　A——在 250 nm 波长下测得试液的吸光度;

310——5'-肌苷酸二钠溶液的百分吸收系数;

m_3——试样质量,单位为克(g);

m_4——试样的干燥失重,单位为克(g)。

7.13.5　允许差

同一试样两次测定值之差,不得超过 1%。

7.14　卫生要求

按 GB/T 5009.43 方法测定。

7.15　净含量

按 JJF 1070 检验。

8　检验规则

8.1　组批

凡同一生产厂名、同一产品名称、同一规格、同一商标及批号,并具有同样质量合格证的产品为一批。

8.2　取样

按表 4 抽取样本。

表 4　样品抽样表

批量范围/箱	抽取样本数/箱	抽取单位包装数/袋
<100	4	1
100～250	6	1
251～500	10	1
>500	20	1

8.3　取样量及取样方法

每批抽取总样品量为 500 g,若按表 4 抽取的样品量不足时,可按比例适当加取。抽样后,迅速将其混匀,用四分法缩分后,分别装入两个干燥、洁净的容器中,贴上标签,注明:样品名称,生产厂名、商标、生产日期(批号)、取样日期、地点和取样人姓名。1 份送化验室进行检验,另 1 份封存 3 个月备查。

8.4　出厂检验

8.4.1　产品出厂前,按本标准规定逐批进行检验。

8.4.2　出厂检验项目

8.4.2.1　谷氨酸钠(味精):包装、净含量、谷氨酸钠含量、透光率、比旋光度、干燥失重、铁、硫酸盐。

8.4.2.2　加盐味精:包装、净含量、谷氨酸钠含量、食用盐、透光率、干燥失重、铁、硫酸盐。

8.4.2.3　增鲜味精:包装、净含量、谷氨酸钠含量、透光率、核苷酸钠含量、干燥失重、铁、硫酸盐。

8.5　型式检验

型式检验为本标准中各种产品分别的感官、理化、卫生要求中的全部项目。产品在一般情况下,型

式检验每季度一次,遇有下列情况之一时,亦应进行型式检验:

    a) 原辅材料有较大变化时;

    b) 更改关键工艺或设备;

    c) 新试制的产品或正常生产的产品停产3个月后,重新恢复生产时;

    d) 出厂检验与上次型式检验结果有较大差异时;

    e) 国家质量监督检验机构按有关规定需要抽检时。

8.6 判定规则

8.6.1 当检验结果中有一项检验项目不合格时,应重新自同批产品中抽取两倍量样本进行复验,以复验结果为准。如仍有一项不合格,则判整批产品为不合格品。

8.6.2 当供需双方对产品质量发生异议时,由双方协商选定仲裁单位,按本标准进行复验。

9 标志、包装、运输和贮存

9.1 标志

9.1.1 产品的外包装标志宜符合 GB/T 191 的要求。

9.1.2 外包装物上应有明显的标识。标识内容应包括产品名称、厂名、厂址、净含量、生产日期(批号)等。

9.1.3 预包装产品包装按 GB 7718 规定标注,加盐味精包装上需标注谷氨酸钠具体含量。

9.2 包装

9.2.1 产品内包装材料需符合食品包装材料的卫生要求。

9.2.2 包装要求:内包装封口严密,不得透气,外包装不得受到污染。

9.3 运输和贮存

9.3.1 产品在运输过程中应轻拿轻放,严防污染、雨淋和曝晒。

9.3.2 运输工具应清洁、无毒、无污染。严禁与有毒、有害、有腐蚀性的物质混装混运。

9.3.3 产品贮存在阴凉、干燥、通风无污染的环境下,不应露天堆放。

附 录 A

（规范性附录）

半成品 L-谷氨酸（麸酸）质量要求

A.1 术语和定义

下列术语和定义适用于本附录。

A.1.1

L-谷氨酸（麸酸）   L-glutamic acid

以淀粉质、糖质为原料，经微生物（谷氨酸棒杆菌等）发酵、提纯而制得的带有特征酸味的结晶或结晶性粉末。

A.2 要求

A.2.1 原料要求

应符合相应产品标准要求。对大米"不完整粒"和"碎米"不作要求。

A.2.2 外观及感官要求

白色、浅黄色（淀粉、大米等为原料）或棕黄色（糖蜜为原料）的结晶或结晶性粉末，略有特征酸味，无异味。

A.2.3 理化要求

应符合表 A.1 的规定。

表 A.1　L-谷氨酸（麸酸）理化要求

项　目		优等品	合格品[a]
L-谷氨酸（麸酸）含量/（%）	≥	97	95
比旋光度$[\alpha]_D^{20}$/（°）	≥	31.0	30.3
透光率/（%）	≥	40	30
硫酸盐（SO_4^{-2}）/（%）	≤	0.35	
[a]　糖蜜原料半成品。			

A.3 分析方法

A.3.1 L-谷氨酸含量

A.3.1.1 旋光法

A.3.1.1.1 原理

同 7.3.2.1。

A.3.1.1.2 仪器

同 7.3.2.2。

A.3.1.1.3 试剂

同 7.3.2.3。

A.3.1.1.4 分析步骤

　　a）　试样液的制备：称取试样 10 g，精确至 0.000 1 g，加水 20 mL，边搅拌边加入盐酸 16.5 mL，样品全部溶解后移入 100 mL 容量瓶中，待溶液冷却至约 20℃时，定容并充分混匀。滤纸过滤，待用。

若试样液颜色较深,可加入活性炭 0.1 g(最多可加入 0.3 g),搅拌脱色过滤,弃去前 5 mL 滤液,收集其余滤液,待用。

    b) 测定:同 7.3.2.4。

A.3.1.1.5 计算

样品中 L-谷氨酸的含量按式(A.1)计算,其数值以%表示。

$$X_{A1} = \frac{\dfrac{\alpha}{L \times c}}{32.00 + 0.06(20 - t)} \times 100 \quad\cdots\cdots\cdots\cdots\cdots\cdots\cdots\cdots\cdots (\text{A.1})$$

式中:

X_{A1}——样品中谷氨酸的含量,%;

  α——实测试液的旋光度,单位为度(°);

  L——旋光管长度(即液层厚度),单位为分米(dm);

  c——1 mL 试样中谷氨酸的含量,单位为克每毫升(g/mL);

32.00——谷氨酸的比旋光度$[\alpha]_D^{20}$,单位为度(°);

  t——测定时试样液的温度,单位为摄氏度(℃);

0.06——温度校正系数。

计算结果精确至小数点后一位。

A.3.1.1.6 允许差

同 7.3.2.6。

A.3.1.2 中和滴定法

A.3.1.2.1 原理

谷氨酸具有两个酸性的羧基(—COOH)和一个碱性的氨基(—NH$_2$),可以用碱液滴定其中一个 —COOH 基,以消耗碱的量间接求得谷氨酸含量。

A.3.1.2.2 仪器

自动电位滴定仪。

A.3.1.2.3 试剂和溶液

    a) 氢氧化钠标准溶液 I[c(NaOH)=0.1 mol/L]:按 GB/T 601 配制和标定;

    b) 氢氧化钠标准溶液 II[c(NaOH)=0.05 mol/L]:将氢氧化钠标准溶液 I[A.3.1.2.3a)]准确稀释 1 倍。

A.3.1.2.4 分析步骤

    a) 按仪器使用说明书处理电极和校正自动电位滴定仪;

    b) 粗称样品 10 g,研细,待用;

    c) 准确称取试样 0.25 g,精确至 0.000 1 g,置于 100 mL 烧杯中,加水 70 mL,加热使之全部溶解,冷却至室温,用氢氧化钠标准溶液 II[A.3.1.2.3b)]进行电位滴定,终点 pH 值控制在 7.0,记录消耗氢氧化钠标准溶液的体积(V);

    d) 同时做空白试验,记录消耗氢氧化钠标准溶液[A.3.1.2.3b)]的体积(V_0)。

A.3.1.2.5 计算

样品中 L-谷氨酸含量按式(A.2)计算,其数值以%表示。

$$X_{A2} = \frac{0.147\,1 \times c \times (V - V_0)}{m} \times 100 \quad\cdots\cdots\cdots\cdots\cdots\cdots\cdots\cdots (\text{A.2})$$

式中:

X_{A2}——样品中谷氨酸含量,%;

  V——试液消耗氢氧化钠标准溶液的体积,单位为毫升(mL);

  V_0——空白消耗氢氧化钠标准溶液的体积,单位为毫升(mL);

c——1.00 mL 氢氧化钠标准溶液[$c(NaOH)=1.000$ mol/L]相当于 L-谷氨酸($C_5H_9NO_4$)的质量,单位为克(g);

m——样品质量,单位为克(g)。

计算结果精确至小数点后一位。

A.3.1.2.6 允许差

同 7.3.1.6。

A.3.2 比旋光度

A.3.2.1 吸取试液[A.3.1.1.4a)],按 7.5 进行测定。

A.3.2.2 分析结果的表述

若采用钠光谱 D 线,1 dm 旋光管,在 20℃(液温)测定时,可直接读数;试液温度为 t℃时,则须按式(A.3)换算:

$$X_{A3} = [\alpha]_D^t - 0.06(20-t) \times 100 \quad\cdots\cdots\cdots\cdots\cdots\cdots\cdots\cdots\cdots\cdots\cdots\cdots\quad (A.3)$$

式中:

X_{A3}——样品的比旋光度$[\alpha]_D^{20}$,单位为度(°);

$[\alpha]_D^t$——在 t℃时试液的比旋光度,单位为度(°);

t——测定时试液的温度,单位为摄氏度(℃);

0.06——温度校正系数。

计算结果精确至小数点后第一位。

A.3.2.3 允许差

同一样品两次测定,绝对值之差不得超过 0.02%。

A.3.3 透光率

A.3.3.1 仪器

分光光度计:精度±0.5%。

A.3.3.2 试剂

a) 盐酸;

b) 盐酸溶液[$c(HCl)=2$ mol/L]:量取盐酸[A.3.3.2a)]16.5 mL,注入 100 mL 水中,摇匀。

A.3.3.3 分析步骤

称取试样 5 g,精确至 0.1 g,用盐酸溶液[A.3.3.2b)]溶解并定容至 100 mL,摇匀,作为试液,用试样液冲洗比色皿,并用 1 cm 比色皿以同批盐酸溶液[A.3.3.2b)]调零点,在波长 590 nm 处,测定其透光率。

A.3.3.4 允许差

同 7.4.3。

A.3.4 硫酸盐

A.3.4.1 原理

同 7.10.1。

A.3.4.2 试剂和溶液

同 7.10.3。

A.3.4.3 分析步骤

吸取试样液[A.3.1.1.4a)]1.00 mL,加 17mL 水、2mL 盐酸[10%(体积分数)],作为样品管;吸取 3.50 mL 硫酸盐标准溶液,加 14.5 mL 水、2 mL 盐酸[10%(体积分数)],作为标准对照管,以下按 7.10.4 进行测定。

若样品管浊度不高于标准管浊度,即硫酸盐含量≤0.35%。

附 录 B
（资料性附录）
谷氨酸钠的鉴别试验

B.1 氨基酸的确认

B.1.1 原理

在加热情况下,试样液中的氨基酸与茚三酮反应,生成紫色化合物。

B.1.2 试剂和溶液

1 g/L 茚三酮溶液:称取茚三酮 0.1 g,精确至 0.01 g,加水溶解,稀释至 100 mL。

B.1.3 分析步骤

B.1.3.1 称取试样 0.1 g,精确至 0.01 g,加水溶解并稀释至 100 mL;

B.1.3.2 吸取 5.0 mL 试样液(B.1.3.1),加入茚三酮溶液(B.1.2)1.0 mL,混匀,于水浴中加热 3 min,取出,观测。

若最终溶液呈现紫色,则确认为氨基酸。

B.2 钠盐的确认

B.2.1 原理

钠盐在无色或蓝色火焰中燃烧,呈黄色火焰。

B.2.2 试剂

盐酸。

B.2.3 器具

铂针(一端镶入玻璃棒中):直径 0.8 mm,长 20 mm。
本生灯。

B.2.4 鉴别步骤

取少量试样(约 0.5 g),加 1 mL 盐酸(B.2.1)溶解,将铂针尖端插入试液内约 5 mm。然后,把铂针平放在本生灯的无色或蓝色火焰中燃烧。

若呈现黄色火焰,并持续约 4 s,则确认是钠盐。

中华人民共和国国家标准

GB 25542—2010

食品安全国家标准

食品添加剂 甘氨酸(氨基乙酸)

2010-12-21 发布

2011-02-21 实施

中华人民共和国卫生部 发布

前　言

本标准的附录 A 为规范性附录。

食品安全国家标准

食品添加剂　甘氨酸(氨基乙酸)

1　范围

本标准适用于由一氯乙酸氨化工艺制得的工业氨基乙酸经纯化水溶解、活性炭脱色等工艺重结晶制得的食品添加剂甘氨酸(氨基乙酸)。

2　规范性引用文件

本标准中引用的文件对于本标准的应用是必不可少的。凡是注日期的引用文件,仅所注日期的版本适用于本标准。凡是不注日期的引用文件,其最新版本(包括所有的修改单)适用于本标准。

3　分子式、结构式和相对分子质量

3.1　分子式

$C_2H_5NO_2$

3.2　结构式

$$NH_2-CH_2-\overset{\overset{\displaystyle O}{\|}}{C}-OH$$

3.3　相对分子质量

75.07(按 2007 年国际相对原子质量)

4　技术要求

4.1　感官要求:应符合表 1 的规定。

表 1　感官要求

项　目	要　求	检　验　方　法
色泽	白色	取适量实验室样品,置于清洁、干燥的白瓷盘中,在自然光线下,目视观察
组织状态	结晶性颗粒或结晶性粉末	

4.2　理化指标:应符合表 2 的规定。

表 2　理化指标

项　目		指　标	检验方法
氨基乙酸(以干基计),$w/\%$		98.5～101.5	附录 A 中 A.4
氯化物(以 Cl 计),$w/\%$	≤	0.010	附录 A 中 A.5
砷(As)/(mg/kg)	≤	1	附录 A 中 A.6
重金属(以 Pb 计)/(mg/kg)	≤	10	附录 A 中 A.7
干燥减量,$w/\%$	≤	0.20	附录 A 中 A.8
灼烧残渣,$w/\%$	≤	0.10	附录 A 中 A.9
澄清度试验		通过试验	附录 A 中 A.10
pH(50 g/L 水溶液)		5.5～7.0	附录 A 中 A.11

附　录　A
（规范性附录）
检　验　方　法

A.1　警示

试验方法规定的一些试验过程可能导致危险情况。操作者应采取适当的安全和防护措施。

A.2　一般规定

除非另有说明,在分析中仅使用确认为分析纯的试剂和 GB/T 6682—2008 中规定的三级水。

试验方法中所用标准滴定溶液、杂质测定用标准溶液、制剂及制品,在没有注明其他要求时,均按
GB/T 601、GB/T 602 和 GB/T 603 之规定制备。

A.3　鉴别试验

A.3.1　试剂和材料

A.3.1.1　茚满三酮溶液:1 g/L。

A.3.1.2　盐酸溶液:1+3。

A.3.1.3　亚硝酸钠溶液:100 g/L。

A.3.1.4　变色酸溶液:称取 0.5 g 变色酸,加 50 mL 硫酸溶液(2+1)摇混,离心分离,使用上层清液。
本溶液需使用前配制。

A.3.2　分析步骤

A.3.2.1　茚满三酮试验

称取约 0.1 g 实验室样品,精确至 0.01 g,溶于 100 mL 水中,取此溶液 5 mL,加 1 mL 茚满三酮溶
液,加热至沸约 3 min 后显紫色。

A.3.2.2　亚硝基试验

称取约 1 g 实验室样品,精确至 0.01 g,溶于 10 mL 水中,取此溶液 5 mL,加 5 滴盐酸溶液和 1 mL
新配制的亚硝酸钠溶液,产生无色气体。把此溶液 5 滴滴入试管内,煮沸后在水浴上蒸干,冷却,向残留
物中加 5 滴~6 滴变色酸溶液,在水浴中加热 10 min~30 min 后显深紫色。

A.4　氨基乙酸的测定

A.4.1　方法提要

试样以甲酸为助溶剂,冰乙酸为溶剂,以结晶紫为指示剂,用高氯酸标准滴定溶液滴定,根据消耗高

氯酸标准滴定溶液的体积计算氨基乙酸的含量。

A.4.2 试剂和材料

A.4.2.1 冰乙酸。

A.4.2.2 无水甲酸。

A.4.2.3 高氯酸标准滴定溶液：$c(HClO_4)=0.1$ mol/L。

A.4.2.4 结晶紫指示液：2 g/L。

A.4.3 分析步骤

A.4.3.1 称取约 0.15 g A.8.1 中干燥物 A，精确至 0.000 1 g，置于 250 mL 干燥的锥形瓶中，加约 1 mL 无水甲酸溶解，加 30 mL 冰乙酸，加 2 滴结晶紫指示液，用高氯酸标准滴定溶液滴定至溶液由紫色变为亮蓝绿色为终点。

A.4.3.2 在测定的同时，按与测定相同的步骤，对不加试料而使用相同数量的试剂溶液做空白试验。

A.4.4 结果计算

氨基乙酸（以干基计）的质量分数 w_1，数值以％表示，按公式（A.1）计算：

$$w_1 = \frac{(V_1 - V_2) \times c \times M}{m \times 1\,000} \times 100\% \quad\cdots\cdots\cdots\cdots\cdots\cdots\cdots\cdots(A.1)$$

式中：

V_1——试料消耗高氯酸标准滴定溶液（A.4.2.3）体积的数值，单位为毫升（mL）；

V_2——空白消耗高氯酸标准滴定溶液体积的数值，单位为毫升（mL）；

c ——高氯酸标准滴定溶液浓度的准确数值，单位为摩尔每升（mol/L）；

m ——试料质量的数值，单位为克（g）；

M ——氨基乙酸的摩尔质量的数值，单位为克每摩尔（g/mol）（$M=75.07$）。

取两次平行测定结果的算术平均值为报告结果。两次平行测定结果的绝对差值不大于 0.3％。

A.5 氯化物的测定

A.5.1 试剂和材料

A.5.1.1 硝酸溶液：1+9。

A.5.1.2 硝酸银溶液：17 g/L。

A.5.1.3 氯化物（Cl）标准溶液：0.1 mg/mL。

A.5.2 分析步骤

称取约 1.0 g 实验室样品，精确至 0.01 g，置于 50 mL 比色管中，加 30 mL 水溶解，加 6 mL 硝酸溶液，加水至 50 mL 为样品溶液。另取一只比色管，加入 1 mL±0.02 mL 氯化物（Cl）标准溶液，加 30 mL 水，加 6 mL 硝酸溶液，加水配至 50 mL 为标准比浊液。向样品溶液及标准比浊液中各加 1 mL 硝酸银溶液，充分混匀，避开日光直射，放置 5 min，在黑色背景下侧面或轴向进行观察，样品溶液的浊度不得大于标准比浊液的浊度。

A.6 砷的测定

按 GB/T 5009.76 砷斑法进行。测定时称取约 1.0 g 实验室样品,精确至 0.01 g。限量标准液的配制:用移液管移取 1 mL±0.02 mL 砷标准溶液(含砷 1.0 μg),与试样同时同样处理。

A.7 重金属的测定

A.7.1 试剂和材料

A.7.1.1 氢氧化钠溶液:43 g/L。

A.7.1.2 硫化钠溶液:100 g/L,本溶液需使用前配制。

A.7.1.3 铅(Pb)标准溶液:0.01 mg/mL。

A.7.2 分析步骤

称取约 1.0 g 实验室样品,精确至 0.01 g,置于 25 mL 比色管中,加 5 mL 氢氧化钠溶液,加水溶解并稀释至 25 mL,加 5 滴硫化钠溶液,摇匀,放置 2 min,所呈颜色不得深于标准。标准是吸取 1 mL±0.02 mL 铅(Pb)的限量标准液(含铅 0.01 mg),与试样同时同样处理。

A.8 干燥减量的测定

A.8.1 分析步骤

称取约 1.0 g 实验室样品,精确至 0.000 1 g,置于预先在 105 ℃±2 ℃ 干燥至质量恒定的称量瓶中,铺成 5 mm 以下的层。在 105 ℃±2 ℃ 的恒温干燥箱中干燥 3 h,置于干燥器中冷却 30 min 称量。保留部分干燥物(此为干燥物 A)用作氨基乙酸含量的测定。

A.8.2 结果计算

干燥减量的质量分数 w_2,数值以%表示,按公式(A.2)计算:

$$w_2 = \frac{m - m_1}{m} \times 100\% \quad\quad\quad\quad\quad\quad (A.2)$$

式中:

m ——干燥前试料的质量的数值,单位为克(g);

m_1 ——干燥后试料的质量的数值,单位为克(g)。

取两次平行测定结果的算术平均值为报告结果。两次平行测定结果的绝对差值不大于 0.05%。

A.9 灼烧残渣的测定

A.9.1 试剂和材料

A.9.1.1 硫酸。

A.9.1.2 硫酸溶液:1+8。

A.9.2 分析步骤

称取 2 g～3 g 实验室样品,精确至 0.000 1 g,置于在 800 ℃±25 ℃灼烧至质量恒定的瓷坩埚中,加入适量的硫酸溶液将样品完全浸湿。用小火加热缓缓至样品完全炭化,冷却。加约 0.5 mL 硫酸浸湿残渣,低温加热至硫酸蒸气逸尽。在 800 ℃±25 ℃灼烧 45 min。放入干燥器中冷却至室温,称量。

A.9.3 结果计算

灼烧残渣的质量分数 w_3,数值以％表示,按公式(A.3)计算:

$$w = \frac{m_1}{m} \times 100\%$$ ································(A.3)

式中:

m ——试料质量的数值,单位为克(g);

m_1 ——残渣质量的数值,单位为克(g)。

取两次平行测定结果的算术平均值为报告结果。两次平行测定结果的绝对差值不大于 0.02％。

A.10 澄清度试验

A.10.1 试剂和材料

A.10.1.1 硝酸溶液:1+2。

A.10.1.2 糊精溶液:20 g/L。

A.10.1.3 硝酸银溶液:20 g/L。

A.10.1.4 浊度标准溶液:含氯(Cl)0.01 mg/mL。量取 c(HCl)＝0.1 mol/L 盐酸标准滴定溶液 14.1 mL±0.02 mL,置于 50 mL 容量瓶中,稀释至刻度。量取该溶液 10 mL±0.02 mL 于 1 000 mL 容量瓶中,加水稀释至刻度,摇匀。

A.10.2 分析步骤

称取约 1.0 g 实验室样品,精确至 0.01 g,置于比色管中,加水溶解并稀释至 25 mL,作为试验溶液;取另一只比色管,准确加入 0.20 mL 浊度标准溶液,加水至 20 mL,加 1 mL 硝酸溶液,0.2 mL 糊精溶液及 1 mL 硝酸银溶液,加水至 25 mL,摇匀,避光放置 15 min,作为标准比浊溶液。

在无阳光直射情况下,轴向及侧向观察,试验溶液的浊度不得大于标准比浊溶液的浊度。

A.11 pH 的测定

按 GB/T 9724 进行。称取约 1.0 g 实验室样品,精确至 0.01 g,加 20 mL 无二氧化碳的水溶解混匀后进行测定。

中华人民共和国国家标准

GB 25543—2010

食品安全国家标准
食品添加剂 *L*-丙氨酸

2010-12-21 发布

2011-02-21 实施

中华人民共和国卫生部 发布

前　言

本标准的附录 A 为规范性附录。

食品安全国家标准

食品添加剂 *L*-丙氨酸

1 范围

本标准适用于以 *L*-天门冬氨酸为原料,经酶法生产制得的食品添加剂 *L*-丙氨酸。

2 规范性引用文件

本标准中引用的文件对于本标准的应用是必不可少的。凡是注日期的引用文件,仅所注日期的版本适用于本标准。凡是不注日期的引用文件,其最新版本(包括所有的修改单)适用于本标准。

3 分子式、结构式和相对分子质量

3.1 分子式

$C_3H_7NO_2$

3.2 结构式

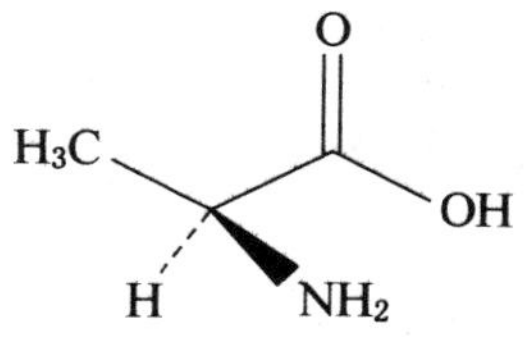

3.3 相对分子质量

89.09(按 2007 年国际相对原子质量)

4 技术要求

4.1 感官要求:应符合表 1 的规定。

表 1 感官要求

项 目	要 求	检 验 方 法
色泽	白色	取适量实验室样品,置于清洁、干燥的白瓷盘中,在自然光线下,目视观察,嗅其气味
组织状态	结晶或结晶性粉末	

4.2 理化指标:应符合表 2 的规定。

表 2 理化指标

项　目		指　标	检验方法
L-丙氨酸(以干基计),w/%		98.5～101.5	附录 A 中 A.4
干燥减量,w/%	≤	0.20	附录 A 中 A.5
pH(50 g/L 水溶液)		5.7～6.7	附录 A 中 A.6
砷(As)/(mg/kg)	≤	1	附录 A 中 A.7
重金属(以 Pb 计)/(mg/kg)	≤	10	附录 A 中 A.8
灼烧残渣,w/%	≤	0.20	附录 A 中 A.9
比旋光度 α_m(20 ℃,D)/[(°)·dm²·kg⁻¹]		＋13.5～＋15.5	附录 A 中 A.10

附 录 A

（规范性附录）

检 验 方 法

A.1 警示

试验方法规定的一些试验过程可能导致危险情况。操作者应采取适当的安全和防护措施。

A.2 一般规定

除非另有说明，在分析中仅使用确认为分析纯的试剂和 GB/T 6682—2008 中规定的三级水。

试验方法中所用标准滴定溶液、杂质测定用标准溶液、制剂及制品，在没有注明其他要求时，均按 GB/T 601、GB/T 602 和 GB/T 603 之规定制备。

A.3 鉴别试验

A.3.1 试剂和材料

A.3.1.1 高锰酸钾。

A.3.1.2 茚满三酮溶液：20 g/L。称取 20.0 g 茚满三酮，溶于水，稀释至 1 000 mL。

A.3.1.3 硫酸溶液：1+30。

A.3.2 分析步骤

A.3.2.1 茚满三酮试验

称取约 1 g 实验室样品，精确至 0.1 g，溶于 1 000 mL 水中，取此溶液 5 mL，加 1 mL 茚满三酮溶液，加热至沸，约 3 min 后显紫色。

A.3.2.2 氧化试验

称取约 0.2 g 实验室样品，溶于 10 mL 硫酸溶液，加入 0.1 g 高锰酸钾，煮沸，有强烈的刺激臭味乙醛产生。

A.4 L-丙氨酸含量的测定

A.4.1 方法提要

试样以甲酸为助溶剂，冰乙酸为溶剂，以结晶紫为指示剂，用高氯酸标准滴定溶液滴定，根据消耗高氯酸标准滴定溶液的体积计算 L-丙氨酸的含量。

A.4.2 试剂和材料

A.4.2.1 冰乙酸。

A.4.2.2 无水甲酸。

A.4.2.3 高氯酸标准滴定溶液：$c(HClO_4)=0.1$ mol/L。

A.4.2.4 结晶紫指示液:2 g/L。

A.4.3 分析步骤

A.4.3.1 称取约 0.2 g A.5 中的干燥物 A,精确至 0.000 1 g,置于 250 mL 干燥的锥形瓶中,加 3 mL 无水甲酸溶解,加 50 mL 冰乙酸,加 2 滴结晶紫指示液,用高氯酸标准滴定溶液滴定至溶液由蓝色变成蓝绿色为终点。

A.4.3.2 在测定的同时,按与测定相同的步骤,对不加试料而使用相同数量的试剂溶液做空白试验。

A.4.4 结果计算

L-丙氨酸($C_3H_7NO_2$)的质量分数 w_1,数值以%表示,按公式(A.1)计算:

$$w_1 = \frac{(V_1 - V_2) \times c \times M}{m \times 1\,000} \times 100\% \quad\quad\quad\quad\quad (A.1)$$

式中:

V_1——试料消耗高氯酸标准滴定溶液(A.4.2.3)体积的数值,单位为毫升(mL);

V_2——空白消耗高氯酸标准滴定溶液(A.4.2.3)体积的数值,单位为毫升(mL);

c ——高氯酸标准滴定溶液浓度的准确数值,单位为摩尔每升(mol/L);

m ——试料质量的数值,单位为克(g);

M ——L-丙氨酸的摩尔质量的数值,单位为克每摩尔(g/mol)($M=89.09$)。

取两次平行测定结果的算术平均值为报告结果。两次平行测定结果的绝对差值不大于 0.3%。

A.5 干燥减量的测定

按 GB/T 6284 进行。测定时,称取 1 g~2 g 实验室样品,精确至 0.000 1 g。取两次平行测定结果的算术平均值为测定结果,两次平行测定结果的绝对差值不大于 0.03%。保留部分干燥物(此为干燥物 A)用作 L-丙氨酸含量的测定。

A.6 pH 的测定

按 GB/T 9724 进行。测定时,称取约 5 g 实验室样品,精确至 0.01 g,加约 20 mL 无二氧化碳的水溶解并稀释至 100 mL 后进行测定。

A.7 砷的测定

按 GB/T 5009.76 砷斑法进行。测定时称取约 1 g 实验室样品,精确至 0.01 g。限量标准液的配制:用移液管移取 1.00 mL 砷的限量标准液(含砷 0.001 mg),与试样同时同样处理。

A.8 重金属的测定

A.8.1 试剂和材料

A.8.1.1 硫代乙酰胺溶液:称取硫代乙酰胺约 4 g,精确至 0.1 g,溶解于 100 mL 水中,置于冰箱保存。临用前取此液 1.0 mL 加入预先由氢氧化钠溶液(40 g/L)15 mL、水 5 mL 和甘油 20 mL 组成的混合液 5 mL,置于水浴上加热 20 s,冷却立即使用。

A.8.1.2 无二氧化碳水。

A.8.1.3 乙酸铵缓冲溶液,pH＝3.5:称取 25.0 g 醋酸铵,溶于 25 mL 水中,加 45 mL 6 mol/L 的盐酸,用稀盐酸或稀氨水调节 pH＝3.5 后,用水稀释至 100 mL。

A.8.1.4 铅(Pb)标准溶液:1 μg/mL。此溶液临用前制备。

A.8.2 分析步骤

称取约 10 g 实验室样品,精确至 0.01 g,用约 60 mL 无二氧化碳水溶解并稀释至 100 mL,为样品溶液。吸取样品溶液 12 mL,置于 25 mL 具塞比色管中,即为 A 管。吸取 10 mL 铅标准溶液和 2 mL 样品溶液置于 25 mL 具塞比色管中,摇匀,即为 B 管(标准)。吸取 10 mL 无二氧化碳水和 2 mL 样品溶液置 25 mL 具塞比色管中,摇匀,即为 C 管(空白)。在 A、B、C 管中,各加入 2 mL 乙酸铵缓冲溶液,摇匀,分别滴加 1.2 mL 硫代乙酰铵溶液,迅速搅拌混合。

相对于 C 管,B 管显现了淡棕色。2 min 后,A 管的颜色不应深于 B 管。

A.9 灼烧残渣的测定

A.9.1 试剂和材料

A.9.1.1 硫酸。

A.9.1.2 硫酸溶液:1＋8。

A.9.2 分析步骤

称取约 2 g～3 g 实验室样品,精确至 0.000 1 g,置于在 800 ℃±25 ℃ 灼烧至质量恒定的瓷坩埚中,加入适量的硫酸溶液将样品完全浸湿。用温火加热,至样品完全炭化,冷却。加约 0.5 mL 硫酸浸湿残渣,用上述方法加热至硫酸蒸气逸尽。在 800 ℃±25 ℃ 灼烧 45 min。放入干燥器中冷却至室温,称量。

A.9.3 结果计算

灼烧残渣的质量分数 w_2,数值以％表示,按公式(A.2)计算:

$$w_2 = \frac{m_1}{m} \times 100\%$$ ......(A.2)

式中:

m ——试料质量的数值,单位为克(g);

m_1——残渣质量的数值,单位为克(g)。

取两次平行测定结果的算术平均值为报告结果。两次平行测定结果的绝对差值不大于 0.02％。

A.10 比旋光度的测定

A.10.1 称取 10 g 实验室样品,精确至 0.000 1 g,加盐酸溶液(1＋1)溶解,转移至 100 mL 容量瓶中并用盐酸溶液(1＋1)稀释至刻度,摇匀。

比旋光度 α_m(20 ℃,D)数值以(°)·dm²·kg⁻¹表示,按公式(A.3)计算:

$$\alpha_m(20\ ℃,D) = \frac{\alpha}{l\rho_a}$$ ......(A.3)

式中:

α ——测得的旋光角,单位为度(°);

　　　l ——旋光管的长度,单位为分米(dm);

　　　ρ_a——溶液中有效组分的质量浓度,单位为克每毫升(g/mL)。

A.10.2　其他按 GB/T 613 进行。

――――――――

中华人民共和国国家标准

GB 28314—2012

食品安全国家标准
食品添加剂　辣椒油树脂

2012-04-25 发布　　　　　　　　　　　　2012-06-25 实施

中华人民共和国卫生部 发布

食品安全国家标准

食品添加剂　辣椒油树脂

1　范围

本标准适用于以茄科植物辣椒($Capsicum\ annuum$ L.)的果实为原料,经加工精制而成的食品添加剂辣椒油树脂。

2　分子式、结构式、相对分子质量

2.1　辣椒碱

分子式:$C_{18}H_{27}NO_3$

结构式:

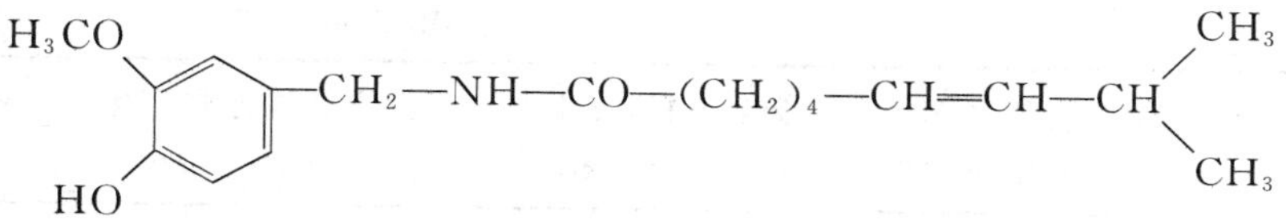

$$H_3CO-\!\!\!\!\bigcirc\!\!\!\!-CH_2-NH-CO-(CH_2)_4-CH=CH-CH\!\!<^{CH_3}_{CH_3}$$ (HO)

相对分子质量:305.41(按 2007 年国际相对原子质量)

2.2　二氢辣椒碱

分子式:$C_{18}H_{29}NO_3$

结构式:

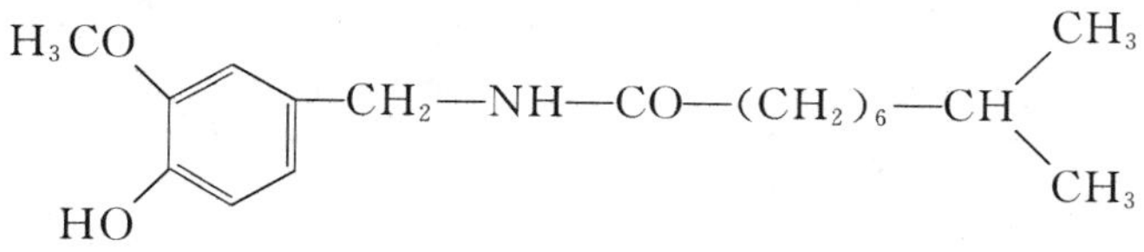

$$H_3CO-\!\!\!\!\bigcirc\!\!\!\!-CH_2-NH-CO-(CH_2)_6-CH\!\!<^{CH_3}_{CH_3}$$ (HO)

相对分子质量:307.43(按 2007 年国际相对原子质量)

2.3　降二氢辣椒碱

分子式:$C_{17}H_{25}NO_3$

结构式:

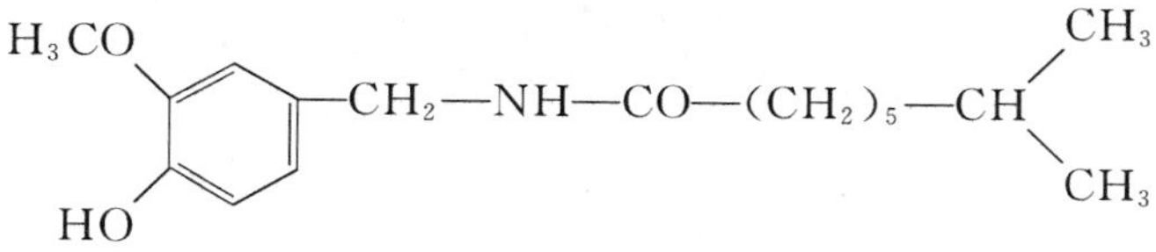

$$H_3CO-\!\!\!\!\bigcirc\!\!\!\!-CH_2-NH-CO-(CH_2)_5-CH\!\!<^{CH_3}_{CH_3}$$ (HO)

相对分子质量:291.39(按 2007 年国际相对原子质量)

3 技术要求

3.1 感官要求:应符合表 1 的规定。

表 1 感官要求

项　目	要　求	检验方法
色泽	深红色至红色	取适量样品置于清洁、干燥的白瓷盘中,在自然光线下,
状态	油状液体	观察其色泽和状态

3.2 理化指标:应符合表 2 的规定。

表 2 理化指标

项　目		指　标	检验方法
辣椒素含量,w/%		1.0~14.0	附录 A 中 A.3
残留溶剂/(mg/kg)	≤	50	GB/T 5009.37 残留溶剂
铅(Pb)/(mg/kg)	≤	2	GB 5009.12
总砷(以 As 计)/(mg/kg)	≤	3	GB/T 5009.11
注:商品化的辣椒油树脂产品应以符合本标准的辣椒油树脂为原料,可添加符合食品添加剂质量规格要求的乳化剂、抗氧化剂和(或)食用植物油而制成,其辣椒素含量指标符合标识值。			

附 录 A
检 验 方 法

A.1 一般规定

本标准所用试剂和水,在没有注明其他要求时,均指分析纯试剂和 GB/T 6682 中规定的三级水。试验中所用标准滴定溶液、杂质测定用标准溶液、制剂及制品,在没有注明其他要求时,均按GB/T 601、GB/T 602、GB/T 603 的规定制备。试验中所用溶液在未注明用何种溶剂配制时,均指水溶液。

A.2 鉴别试验

A.2.1 溶解性

几乎不溶于水,部分溶于乙醇,不溶于甘油。

A.2.2 最大吸收峰

样品的正己烷溶液在波长 445 nm 附近有最大吸收峰。

A.2.3 颜色反应

取 1 滴辣椒油树脂样品,加入 2 滴~3 滴氯仿和 1 滴硫酸,溶液呈棕色至深蓝色。

A.3 辣椒素含量的测定

A.3.1 方法一(仲裁法)

A.3.1.1 试剂和材料

A.3.1.1.1 甲醇:色谱纯。

A.3.1.1.2 四氢呋喃:色谱纯。

A.3.1.1.3 甲醇-四氢呋喃混合溶剂:体积比为 1:1。

A.3.1.1.4 辣椒碱标准品(纯度≥95%)。

A.3.1.1.5 二氢辣椒碱标准品(纯度≥90%)。

A.3.1.1.6 标准储备液:分别精确称取适量辣椒碱标准品和二氢辣椒碱标准品,精确到 0.000 1 g,用甲醇溶解并定容。配成浓度均为 1 mg/mL 的辣椒碱和二氢辣椒碱的混合标准储备液,密封后贮于 4 ℃冰箱中备用。

A.3.1.1.7 标准使用液:分别吸取标准储备液 0 mL、0.5 mL、1 mL、1.5 mL、2.0 mL 和 2.5 mL,分别用甲醇定容至 25 mL,此标准系列浓度为 0 μg/mL、20 μg/mL、40 μg/mL、60 μg/mL、80 μg/mL 和 100 μg/mL,现配现用。

A.3.1.2 仪器和设备

A.3.1.2.1 高效液相色谱仪:配备紫外检测器。

A.3.1.2.2 分析天平(感量 0.000 1 g)。

A.3.1.2.3 分析天平(感量 0.001 g)。

A.3.1.3　参考色谱条件

A.3.1.3.1　色谱柱:C_{18},4.6 mm×250 mm,5 μm(或其他等效色谱柱)。

A.3.1.3.2　流动相:甲醇-水溶液,体积比为 65:35。

A.3.1.3.3　进样量:10 μL。

A.3.1.3.4　流速:1 mL/min。

A.3.1.3.5　紫外检测波长:280 nm。

A.3.1.3.6　柱温箱温度:30 ℃。

A.3.1.4　分析步骤

A.3.1.4.1　试样液制备

准确称取适量试样(辣椒素含量约 1%时称取 1.000 g,约 2%时称取 0.500 g,以此类推),用甲醇-四氢呋喃混合溶剂溶解并定容至 100 mL,经 0.45 μm 滤膜过滤后备用,此为试样液。

A.3.1.4.2　测定

按 A.3.1.3 参考色谱条件对试样液和标准使用液分别进行色谱分析。根据标准使用液中辣椒碱和二氢辣椒碱的含量绘制标准曲线,用标准物质色谱峰的保留时间定性,根据辣椒碱、二氢辣椒碱标准曲线及试样液中的峰面积定量。

A.3.1.5　结果计算

试样中辣椒碱含量以质量分数 w_1 计,数值以克每千克(g/kg)表示,按公式(A.1)计算:

$$w_1 = \frac{c_1 \times V}{1\,000\,m} \quad\cdots\cdots\cdots\cdots\cdots\cdots\cdots\cdots(\,A.1\,)$$

式中:

c_1　——由标准曲线查到的辣椒碱含量,单位为微克每毫升(μg/mL);

V　——试样定容体积,单位为毫升(mL);

1 000——质量换算系数;

m　——试样质量,单位为克(g)。

计算结果表示到小数点后三位。

试样中二氢辣椒碱含量以质量分数 w_2 计,数值以克每千克(g/kg)表示,按公式(A.2)计算:

$$w_2 = \frac{c_2 \times V}{1\,000\,m} \quad\cdots\cdots\cdots\cdots\cdots\cdots\cdots\cdots(\,A.2\,)$$

式中:

c_2　——由标准曲线查到的二氢辣椒碱含量,单位为微克每毫升(μg/mL);

V　——试样定容体积,单位为毫升(mL);

1 000——质量换算系数;

m　——样品质量,单位为克(g)。

计算结果表示到小数点后三位。

试样中辣椒素含量以质量分数 w_3 计,数值以%表示,按公式(A.3)计算:

$$w_3 = \frac{w_1 + w_2}{9} \quad\cdots\cdots\cdots\cdots\cdots\cdots\cdots\cdots(\,A.3\,)$$

式中:

w_1——试样中辣椒碱含量,单位为克每千克(g/kg);

w_2——试样中二氢辣椒碱含量,单位为克每千克(g/kg);

9 ——辣椒碱与二氢辣椒碱折算为辣椒素含量的系数。

实验结果以平行测定结果的算术平均值为准。在重复性条件下获得的两次独立测定结果的绝对差值不大于算术平均值的5%。

A.3.2 方法二

A.3.2.1 试剂和材料

A.3.2.1.1 甲醇。

A.3.2.1.2 甲醇水溶液:甲醇和水的体积比为7:3。

A.3.2.1.3 氢氧化钠溶液:1 mol/L。

A.3.2.1.4 盐酸溶液:1 mol/L。

A.3.2.2 仪器和设备

分光光度计(配石英比色杯和氘灯)。

A.3.2.3 分析步骤

准确称取适量试样(辣椒素含量约1%时称取5.00 g,约2%时称取2.50 g,以此类推)于250 mL具塞磨口锥形瓶中(试样流动性差时可提前在50 ℃水浴中加热1 min),准确加入100 mL甲醇水溶液,盖上瓶塞,振摇20 min,静置5 min后过滤,过滤时盖住漏斗,防止溶剂挥发。弃去初滤液25 mL,其余滤液混匀后,按表A.1要求制备试样液。

表 A.1　试样液制备要求

项　　目	1# 瓶	2# 瓶
滤液	4.00 mL	4.00 mL
去离子水	17.80 mL	16.80 mL
1 mol/L 盐酸溶液	1.00 mL	—
1 mol/L 氢氧化钠溶液	—	2.00 mL
测定值	A_1	A_2

2个瓶中的试样液分别用甲醇定容至100 mL并摇匀,置于1 cm比色皿中,以甲醇做空白对照,分别在248 nm和296 nm处测定吸光度A_1、A_2、A_1'、A_2'。

A.3.2.4 结果计算

辣椒素含量以质量分数w_4计,数值以%表示,按公式(A.4)和公式(A.5)计算:

a) 248 nm处测得的辣椒素含量:

$$w_4 = \frac{(A_2 - A_1) \times 2\,500}{314 \times m} \quad\cdots\cdots\cdots\cdots\cdots\cdots\cdots(A.4)$$

式中:

A_1 ——1# 瓶在248 nm处吸光度值;

A_2 ——2# 瓶在248 nm处吸光度值;

m ——试样质量的数值,单位为克(g);

2 500——试样的稀释倍数;

314 ——波长 248 nm 处辣椒素的百分吸光系数。

b) 296 nm 处测得的辣椒素含量：

$$w_4 = \frac{(A_2' - A_1') \times 2\,500}{127 \times m} \qquad \text{.............................(A.5)}$$

式中：

A_1' ——1# 瓶在 296 nm 处吸光度值；

A_2' ——2# 瓶在 296 nm 处吸光度值；

m ——试样质量的数值，单位为克(g)；

2 500——试样的稀释倍数；

127 ——波长 296 nm 处辣椒素的百分吸光系数。

式(A.4)和式(A.5)计算结果相差不得超过算术平均值的 5%，否则需重做。

实验结果以平行测定结果的算术平均值为准。在重复性条件下获得的两次独立测定结果的绝对差值不大于算术平均值的 10%。

中华人民共和国国家标准

GB 29939—2013

食品安全国家标准

食品添加剂　琥珀酸二钠

2013-11-29 发布

2014-06-01 实施

中　华　人　民　共　和　国
国家卫生和计划生育委员会 发布

食品安全国家标准
食品添加剂　琥珀酸二钠

1　范围

本标准适用于以琥珀酸为主要原料,经中和、干燥等工艺制得的食品添加剂琥珀酸二钠。

2　分子式、结构式和相对分子质量

2.1　分子式

琥珀酸二钠(无水品):$C_4H_4Na_2O_4$。

琥珀酸二钠(结晶品):$C_4H_4Na_2O_4 \cdot 6H_2O$。

2.2　结构式

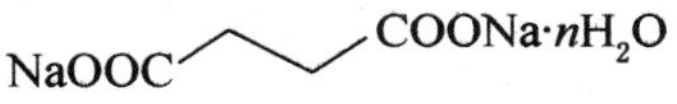

$$NaOOC\diagup\diagdown\diagup COONa \cdot nH_2O$$

$n=6$ 或 0

2.3　相对分子质量

琥珀酸二钠(无水品):162.05(按 2007 年国际相对原子质量)。

琥珀酸二钠(结晶品):270.14(按 2007 年国际相对原子质量)。

3　技术要求

3.1　感官要求

感官要求应符合表 1 的规定。

表 1　感官要求

项目	要求	检验方法
色泽	无色或白色	取适量试样置于白瓷盘内,在自然光线下,观察其色泽和状态,并嗅其气味
状态	结晶或粉末	
气味	无臭、无异味	

3.2　理化指标

理化指标应符合表 2 的规定。

表 2　理化指标

项　目	指　标		检验方法
	结晶品	无水品	
琥珀酸二钠（$C_4H_4Na_2O_4$）含量（以干基计）（w）/ %	98.0～101.0		附录 A 中 A.3
干燥减量（w）/ %	37.0～41.0	≤2.0	GB 5009.3 直接干燥法[a]
pH（50 g/L 溶液）	7.0～9.0		GB/T 9724
硫酸盐（以 SO_4 计）	通过试验		A.4
易氧化物	通过试验		A.5
重金属（以 Pb 计）/（mg/kg） ≤	20		GB/T 5009.74
总砷（以 As 计）/（mg/kg） ≤	3		GB/T 5009.11
[a]　干燥温度和时间分别为 120 ℃±2 ℃和 2 h。			

附 录 A

检验方法

A.1 一般规定

本标准除另有规定外,所用试剂的纯度应在分析纯以上,所用标准滴定溶液、杂质测定用标准溶液、制剂及制品,应按 GB/T 601、GB/T 602、GB/T 603 的规定制备,实验用水应符合 GB/T 6682—2008 中三级水的规定。试验中所用溶液在未注明用何种溶剂配制时,均指水溶液。

A.2 鉴别试验

A.2.1 取铂丝,用 10 %盐酸溶液湿润后,蘸取试样,在无色火焰中燃烧,火焰即显黄色。
A.2.2 用 0.1 %盐酸溶液调节试样溶液(1 g 试样溶于 20 mL 水中)的 pH 至 6~7,取此溶液 5 mL,加入 1 mL 氯化铁溶液(1 g 氯化铁溶于 10 mL 水中),生成褐色沉淀。

A.3 琥珀酸二钠含量的测定

A.3.1 试剂和材料

A.3.1.1 冰乙酸。
A.3.1.2 结晶紫指示液:5 g/L。
A.3.1.3 高氯酸标准滴定溶液:$c(HClO_4)=0.1$ mol/L。

A.3.2 分析步骤

称取预先经 120 ℃±2 ℃干燥 2 h 的试样 0.15 g,精确至 0.000 1 g,溶于 30 mL 冰乙酸中,加入 1 mL 结晶紫指示液,用高氯酸标准滴定溶液滴定,直至溶液的颜色由紫色经蓝色变成绿色,即为滴定终点。同时进行空白滴定试验。

A.3.3 结果计算

琥珀酸二钠含量的质量分数 w_1 按式(A.1)计算:

$$w_1 = \frac{(V-V_0) \times c \times M}{m \times 1\,000 \times 2} \times 100\% \qquad\cdots\cdots\cdots\cdots\cdots\cdots\cdots(A.1)$$

式中:

V ——试样消耗高氯酸标准滴定溶液的体积,单位为毫升(mL);
V_0 ——空白试验消耗高氯酸标准滴定溶液的体积,单位为毫升(mL);
c ——高氯酸标准滴定溶液的准确浓度,单位为摩尔每升(mol/L);
M ——琥珀酸二钠的摩尔质量,单位为克每摩尔(g/mol)[$M(C_4H_4Na_2O_4)=162.05$];
m ——试样质量,单位为克(g);
1 000——换算系数;
2 ——换算系数。

试验结果以平行测定结果的算术平均值为准。在重复性条件下获得的两次独立测定结果的绝对差值不大于 0.5 %。

A.4　硫酸盐的测定

A.4.1　试剂和材料

A.4.1.1　盐酸溶液:1+3。

A.4.1.2　硫酸溶液:0.005 mol/L。

A.4.1.3　氯化钡溶液:称取氯化钡 12 g,用水溶解并稀释定容至 100 mL。

A.4.2　分析步骤

称取试样 1.0 g,置于 50 mL 比色管中,加水 30 mL 溶解,加入盐酸溶液 1 mL,用水稀释至 50 mL,此为试样液。另取一比色管,加入硫酸溶液 0.40 mL、盐酸溶液 1 mL,加水稀释至 50 mL,此为对照液。若溶液不够澄清,则将两份溶液在同样条件下过滤。分别加入氯化钡溶液 2 mL,混匀后放置 10 min,在黑色背景上从比色管上方比较两者浊度。试样液浊度小于或等于对照液浊度,为通过试验。

A.5　易氧化物的测定

A.5.1　试剂和材料

A.5.1.1　硫酸溶液:量取 1 mL 硫酸,缓慢注入到 20 mL 水中,混匀。

A.5.1.2　高锰酸钾溶液:0.02 mol/L。

A.5.2　分析步骤

称取 2.0 g 试样,加 20 mL 水和 30 mL 硫酸溶液溶解。加入 4.0 mL 高锰酸钾溶液,溶液的粉红色在 3 min 内不褪色,为通过试验。

十二、面粉处理剂

ICS 67.220.20
X 42

中华人民共和国国家标准

GB 19825—2005

食品添加剂　稀释过氧化苯甲酰

Food additive—
Diluted benzoyl peroxide

2005-06-30 发布

2005-12-01 实施

中华人民共和国国家质量监督检验检疫总局
中国国家标准化管理委员会　发布

前　言

本标准的表 1 中的内容为强制性的,其余为推荐性的。

本标准对应于《日本食品添加物公定书》第七版(1999)"稀释过氧化苯甲酰"(日文版),与其一致性程度为非等效。

本标准由中国石油和化学工业协会提出。

本标准由全国化学标准化技术委员会有机化工分会(SAC/TC63/SC2)和中国疾病预防控制中心营养与食品安全所归口。

本标准起草单位:郑州海韦力食品工业有限公司。

本标准主要起草人:郭士军、薛永梅、马娟、刘静。

食品添加剂　稀释过氧化苯甲酰

1　范围

本标准规定了食品添加剂稀释过氧化苯甲酰的要求,试验方法,检验规则以及标志、包装、运输和贮存。

本标准适用于以食品添加剂过氧化苯甲酰与食品添加剂硫酸铝钾、磷酸钙盐、硫酸钙、碳酸钙、碳酸镁和食用淀粉中的一种以上为稀释剂配制而成的食品添加剂稀释过氧化苯甲酰。该产品用作面粉处理剂。

过氧化苯甲酰的示性式:$(C_6H_5CO)_2O_2$

过氧化苯甲酰的相对分子质量:242.22(按 2001 年国际相对原子质量)

2　规范性引用文件

下列文件中的条款通过本标准的引用而成为本标准的条款。凡是注日期的引用文件,其随后所有的修改单(不包括勘误的内容)或修订版均不适用于本标准,然而,鼓励根据本标准达成协议的各方研究是否可使用这些文件的最新版本。凡是不注日期的引用文件,其最新版本适用于本标准。

GB/T 191　包装储运图示标志(GB/T 191—2000,eqv ISO 780:1997)

GB/T 601　化学试剂　标准滴定溶液的制备

GB/T 602　化学试剂　杂质测定用标准溶液的制备(GB/T 602—2002,ISO 6353-1:1982,NEQ)

GB/T 603　化学试剂　试验方法中所用制剂及制品的制备(GB/T 603—2002,ISO 6353-1:1982,NEQ)

GB/T 5009.74—2003　食品添加剂中重金属限量试验

GB/T 5009.76　食品添加剂中砷的测定

GB/T 6003.1　金属丝编织网试验筛(GB/T 6003.1—1997,eqv ISO 3310-1:1990)

GB/T 6678—2003　化工产品采样总则

GB/T 6682　分析实验室用水规格和试验方法(GB/T 6682—1992,neq ISO 3696:1987)

GB/T 9724　化学试剂　pH 值测定通则

3　要求

3.1　外观:白色粉末。

3.2　食品添加剂稀释过氧化苯甲酰应符合表 1 所示的技术要求。

表 1　技术要求

项　目	指　标
过氧化苯甲酰($C_{14}H_{10}O_4$)的质量分数/%	28.0±1.0
细度(R40/3 系列,$\varphi200\times50/0.075$ mm 试验筛,筛余物)/%　≤	10
pH 值(100 g/L 水溶液)	6.0～9.0
延烧试验	合格
盐酸试验	合格
铵盐试验	合格

表 1(续)

项　　目		指　　标
钡试验		合格
重金属(以 Pb 计)的质量分数/%	≤	0.004
砷(As)的质量分数/%	≤	0.000 3

注：表中的所有指标均为强制性要求。

4　试验方法

4.1　警示

试验方法规定的一些试验过程可能导致危险情况。操作者应采取适当的安全和健康措施。

4.2　一般规定

除非另有说明,在分析中仅使用确认为分析纯的试剂和 GB/T 6682 中规定的三级水。

分析中所用标准滴定溶液、杂质测定用标准溶液、制剂及制品,在没有注明其他要求时,均按 GB/T 601、GB/T 602、GB/T 603 之规定制备。

4.3　鉴别试验

4.3.1　试剂

4.3.1.1　三氯甲烷;

4.3.1.2　4,4′-二氨基二苯胺溶液:加少量乙醇于 4,4′-二氨基二苯胺硫酸盐中,充分研磨混合,再加乙醇,水浴上加热回流制成饱和溶液。

4.3.2　鉴别方法

称取实验室样品 0.2 g,置于试管中,加三氯甲烷 7 mL,充分摇混,放置后,试管底部应残留白色不溶物。加 4,4′-二氨基二苯胺溶液 2 mL,液体及不溶物应显蓝绿色。

4.4　过氧化苯甲酰含量的测定

4.4.1　方法提要

在丙酮溶液中,样品中过氧化苯甲酰与碘化钾反应生成游离碘,以硫代硫酸钠标准滴定溶液滴定。不加淀粉指示剂,以碘的棕色消失判断滴定的终点。

4.4.2　试剂

4.4.2.1　丙酮

4.4.2.2　碘化钾溶液:500 g/L;

4.4.2.3　硫代硫酸钠标准滴定溶液:$c(\text{Na}_2\text{S}_2\text{O}_3)=0.1$ mol/L。

4.4.3　分析步骤

称取实验室样品 1 g,精确至 0.000 2 g,置于 250 mL 玻璃三角瓶中,加丙酮 30 mL 使之溶解,加碘化钾溶液 2 mL,立即盖上塞子,摇匀后放在暗处 15 min,用硫代硫酸钠标准滴定溶液滴定(不加淀粉指示剂),直至棕色消失为滴定终点。

在测定试料的同时,按相同的步骤,对不加试料而使用相同量的试剂溶液做空白试验。

4.4.4　结果计算

过氧化苯甲酰($\text{C}_{14}\text{H}_{10}\text{O}_4$)的质量分数 w_1,数值以%表示,按公式(1)计算:

$$w_1 = \frac{[(V_1 - V_0)/1\ 000]cM}{m} \times 100 \quad\cdots\cdots\cdots\cdots\cdots\cdots (1)$$

式中:

V_1——试料消耗硫代硫酸钠标准滴定溶液(4.4.2.3)的体积的数值,单位为毫升(mL);

V_0——空白试验消耗硫代硫酸钠标准滴定溶液(4.4.2.3)的体积的数值,单位为毫升(mL);

c——硫代硫酸钠标准滴定溶液浓度的准确数值，单位为摩尔每升(mol/L)；

m——试料的质量的数值，单位为克(g)；

M——过氧化苯甲酰($1/2C_{14}H_{10}O_4$)的摩尔质量的数值，单位为克每摩尔(g/mol)($M=121.1$)。

取两次平行测定结果的算术平均值为测定结果，两次平行测定结果的绝对差值不大于 0.2%。

4.5 细度的测定

4.5.1 仪器

试验筛：$R40/3$ 系列，$\varphi200$ mm × 50 mm/0.075 mm。附有筛底与筛盖。试验筛应符合 GB/T 6003.1 的要求。

4.5.2 分析步骤

称取实验室样品 10 g，精确至 0.1 g，置于试验筛中，盖上筛盖，以约 90 次/min 的频率手工筛动 2 min，并不断敲打。称取试验筛中的残余物，不大于 1.0 g 为合格。

4.6 pH 值的测定

按 GB/T 9724 的规定进行。称取约 3.0 g 实验室样品，精确至 0.01 g，加 30 mL 无二氧化碳的水，摇匀，过滤，测定滤液的 pH 值。

4.7 延烧试验

称取实验室样品 2 g，精确至 0.1 g，按高 2 mm，宽 15 mm，堆置在玻璃板上，从一端点火，延烧不到另一端为合格。

4.8 盐酸试验

4.8.1 试剂

4.8.1.1 乙醚；

4.8.1.2 盐酸溶液：1+3；

4.8.1.3 硝酸溶液：1+2；

4.8.1.4 糊精溶液：20 g/L；

4.8.1.5 硝酸银溶液：17 g/L；

4.8.1.6 盐酸标准溶液：$c(HCl)=0.1$ mol/L；

4.8.1.7 浊度标准溶液：含氯(Cl)0.01 mg/mL。取 $c(HCl)=0.1$ mol/L 盐酸标准溶液 14.10 mL，置于 50 mL 容量瓶中，稀释至刻度。取该溶液 10.00 mL，置于 1 000 mL 容量瓶中，加水稀释至刻度。

4.8.2 分析步骤

称取 0.20 g 实验室样品，精确至 0.01 g，置于试管中，加 10 mL 盐酸溶液，充分摇匀，徐徐加热，煮沸约 1 min，冷却后置于比色管，加 8 mL 乙醚，充分摇匀，放置分层后作为试验溶液；取另一只比色管，加入 0.20 mL 浊度标准溶液，加水至 20 mL，加 1 mL 硝酸溶液、0.2 mL 糊精溶液和 1 mL 硝酸银溶液，摇匀，避光放置 15 min，作为澄明标准比浊溶液。在无阳光直射情况下，目视轴向及侧面观察，试验溶液两液层的浊度不得大于澄明标准比浊溶液所呈浊度，并两液层界面应无显著悬浮物。

4.9 铵盐试验

称取实验室样品 0.2 g，精确至 0.01 g，置于试管中，加氢氧化钠溶液(400 g/L) 3 mL，加热至沸过程中，无氨臭味产生为合格。

4.10 钡试验

4.10.1 试剂

4.10.1.1 硝酸溶液：1+9；

4.10.1.2 氨水溶液：2+3；

4.10.1.3 硫酸溶液：1+19；

4.10.1.4 盐酸溶液：1+3；

4.10.1.5 硝酸溶液：1+2；

4.10.1.6 糊精溶液:20 g/L;

4.10.1.7 硝酸银溶液:17 g/L;

4.10.1.8 盐酸标准溶液:$c(HCl)=0.1$ mol/L;

4.10.1.9 浊度标准溶液:含氯(Cl)1 mg/mL。取 $c(HCl)=0.1$ mol/L 盐酸标准溶液 14.10 mL,置于 50 mL 容量瓶中,稀释至刻度。

4.10.2 分析步骤

称取实验室样品 2.0 g,精确至 0.01 g,置于试管中,加硝酸溶液(4.10.1.1)15 mL,摇混后过滤,水洗,合并洗液和滤液,加水至 40 mL,用氨水溶液调 pH 值为 2.4～2.8,加水至 50 mL,加硫酸溶液 1 mL,放置 10 min,作为试验溶液;取另一只比色管,加入 0.30 mL 浊度标准溶液,加水至 20 mL,加 1 mL 硝酸溶液(4.10.1.5)、0.2 mL 糊精溶液和 1 mL 硝酸银溶液,摇匀,避光放置 15 min,作为浑浊标准比浊溶液。

在无阳光直射情况下,目视轴向及侧面观察,试验溶液的浊度不得大于浑浊标准比浊溶液所呈浊度。

4.11 重金属含量试验

4.11.1 原理

在弱酸性条件下,试样中的重金属离子与硫离子作用,生成棕黑色沉淀,与同法处理的铅标准溶液比较,做限量试验。

4.11.2 试剂

4.11.2.1 盐酸溶液:1+3;

4.11.2.2 硫化钠溶液:称取硫化钠 5 g,溶于 10 mL 水,再加 30 mL 甘油摇匀,装入棕色玻璃瓶中,密封避光保存,三个月内有效;

4.11.2.3 铅标准溶液:0.01 mg/mL(含 Pb)。

4.11.3 样品溶液与铅限量标准溶液的制备

称取实验室样品 1.0 g,精确至 0.01 g,加盐酸溶液 7 mL 和水 10 mL,充分摇匀后,缓缓煮沸,冷却后过滤,水洗,合并洗液和滤液,加水至 40 mL。取此液 20 mL 作为样品溶液。

吸取铅标准溶液 2.0 mL,与样品液同时同样处理,作为铅限量标准溶液。

4.11.4 分析步骤

按 GB/T 5009.74—2003 中第 6 章的规定进行,在第 6.4 条中,向各管加入 10 mL 新鲜制备的硫化氢饱和溶液,改为加两滴硫化钠溶液。

4.12 砷含量的测定

按 GB/T 5009.76 规定的"砷斑法"进行。按"干法消解"处理样品,测定时量取 10.0 mL 试样消化液(相当于 1.0 g 实验室样品);量取 3 mL 砷标准溶液(相当于 0.003 mg As)制备限量。

5 检验规则

5.1 检验分类

检验分为出厂检验和型式检验。

5.1.1 出厂检验

出厂检验项目为表 1 中的过氧化苯甲酰含量、细度、延烧试验和 pH 值,应逐批进行检验。

5.1.2 型式检验

型式检验项目为表 1 中的全部项目。在正常情况下,每一个月至少进行一次型式检验。有下列情况之一时,也应进行型式检验:

a) 更新关键生产工艺;

b) 主要原料有变化;

c) 停产又恢复生产;

d) 出厂检验结果与上次型式检验有较大差异;

e) 合同规定。

5.2 组批

检验以批为单位,每批的量不超过生产厂每班的产量。

5.3 采样

采样单元数按 GB/T 6678—2003 中第 7.6 条规定确定。将所采样品充分混合,以四分法缩分至不少于 250 g,分别装入两个干燥、清洁、密闭的玻璃瓶中,粘贴标签,并注明生产厂名称、产品名称、生产批号、采样日期和采样者姓名。一瓶作为实验室样品供检验用,另一瓶作为样品保留半年备查。

5.4 判定规则与复验

食品添加剂稀释过氧化苯甲酰由生产厂的质量监督检验部门按本标准规定检验,生产厂应保证每批出厂产品均符合本标准要求。如果检验结果中任何一项指标不符合本标准要求时,则重新自两倍量的包装中取样进行复验,复验结果即使只有一项指标不符合本标准要求,则整批产品为不合格。

6 标志、包装、运输和贮存

6.1 标志

6.1.1 包装容器上应有牢固标志,内容包括:产品名称、生产厂厂名、厂址、商标、"食品添加剂"字样、本标准编号、卫生许可证号、生产批号或生产日期、净质量、以及按 GB/T 191 中规定的"怕雨"标志。

6.1.2 每批出厂的食品添加剂稀释过氧化苯甲酰都应附有质量证明书,内容包括:产品名称、生产厂厂名、厂址、商标、"食品添加剂"字样、卫生许可证号、生产批号或生产日期、净质量、保质期,产品质量符合本标准的证明和本标准编号。

6.2 包装

食品添加剂稀释过氧化苯甲酰采用符合食品卫生要求的材料进行包装,每小袋净质量和每箱(桶)净质量根据用户要求进行。也可根据用户要求进行不同规格的包装。

6.3 运输

食品添加剂稀释过氧化苯甲酰在运输中应有遮盖物,防止日晒雨淋,运输工具应保持干净,搬运时防止损坏包装,不得与有毒、有害物质混装、混运。

6.4 贮存

食品添加剂稀释过氧化苯甲酰应贮存于阴凉、干燥、通风的仓库内,防止日光直射,远离热源,不得与有毒有害物质混存。

6.5 保质期

在符合本标准包装、运输和贮存的条件下,自生产之日起,食品添加剂稀释过氧化苯甲酰保质期为 24 个月。超过保质期可重新检验,检测结果符合本标准要求时产品仍可使用。包装拆封后,应密封保存或尽快使用。

中华人民共和国国家标准

GB 25587—2010

食品安全国家标准

食品添加剂　碳酸镁

2010-12-21 发布

2011-02-21 实施

中华人民共和国卫生部 发布

前　言

本标准的附录 A 为规范性附录。

食品安全国家标准
食品添加剂　碳酸镁

1 范围

本标准适用于用二氧化碳与氢氧化镁乳浊液反应或碳酸钠与可溶性镁盐反应制得的食品添加剂碳酸镁。

2 规范性引用文件

本标准中引用的文件对于本标准的应用是必不可少的。凡是注日期的引用文件,仅所注日期的版本适用于本标准。凡是不注日期的引用文件,其最新版本(包括所有的修改单)适用于本标准。

3 分子式

$$x\mathrm{MgCO_3} \cdot y\mathrm{Mg(OH)_2} \cdot n\mathrm{H_2O}$$

4 要求

4.1 感官要求:应符合表1的规定。

表 1　感官要求

项　目	要　求	检 验 方 法
色泽、气味	白色,无臭	取适量试样置于 50 mL 烧杯中,在自然光下观察色泽和组织状态。嗅其气味
组织状态	粉末	

4.2 理化指标:应符合表2的规定。

表 2　理化指标

项　目	指　标	检验方法
氧化镁(MgO),$w/\%$	$40.0 \sim 44.0$	附录 A 中 A.4
酸不溶物,$w/\%$ ≤	0.05	附录 A 中 A.5
氧化钙(CaO),$w/\%$ ≤	0.60	附录 A 中 A.6
可溶性盐,$w/\%$ ≤	1.0	附录 A 中 A.7
砷(As)/(mg/kg) ≤	3	附录 A 中 A.8
重金属(以 Pb 计)/(mg/kg) ≤	10	附录 A 中 A.9

附　录　A

（规范性附录）

检　验　方　法

A.1　安全提示

本标准的检验方法中使用的部分试剂具有毒性或腐蚀性,操作时须小心谨慎! 如溅到皮肤上应立即用水冲洗,严重者应立即治疗。

A.2　一般规定

本标准的检验方法中所用试剂和水在没有注明其他要求时,均指分析纯试剂和 GB/T 6682—2008中规定的三级水。试验中所用标准滴定溶液、杂质标准溶液、制剂及制品,在没有注明其他要求时,均按HG/T 3696.1、HG/T 3696.2、HG/T 3696.3 之规定制备。

A.3　鉴别试验

A.3.1　试剂和材料

A.3.1.1　盐酸溶液:1+2。

A.3.1.2　氨水:1+3。

A.3.1.3　氯化铵溶液:100 g/L。

A.3.1.4　碳酸铵溶液:100 g/L。

A.3.1.5　磷酸氢二钠溶液:100 g/L。

A.3.1.6　氢氧化钙溶液:3 g/L。

A.3.2　镁的鉴别

取少量试样,加盐酸溶液,试样溶解。用氨水调至中性,加入氯化铵溶液和碳酸铵溶液不产生沉淀,再加入磷酸氢二钠溶液时应产生白色沉淀。分离沉淀,加氨水也不应溶解。

A.3.3　碳酸盐的鉴别

取少量试样,加盐酸溶液后应产生气泡,该气体通入氢氧化钙溶液中应有白色沉淀产生。

A.4　氧化镁的测定

同 HG/T 2959—2000 的 4.4。

A.5　酸不溶物的测定

同 HG/T 2959—2000 的 4.2。

A.6　氧化钙的测定

同 HG/T 2959—2000 的 4.3。

A.7 可溶性盐的测定

A.7.1 试剂和材料

正丙醇溶液:1+1。

A.7.2 仪器和设备

电热恒温干燥箱:能控制温度在 105 ℃～110 ℃。

A.7.3 分析步骤

称取约 2 g 试样,精确至 0.01 g,加 100 mL 正丙醇溶液。于搅拌下加热至沸,冷却至室温。转移至 100 mL 容量瓶中,加水至刻度,摇匀,干过滤,弃去前滤液 15 mL。用移液管移取 50 mL 滤液,置于已于 105 ℃～110 ℃干燥至质量恒定的烧杯中,在蒸汽浴上蒸发至干。移入电热恒温干燥箱中,在 105 ℃～ 110 ℃下干燥至质量恒定。

A.7.4 结果计算

可溶性盐含量以质量分数 w_1 计,数值以%表示,按公式(A.1)计算:

$$w_i = \frac{m_1 - m_0}{m \times 50/100} \times 100\% \quad\quad\quad\quad\quad\quad\quad\quad (A.1)$$

式中:
m_0——烧杯的质量的数值,单位为克(g);
m_1——烧杯和残渣的质量的数值,单位为克(g);
m ——试样的质量的数值,单位为克(g)。
取平行测定结果的算术平均值为测定结果,两次平行测定结果的绝对差值不大于 0.2%。

A.8 砷的测定

A.8.1 二乙基二硫代氨基甲酸银分光光度法(仲裁法)

同 GB/T 5009.76—2003 的第 2 章。

A.8.2 砷斑法

称取 1.00 g±0.01 g 试样,置于测砷装置的锥形瓶中,加 5 mL(1+3)盐酸溶解,以下按 GB/T 5009.76—2003 的第 11 章操作。

限量标准溶液的配制:移取 3.00 mL 砷标准溶液[1 mL 溶液含砷(As)1.0 μg],与试样同时同样 处理。

A.9 重金属(以 Pb 计)的测定

称取 1.00 g±0.01 g 试样,加 10 mL(1+3)盐酸溶液溶解试样,作为试样溶液。

移取 1.00 mL 铅标准溶液[1 mL 溶液含铅(Pb)0.01 mg]作为标准溶液,以下按 GB/T 5009.76— 2003 的第 6 章进行测定。

十三、被膜剂

ICS 75.140
E 42

中华人民共和国国家标准

GB 4853—2008
代替 GB 4853—1994

食品级白油

Food grade white oil

2008-06-27 发布

2009-01-01 实施

中华人民共和国国家质量监督检验检疫总局
中国国家标准化管理委员会   发布

前　言

本标准的第 4 章为强制性条款，其余为推荐性条款。

本标准与联合国粮农组织和世界卫生组织 FAO/WHO JECFA(1995)及 JECFA(2002)《食品级白油》(英文版)的一致性程度为非等效。

本标准与 FAO/WHO JECFA(1995)及 JECFA(2002)主要差异如下：

——将 FAO/WHO 标准的油品牌号：中、低黏度的Ⅰ、Ⅱ、Ⅲ级和高黏度白油改为低、中黏度的 2 号、3 号、4 号和高黏度 5 号，同时增加低黏度 1 号；

——增加了颜色的技术要求；

——增加了 40℃运动黏度作为报告值；

——取消了相对分子质量的上限；

——本标准所有质量指标均采用我国现行国家标准或行业标准进行测定。

本标准代替 GB 4853—1994《食品级白油》。

本标准与 GB 4853—1994 相比主要差异如下：

——将 GB 4853—1994 中的油品牌号：10 号、15 号、26 号和 36 号改为低、中黏度的 1 号、2 号、3 号、4 号和高黏度 5 号；

——增加 100℃运动黏度；

——增加了"初馏点"、"5%(质量分数)蒸馏点碳数"、"5%(质量分数)蒸馏点温度"、"平均相对分子质量"的技术要求；

——取消了"闪点(开口)"、"机械杂质"和"水分"的技术要求。

本标准的附录 A 为规范性附录。

本标准由中国石油化工集团公司提出。

本标准由中国石油化工股份有限公司抚顺石油化工研究院归口。

本标准起草单位：中国石油化工股份有限公司抚顺石油化工研究院。

本标准主要起草人：王丽华、王丽君。

本标准所代替标准的历次版本发布情况为：

——GB 4853—1984、GB 4853—1994。

食 品 级 白 油

1 范围

本标准规定了食品级白油的技术要求、试验方法、标志、包装、贮运、交货验收、采样。

本标准适用于由石油的润滑油馏分经脱蜡、化学精制或加氢精制而制得的食品级白油。

2 规范性引用文件

下列文件中的条款通过本标准的引用而成为本标准的条款。凡是注日期的引用文件，其随后所有的修改单(不包括勘误的内容)或修订版均不适用于本标准，然而，鼓励根据本标准达成协议的各方研究是否可使用这些文件的最新版本。凡是不注日期的引用文件，其最新版本适用于本标准。

GB/T 259　石油产品水溶性酸及碱测定法

GB/T 265　石油产品运动粘度测定法和动力粘度计算法

GB/T 3555　石油产品赛波特颜色测定法(赛波特比色计法)

GB/T 4756　石油液体手工取样法(GB/T 4756—1998，eqv ISO 3170:1988)

GB/T 5009.74　食品添加剂中重金属限量试验

GB/T 5009.75　食品添加剂中铅的测定

GB/T 5009.76　食品添加剂中砷的测定

GB/T 11079　白色油易炭化物试验法

GB/T 11081　白油紫外吸光度测定法

SH/T 0134　白色油固态石蜡试验法

SH 0164　石油产品包装、贮运及交货验收规则

SH/T 0398　石油蜡和石油脂分子量测定法

SH/T 0558　石油馏分沸程分布测定法(气相色谱法)

SH/T 0730　石油馏分分子量估算法(粘度测量法)

3 产品用途

本产品适用于食品上光、脱膜、消泡和水果、蔬菜、禽蛋的保鲜以及作为食品机械、手术器械的防锈剂、润滑剂；谷物储存的防尘剂和食品级塑料、树脂的增塑剂等。

4 技术要求和试验方法

食品级白油的技术要求和试验方法见表1。

表 1　食品级白油技术要求和试验方法

项　　目	质量指标					试验方法
	低、中黏度				高黏度	
	1 号	2 号	3 号	4 号	5 号	
运动黏度(100℃)/(mm²/s)	2.0～3.0	3.0～7.0	7.0～8.5	8.5～11	≥11	GB/T 265
运动黏度(40℃)/(mm²/s)	报告	报告	报告	报告	报告	GB/T 265
初馏点/℃　　　　　　大于	200	200	200	200	350	SH/T 0558

表 1（续）

项　　目	质量指标					试验方法
	低、中黏度				高黏度	
	1 号	2 号	3 号	4 号	5 号	
5％（质量分数）蒸馏点碳数　不小于	12	17	22	25	28	SH/T 0558
5％（质量分数）蒸馏点温度/℃ 大于	224	287	356	391	422	SH/T 0558
平均相对分子质量[a] 不小于	250	300	400	480	500	SH/T 0398 SH/T 0730
颜色,赛氏号 不低于	＋30	＋30	＋30	＋30	＋30	GB/T 3555
水溶性酸或碱	无	无	无	无	无	GB/T 259
易炭化物	通过	通过	通过	通过	通过	GB/T 11079
稠环芳烃,紫外吸光度（260nm～420nm)/cm 不大于	0.1	0.1	0.1	0.1	0.1	GB/T 11081
固态石蜡	通过	通过	通过	通过	通过	SH/T 0134
铅含量[b]/(mg/kg) 不大于	1	1	1	1	1	附录 A GB/T 5009.75
砷含量/(mg/kg) 不大于	1	1	1	1	1	GB/T 5009.76
重金属含量/(mg/kg) 不大于	10	10	10	10	10	GB/T 5009.74

　　[a] 平均相对分子质量的仲裁试验方法为 SH/T 0730。

　　[b] 铅的仲裁试验方法为附录 A。

5　采样

采样按 GB/T 4756 进行,取 2L 作为检验及留样用。

6　标志、包装、贮运、交货验收

本产品的标志、包装、运输、储存及交货验收按 SH 0164 进行。

附 录 A

（规范性附录）

白油铅含量测定法（原子吸收法）

A.1 范围

本方法规定了用原子吸收光谱法测定食品级白油中铅含量的方法。

A.2 仪器与材料

A.2.1 仪器

A.2.1.1 原子吸收分光光度计：波长范围 190 nm～900 nm。

A.2.1.2 铅空心阴极灯。

A.2.1.3 容量瓶：50 mL，100 mL，500 mL，1 000 mL。

A.2.1.4 凯氏长颈瓶：100 mL～150mL。

A.2.1.5 天平：感量 0.1 mg。

A.2.1.6 移液管：5 mL、10 mL。

A.2.2 材料

A.2.2.1 空气：压缩空气，经净化除去油、水。

A.2.2.2 乙炔气：纯度不低于 99.9%。

A.2.2.3 去离子水。

A.3 试剂

A.3.1 浓硫酸：优级纯。

A.3.2 浓盐酸：优级纯。

A.3.3 浓硝酸：优级纯。

A.3.4 高氯酸：优级纯。

A.3.5 硝酸铅：优级纯。

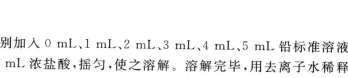

A.4 准备工作

A.4.1 配制铅标准溶液

在 1 000 mL 容量瓶中，将 1.6 g 硝酸铅 $Pb(NO_3)_2$（称准至 0.1 mg）溶解在硝酸（10 mL 浓硝酸溶于 20 mL 水中，煮沸，除掉硝酸烟气并冷却）中，加水至刻线。根据需要，在 20℃时取该溶液 10 mL 于 500 mL 容量瓶中并加水至刻线。

A.4.2 配制校正曲线溶液

在一系列 100mL 容量瓶中，用移液管分别加入 0 mL、1 mL、2 mL、3 mL、4 mL、5 mL 铅标准溶液并稀释到大约 50 mL。加 8 mL 浓硫酸和 10 mL 浓盐酸，摇匀，使之溶解。溶解完毕，用去离子水稀释至刻线。

该系列溶液中分别含有 0 μg/mL、0.2 μg/mL、0.4 μg/mL、0.6 μg/mL、0.8 μg/mL 和 1.0 μg/mL 的铅。

A.4.3 配制样品溶液

在一个 100 mL～150 mL 凯氏长颈瓶中准确称取 2.5 g 样品（称准至 0.1 mg），加入 5mL 稀硝酸。当初期反应一变缓，开始缓慢加热，直到进一步的剧烈反应停止，然后冷却。逐渐加入 4 mL 浓硫酸（控制加入速度，使加热的过程中不会产生过多的泡沫，通常要求 5 min～10 min），开始加热，直到液体颜色明显变深，即开始变黑。分次缓慢加入浓硫酸，每两次加入之间加热，直到再次变黑。不要猛烈加热以致于过度变黑。在整个过程中，应有少量的游离硝酸存在。继续该处理过程直到溶液变为浅黄色并且在后续的加热过程中颜色不再变深。如果该溶液在 0.5 mL 高氯酸溶液和少量浓硝酸中仍然变色，加热大约 15 min，然后再加入 0.5 mL 高氯酸溶液，再加热几分钟。记录所用浓硝酸的总量。稍冷却并用 10 mL 去离子水稀释。溶液的颜色应该是完全无色的（如果存在很多铁，溶液可能是淡黄色）。平稳煮沸，避免暴沸，直到出现白色烟气。冷却，再加入 5 mL 水，再次平稳煮沸到出现烟气。最后，冷却，加入 10 mL 5 mol/L 盐酸平稳煮沸几分钟。冷却将溶液转移到 50 mL 单一刻线的容量瓶中，用少量水冲洗凯氏长颈瓶。将冲洗凯氏长颈瓶的水加到容量瓶中，用水稀释到刻线。该溶液称为溶液 A。

用相同数量的试剂（样品氧化过程中所用的试剂）准备一个试剂空白。

A.5 试验步骤

A.5.1 仪器工作条件

分析线波长：283.3 nm。

其他条件因仪器型号不同，所推荐的各种仪器参数是不同的。而且在使用时某些参数需要最优化，以获得最佳结果。因此，应该参照厂家说明书的火焰类型及上面所规定的设置来调节仪器。

A.5.2 步骤

将原子吸收分光光度计的工作条件设定在选好的状态，吸入含有待测元素的浓度最高的标准溶液，并优化仪器的设定条件，使之在记录纸上达到满量程或偏移值最大。测定其他标准溶液的吸收值，绘制净吸收值与标准溶液中元素浓度关系的曲线。吸入由样品溶解或样品湿法氧化得到的溶液 A 及相应的空白溶液，检测净吸收值。使用上边绘制的曲线，测定样品溶液中待测元素的浓度。

A.6 计算

$$铅含量(mg/kg) = 元素浓度(\mu g/mL) \times 50mL / 吸入样品质量(g)$$

———————————

ICS 75.140
E 42

中华人民共和国国家标准

GB 7189—2010
代替 GB 7189—1994

食 品 级 石 蜡

Food grade paraffin wax

2011-01-10 发布

2011-07-01 实施

中华人民共和国国家质量监督检验检疫总局
中国国家标准化管理委员会 发布

前　言

本标准的第 4 章为强制性的，其余为推荐性的。

本标准代替 GB 7189—1994《食品用石蜡》。

本标准与 GB 7189—1994《食品用石蜡》的主要差异：

——标准名称变更为食品级石蜡。

——增加了 64 号、66 号食品级石蜡产品的技术要求。

——食品石蜡颜色修订为不小于+28 号；食品包装石蜡颜色修订为不小于+26 号。

——食品石蜡光安定性修订为不大于 4 号；食品包装石蜡光安定性修订为不大于 5 号。

——食品石蜡嗅味修订为不大于 0 号。

——增加了石油液体手工取样法。

本标准由全国石油产品和润滑剂标准化技术委员会提出。

本标准由全国石油产品和润滑剂标准化技术委员会石油蜡类产品分技术委员会归口。

本标准起草单位：中国石油化工股份有限公司抚顺石油化工研究院。

本标准主要起草人：严益民、齐邦峰。

本标准于 1987 年首次发布，于 1994 年第一次修订，本次为第二次修订。

食 品 级 石 蜡

1 范围

本标准规定了食品级石蜡的技术要求、试验方法、标志、包装、贮运、取样。

本标准适用于以含油蜡为原料,经发汗或溶剂脱油,再经加氢精制或白土精制所得到的食品级石蜡,按用途分为食品石蜡和食品包装石蜡。

食品石蜡适用于食品和药物组分的脱模、压片、打光等直接接触食品和药物的用蜡以及食品的添加组分。

食品包装石蜡适用于与食品接触的容器、包装材料的浸渍用蜡,以及药物封口和涂敷用蜡。

2 规范性引用文件

下列文件中的条款通过本标准的引用而成为本标准的条款 。凡是注日期的引用文件,其随后所有的修改单(不包括勘误的内容)或修订版均不适用于本标准,然而,鼓励根据本标准达成协议的各方研究是否可使用这些文件的最新版本。凡是不注日期的引用文件,其最新版本适用于本标准。

GB/T 265 石油产品运动黏度测定法和动力黏度计算法

GB/T 2539 石油蜡熔点的测定 冷却曲线法(GB/T 2539—2008,ISO 3841:1977,IDT)

GB 2760 食品添加剂使用卫生标准

GB/T 3554 石油蜡含油量测定法

GB/T 3555 石油产品赛波特颜色测定法(赛波特比色计法)

GB/T 4756 石油液体手工取样法

GB/T 4985 石油蜡针入度测定法

GB/T 7363 石蜡中稠环芳烃试验法

GB/T 7364 石蜡易炭化物试验法

SH 0164 石油产品包装、贮运及交货验收规则

SH/T 0229 固体和半固体石油产品取样法

SH/T 0404 石蜡光安定性测定法

SH/T 0407 石油蜡水溶性酸或碱试验法

SH/T 0414 石蜡嗅味试验法

3 技术要求和试验方法

食品级石蜡的技术要求和试验方法见表1。

表 1 食品级石蜡的技术要求和试验方法

项目		质量指标															试验方法
		食品石蜡							食品包装石蜡								
牌号		52号	54号	56号	58号	60号	62号	64号	66号	52号	54号	56号	58号	60号	62号	64号	66号	
熔点/℃	不低于 低于	52 54	54 56	56 58	58 60	60 62	62 64	64 66	66 68	52 54	54 56	56 58	58 60	60 62	62 64	64 66	66 68	GB/T 2539
含油量(质量分数)/% 不大于		0.5								1.2								GB/T 3554

表 1（续）

项目	质量指标															试验方法
	食品石蜡							食品包装石蜡								
牌号	52号	54号	56号	58号	60号	62号	64号	66号	52号	54号	56号	58号	60号	62号	64号	66号	
颜色/赛波特颜色号 不小于	+28								+26								GB/T 3555
光安定性/号 不大于	4								5								SH/T 0404
针入度(25 ℃)/(1/10 mm) 不大于	18				16				20				18				GB/T 4985
运动黏度(100 ℃)/(mm²/s)	报告								报告								GB/T 265
嗅味/号 不大于	0								1								SH/T 0414
水溶性酸或碱	无								无								SH/T 0407
机械杂质及水	无								无								目测[a]
易炭化物	通过								—								GB/T 7364
稠环芳烃， 紫外吸光度/cm 280 nm～289 nm 不大于 290 nm～299 nm 不大于 300 nm～359 nm 不大于 360 nm～400 nm 不大于	0.15 0.12 0.08 0.02								0.15 0.12 0.08 0.02								GB/T 7363

[a] 将约 10 g 蜡放入容积为 100 mL～250 mL 的锥形瓶内，加入 50 mL 初馏点不低于 70 ℃ 的无水直馏汽油馏分，并在振荡下于 70 ℃ 水浴内加热，直到石蜡溶解为止，将该溶液在 70 ℃ 水浴内放置 15 min 后，溶液中不应呈现眼睛可以看见的浑浊、沉淀或水。允许溶液有轻微乳光。

4 取样

取样按 SH/T 0229 或 GB/T 4756 进行，取 2.5 kg 作为检验及留样用。

5 标志、包装、运输和贮存

本产品的标志、包装、运输、贮存及交货验收按 SH 0164 进行。

6 其他

本标准所属产品允许添加我国食品卫生标准 GB 2760 规定的食品抗氧添加剂，总量不准超过所规定的限量。

GB 12489—2010

中华人民共和国国家标准

食品安全国家标准

食品添加剂　吗啉脂肪酸盐果蜡

2010-12-21 发布　　　　　　　　　　　　2011-02-21 实施

中华人民共和国卫生部 发布

前　言

本标准代替 GB 12489—1990《食品添加剂　吗啉脂肪酸盐果蜡》。

本标准与 GB 12489—1990 相比,主要变化如下:

——增加了 pH、铅项目及相应的试验方法;

——取消了重金属项目及相应的试验方法;

——固形物的质量分数由 12%～13%修改为 12%～20%,黏度由 0.000 4 Pa·s～0.001 Pa·s 修改为≤0.018 Pa·s,灼烧残渣的质量分数由≤0.2%修改为≤0.3%;

——增加了动植物胶作为成膜剂的吗啉脂肪酸盐果蜡鉴别试验方法。

本标准的附录 A 为规范性附录。

本标准所代替标准的历次版本发布情况为:

——GB 12489—1990。

食品安全国家标准

食品添加剂　吗啉脂肪酸盐果蜡

1　范围

本标准适用于以食品添加剂吗啉脂肪酸盐为乳化剂,以天然动植物蜡(如棕榈蜡)或天然动植物胶(如紫胶)为成膜剂,在一定温度下反应制成的食品添加剂吗啉脂肪酸盐果蜡(简称食品添加剂 CFW 果蜡)。

2　规范性引用文件

本标准中引用的文件对于本标准的应用是必不可少的。凡是注日期的引用文件,仅所注日期的版本适用于本标准。凡是不注日期的引用文件,其最新版本(包括所有的修改单)适用于本标准。

3　技术要求

3.1　感官要求:应符合表 1 的规定。

表 1　感官要求

项　目	要　求	检验方法
色泽	黄棕色、棕褐色	取适量实验室样品置于清洁、干燥的烧杯中,在自然光线下,目视观察
组织状态	透明或半透明水溶性乳液	

3.2　理化指标:应符合表 2 的规定。

表 2　理化指标

项　目		指　标	检验方法
固形物,$w/\%$		12～20	附录 A 中 A.4
黏度/Pa・s	≤	0.018	附录 A 中 A.5
灼烧残渣,$w/\%$	≤	0.3	附录 A 中 A.6
pH		8.8±0.3	GB/T 9724
砷(As)/(mg/kg)	≤	1	附录 A 中 A.7
铅(Pb)/(mg/kg)	≤	2	GB 5009.12
耐冷稳定性试验		通过试验	附录 A 中 A.8

附　录　A
（规范性附录）
检　验　方　法

A.1　警示

试验方法规定的一些试验过程可能导致危险情况。操作者应采取适当的安全和防护措施。

A.2　一般规定

除非另有说明,在分析中仅使用确认为分析纯的试剂和 GB/T 6682—2008 规定的三级水。

试验方法中所用制剂及制品,在没有注明其他要求时,均按 GB/T 603 之规定制备。

A.3　鉴别试验

A.3.1　方法提要

样品中的吗啉与水形成的共沸物应呈碱性,动植物蜡溶于四氯化碳以及动植物胶在硫酸介质中与钼酸铵反应应呈绿色。

A.3.2　试剂和材料

A.3.2.1　钼酸铵。

A.3.2.2　四氯化碳。

A.3.2.3　硫酸。

A.3.2.4　盐酸溶液:1+1。

A.3.2.5　氢氧化钠溶液:200 g/L。

A.3.2.6　酚酞指示液:10 g/L。

A.3.3　分析步骤

A.3.3.1　动植物蜡作为成膜剂的鉴别方法

A.3.3.1.1　称取约 10 g 实验室样品,精确至 0.1 g,加 20 mL 盐酸溶液,在水浴上加热 10 min。冷却至室温,分离出固形物 A。在残液中加氢氧化钠溶液,使其呈碱性后进行蒸馏。收集 102 ℃～104 ℃馏分,加 1 滴酚酞指示液,应呈现粉红色。

A.3.3.1.2　称取约 1 g A.3.3.1.1 中固形物 A 于烧杯中,加 5 mL 四氯化碳,在水浴上加热,固形物 A 溶解。

A.3.3.2　动植物胶作为成膜剂的鉴别方法

A.3.3.2.1　操作同 A.3.3.1.1。

A.3.3.2.2　称取约 1 g A.3.3.2.1 中固形物 A 于烧杯中,加 1 g 钼酸铵和 3 mL 硫酸的溶液数滴后应呈绿色。

A.4 固形物的测定

A.4.1 分析步骤

称取约 2 g 实验室样品,精确至 0.000 2 g,置于在 500 ℃～600 ℃灼烧至质量恒定的 50 mL 瓷坩埚中,放在电热干燥箱中,于(95±2)℃干燥至质量恒定。保留固形物 B 用于灼烧残渣的测定。

A.4.2 结果计算

固形物的质量分数 w_1,数值以%表示,按公式(A.1)计算:

$$w_1 = \frac{m_2}{m_1} \times 100\% \qquad\qquad (A.1)$$

式中:

m_1——试料质量的数值,单位为克(g);

m_2——固形物的质量的数值,单位为克(g)。

取两次平行测定结果的算术平均值为报告结果。两次平行测定结果的绝对差值不大于 0.8%。

A.5 黏度的测定

A.5.1 仪器和设备

旋转式黏度计:适用范围 0.001 Pa·s～10 Pa·s。

A.5.2 分析步骤

将约 400 mL 实验室样品置于直径不小于 70 mm 的烧杯中,将玻璃杯放入恒温水浴(20±0.2)℃下 1 h,取出,使用测定低黏度的最小号转子,调整黏度计的转速为 60 r/min。开动黏度计的电动机,20 s～30 s 后,依照仪器操作说明读数。取三次读数的平均值为报告结果。

A.6 灼烧残渣的测定

A.6.1 分析步骤

在 A.4.1 中的固形物 B 中加入 1 滴硫酸,缓缓加热至完全炭化。冷却至室温,加 1 mL 硫酸使样品润湿,缓缓加热至硫酸蒸气逸尽。于 500 ℃～600 ℃灼烧至质量恒定。

A.6.2 结果计算

灼烧残渣的质量分数 w_2,数值以%表示,按公式(A.2)计算:

$$w_2 = \frac{m_3}{m_1} \times 100\% \qquad\qquad (A.2)$$

式中:

m_1——同 A.4.2 m_1;

m_3——灼烧残渣的质量的数值,单位为克(g)。

取两次平行测定结果的算术平均值为报告结果。两次平行测定结果的绝对差值不大于 0.03%。

A.7 砷的测定

A.7.1 样品溶液的制备

A.7.1.1 称取 3 g 实验室样品,精确至 0.000 2 g,置于 50 mL 锥形瓶中,加入玻璃珠防止爆沸,在电热板上蒸至挥发性物质挥发完毕,加入 10 mL 硝酸和高氯酸的混合溶液(4+1),盖上表面皿,放置过夜。次日于电热板上消解至无色透明冒白烟时止,当消解液发黑时,补加 5 mL 硝酸和高氯酸的混合溶液(4+1),消解至 1 mL~2 mL。

A.7.1.2 冷却,用水将内容物转入 50 mL 容量瓶中,加入 10 mL 硫脲溶液(100 g/L)和抗坏血酸溶液(100 g/L)的混合溶液(1+1),用盐酸溶液(1+19)稀释至刻度,摇匀。

A.7.2 空白溶液的制备

不加试料,按与 A.7.1 相同的步骤进行。

A.7.3 测定

按 GB/T 5009.11 氢化物原子荧光光度法进行。

A.8 耐冷稳定性试验

在两个 50 mL 比色管中,分别加入实验室样品至刻度。一个放入低温浴槽内,于(−2±0.2)℃保持 4 h 后取出,回升到室温。另一个于室温放置。

目测两个比色管中的试验溶液,其透明度应无明显差异。

中华人民共和国国家标准

GB 28402—2012

食品安全国家标准
食品添加剂　普鲁兰多糖

2012-05-17 发布

2012-07-17 实施

中华人民共和国卫生部 发布

食品安全国家标准

食品添加剂 普鲁兰多糖

1 范围

本标准适用于由出芽短梗霉(*Aureobasidium pullulans*)对碳水化合物进行纯种培养发酵后,经加工制成的食品添加剂普鲁兰多糖。

2 分子式和结构式

2.1 分子式

$(C_6H_{10}O_5)_n$

2.2 结构式

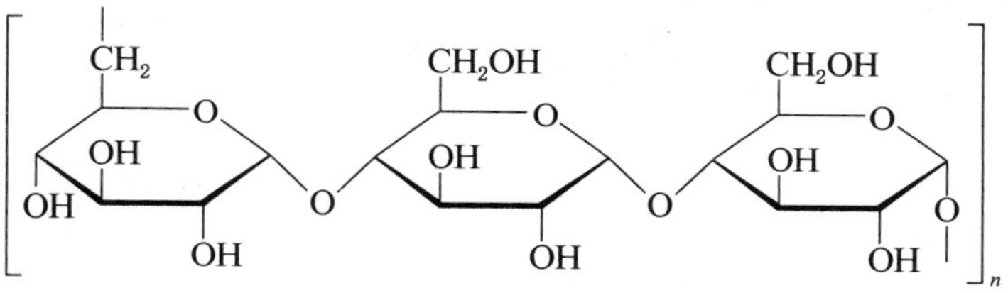

3 技术要求

3.1 感官要求:应符合表1的规定。

表 1 感官要求

项 目	要 求	检验方法
色泽	近白色	取适量样品置于清洁、干燥的玻璃容器中,在自然光线下观察其色泽和状态
状态	粉末	

3.2 理化指标:应符合表2的规定。

表 2 理化指标

项 目	指 标	检验方法
黏度(10%溶液,30 ℃)/(mm²/s)	15～180	附录A中A.3
单糖、二糖和寡糖(以葡萄糖计),w/% ≤	10	附录A中A.4
总氮,w/% ≤	0.05	GB/T 609

表 2（续）

项　　目		指　标	检验方法
干燥减量,w/%	≤	10	GB 5009.3 直接干燥法ª
铅(Pb)/(mg/kg)	≤	2.0	GB 5009.12
灼烧残渣,w/%	≤	8	GB 5009.4
pH		6.0～8.0	附录 A 中 A.5
ª 干燥温度和时间分别为 105 ℃和 2.5 h。			

3.3　微生物指标:应符合表 3 的规定。

表 3　微生物限量

项　　目		指　标	检验方法
菌落总数/(CFU/g)	≤	10 000	GB 4789.2
大肠菌群/(MPN/g)	<	3.0	GB 4789.3

附　录　A
检　验　方　法

A.1　一般规定

标准所用试剂和水,在没有注明其他要求时,均指分析纯试剂和 GB/T 6682—2008 中规定的三级水。试验中所用标准滴定溶液、杂质测定用标准溶液、制剂及制品,在没有注明其他要求时,均按 GB/T 601、GB/T 602、GB/T 603 的规定制备。试验中所用溶液在未注明用何种溶剂配制时,均指水溶液。

A.2　鉴别试验

A.2.1　称取 10 g 样品,用 100 mL 水溶解,溶解过程中边搅拌边加入样品,形成黏稠溶液。

A.2.2　在 10 mL 样品溶液(A.2.1)中加入 0.1 mL 普鲁兰酶水溶液(活性为 10 个单位/mL),混合,静置,得到没有黏性的溶液。

A.2.3　称取 1 g 样品,用 50 mL 水溶解,取 10 mL 此溶液加入 2 mL 聚乙烯醇 600,立即形成白色沉淀。

A.3　黏度的测定

A.3.1　仪器和设备

A.3.1.1　内径 2 mm 平氏玻璃毛细管黏度计。

A.3.1.2　搅拌器(800 r/min)。

A.3.2　分析步骤

A.3.2.1　样品溶液的制备

量取 100 mL 水于搅拌杯中,置于搅拌器上,开启搅拌。精确称取 10.0 g 经 105 ℃干燥 2.5 h 的样品,缓慢加入到搅拌杯中,于 800 r/min 下搅拌至全溶解,再静置 1 h。

A.3.2.2　测定

用 10 mL 吸管吸取 10 mL 样品溶液,注入黏度计中,将黏度计垂直放入 25 ℃±0.1 ℃保温箱中,保温 20 min,用吸耳球将黏度计中液体吸至双球间第一刻度线上 5 mm 处,让样品自由流动,待液体下流至第一刻度线时,按下秒表计时,到达第二刻度线时,计时停止,下流时间以 s 计,计算黏度。

A.3.3　结果计算

样品黏度 w_0 按式(A.1)计算:

$$w_0 = C \times \tau \qquad\qquad\qquad (A.1)$$

式中:

w_0——样品黏度,单位为厘斯(mm²/s);

C ——黏度计的常数值,单位为厘斯每秒(mm²/s²);

τ ——流动时间,单位为秒(s)。

实验结果以平行测定结果的算术平均值为准。在重复性条件下获得的两次独立测定结果的绝对差值不大于算术平均值的2%。

A.4 单糖、二糖和寡糖的测定

A.4.1 方法提要

试样用甲醇和氯化钾沉淀之后,用蒽酮-硫酸法测定试样中的单糖、二糖和寡糖含量。

A.4.2 试剂和材料

A.4.2.1 葡萄糖。

A.4.2.2 甲醇。

A.4.2.3 蒽酮溶液:取0.2 g蒽酮溶解于100 g 75%(体积分数)的硫酸溶液中,现用现配。

A.4.2.4 饱和氯化钾溶液:量取适量水,置于烧杯中,加入氯化钾晶体,边加入边搅拌,加至所加晶体不再溶解时,然后静置取上层清液。

A.4.3 仪器和设备

分光光度计,检测波长为620 nm。

A.4.4 分析步骤

A.4.4.1 标准溶液的制备

称取0.2 g葡萄糖,精确至0.001 g,用水溶解,稀释定容至1 L,从中量取0.2 mL,加入到5 mL蒽酮溶液中,混合均匀,此为标准溶液。

A.4.4.2 空白溶液的制备

量取0.2 mL水,加入到5 mL蒽酮溶液中,混合均匀,此为空白溶液。

A.4.4.3 试样液的制备

称取0.8 g试样,精确至0.001 g,用水溶解,稀释定容至100 mL,此为试样贮备液。量取1 mL试样贮备液,置于一个离心管中,加入0.1 mL饱和氯化钾溶液和3 mL甲醇,剧烈混合20 s,在11 000 r/min条件下离心10 min。量取0.2 mL离心后的上清液,加入到5 mL蒽酮溶液中,混合均匀,此为试样液。

A.4.4.4 测定

将试样液、标准溶液和空白溶液放在90 ℃水浴中保温15 min,用分光光度计,在620 nm处分别测定这些溶液的吸光度。

A.4.5 结果计算

单糖、二糖和寡糖的含量以葡萄糖的质量分数w_1计,数值以%表示,按式(A.2)计算:

$$w_1 = \frac{(A_t - A_b) \times 0.41 \times m_1}{(A_s - A_b) \times m_0} \times 100\% \qquad\qquad (A.2)$$

式中：

A_t ——测得的试样液的吸光度值；

A_b ——测得的空白溶液的吸光度值；

0.41——换算系数；

A_s ——测得的标准溶液的吸光度值；

m_1 ——葡萄糖质量的数值，单位为克(g)；

m_0 ——样品质量的数值，单位为克(g)。

实验结果以平行测定结果的算术平均值为准。在重复性条件下获得的两次独立测定结果的绝对差值不大于算术平均值的 2%。

A.5 pH 的测定

A.5.1 仪器和设备

A.5.1.1 酸度计：精度 0.01 pH 单位。

A.5.1.2 分析天平：精度 0.001 g。

A.5.1.3 搅拌器：800 r/min。

A.5.2 分析步骤

A.5.2.1 量取 270 mL 水于搅拌杯中，置于搅拌器上，开启搅拌。

A.5.2.2 精确称量 30.0 g 试样，缓慢加入到搅拌杯中，于 800 r/min 下搅拌 30 min。

A.5.2.3 在 25 ℃±1 ℃条件下用酸度计测溶液的 pH(精确至 0.01 pH 单位)。

实验结果以平行测定结果的算术平均值为准。在重复性条件下获得的两次独立测定结果的绝对差值不大于算术平均值的 2%。

GB 28402—2012《食品安全国家标准 食品添加剂 普鲁兰多糖》第 1 号修改单

本修改单经中华人民共和国国家卫生和计划生育委员会于 2014 年 04 月 29 日第 7 号公告批准,自批准之日起实施。

《食品添加剂 普鲁兰多糖》(GB 28402—2012)中表 2 理化指标:

表 2 理化指标

项目	指标	检验方法
pH	6.0～8.0	附录 A 中 A.5

修改为:

表 2 理化指标

项目	指标	检验方法
pH	5.0～8.0	附录 A 中 A.5

中华人民共和国国家标准

GB 31630—2014

食品安全国家标准

食品添加剂　　聚乙烯醇

2014-12-24 发布

2015-05-24 实施

中 华 人 民 共 和 国
国家卫生和计划生育委员会 发布

食品安全国家标准

食品添加剂 聚乙烯醇

1 范围

本标准适用于乙烯法和乙炔法制得的食品添加剂聚乙烯醇。

2 分子式

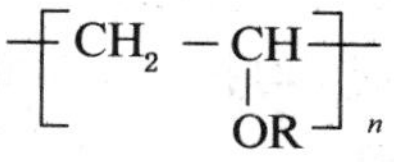

$$\left[\begin{array}{c} CH_2 - CH \\ | \\ OR \end{array}\right]_n$$

3 技术要求

3.1 感官要求:应符合表1的规定。

表 1 感官要求

项　　目	要　　求	检验方法
色泽	透明、白色或淡黄色	取适量试样置于 50 mL 烧杯中,在自然光下观察色泽和状态
状态	粒状粉末	

3.2 理化指标:应符合表2的规定。

表 2 理化指标

项　　目		指　　标	检验方法
干燥减量(w)/%	≤	5.0	附录 A 中 A.4
灼烧残渣(w)/%	≤	1.0	A.5
水不溶物(w)/%	≤	0.1	A.6
粒度(通过 0.150 mm 试验筛,w)/%	≥	99.0	A.7
甲醇和乙酸甲酯(w)/%	≤	1.0	A.8
酸值(以 KOH 计)/(mg/g)	≤	3.0	A.9
酯化值(以 KOH 计)/(mg/g)		125～153	A.10
水解度(w)/%		86.5～89.0	A.10
黏度(4%溶液,20 ℃)/(mPa·s)		4.8～5.8	A.11
铅(Pb)/(mg/kg)	≤	2	GB 5009.12

附 录 A

检验方法

A.1 警示

本标准的检验方法中使用的部分试剂具有毒性或腐蚀性,操作时应采取适当的安全和防护措施。

A.2 一般规定

本标准所用试剂和水,在没有注明其他要求时,均指分析纯试剂和 GB/T 6682 中规定的三级水。试验中所用标准滴定溶液、杂质标准溶液、制剂及制品,在没有注明其他要求时,均按 GB/T 601、GB/T 602、GB/T 603 规定制备。所用溶液在未注明用何种溶剂配制时,均指水溶液。

A.3 鉴别试验

A.3.1 pH

称取 1 g 试样,按照 GB/T 12010.4—2010 中规定测定 pH,应为 5.0～6.5。

A.3.2 红外光谱

以溴化钾作为分散剂的试样的红外光谱图应与图 B.1 一致。

A.3.3 显色反应 A

A.3.3.1 试剂和材料

A.3.3.1.1 碘溶液:在 100 mL 水中溶解 14 g 碘和 36 g 碘化钾,加 3 滴盐酸,用水稀释至 1 000 mL,摇匀。

A.3.3.1.2 硼酸溶液:在 25 mL 水中溶解 1 g 硼酸,摇匀。

A.3.3.2 鉴别方法

称取约 0.01 g 试样,置于盛有 100 mL 水的烧杯中,适当加热使试样溶解,冷却至室温,取 5 mL 试样溶液,滴加 1 滴碘溶液,滴加数滴硼酸溶液。试样溶液应呈现蓝色。

A.3.4 显色反应 B

称取约 0.5 g 试样,置于盛有 10 mL 水的烧杯中,适当加热使试样溶解,冷却至室温,取 5 mL 试样溶液,滴加 1 滴碘溶液,放置。试样溶液应呈深红色至蓝色。

A.3.5 沉淀反应

取 5 mL 显色反应 B 中制备的试样溶液,加入 10 mL 乙醇,应产生浑浊或絮状沉淀。

A.4 干燥减量的测定

A.4.1 仪器和设备

A.4.1.1 称量瓶：$\phi 60$ mm×30 mm。

A.4.1.2 电热恒温干燥箱：105 ℃±2 ℃。

A.4.2 分析步骤

使用已于105 ℃±2 ℃下干燥至质量恒定的称量瓶称取约 5 g 试样，精确至 0.000 2 g，于 105 ℃±2 ℃下干燥 3 h。在干燥器中放置至室温后称量。

A.4.3 结果计算

干燥减量的质量分数 w_1 按式(A.1)计算：

$$w_1 = \frac{m_1 - m_2}{m} \times 100\% \quad\cdots\cdots\cdots\cdots\cdots\cdots\cdots(A.1)$$

式中：

m_1——干燥前试样和称量瓶质量，单位为克(g)；

m_2——干燥后试样和称量瓶质量，单位为克(g)；

m ——试样的质量，单位为克(g)。

试验结果以平行测定结果的算术平均值为准。在重复性条件下获得的两次独立测定结果的绝对差值与算术平均值之比不大于2%。

A.5 灼烧残渣的测定

A.5.1 仪器和设备

A.5.1.1 瓷坩埚：100 mL。

A.5.1.2 高温炉：800 ℃±25 ℃。

A.5.2 分析步骤

称取约 2 g 试样，精确至 0.000 2 g，置于已在 800 ℃±25 ℃下质量恒定的瓷坩埚中，置于电热板上缓慢加热，直到样品干燥并完全炭化，再移入 800 ℃±25 ℃的高温炉中灼烧至质量恒定。

A.5.3 结果计算

灼烧残渣的质量分数 w_2 按式(A.2)计算：

$$w_2 = \frac{m_1 - m_2}{m} \times 100\% \quad\cdots\cdots\cdots\cdots\cdots\cdots(A.2)$$

式中：

m_1——残渣和瓷坩埚的质量，单位为克(g)；

m_2——瓷坩埚的质量，单位为克(g)；

m ——试样的质量，单位为克(g)。

试验结果以平行测定结果的算术平均值为准。在重复性条件下获得的两次独立测定结果的绝对差值不大于 0.2%。

A.6 水不溶物的测定

A.6.1 仪器和设备

A.6.1.1 玻璃砂坩埚:滤板孔径约为 $100\ \mu m \sim 160\ \mu m$。

A.6.1.2 电热恒温干燥箱:105 ℃±2 ℃。

A.6.2 分析步骤

称取约 10 g 试样,精确至 0.01 g,置于 500 mL 烧杯中,加入 100 mL 刚加热至沸的水,使之溶解。搅拌并冷却 1 h。用已于 105 ℃±2 ℃下干燥至质量恒定的玻璃砂坩埚过滤,用热水洗涤 3 次~5 次。将玻璃砂坩埚移入电热恒温干燥箱中,在 105 ℃±2 ℃下干燥至质量恒定。

A.6.3 结果计算

水不溶物含量的质量分数 w_3 按式(A.3)计算:

$$w_3 = \frac{m_1 - m_2}{m} \times 100\% \quad\quad\quad\quad\cdots\cdots\cdots\cdots\cdots\cdots\cdots(A.3)$$

式中:

m_1——玻璃砂坩埚和水不溶物的质量,单位为克(g);

m_2——玻璃砂坩埚的质量,单位为克(g);

m ——试样质量,单位为克(g)。

试验结果以平行测定结果的算术平均值为准。在重复性条件下获得的两次独立测定结果的绝对差值不大于 0.05%。

A.7 粒度(通过 0.150 mm 试验筛)的测定

A.7.1 仪器和设备

A.7.1.1 试验筛:$\phi 200$ mm×50 mm—0.150/0.1 GB/T 6003.1—2012,带有筛盖和筛底。

A.7.1.2 电动振筛机:振动频率为 100 次/min~300 次/min,振幅 1 mm~6 mm。

A.7.2 分析步骤

将清洁、干燥的 0.150 mm 试验筛置于试验筛底盘上,一起装在电动振荡机上。称取约 100 g 试样,精确至 0.1 g,置于筛上,加筛盖。开动电动振荡器,振幅为 2 mm,频率为 150 次/min,振动 30 min±10 s,停止振荡后取下筛子和底盘,称取试验筛下的试样质量。也可以采用手动法进行测定。

A.7.3 结果计算

粒度(通过 0.150 mm 试验筛)的质量分数 w_4 按式(A.4)计算:

$$w_4 = \frac{m_1}{m} \times 100\% \quad\quad\quad\quad\cdots\cdots\cdots\cdots\cdots\cdots\cdots(A.4)$$

式中:

m_1——筛下物的质量,单位为克(g);

m ——试样的质量,单位为克(g)。

试验结果以平行测定结果的算术平均值为准。在重复性条件下获得的两次独立测定结果的绝对差值不大于 0.05%。

A.8 甲醇和乙酸甲酯的测定

A.8.1 试剂和材料

A.8.1.1 丙酮。

A.8.1.2 甲醇溶液:1.2%(体积分数)。

A.8.1.3 乙酸甲酯溶液:1.2%(体积分数)。

A.8.2 仪器和设备

A.8.2.1 具塞瓶:100 mL。

A.8.2.2 水浴。

A.8.2.3 气相色谱仪。

A.8.3 参考色谱条件

A.8.3.1 色谱检测器:氢火焰离子化检测器。

A.8.3.2 色谱柱:RSD<3%。

A.8.3.3 色谱柱温度:160 ℃。

A.8.3.4 进样口温度:160 ℃。

A.8.3.5 检测温度:160 ℃。

A.8.3.6 载气:高纯氮。

A.8.3.7 流速:30 mL/min。

A.8.3.8 进样量:0.4 μL。

A.8.4 分析步骤

A.8.4.1 标准溶液:分别移取 2.00 mL 的甲醇溶液和乙酸甲酯溶液,置于具塞瓶中,加入 30 μL 丙酮和 98 mL 水。盖紧瓶塞,置于沸水浴中,不断振摇,直至溶液清澈后拿出冷却至室温。

A.8.4.2 试样溶液:称取 2.0 g 试样,精确至 0.000 2 g,置于具塞瓶中,加入 30 μL 丙酮和 98 mL 水。盖紧瓶塞,置于沸水浴中,不断振摇,直至溶液清澈后取出冷却至室温。

A.8.4.3 测定:按照进样量分别将标准溶液和试样溶液进样,记录峰面积。

A.8.5 结果计算

甲醇或乙酸甲酯含量的质量分数 w_5 按式(A.5)计算:

$$w_5 = \frac{A}{A_a} \times \frac{A_0}{A_{a0}} \times \frac{0.024}{m} \times 100\% \qquad \cdots\cdots\cdots\cdots\cdots\cdots(A.5)$$

式中:

A ——试样溶液测试中甲醇或乙酸甲酯的响应峰的峰面积;

A_0 ——标准溶液测试中甲醇或乙酸甲酯的响应峰的峰面积;

0.024 ——标准滴定溶液中丙酮的质量,单位为克(g);

A_a ——试样溶液测试中丙酮的响应峰的峰面积;

A_{a0} ——标准溶液测试中丙酮的响应峰的峰面积;

m —— 试样的质量,单位为克(g)。

试验结果以平行测定结果的算术平均值为准。在重复性条件下获得的两次独立测定结果的绝对差值不大于 0.05 %。

A.9 酸值(以 KOH 计)的测定

A.9.1 试剂和材料

A.9.1.1 无二氧化碳的水。

A.9.1.2 酚酞指示液(10 g/L):使用期为 2 周。

A.9.1.3 氢氧化钾标准滴定溶液:$c(KOH) = 0.05$ mol/L。

A.9.1.3.1 配制:称取 120 g 氢氧化钾,溶于 100 mL 无二氧化碳的水中,摇匀,注入聚乙烯容器中,密闭放置至溶液清亮,用塑料管量 2.7 mL 上层清液,用无二氧化碳的水稀释至 1 000 mL。

A.9.1.3.2 标定:称取 0.36 g 于 105 ℃～110 ℃干燥至质量恒定的工作基准试剂邻苯二甲酸氢钾,精确至 0.000 2 g,加 50 mL 无二氧化碳的水溶解,加 2 滴酚酞指示液(10 g/L),用配制好的氢氧化钾溶液滴定至溶液呈粉红色,并保持 30 s,同时做空白试验。

A.9.1.3.3 计算:氢氧化钾标准滴定溶液的浓度[$c(KOH)$]以摩尔每升(mol/L)计,按式(A.6)计算:

$$c(KOH) = \frac{m \times 1\,000}{M \times (V_1 - V_2)} \qquad\qquad (A.6)$$

式中:

m ——称取的基准邻苯二甲酸氢钾质量,单位为克(g);

1 000 ——换算因子;

M ——邻苯二甲酸氢钾的摩尔质量,单位为克每摩尔(g/mol)[$M(KHC_8H_4O_4) = 204.2$];

V_1 ——滴定所消耗的氢氧化钾标准滴定溶液的体积,单位为毫升(mL);

V_2 ——空白试验所消耗的氢氧化钾标准滴定溶液的体积,单位为毫升(mL)。

A.9.2 仪器和设备

A.9.2.1 圆底烧瓶:500 mL。

A.9.2.2 球形冷凝管。

A.9.2.3 水浴恒温磁力搅拌器。

A.9.3 分析步骤

于圆底烧瓶中加入 200 mL 无二氧化碳的水和电磁搅拌子,安装上球形冷凝管后置于沸水浴中加热。

称取 10.0 g 试样,精确至 0.001 g,置入烧瓶中,持续于沸水浴中加热并搅拌 30 min。将圆底烧瓶及冷凝管一起取出后持续搅拌冷却至室温,将溶液移入 250 mL 容量瓶中,用无二氧化碳的水稀释至刻度并摇匀,移取 50 mL 该溶液置于 250 mL 锥形瓶中,滴加 2 滴酚酞指示液(10 g/L),用氢氧化钾标准滴定溶液滴至粉色并保持 15 s 不褪色。

A.9.4 结果计算

酸值[以氢氧化钾(KOH)计]的质量分数 w_6 以毫克每克(mg/g)计,按式 (A.7)计算:

$$w_6 = \frac{V \times c \times M \times 250}{m \times 50} \qquad\qquad (A.7)$$

式中:

V ——滴定试样溶液消耗的氢氧化钾标准滴定溶液的体积,单位为毫升(mL);

c ——氢氧化钾标准滴定溶液准确浓度,单位为摩尔每升(mol/L);

M ——氢氧化钾的摩尔质量,单位为克每摩尔(g/mol)[M(KOH)=56.10];

250 ——容量瓶容积,单位为毫升(mL);

m ——试样的质量,单位为克(g);

50 ——移取试样溶液的体积,单位为毫升(mL)。

试验结果以平行测定结果的算术平均值为准。在重复性条件下获得的两次独立测定结果的绝对差值不大于 0.3 %。

A.10 酯化值(以 KOH 计)和水解度(以 KOH 计)的测定

A.10.1 试剂和材料

A.10.1.1 氢氧化钾乙醇溶液:称取 35 g 氢氧化钾,溶于 20 mL 无二氧化碳的水中。用无醛的乙醇稀释至 1 000 mL。放置 24 h 取上层清液使用。

A.10.1.2 盐酸标准滴定溶液:c(HCl)=0.5 mol/L。

A.10.1.3 酚酞指示液(10 g/L):使用期为 2 周。

A.10.2 仪器和设备

A.10.2.1 圆底烧瓶:250 mL。

A.10.2.2 球形冷凝管。

A.10.2.3 沸水浴。

A.10.2.4 玻璃珠。

A.10.3 分析步骤

精确称取 1.00 g±0.01 g 试样,置于圆底烧瓶中,移取 25 mL 氢氧化钾乙醇溶液和 25 mL 水,5 粒～7 粒玻璃珠,将圆底烧瓶连接上球形冷凝器后于沸水浴中加热、回流 30 min,冷却后,取下球形冷凝管后加入 2 滴酚酞指示液(10 g/L),立即用盐酸标准滴定溶液滴定至粉红色褪去即为终点。

同时进行空白试验。空白试验除不加试样外,其他操作及加入试剂的种类和量(标准滴定溶液除外)与测定试验相同。

A.10.4 结果计算

皂化值[以氢氧化钾(KOH)计]的质量分数 w_7 以毫克每克(mg/g)计,按式(A.8)计算:

$$w_7 = \frac{(V_0 - V) c \times M}{m} \qquad\qquad\qquad (\text{A.8})$$

式中:

V_0——滴定空白溶液消耗的盐酸标准滴定溶液的体积,单位为毫升(mL);

V ——滴定试样溶液消耗的盐酸标准滴定溶液的体积,单位为毫升(mL);

c ——盐酸标准滴定溶液准确浓度,单位为摩尔每升(mol/L);

M ——氢氧化钾的摩尔质量,单位为克每摩尔(g/mol)[M(KOH)=56.10];

m ——试样的质量,单位为克(g)。

试验结果以平行测定结果的算术平均值为准。在重复性条件下获得的两次独立测定结果的绝对差值不大于 0.3 %。

酯化值[以氢氧化钾(KOH)计]的质量分数 w_8 以毫克每克(mg/g)计,按式(A.9)计算:

$$w_8 = w_7 - w_6 \qquad\qquad\qquad (\text{A.9})$$

式中：

w_7——按照式（A.8）计算所得皂化值，单位为毫克每克（mg/g）；

w_6——按照式（A.7）计算所得酸值，单位为毫克每克（mg/g）。

水解度的质量分数 w_9 按式（A.10）计算：

$$w_9 = 100\% - \left(7.84 \times \frac{w_{db}}{100\% - 0.075 \times w_{db}} \right) \quad\cdots\cdots\cdots\cdots\cdots\cdots\cdots（\text{A.10}）$$

式中：

7.84 ——换算因子；

w_{db} ——按照式（A.11）计算所得皂化值（以干基计），单位为毫克每克（mg/g）；

0.075——换算因子。

皂化值（以干基计）［以氢氧化钾（KOH）计］的质量分数 w_{db} 以毫克每克（mg/g）计，按式（A.11）计算：

$$w_{db} = \frac{w_7}{100\% - w_1} \quad\cdots\cdots\cdots\cdots\cdots\cdots\cdots（\text{A.11}）$$

式中：

w_7——按照式（A.8）计算所得皂化值，单位为毫克每克（mg/g）；

w_1——按照式（A.1）计算所得干燥减量，%。

A.11 黏度（4%溶液，20 ℃）的测定

A.11.1 试剂和材料

标准黏度液：选用运动黏度为 5 mm²/s。

A.11.2 仪器和设备

A.11.2.1 烧瓶：圆底，250 mL。

A.11.2.2 玻璃砂坩埚：滤板孔径约为 100 μm～160 μm。

A.11.2.3 搅拌器。

A.11.2.4 恒温水浴：温度波动范围小于 0.5 ℃。

A.11.2.5 温度计：分度值 0.1 ℃。

A.11.2.6 黏度计：奥氏毛细管黏度计，见图 A.1。

单位为毫米

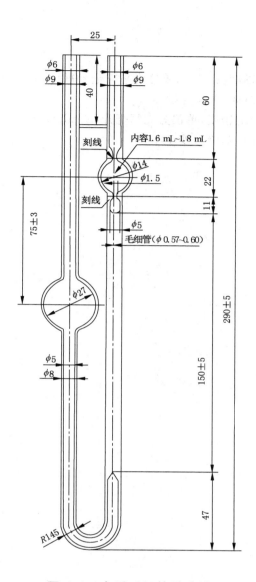

图 A.1 奥氏毛细管黏度计

A.11.2.7 秒表:精度 0.2 s。

A.11.3 分析步骤

称取折算为以干基计的 6.00 g 未经干燥过的试样,精确至 0.001 g。在烧瓶中加入约 140 mL 水,并开启搅拌器缓慢搅拌。将称取的试样迅速倒入烧瓶中,待试样完全溶解后,加速搅拌,但不应使溶液中产生气泡。将烧瓶移入恒温水浴中加热溶液至 90 ℃并保持 5 min,停止加热,继续搅拌 1 h。补充一定体积的水,使溶液质量约为 150 g,继续搅拌使溶液均匀。用玻璃砂坩埚抽滤溶液至锥形瓶中,冷却。于 20 ℃±0.5 ℃下用奥氏毛细管黏度计分别测定试样溶液和标准黏度液的流出时间(标准黏度液的流出时间可根据毛细黏度计状态不定期进行测定)。

A.11.4 结果计算

试样溶液的黏度(20 ℃)η 以毫帕秒(mPa·s)计,按式(A.12)计算:

$$\eta = \frac{\nu_0}{t_0} \times dt \qquad\qquad\qquad\cdots\cdots\cdots\cdots\cdots\cdots\cdots\cdots(\,A.12\,)$$

式中：

ν_0——标准黏度液的运动黏度（20 ℃），单位为平方毫米每秒（mm^2/s）；

t_0——标准黏度液的流出时间，单位为秒（s）；

d ——试样溶液于 20 ℃时的密度，单位为克每毫升（g/mL）；

t ——试样溶液的流出时间，单位为秒（s）。

附　录　B

聚乙烯醇标准红外光谱图

聚乙烯醇标准红外光谱图见图 B.1。

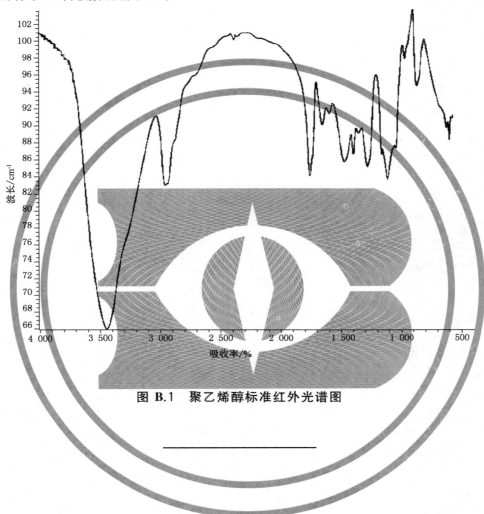

图 B.1　聚乙烯醇标准红外光谱图